数控自动加工编程丛书

Mastercam X6 模具数控加工实例精解

曹岩 主编
董爱民 卢志伟 副主编

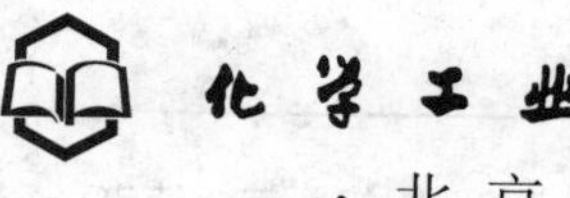
化学工业出版社
·北京·

本书从使用者的角度出发，通过融经验和技巧于一体的典型实例讲解，系统深入地介绍 Mastercam X6 的主要功能及其在模具加工中的应用，使读者在完成各种不同实例的模具加工过程中，系统掌握在 Mastercam X6 中进行汽车覆盖件凹模加工与编程、汽车覆盖件凸模加工与编程、连杆锻模下模加工与编程、连杆锻模上模加工与编程、曲杆泵定子橡胶芯模加工与编程以及玻璃门体塑料件型腔模的加工与编程的方法和过程。在配套光盘中附有实例文件和形象生动的演示动画，以方便读者理解和掌握相关知识。

本书内容全面，循序渐进，以图文对照的方式进行编写，通俗易懂，适合 Mastercam 用户迅速掌握和全面提高使用技能，并可供企业、研究机构、大中专院校从事 CAD/CAM 的专业人员使用。

图书在版编目（CIP）数据

Mastercam X6 模具数控加工实例精解 / 曹岩主编. —北京：化学工业出版社，2012.9

（数控自动加工编程丛书）

ISBN 978-7-122-14962-6

ISBN 978-7-89472-635-3（光盘）

Ⅰ. M… Ⅱ. 曹… Ⅲ. 模具-数控机床-加工-计算机辅助设计-应用软件 Ⅳ. TG76-39

中国版本图书馆 CIP 数据核字（2012）第 169464 号

责任编辑：王思慧　李　萃　　　装帧设计：王晓宇

责任校对：陈　静

出版发行：化学工业出版社（北京市东城区青年湖南街 13 号　邮政编码 100011）

印　　装：化学工业出版社印刷厂

787mm×1092mm　1/16　印张 $23^{1}/_{2}$　字数 600 千字　2012 年 10 月北京第 1 版第 1 次印刷

购书咨询：010-64518888（传真：010-64519686）　　售后服务：010-64518899

网　　址：http://www.cip.com.cn

凡购买本书，如有缺损质量问题，本社销售中心负责调换。

定　　价：49.80 元（含 1CD-ROM）

Mastercam软件是美国CNC Software公司开发的基于PC Windows的CAD/CAM系统，是既经济又有效率的全方位的软件系统，包括美国在内的各工业大国都采用该系统作为设计、加工制造的标准。Mastercam作为PC级CAM，是工业界及学校广泛采用的CAD/CAM系统。随着中国加工制造业的崛起，中国正逐步成为世界的加工制造中心，Mastercam产品也随着这一进程在中国区的销量迅速增加，并广泛应用于企业界及教育单位。

Mastercam系统具有强大、完整的曲线、曲面、实体造型功能，可以与典型的CAD系统进行数据交换，尤其是其具有完整的车、铣、线切割等加工系统，能大大提高设计制造效率和质量，充分发挥数控机床的优势，提高整体生产水平，实现设计/制造一体化，使企业很快地见到效益。Mastercam X6是Mastercam系统的最新版本，具有易于掌握、快速编程和能完成大型复杂零部件的加工等特点。

本书从使用者的角度出发，通过融经验和技巧于一体的典型实例讲解，系统地介绍在Mastercam X6中进行汽车覆盖件凹模加工与编程、汽车覆盖件凸模加工与编程、连杆锻模下模加工与编程、连杆锻模上模加工与编程、曲杆泵定子橡胶芯模加工与编程以及玻璃门体塑料件型腔模的加工与编程的方法和过程。在配套光盘中附有实例文件和形象生动的演示动画，以方便读者理解和掌握相关知识。

本书内容全面，循序渐进，以图文对照的方式进行编写，通俗易懂，适合Mastercam用户迅速掌握和全面提高使用技能，对具有一定基础的用户也有参考价值，并可供企业、研究机构、大中专院校从事CAD/CAM的专业人员使用。

全书由曹岩担任主编，董爱民、卢志伟担任副主编。其中，第 1 章由曹岩、于洋、李云龙编写，第 2 章至第 8 章由卢志伟、范芳玲编写，第 9 章至第 11 章及第 15 章由范芳玲编写，第 12、13 章由关铭、曹岩编写，第 14 章由王芳、陆邦春编写。全书由曹岩、董爱民统稿。其他参加编写的人员还有谭毅、曹森、陶毅、李朝朝等。

由于时间及编者水平所限，不妥之处在所难免，希望读者不吝指教，编者在此表示衷心的感谢。

编者

2012 年 3 月

目 录 Contents

第 1 章

Mastercam X6 模具加工与系统概论

内容

本章介绍如何安装和启动 Mastercam X6，讲解其工作界面、坐标系和图层设置、系统配置及模具加工的一般过程等。

目的

通过本章的学习，使读者对 Mastercam X6 有个总体认识，掌握 Mastercam X6 的系统配置以及进行模具加工的一般过程。

1.1 模具加工概述

模具工业是国民经济的基础产业，其发展水平标志着一个国家的工业水平和产品的开发能力。模具主要用于形体复杂零件的批量生产，并且用模具生产的产品一般为最终产品。模具设计要求 CAD/CAM 系统必须有良好的数据接口及 3D 模型修复功能，必须能够完成零件的所有细节结构的描述，如产品浮雕等表面细节结构。模具型腔结构必须满足拔模角以及必要的圆弧过渡等生产工艺要求。

现代模具向高效率、高精度、高寿命、自动化发展，这对模具制造技术和设备提出了很高的要求。现代模具加工路线如下。

（1）产品分析。充分掌握产品的各种资料，包括产品的形状、结构、尺寸、原料特性、精度要求、特殊表面效果等。

（2）模具设计。将产品图纸或计算机文件资料输入 CAD/CAM 系统，进行图形编辑处理。对于样本或实体模型（如木制模型或树脂模型），就要采用逆工程方法将其形状数据输入 CAD/CAM 系统。尤其是对含有三维自由曲面的图形可做进一步的修正和编辑，如曲面的接合、融合、截面、圆角及光滑处理等。通过强度、模温、塑料流动状态等模拟测试，以检验设计的正确性。

（3）数控加工程序生成。利用 CAD/CAM 系统分别编制模具零件的数控加工程序，然后利用其加工模拟功能对模具零件的加工过程进行模拟，将零件、刀具、刀柄、夹具、工作台及刀具移动速度、路径等显示出来，以便观察模具零件的切削过程和切削后的形状，从而检查数控加工程序的正确性、刀具选择的正确性和走刀路径的正确性。如果存在问题，可根据模拟的结果，及时修改加工程序。

（4）模具零件加工。将加工程序从 CAD/CAM 系统传输到数控设备（如加工中心、数控铣床、数控车床、数控镗床、数控磨床、电火花加工机床、线切割加工机床等）对模具零件进行加工。

（5）质量检查。模具的零部件除了有高精度的几何尺寸要求外，形位精度要求也较高，通常采用坐标测量机进行测量。

（6）人工加工。由于模具加工的特殊性，模具都有机械加工无法完成的部分，但是人工加工的比例越来越小，主要由经验丰富的技术工人去完成。

1.2 系统功能模块、相关资源

1.2.1 功能模块

Mastercam X6 的应用软件分为设计（CAD）与加工（CAM）两大功能部分。CAD 部分主要由 Design 模块来实现，其具有强大的二维绘图和三维造型功能；CAM 部分主要由其中的铣削、车削、线切割和雕刻 4 个模块来实现，并且各个功能模块本身都包含完整的设计（CAD）系统，即在 Mastercam X6 中被集成在一个平台上，与 Windows 操作系统设计风格极为接近，使用者操作起来更加方便。

Mastercam X6 软件可以完成以下 4 个方面的工作。

1．二维绘图和三维造型

一般在二维空间里创建图形的过程称为绘图，而在三维空间里创建形体的过程称为三维造型。

Mastercam X6 软件可以非常方便地完成各种平面图形的绘制，并对所绘制图形进行尺寸标注、图案填充和图形的编辑修改等工作，还可以进行表面造型，用多种方法创建规则曲面和复杂的异形曲面。

Mastercam X6 软件可以进行实体造型。通过创建各种基本实体，结合多种编辑功能来创建任意复杂程度的实体，并可以灵活地对其属性进行修改。

Mastercam X6 软件可以对三维表面模型或三维实体模型进行着色、附材质和设置灯光效果，即渲染处理。经过渲染处理的模型，具有非常逼真的视觉效果。

2．生成刀具路径

Mastercam X6 软件可以为所要加工的模型生成刀具路径。在计算机上，不仅能仿真模型的加工过程、生成数控机床加工所必需的数控程序，而且能通过仿真来计算出加工的总时间以及检测加工时过切等不合理的设置。

在 Mastercam X6 中可生成二轴、三轴和多轴的刀具路径。其中，二轴的刀具路径只在 X、Y 方向联动，二轴操作包括铣平面、挖槽、铣轮廓、钻孔等；曲面的加工则需要同时控制 X、Y、Z 三个方向的运动，即要实现三轴联动。常见三维曲面的加工方法包括放射状铣削、流动型铣削、投影铣削、平行式铣削、环绕等距铣削、插削式铣削等。利用刀具运动的不同轨迹加工出高质量的三维曲面。

在创建刀具路径的过程中，可以选择系统提供的各种常用刀具，也可以自定义刀具，其规格尺寸可以自由选择或设置。

3．仿真加工过程、后置处理

Mastercam X6 软件提供了一个功能齐全的切削加工仿真器。由于该仿真器的存在，所以在屏幕上就能预见到实际的加工过程，真实感非常强。通过仿真器还可以设置一些实际加工时不能做到的效果，如透明处理。 切削加工所需的时间也可以通过仿真器统计出来，非常方便。

4．生成数控加工程序

Mastercam X6 软件可以根据所选择加工机床的加工系统生成对应机床的数控程序，此过程称为后置处理，简称后处理。Mastercam X6 软件在生成路径的基础上，运用后处理生成符合 ISO（国际标准化组织）或 EIA（美国电子工业协会）标准的 G、M 代码程序，并且可以根据经验或实际加工条件对程序进行修改。同时可以根据所选择加工机床的性能对后处理程序进行扩充和编辑，以便适应不同数控系统的需要。生成的数控程序可以直接传送到与计算机相连的数控机床，以便进行数控加工。

1.2.2 Mastercam X6 的安装与启动

用户可以从 Mastercam 的主页（www.mastercam.com）获得 Mastercam X6 的安装文件 MastercamX6-web.exe。

STEP 01 将 Mastercam X6 的安装光盘放入光驱，系统会自动开始安装；也可以直接双击本地的 MastercamX6-web.exe 文件。执行后首先弹出如图 1-1 所示的安装界面。

STEP 02 选择“中文（简体)”，单击“确定”按钮，弹出显示安装进程的安装界面，如图 1-2 所示。

图 1-1　Mastercam X6 安装界面

图 1-2　显示安装进程的安装界面

STEP 03 随后弹出如图 1-3 所示的“Mastercam X6 InstallShield Wizard”界面。

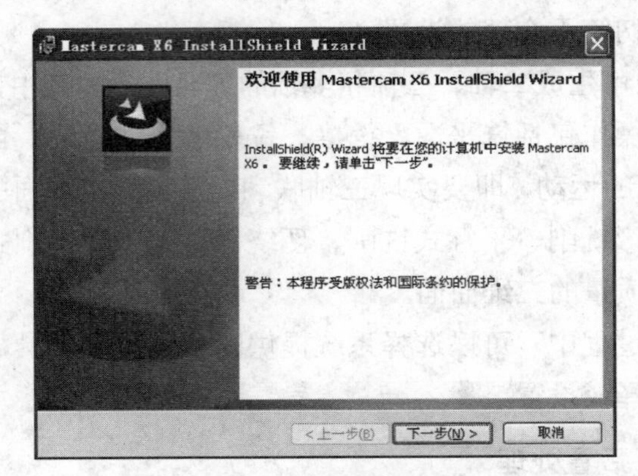

图 1-3 “Mastercam X6 InstallShield Wizard”界面

STEP 04 单击“下一步”按钮，弹出确认授权的“许可证协议”界面，如图 1-4 所示。

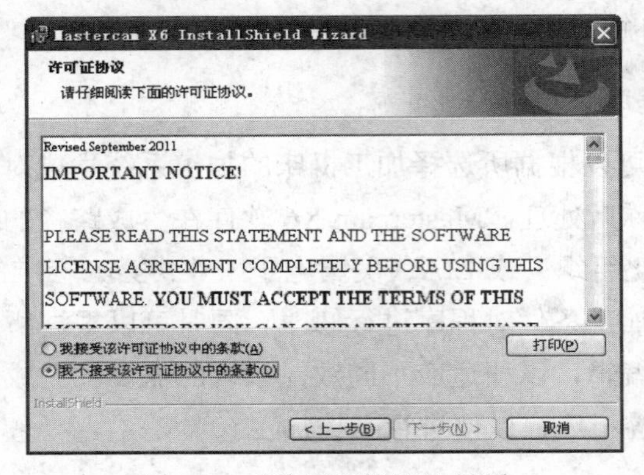

图 1-4 “许可证协议”界面

STEP 05 选中“我接受该许可证协议中的条款”单选钮，单击“下一步”按钮，弹出如图 1-5 所示的“用户信息”界面。

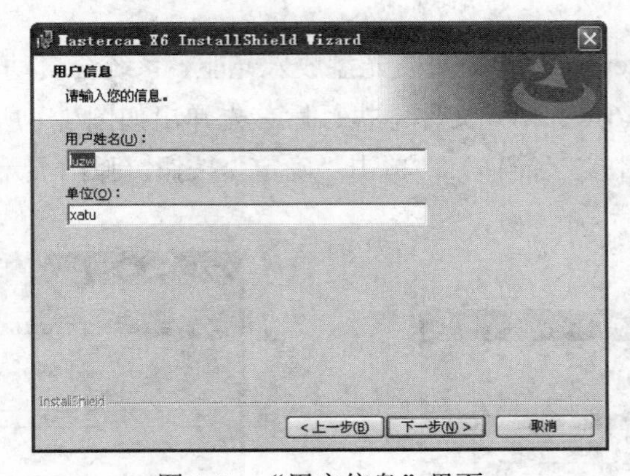

图 1-5 “用户信息”界面

STEP 06　输入用户名称和公司名称，单击“下一步”按钮，弹出如图 1-6 所示的“目的地文件夹”界面。

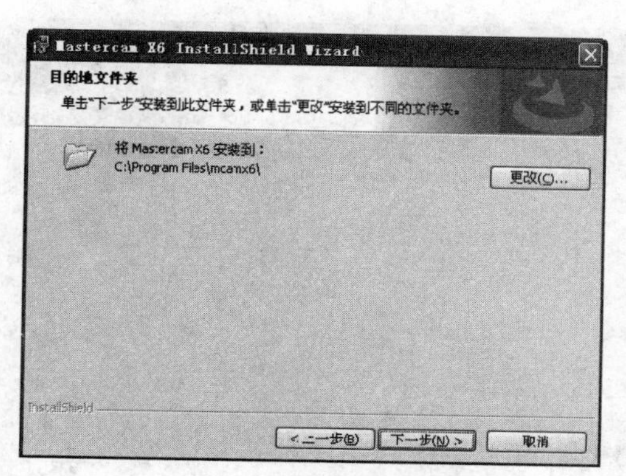

图 1-6　“目的地文件夹”界面

STEP 07　确认安装路径后，单击“下一步”按钮，弹出如图 1-7 所示的选择系统工作单位界面。

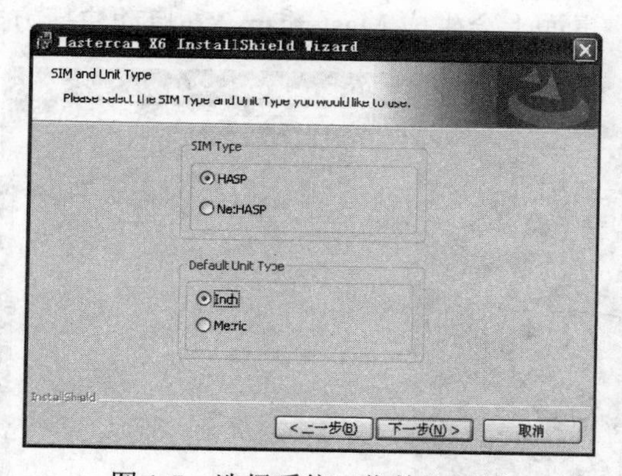

图 1-7　选择系统工作单位界面

STEP 08　用户可以选中“Metric（mm）”单选钮，然后单击“下一步”按钮，弹出如图 1-8 所示的安装确认界面，系统提示用户再一次确认是否安装。

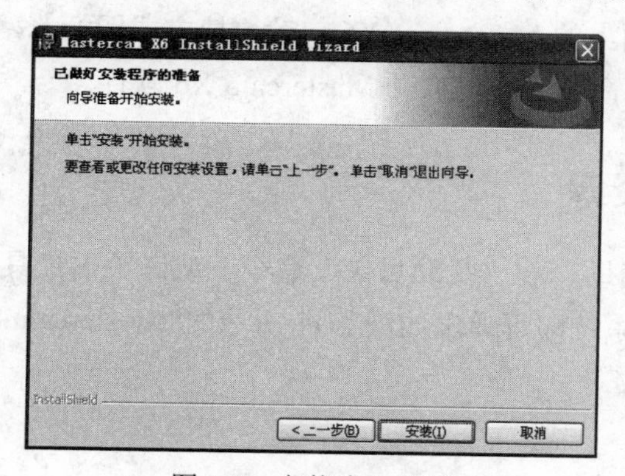

图 1-8　安装确认界面

STEP 09 单击“安装”按钮，系统开始自动安装 Mastercam X6 软件包，弹出如图 1-9 所示的安装过程界面。

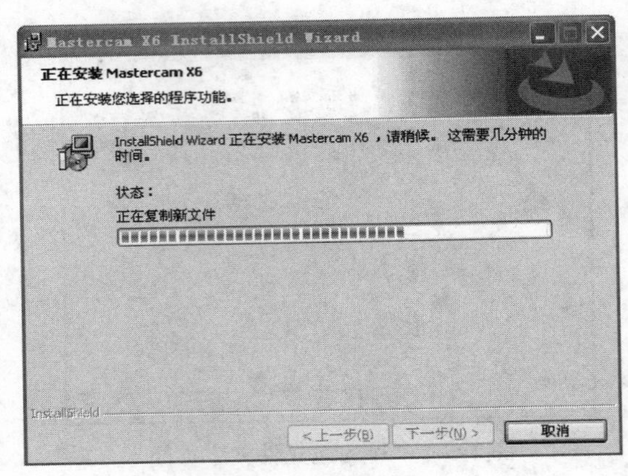

图 1-9 安装过程界面

STEP 10 随后弹出如图 1-10 所示的安装完成界面。单击“完成”按钮，完成 Mastercam X6 的安装。安装结束后，桌面上会生成 Mastercam X6 启动快捷方式图标。

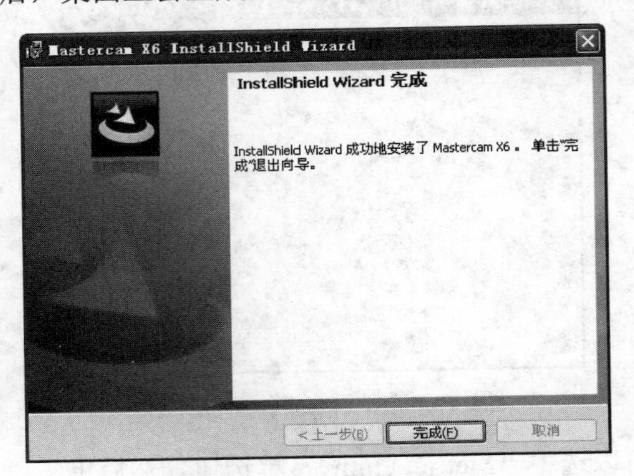

图 1-10 安装完成界面

STEP 11 双击桌面上的 Mastercam X6 启动快捷方式图标，或者单击“开始”→“程序”→“Mastercam X6”命令，即可启动 Mastercam X6 软件。

1.2.3 获取帮助资源

单击菜单栏中的“帮助”→“帮助目录”命令，或者单击工具栏中的（帮助）按钮或按<Alt>+<H>组合键，系统即可弹出如图 1-11 所示的“Mastercam Help（Mastercam 帮助）”对话框。

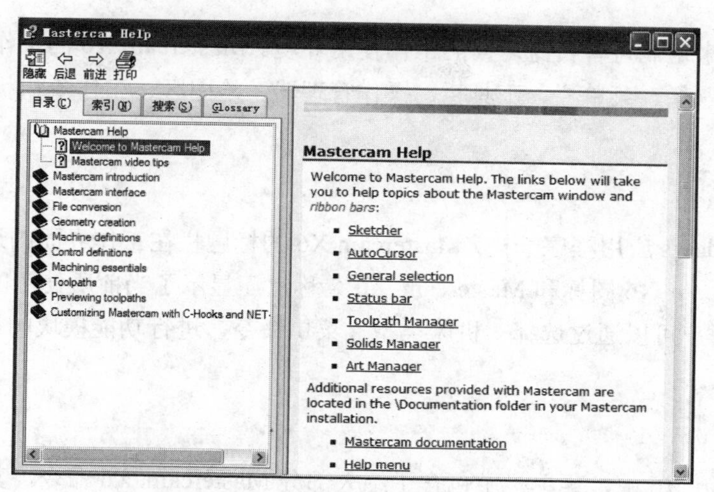

图 1-11 “Mastercam Help”对话框

1.2.4 退出 Mastercam X6

退出 Mastercam X6 有以下几种方法。

- 单击菜单栏中的“文件”→“退出”命令。
- 单击 Mastercam X6 窗口右上角的☒（退出）按钮。
- 单击 Mastercam X6 工具栏中的☒（退出）按钮。
- 使用<Alt>+<F4>组合键。

使用上述任一种方法后，系统首先弹出如图 1-12 所示的提示信息框，让用户确认是否要退出 Mastercam X6。单击“是”按钮，则退出 Mastercam X6。

若在退出 Mastercam X6 前，当前的文件进行过修改而没有存盘，则系统将弹出如图 1-13 所示的提示信息框。单击“是”按钮，则保存该文件并退出 Mastercam X6；单击“否”按钮，则不存盘退出 Mastercam X6。

图 1-12 退出提示信息框

图 1-13 存盘提示信息框

1.3 工作界面

Mastercam X6 有着良好的人机交互界面和符合 Windows 规范的软件工作环境，而且允许用户根据需要来定制符合自身习惯的工作使用环境。Mastercam X6 的工作界面如图 1-14 所示，主要由标题栏、菜单栏、工具栏、操作管理器、绘图区、工作条和状态栏等组成。

1.3.1 标题栏

和其他 Windows 应用程序一样，Mastercam X6 的标题栏在工作界面的最上方。标题栏不仅显示 Mastercam X6 图标和 Mastercam X6 名称，还显示了当前所使用的功能模块，如图 1-14 所示。用户可以通过选择“机床类型”菜单命令，进行功能模块的切换。

1.3.2 菜单栏

在 Mastercam X6 中，菜单栏中包含了绝大部分 Mastercam X6 命令，其按照功能的不同被分别放置在不同的菜单组中。如图 1-14 所示为 Mastercam X6 的菜单栏。

F 文件　E 编辑　V 视图　A 分析　C 绘图　S 实体　X 转换　M 机床类型　T 刀具路径　R 屏幕　I 设置　H 帮助

图 1-14　Mastercam X6 的菜单栏

菜单栏中的各命令功能如下。

（1）“文件”菜单。该菜单包括“新建”、“打开”、“保存”、“打印”等命令，还包括 Mastercam X6 与其他软件之间进行格式转换的“汇入目录”、“汇出目录”命令。

（2）“编辑”菜单。该菜单是一个标准的 Windows 编辑菜单，包括“复制”、“剪切”、“粘贴”等命令，还包括图素的“修剪”、“断开”等编辑命令。

（3）“视图”菜单。该菜单包括“平移视图”、“缩放视图”等命令，用于图形视角的设置。

（4）“分析”菜单。Mastercam X6 具有强大的分析功能，可以分析点的位置、距离、面积、体积和图素的属性等，也可以检测曲面模型和实体模型。

（5）“绘图”菜单。该菜单可以创建各种二维图素、空间曲线、曲面模型和基本实体，也可以对图形进行图形注释、尺寸格式设置和标注等。

（6）“实体”菜单。该菜单具有将二维图形转换为三维实体的功能，也包括对实体进行编辑等实体造型功能。

（7）“转换”菜单。该菜单包括“平移”、“镜像”、“单体补正”、“阵列”、“投影”等命令，以提高设计效率。

（8）“机床类型”菜单。该菜单用于选择 Mastercam X6 的功能模块和相应的机床类型。

（9）“刀具路径”菜单。该菜单包括刀具路径的生成和编辑功能。

（10）“屏幕”菜单。该菜单包括图形的隐藏与消隐、着色、栅格设置和属性等功能。

（11）“设置”菜单。该菜单用于工具栏、菜单和系统运行环境的设置等。

（12）“帮助”菜单。该菜单提供系统帮助，是软件系统最全面的用户手册。

1.3.3　工具栏

工具栏位于菜单栏的下方（见图 1-15）。工具栏是为了提高绘图效率及命令的输入速度而设定的命令按钮的集合，提供了比命令更直观的图标符号。用鼠标单击这些图标按钮即可打开并执行相应的命令，这比选择菜单命令要方便得多。

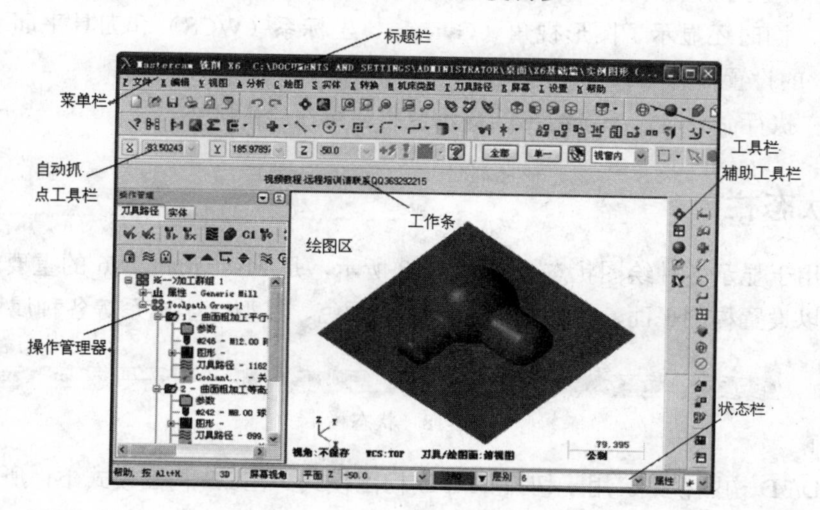

图 1-15　Mastercam X6 的工作界面

部分工具栏的功能如图 1-16 所示。

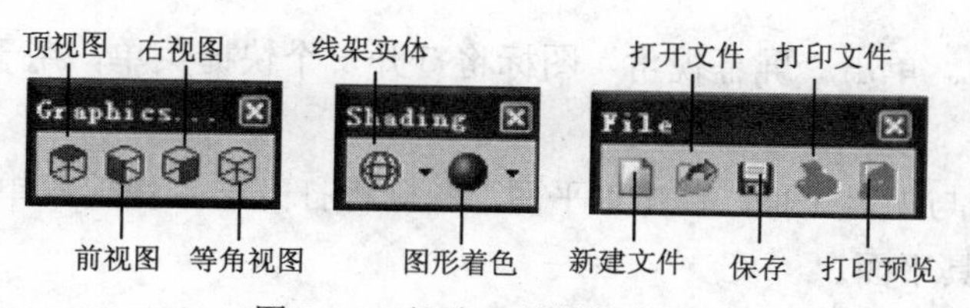

图 1-16　部分工具栏的功能

可以通过单击菜单栏中的“设置”→“工具栏设置”命令，弹出如图 1-17 所示的“工具栏状态”对话框，在其中设置显示所需要的工具栏。

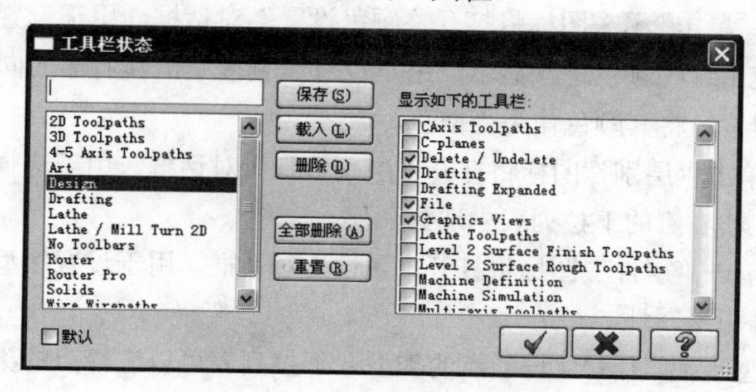

图 1-17　“工具栏状态”对话框

1.3.4 绘图区

Mastercam X6 工作界面中最大的区域就是绘图区，所有的图形都被绘制并显示在绘图区。Mastercam X6 的绘图区是无限大的，可以对它进行缩放、平移等操作。

在绘图区的左下角显示有一个图标，这是工作坐标系（Work Coordinate System，简称 WCS）图标，同时还显示了图形视角（Gview）、坐标系（WCS）和刀具平面、构图平面（T/Cplane）的设置信息等。

另外，在执行命令时，系统给出的提示也将显示在绘图区中。

1.3.5 状态栏

状态栏用于显示各种绘图状态，如图 1-18 所示，是 Mastercam X6 的重要部分。通过状态栏，可以设置构图平面、构图深度、图层、颜色、线型、坐标系等各种属性和参数。

图 1-18　状态栏

（1）2D/3D 构图模式。用于切换 2D/3D 构图模式。在 2D 构图模式下，所有创建的图素都具有当前的构图深度（Z 深度），且平行于当前构图平面，不过用户可以在如图 1-14 所示的自动抓点工具栏中指定坐标，从而改变深度；而在 3D 构图模式下，用户可以不受构图深度的约束。

（2）屏幕视角。单击“屏幕视角”图标将打开一个快捷菜单，用于选择、创建、设置图形视角。

（3）构图平面与刀具平面。单击“平面”图标将打开一个快捷菜单，用于选择、创建、设置构图平面与刀具平面。

（4）构图深度。设置构图深度（Z 深度），单击“Z”图标即可在绘图区选择一点，将其构图深度作为当前构图深度；用户也可在其右侧的文本框中直接输入数据，作为新的构图深度。

（5）颜色块。单击图标将打开“颜色设置”对话框，用于设置当前颜色，此后所绘制的图形将使用这种颜色进行显示；用户也可以直接单击其右侧的向下箭头，然后再在绘图区选择一图素，将其颜色作为当前色。

（6）图层。单击“层别”图标将打开“层别管理”对话框，用于选择、创建、设置图层属性；也可以在其右侧的下拉列表中选择图层。

（7）属性。单击“属性”图标将打开“属性”对话框，用于设置线型、颜色、点的类型、图层、线宽等图形属性。

（8）点的类型。通过 * （设置点的类型）下拉列表可以选择点的类型。

（9）线型。通过 ——— 下拉列表可以设置绘制直线、圆弧等的线型。

（10）线宽。通过 ——— 下拉列表可以设置绘制直线、圆弧、曲线等的粗细。

（11）群组管理。可以对绘制的图素进行群组设置，包括新建、增加、移除等。

1.4 菜单栏

用户双击 Mastercam X6 启动快捷方式图标，即可进入该软件的工作界面，其菜单栏的排列形式如图 1-15 所示。命令可以逐级展开，有些甚至可以展开 4、5 级之多，所以看起来只有 12 个命令，其实它包含了 Mastercam X6 的全部命令，下面将分别介绍。

1.“文件”菜单

单击菜单栏中的“文件”命令，即可打开如图 1-19 所示的“文件”子菜单。该菜单包括新建文件、打开文件、合并文件、编辑文件、另存文件、打印文件以及文件的汇入汇出等命令，如图 1-19 所示。

2.“编辑”菜单

单击菜单栏中的“编辑”命令，即可打开如图 1-20 所示的“编辑”子菜单。该菜单是一个标准的 Windows 编辑菜单，具有剪切、复制、粘贴等命令，还包括图素的修剪、打断等编辑命令。

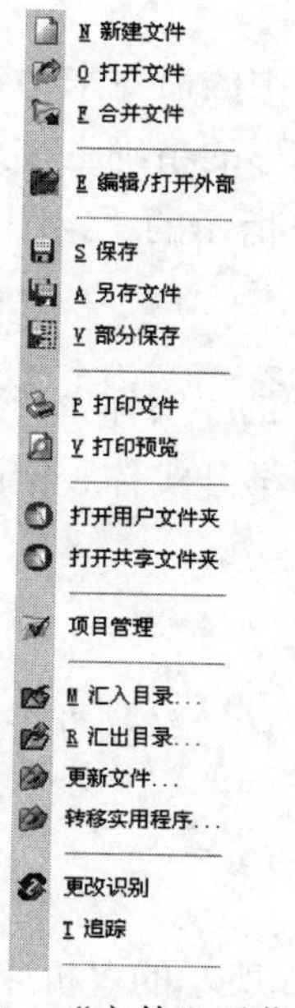

图 1-19 “文件”子菜单

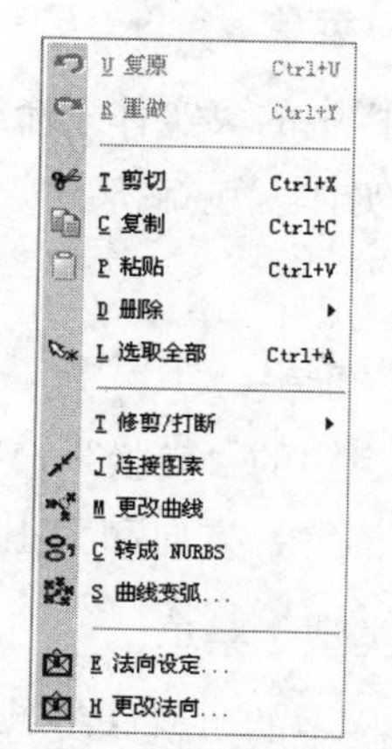

图 1-20 “编辑”子菜单

3. “视图”菜单

单击菜单栏中的“视图”命令，即可打开如图 1-21 所示的“视图”子菜单。该菜单用于对图形视角的设置，包括适度化、平移、标准视角、定方位等命令。

4. “分析”菜单

单击菜单栏中的“分析”命令，即可打开如图 1-22 所示的“分析”子菜单。利用该菜单中的命令，可以查看各图素的参数，某些命令还可以用来对图素进行编辑。

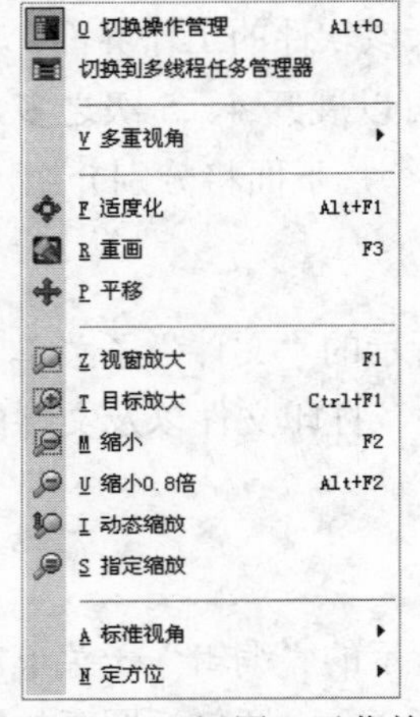

图 1-21 “视图”子菜单

图 1-22 “分析”子菜单

5. “绘图”菜单

Mastercam X6 中需要加工的模型可以运用“绘图”菜单中的命令来构建，其中二维图形的绘制是图形绘制的基础，在 Mastercam X6 中二维几何图形的精确生成是其他后续操作的基础。单击菜单栏中的“绘图”命令，即可打开如图 1-23 所示的“绘图”子菜单。

6. “实体”菜单

单击菜单栏中的“实体”命令，即可打开如图 1-24 所示的“实体”子菜单。该菜单用于创建及编辑实体，包括挤出实体、实体旋转、扫描实体、举升实体、倒圆角、倒角、抽壳、布尔运算等。

7. “转换”菜单

单击菜单栏中的“转换”命令，即可打开如图 1-25 所示的“转换”子菜单。该菜单用于改变图素的位置、方向和大小等。

8. “机床类型”菜单

单击菜单栏中的“机床类型”命令，即可打开如图 1-26 所示的“机床类型”子菜单。该菜单用于设置加工机床设备的类型，包括铣削、车削、线切割、雕刻、设计等命令。

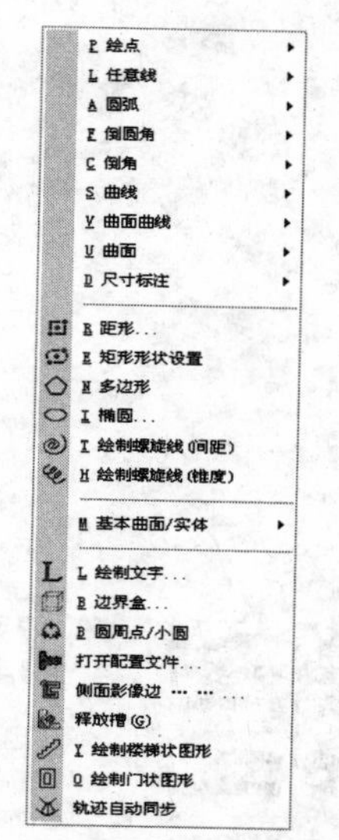

图 1-23　“绘图”子菜单

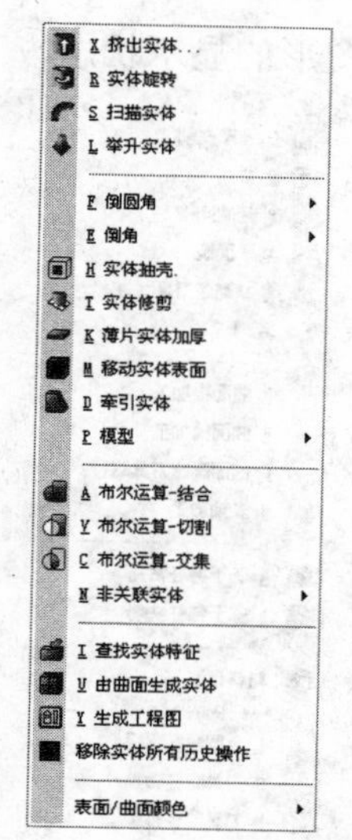

图 1-24　“实体”子菜单

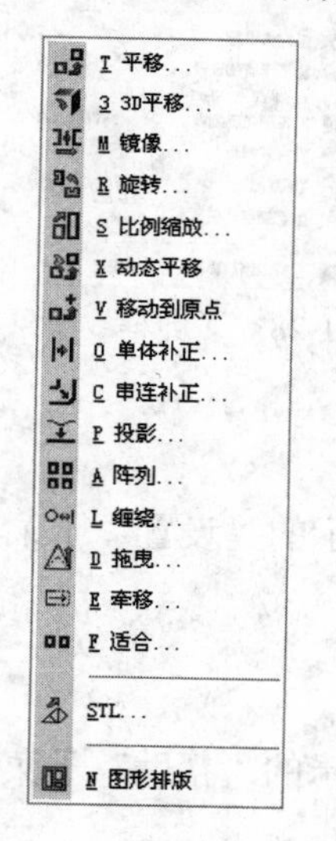

图 1-25　“转换”子菜单

图 1-26　“机床类型”子菜单

9.“刀具路径”菜单

单击菜单栏中的“刀具路径”命令，即可打开如图 1-27 所示的“刀具路径”子菜单。该菜单用于设置二维和三维加工刀具路径。二维操作包括外形铣削、钻孔、标准挖槽和平面铣等加工方式；三维曲面操作分为粗加工和精加工两大类，有多种加工方式。此外，还有一些特殊情况下的加工方式，如雕刻、基于特征钻孔、基于特征铣削等，对生成的刀具路径还可以进行编辑、修剪等。

10.“屏幕”菜单

单击菜单栏中的“屏幕”命令，即可打开如图 1-28 所示的“屏幕”子菜单。该菜单用于设置屏幕上图形的显示状态、工作状态等。

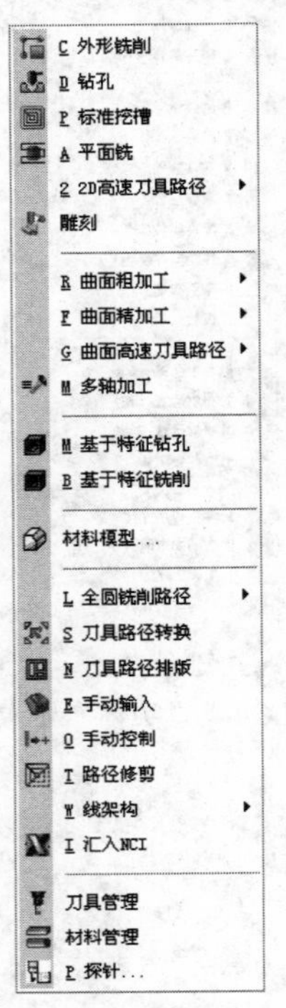

图 1-27 “刀具路径”子菜单

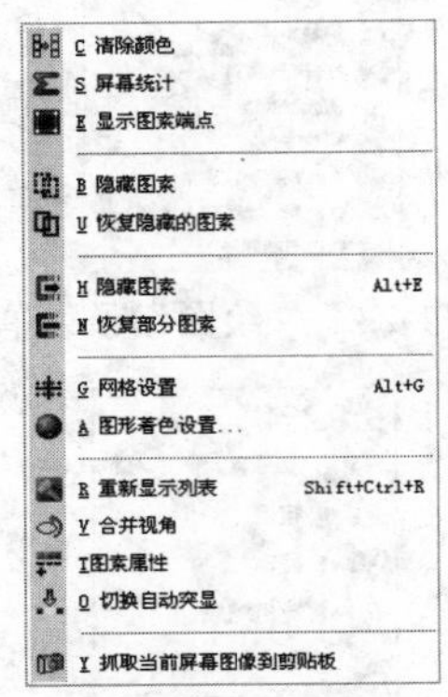

图 1-28 “屏幕”子菜单

11.“设置”菜单

单击菜单栏中的“设置”命令，即可打开如图 1-29 所示的“设置”子菜单。该菜单包括系统配置、运用应用程序、宏管理等命令。

12.“帮助”菜单

单击菜单栏中的“帮助”命令，即可打开如图 1-30 所示的“帮助”子菜单。该菜单包括帮助目录、更新 Mastercam、新增功能等命令。

图 1-29 “设置”子菜单

图 1-30 “帮助”子菜单

1.5 坐标系

为了能正确地描述物体在空间所处的位置，需要使用坐标系的概念。利用相互垂直的三个轴——X 轴、Y 轴、Z 轴，形成一个坐标系，物体在空间中的位置就可以用坐标系的三个坐标值来表示。在 Mastercam X6 中，可通过构图平面 CP、工作深度 Z 来建立工作坐标系，通过设置视角 GV 来观察图形。

Mastercam X6 系统有三个坐标系：原始坐标系、工作坐标系和机床坐标系。

1．原始坐标系

原始坐标系是系统默认的坐标系，该坐标系的规定符合笛卡儿右手法则，即拇指指向 X 轴的正方向，食指指向 Y 轴的正方向，中指指向 Z 轴正方向；或当右手四指从 X 轴正方向转到 Y 轴正方向时，大拇指指向 Z 轴正方向，如图 1-31 所示。在原始坐标系中，坐标系原点在空间的位置是唯一确定的。

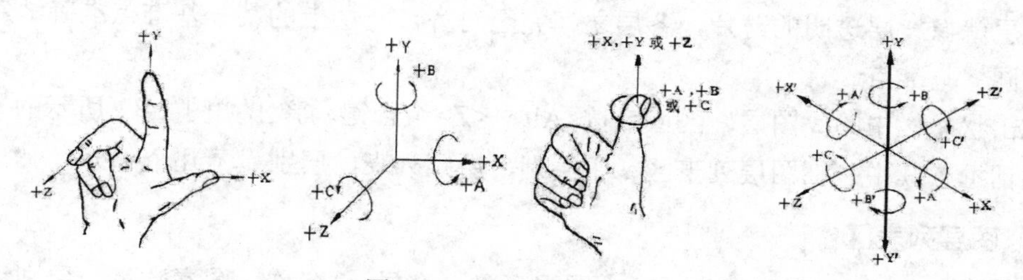

图 1-31　坐标轴方向

当系统的构图平面 CP 设置为 3D 时，表明为原始坐标系，它是建立几何模型和表面加工路径的基准坐标。系统的构图平面、刀具的设置均在原始坐标系中进行。

2．工作坐标系

工作坐标系由构图平面 CP 及工作深度 Z 来建立。构图平面就是工作坐标系 XY 所在的平面。构图平面是相对于原始坐标系的，可以在构图平面完成 2D 图形，其在原始坐标系中的转换关系由系统自动完成。可以根据构图的需要定义工作坐标系的原点及坐标轴方向。

当 CP 为 Top、Front 或 Side 时，工作坐标系如图 1-32 所示。

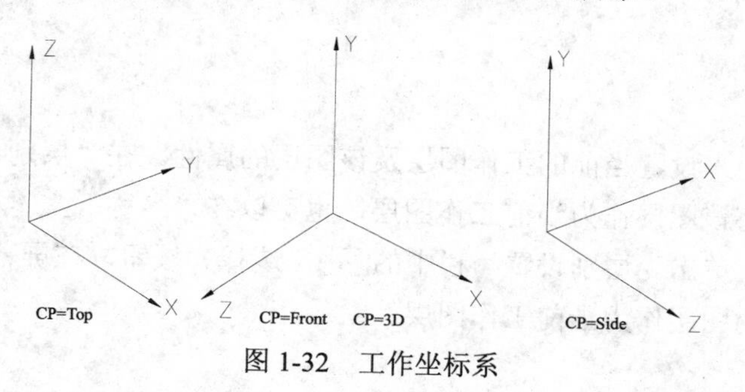

图 1-32　工作坐标系

3. 机床坐标系

机床坐标系是由刀具平面建立起来的，刀具平面是表示数控机床坐标系的二维平面。

1.6 图层

和其他图形软件一样，Mastercam X6 建模需要绘制不同类型的图素，不同图素可以有不同的颜色、线型和线宽等特征。在保存每个图素时，都要同时保存其对应的这些特征，这样会造成时间和空间的大量浪费。为此，Mastercam X6 提供了图层这个工具，对每个图层规定其颜色、线型和线宽等，并把具有相同特征的图素放在同一层上绘制。这样在保存图形时，只需保存其几何数据和所在的图层即可，既节省了存储空间，又可以提高工作效率。

图层就像一层透明的薄片，各层之间完全对齐，一层上的某一基准点准确地对准其他层上的同一基准点。

单击状态栏中的“图层”区域或按<Alt>+<Z>组合键，弹出如图 1-33 所示的“层别管理”对话框，其中包括图层列表区、主层别、层别列表、层别显示几个部分。

1. 图层列表区

图层列表区由层别号码（次数）、图层可见（突显）、名称、图素数量、层别设置 5 列组成。其中，层别号码栏中的数字可为 1～255，也就是说最多可建 255 个层；在图层可见（突显）栏中，若有“×”标记，则该图层为可视图层；在名称栏中可以给图层起个名字，以便识别，只要在某层的名称栏中双击鼠标左键，该栏就会变成可编辑状态，可以在文本框中输入层的名字，层的名字应容易记忆，例如 CEN－中心线层，HID－虚线层，TXT－文字层，DIM－标注层等；在层别设置栏中可以给该层再取名，但这里取名的意义不同于图层名称栏中的取名，在层别设置栏中可以给多个层取一样的名字，便于以后对同一名字的层实行统一管理，同名的图层被视为一组，在取名处单击鼠标右键，会弹出如图 1-34 所示的图层状态菜单，该菜单中最后两项就是用于管理图层组的；图素数量栏用于显示该层上已有图素的数量。

2. 主层别

“主层别”组用来设置当前的工作图层及该图层的属性。在“层别号码”文本框中输入图层号，系统即将该图层作为当前工作图层，也可以在“名称”文本框中输入或改变当前工作图层的名称；单击“层别设置”栏中的（选择）按钮，在屏幕上拾取某一图素，系统将该图素所在的图层作为当前工作图层。

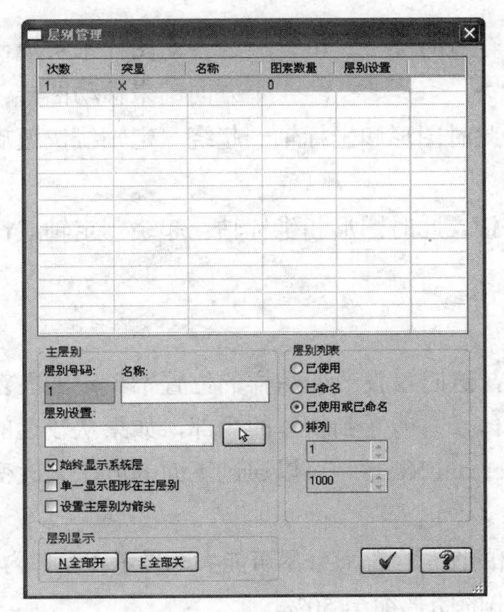

图 1-33 “层别管理”对话框

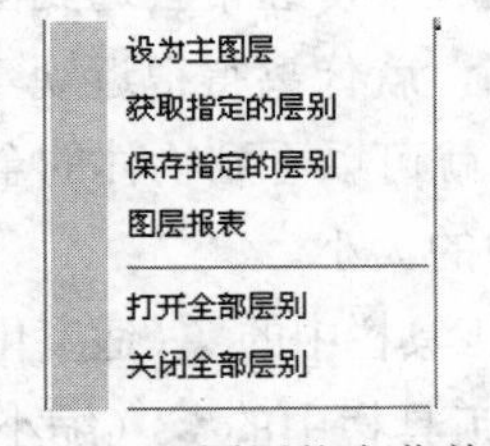

图 1-34 图层状态菜单

3．层别列表

“层别列表”选项组用来设置在图层列表中列出的图层属性，共有 4 个选项，如图 1-35 所示。

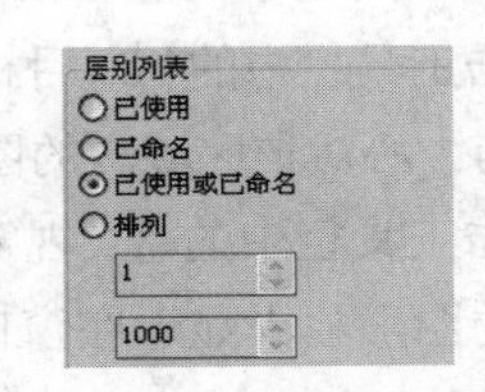

图 1-35 “层别列表”选项

4．层别显示

“层别显示”选项组用来设置在层别列表中列出的图层是否可见。该选项组有两个按钮，当单击“全部开”按钮时，所有的图层都被设置为可视图层；当单击“全部关”按钮时，所有的图层均被设置为不可视图层。但当勾选“始终显示系统层”复选框时，“全部关”按钮对当前层不起作用。

1.7 视图操作

在建模过程中，为了便于绘图，经常需要对图形进行放大、缩小、移位、转换视角平面与构图平面等操作。

1.7.1 屏幕窗口设置

1．改变图形在屏幕窗口的摆放位置

在建模过程中绘制的图形可能很大，或者由于绘制的图形的位置不合适，需要在屏幕窗口上把“图样”的一部分放到一个操作者感觉合适的位置。可以通过移动图样来实现，在 Mastercam X6 中，可以用键盘上的<←>、<↑>、<→>、<↓>4 个方向键来移动图样。若想从另外角度观察图形，可以按下<Enter>键，此时图形和坐标轴一起绕一定轴线快速旋转，再按一次就可以从新的视角观察图形。

若想从另外角度观察图形，可以按下<Enter>键，此时图形和坐标轴一起绕一定轴线快速旋转，再按一次就可以从新的视角观察图形。

2．改变图形在屏幕窗口中的大小

在建模过程中，经常会遇到图形很大的情况，这时仅仅改变图样的位置不一定能在窗口内看到全图，就像离得很近观察一个较大的物体，只能看到物体的局部，如果从较远的地方来观察，就可以看到物体的全部了。在 Mastercam X6 中，可以通过下面的方法来改变图形在屏幕中的大小。

- 单击工具栏中的（适度化）按钮可将画出的图形全部而且尽可能大地显示在窗口内。
- 单击工具栏中的（缩小）按钮可将画出的图形缩至 50%。
- 单击工具栏中的（指定缩放）按钮可将已选择的图形进行缩放。
- 单击工具栏中的（目标放大）按钮可以以某点为中心拉出一个矩形区域，并以该点为中心对该区域内的图形放大显示在窗口之内，这样有利于观察图形的局部细节。
- 单击工具栏中的（视窗放大）按钮可以在局部拉出一个矩形区域，然后将该区域内的图形放大显示在窗口之内，这样有利于观察图形的局部细节。

3．改变屏幕窗口颜色

绘图区的默认颜色是黑色的，可以改变其颜色，以用于不同的场合。具体操作步骤如下。

STEP 01 单击菜单栏中的“设置”→“系统配置”命令，弹出如图 1-36 所示的“系统配置”对话框，在左侧的“目录”选项组中，选择“颜色”选项。

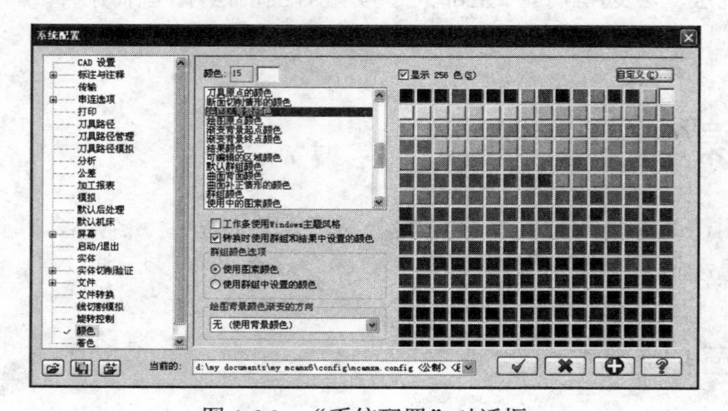

图 1-36 “系统配置”对话框

STEP 02 选择该对话框“颜色”文本框下面的系统颜色列表中的“绘图区背景颜色”选项。

STEP 03　在对话框右边的颜色列表中选择适当的颜色，即可改变屏幕窗口的颜色。用户也可以自定义当前设置的颜色，单击“定义颜色”按钮，弹出如图 1-37 所示的“颜色”对话框，设置完毕后单击“确定”按钮，系统返回如图 1-36 所示的对话框，单击✓按钮，系统会弹出如图 1-38 所示的“系统配置”信息提示框，询问用户是否保存改变的设置，单击“是”按钮即可保存。

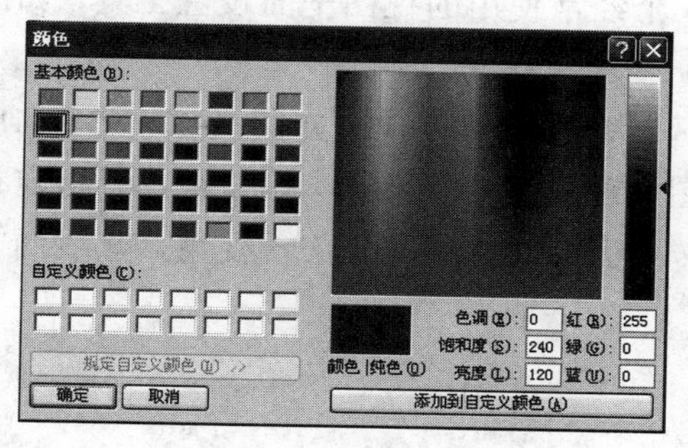

图 1-37　“颜色”对话框

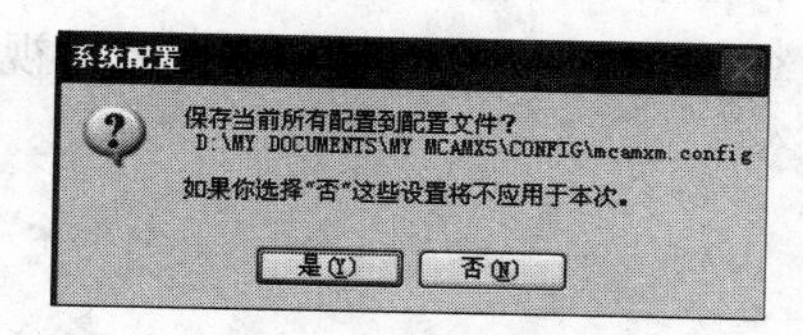

图 1-38　“系统配置”信息提示框

1.7.2　构图平面设置

构图平面就是指进行绘图的平面。单击状态栏中的“平面”区域，系统即可弹出如图 1-39 所示的构图平面设置菜单。也可以通过工具栏中的构图工具来设置构图平面，如图 1-40 所示。构图平面设置菜单包括顶视图、前视图、后视图、指定视角、动态平面、按图形定面、旋转定面、最后使用的绘图面等命令。

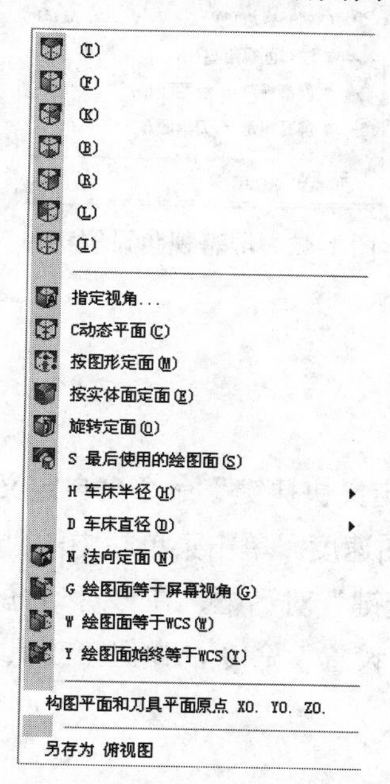

图 1-39　构图平面设置菜单

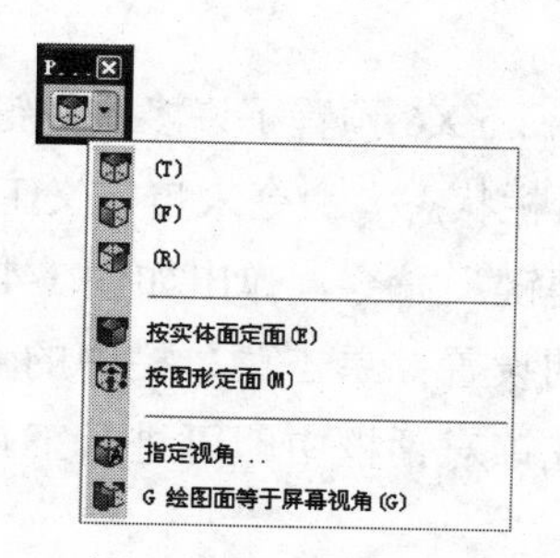

图 1-40　构图工具

1.7.3 屏幕视角设置

所谓屏幕视角，就是在屏幕上观察图形的视角。从理论上来说，构图平面和视角平面是相互独立的，可以分开设置，但为了方便绘图和视图，一般在选好了构图平面后，要将视角平面也改到同一个方位。我们会经常进行视角设置，特别是在绘制三维图时更要经常变换，所以屏幕上方的工具栏中放置了 5 个经常使用的视图平面设置工具，如图 1-41 所示。

当然也可以单击状态栏中的“屏幕视角”区域，系统即可弹出如图 1-42 所示的屏幕视角设置菜单。屏幕视角设置菜单包括顶视图、前视图、后视图、等角视图、指定视角、由图素定义视角、由实体面定义视角、旋转定面、动态旋转、前一视角、法线面视角等命令。

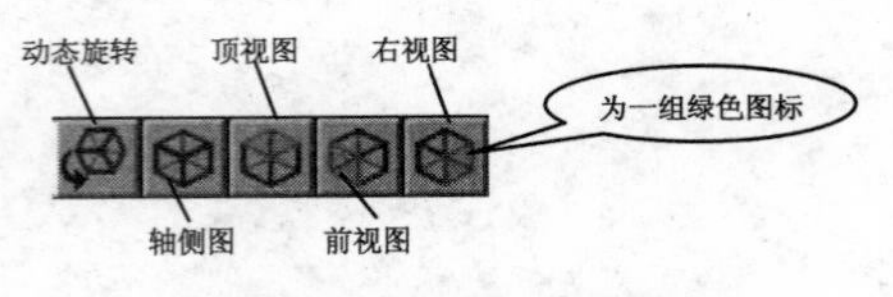

图 1-41 视图平面设置工具

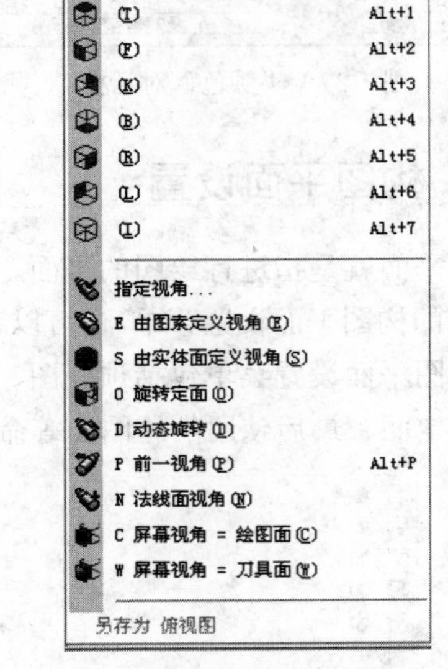

图 1-42 屏幕视角设置菜单

1.8 快捷键

Mastercam X6 预置了许多快捷键，并且可以通过“定义快捷键”命令来自定义快捷键，通过“工具栏状态”命令来自定义工具栏，以便提高绘图速度。单击菜单栏中的“设置”→“定义快捷键”命令，弹出如图 1-43 所示的“设置快捷键”对话框，在该对话框中即可进行快捷键的设置；单击菜单栏中的“设置”→“工具栏设置”命令，弹出“工具栏状态”对话框，在该对话框中即可进行工具栏的设置。

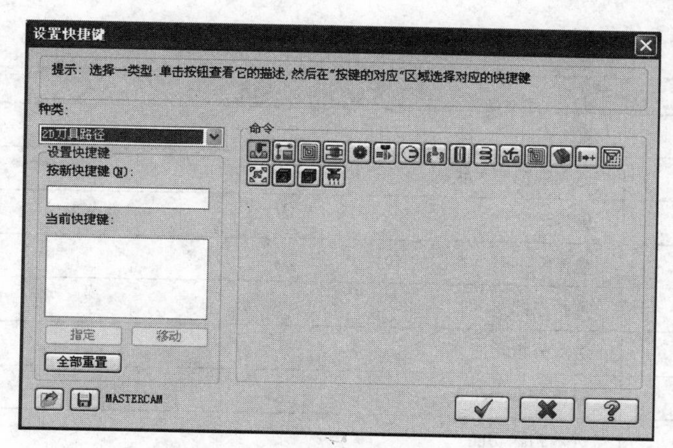

图 1-43　“设置快捷键”对话框

系统提供的常见快捷键及其含义如表 1-1 所示。

表 1-1　Mastercam X6 常见快捷键及其含义

快捷键	功能	图标
Alt+1	设置图形视角为顶视图	
Alt+2	设置图形视角为前视图	
Alt+5	设置图形视角为右视图	
Alt+7	设置图形视角为轴侧视图	
Alt+A	打开“自动保存”对话框	
Alt+C	选择执行 Chooks 程序（Chooks 程序为动态链接库程序）	
Alt+D	打开“自定义选项”对话框	
Alt+E	在绘图区隐藏图素	
Alt+G	打开“网格参数”对话框	
Alt+H	进入 Mastercam 在线帮助	
Alt+O	显示/隐藏操作管理器	
Alt+P	显示前一视角	
Alt+S	曲面渲染显示/关闭	
Alt+T	刀具路径显示/关闭	
Alt+U，Ctrl+U，Ctrl+Z	取消前一个操作动作	
Alt+V	显示 Mastercam 的版本号、当前绘图层等信息	
Alt+X	选择参考图素获得主要部分颜色、层别、线型、线宽风格等信息	
Alt+Z	显示/关闭图层管理器	
Ctrl+A	全选	
Crtl+C	复制	
Shift+ Crtl+R	重新创建显示列表	
Crtl+V	粘贴	
Crtl+X	剪切	

续表

快捷键	功能	图标
Crtl+Y	重复操作	
F1	进入视窗放大状态	
Alt+F1	屏幕适度化	
F2，Alt+F2	视窗缩小至原视图的 50%	
F3	重画视图	
F4	进入分析功能	
Alt+F4	退出 Mastercam	
F5	进入删除功能	
Alt+F8	打开“系统配置”对话框	
F9	显示坐标系及其原点	
Alt+F9	显示坐标轴	
←	绘图视窗左移（即绘图区中图形右移）	
→	绘图视窗右移（即绘图区中图形左移）	
↑	绘图视窗上移（即绘图区中图形下移）	
↓	绘图视窗下移（即绘图区中图形上移）	
Alt+箭头	图形旋转	
Page Up	每单击一次，绘图视窗放大 5%	
PageDown	每单击一次，绘图视窗缩小 5%	

值得注意的是，当鼠标箭头在操作管理器区域时，上述快捷键是不起作用的。

1.9 系统配置

系统设置功能用来设置系统的默认设置，还可以对几何图形在图形窗口的显示方式、图素的属性等参数进行设置。当改变系统设置之后，系统会存储这些值到设置文件（*.CFG）中。当然，允许改变系统的默认设置，存储新的文件至设置文件中。

单击菜单栏中的“设置”→“系统配置”命令，弹出如图 1-36 所示的“系统配置”对话框。在“系统配置”对话框中，有些选项是很少需要改变的，本书主要对涉及数控加工中必须注意的一些选项进行详细的介绍。

1.“CAD 设置”标签页

“CAD 设置”标签页如图 1-44 所示，包括自动产生圆弧的中心线、默认属性、曲线/曲面的构建形式和转换等选项组。

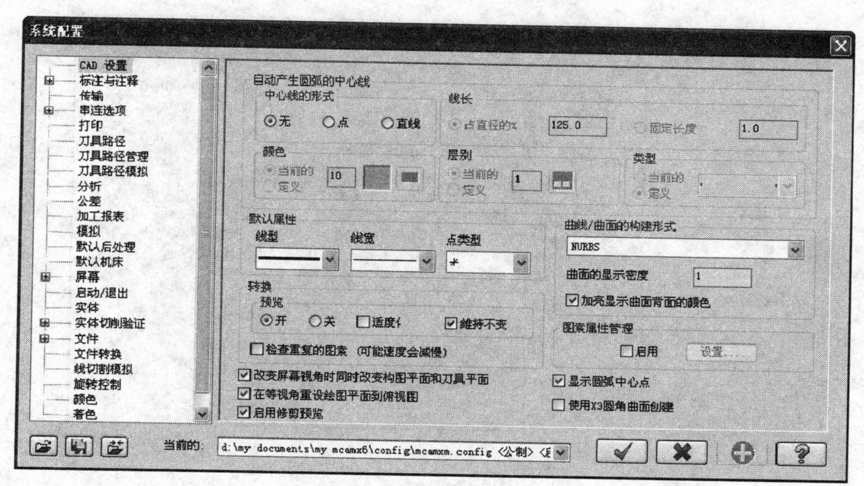

图 1-44 “系统配置”对话框—“CAD 设置”标签页

（1）自动产生圆弧的中心线。该选项组用于设置绘制圆以及圆弧时是否绘制中心线，若绘制则设置中心标记样式，如中心线的线长、颜色、层别和类型等。

（2）默认属性。该选项组用于设置系统默认状态下图素的样式，包括图素线型、线宽、点类型等。

（3）曲线/曲面的构建形式。该选项组用于设置创建的样条曲线和曲面的类型。单击该下拉列表框右侧的下拉箭头，显示如图 1-45 所示的“曲线/曲面的构建形式”选项，包括参数式、NURBS、曲线生成（假如不允许则为参数式）、曲线生成（假如不允许则为 NURBS）。修改“曲面的显示密度”文本框中的数值（0～15），可以调整曲面用线框显示时的线条密度。

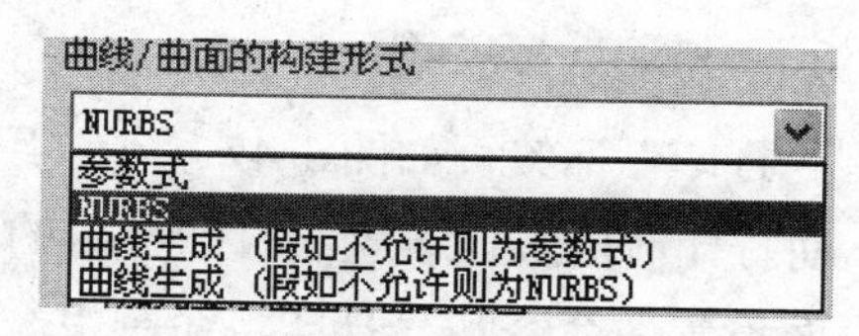

图 1-45 “曲线/曲面的构建形式”选项

（4）转换。该选项组用于设置在使用“转换”命令编辑图素时，是否提供预览功能。

2.“串连选项”标签页

“串连选项”标签页如图 1-46 所示，用于设置进行串连操作的一系列参数值，这些设置将影响 Mastercam X6 的整个运行过程。

串连是一种指定顺序和方向的选择图形方法，如绘制刀具路径、构建曲面和实体。串连有两种类型：开式串连和闭式串连。开式串连是指起点和终点不重合，如简单的直线、小于 360° 的圆弧；闭式串连是指起点和终点重合，如矩形、三角形、圆等。

每次选择串连时赋予一个方向，在串连图素上，串连方向用一个箭头表示，以串连起点为基础。系统计算串连方向是依赖于串连类型的，看用户选择的图素是开式还是闭式的。若选择开式串连，则串连的起点紧接着串连图素的端点，串连方向与串连端点相反；若选择闭式串连，则串连方向取决于选取“串连选项”标签页的参数。

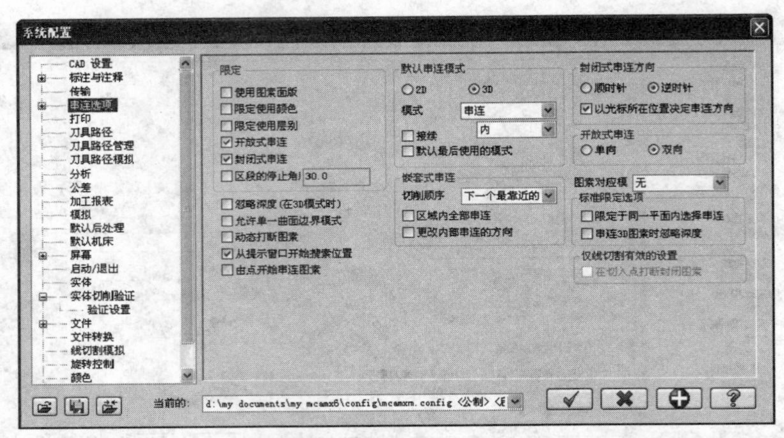

图 1-46 “系统配置”对话框—“串连选项”标签页

在“串连选项”标签页中，勾选“限定于同一平面内选择串连”复选框，则以当前设置图层为基础限定串连图素；勾选“串连 3D 图素忽略深度”复选框，则串连 3D 图素时可以不考虑图层深度的影响。选择并设置“区段的停止角”文本框中的值，可指定一部分图素能包括的最大角度，并仍可串连。当串连时，若系统找到一个比区段停止角更大的角，系统会停止串连操作，并等待用户响应。

3.“打印”标签页

“打印”标签页如图 1-47 所示，用于设置打印文件时的相关参数，主要是设置打印线宽。而打印时的页面设置和打印参数的设置在 Mastercam X6 中则放置在了“文件”菜单的“页面设置”命令和“打印”命令中。

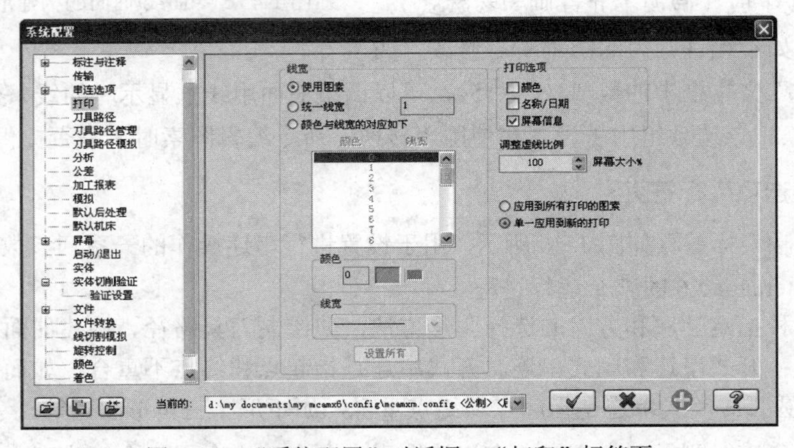

图 1-47 “系统配置”对话框—“打印”标签页

4.“刀具路径”标签页

“刀具路径”标签页如图 1-48 所示，用于初始化刀具路径生成和显示的控制参数，其中主要选项组的含义如下。

（1）刀具路径显示的设置。该选项组用于设置在创建刀具路径时刀具的显示方式。刀具路径一般由多段组成（如走圆和走直线就是不同的两段），选中“步进”单选钮实现逐步模拟显示，就是让刀具路径一段一段地显示；选中“持续”单选钮实现连续模拟显示，即从头到尾连续不断地显示刀具的加工过程。选中“端点”单选钮显示加工特征的端点；选中“中间过程”单选钮显示加工特征的中间位置。“静止”是指刀具路径在每一点上都显示，而且不消失；“动态”是指刀具在刀具路径的每一点上先显示，然后消失。

（2）刀具路径的曲面选取。该选项组用于进行加工曲面、干涉曲面以及刀具加工范围等参数的设置。

（3）加工报表程序。该选项组用于设置工件的组织列表方式。一共有两个选项可以选择：选择“.SET 文件”选项，系统按与当前后处理器相关联的“.SET”文件创建组织列表方式；选择“启用加工报表”选项，系统则将以对话框的形式创建组织列表方式。

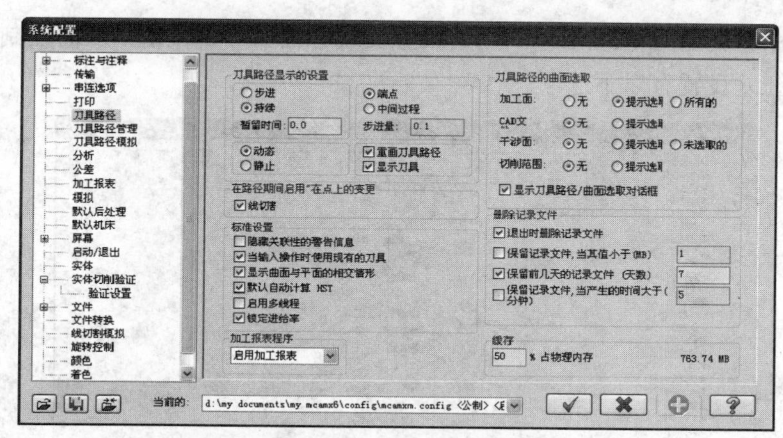

图 1-48 “系统配置”对话框—“刀具路径”标签页

5.“刀具路径模拟”标签页

“刀具路径模拟”标签页如图 1-49 所示，用于设置刀具移动路径的模拟效果的控制参数，其中主要选项组的含义如下。

（1）步进模式。该选项组用于设置刀具路径显示方式为逐步模拟显示时，是仅“端点”显示，还是显示“中间过程”，即按指定的“快速步进增量”一步步地移动刀具，从而显示刀具的加工过程。

（2）刷新屏幕选项。该选项组用于设置在刀具路径模拟显示的过程中，是“换刀时”刷新屏幕重新显示，还是“操作变换时”刷新屏幕重新显示。

（3）显示设置。该选项组用于设置刀具路径模拟显示的刀具颜色、刀具外形的显示参数。

（4）颜色。该选项组用于设置刀具运动的颜色，如设置快速移动时的颜色、直线切削的颜色等。

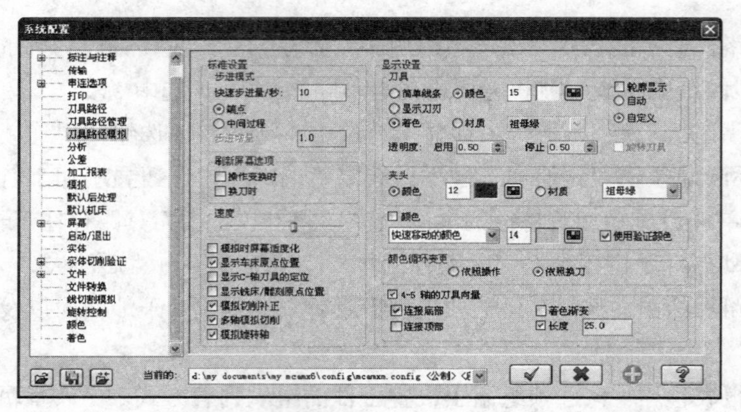

图 1-49　“系统配置”对话框—“刀具路径模拟”标签页

6. “公差”标签页

“公差”标签页如图 1-50 所示，用于设置曲线和曲面的公差值，从而控制曲线和曲面的光滑程度。公差设置有以下选项。

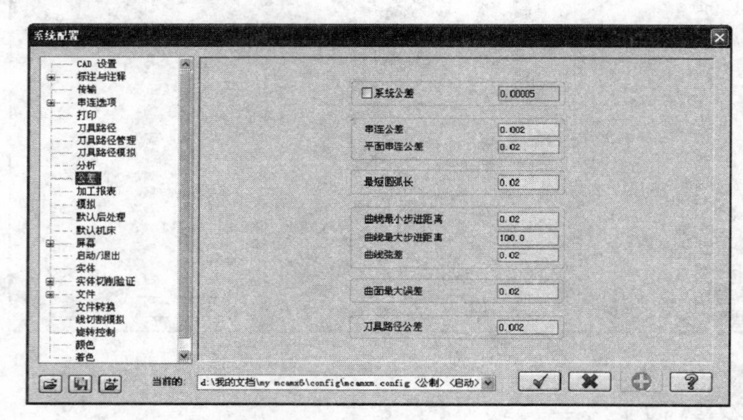

图 1-50　“系统配置”对话框—“公差”标签页

（1）系统公差。该选项是指系统可以区分的两个点的最短距离，即能创建的直线的最短距离。

（2）串连公差。该选项是指系统将两个对象作为串连的两个几何对象端点间的最大距离。

（3）最短圆弧长。该选项用来设置系统所能创建的圆弧的最小长度。

（4）曲线最小步进距离。该选项用来设置沿曲线创建刀具路径或是将曲线打断成圆弧等操作时的最小步长。

（5）曲线最大步进距离。该选项用来设置沿曲线创建刀具路径或是将曲线打断成圆弧等操作时的最大步长。

（6）曲线弦差。该选项用来设置采用线段代替曲线时线段和曲线间允许的最大误差。

（7）曲面最大误差。该选项用来设置曲面和生成该曲面的曲线之间的最大距离。

（8）刀具路径公差。该项用来设置曲面或曲线在刀具路径加工中的公差值。

7. “默认后处理”标签页

“默认后处理”标签页如图 1-51 所示，主要用于设置后处理的相关参数，在其中可以设置后处理过程中的 NCI 文件、NC 文件的存储、编辑方式以及加工机器的数据传输方式。

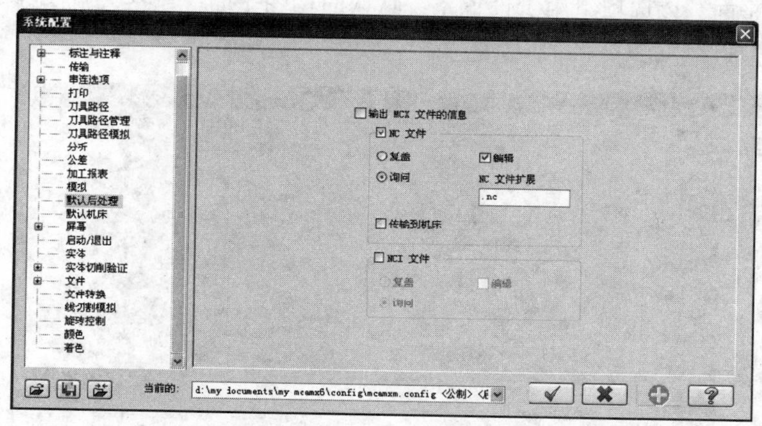

图 1-51　“系统配置”对话框—“默认后处理”标签页

8.“屏幕”标签页

“屏幕”标签页如图 1-52 所示，用于设置 Mastercam X6 系统的操作和显示外观。默认情况下，系统采用“OpenGL”绘图方式，从而加快处理复杂图形时显示的速度。

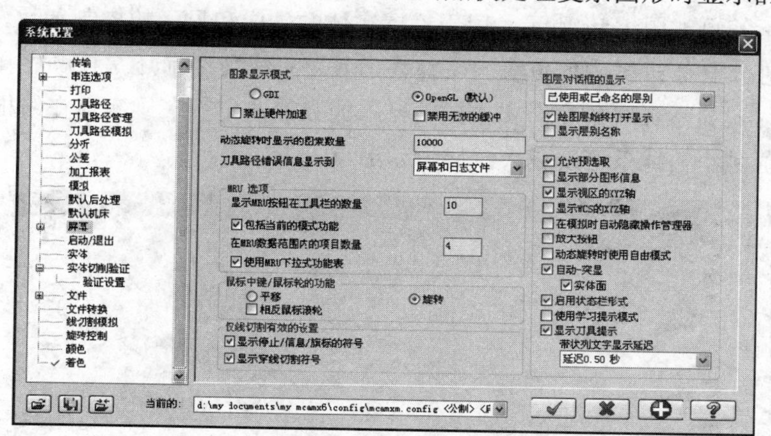

图 1-52　“系统配置”对话框—“屏幕”标签页

其中，若勾选“允许预选取”复选框，则允许用户在编辑时先选择图素，再选择命令操作；若不勾选该复选框，则只能是先选择命令，再选择图素对它进行操作。

9.“启动/退出”标签页

“启动/退出”标签页如图 1-53 所示，用于设置 Mastercam X6 系统启动/退出时的相关默认设置选项，其中主要选项组的含义如下。

（1）启动设置。该选项组用于设置系统在启动时所调用的系统规划文件。

（2）当前配置单位。该选项组用于设置系统的单位制，包括“英制”和“公制”两个选项。

（3）绘图平面。该选项组用于设置系统默认的构图平面，包括“俯视图”、“前视图”、“右视图”等选项。

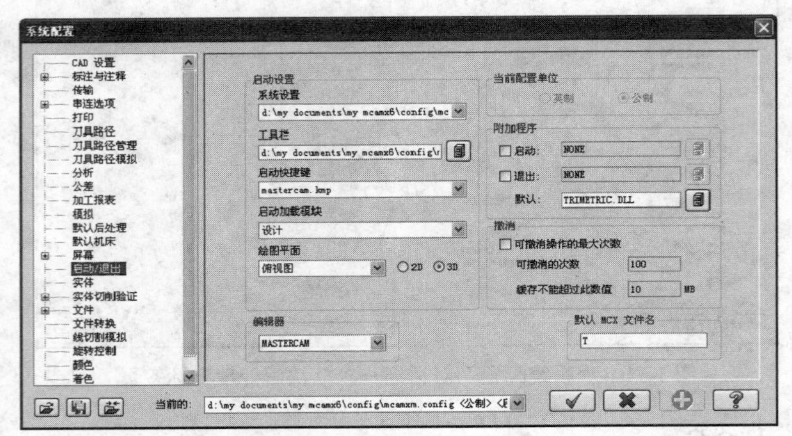

图 1-53　“系统配置”对话框—“启动/退出”标签页

10.“实体”标签页

“实体”标签页如图 1-54 所示，用于设置实体的生成和显示的控制参数。例如，设置新的实体操作在实体管理器中的位置、实体在刀具路径操作之前还是按顺序排列。另外，“圆面使用放射式显示弧线角度”文本框中输入的数值决定着三维实体在线框模式下的线条密度，角度值越小，线条密度越大，显示越形象。

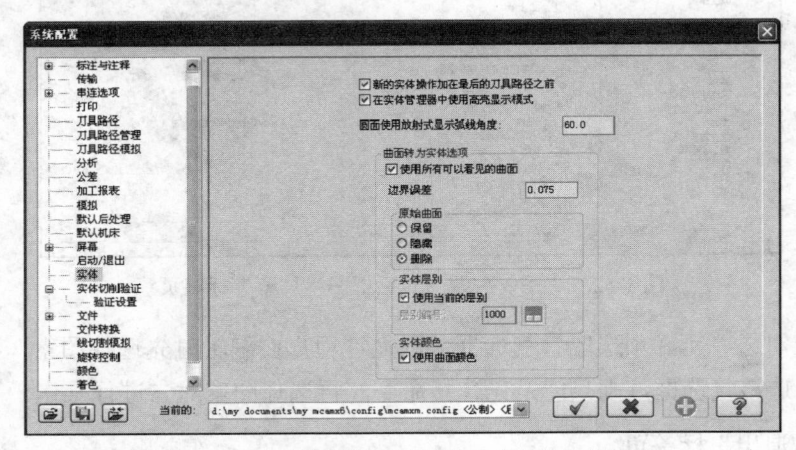

图 1-54　“系统配置”对话框—“实体”标签页

11.“验证设置”标签页

“验证设置”标签页如图 1-55 所示，用于设置刀具路径验证时操作参数的初始化值，其中主要选项组的含义如下。

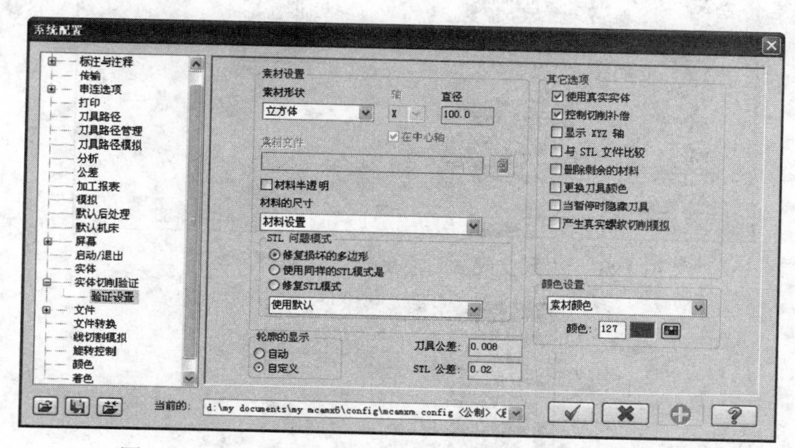

图 1-55 “系统配置”对话框—“验证设置”标签页

（1）素材设置。该选项组用于设置进行刀具路径验证时工件的形状。如工件的形状是“立方体”、“圆柱”，还是由“文件”来确定。如果工件是“圆柱”，则还应确定“圆柱轴的方向”和“圆柱直径”。

（2）材料的尺寸。该选项组用于设置工件的尺寸来源。选择“扫描刀具路径”选项，说明该尺寸由刀具路径信息确定；选择“材料设置”选项，说明该尺寸使用操作管理器中“材料设置”中设定的值；选择“使用上次尺寸”选项，表示使用上次使用的尺寸。

（3）轮廓的显示。该选项组用于设置在进行刀具路径验证时，刀具是“自动显示”还是“定义后再显示”。

（4）其他选项。该选项组用于设置在进行刀具路径验证时，是否“使用真实实体”、是否“显示 XYZ 轴”、是否“删除剩余的材料”等。

（5）颜色设置。该选项组用于设置刀具颜色、素材颜色、刀具碰撞工件的颜色以及前 10 把刀切削的材料的颜色等。

12.“文件”标签页

“文件”标签页如图 1-56 所示，用于设置不同类型文件的存储目录以及使用的不同文件的默认名称等。文件参数设置有以下选项。

（1）数据路径。在该列表框中可以选择文件的类型，从中选择一种文件的类型，则在“数据路径”下面的“选择项目”文本框中即会显示出相应的存储路径。如果需要改变此存储路径，则用户可以单击“选择项目”文本框右侧的 （选择）按钮，在弹出的如图 1-57 所示的“浏览文件夹”对话框中指定一个路径即可。

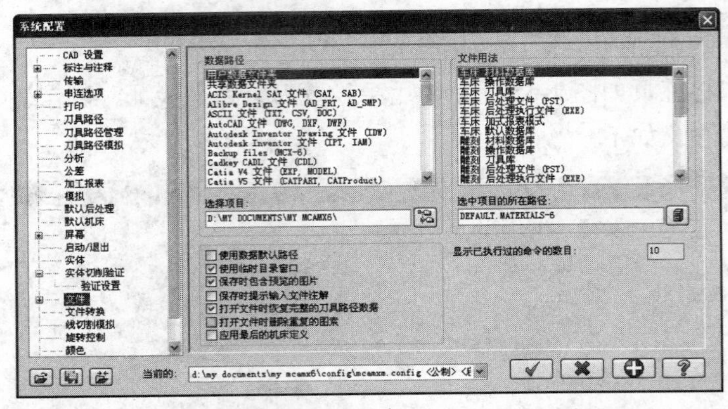

图 1-56 “系统配置”对话框—“文件”标签页

图 1-57 “浏览文件夹”对话框

（2）文件用法。在该列表框中选择要设置启动 Mastercam X6 的一种默认文件类型，则在“文件用法”下面的“选中项目的所在路径”文本框中即会显示相应的默认文件名称。如果需要更改文件名称，则可以直接在该文本框中输入新名称或者单击该文本框右侧的（选择）按钮，在弹出的如图 1-58 所示的“打开”对话框中选择所需的文件即可。

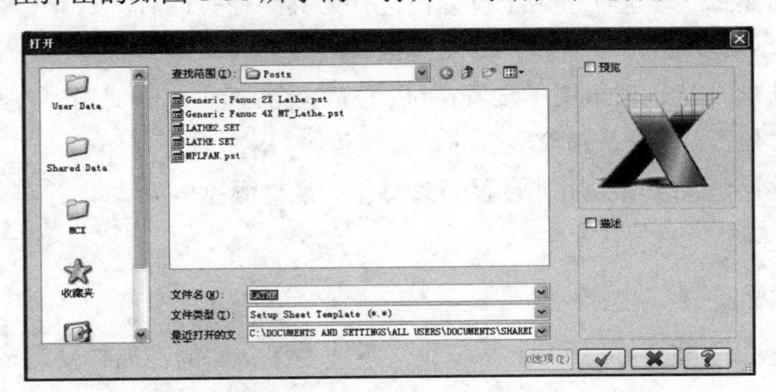

图 1-58 “打开”对话框

13.“文件转换”标签页

“文件转换”标签页如图 1-59 所示，用于设置系统与其他类型的文件进行数据交换时的参数设置，即设置系统在输入、输出几种文件类型（如 IGES 、Parasolid 、SAT、 DWG 等）时默认的初始化参数。

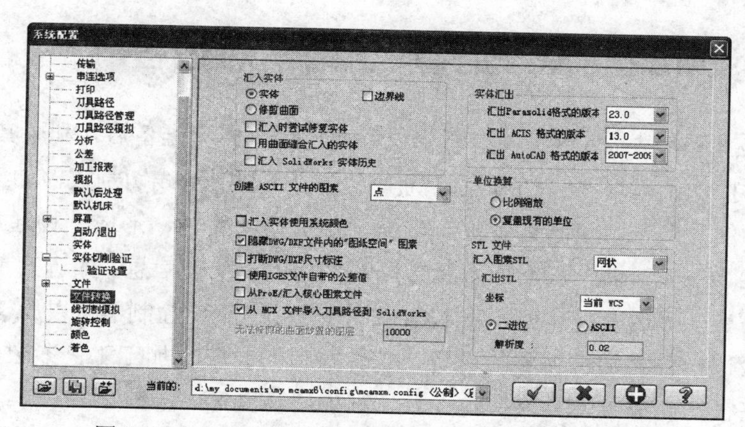

图 1-59 “系统配置”对话框—“文件转换”标签页

14.“颜色”标签页

“颜色”标签页如图 1-36 所示，用于设置 Mastercam X6 界面和图形的各种默认颜色，如绘图区的背景色、渐变色、栅格颜色、操作结果的图素显示颜色等，用户都可以在“颜色”文本框下方的列表框中进行颜色设置。

系统已经预定义了 256 种颜色效果，如果用户对这些颜色设置不满意，可以单击“定义颜色”按钮，在打开的如图 1-37 所示的“颜色”对话框中，调整“色调”、“饱和度”、“亮度”等参数。

15.“着色”标签页

“着色”标签页如图 1-60 所示，用于设置曲面（包括实体表面）在着色效果下的表现效果。

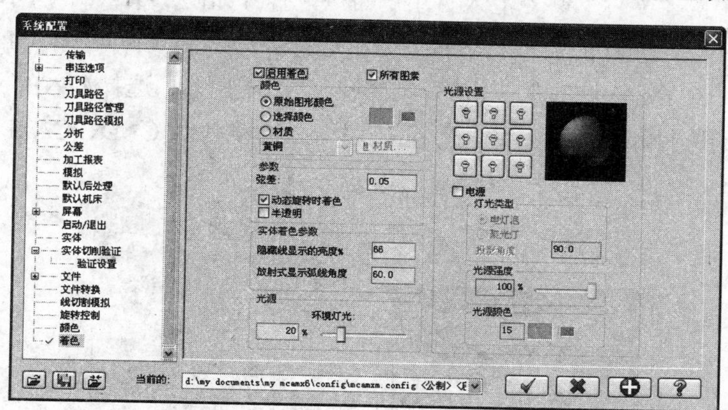

图 1-60 “系统配置”对话框—“着色”标签页

其中，选中“原始图形颜色”单选钮，表示使用图素的本色；选中“选择颜色”单选钮，表示指定一种颜色来显示着色效果；选中“材质”单选钮，表示指定材质来着色图素。为了获得某种着色效果，用户也可以选用不同的光源、照射角度、光强度和光颜色。

1.10 Mastercam X6 模具加工的一般过程

Mastercam X6 系统中含有 CAD 造型模块，通过加工模型准备后，利用其铣削、车削、刨削及线切割数控加工模块，分别可生成铣削、车削、刨削及线切割数控加工 NC 代码。根据被加工工件的几何形状设置切削加工数据，生成刀具路径，形成一种通用的刀具位置数据文件（NCI），该文件包含一系列刀具路径的坐标以及加工信息，如进刀量、主轴转速、冷却液控制指令等，最后经过后处理将 NCI 文件转换为 CNC 控制器可以解读的 NC 代码。数控编程的一般过程包括加工刀具的设置、工件材料的设置、加工工艺参数的设置、工件的设置、刀具路径的生成、刀具路径仿真及切削加工仿真等。

1.10.1 加工模型准备

加工模型可以应用 Mastercam X6 的 CAD 功能绘制，也可以通过转换其他 CAD 系统的图形文件得到。

1．应用 Mastercam X6 的 CAD 功能

- 线框、曲面造型：单击菜单栏中的“绘图”命令，再选择适当命令完成线框和曲面模型的创建。
- 实体造型：单击菜单栏中的“实体”命令，再选择适当命令完成实体模型的创建。

2．转换其他 CAD 系统的图形文件

单击菜单栏中的“文件”→“汇入目录”命令，打开如图 1-61（a）所示的“汇入文件夹”对话框，在“汇入文件的类型”下拉列表中选择要输入的文件类型，Mastercam X6 可以导入众多 CAD、CAM 软件的文件格式，如图 1-61（b）所示。选择汇入的文件名和路径，指定文件转换后的路径和文件名后单击[✔]按钮，即可将其他 CAD、CAM 软件的文件转换为 Mastercam X6 文件。

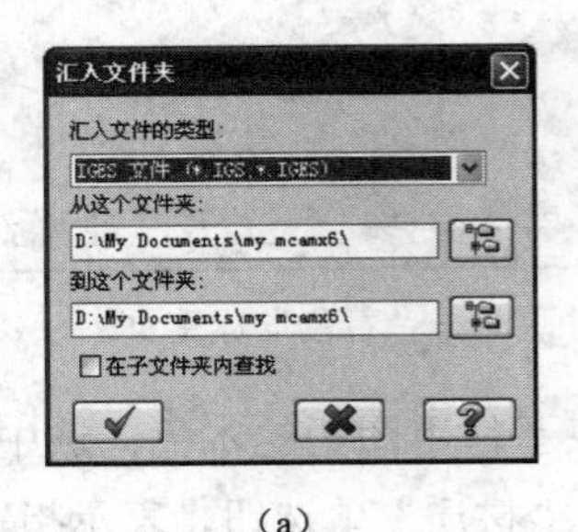

（a）

（b）

图 1-61 “汇入文件夹”对话框与 Mastercam X6 可导入的文件类型

1.10.2 加工方式选择

在 Mastercam X6 系统中，提供了车削、铣削和线切割等加工模块，分别包含多种加工方式。模具加工中最常用的加工方式如下。

1. 铣削

在 Mastercam X6 系统的铣削模块中，可生成 2～5 轴镗铣削加工刀具路径。模具加工中常用到铣平面、挖槽、外形铣削、钻孔，以及加工曲面的放射状、流线、投影、平行式、环绕等距、钻削式等铣削方法。在 Mastercam X6 系统中首先需要设置加工类型，单击菜单栏中的“加工类型”→“铣削”→“默认”命令或选择其他的控制器类型，然后才能进行铣削加工。单击菜单栏中的“刀具路径”→“挖槽”、“曲面铣削”或“多轴加工”命令，可分别生成挖槽、曲面铣削、多轴加工的刀位轨迹。

2. 车削

在 Mastercam X6 系统的车削模块中，可生成车削加工、车铣复合加工的刀具路径。同样的，也需要设置加工类型。单击菜单栏中的“加工类型”→“车削”→“默认”命令或选择其他的控制器类型，然后才能进行车削加工。单击菜单栏中的“刀具路径”或“C 轴刀具路径”命令，可分别生成车加工、车铣复合加工的刀位轨迹。其中，使用“C 轴刀具路径”命令，能在车削加工中心上进行以下加工方式。

- C 轴端面轮廓加工。
- C 轴横截面外形加工。
- C 轴外形加工。
- C 轴端面钻削加工。
- C 轴横截面钻削加工。
- C 轴钻削加工。
- C 轴铣削外形加工。
- C 轴铣钻削加工。

1.10.3 加工刀具的设置

作为一个 CAD/CAM 集成的软件，Mastercam X6 系统包括了设计和加工两大功能模块，其最终目的就是要产生加工路径和生成加工程序，所以设计模块是为加工模块服务的。在 Mastercam X6 中，加工模块主要由铣削加工子模块和车削加工子模块组成，两个模块本身都包含完整的设计系统。其中，铣削加工子模块除了可以用来生成铣削加工刀具路径外，还可以进行外形铣削、型腔加工、钻孔加工、平面加工、曲面加工以及多轴加工等的模拟；车削加工子模块除了可以用来生成车削加工刀具路径外，还可以进行粗/精车、切槽以及车螺纹的加工模拟。

不论是使用铣削加工子模块还是车削加工子模块，在生成刀具路径前，都首先要选择该加工中使用的刀具。一个零件的加工可能要分成若干步骤并使用若干把刀具，刀具的选择直接影响加工的成败和效率。刀具参数中设置的一系列相关加工参数也可以直接在加工中使用。Mastercam X6 提供了强大的刀具管理功能。

1．刀具设定

在如图 1-62 所示的操作管理器中，选择“属性”选项下的“刀具设置”，系统将弹出如图 1-63 所示的“机器群组属性”对话框的“刀具设置”标签页，在此标签页中设置分配刀具号、刀具补偿数及转速、进给速度的默认值等，其中主要选项组的含义如下。

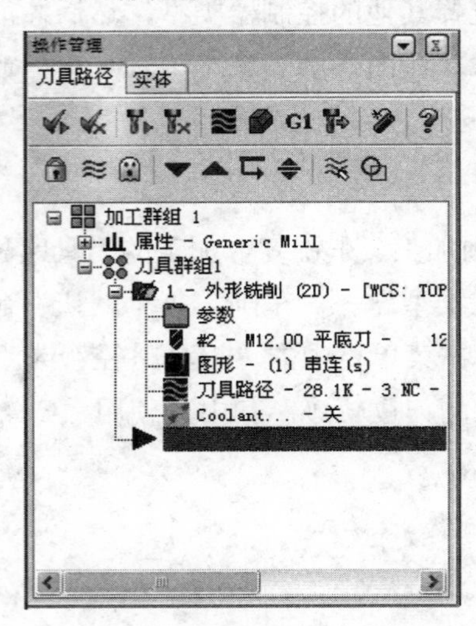

图 1-62　操作管理器

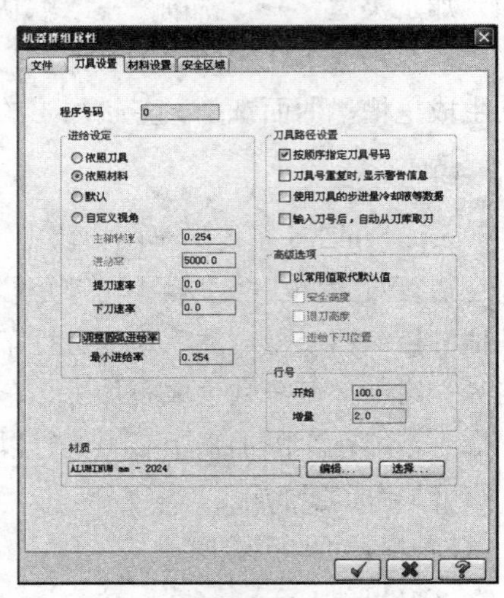

图 1-63　“机器群组属性”对话框—“刀具设置”标签页

（1）进给设定。

- 依照刀具：选中该单选钮，则将刀具管理器中设置的进给速度作为加工的进给速度。
- 依照材料：选中该单选钮，则将材料定义中设置的进给速度作为加工的进给速度。
- 默认：选中该单选钮，则将默认文件中设置的进给速度作为加工的进给速度。
- 调整圆弧进给率：勾选该复选框，则在加工圆弧轨迹时自动调节进给速度，一般是减速。

（2）刀具路径设置。通过 4 个选项设定刀具号的分配、冷却等。

（3）高级选项。勾选“以常用值取代默认值”复选框，表示使用默认值；不勾选该复选框，则表示由用户自行设定安全高度、参考高度以及进给下刀平面。

（4）行号。在输出 NC 程序时行号的编排顺序，包括起始行号和行号增量。

2．刀具管理器

单击菜单栏中的“刀具路径”→“刀具管理”命令，即可弹出如图 1-64 所示的“刀具管理”对话框。或者在如图 1-62 所示的操作管理器中选择“刀具群组”下的“参数”选项，系统将弹出如图 1-65 所示的“2D 刀具路径—外形铣削”对话框，在此对话框上半部分的空白处单击鼠标右键，在弹出的快捷菜单中单击“刀具管理”命令，也可弹出如图 1-64 所示的“刀具管理”对话框。

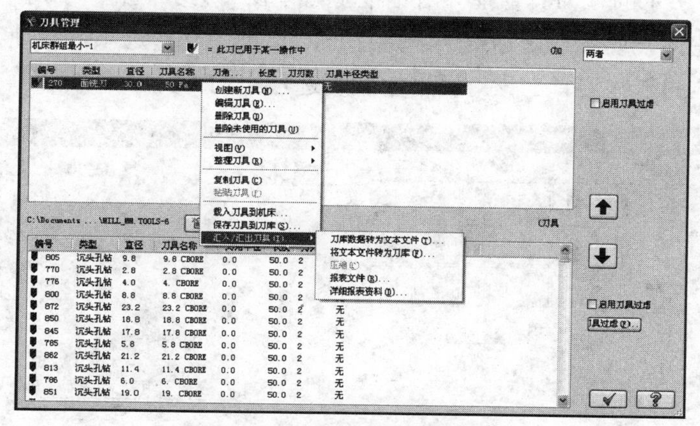

图 1-64 “刀具管理”对话框

“刀具管理”对话框上半部显示当前工件所使用的刀具列表，下半部显示现在的刀具库或现在可用的各种刀具。在列表中单击鼠标右键，即可弹出如图 1-65 所示的刀具管理快捷菜单，其中各选项含义如下。

（1）创建新刀具。添加一把新刀具到刀具列表中。

（2）编辑刀具。打开“定义刀具”对话框，若在对话框中没有显示刀具，系统不显示该选项。

（3）删除刀具。从刀具列表中删除已选刀具，若在对话框中没有显示刀具，系统不显示该选项。

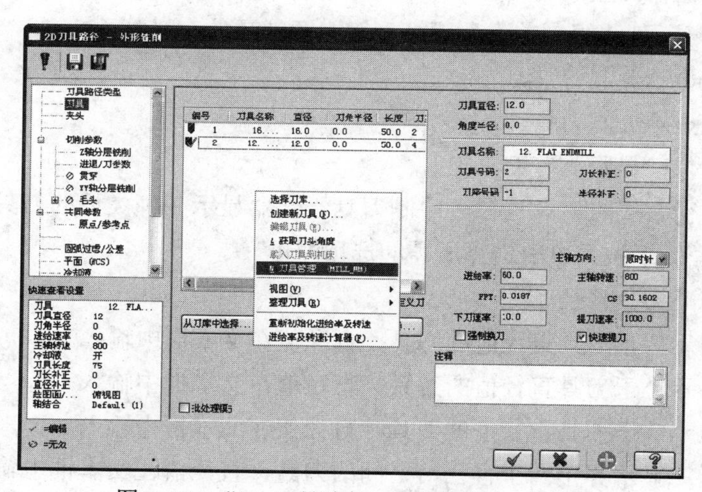

图 1-65 “2D 刀具路径—外形铣削”对话框

（4）刀库数据转为文本文件。从一个 TOOLS 文件输出刀具库信息到一个文本文件中。

（5）将文本文件转为刀库。从一个文本文件中输入新刀具库到一个 TOOLS 文件中。

3. 刀具过滤器

在如图 1-64 所示的“刀具管理”对话框中，单击“刀具过滤”按钮，弹出如图 1-66 所示的“刀具过滤列表设置”对话框，通过在该对话框中选择选项，可使刀具管理器只显示适合过滤器标准的那些刀具。该对话框中主要选项组的含义如下。

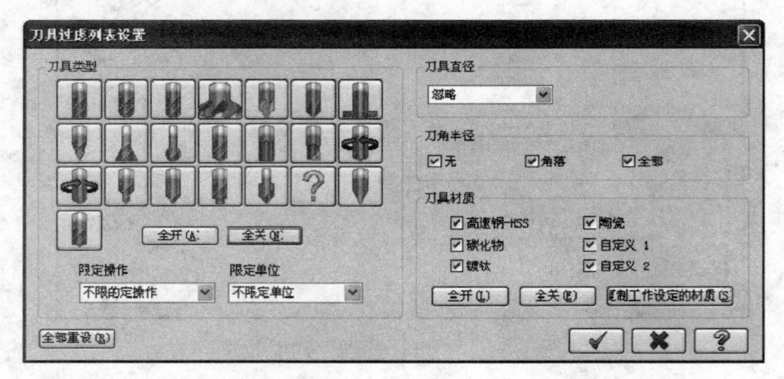

图 1-66　“刀具过滤列表设置”对话框

（1）刀具类型。从“刀具类型”选项组中选择一种刀具类型，单击“全开”或“全关”按钮，则显示或不显示所有的刀具类型。若用户将鼠标箭头移到刀具按钮上面，刀具的名字将显示在鼠标箭头下方。用户也可选择下面的某一个选项，以提供更多过滤器标准。

1）如图 1-67 所示，“限定操作”下拉列表中各选项的含义如下。

- 依照使用操作：仅显示现在使用的刀具。
- 依照未使用的操作：仅显示现在不使用的刀具。
- 不限定的操作：显示所有刀具。

2）如图 1-68 所示，“限定单位”下拉列表中各选项的含义如下。

- 英制：仅显示英制刀具。
- 公制：仅显示公制刀具。
- 不限定单位：显示所有刀具。

（2）刀具直径。按照刀具直径，限制刀具管理器显示某种类型的刀具，从如图 1-69 所示的“刀具直径”下拉列表中选择所需的选项即可。

- 忽略：忽略刀具直径。
- 等于：显示等于刀具直径值的刀具，直径值在文本框中输入。
- 小于：显示小于刀具直径值的刀具，直径值在文本框中输入。
- 大于：显示大于刀具直径值的刀具，直径值在文本框中输入。
- 两者之间：显示界于两个直径值之间的刀具，直径值在文本框中输入。

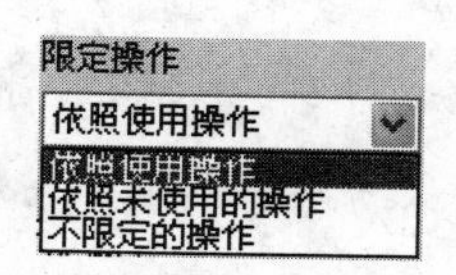

图 1-67　“限定操作”下拉列表

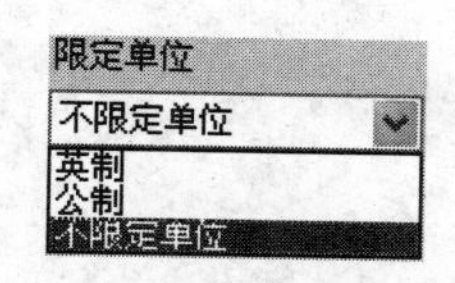

图 1-68　“限定单位”下拉列表

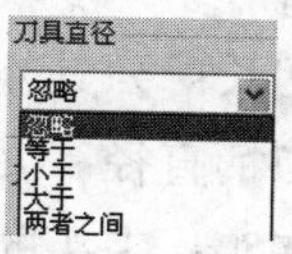

图 1-69　“刀具直径”下拉列表

（3）刀角半径。根据刀具的半径类型限制刀具管理器显示某种类型的刀具，可以选择列表中的一个或多个选项。

- 无：不使用半径类型的刀具，仅显示平端刀具。
- 角落：显示圆角刀具。
- 全部：显示全半径圆角刀具。

（4）刀具材质。根据刀具的材质限制刀具管理器显示的刀具，用户可以从“刀具材质”选项组中选择一个或多个选项。

4．定义刀具

在如图 1-64 所示的“刀具管理”对话框的刀具列表中单击鼠标右键，从弹出的快捷菜单中单击“编辑刀具”或“创建新刀具”命令，即可弹出如图 1-70 所示的“定义刀具”对话框的“平底刀”标签页。

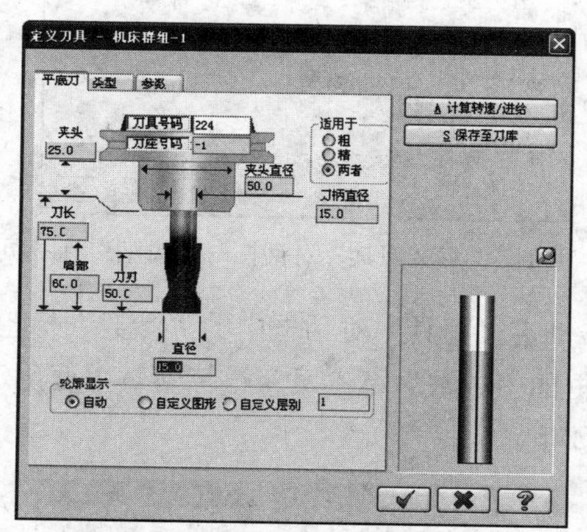

图 1-70　“定义刀具”对话框—“平底刀”标签页

（1）编辑刀具。使用如图 1-70 所示的“定义刀具”对话框的“平底刀”标签页，可以定义或编辑刀具的参数。对于不同外形的刀具，该标签页的内容也不相同，一般包括以下几个参数。

- 直径：刀具直径。
- 肩部：刀具排屑槽长度。
- 刀刃：刀刃长度。
- 刀具号码：刀具在刀具库中的编号。
- 刀座号码：有的数控机床中的刀具是以刀座位置编号的，可在此输入编号。

- 刀长：刀具外露长度。
- 刀柄直径：刀柄的直径。
- 夹头：夹头的长度。
- 夹头直径：夹头的直径。
- 适用于：设置刀具适用的加工类型，分别为粗加工、精加工和两者都可以用。

（2）刀具类型。系统默认的刀具类型为端铣刀，若要选择其他类型的刀具，可以单击“定义刀具”对话框中的“类型”标签，在系统弹出的如图 1-71 所示的“定义刀具”对话框的“类型”标签页中选择需要的刀具类型。当选定了刀具类型后，返回如图 1-65 所示的“2D 刀具路径—外形铣削”对话框，可以设置该类型刀具的参数。刀具类型一共有 22 种，用户可根据需要从中选择。

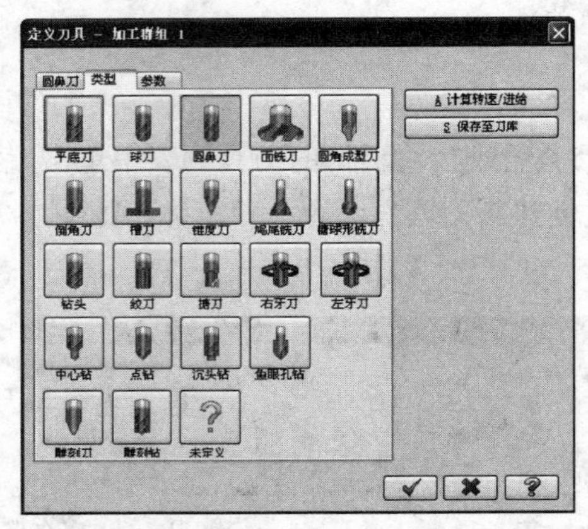

图 1-71 “定义刀具”对话框—“类型”标签页

（3）刀具参数。单击“定义刀具”对话框中的“参数”标签，系统将弹出如图 1-72 所示的“定义刀具”对话框的“参数”标签页。该标签页主要用于设置刀具在加工时的有关参数，主要参数的含义如下。

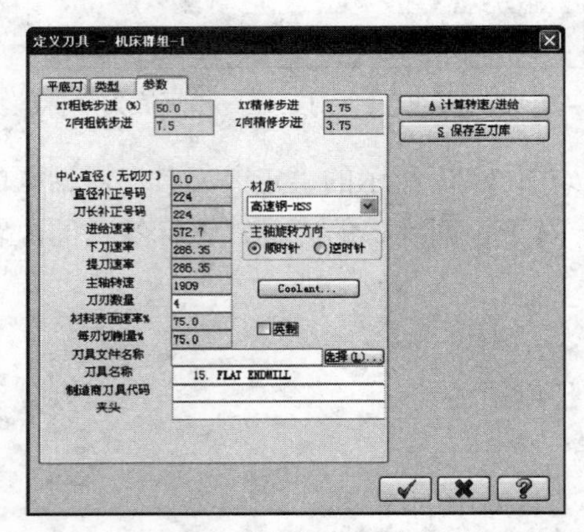

图 1-72 “定义刀具”对话框—“参数”标签页

1）XY 粗铣步进(%)。粗加工时在 XY 轴方向的步距进给量，按刀具直径的百分比设置该步距量。

2）XY 精修步进。精加工时在 XY 轴方向的步距进给量，按刀具直径的百分比计算该步距量。

3）Z 向粗铣步进。粗加工时在 Z 轴方向的步距进给量，按刀具直径的百分比计算该步距量。

4）Z 向精修步进。精加工时在 Z 轴方向的步距进给量，按刀具直径的百分比计算该步距量。

5）中心直径(无切刃)。镗孔、攻丝时的底孔直径。

6）直径补正号码。刀具半径补偿号，此号为使用 G41、G42 语句在机床控制器补偿时，设置在数控机床中的刀具半径补偿器号码。

7）刀长补正号码。刀具长度补偿号，用于在机床控制器补偿时，设置在数控机床中的刀具。

8）进给速率。用于设置机床在进给运动加工时的进给速度。

9）下刀速率。用于设置机床轴向进刀速度。

10）提刀速率。用于设置机床轴向退刀速度。

11）主轴转速。用于设置机床主轴的转速，一般取单位 r/min。

12）刀刃数量。刀具切削刃数。

13）材料表面速率%。切削速度的百分比。

14）每刃切削量%。进刀量（每齿）的百分比。

15）Coolant…（冷却方式）。该功能需要机床功能支持，单击该按钮，弹出如图 1-73 所示的“Coolant（冷却方式）”对话框，主要的冷却方式如下。

- Flood：柱状喷射冷却液。
- Mist：雾状喷射冷却液。
- Thru-tool：从刀具喷出冷却液。

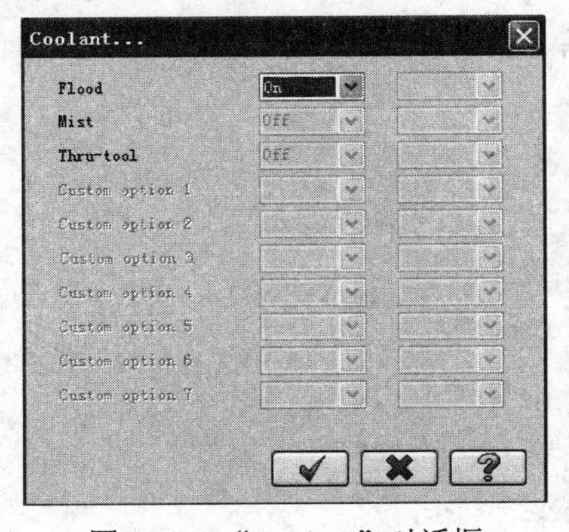

图 1-73 “Coolant”对话框

16）夹头。指出关于夹头的信息，夹头是机床上夹紧刀具的附件。

17）材质。设置刀具材料，系统会根据该资料计算主轴转速、进给率和插入速率。

18）主轴旋转方向。设定刀具的旋转方向，分别为顺时针旋转和逆时针旋转。

19）英制。公英制选择，刀具库包括公制和英制两种，一般选公制。

5. 刀具参数

在对某一零件输入加工参数时，当指定加工区域后，必须进入当前操作的刀具参数对话框，每种加工模块都需要设置一组刀具参数，可以在如图 1-74 所示的“刀具路径参数”标签页中进行设置。如果已经设置了刀具，将会在对话框中显示出刀具列表，可以直接在刀具列表中选择已设置的刀具。如列表中没有已设置的刀具，可以在刀具列表中单击鼠标右键，通过快捷菜单来添加新刀具。这些参数中的许多选项都会直接影响后处理程序中的 NC 代码。

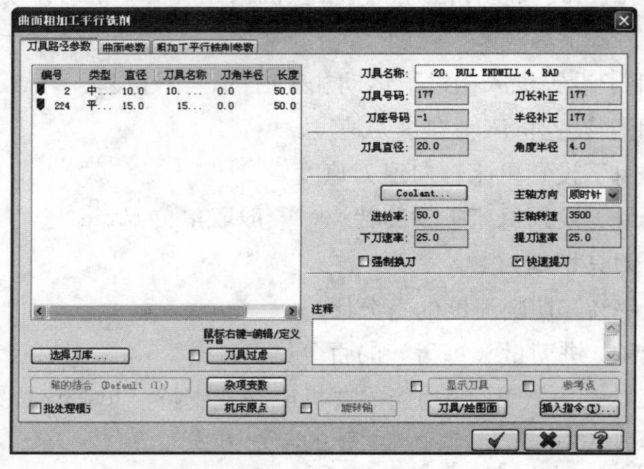

图 1-74 “刀具路径参数”标签页

（1）加工模块选择。每种加工模块都需要设置一组刀具参数，选项旁边是刀具列表区，可以直接在刀具列表中选择已设置的刀具。如列表中没有已设置的刀具，可在刀具列表中单击鼠标右键，通过快捷菜单来添加新的刀具。

（2）一般参数。

- 刀具名称：当前所选择的刀具名。
- 刀具号码：当前所选择刀具的编号。
- 刀座号码：刀具夹头编号。
- 刀长补正：刀具长度补偿号。
- 半径补正：刀具半径补偿号。
- 刀具直径：当前所选择刀具的直径。
- 角度半径：刀具圆角半径。

- Coolant...（冷却方式）：加工时的冷却方式，需机床功能支持。
- 进给率：进给速度。
- 主轴转速：主轴的旋转速度。
- 下刀速率：轴向进刀速度。
- 提刀速率：退刀速度。
- 注释文本框：在该文本框中输入有关操作的注释。根据后处理程序的不同，注释内容可能会出现在加工程序中。
- 刀具过滤：单击该按钮，弹出如图 1-66 所示的“刀具过滤列表设置”对话框。

以上刀具参数和加工速度参数，一般和“定义刀具”对话框中的值相同，也可以来自毛坯材料的设置参数。当然，有经验的数控操作人员一般根据加工经验和具体零件自行设置。

（3）机床原点。单击“机床原点”按钮，即可弹出如图 1-75 所示的“换刀点－参考机床”对话框。该对话框用来设置工件坐标系（程序中 G54 的位置）的原点位置，其值为工件坐标系原点在机床坐标系中的坐标值，可以直接在文本框中输入，或单击“选择”按钮，在绘图区任意选择一点。用 G92 语句编程时则不需要设置。

（4）参考点。勾选“参考点”按钮前的复选框，单击“参考点”按钮，即可弹出如图 1-76 所示的“参考位置”对话框。该对话框用来设置进刀点与退刀点的位置，“进入点”选项组用来设置刀具的进刀点，“退出点”选项组用来设置刀具的退刀点。可以直接在文本框中输入或单击“选择”按钮，然后在绘图区任意选择一点。

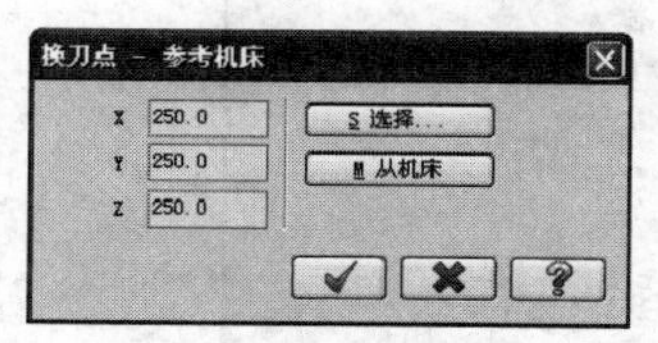

图 1-75　“换刀点－参考机床”对话框

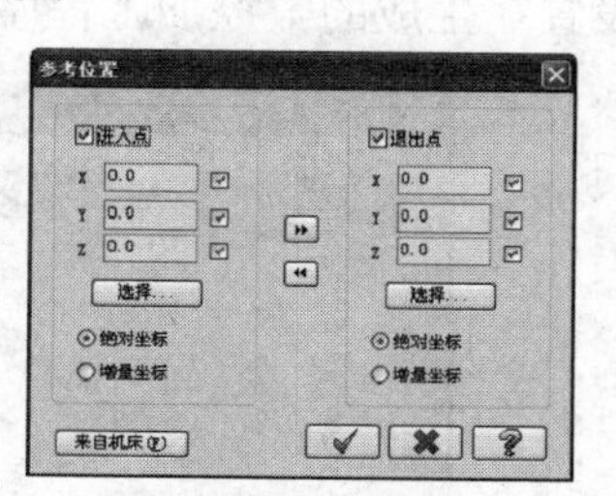

图 1-76　“参考位置”对话框

（5）刀具/绘图面。单击“刀具/绘图面”按钮，可弹出如图 1-77 所示的“刀具面/绘图面的设置”对话框。该对话框用来设置刀具面、绘图面或工件坐标系的原点及视图方向。原点坐标可以直接在文本框中输入或单击（选择）按钮，然后在绘图区任意选择一点。

（6）杂项变数。单击“杂项变数”按钮，可弹出如图 1-78 所示的“杂项变数”对话框。该对话框用于设置后处理器的 10 个整数和 10 个实数杂项值。

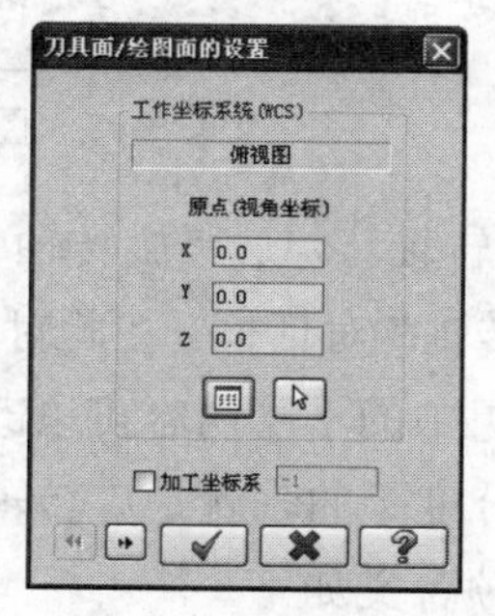

图 1-77　“刀具面/绘图面的设置”对话框

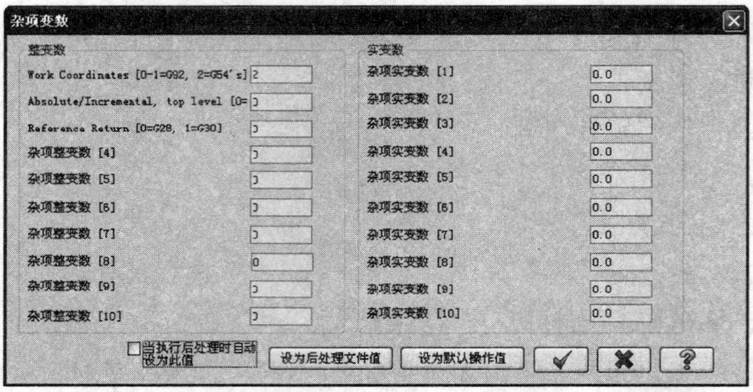

图 1-78　“杂项变数”对话框

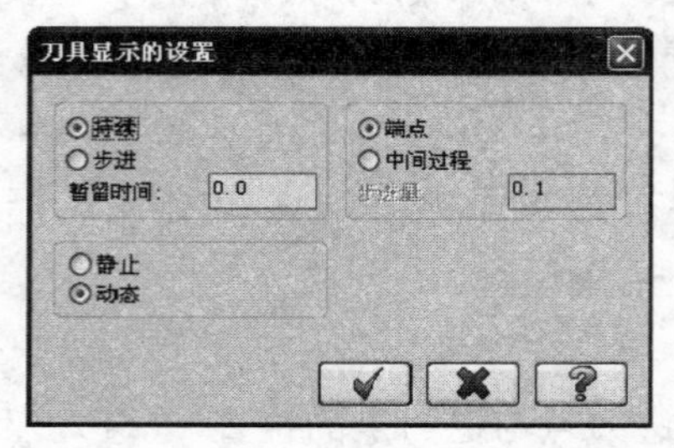

图 1-79　“刀具显示的设置”对话框

（7）显示刀具。勾选“显示刀具”按钮前的复选框，单击“显示刀具”按钮，弹出如图 1-79 所示的“刀具显示的设置”对话框。该对话框用于设置生成刀具路径时刀具的显示方式。

（8）插入指令。勾选“插入指令”按钮前的复选框，单击“插入指令”按钮，弹出如图 1-80 所示的“插入指令”对话框。该对话框用于设置在生成的数控加工程序中插入所选定的句柄。

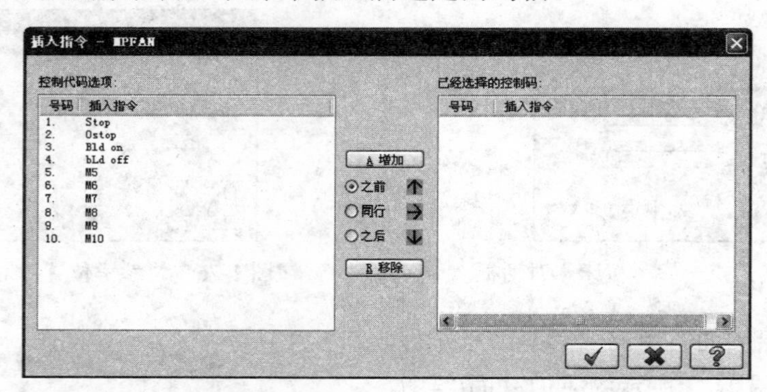

图 1-80　“插入指令”对话框

（9）旋转轴。勾选“旋转轴”按钮前的复选框，单击“旋转轴”按钮，弹出如图 1-81 所示的“旋转轴”对话框。在此对话框中允许设置在机床上模拟 4 轴运动的参数，选择“旋转轴”选项组中的不同内容可以改变相应设置，如 3 轴数控铣床，在工作台装上一个数控分度头，该分度头的轴就是旋转轴；如铣带锥度的玉米铣刀就需要旋转轴。“旋转轴”对话框中的各选项含义如下。

1）旋转轴。

- 绕 X 轴旋转：绕 X 轴旋转零件，只有在选择定位旋转轴或 3 轴选项时可用。

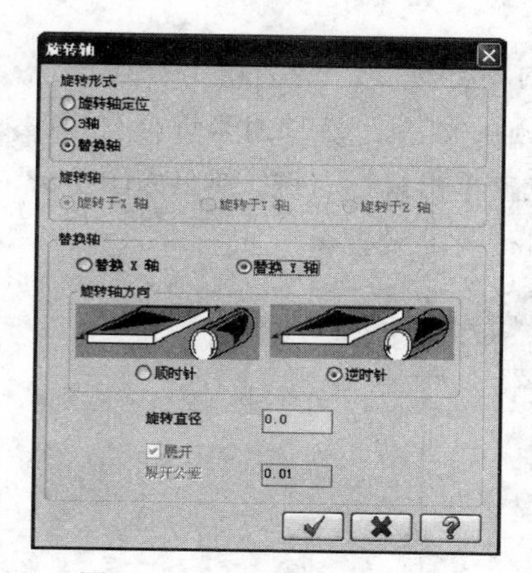

图 1-81 “旋转轴”对话框

- 绕 Y 轴旋转：绕 Y 轴旋转零件，只有在选择定位旋转轴或 3 轴选项时可用。
- 绕 Z 轴旋转：绕 Z 轴旋转零件，只有在选择定位旋转轴或 3 轴选项时可用。

2）替换轴。

- 替换 X 轴：选中该单选钮，则用旋转轴替换 X 轴，一般叫 A 轴，选择该选项依赖于机床工作台旋转轴的刀具位置。
- 替换 Y 轴：选中该单选钮，则用旋转轴替换 Y 轴，一般叫 B 轴，选择该选项依赖于机床工作台旋转轴的刀具位置。
- 旋转直径：用于输入一旋转轴的直径值。
- 展开：用于当几何图形缠绕在一个旋转轴的圆柱体的刀具路径上时，展开几何图形使它平放在一平面上，一旦几何图形放平，铣刀补正和退刀移动的计算就相对于平面的几何图形。当进行刀具后路径处理时，几何图形用旋转轴和旋转直径的设置反缠绕在圆柱体上。
- 展开公差：当展开时，用于确定计算展开图形的公差值，公差值决定计算的误差。只有启动外形加工和钻孔加工刀具路径时才可用。

1.10.4 工件材料的设置

工件材料的设置包括材料的选择和材料的定义。工件材料的选择会直接影响主轴转速、进给速度等加工参数。

1．材料的选择

在生成刀具路径时，只能选用当前材料列表中的材料来生成刀具路径。单击菜单栏中的“刀具路径”→“材料管理”命令，弹出如图 1-82 所示的“材料列表”对话框；或者从如图 1-63 所示的操作管理器中选择“属性”选项下的“刀具设置”，系统弹出“机器群组属性”对话框的“材料设置”标签页，在“材质”选项组中单击“选择”按钮，将弹出如

图 1-83 所示的“材料列表”对话框。

在此对话框中可以通过“显示选项”选项组来选择材料库，一般选中“毫米”单选钮。也可以在该对话框中的任意位置单击鼠标右键，弹出如图 1-83 所示的“材料库”快捷菜单，通过该快捷菜单可以实现材料列表的设置。

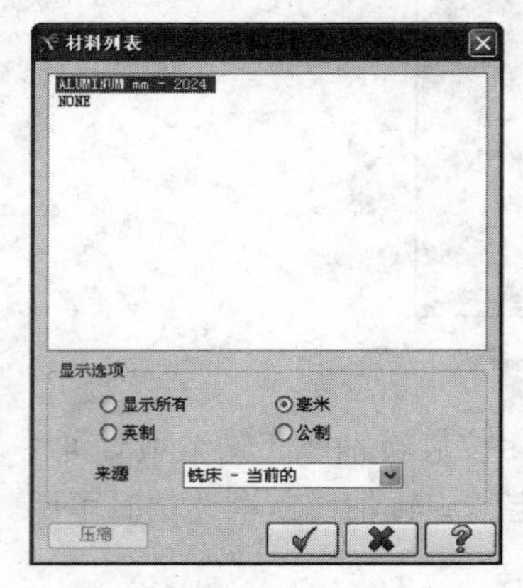

图 1-82 “材料列表”对话框

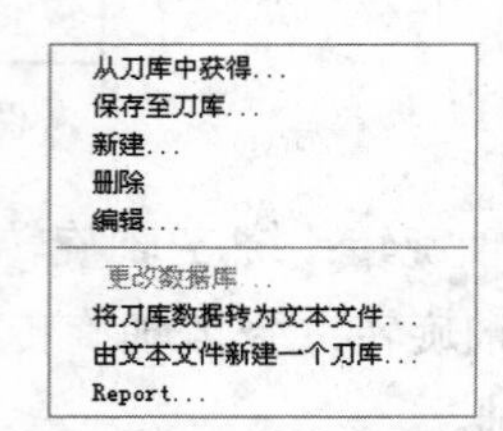

图 1-83 “材料库”快捷菜单

（1）从刀库中获得：通过该命令可以显示材料列表，从中选择需要使用的材料并添加到当前材料列表中。

（2）新建：通过设置材料的各个参数来定义新材料。单击该命令后，弹出如图 1-84 所示的“材料定义”对话框。

（3）编辑：编辑选定材料的各个参数。单击该命令后，系统将弹出如图 1-84 所示的“材料定义”对话框。

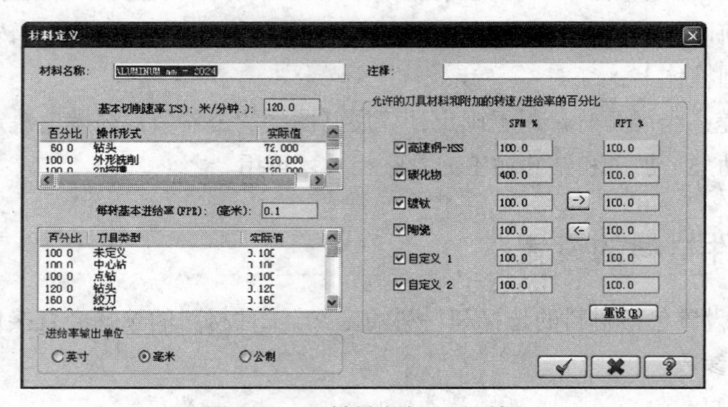

图 1-84 “材料定义”对话框

2．材料定义

在“机器群组属性”对话框的“材料设置”标签页中选定材料后单击“编辑”按钮，或者在如图 1-83 所示的“材料库”快捷菜单中单击“新建”或“编辑”命令，即可弹出如图 1-84 所示的“材料定义”对话框，主要选项的含义如下。

（1）材料名称。输入材料的名称。

（2）基本切削速率。设置材料的基本切削线速度。还可以在该文本框下面的列表中设置不同加工类型的切削线速度与基本切削线速度的百分比。

（3）每转基本进给率。设置材料每转或每齿的基本进刀量。同样在该文本框下面的列表中可以设置不同加工类型的进给量与基本进给量的百分比。

（4）进给率输出单位。设置进给量所使用的长度单位，一般选择“毫米”。

（5）注释。可为该工件材料输入相关的注释文字。

（6）允许的刀具材料和附加的转速/进给率的百分比。选择用于加工该材料的刀具材料。可选的材料有高速钢、碳化物、镀钛、陶瓷和用户自定义，可选择一个或多个选项。

1.10.5 加工工艺参数的设置

Mastercam X6 含有铣削（两轴、三轴、多轴）、车削等数控加工设置模块，主要设置加工时的切削参数，如主轴转速、切削深度、切入/切出方式等。不同的加工方式，其具体的加工工艺参数设置也不相同。分别进入铣削、车削加工模块，单击菜单栏中的“刀具路径”命令，即可进入对应的加工设置对话框。

1.10.6 工件设置

工件（毛坯）设置包括设置工件的大小、原点、类型等，可以在如图 1-62 所示的操作管理器中进行设置。选择“属性”选项下的“材料设置”，系统弹出如图 1-85 所示的“机器群组属性”对话框的“材料设置”标签页，在其中可以进行工件的设置。

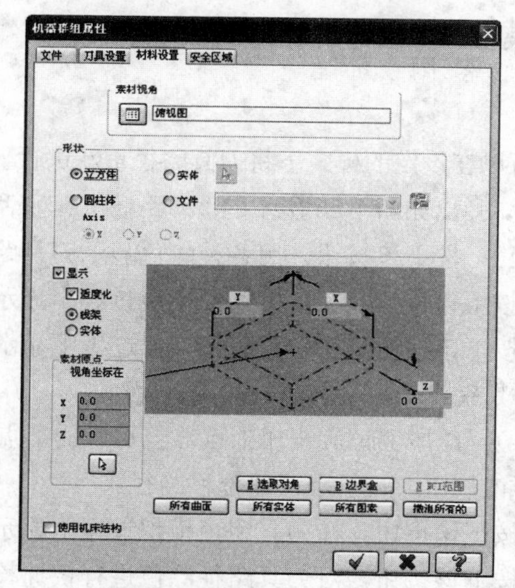

图 1-85 “机器群组属性”对话框—“材料设置”标签页

1. 工件类型选择

根据毛坯形状可选择“立方体”或“圆柱体”。

选择“圆柱体”时，可选 X、Y 和 Z 轴来确定圆柱摆放的方向；选择“实体”时，可通过单击 (选取）按钮，然后在绘图区选择一部分实体作为毛坯形状；选择“文件”则时，可通过单击 (选取）按钮，然后从 STL 文件输入毛坯形状。

可通过设置“显示”选项，决定是否在屏幕上显示工件。

2. 工件尺寸设置

Mastercam X6 提供了几种设置工件尺寸的方法。用户可以通过在“X”、“Y”和“Z”文本框中输入数值以确定工件尺寸。还可以通过以下按钮确定工件的尺寸。

（1）选取对角。单击该按钮，返回到绘图区，选择零件的相对角以定义一个零件毛坯。根据选择的角重新计算毛坯原点，毛坯上 X 轴和 Y 轴尺寸也随之改变。

（2）边界盒。单击该按钮，根据图形边界确定工件尺寸，并自动改变 X 轴、Y 轴和原点坐标。

（3）NCI 范围。单击该按钮，根据刀具在 NCI 文件中的移动范围确定工件尺寸，改变 X 轴、Y 轴和原点坐标。

3. 工件原点设置

默认的毛坯原点位于毛坯的中心。可以通过在工件原点设置的 X、Y 和 Z 轴的坐标值来确定工件原点。也可以单击 (选取）按钮，在绘图区选择一点作为工件原点， X、Y 和 Z 轴的坐标值将自动改变。

1.10.7 刀具路径模拟

1. 刀具路径的显示

在生成刀具路径后，可以在设定的模式下将刀具路径重新进行显示。在操作管理器中单击 (刀具路径仿真）按钮，弹出如图 1-86 所示的“刀路模拟”对话框，各按钮的含义如下。

- (显示颜色切换)：按下该按钮，用各种颜色显示刀具路径。
- (显示刀具)：按下该按钮，在刀具路径模拟过程中显示出刀具路径。
- (显示夹头)：按下该按钮，在刀具路径模拟过程中显示出刀具的夹头，以便检验加工中刀具和刀具夹头是否会与工件碰撞。
- (显示快速位移)：在加工时从一加工点移至另一加工点，需抬刀快速位移，此时并未切削，按下该按钮，将显示快速位移路径。
- (显示端点)：按下该按钮，在刀具路径模拟过程中显示刀具路径的节点位置。
- (着色验证)：按下该按钮，对刀具路径涂色进行快速检验。
- (选项)：单击该按钮，弹出如图 1-87 所示的“刀具路径模拟选项”对话框，在其中可进行各选项的参数设置。

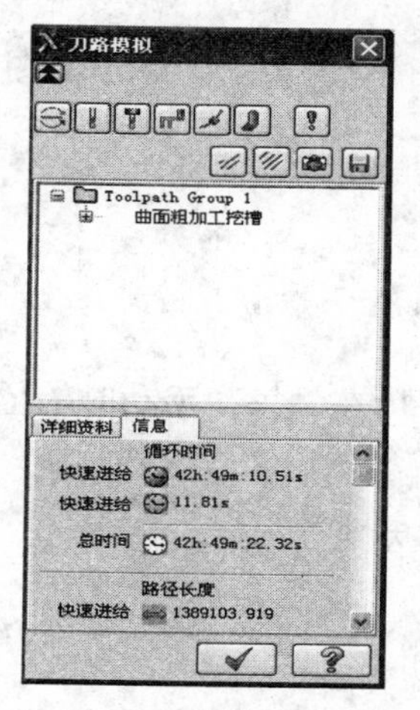

图 1-86 “刀路模拟”对话框

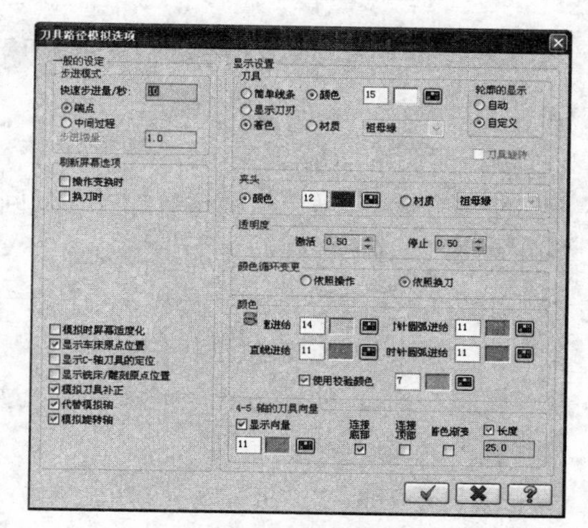

图 1-87 “刀具路径模拟选项”对话框

在如图 1-87 所示的“刀路模拟”对话框中，按钮区域下方是刀具路径的显示区域，系统显示当前进行模拟的刀具路径，此路径取决于操作管理器中所选择的刀具路径，即标记（选中）符号的刀具路径。

刀具路径显示区域下方显示了 Mastercam X6 估算的加工时间，由切削时间和快速位移时间组成。

2. 图形显示区的控制

在如图 1-86 所示的“刀路模拟”对话框中设置好各个参数后，即可在图形显示区观察刀具路径模拟加工的过程，图形显示区上方有一个对模拟过程进行控制的控制条，如图 1-88 所示。

图 1-88 图形显示区控制条

- （路径痕迹模式）：按下该按钮，表示在刀具路径模拟时始终显示全部刀具轨迹。
- （执行模式）：按下该按钮，表示在刀具路径模拟时显示加工完毕的刀具轨迹。
- （运行速度）：拖动滑块可以调节模拟速度。
- （显示位置移动）：显示模拟加工的进程。
- （设置停止条件）：单击该按钮，弹出如图 1-89 所示的“暂停设定”对话框，可以设置在某步加工、某步操作、刀具路径变化处或具体某坐标位置模拟停止，以便于观察模拟加工过程。

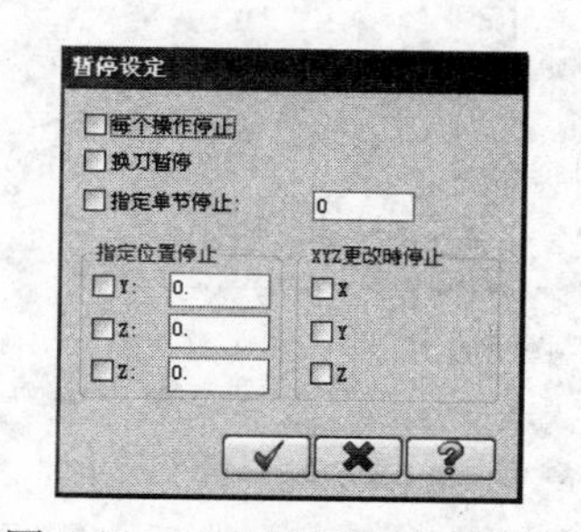

图 1-89 “暂停设定”对话框

1.10.8 切削加工仿真

在操作管理器中选择一个或几个操作，单击（切削加工仿真）按钮，弹出如图 1-90 所示的“验证”对话框，其中各选项的含义如下。

（1）控制按钮，滑动条。

- （重新开始）：结束当前仿真加工，返回初始状态。
- （开始）：开始连续仿真加工。
- （步进）：步进仿真加工，单击一下走一步或几步，可在“每次手动时的位”文本框中设置每步的步进量进行仿真。
- （快速向前）：快速仿真，不显示加工过程，直接显示加工结果。
- （暂停）：暂停仿真加工。
- （不显示刀具及夹头）：在仿真加工中不显示刀具和夹头。
- （模拟刀具）：在仿真加工中显示刀具。
- （模拟刀具及夹头）：在仿真加工中显示刀具和夹头。
- （选项）：参数设置，单击该按钮，弹出如图 1-91 所示的“验证选项”对话框，可在其中对仿真加工中的参数进行设置。

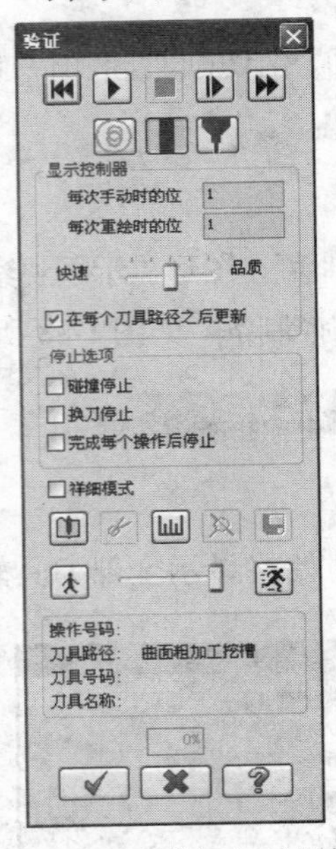

图 1-90 “验证”对话框

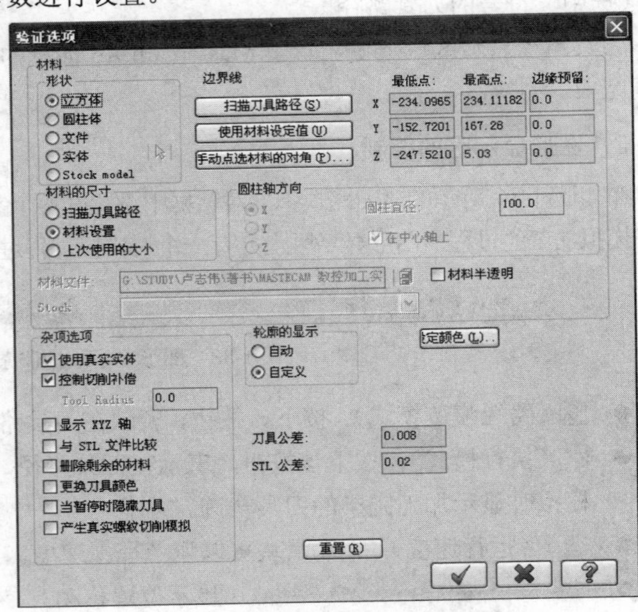

图 1-91 “验证选项”对话框

- （显示工件截面）：仅对标准仿真加工有效。单击该按钮，再单击工件上需要剖切的位置，然后在需要留下的部分单击一下，即可显示出剖面图。
- （准确缩放按钮）：仅对真实实体仿真加工有效。仿真完成后单击该按钮，然后单击主窗口工具栏的缩放按钮或用鼠标滚轮对图形进行任意缩放。

- （仿真速度滑动条）：可通过该滑动条来调节仿真加工的速度。
- （速度质量滑动条）：可通过该滑动条提高仿真速度降低仿真质量，或提高仿真质量降低仿真速度。

（2）停止选项。用于选择在某时刻停止仿真加工。

- 碰撞停止：勾选该复选框，则仿真加工在碰撞冲突的位置停止。
- 换刀停止：勾选该复选框，则仿真加工在换刀时停止。
- 完成每个操作后停止：勾选该复选框，则仿真加工在每步操作结束后停止。

（3）仿真加工图形显示区。在进行切削加工仿真时，用户可以利用如图 1-90 所示的“验证”对话框进行控制，在图形区可以看到仿真加工的过程和结果，如图 1-92 所示。

图 1-92 仿真加工过程

1.10.9 NC 后置处理

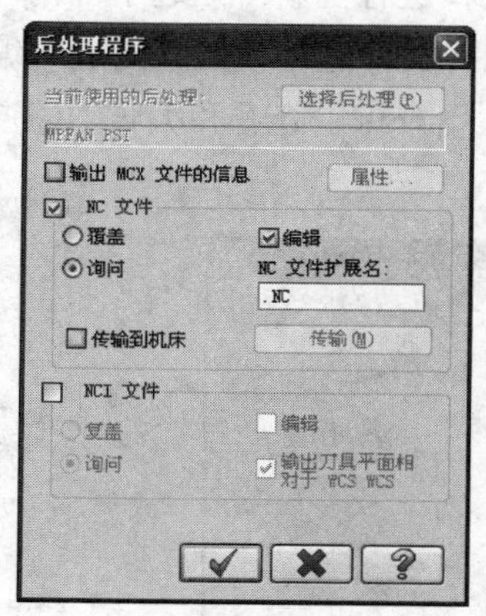

图 1-93 “后处理程序”对话框

刀具路径产生后，经过仿真加工并确定无差错后，即可进行后处理。后处理就是将 NCI 刀具路径文件翻译成数控 NC 程序（即加工程序），NC 程序将控制数控机床进行加工。在操作管理器中单击G1（后置处理）按钮，弹出如图 1-93 所示的“后处理程序”对话框，该对话框用来设置后处理中的有关参数。该对话框中主要选项组的含义如下。

（1）当前使用的后处理。不同的数控系统所用的加工程序的语言格式是不同的，用户应根据机床数控系统的类型选择相应的后处理器，系统默认的后处理器为 MPFAN.PST（日本 FANUC 数控系统控制器）。若要使用其他的后处理器，可单击“选择后处理”按钮，在弹出的“打开”对话框中，选择与用户数控系统相对应的后处理器后，单击“打开”按钮，系统即启用该后处理器运行后处理。

（2）NC 文件。该选项组可以对后处理过程中生成的 NC 文件进行设置。当选中“覆盖”单选钮时，系统自动对原 NC 文件进行更新；当选中“询问”单选钮时，可以在文本框中输入文件名，生成新文件或对已有文件进行覆盖；勾选“编辑”复选框时，系统在生成 NC 文件后自动打开文件编辑器，用户可以查看和编辑 NC 文件，编辑器中生成的 NC 文件如图 1-94 所示；勾选“传输到机床”复选框，则在存储 NC 文件的同时将 NC 文件通过串口或网络传至机床的数控系统或其他设备；单击“传输”按钮，弹出如图 1-95 所示的“传输”对话框，在其中可以对 NC 文件的通讯参数进行设置。

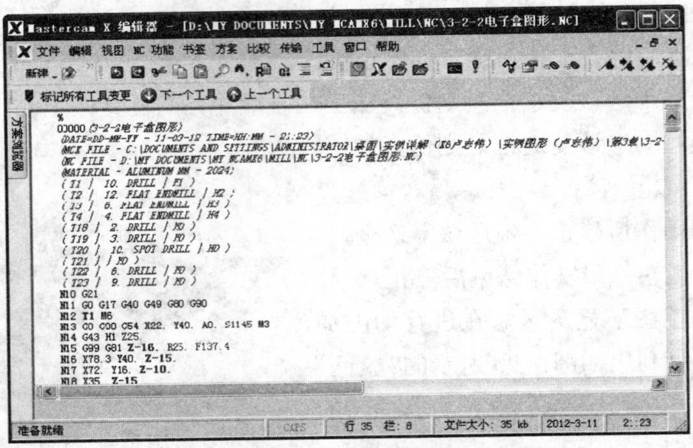

图 1-94 “Mastercam X6 编辑器”界面

（3）NCI 文件。该选项组可以对后处理过程中生成的 NCI 文件（刀具路径文件）进行设置。当选中“覆盖”单选钮时，系统自动对原 NCI 文件进行更新；当选中“询问”单选钮时，可以在文本框中输入文件名，生成新文件或对已有文件进行覆盖；勾选“编辑”复选框时，系统在生成 NCI 文件后自动打开文件编辑器，用户可以查看和编辑 NCI 文件，也可以选择不输出 NCI 文件。

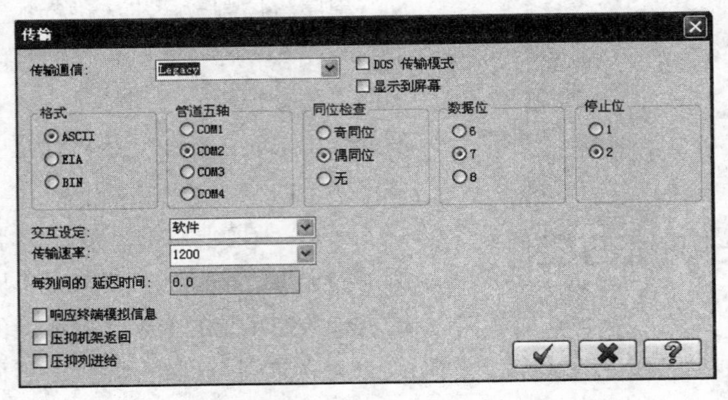

图 1-95 “传输”对话框

1.10.10 NC 程序的传输

通过计算机进行刀具路径的模拟数控加工，并确认符合实际加工要求后，就可以利用 Mastercam X6 的后置处理程序来生成 NCI 文件或 NC 数控代码，Mastercam X6 系统本身提供了百余种后置处理 PST 程序。对于不同的数控设备，其数控系统可能不尽相同，选用的后置处理程序也就有所不同。对于具体的数控设备，应选用对应的后置处理程序，后置处理生成的 NC 数控代码经适当修改后，如能符合所用数控设备的要求，就可以输出到数控设备，进行数控加工使用。

进行 NC 程序传输之前，首先要保证计算机与数控机床 CNC 之间用一根 RS232 数据传输电缆线连接，并在如图 1-95 所示的“传输”对话框中进行参数的设置后，即可快速而准确地实现互相传输的目的。下面就通讯参数的设置步骤及各参数含义进行说明。

1．参数设置

将计算机的数据线连接好，启动 Mastercam X6 软件，打开如图 1-93 所示的“后处理程序”对话框。

在该对话框中勾选“传输到机床”复选框，并单击“传输”按钮后，弹出如图 1-95 所示的“传输”对话框。在该对话框中输入相应内容：如“格式：ASCII”；“管道五轴：COM2”；“同位检查：偶同位”；“数据位：7”；“停止位：2”；“交互设定：软件”；“传输速率：1200”等。参数设置完成后单击按钮（注意参数必须与机床搭配，否则无法进行程序传输）。

2．传送程序

将计算机中存储的已编制好的程序传送到机床中。在如图 1-94 所示的“Mastercam X6 编辑器”界面中，单击“传输”→“发送”命令，在如图 1-96 所示的“打开”对话框中，选择已编制好的加工程序，在窗口中找到要传输的程序的路径。

这时将机床传输操作准备好（机床操作参考实际使用的“数控系统操作说明书”）。单击“打开”按钮，同时按机床的传输执行键（注意：如果按执行键过早，机床屏幕显示无连接；如果按执行键过晚，机床接收到的程序将缺少前面的程序段），NC 便开始读入程序。

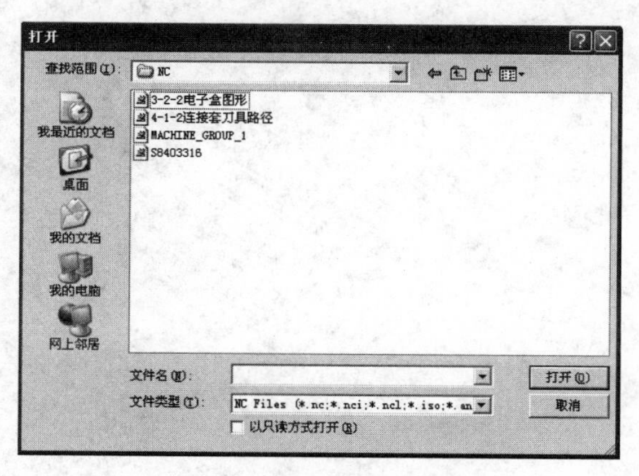

图 1-96　“打开”对话框

3．接收程序

将机床中存储的加工程序传送到计算机中。在如图 1-94 所示“Mastercam X6 编辑器”界面中，单击“传输”→“接收”命令，系统弹出如图 1-97 所示的“保存”对话框。在该对话框中设置接收程序的文件名和要存入的路径，单击“保存”按钮，系统即可弹出“接收状态”对话框，在可操作的机床上即可实现数控程序的接收。

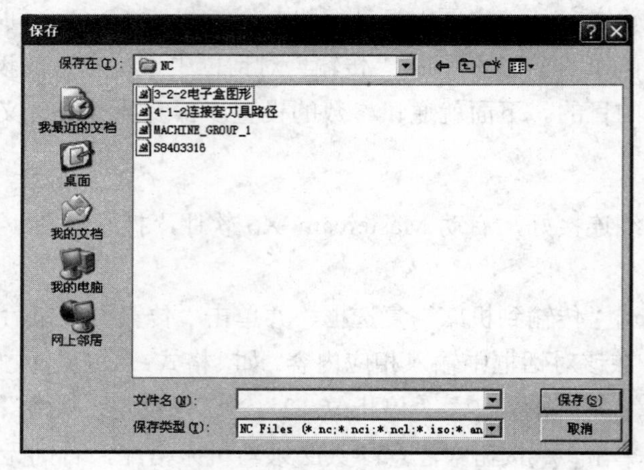

图 1-97 “保存”对话框

第2章 汽车左前轮罩下支板模具加工与编程

内容

本章介绍在Mastercam X6软件中对汽车左前轮罩下支板模具进行数控加工的常用加工工艺及加工方法，详细阐述了汽车左前轮罩下支板模具数控铣削加工的编程方法及程序生成的详细过程。在制定加工方式时，要根据不同的加工对象（加工的表面形状等），创建合适的加工安全框，选择不同的刀具、切削参数、走刀路线等，采用灵活多样的加工方法，来解决自由曲面繁多的汽车覆盖件的模具数控加工问题。

目的

通过实例讲解，使读者熟悉和掌握用Mastercam X6软件进行典型自由曲面类汽车模具加工刀具路径的设计方法，了解相关的数控加工工艺知识。

2.1 加工任务概述

随着我国汽车工业的迅速发展，新车型更新换代的速度不断加快，型腔面设计日趋复杂，自由曲面所占的比例不断增加，制造精度日益提高，且交货周期不断缩短，这就对模具及零件加工提出了更高的要求。随着数控系统、数控机床、刀具及CAD/CAM软件的不断发展，高速加工技术在模具制造中的应用越来越广。Mastercam X6软件的NC加工模块，可进行各种数控加工轨迹的生成、编辑及后置处理，同时还可对生成的加工轨迹进行仿真校验，以确保生成的数控加工程序准确无误。

汽车左前轮罩下支板如图2-1所示，其凹模如图2-2所示。汽车覆盖件凹模与一般的零件模具相比，具有体积大、自由曲面多、形状怪异、表面曲度大、曲面美观大方、结构紧凑、刚性好等特点。下面将详细讲解汽车左前轮罩下支板凹模的加工编程过程。

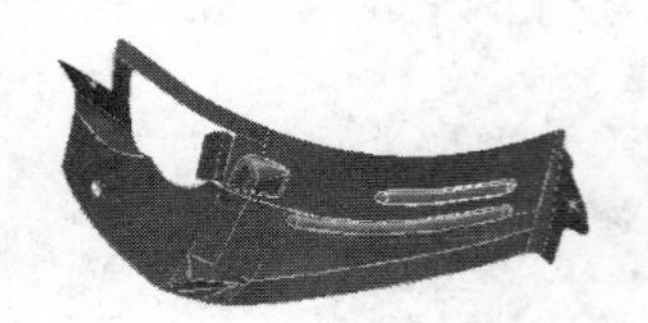

图 2-1　汽车左前轮罩下支板

图 2-2　汽车左前轮罩下支板凹模

2.2 加工模型的准备

1．选择零件的加工模型文件

进入 Mastercam X6 系统，单击菜单栏中的“文件”→“打开文件”命令，系统弹出如图 2-3 所示的“打开”对话框，将“文件类型”设置为“IGES 文件”类型，选择零件的加工模型文件“2-1 图形.IGS”，单击按钮。

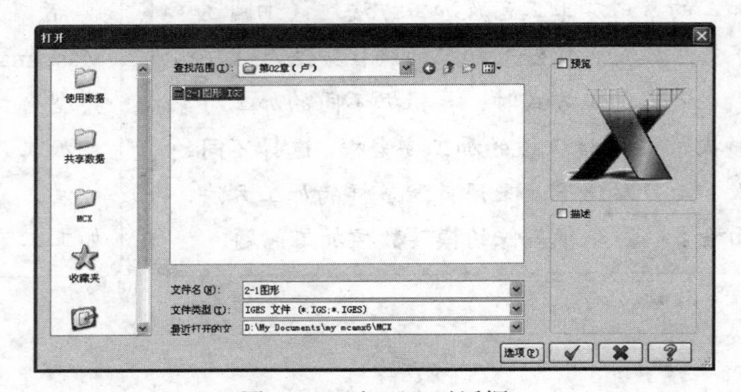

图 2-3　“打开”对话框

2．移动加工坐标点

STEP 01　显示坐标点。单击状态栏中的（颜色设置）区域，弹出如图 2-4 所示的“颜色”对话框。选择红色，单击按钮。再单击菜单栏中的“绘图”→“绘点”→“绘点”命令，在如图 2-5 所示的位置单击，即可创建一个红色的坐标点“+”。

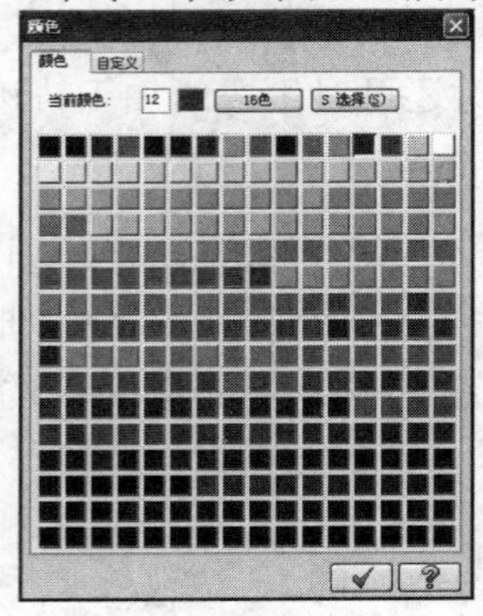

图 2-4　“颜色”对话框

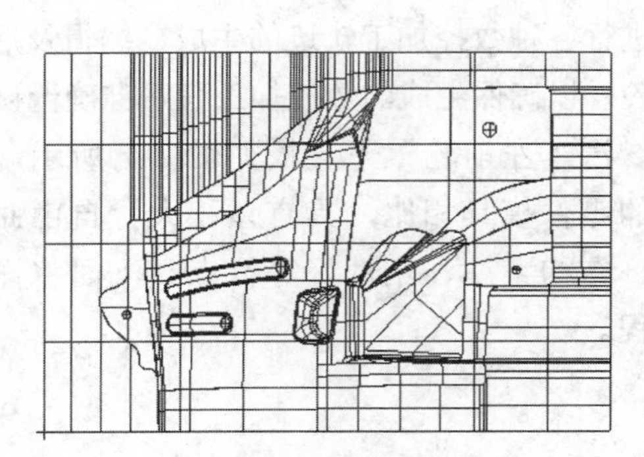

图 2-5　创建红色坐标点

STEP 02　测量坐标点的值。单击鼠标右键，系统在绘图区弹出如图 2-6 所示的常用工具快捷菜单，单击“顶视图”命令；或者在工具栏中单击（顶视图）按钮，都可以将图形切换到顶视图。再单击菜单栏中的“分析”→“点位分析”命令，选择如图 2-7 所示的被测量点，系统即可弹出如图 2-8 所示的“点分析”对话框，显示坐标点数值。

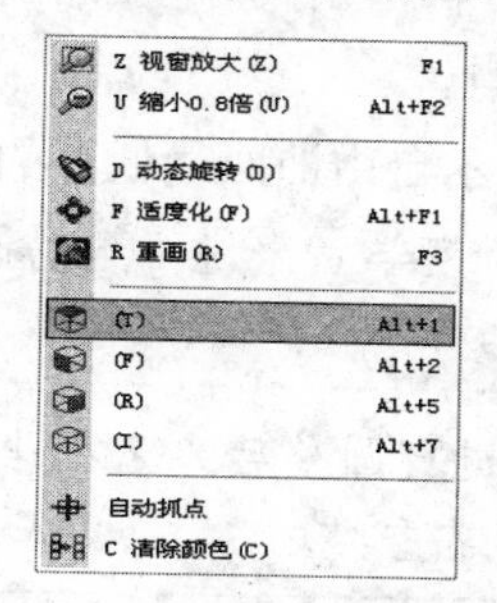

图 2-6　常用工具快捷菜单

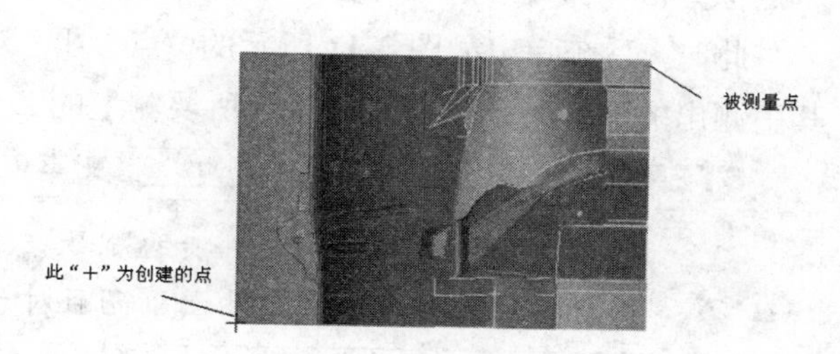

图 2-7　创建坐标点

STEP 03　移动坐标点到数模中心。单击菜单栏中的“转换”→“平移”命令，系统弹出如图 2-9 所示的“平移选项”对话框，单击（选择图素）按钮，选择整个数模，直到图形颜色发生变化，按“Enter”键即可返回如图 2-9 所示的对话框。在“直角坐标”选项组中的“ΔX”、“ΔY”文本框中输入要移动的 X、Y、Z（X=−468.033/2，Y=−320/2，Z 值默认为 0）的值，如图 2-9 所示。选中“移动”单选钮，单击按钮，关闭此对话框，此时坐标原点移动到数模的中心。

	移动坐标点的目的是为了方便操作工对刀和复查程序。

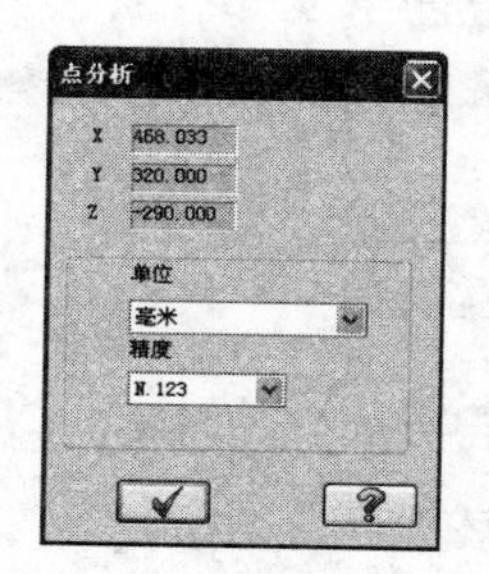

图 2-8　“点分析”对话框 1

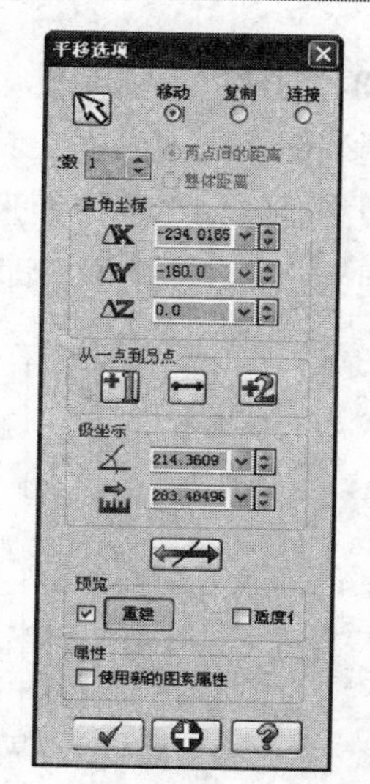

图 2-9　“平移选项”对话框

3．创建加工安全框

STEP 01 测量自由曲面最低点的坐标值（为创建加工安全框提供 Z 方向的最大值）。单击鼠标右键，在如图 2-6 所示的常用工具快捷菜单中单击“前视图”命令；或者在工具栏中单击（前视图）按钮，都可以将图形切换到前视图。再单击菜单栏中的“分析”→“点位分析”命令，选择如图 2-10 所示的自由曲面的最低点。

此时，系统弹出如图 2-11 所示的“点分析”对话框，显示自由曲面最低点的测量数据，其中测出的 Y 值（-239.842）就是所要测量的 Z 值，这对于初学者来说，容易搞混。

STEP 02 在状态栏中的Z -250.0文本框中输入“-250”。

在实际加工中，一般取测量点下-10 的值进行圆整后为 Z 的坐标值。这样便于选择整个自由曲面，而且对于加工也非常重要。

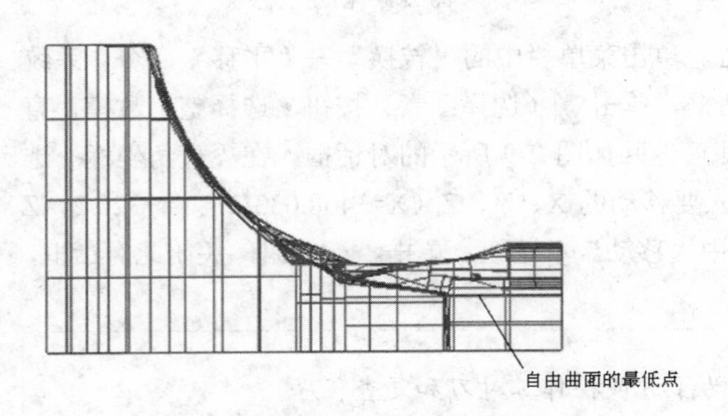

图 2-10　选择自由曲面的最低点

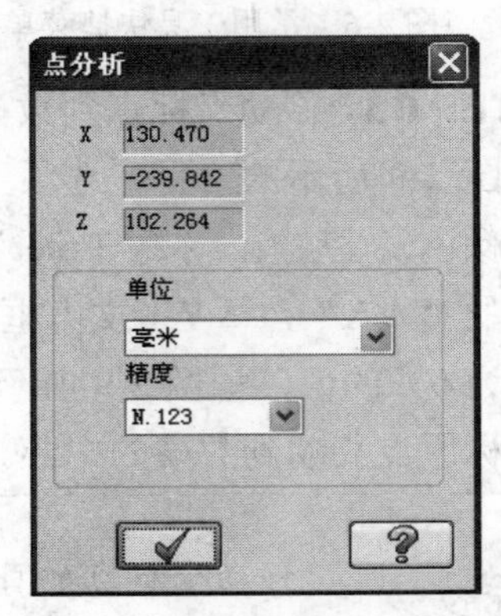

图 2-11　“点分析”对话框 2

STEP 03 创建加工安全框。单击鼠标右键，在如图 2-6 所示的常用工具快捷菜单中单击“顶视图”命令；或者在工具栏中单击（顶视图）按钮，将图形切换到顶视图。再单击菜单栏中的“绘图”→“矩形”命令，然后在绘图区捕捉如图 2-12 所示的点 1，拖动鼠标直到捕捉到点 2，单击鼠标即可创建矩形的安全框，结果如图 2-13 所示。

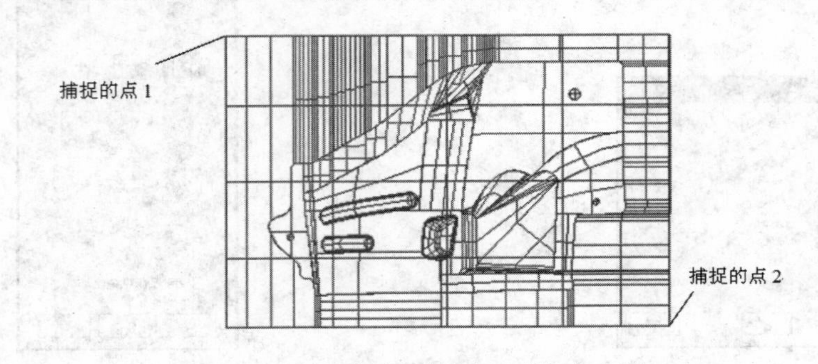

图 2-12　在顶视图下创建矩形的安全框

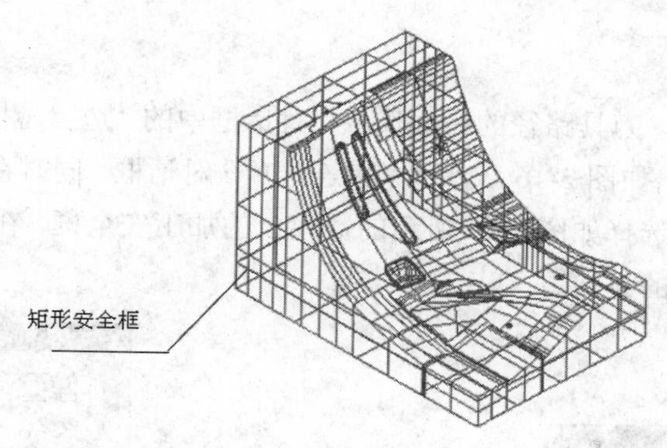

图 2-13　矩形安全框

2.3 创建粗加工刀具轨迹

粗加工的目的在于从毛坯上尽可能高效地去除大部分的余量，其中切削效率是该加工主要考虑的因素。一般粗加工采用大直径的刀具并采用较大的切深来进行，这样就在零件曲面台阶之间留下余量。

1. 选择自由曲面

STEP 01　单击鼠标右键，系统在绘图区弹出如图 2-6 所示的常用工具快捷菜单，单击“顶视图”命令；或者在工具栏中单击（顶视图）按钮，将图形切换到顶视图。按住<Alt>+<→>键，旋转图形至如图 2-14 所示的位置，再单击菜单栏中的“刀具路径”→“曲面粗加工”→“粗加工挖槽加工”命令。

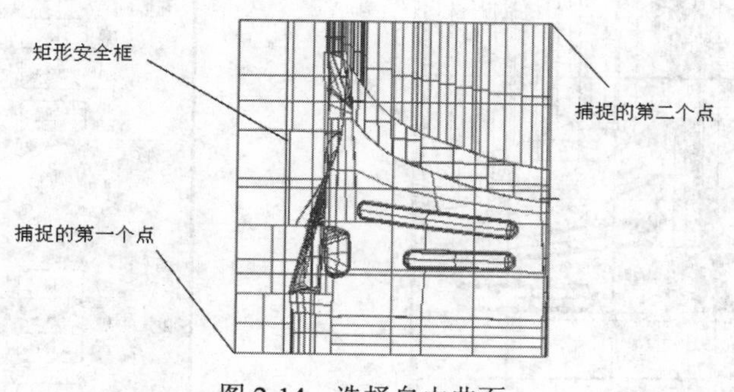

图 2-14　选择自由曲面

STEP 02　在弹出的如图 2-15 所示的“刀具路径的曲面选取”对话框中单击“加工曲面”选项组中的（选择）按钮，在绘图区用鼠标按图示选择全部曲面。在选择自由曲面捕捉第二个点时，应尽量地超出曲面的最外边，这样就不会遗漏任何一个曲面了。选择完成后，整个自由曲面变成了白色。

2．设置加工链方向

STEP 01 单击如“刀具路径的曲面选取”对话框中的“边界范围”选项组中的（选择）按钮，系统弹出如图 2-16 所示的“串连选项”对话框，同时在绘图区出现提示“串连 2D 刀具切削范围”。选择如图 2-17 所示的数模上的加工安全框，在加工安全框上出现了箭头，这表示铣削加工的方向。

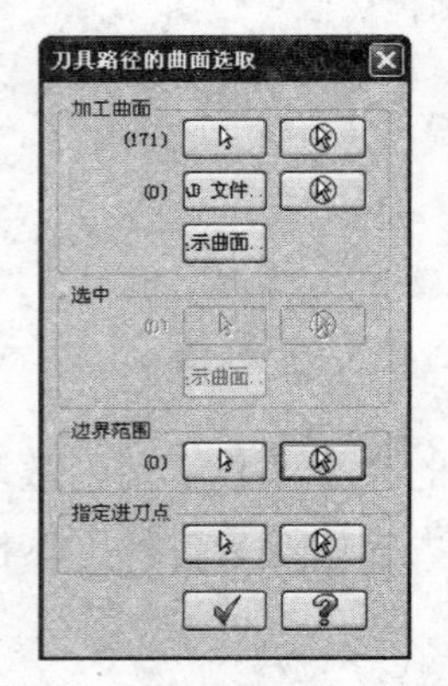

图 2-15 “刀具路径的曲面选取”对话框 1

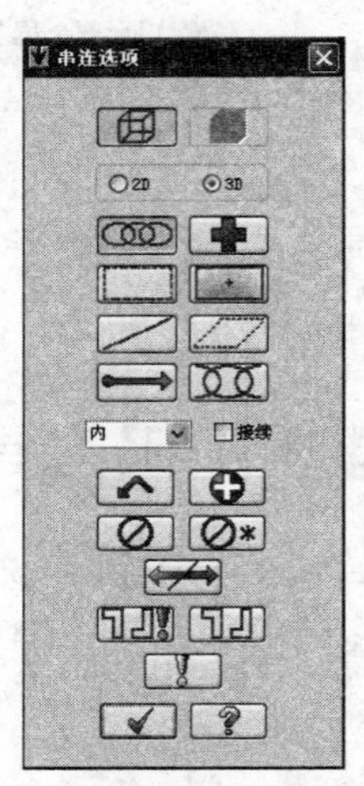

图 2-16 “串连选项”对话框

STEP 02 按“Enter”键，系统返回如图 2-18 所示的“刀具路径的曲面选取”对话框，可以看出该对话框中“边界范围”选项组中的（选择）按钮前已经显示出加工链的数目（1）。

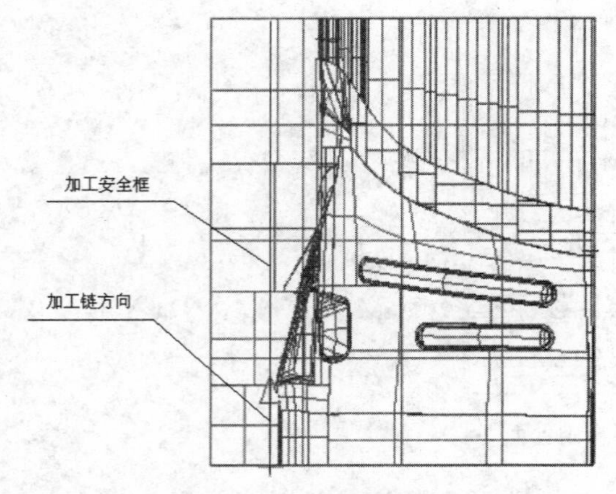

图 2-17 定义加工链方向

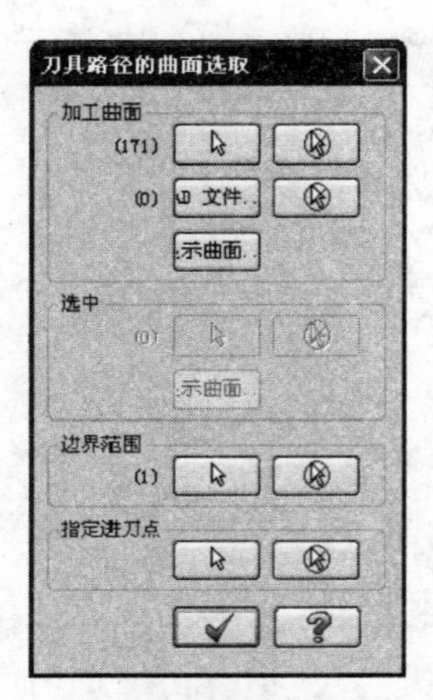

图 2-18 “刀具路径的曲面选取”对话框 2

3．选择刀具及编辑加工参数

STEP 01 单击按钮，系统弹出如图 2-19 所示的“曲面粗加工挖槽”对话框。

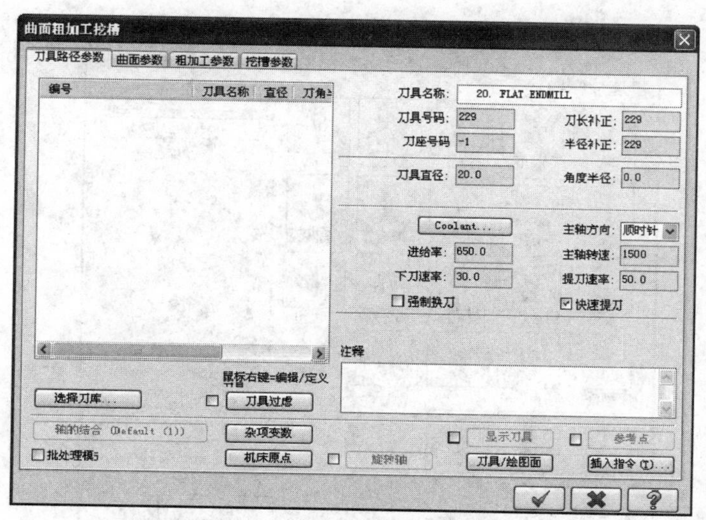

图2-19 “曲面粗加工挖槽”对话框

STEP 02 在如图2-19所示的“曲面粗加工挖槽”对话框的长方形的空白处单击鼠标右键，弹出如图2-20所示的“选刀”快捷菜单。

STEP 03 单击“刀具管理”命令，弹出如图2-21所示的“刀具管理”对话框。选择$\phi20$平底刀作为粗加工的刀具，单击✔按钮，返回如图2-19所示的“曲面粗加工挖槽”对话框。

STEP 04 若单击“创建新刀具”命令，则弹出如图2-22所示的“定义刀具”对话框，可以定义刀具库中没有的刀具类型及型号。

图2-20 “选刀”快捷菜单

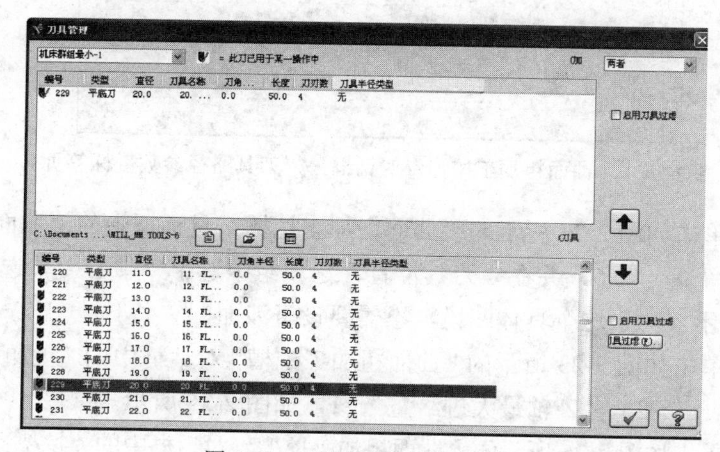

图2-21 “刀具管理”对话框

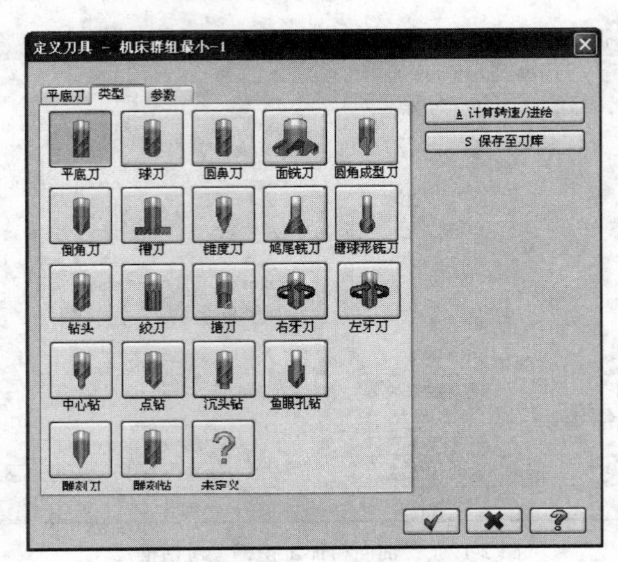

图 2-22 “定义刀具”对话框

STEP 05 根据机床的性能，设定“进给率”=650、“主轴转速”=1500、“下刀速率”=30、“提刀速率”=50，如图 2-23 所示。

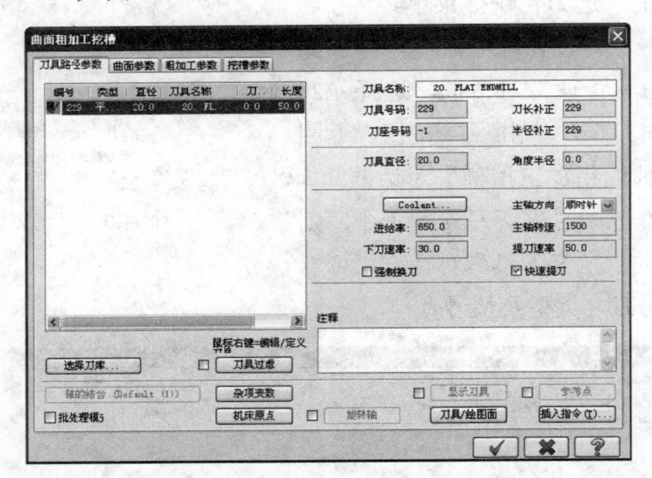

图 2-23 “曲面粗加工挖槽”对话框—“刀具路径参数”标签页

STEP 06 单击如图 2-23 所示的“曲面粗加工挖槽”对话框中的“曲面参数”标签，设定“加工面预留量”=0.5，并在“刀具位置”选项组中选中“中心”单选钮，其他参数设置如图 2-24 所示（对于这个具体凹模，不需要设干涉面）。

STEP 07 单击如图 2-23 所示的“曲面粗加工挖槽”对话框中的“粗加工参数”标签，设定“整体误差”=0.025、“Z 轴最大进给量”=1，如图 2-25 所示。

STEP 08 单击如图 2-26 所示的“曲面粗加工挖槽”对话框中的“挖槽参数”标签，设定“切削间距（直径%）”=50、“切削间距（距离）”=10、“粗切角度”=0，如图 2-26 所示。

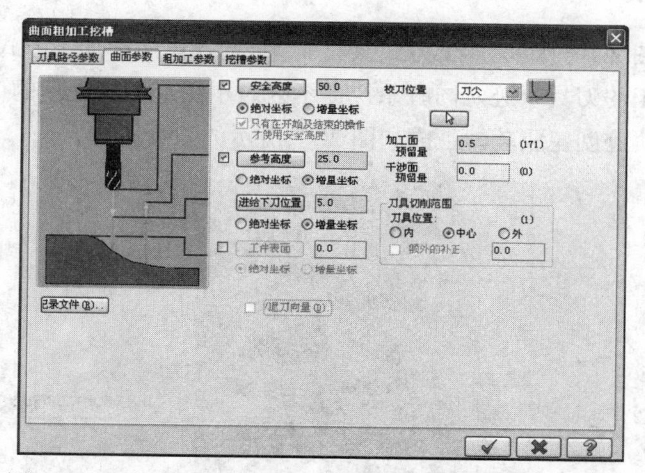

图 2-24 “曲面粗加工挖槽”对话框—“曲面参数”标签页

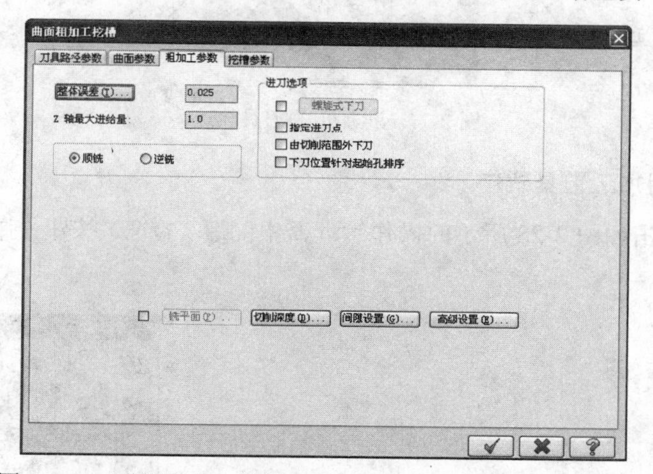

图 2-25 “曲面粗加工挖槽”对话框—“粗加工参数”标签页

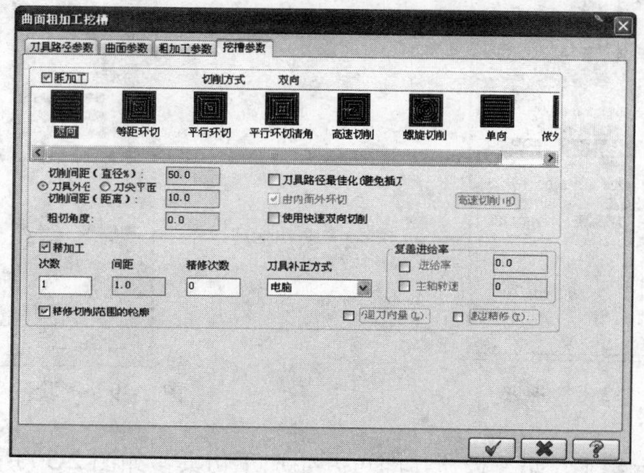

图 2-26 “曲面粗加工挖槽”对话框—“挖槽参数”标签页

STEP 09 如图 2-26 所示，加工方式共有 8 种，选择第一种加工方式，单击 按钮。系统开始计算粗加工的刀具轨迹，同时系统提示区显示图形加工处理的信息。等待数分钟后，粗加工的刀具轨迹创建成功，生成如图 2-27 所示的刀具轨迹。

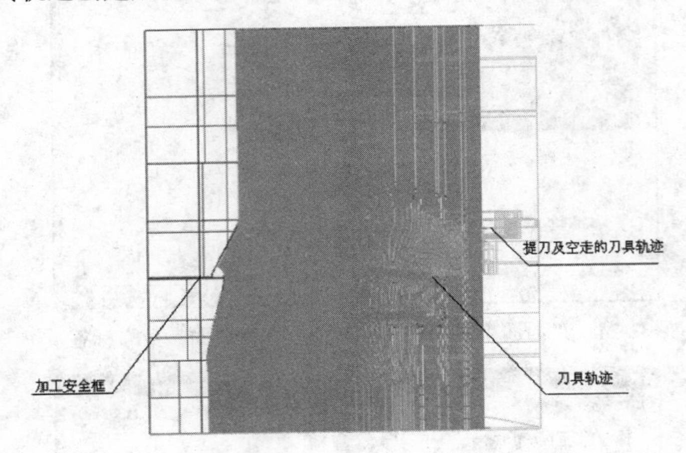

图 2-27　粗加工的刀具轨迹

4. 模拟仿真粗加工刀具轨迹

STEP 01 单击如图 2-28 所示的操作管理器中的（验证）按钮，弹出如图 2-29 所示的“验证”对话框。

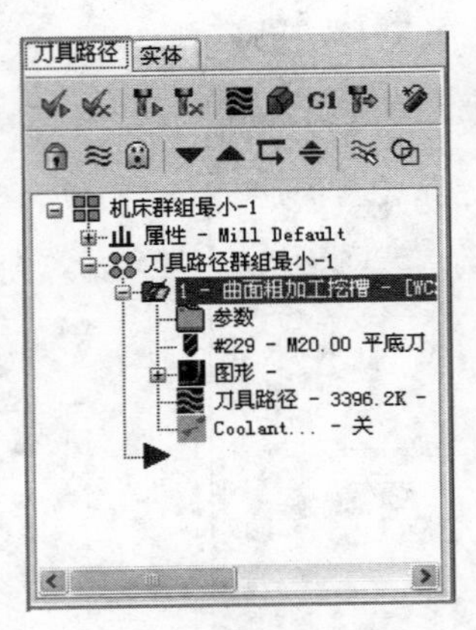

图 2-28　操作管理器

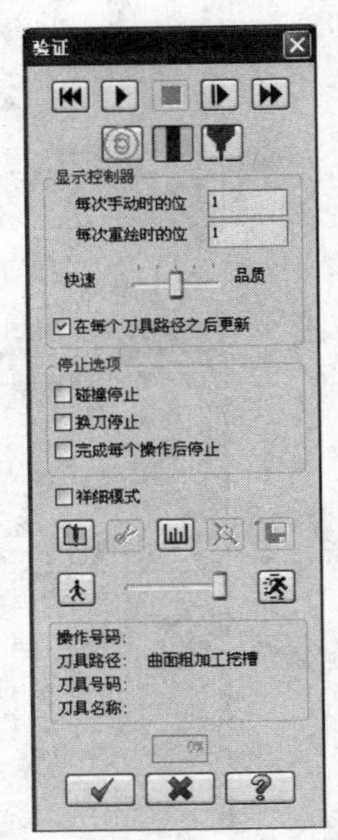

图 2-29　“验证”对话框

STEP 02 单击（开始）按钮，即可开始加工仿真，如图 2-30 所示。经过加工仿真后，若无干涉和过切等现象，则表示粗加工的刀具轨迹创建成功。

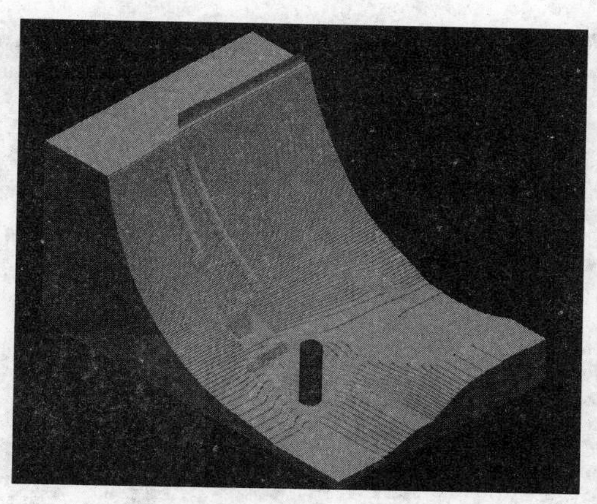

图 2-30　模拟仿真粗加工的刀具轨迹

5．保存文件

单击菜单栏中的“文件”→“保存”命令，保存生成刀具轨迹后的文件。

2.4 创建清角加工刀具轨迹

在粗加工中，为了提高加工的效率，选择的刀具大，刀间距也大，而且只铣削大部分的余量，还有部分的余量存在。如果不进行清角加工，一方面在精加工中会出现抗刀现象，另一方面精加工中刀的磨损加大（刀具的价格昂贵，模具加工的成本就增加，利润就会减少，这样会造成不必要的浪费），且加工出来的模具表面的光洁度很差。清角加工的目的在于去除曲面台阶之间、零件的内原角、曲率半径较小的一些局部结构处材料的余量。通常，清角加工放在粗加工的后面、精加工的前面。

1．选择自由曲面

单击菜单栏中的“刀具路径”→“曲面精加工”→“精加工交线清角加工”命令，按住<Alt>+<→>键，将图形旋转 90°，用鼠标选择全部曲面。具体方法可参照 2.3 节。

2．选择刀具及编辑加工参数

STEP 01　单击“刀具路径的曲面选取”对话框中的按钮，系统即可弹出如图 2-31 所示的“曲面精加工交线清角”对话框，默认显示“刀具路径参数”标签页。

STEP 02　在该对话框的长方形的空白处，单击鼠标右键，在弹出的如图 2-20 所示的“选刀”快捷菜单中单击“刀具管理”命令。

STEP 03　系统弹出如图 2-32 所示的“刀具管理”对话框。选择 ϕ12 球头刀具作为清角加工的刀具。单击按钮，关闭该对话框。

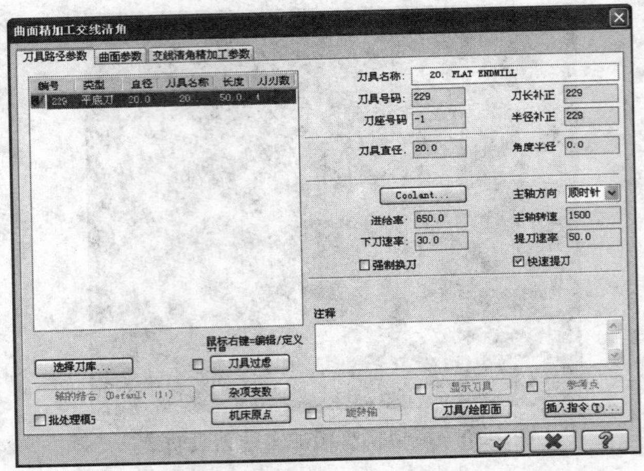

图 2-31 “曲面精加工交线清角”对话框

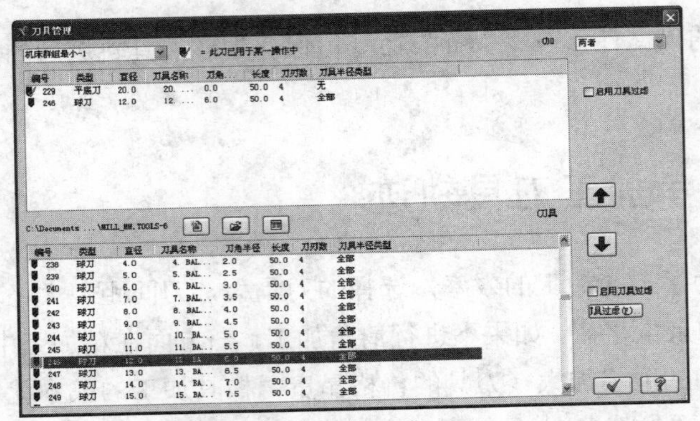

图 2-32 “刀具管理”对话框

STEP 04 根据机床的性能，设定“进给率”=650、“主轴转速”=1500、“下刀速率”=30、“提刀速率”=50，如图 2-33 所示。

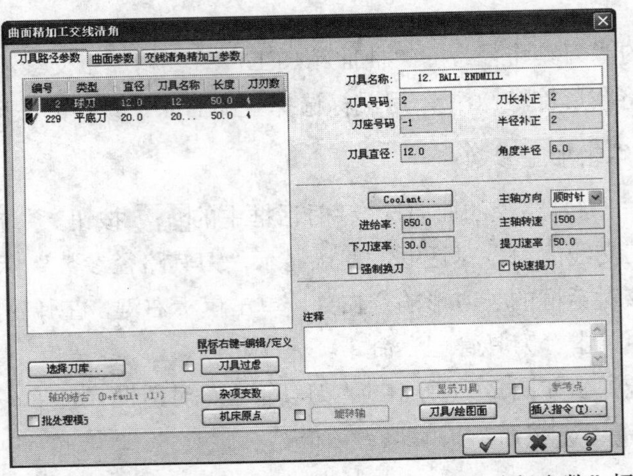

图 2-33 “曲面精加工交线清角”对话框—“刀具路径参数”标签页

STEP 05　单击如图 2-33 所示的“曲面精加工交线清角”对话框中的“曲面参数”标签，设定“加工面预留量”=0.03、“参考高度”=50、“进给下刀位置”=5，并在“刀具位置”选项组中选中“中心”单选钮，如图 2-34 所示。

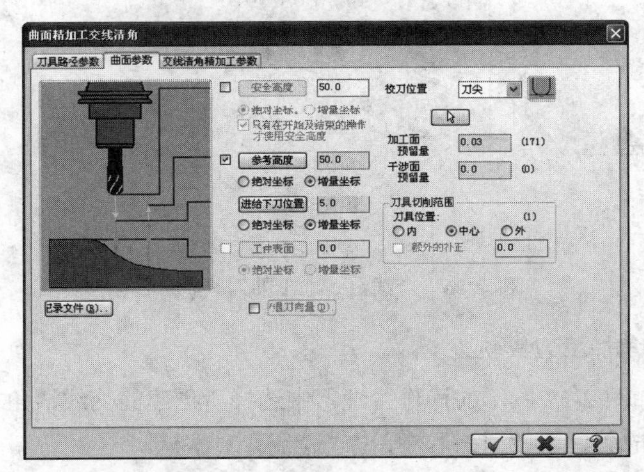

图 2-34　“曲面精加工交线清角”对话框—“曲面参数”标签页

STEP 06　单击“曲面精加工交线清角”对话框中的“交线清角精加工参数”标签，设定“整体误差”=0.025，并对“间隙设置”及“高级设置”的参数进行修整，如图 2-35 所示。

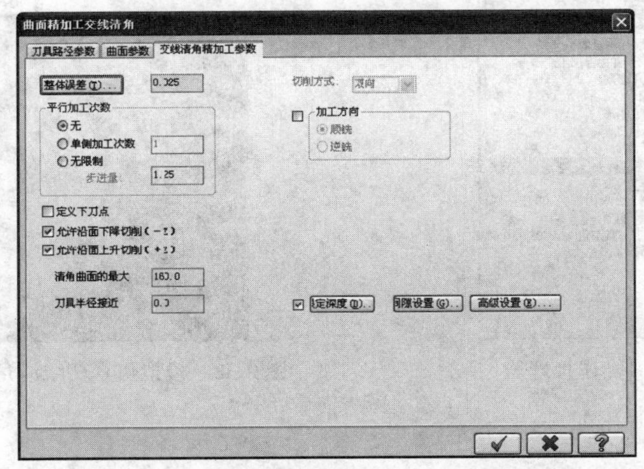

图 2-35　“曲面精加工交线清角”对话框—“交线清角精加工参数”标签页

STEP 07　单击[✔]按钮，系统开始计算清角加工的刀具轨迹，此时系统提示区显示曲面加工处理过程的信息提示。

STEP 08　等待数分钟后，交线清角加工的刀具轨迹创建成功，生成如图 2-36 所示的刀具轨迹。

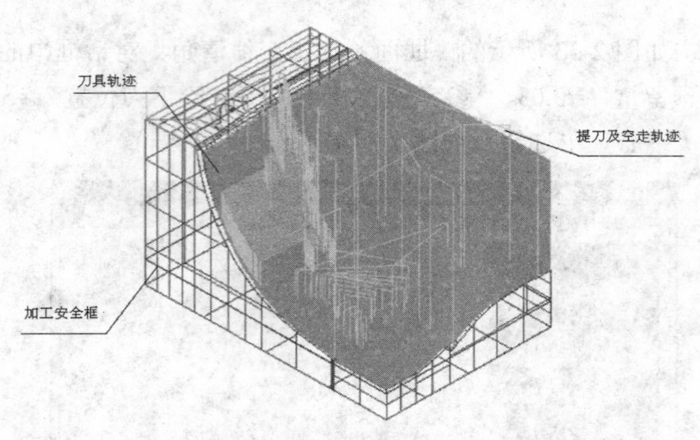

图 2-36　交线清角加工的刀具轨迹

3. 模拟仿真清角加工刀具轨迹

STEP 01　在如图 2-37 所示的操作管理器中选择所创建的交线清角加工操作。

STEP 02　单击（验证）按钮，弹出“验证”对话框。

STEP 03　单击（开始）按钮，即可开始加工仿真，如图 2-38 所示。经过加工仿真后，若无干涉和过切等现象，则交线清角加工的刀具轨迹创建成功。

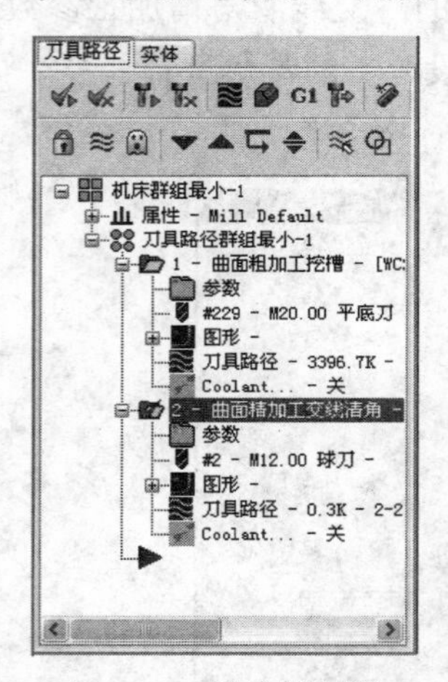

图 2-37　操作管理器

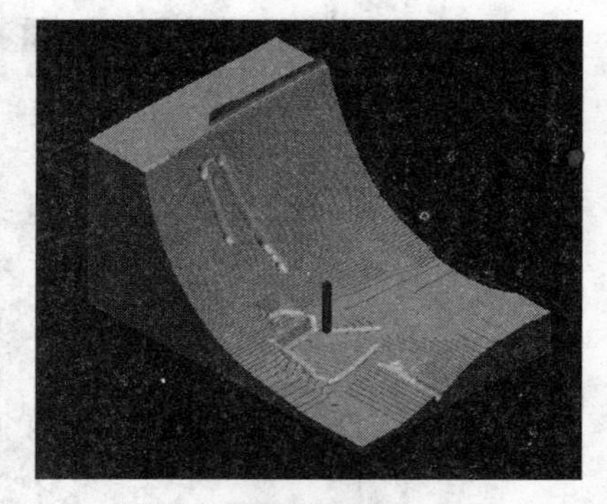
图 2-38　模拟仿真交线清角加工的刀具轨迹

4. 保存文件

单击菜单栏中的“文件”→“保存”命令，保存生成刀具轨迹后的文件。

2.5 创建精加工刀具轨迹

精加工是整个加工的最后部分，它的余量很少，因此加工的速度快，工件的表面质量较高。在精加工中，可对相应的参数进行修改。

1．选择自由曲面

单击菜单栏中的“刀具路径”→“曲面精加工”→“精加工残料加工”命令，按住<Alt>+<→>键，将图形旋转90°，用鼠标选择全部曲面。具体方法可参照2.3节。

2．选择刀具及编辑加工参数

STEP 01 单击“刀具路径的曲面选取”对话框中的 ✔ 按钮，弹出如图2-39所示的“曲面精加工残料清角”对话框，默认显示“刀具路径参数”标签页。

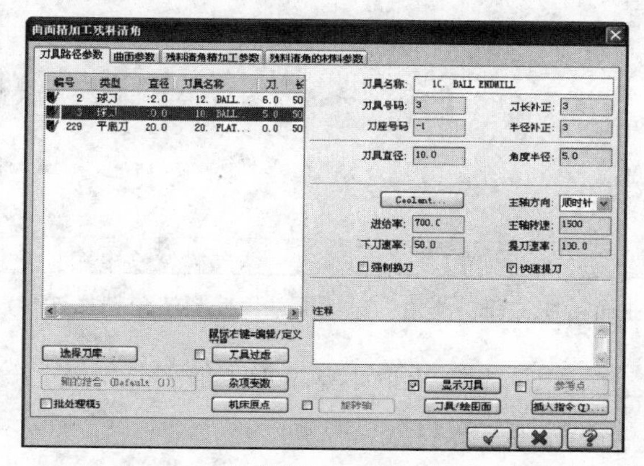

图2-39 “曲面精加工残料清角”对话框

STEP 02 单击ϕ10球头刀，与清角加工的刀具设置方法一样，设定“进给率”=700、“主轴转速”=1500、“下刀速率”=50、“提刀速率”=100等。

STEP 03 单击如图2-39所示的“曲面精加工残料清角”对话框中的“曲面参数”标签，设定“加工面预留量”=0.03（在这里需要说明，该参数为给钳工留的型腔修光余量）、“安全高度”=50、“进给下刀位置”=5，并在“刀具位置”选项组中选中“中心”单选钮，如图2-40所示。

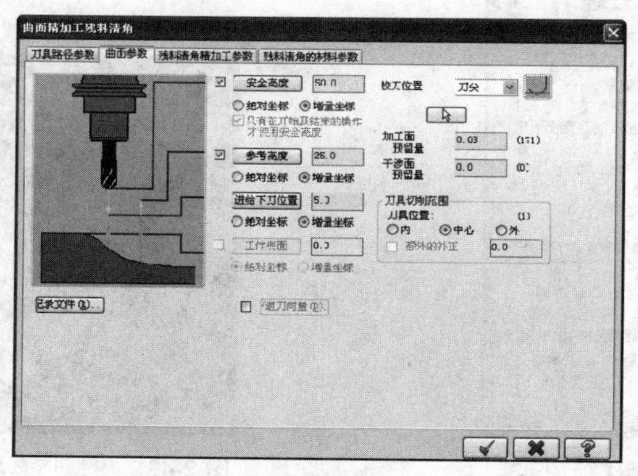

图2-40 “曲面精加工残料清角”对话框—“曲面参数”标签页

STEP 04 单击“曲面精加工残料清角”对话框中的“残料清角精加工参数”标签，设定“整体误差”=0.018、“最大切削间距”=0.3，并对“间隙设置”及“高级设置”中的参数进行修整，如图 2-41 所示。

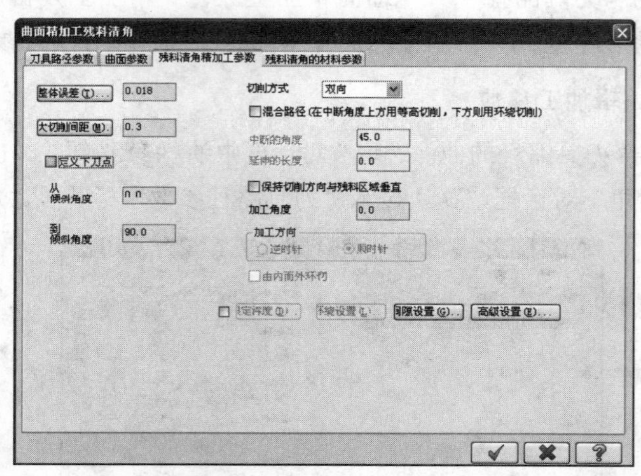

图 2-41 “曲面精加工残料清角”对话框—“残料清角精加工参数”标签页

STEP 05 单击 ✔ 按钮，系统开始计算精加工的刀具轨迹。等待数分钟后，刀具轨迹创建成功。

3．模拟仿真精加工刀具轨迹

STEP 01 在如图 2-42 所示的操作管理器中选择所创建的曲面精加工残料清角操作。

STEP 02 单击 （验证）按钮，弹出“验证”对话框。

STEP 03 单击 （开始）按钮，即可开始加工仿真，如图 2-43 所示。经过加工仿真后，若无干涉和过切等现象，则残料加工的刀具轨迹创建成功。

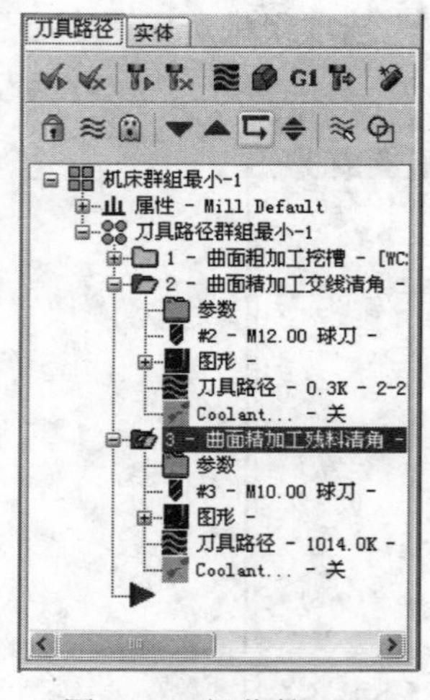

图 2-42 操作管理器

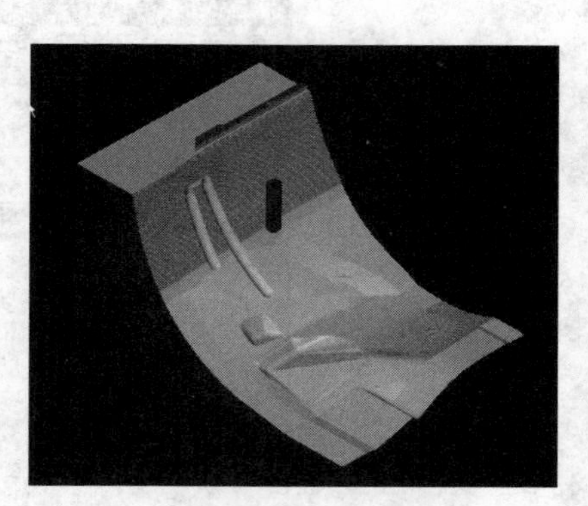

图 2-43 模拟仿真精加工的刀具轨迹

4．保存文件

单击菜单栏中的“文件”→“保存”命令，保存生成刀具轨迹后的文件。

2.6 对所有加工刀具轨迹进行仿真

加工零件的 NC 代码在投入实际的加工之前通常需要进行试切，以检验 NC 代码的正确性和被加工零件是否达到设计要求。Mastercam X6 软件具有强大的仿真功能，能够模拟实际的数控加工环境并对加工过程进行仿真，并且可以检查数控加工中出现的各种现象，如刀具与工件、夹具、工作台之间的碰撞、干涉、过切等现象，以部分或者完全取消试切环节。

Mastercam X6 软件的铣削校验仿真“实例验证”模块，可以在 NC 后置处理生成 NC 代码之前，进行刀具轨迹的切削校验，具体操作步骤如下。

STEP 01　在如图 2-42 所示的操作管理器中单击（选择所有操作）按钮即可选择全部的加工操作。

STEP 02　单击（验证）按钮，弹出“验证”对话框。此时单击（开始）按钮，即可对所有的加工操作进行模拟显示。

2.7 生成 NC 程序

NC 后置处理技术是数控加工编程中的关键技术之一，它直接影响着汽车覆盖件模具和零件的加工质量、效率以及机床的可靠运行。充分发挥加工中心的优点，实现加工过程的自动化、无人化的关键在于编制出高质量的 NC 程序。

Mastercam X6 系统提供了通用的后置处理模块，它是 CAM 软件与数控机床沟通的桥梁。该后置处理模块针对不同类型的数控系统制定符合系统要求的数控文件，转换出符合数控系统指令集及格式的 NC 程序，从而使得 CAM 软件具有一定的柔性，能够满足不同用户的需要。

生成 NC 程序的操作步骤如下。

STEP 01　在如图 2-42 所示的操作管理器中。选择所要进行后置处理的操作，单击 G1（后处理）按钮，弹出如图 2-44 所示的“后处理程序”对话框。

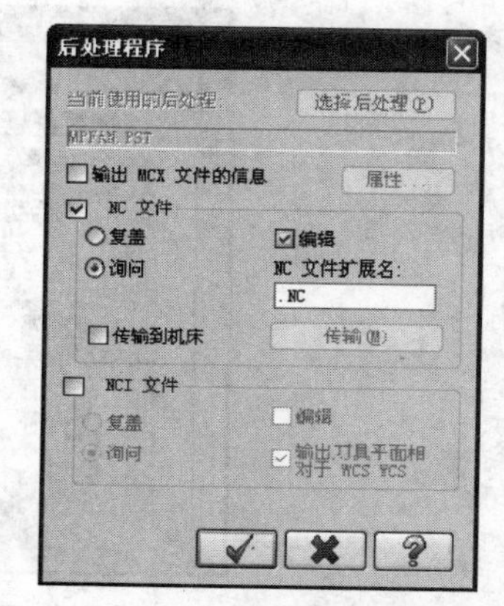

图 2-44　“后处理程序”对话框

STEP 02 勾选“编辑”复选框，以便对产生的加工程序自动进行存盘和编辑。单击按钮，系统弹出如图 2-45 所示的“另存为”对话框，用户可以在该对话框中输入需要保存的 NC 文件的名称。

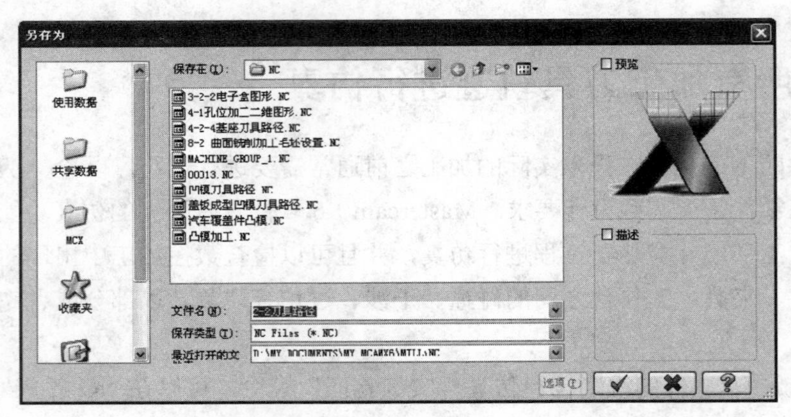

图 2-45 “另存为”对话框

STEP 03 单击按钮，系统开始生成加工程序。等待几分钟后，弹出如图 2-46 所示的“Mastercam X6 编辑器”界面。

STEP 04 在该界面下，用户可以对生成的程序进行修改、编辑。单击“Mastercam X6 编辑器”菜单栏中的“文件”→“保存”命令，保存该 NC 程序。

注意	如果要对任意一个加工操作进行模拟仿真和生成程序，只要在如图 2-42 所示的操作管理器中选中一个加工操作，然后再单击相关的按钮即可。

通过该模具型腔的加工编程可以看出，制定模具型腔的工艺时，必须综合考虑工序的划分、加工对象（加工体样及加工表面等）与加工方式的选择、走刀路线以及刀具与切削参数等各种因素，并充分发挥 Mastercam X6 软件的加工优势。

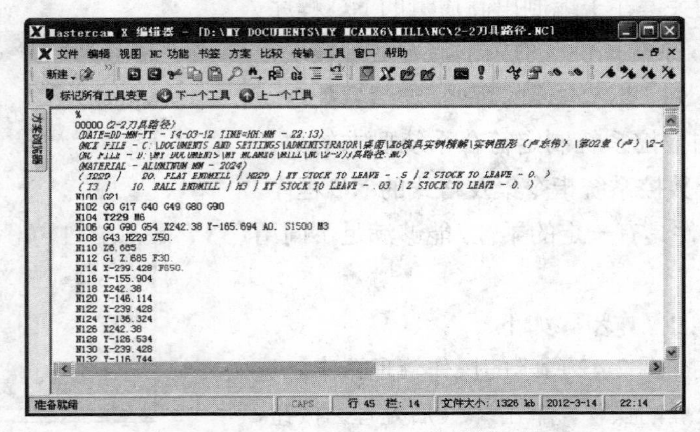

图 2-46 “Mastercam X6 编辑器”界面

汽车右前轮罩下支板模具加工与编程

内容

本章介绍在Mastercam X6软件中对汽车右前轮罩下支板模具进行数控加工的常用加工工艺及加工方法，详细阐述了汽车右前轮罩下支板模具数控铣削加工的编程过程及技巧。

目的

通过实例讲解，使读者熟悉和掌握用Mastercam X6软件创建汽车右前轮罩下支板模具数控加工刀具路径的方法，了解相关的数控加工工艺知识。

3.1 加工任务概述

汽车右前轮罩下支板如图3-1所示，其凹模如图3-2所示。下面将详细讲解汽车右前轮罩下支板凹模的加工编程过程。

图3-1　汽车右前轮罩下支板

图3-2　汽车右前轮罩下支板凹模

3.2 加工模型的准备

1. 选取零件的加工模型文件

进入Mastercam X6系统，单击菜单栏中的“文件”→“打开文件”命令，系统弹出如图3-3所示的“打开”对话框，将“文件类型”设置为“IGES文件”类型，选择零件的加工模型文件“3-1 图形.igs”，单击 ✓ 按钮。

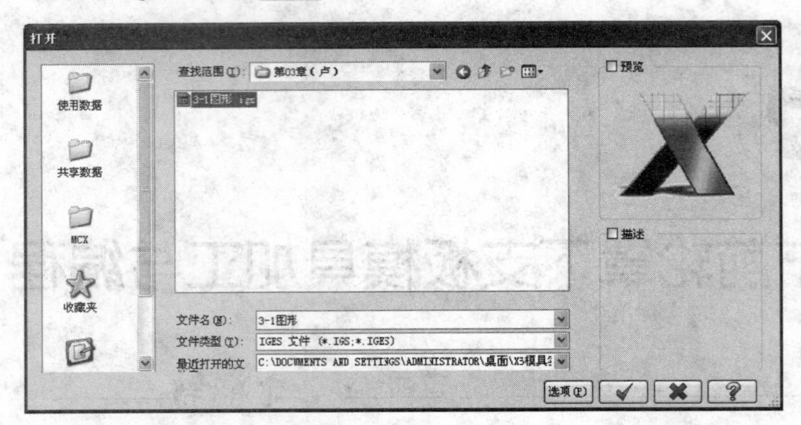

图 3-3 “打开”对话框

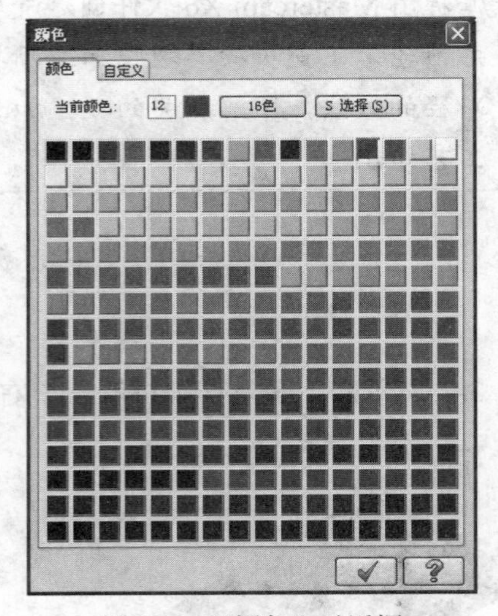

图 3-4 “颜色”对话框

2. 移动加工坐标点

STEP 01 显示坐标点。单击状态栏中的 10 ▾（颜色设置）区域，弹出如图 3-4 所示的“颜色”对话框。选择红色，单击 ✓ 按钮。再单击菜单栏的“绘图”→“绘点”→“绘点”命令，在如图 3-5 所示的位置单击，即可创建一个红色的坐标点“+”。

STEP 02 测量坐标点的值。单击鼠标右键，系统在绘图区弹出如图 3-6 所示的常用工具快捷菜单，单击“顶视图”命令；或者在工具栏中单击（顶视图）按钮，都可以将图形切换到顶视图。再单击菜单栏中的“分析”→“点位分析”命令，选择如图 3-5 所示的被测量点，系统即可弹出如图 3-7 所示的“点分析”对话框，显示坐标点的数值。

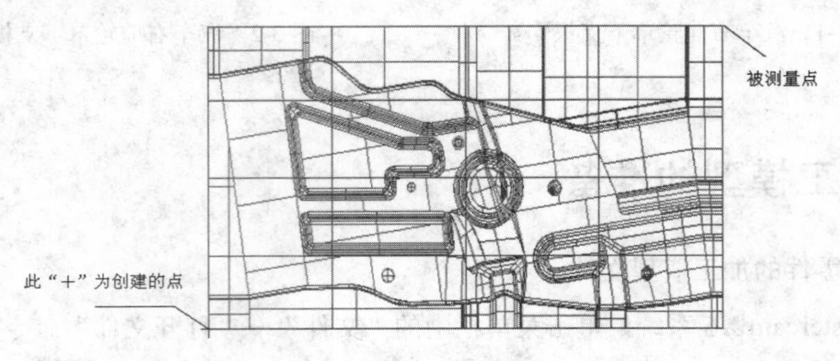

图 3-5 创建坐标点

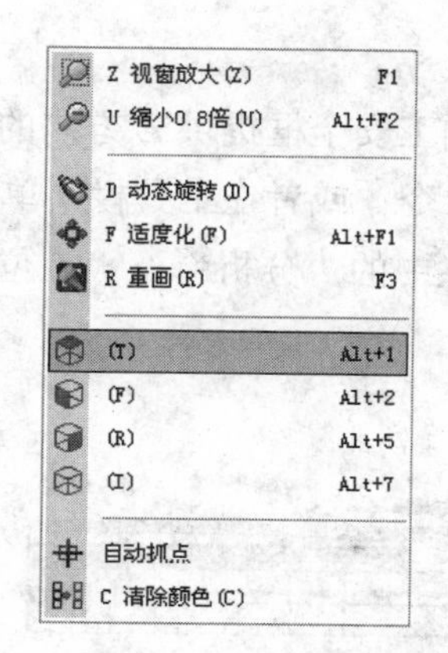

图 3-6　常用工具快捷菜单

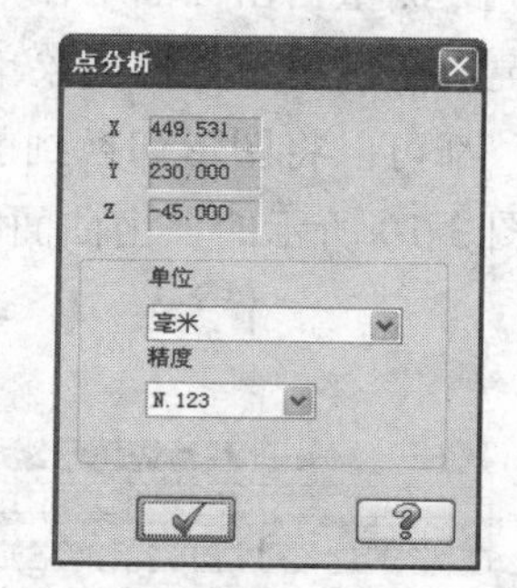

图 3-7　“点分析”对话框 1

STEP 03　移动坐标点到数模中心。单击菜单栏中的“转换”→“平移”命令，系统弹出如图 3-8 所示的“平移选项”对话框，单击（选择图素）按钮，选择整个数模，直到图形颜色发生变化，按“Enter”键即可返回如图 3-8 所示的对话框。在该对话框中的“直角坐标”选项组中的“ΔX”、“ΔY”文本框中输入要移动的 X、Y、Z（X=−449.531/2，Y=−230/2，Z 值默认为 0）的值，如图 3-8 所示，选中“移动”单选钮，单击按钮，关闭此对话框，此时坐标原点移动到数模的中心，如图 3-9 所示。移动坐标点的目的是为了方便操作工对刀和复查程序。

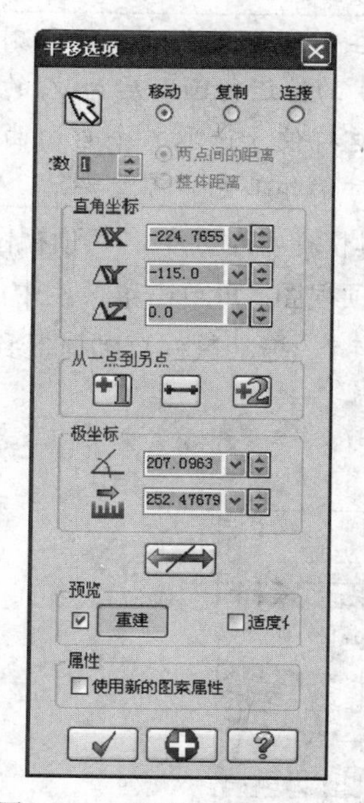

图 3-8　“平移选项”对话框

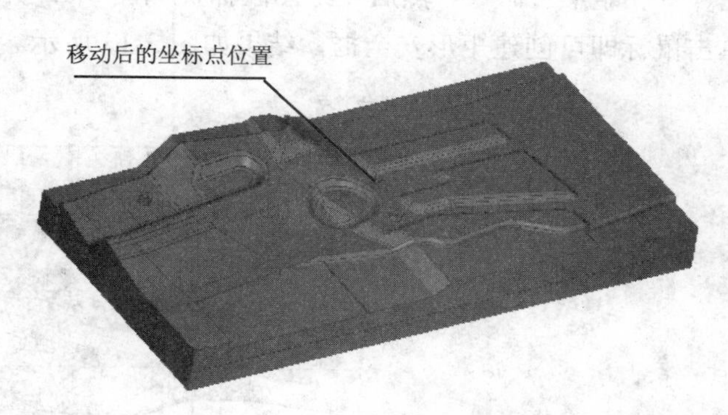

图 3-9　移动后的坐标点

3．创建加工安全框

STEP 01 测量自由曲面最低点的坐标值（为创建加工安全框提供Z方向的最大值）。单击鼠标右键，在常用工具快捷菜单中单击“前视图”命令；或者在工具栏中单击（前视图）按钮，都可以将图形切换到前视图。再单击菜单栏中的“分析”→“点位分析”命令，选择如图3-10所示的自由曲面的最低点。

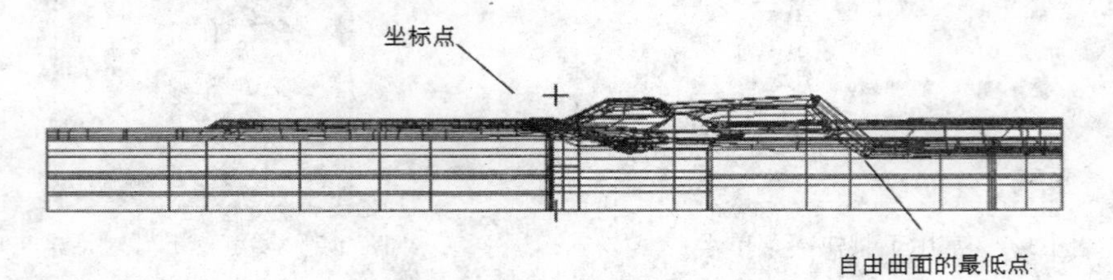

图3-10 选择自由曲面的最低点

图3-11 “点分析”对话框2

此时，系统即可弹出如图3-11所示的“点分析”对话框，显示自由曲面最低点的测量数据，其中测出的Y值（-33.669），就是所要测量的Z值，对于初学者来说，容易搞混。

STEP 02 在状态栏中的 Z -45.0 文本框中输入“-45”。

在实际加工中，一般取测量点下-10的值进行圆整后为Z的坐标值。这样便于选取整个自由曲面，而且对于加工也非常重要。

STEP 03 单击鼠标右键，系统在绘图区弹出常用工具快捷菜单，单击“顶视图”命令；或者在工具栏中单击（顶视图）按钮，将图形切换到顶视图。再单击菜单栏中的“绘图”→“矩形”命令，然后在绘图区捕捉如图3-12所示的点1，拖动鼠标直到捕捉到点2，单击鼠标即可创建矩形安全框，结果如图3-13所示。

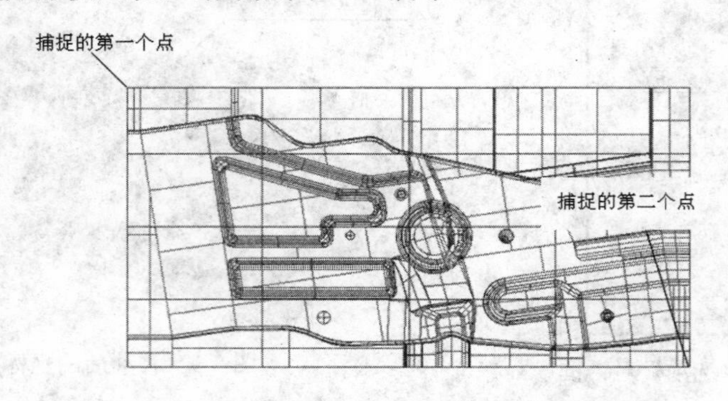

图3-12 在顶视图下通过捕捉点来创建矩形安全框

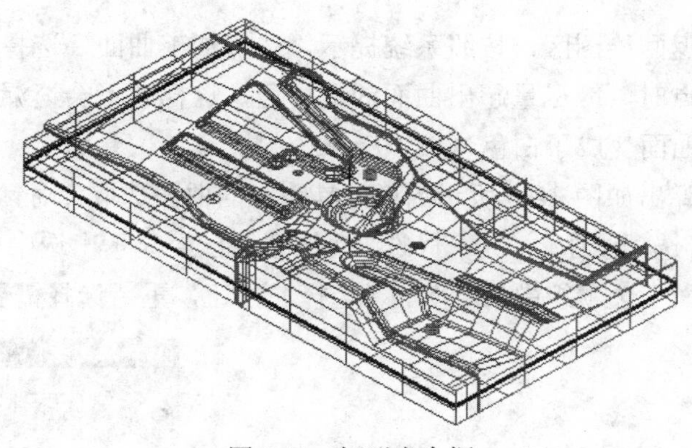

图 3-13　矩形安全框

3.3 创建粗加工刀具轨迹

在整个加工中，粗加工是非常重要的，它的主要作用是铣削去大部分的余量。

1. 选择自由曲面

STEP 01　单击鼠标右键，系统在绘图区弹出常用工具快捷菜单，单击“顶视图”命令；或者在工具栏中单击（顶视图）按钮，将图形切换到顶视图。按住<Alt>+<→>键，旋转图形至如图 3-14 所示的位置，再单击菜单栏中的“刀具路径”→“曲面粗加工”→“粗加工平行铣削加工”命令。

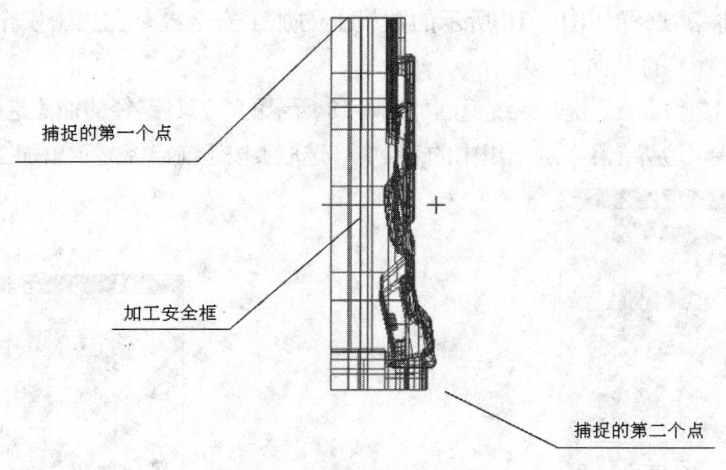

图 3-14　选择自由曲面

STEP 02　在弹出的如图 3-15 所示的“选取工件的形状”对话框中选中“凸”单选钮，单击按钮。

STEP 03 系统返回绘图区，按照系统提示“选择加工曲面”选择全部曲面。在选择自由曲面捕捉第二个点时，应尽量超出曲面的最外边，这样就不会遗漏任何一个曲面。选择完成后，整个自由曲面变成了白色，按“Enter”键。

STEP 04 系统弹出如图 3-16 所示的“刀具路径的曲面选取”对话框，可以看出在该对话框中“加工曲面”选项组中的（选择）按钮前已经显示出选中曲面的数目（398）。也可以单击“加工曲面”选项组中的（选择）按钮，重新选择需要加工的自由曲面。

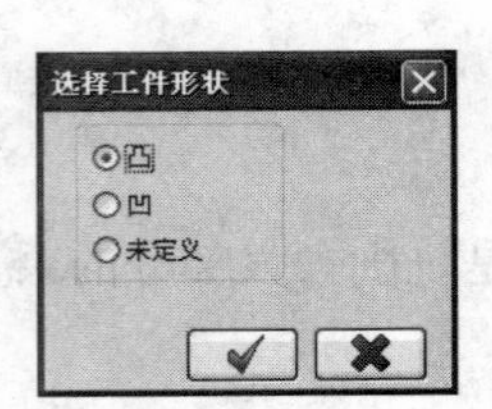

图 3-15 “选取工件的形状”对话框

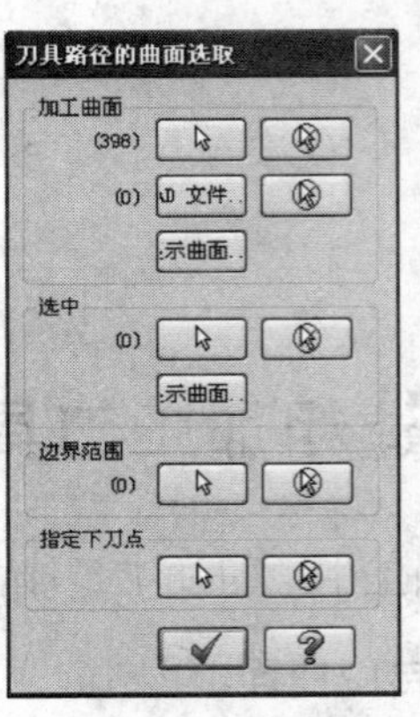

图 3-16 “刀具路径的曲面选取”对话框 1

2．设置加工链方向

STEP 01 单击“刀具路径的曲面选取”对话框中的“边界范围”选项组中的（选择）按钮，系统弹出如图 3-17 所示的“串连选项”对话框，同时在绘图区出现提示“串连 2D 刀具切削范围”，选择如图 3-14 所示的数模上的加工安全框，在加工安全框上出现了箭头，这表示铣削加工的方向。

STEP 02 按“Enter”键，系统返回如图 3-18 所示的“刀具路径的曲面选取”对话框，可以看出该对话框中“边界范围”选项组中的（选取）按钮前已经显示出加工链的数目（1）。

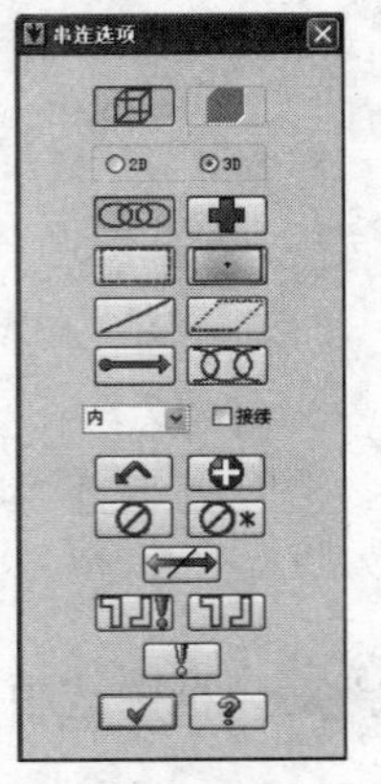

图 3-17 “串连选项”对话框

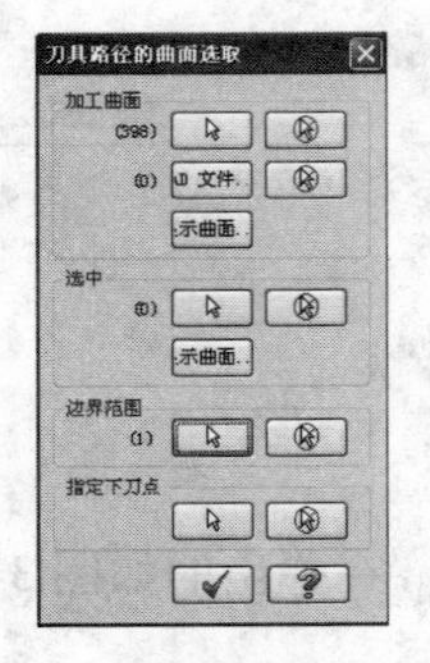

图 3-18 “刀具路径的曲面选取”对话框 2

3．选择刀具及编辑加工参数

STEP 01　单击 ✓ 按钮，弹出如图 3-19 所示的“曲面粗加工平行铣削”对话框，默认显示“刀具路径参数”标签页。

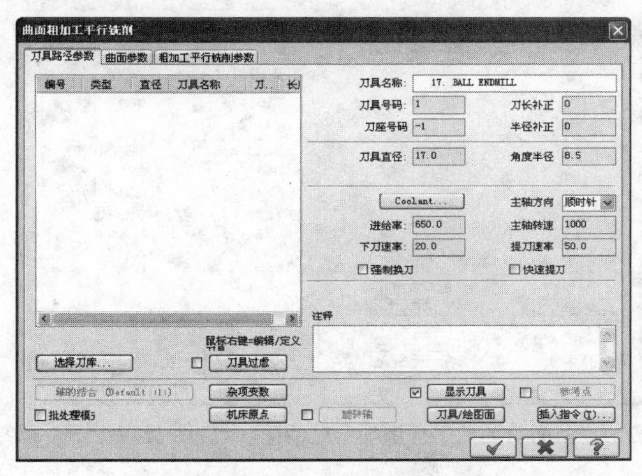

图 3-19　“曲面粗加工平行铣削”对话框

STEP 02　在该对话框的长方形的空白处，单击鼠标右键，弹出如图 3-20 所示的“选刀”快捷菜单。

STEP 03　单击“刀具管理”命令，弹出如图 3-21 所示的“刀具管理”对话框。选择 ϕ20 的平底刀作为粗加工的刀具，单击 ✓ 按钮，返回“曲面粗加工平行铣削”对话框。

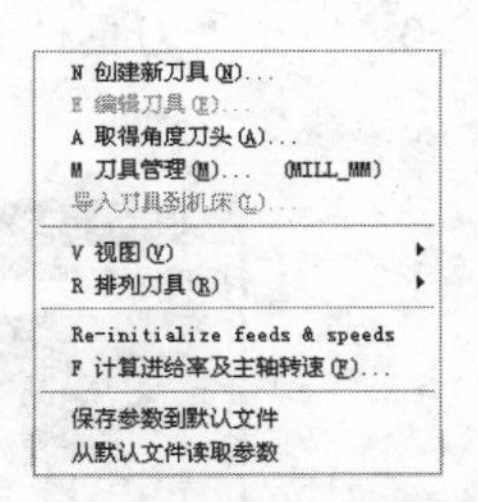

图 3-20　“选刀”快捷菜单

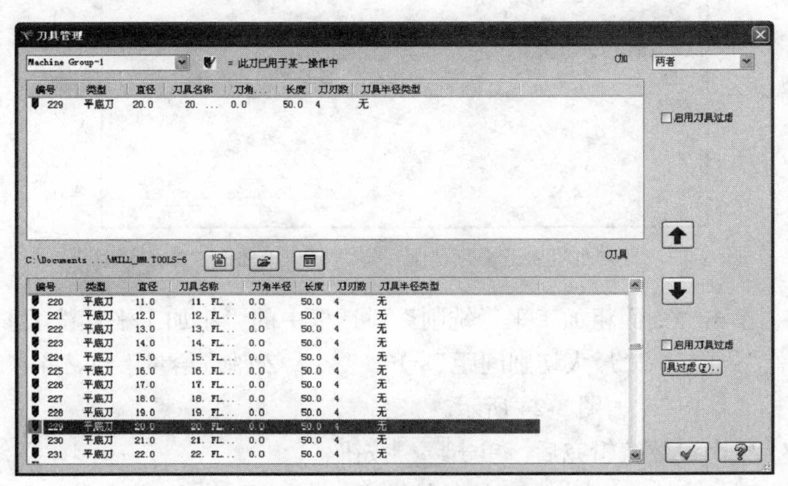

图 3-21　“刀具管理”对话框

STEP 04 根据自己机床的性能，设定“进给率”=650、“主轴转速”=1000、“下刀速率”=20、“提刀速率”=50，如图 3-22 所示。

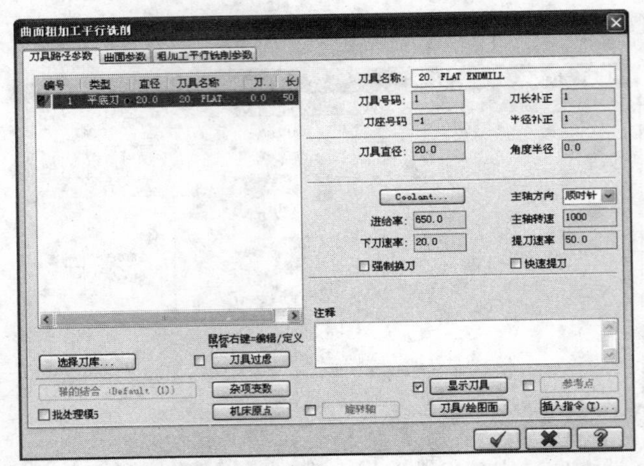

图 3-22 “曲面粗加工平行铣削”对话框—“刀具路径参数”标签页

STEP 05 单击“曲面粗加工平行铣削”对话框中的“曲面参数”标签，设置“加工面预留量”=0.5，在“刀具位置”选项组中选中“中心”单选钮，其他参数设置如图 3-23 所示。

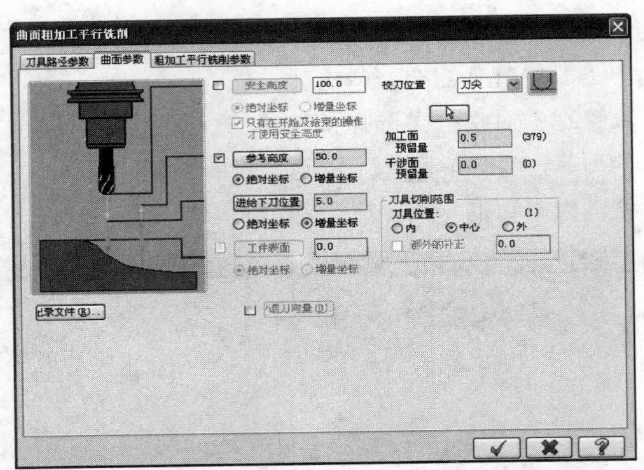

图 3-23 “曲面粗加工平行铣削”对话框—“曲面参数”标签页

STEP 06 单击“曲面粗加工平行铣削”对话框中的“粗加工平行铣削参数”标签，设定“整体误差”=0.016、“最大切削间距”=12、“最大 Z 轴进给量”=1，并在“切削方式”下拉列表中选择“单向”，如图 3-24 所示。

STEP 07 整个参数编辑完后，单击✔按钮。

STEP 08 系统开始计算加工轨迹，计算完后，生成粗加工的刀具轨迹，如图 3-25 所示。

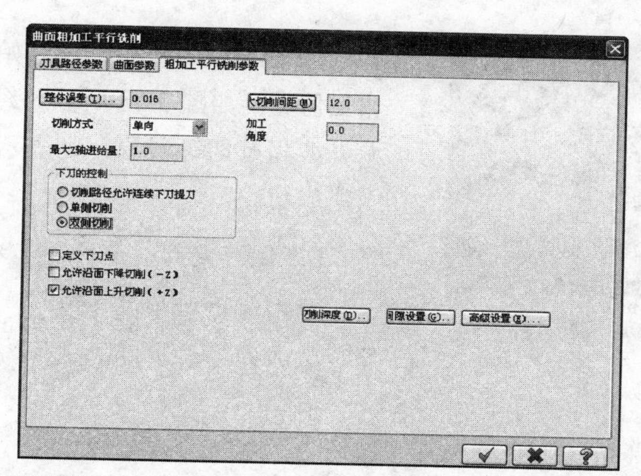

图 3-24　“曲面粗加工平行铣削”对话框—“粗加工平行铣削参数”标签页

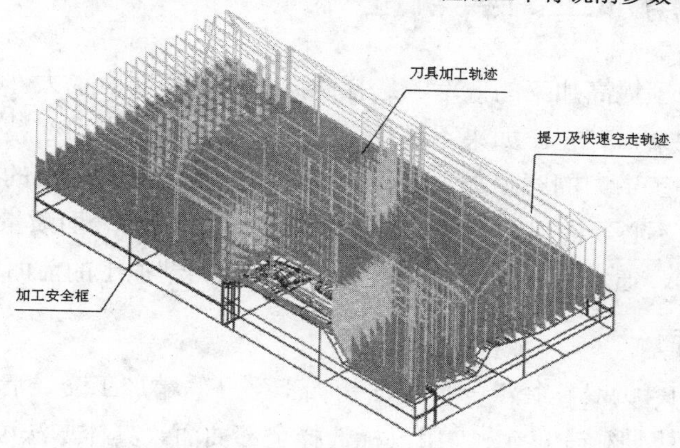

图 3-25　粗加工平行铣削刀具轨迹

4. 模拟仿真粗加工刀具轨迹

STEP 01　单击如图 3-26 所示的操作管理器中的（验证）按钮，弹出如图 3-27 所示的“验证”对话框。

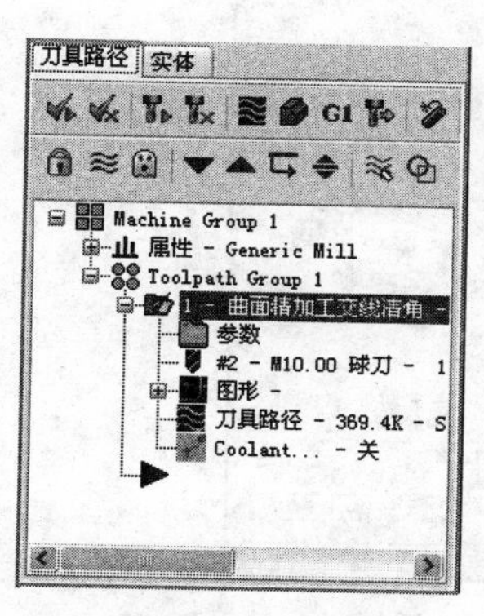

图 3-26　操作管理器

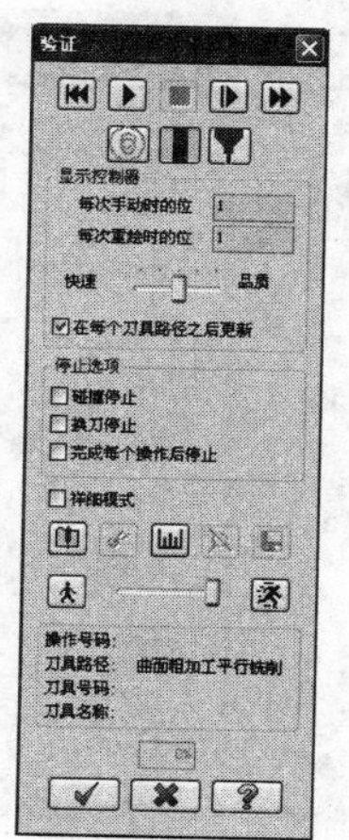

图 3-27　“验证”对话框

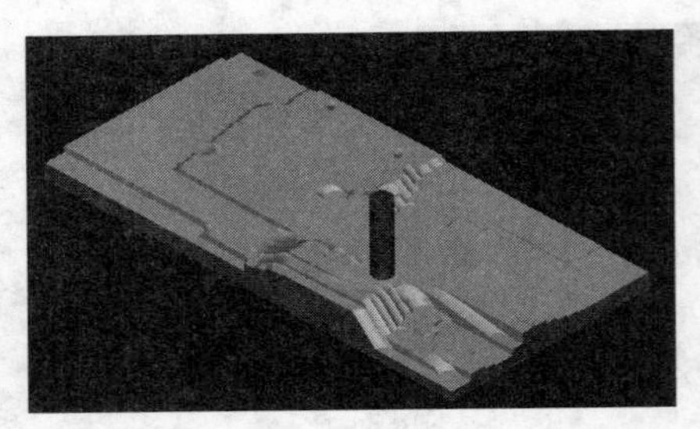

图 3-28　模拟仿真粗加工的刀具轨迹

STEP 02　单击▶（开始）按钮，即可开始加工仿真，如图 3-28 所示。经过加工仿真后，若无干涉和过切等现象，则表示粗加工的刀具轨迹创建成功。

5. 保存文件

单击菜单栏中的“文件”→“保存”命令，保存生成刀具轨迹后的文件。

3.4 创建清角加工刀具轨迹

在粗加工中，为了提高加工的效率，选择的刀具大、刀间距也大，而且只铣削大部分的余量，还有部分的余量存在。如果不进行交线清角加工，一方面在精加工中会出现抗刀现象，另一方面精加工中刀的磨损加大（刀具的价格昂贵，模具加工的成本就增加，利润就会减少，这样造成不必要的浪费），且加工出来的模具表面的表面质量很差。因此交线清角加工是非常必要的，通常清角加工放在粗加工的后面、精加工的前面。

1. 选择自由曲面

单击菜单栏中的“刀具路径”→“曲面精加工”→“精加工交线清角加工”命令，按住<Alt>+<→>键，将图形旋转 90°，用鼠标选择全部曲面。具体方法可参照 3.3 节。

2. 选择刀具及编辑加工参数

STEP 01　单击“刀具路径的曲面选取”对话框中的✔，系统即可弹出如图 3-29 所示的“曲面精加工交线清角”对话框，默认显示“刀具路径参数”标签页。

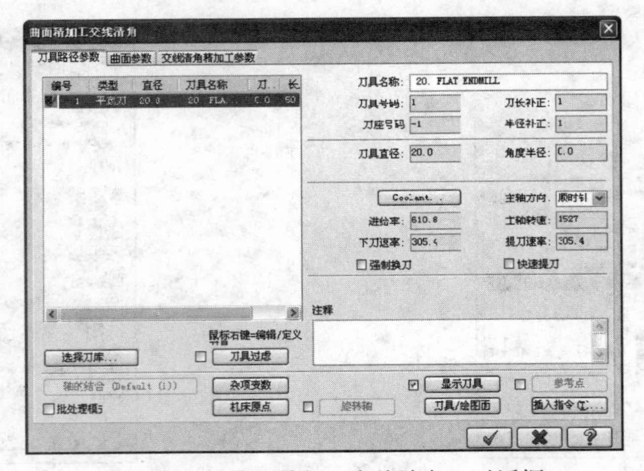

图 3-29　“曲面精加工交线清角”对话框

STEP 02　在该对话框的长方形的空白处，单击鼠标右键，在弹出的“选刀”快捷菜单中单击“创建新刀具”命令。

STEP 03　系统弹出如图 3-30 所示的“定义刀具”对话框。

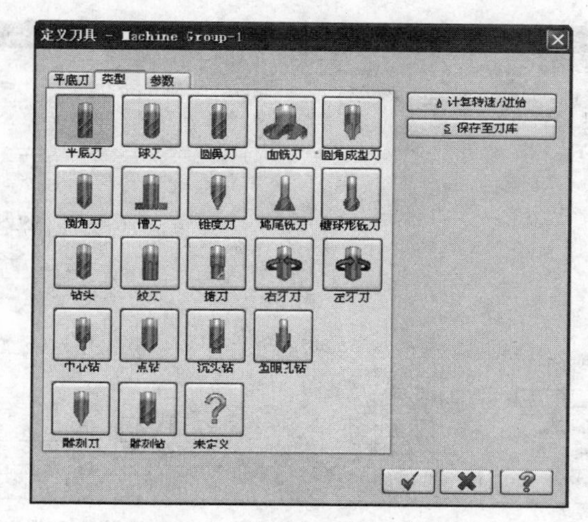

图 3-30　“定义刀具”对话框

STEP 04　单击第二种刀具类型，弹出如图 3-31 所示的“定义刀具”对话框，默认显示“球刀”标签页，设定“直径”=10、“刀刃”=25、“肩部”=30、“刀长”=50、“夹头”=25，并在“轮廓的显示”选项组中选中“自动”单选钮，在“适用于”选项组中选中“两者”单选钮。

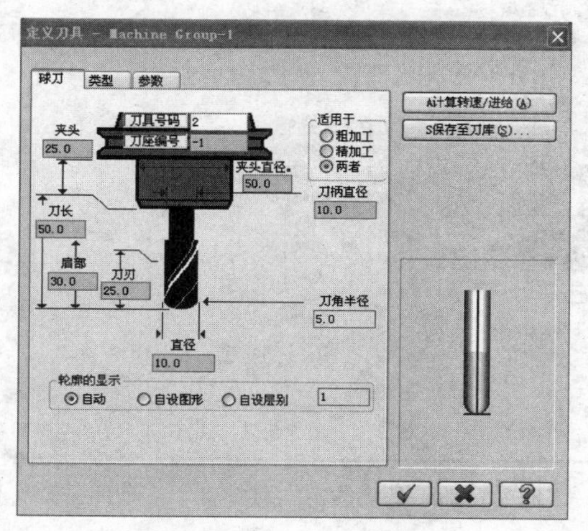

图 3-31　“定义刀具”对话框—“球刀”标签页

STEP 05　定义完刀具参数后，单击 ✔ 按钮，完成刀具的编辑操作，此时新的刀具球头刀 $\phi10$（由于此零件的自由曲面高低差小，$\phi10$ 的刀长够加工，不会产生干涉现象，因此选用 $\phi10$ 刀具做清角加工）出现在如图 3-32 所示的“曲面精加工交线清角”对话框的

“刀具路径参数”标签页中。

STEP 06 根据机床的性能，设定“进给率”=700、“主轴转速”=1500、“下刀速率”=30、“提刀速率”=100。

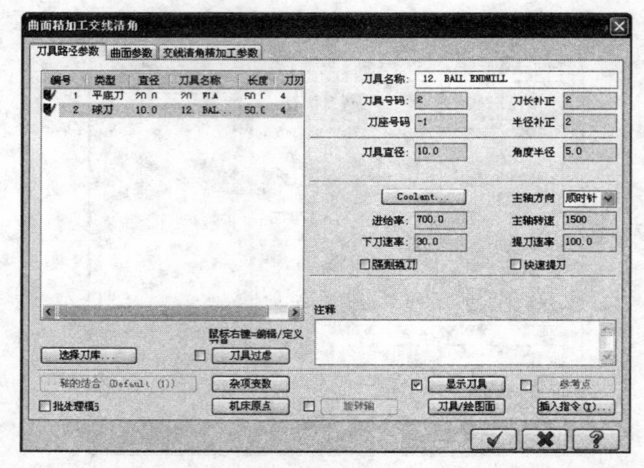

图 3-32 “曲面精加工交线清角”对话框—“刀具路径参数”标签页

STEP 07 单击“曲面精加工交线清角”对话框中的“曲面参数”标签，设定“加工面预留量”=0.03、“参考高度”=50、“进给下刀位置”=5，并在“刀具位置”选项组中选中“中心”单选钮，如图 3-33 所示。

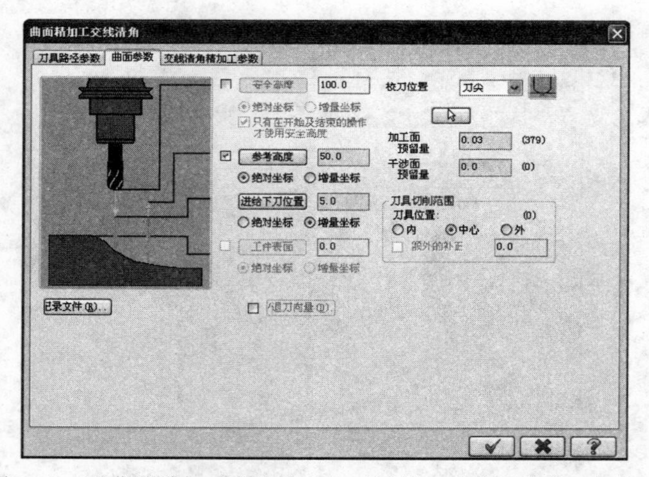

图 3-33 “曲面精加工交线清角”对话框—“曲面参数”标签页

STEP 08 单击“曲面精加工交线清角”对话框中的“交线清角精加工参数”标签，设定“整体误差”=0.025，并对“间隙设置”及“高级设置”的参数进行修整，如图 3-34 所示。

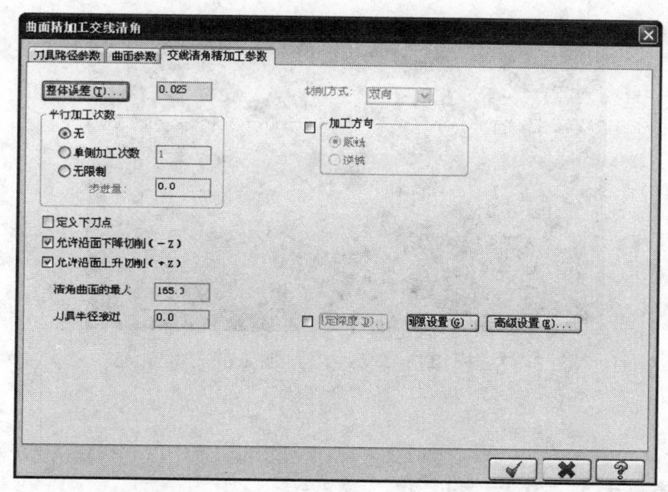

图 3-34　“曲面精加工交线清角”对话框—“交线清角精加工参数”标签页

STEP 09　单击[✓]按钮，系统开始计算加工轨迹。当计算完毕后，刀具轨迹显示出来，如图 3-35 所示。

3．模拟仿真清角加工刀具轨迹

STEP 01　在如图 3-36 所示的操作管理器中，选择所创建的交线清角加工操作。

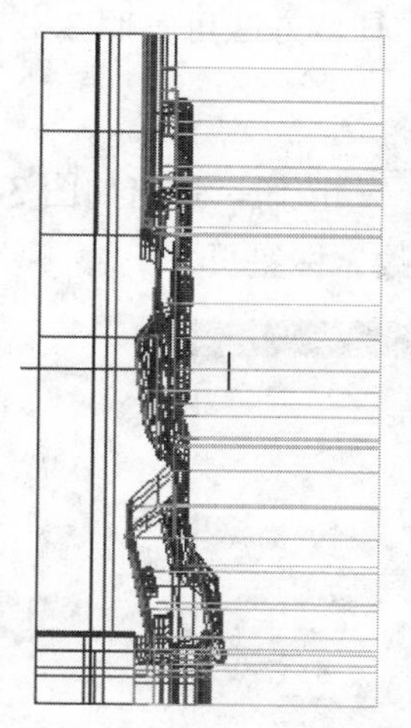

图 3-35　粗加工及清角加工的刀具轨迹

图 3-36　操作管理器

STEP 02　单击[验证图标]（验证）按钮，弹出“验证”对话框。

STEP 03　单击[▶]（开始）按钮，即可开始加工仿真，如图 3-37 所示。经过加工仿真后，若无干涉和过切等现象，则清角加工的刀具轨迹创建成功。

4．保存文件

单击菜单栏中的“文件”→“保存”命令，保存生成刀具轨迹后的文件。

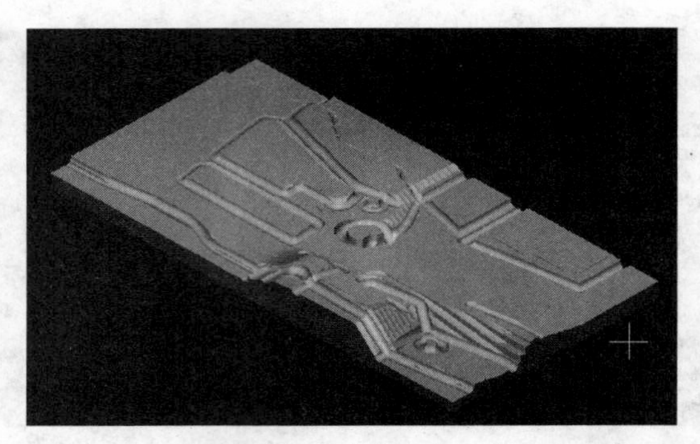

图 3-37 模拟仿真交线清角加工的刀具轨迹

3.5 创建精加工刀具轨迹

精加工是整个加工的最后部分，它的余量很少，因此加工的速度快，工件的表面质量较高，在精加工中可对相应的参数进行修改。

1. 选择自由曲面

单击菜单栏中的“刀具路径”→“曲面精加工”→“精加工平行铣削”命令，按住<Alt>+<→>键，将图形旋转 90°，用鼠标选择全部曲面。具体方法可参照 3.3 节。

2. 选择刀具及编辑加工参数

STEP 01 单击“刀具路径的曲面选取”对话框中的 按钮，弹出如图 3-38 所示的“曲面精加工平行铣削”对话框，默认显示“刀具路径参数”标签页。

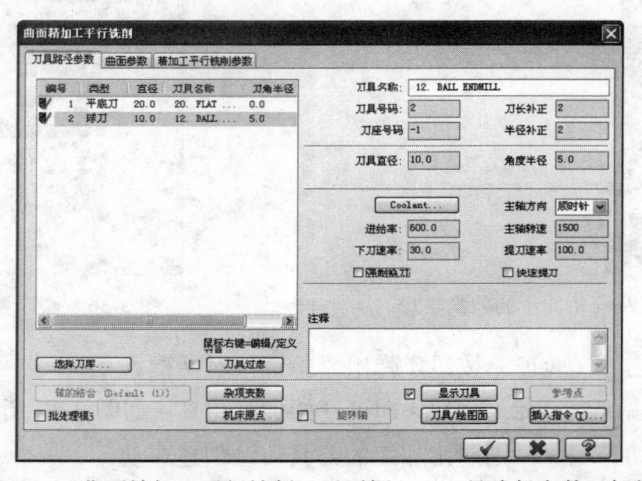

图 3-38 “曲面精加工平行铣削”对话框—“刀具路径参数”标签页

STEP 02　单击清角加工用的刀具球头刀 $\phi10$，设定“进给率”=600、“主轴转速”=1500、“下刀速率”=30、“提刀速率”=100。

STEP 03　单击“曲面精加工平行铣削”对话框中的“曲面参数”标签，设定“加工面预留量”=0.03、“参考高度”=50、“进给下刀位置”=5，并在“刀具位置”选项组中选择“中心”单选钮，如图 3-39 所示。

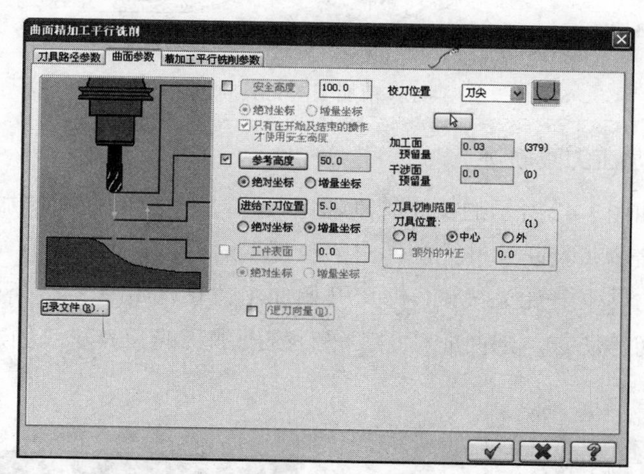

图 3-39　“曲面精加工平行铣削”对话框—“曲面参数”标签页

STEP 04　单击“曲面精加工平行铣削”对话框中的“精加工平行铣削参数”标签，设定“整体误差”=0.025、“最大切削间距”=0.8、“加工角度”=90，如图 3-40 所示。

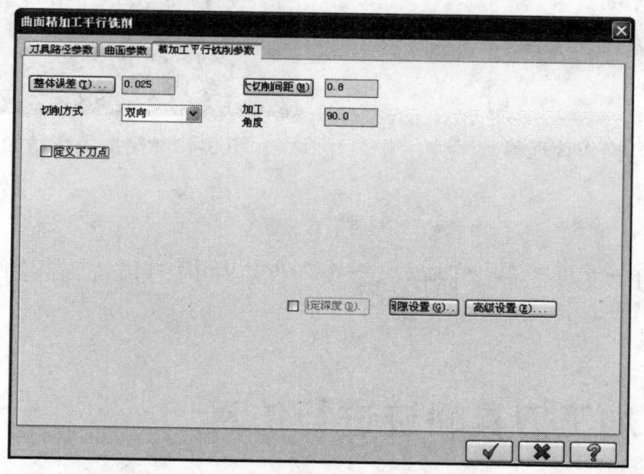

图 3-40　“曲面精加工平行铣削”对话框—“精加工平行铣削参数”标签页

STEP 05　单击 按钮，系统开始计算精加工的刀具轨迹，当计算完后，即可生成如图 3-41 所示的精加工刀具轨迹。

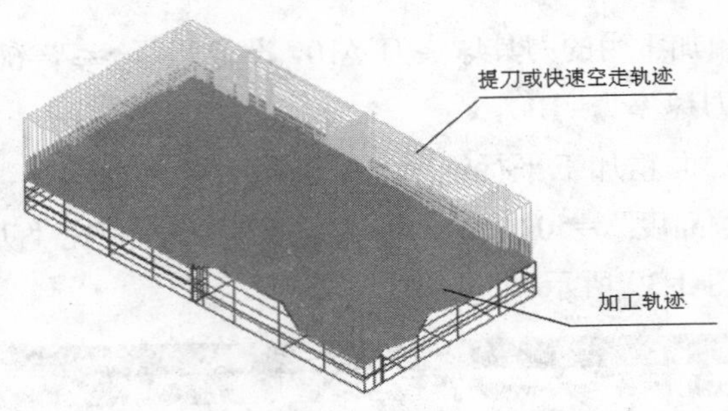

图 3-41　精加工的刀具轨迹

3．模拟仿真精加工刀具轨迹

STEP 01　在如图 3-42 所示的操作管理器中，选择所创建的曲面精加工平行铣削操作。

STEP 02　单击（验证）按钮，弹出“验证”对话框。

STEP 03　单击（开始）按钮，即可开始加工仿真，如图 3-43 所示。经过加工仿真后，若无干涉和过切等现象，则曲面精加工平行铣削加工的刀具轨迹创建成功。

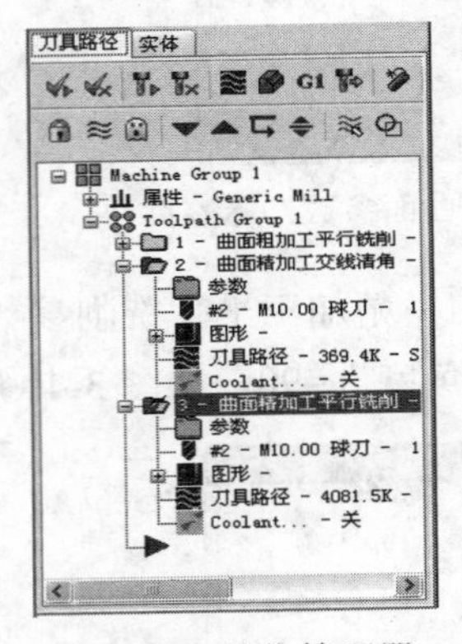

图 3-42　操作管理器

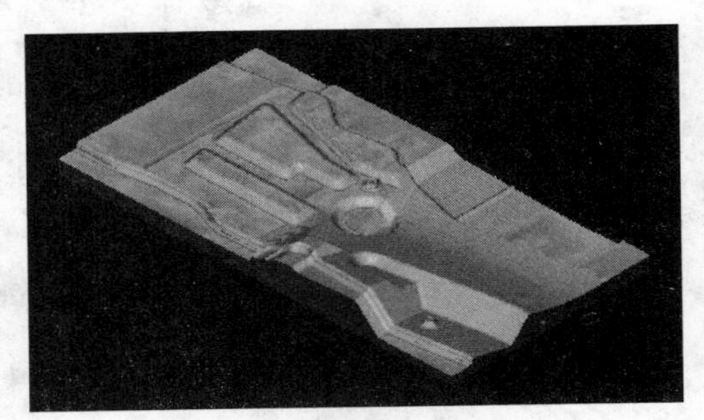

图 3-43　模拟仿真精加工的刀具轨迹

4．保存文件

单击菜单栏中的“文件”→“保存”命令，保存生成刀具轨迹后的文件。

3.6　对所有加工刀具轨迹进行仿真

加工零件的 NC 代码在投入实际的加工之前通常需要进行试切和仿真，以检查存在于刀具与工件之间的碰撞、干涉和过切等现象。

STEP 01　在操作管理器中，单击（选择所有操作）按钮，即可选择全部的加工操作，如图 3-44 所示。

STEP 02　单击（验证）按钮，弹出“验证”对话框。此时单击（开始）按钮，即可对所有的加工操作进行模拟显示。

STEP 03　若对加工轨迹不满意可以进行修整。单击操作管理器中“3-曲面精加工平行铣削”下的“参数”，弹出如图 3-45 所示的“曲面粗加工平行铣削”对话框。

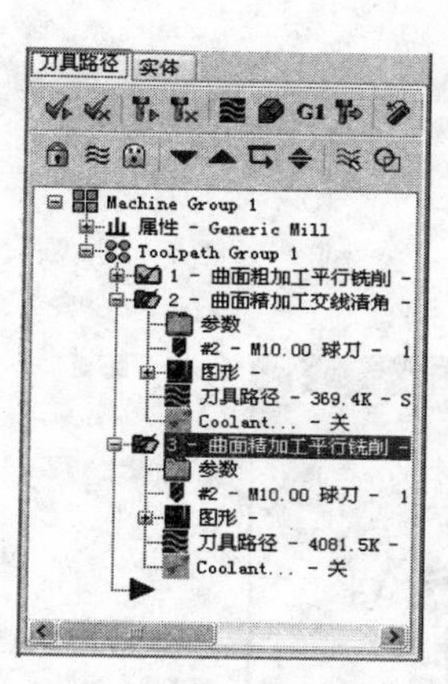

图 3-44　操作管理器 1

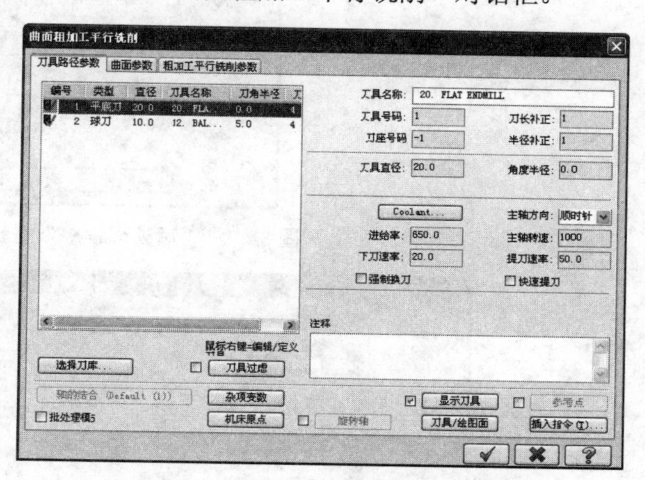

图 3-45　“曲面粗加工平行铣削”对话框

STEP 04　在该对话框中可以修改任何参数，直至满意。然后单击按钮，返回操作管理器。此时，修改过的加工轨迹就打上了红色的叉，如图 3-46 所示。

STEP 05　必须单击操作管理器中的（重新计算所选操作）按钮，重新计算刀具轨迹。

STEP 06　单击菜单栏中的“文件”→“保存”命令，保存生成刀具轨迹后的文件。

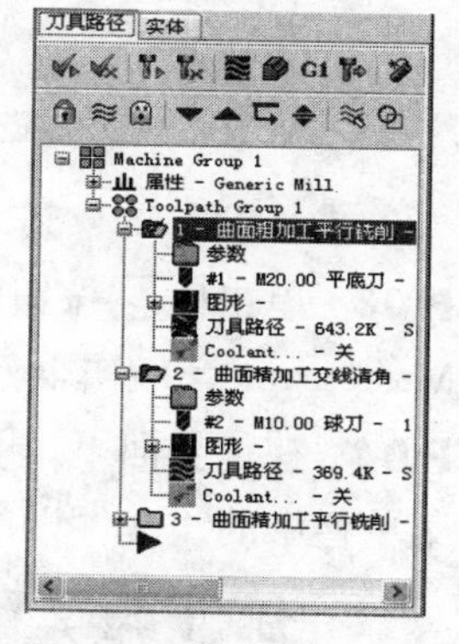

图 3-46　操作管理器 2

3.7　生成 NC 程序

生成 NC 程序的操作步骤如下。

STEP 01　在操作管理器中，选择所要进行后置处理的操作，单击（后处理）按钮，弹出如图 3-47 所示的“后处理程序”对话框。

STEP 02　勾选“编辑”复选框，以便对产生的加工程序自动进行存盘和编辑，单击按钮，系统弹出如图 3-48 所示的“另存为”对话框，用户可以在该对话框中输入需要保存的 NC 文件的名称。

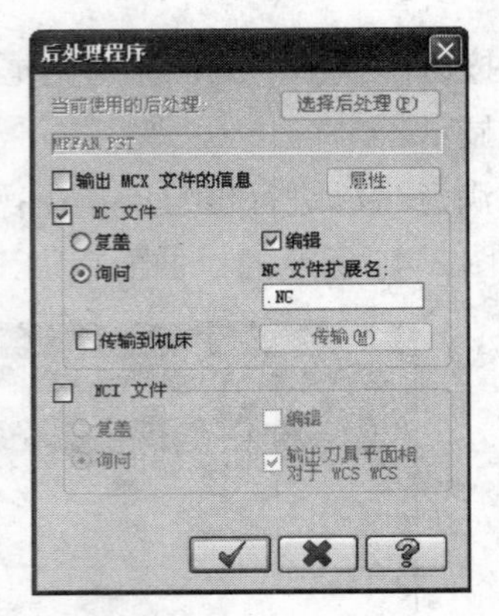

图 3-47 “后处理程序”对话框

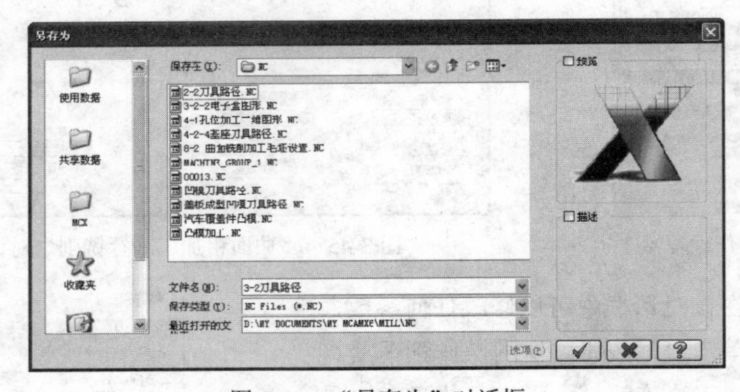

图 3-48 “另存为”对话框

STEP 03 单击 按钮，系统开始生成加工程序。等待几分钟后，弹出如图 3-49 所示的“Mastercam X 编辑器”界面。

STEP 04 在该界面下，用户可以对生成的程序进行修改、编辑。单击“Mastercam X 编辑器”菜单栏中的“文件”→“保存”命令，保存该 NC 程序。

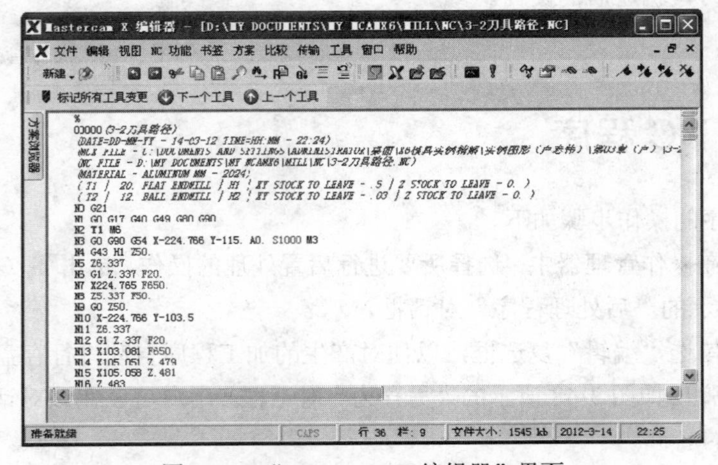

图 3-49 “Mastercam X 编辑器”界面

第4章 汽车前挡板右外加强板模具加工与编程

内容

本章介绍在Mastercam X6软件中对汽车前挡板右外加强板模具进行数控加工的常用加工工艺及加工方法，详细阐述了汽车前挡板右外加强板模具数控铣削加工的编程过程和技巧。

目的

通过实例讲解，使读者熟悉和掌握用Mastercam X6软件创建汽车前挡板右外加强板模具数控铣削加工刀具路径的方法，了解相关的数控加工工艺知识。

4.1 加工任务概述

汽车前挡板右外加强板如图4-1所示，其凹模如图4-2所示。

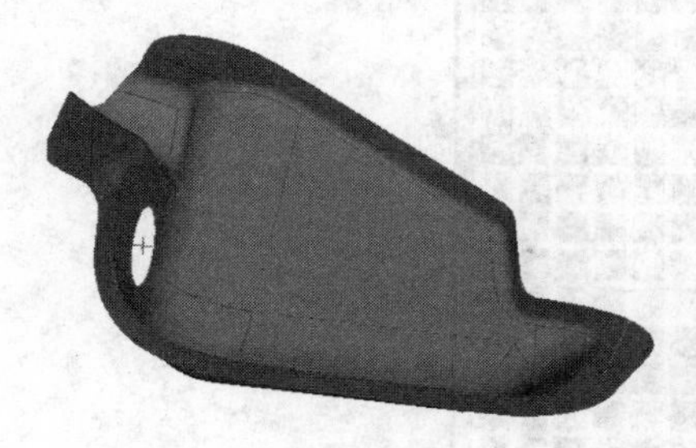

图4-1 汽车前挡板右外加强板

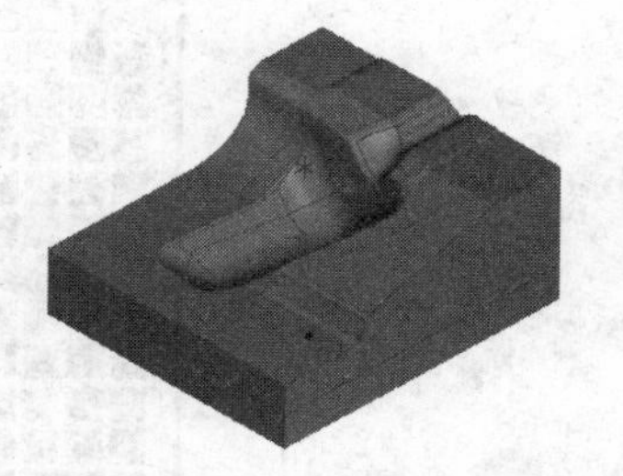

图4-2 汽车前挡板右外加强板凹模

下面将详细讲解汽车前挡板右外加强板凹模的加工编程过程。

4.2 加工模型的准备

1. 选取零件的加工模型文件

进入Mastercam X6系统，单击菜单栏中的“文件”→“打开文件”命令，系统弹出如

图 4-3 所示的“打开”对话框，将“文件类型”设置为“IGES 文件”类型，选择零件的加工模型文件“4-1 图形.igs”，单击 “按钮”。

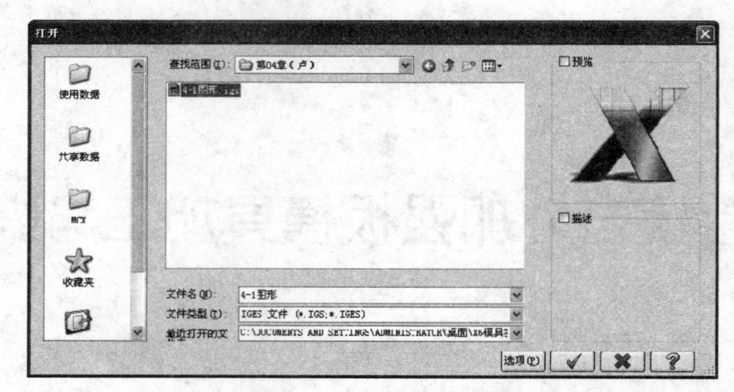

图 4-3 “打开”对话框

2. 移动加工坐标点

STEP 01 显示坐标点。单击状态栏中的 （颜色设置）区域，弹出如图 4-4 所示的“颜色”对话框。选择红色，单击 按钮。再单击菜单栏中的“绘图”→“绘点”→“绘点”命令，在如图 4-5 所示的位置单击，即可创建一个红色的坐标点“+”。

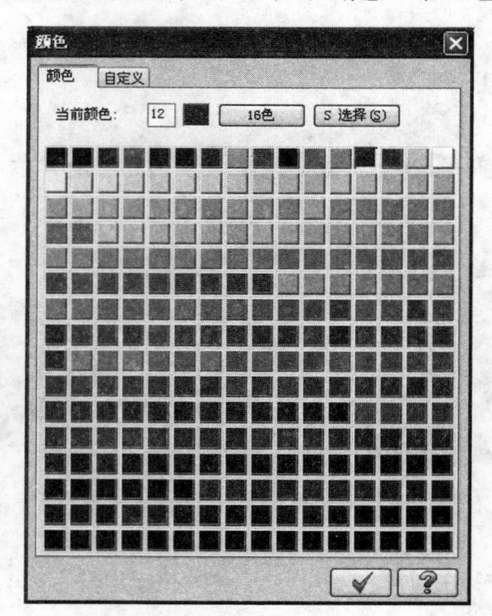

图 4-4 “颜色”对话框

STEP 02 测量坐标点的值。单击鼠标右键，系统在绘图区弹出常用工具快捷菜单，单击“顶视图”命令；或者在工具栏中单击 （顶视图）按钮，将图形切换到顶视图。再单击菜单栏中的“分析”→“点位分析”命令，选择如图 4-5 所示的被测量点，系统即可弹出如图 4-6 所示的“点分析”对话框，显示坐标点数值。

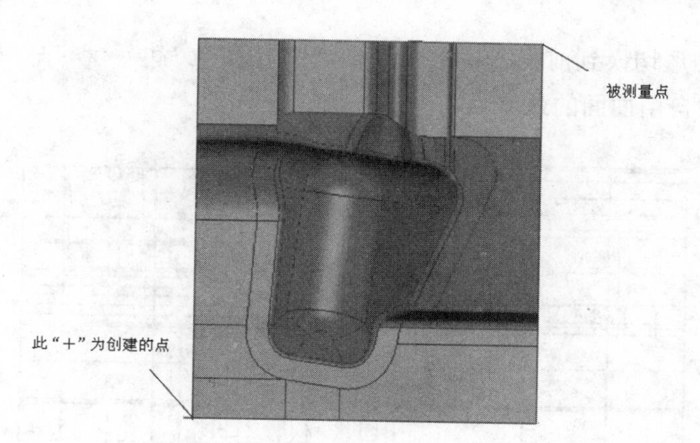

图 4-5 创建坐标点

STEP 03 移动坐标点到数模中心。单击菜单栏中的“转换”→“平移”命令，系统弹出如图 4-7 所示的“平移选项”对话框，单击 （选择图素）按钮，选择整个数模，直到图形颜色发生变化，按“Enter”键即可返回如图 4-7 所示的对话框。在该对话框中的“直角坐标”选项组中的“ΔX”、“ΔY”文本框中输入要移动的 X、Y、Z（X=−210/2，Y=−240/2，Z 值默认为 0）的值，如图 4-7 所示，选中“移动”单选钮，单击 按钮，关闭此对话框，此时坐标移动到数模的中心。移动坐标点的目的是为了方便操作工对刀和复查程序。

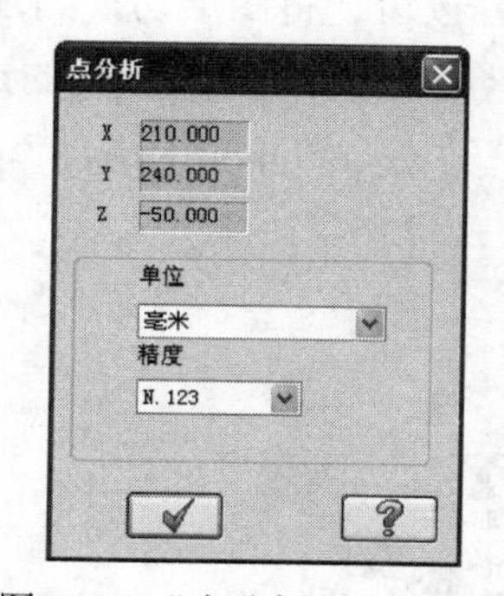

图 4-6 “点分析”对话框 1

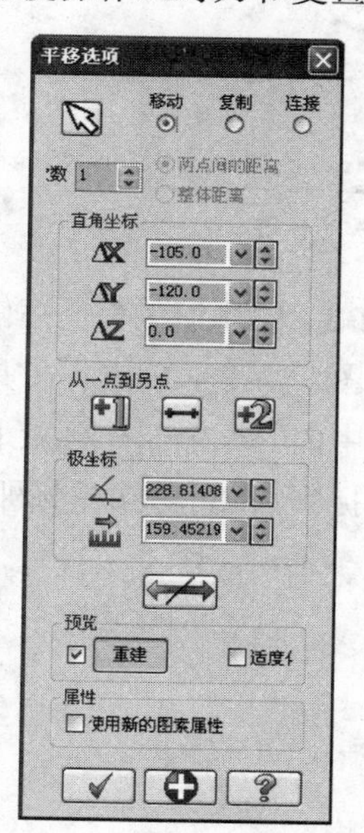

图 4-7 “平移选项”对话框

3．创建加工安全框

STEP 01 测量自由曲面最低点的坐标值（为创建加工安全框提供 Z 方向的最大值）。单击鼠标右键，在常用工具快捷菜单中单击“前视图”命令；或者在工具栏中单击 （前视图）按钮，将图形切换到前视图。再单击菜单栏中的“分析”→“点位分析”命令，选择如图 4-8 所示的自由曲面的最低点。

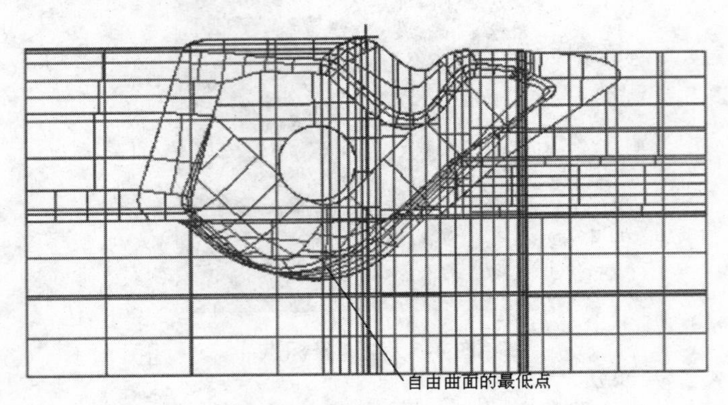

图 4-8　选择自由曲面的最低点

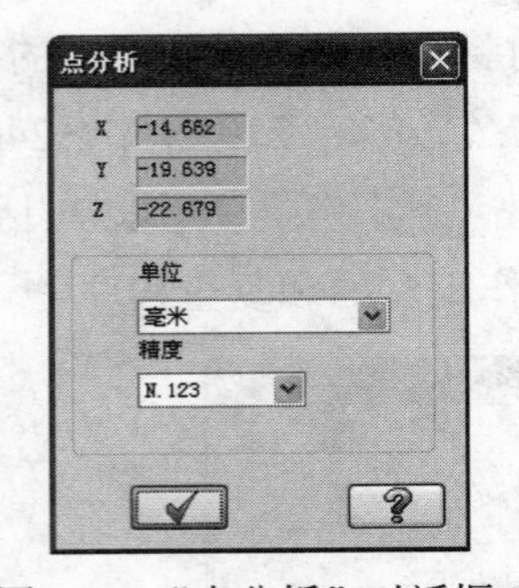

图 4-9　“点分析”对话框 2

此时，系统弹出如图 4-9 所示的“点分析”对话框，显示自由曲面最低点的测量数据，其中测出的 Y 值（-19.639）就是所要测量的 Z 值，对于初学者来说，容易搞混。

STEP 02　在状态栏中的 Z -30.0 文本框中输入“-30”。

注意	在实际加工中，一般取测量点下-10 的值进行圆整后为 Z 的坐标值，这样便于选取整个自由曲面，而且对于加工也非常重要。

STEP 03　创建加工安全框。单击鼠标右键，系统在绘图区弹出常用工具快捷菜单，单击“顶视图”命令；或者在工具栏中单击（顶视图）按钮，将图形切换到顶视图。再单击菜单栏中的“绘图”→“矩形”命令，然后在绘图区捕捉如图 4-10 所示的点 1，拖动鼠标直到捕捉到点 2，单击鼠标即可创建矩形的安全框，结果如图 4-11 所示。

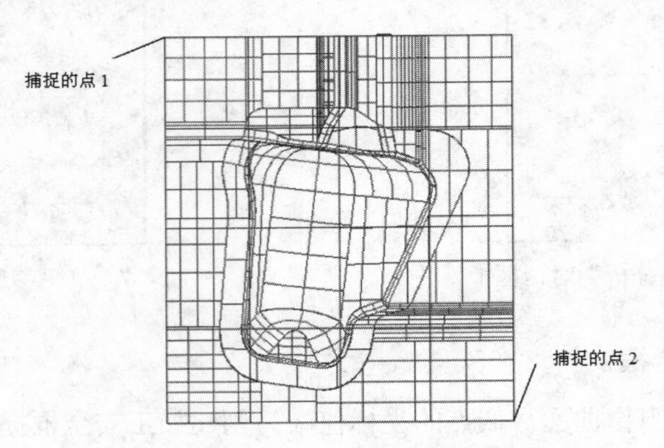

图 4-10　在顶视图下捕捉点来创建矩形安全框

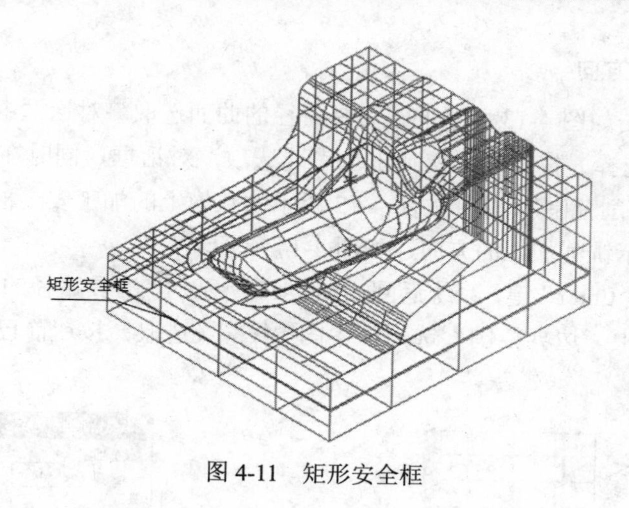

图 4-11　矩形安全框

4.3 创建粗加工刀具轨迹

1. 选择自由曲面

STEP 01　单击鼠标右键，在弹出的常用工具快捷菜单中单击“顶视图”命令；或者在工具栏中单击（顶视图）按钮，将图形切换到顶视图。按住<Alt>+<→>键，旋转图形至如图 4-12 所示的位置，再单击菜单栏中的“刀具路径”→“曲面粗加工”→“粗加工挖槽加工”命令。

STEP 02　在弹出的如图 4-13 所示的“刀具路径的曲面选取”对话框中单击“加工曲面”选项组中的（选取）按钮，在绘图区用鼠标按图示选择全部曲面。在选择自由曲面捕捉第二个点时，应尽量超出曲面的最外边，这样就不会遗漏任何一个曲面。选择完成后，整个自由曲面变成了白色。

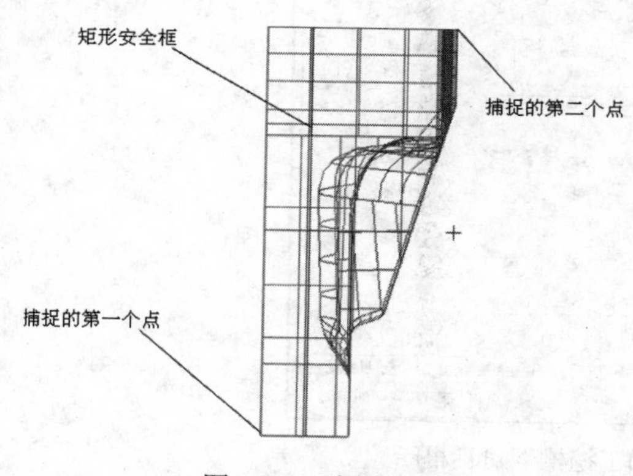

图 4-12　选择曲面

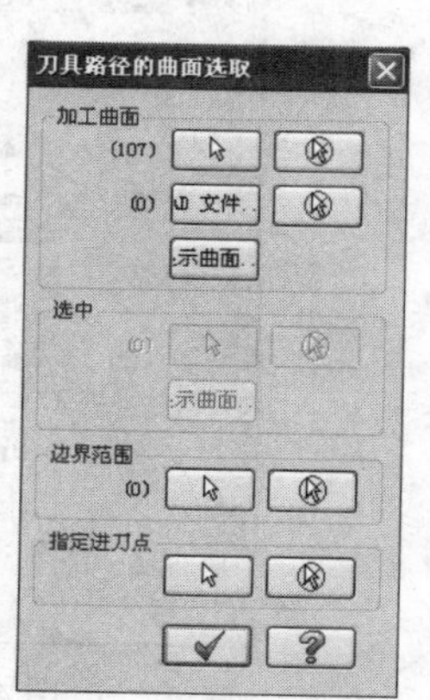

图 4-13　“刀具路径的曲面选取”对话框 1

2. 设置加工链方向

STEP 01 单击如图 4-13 所示的“刀具路径的曲面选取”对话框中的“边界范围”选项组中的（选择）按钮，系统弹出“串连选项”对话框，同时在绘图区出现提示信息“串连 2D 刀具切削范围”，选择如图 4-12 所示的数模上的加工安全框，在加工安全框上出现了箭头，这表示铣削加工的方向，如图 4-14 所示。

STEP 02 按“Enter”键，系统返回如图 4-15 所示的“刀具路径的曲面选取”对话框，可以看出该对话框中“边界范围”选项组中的（选取）按钮前已经显示出加工链的数目（1）。

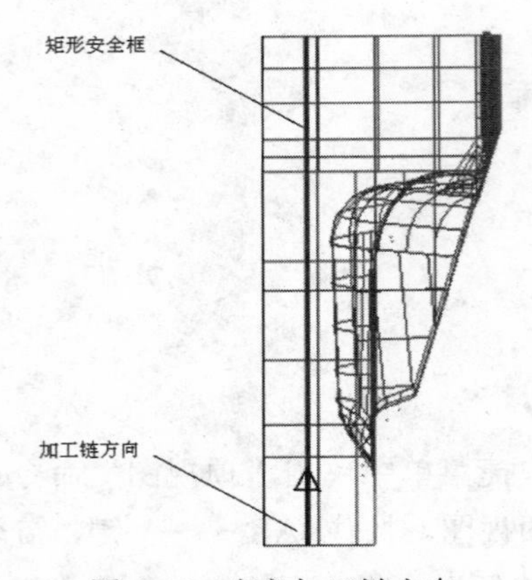

图 4-14　定义加工链方向

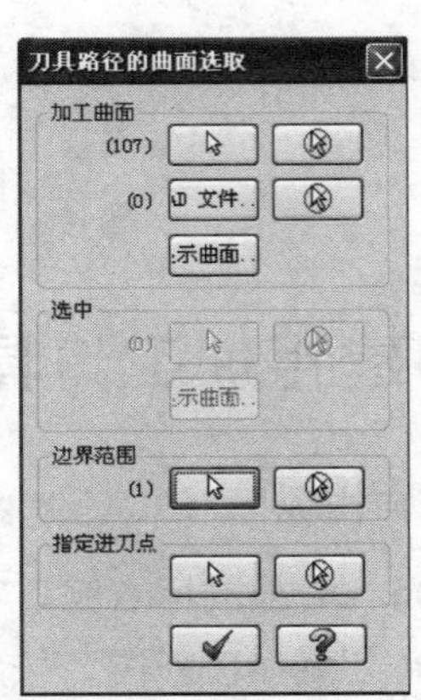

图 4-15　“刀具路径的曲面选取”对话框 2

3. 选择刀具及编辑加工参数

STEP 01 单击按钮，系统弹出如图 4-16 所示的“曲面粗加工挖槽”对话框。

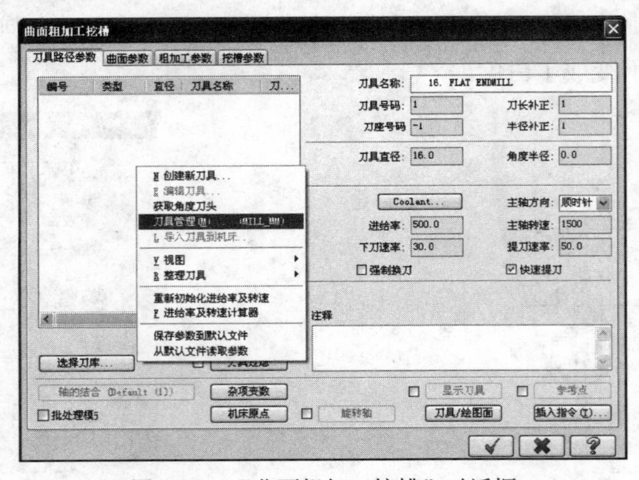

图 4-16　“曲面粗加工挖槽”对话框

STEP 02 在该对话框的长方形的空白处，单击鼠标右键，弹出“选刀”快捷菜单。

STEP 03　单击“刀具管理”命令，弹出如图 4-17 所示的“刀具管理”对话框。

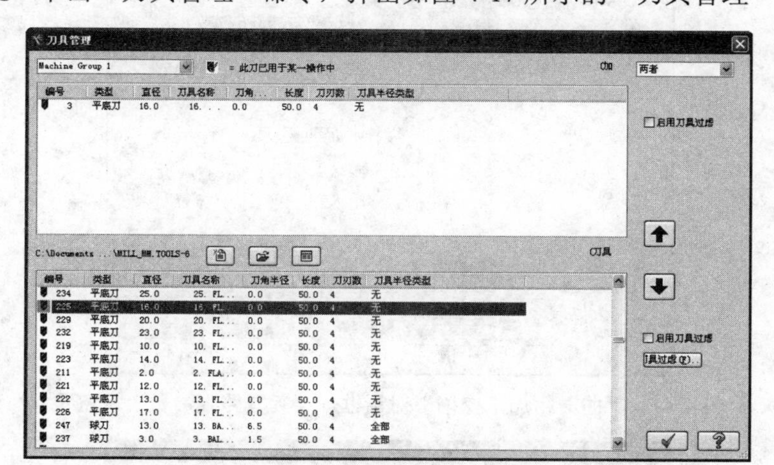

图 4-17　“刀具管理”对话框

STEP 04　选择 ϕ16 平底刀作为粗加工的刀具，单击 按钮，返回如图 4-16 所示的“曲面粗加工挖槽”对话框。

STEP 05　若单击“创建新刀具”命令，则弹出如图 4-18 所示的“定义刀具”对话框，可以定义刀具库中没有的刀具类型及型号。

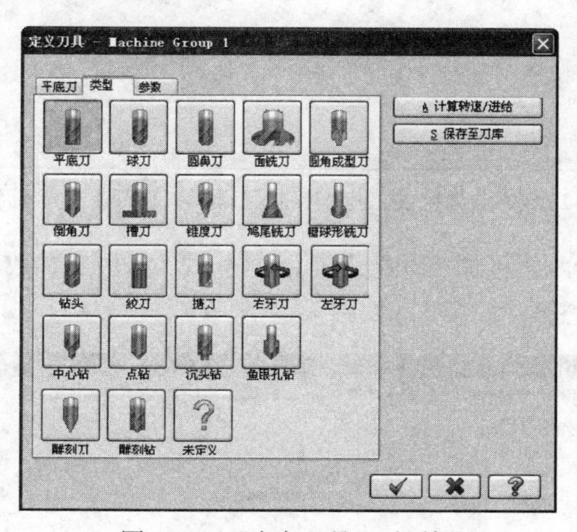

图 4-18　“定义刀具”对话框

STEP 06　根据机床的性能，设定“进给率”=500、“主轴转速”=1500、“下刀速率”=30、“提刀速率”=50，如图 4-19 所示。

STEP 07　单击“曲面粗加工挖槽”对话框中的“曲面参数”标签，设定“加工面预留量”=0.5，并在“刀具位置”选项组中选中“中心”单选钮，其他参数设置如图 4-20 所示（对于这个具体凹模，不需要设干涉面）。

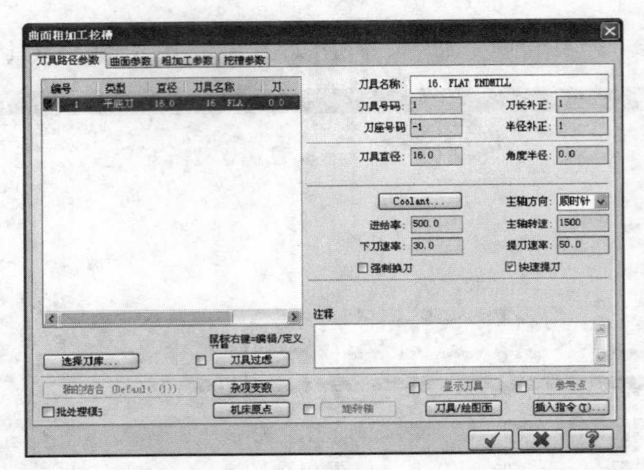

图 4-19　“曲面粗加工挖槽”对话框—“刀具路径参数”标签页

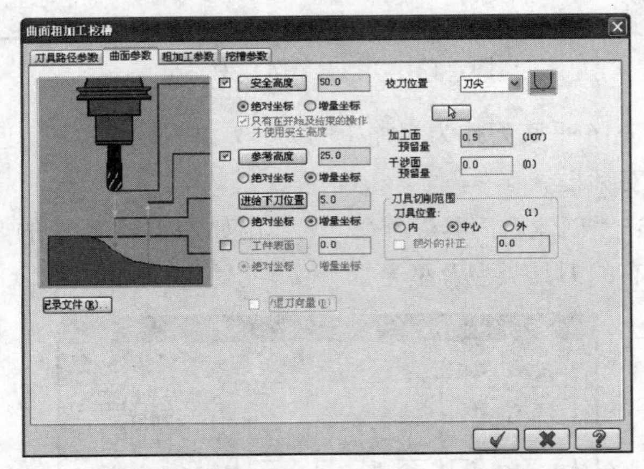

图 4-20　“曲面粗加工挖槽”对话框—“曲面参数”标签页

STEP 08　单击“曲面粗加工挖槽”对话框中的“粗加工参数”标签，设定“整体误差”=0.025、“Z 轴最大进给量”=1，如图 4-21 所示。

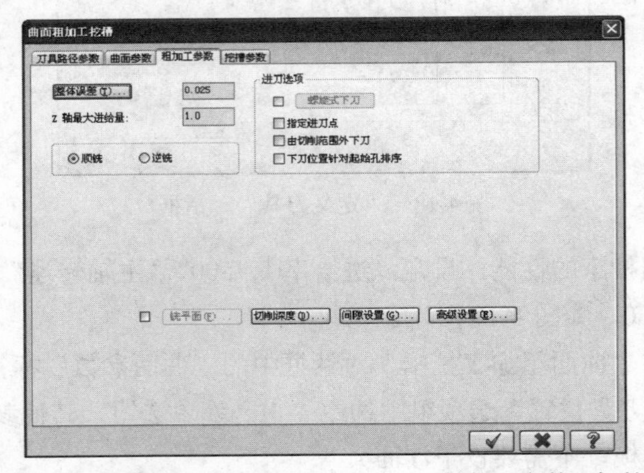

图 4-21　“曲面粗加工挖槽”对话框—“粗加工参数”标签页

STEP 09　单击“曲面粗加工挖槽”对话框中的“挖槽参数”标签，设定“切削间距（直径%）”=50、“切削间距（距离）”=8、“粗切角度”=0，如图4-22所示。

STEP 10　如图4-22所示，加工的方式共有8种，选择第5种加工方式。

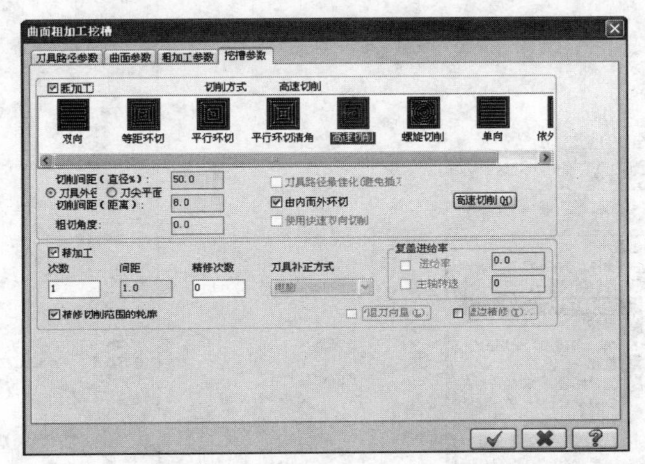

图4-22　“曲面粗加工挖槽”对话框—“挖槽参数”标签页

STEP 11　单击按钮，系统开始计算粗加工的刀具轨迹，系统提示区显示图形处理的信息。等待数分钟后，粗加工的刀具轨迹创建成功，如图4-23所示。

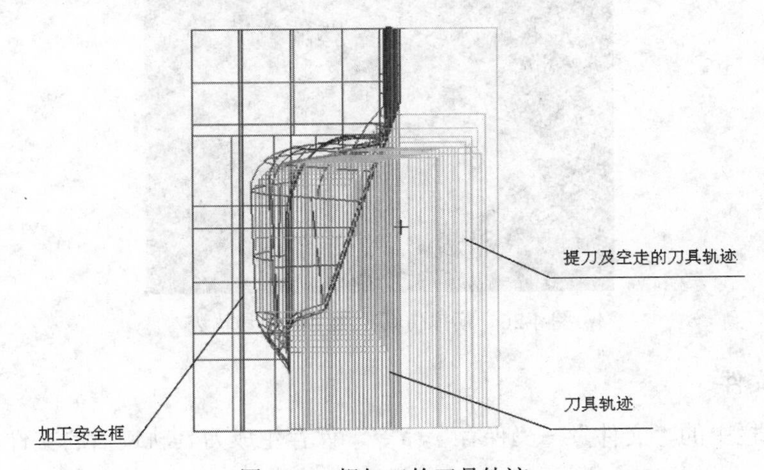

图4-23　粗加工的刀具轨迹

4．模拟仿真粗加工刀具轨迹

STEP 01　单击如图4-24所示的操作管理器中的（验证）按钮，弹出如图4-25所示的“验证”对话框。

STEP 02　单击（开始）按钮，即可开始加工仿真，如图4-26所示。经过仿真后，若无干涉和过切等现象，则表示粗加工的刀具轨迹创建成功。

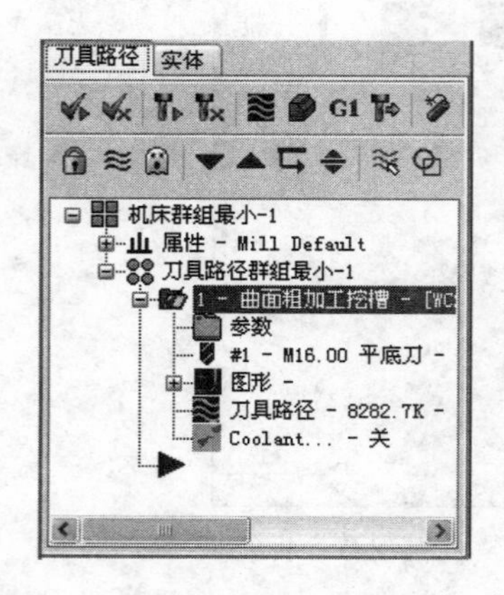

图 4-24　操作管理器

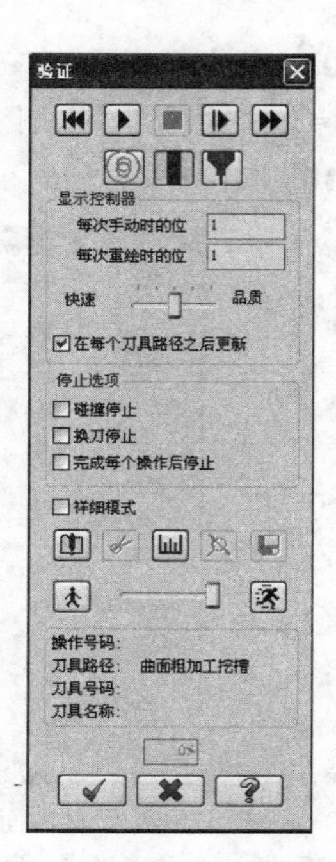

图 4-25　“验证”对话框

图 4-26　模拟仿真粗加工的刀具轨迹

5．保存文件

单击菜单栏中的“文件”→“保存”命令，保存生成刀具轨迹后的文件。

4.4　创建清角加工刀具轨迹

1．选择自由曲面

单击菜单栏中的“刀具路径”→“曲面精加工”→“精加工交线清角加工”命令，按住<Alt>+<→>键，将图形旋转 90°，用鼠标选择全部曲面。具体方法可参照 4.3 节。

2．选择刀具及编辑加工参数

STEP 01 单击“刀具路径的曲面选取”对话框中的✔按钮，弹出如图4-27所示的“曲面精加工交线清角”对话框，默认显示“刀具路径参数”标签页。

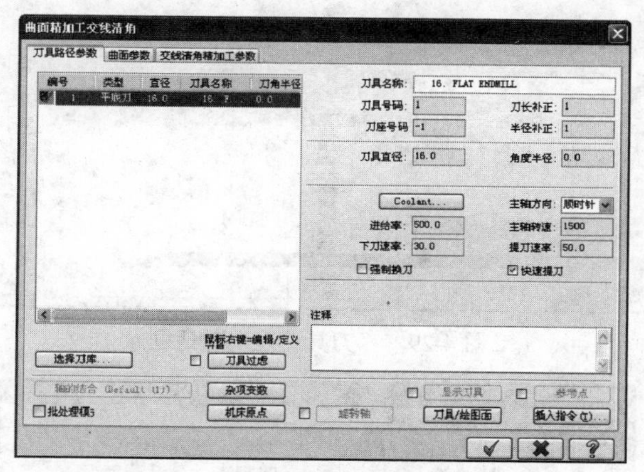

图4-27 “曲面精加工交线清角”对话框

STEP 02 在该对话框的长方形的空白处，单击鼠标右键，在弹出的快捷菜单中单击“刀具管理”命令，如图4-28所示。

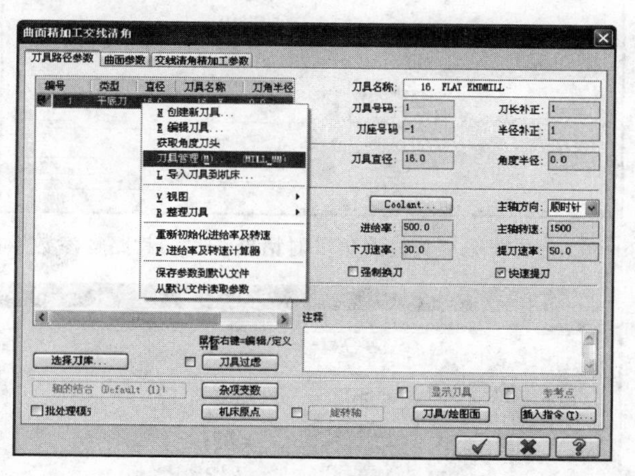

图4-28 单击“刀具管理”命令

STEP 03 在弹出的如图4-29所示的“刀具管理”对话框中，选择ϕ12球头刀具作为清角加工的刀具。

STEP 04 根据机床的性能，设定“进给率”=500、“主轴转速”=1500、“下刀速率”=30、“提刀速率”=50，如图4-30所示。

STEP 05 单击“曲面精加工交线清角”对话框中的“曲面参数”标签，设定“加工面预留量”=0.03、“参考高度”=25、“进给下刀位置”=5，并在“刀具位置”选项组中选中“中心”单选钮，如图4-31所示。

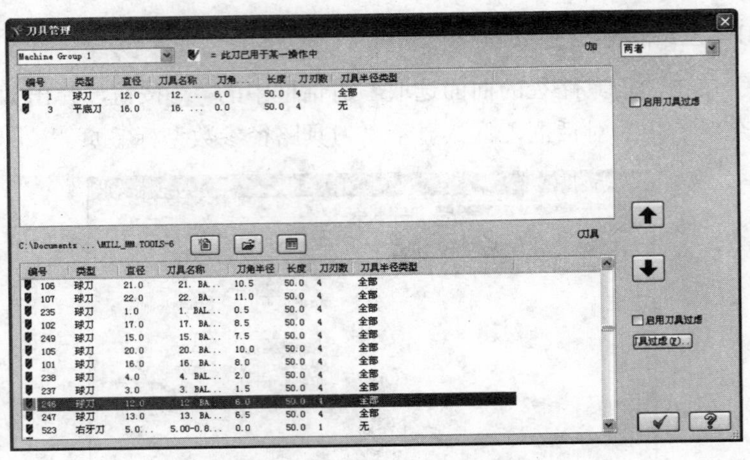

图 4-29 “刀具管理”对话框

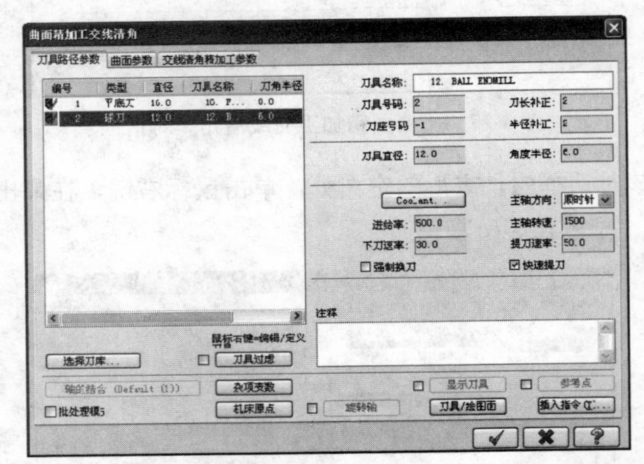

图 4-30 “曲面精加工交线清角”对话框—“刀具路径参数”标签页

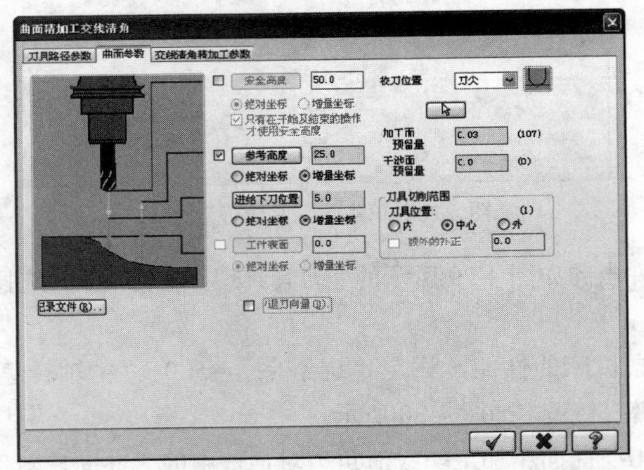

图 4-31 “曲面精加工交线清角”对话框—“曲面参数”标签页

STEP 06　单击“曲面精加工交线清角”对话框中的“交线清角精加工参数”标签，设定“整体误差”=0.025，并对“间隙设置”及“高级设置”的参数进行修整，如图 4-32 所示。

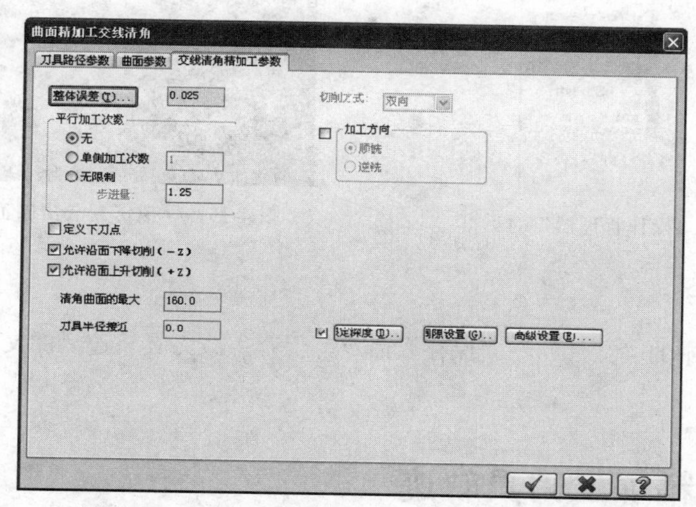

图 4-32　“曲面精加工交线清角”对话框—“交线清角精加工参数”标签页

STEP 07　单击 按钮，系统开始计算交线清角加工的刀具轨迹，此时系统提示区显示图形处理的信息提示。

STEP 08　等待数分钟后，清角加工的刀具轨迹创建成功，如图 4-33 所示。

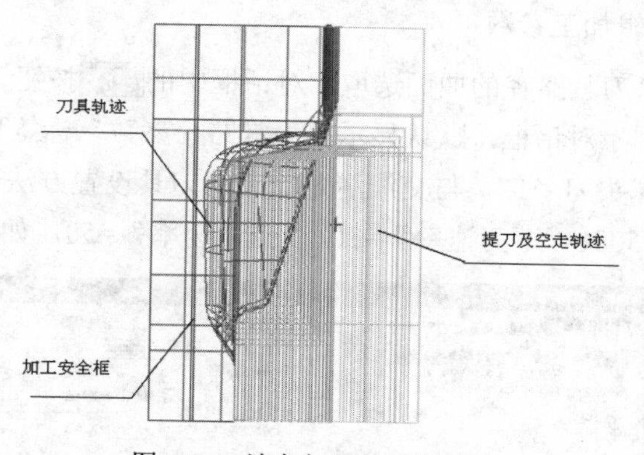

图 4-33　清角加工的刀具轨迹

3．模拟仿真清角加工刀具轨迹

STEP 01　在如图 4-34 所示的操作管理器中，选择所创建的交线清角加工操作。

STEP 02　单击 （验证）按钮，弹出“验证”对话框。

STEP 03　单击 （开始）按钮，即可开始加工仿真，如图 4-35 所示。经过加工仿真后，若无干涉和过切等现象，则交线清角加工的刀具轨迹创建成功。

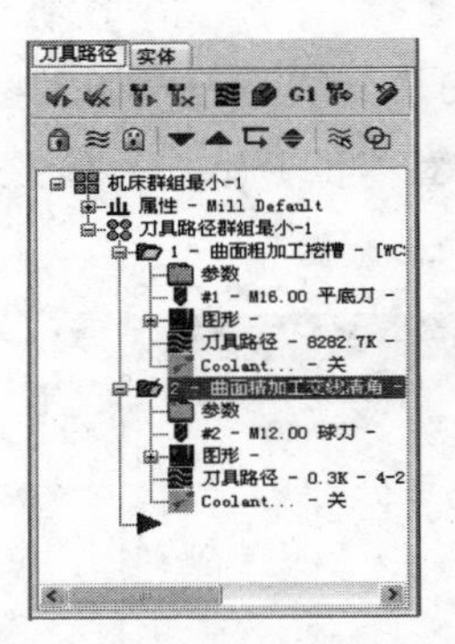

图 4-34 “操作管理器”对话框

图 4-35 模拟仿真清角加工的刀具轨迹

4．保存文件

单击菜单栏中的“文件”→“保存”命令，保存生成刀具轨迹后的文件。

4.5 创建精加工刀具轨迹

1．选择自由曲面

单击菜单栏中的“刀具路径”→“曲面精加工”→“精加工平行铣削”命令，按住<Alt>+<→>键，将图形旋转 90°，用鼠标选择全部曲面。具体方法可参照 4.3 节。

2．选择刀具及编辑加工参数

STEP 01 单击“刀具路径的曲面选取”对话框中的 按钮，弹出如图 4-36 所示的“曲面精加工平行铣削”对话框，默认显示“刀具路径参数”标签页。

STEP 02 单击球头刀 $\phi 12$，与交线清角加工的刀具设置方法一样，设定“进给率”=500、“主轴转速”=1500、“下刀速率”=30、“提刀速率”=50，如图 4-37 所示。

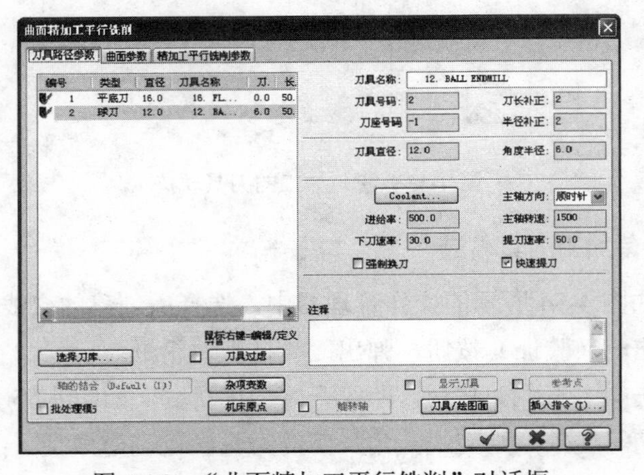

图 4-36 “曲面精加工平行铣削”对话框

STEP 03　单击“曲面精加工平行铣削”对话框中的“曲面参数”标签，设定“加工面预留量”=0.03、“参考高度”=25、“进给下刀位置”=5，并在“刀具位置”选项组中选中“中心”单选钮，如图 4-37 所示。

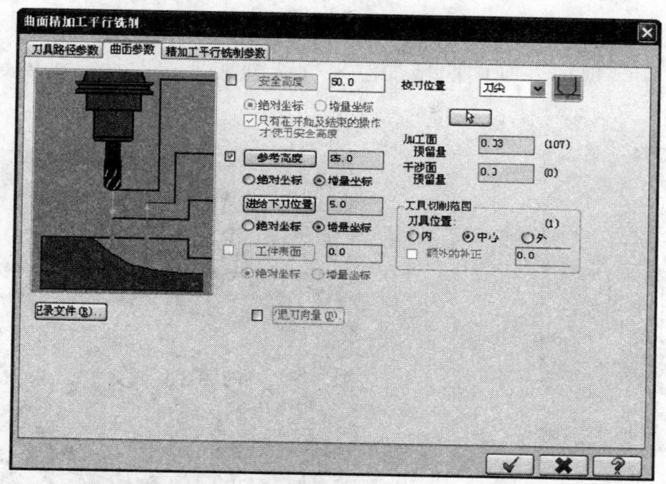

图 4-37　“曲面精加工平行铣削”对话框—“曲面参数”标签页

STEP 04　单击“曲面精加工平行铣削”对话框中的“精加工平行铣削参数”标签，设定“整体误差”=0.025、“最大切削间距”=0.5、“加工角度”=45，并对“间隙设置”及“高级设置”等的参数进行修整，如图 4-38 所示。

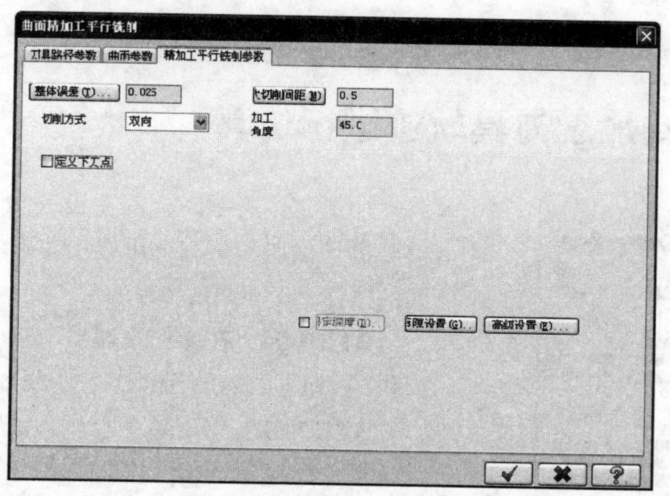

图 4-38　“曲面精加工平行铣削”对话框—“精加工平行铣削参数”标签页

STEP 05　单击 ✔ 按钮，系统开始计算刀具轨迹。等待数分钟后，精加工的刀具轨迹创建成功。

3．模拟仿真精加工刀具轨迹

STEP 01 在如图4-39所示的操作管理器中，选择所创建的曲面精加工平行铣削操作。

STEP 02 单击（验证）按钮，弹出“验证”对话框。

STEP 03 单击（开始）按钮，即可开始加工仿真，如图4-40所示。经过加工仿真后，若无干涉和过切等现象，则曲面精加工平行铣削加工的刀具轨迹创建成功。

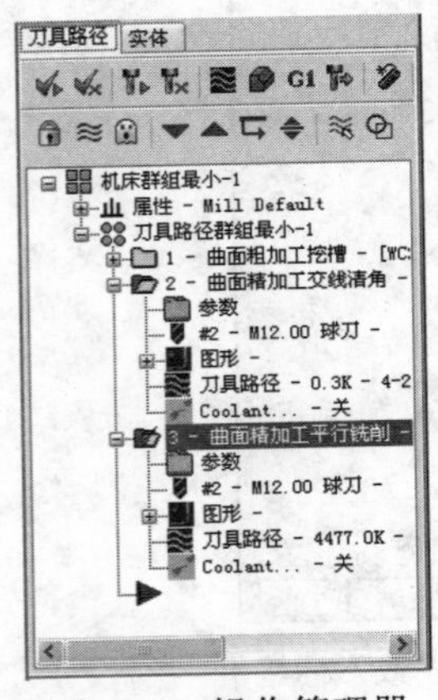

图4-39 操作管理器

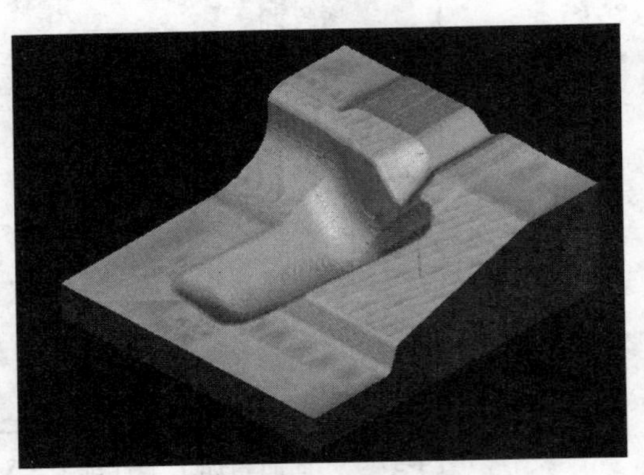
图4-40 模拟仿真精加工的刀具轨迹

4．保存文件

单击菜单栏中的“文件”→“保存”命令，保存生成刀具轨迹后的文件。

4.6 对所有加工刀具轨迹进行仿真

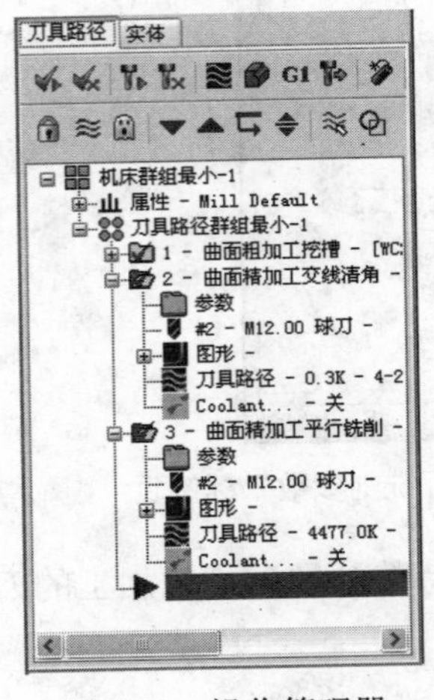

图4-41 操作管理器

加工零件的NC代码在投入实际的加工之前通常需要进行试切和仿真，可以检查存在于刀具与工件之间的碰撞、干涉和过切等现象。

STEP 01 在操作管理器中，单击（选择所有操作）按钮即可选择全部的加工操作，如图4-41所示。

STEP 02 单击（验证）按钮，弹出“验证”对话框。此时单击（开始）按钮，即可对所有的加工操作进行模拟显示。

STEP 03 单击菜单栏中的“文件”→“保存”命令，保存生成刀具轨迹后的文件。

4.7 生成 NC 程序

生成 NC 程序的操作步骤如下。

STEP 01 在如图 4-41 所示的操作管理器中，选择所要进行后置处理的操作，单击G1（后处理）按钮，弹出如图 4-42 所示的“后处理程序”对话框。

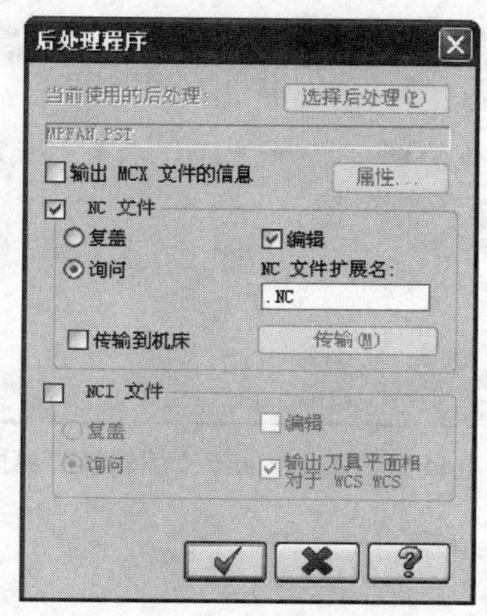

图 4-42　“后处理程序”对话框

STEP 02 勾选“编辑”复选框，以便对产生的加工程序自动进行存盘和编辑，单击 ✔ 按钮，系统弹出如图 4-43 所示的“另存为”对话框，用户可以在该对话框中输入需要保存的 NC 文件的名称。

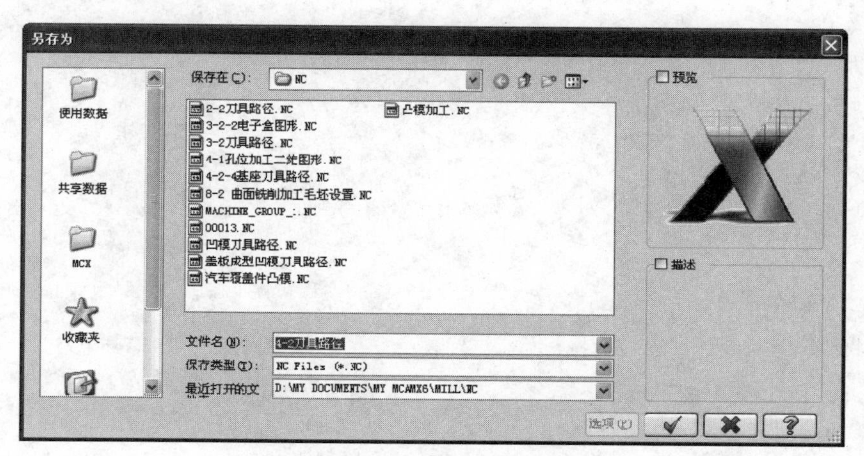

图 4-43　“另存为”对话框

STEP 03 单击 ✔ 按钮，系统开始生成加工程序。等待几分钟后，弹出如图 4-44 所示的“Mastercam X 编辑器”界面。

STEP 04 在该界面下，用户可以对生成的程序进行修改、编辑。单击“Mastercam X 编辑器”菜单栏中的“文件”→“保存”命令，保存该 NC 程序。

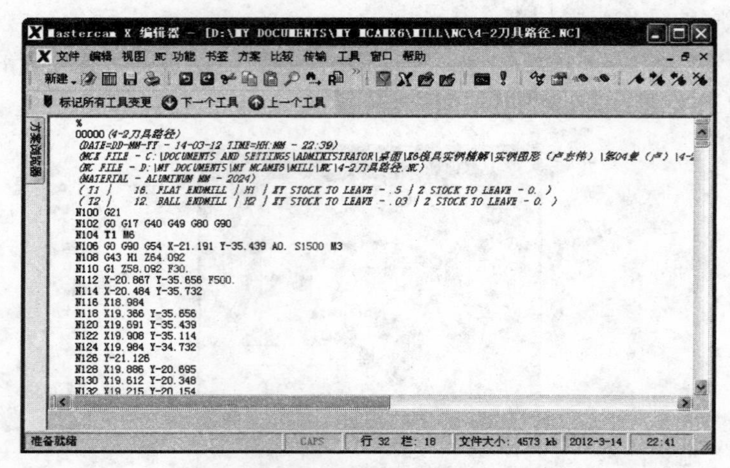

图 4-44 “Mastercam X 编辑器”界面

第5章 汽车左悬置支座内板模具加工与编程

内容

本章介绍在Mastercam X6软件中对汽车左悬置支座内板模具进行数控加工的常用加工工艺及加工方法，详细阐述了汽车左悬置支座内板模具数控铣削加工的编程过程及技巧。

目的

通过实例讲解，使读者熟悉和掌握用Mastercam X6软件创建汽车左悬置支座内板模具数控铣削加工刀具路径的方法，了解相关的数控加工工艺知识。

5.1 加工任务概述

汽车左悬置支座内板如图 5-1 所示，其凸模如图 5-2 所示。下面将详细讲解汽车左悬置支座内板凸模的加工编程过程。

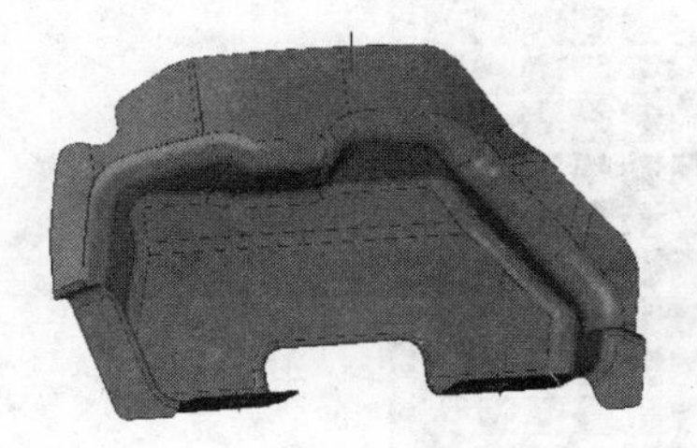

图 5-1　汽车左悬置支座内板

图 5-2　汽车左悬置支座内板凸模

5.2 加工模型的准备

1. 选取零件的加工模型文件

进入 Mastercam X6 系统，单击菜单栏中的“文件”→“打开文件”命令，系统弹出如图 5-3 所示的“打开”对话框，将“文件类型”设置为“IGES 文件”类型，选择零件的加工模型文件“5-1 曲面.igs”，单击 按钮。

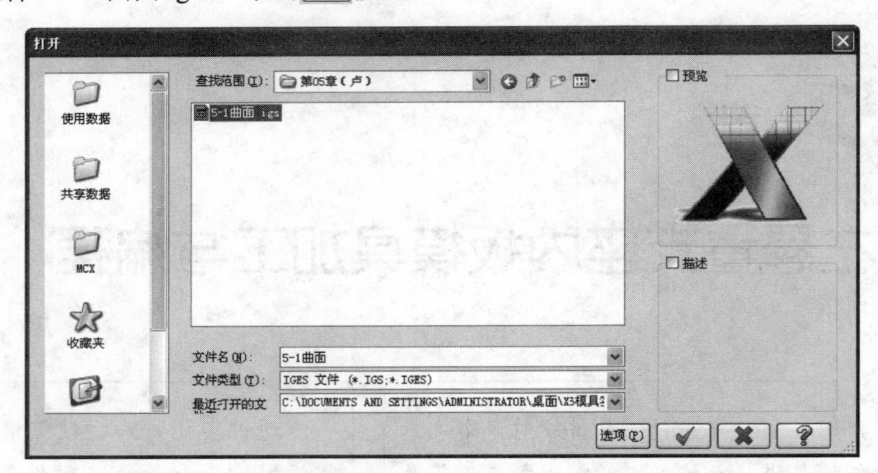

图 5-3　“打开”对话框

2. 移动加工坐标点

STEP 01　显示坐标点。单击状态栏中的 10（颜色设置）区域，弹出如图 5-4 所示的“颜色”对话框。选择红色，单击 按钮。再单击菜单栏中的“绘图”→“绘点”→“绘点”命令，在如图 5-5 所示的位置单击，即可创建一个红色的坐标点“+”。

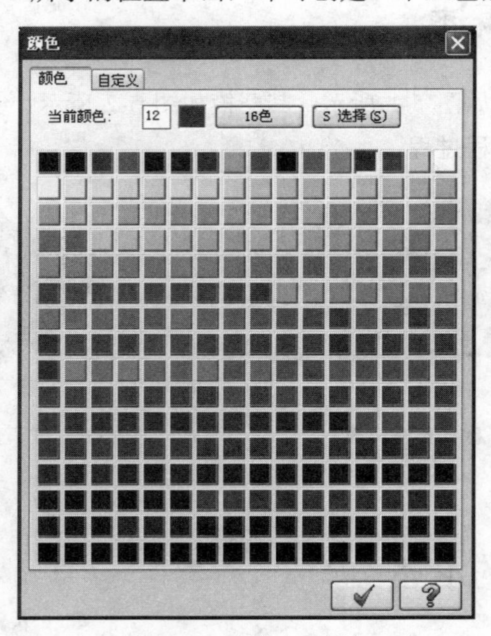

图 5-4　“颜色”对话框

STEP 02　测量坐标点的值。单击鼠标右键，系统在绘图区弹出常用工具快捷菜单，单击“顶视图”命令；或者在工具栏中单击（顶视图）按钮，将图形切换到顶视图。再单击菜单栏中的“分析”→“点位分析”命令，选择如图 5-5 所示的被测量点，系统即可弹出如图 5-6 所示的“点分析”对话框，显示坐标点数值。

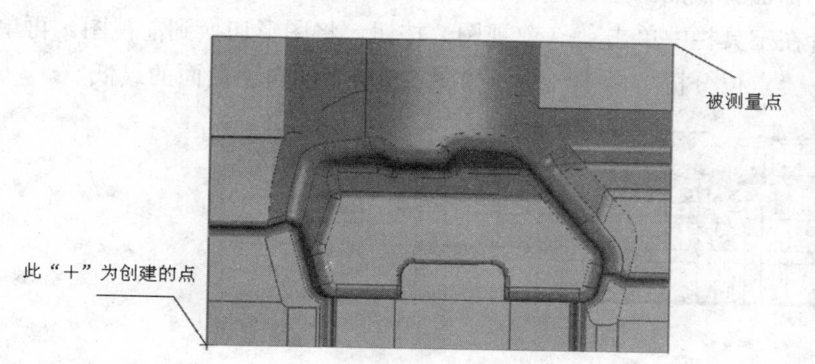

图 5-5　创建坐标点

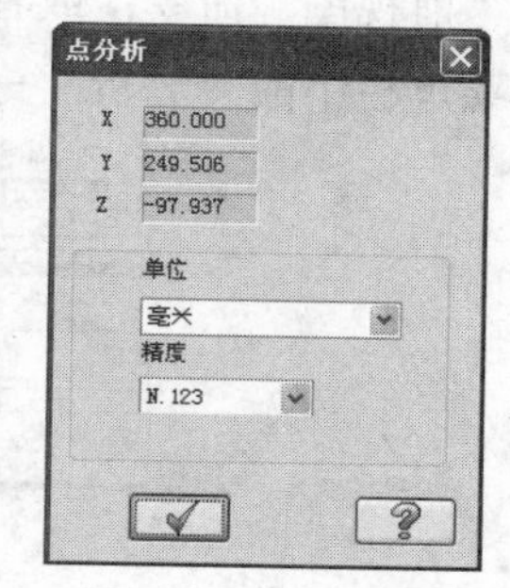

图 5-6　“点分析”对话框 1

STEP 03　移动坐标点到数模中心。单击菜单栏的“转换”→“平移”命令，系统弹出如图 5-7 所示的“平移选项”对话框，单击（选择图素）按钮，系统提示用户在绘图区选择整个数模，直到图形颜色发生变化，按“Enter”键即可返回如图 5-7 所示的对话框。在该对话框中的“直角坐标”选项组中的“ΔX”、“ΔY”文本框中输入要移动的 X、Y、Z（X=−360/2，Y=−249.506/2，Z 值默认为 0）的值，如图 5-7 所示，选中“移动”单选钮，单击按钮，关闭此对话框，此时坐标点就移到了如图 5-8 所示的顶视图的中心。用同样的方法把 Z 坐标移到数模的最高点。

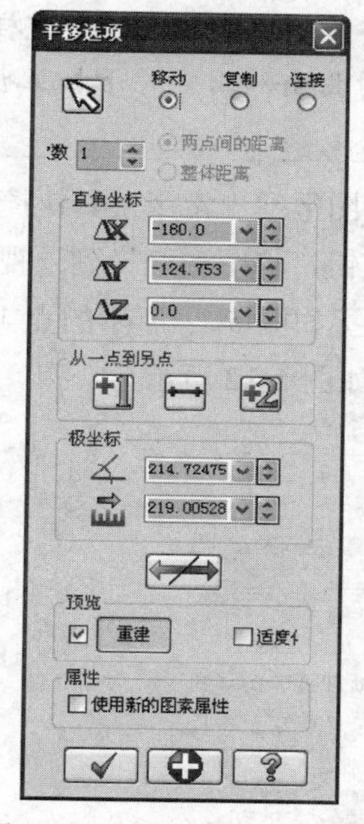

图 5-7　“平移选项”对话框

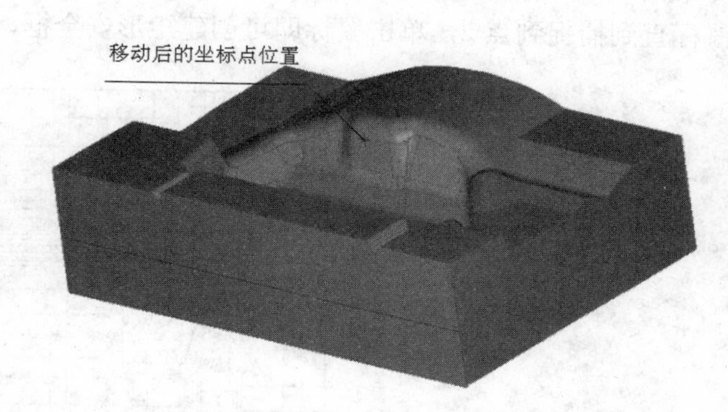

图 5-8　移动后的坐标点

3. 创建加工安全框

STEP 01 测量自由曲面最低点的坐标值。单击鼠标右键，在常用工具快捷菜单中单击“前视图”命令；或者在工具栏中单击（前视图）按钮，将图形切换到前视图。再单击菜单栏中的“分析”→“点位分析”命令，选择如图 5-9 所示的自由曲面的最低点。

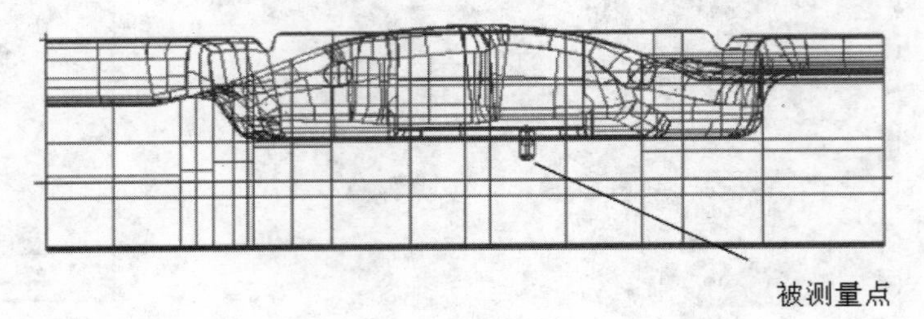

图 5-9　选择自由曲面的最低点

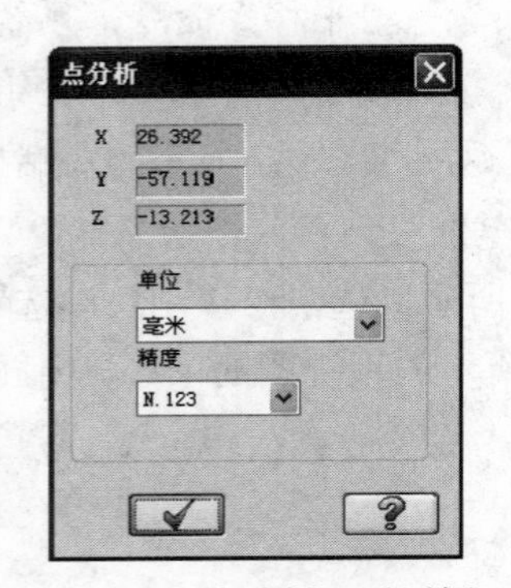

图 5-10　“点分析”对话框 2

此时，系统弹出如图 5-10 所示的“点分析”对话框，显示自由曲面最低点的测量数据，其中测出的 Y 值（−57.119）就是所要测量的 Z 值，对于初学者来说，容易搞混。

STEP 02 在状态栏中的 Z -66.0 文本框中输入“−66”。

 注意	在实际加工中，一般取测量点下−10 的值进行圆整后为 Z 的坐标值。这样便于选取整个自由曲面，而且对于加工也非常重要。

STEP 03 创建加工安全框。单击鼠标右键，系统在绘图区弹出常用工具快捷菜单，单击“顶视图”命令；或者在工具栏中单击（顶视图）按钮，将图形切换到顶视图。再单击菜单栏中的“绘图”→“矩形”命令，然后在绘图区捕捉如图 5-11 所示的点 1，拖动鼠标直到捕捉到点 2，单击鼠标即可创建矩形安全框，结果如图 5-12 所示。

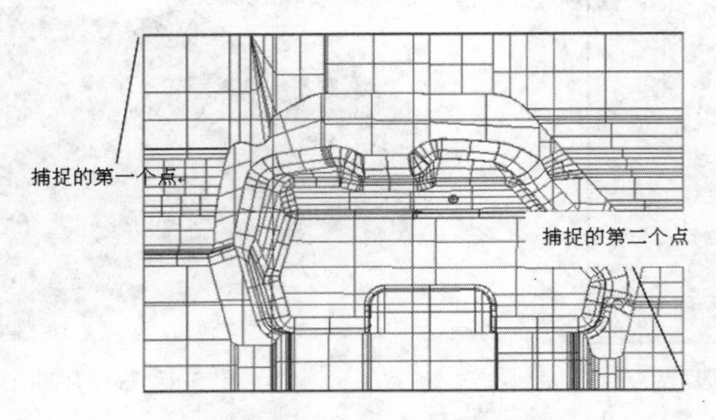

图 5-11　捕捉点来创建矩形安全框

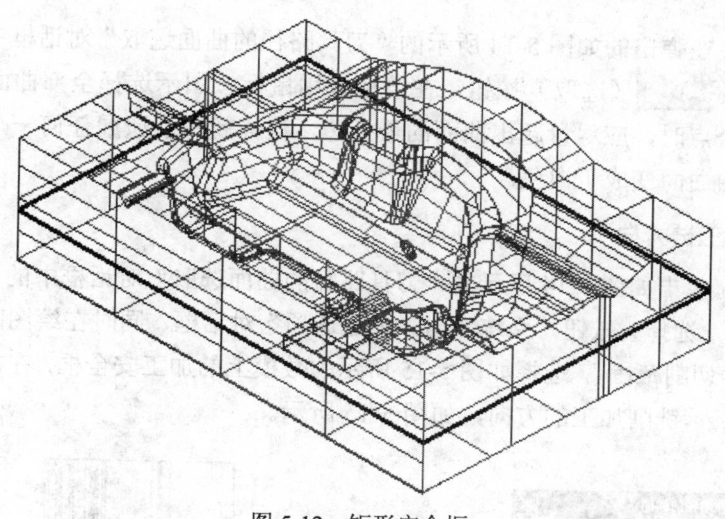

图 5-12　矩形安全框

5.3 创建粗加工刀具轨迹

1. 选择自由曲面

STEP 01　单击鼠标右键，在弹出的常用工具快捷菜单中单击“顶视图”命令；或者在工具栏中单击（顶视图）按钮，将图形切换到顶视图。按住<Alt>+<→>键，旋转图形至如图 5-13 所示的位置，再单击菜单栏中的“刀具路径”→“曲面粗加工”→“粗加工挖槽加工”命令。

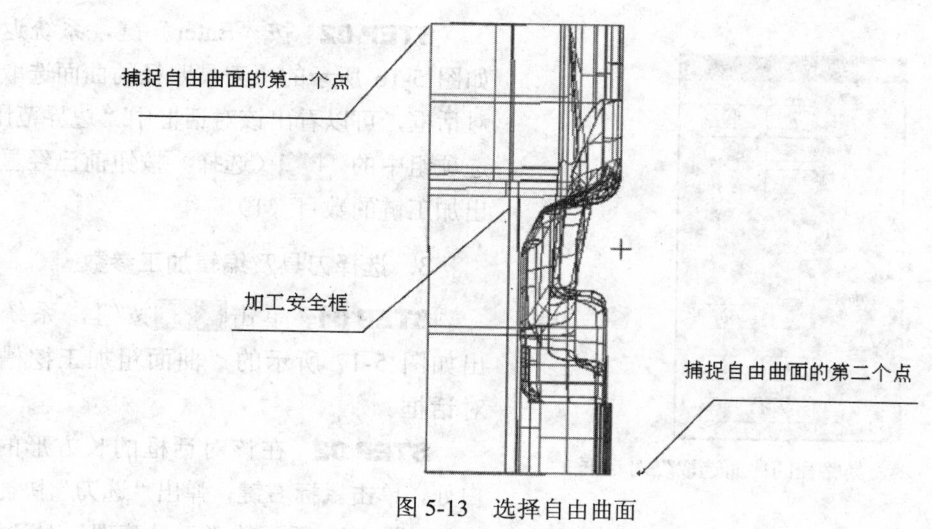

图 5-13　选择自由曲面

STEP 02 在弹出的如图 5-14 所示的“刀具路径的曲面选取”对话框中单击“加工曲面”选项组中的［选取图标］（选取）按钮，在绘图区用鼠标按图示选择全部曲面。在选择自由曲面捕捉第二个点时，应尽量超出曲面的最外边，这样就不会遗漏任何一个曲面。选择完成后，整个自由曲面变成了白色。

2．设置加工链方向

STEP 01 单击如图 5-14 所示的“刀具路径的曲面选取”对话框中的“边界范围”选项组中的［选择图标］（选择）按钮，系统弹出“串连选项”对话框，同时在绘图区出现提示信息“串连 2D 刀具切削范围”，选择如图 5-15 所示的数模上的加工安全框，在加工安全框上出现了箭头，这表示铣削加工的方向，如图 5-15 所示。

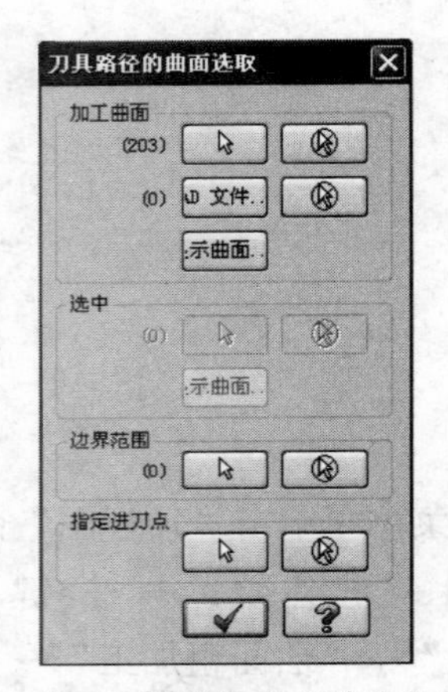

图 5-14 “刀具路径的曲面选取”对话框 1

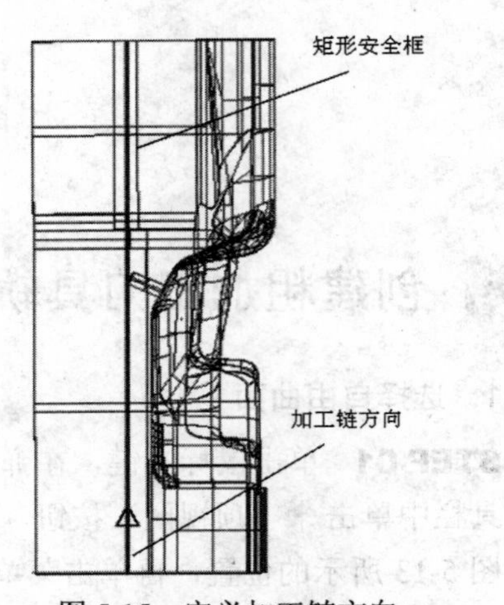

图 5-15 定义加工链方向

STEP 02 按“Enter”键，系统返回如图 5-16 所示的“刀具路径的曲面选取”对话框，可以看出该对话框中“边界范围”选项组中的［选择图标］（选择）按钮前已经显示出加工链的数目（1）。

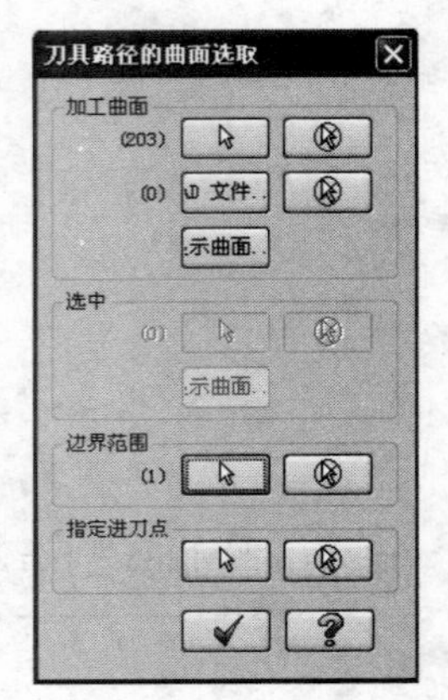

图 5-16 “刀具路径的曲面选取”对话框 2

3．选择刀具及编辑加工参数

STEP 01 单击［确定图标］按钮，系统弹出如图 5-17 所示的“曲面粗加工挖槽”对话框。

STEP 02 在该对话框的长方形的空白处，单击鼠标右键，弹出“选刀”快捷菜单，如图 5-17 所示。单击“刀具管理”命令，弹出如图 5-18 所示的“刀具管理”对话框。

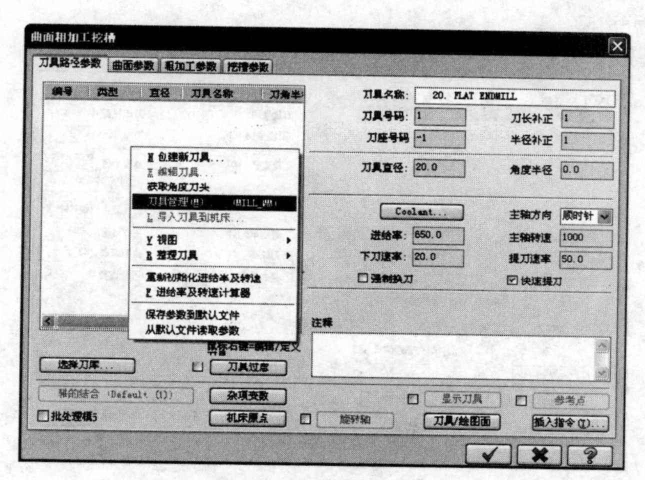

图 5-17　“曲面粗加工挖槽”对话框

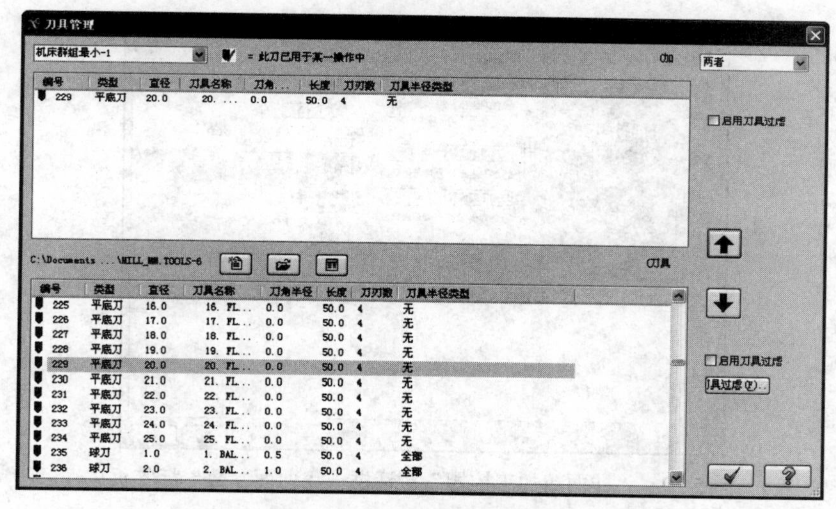

图 5-18　“刀具管理”对话框

STEP 03　选择 ϕ20 的平底刀作为粗加工的刀具，单击 按钮，返回如图 5-19 所示的对话框。

STEP 04　根据机床的性能，设定“进给率”=650、“主轴转速”=1000、“下刀速率”=20、“提刀速率”=50，如图 5-19 所示。

STEP 05　单击“曲面粗加工挖槽”对话框中的“曲面参数”标签，设定“加工面预留量”=0.5，并在“刀具位置”选项组中选中“中心”单选钮，其余参数按默认设置，如图 5-20 所示。

STEP 06　单击“曲面粗加工挖槽”对话框中的“粗加工参数”标签，设定“整体误差”=0.025、“Z 轴最大进给量”=1，如图 5-21 所示。

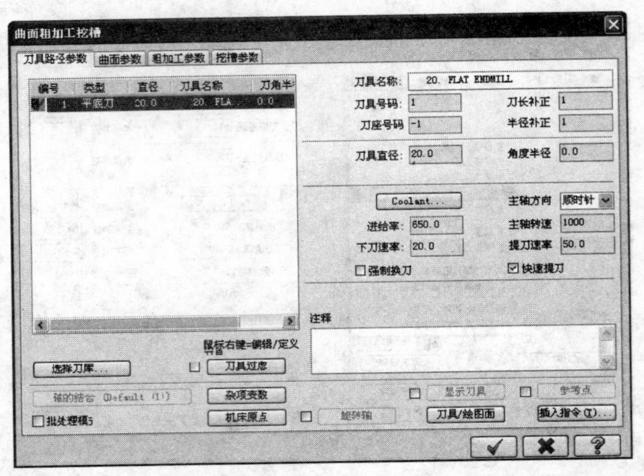

图 5-19　“曲面粗加工挖槽”对话框—“刀具路径参数”标签页

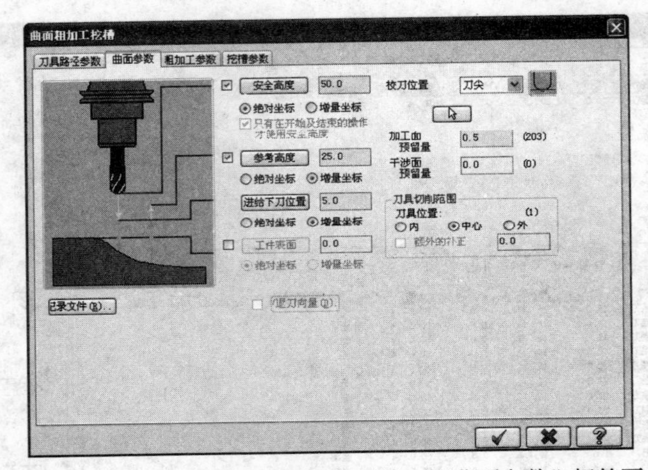

图 5-20　“曲面粗加工挖槽”对话框—“曲面参数”标签页

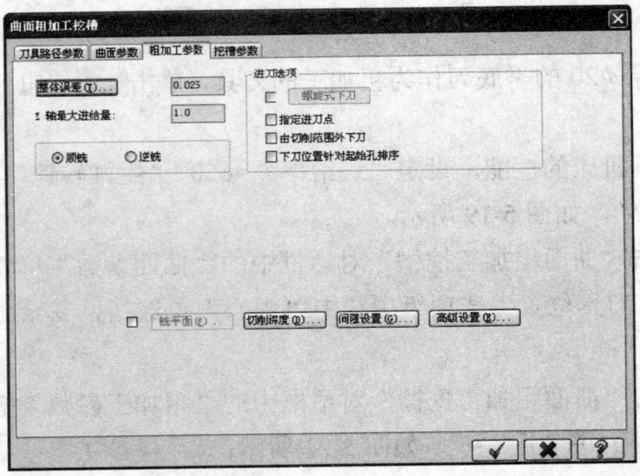

图 5-21　“曲面粗加工挖槽”对话框—“粗加工参数”标签页

STEP 07　单击“曲面粗加工挖槽”对话框中的“挖槽参数”标签，设定“切削间距（直径%）”=50、“切削间距（距离）”=10、“粗切角度”=0，选择第 5 种加工方式，如图 5-22 所示。

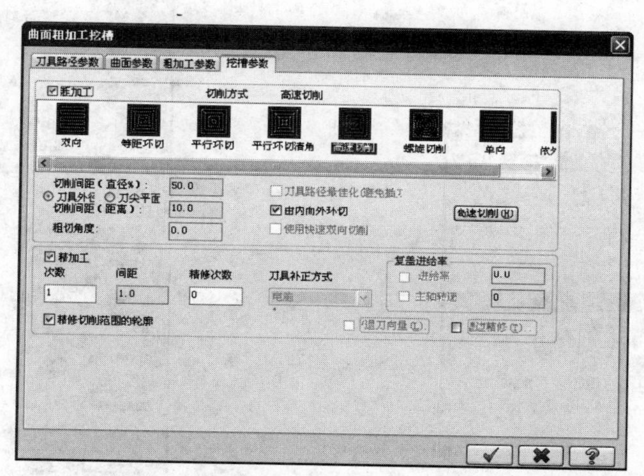

图 5-22　“曲面粗加工挖槽”对话框—“挖槽参数”标签页

STEP 08　单击 按钮，系统开始计算粗加工的刀具轨迹。等待数分钟后，粗加工的刀具轨迹创建成功，如图 5-23 所示。

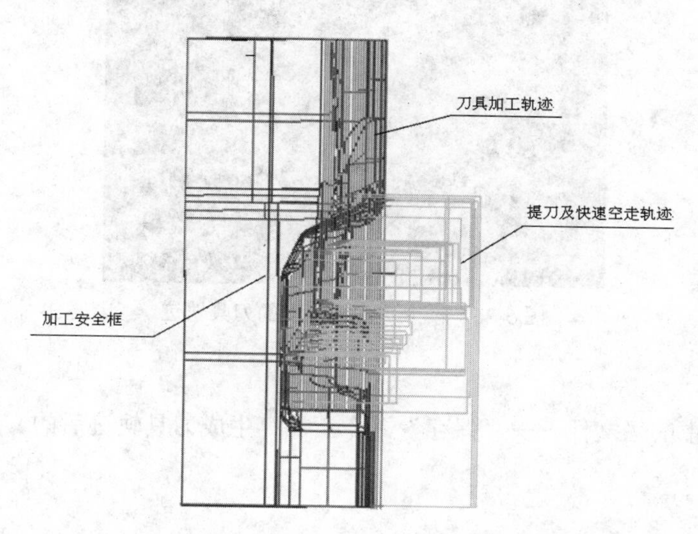

图 5-23　粗加工的刀具轨迹

4．模拟仿真粗加工刀具轨迹

STEP 01　单击如图 5-24 所示的操作管理器中的 （验证）按钮，弹出如图 5-25 所示的“验证”对话框。

STEP 02　单击 （开始）按钮，即可开始加工仿真，如图 5-26 所示。经过加工仿真后，若无干涉和过切等现象，则表示粗加工的刀具轨迹创建成功。

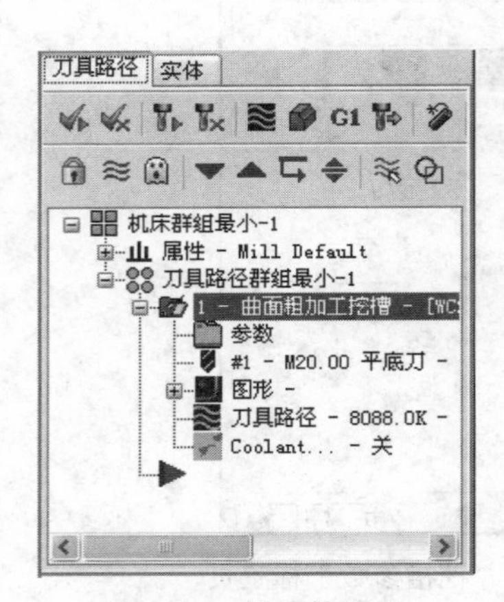

图 5-24　操作管理器

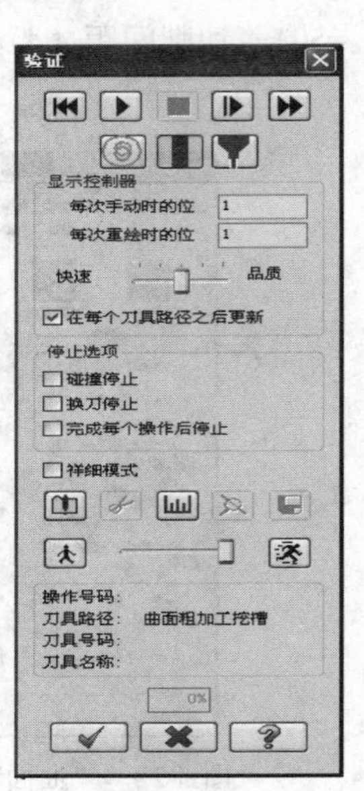

图 5-25　“验证”对话框

图 5-26　模拟仿真粗加工的刀具轨迹

5．保存文件

单击菜单栏中的“文件”→“保存”命令，保存生成刀具轨迹后的文件。

5.4　创建清角加工刀具轨迹

1．选择自由曲面

单击菜单栏中的“刀具路径”→“曲面精加工”→“精加工交线清角加工”命令，按住<Alt>+<→>键，将图形旋转 90°，用鼠标选择全部曲面。具体方法可参照 5.3 节。

2. 选择刀具及编辑加工的参数

STEP 01 单击“刀具路径的曲面选取”对话框中的✓按钮，弹出如图 5-27 所示的“曲面精加工交线清角”对话框，默认显示“刀具路径参数”标签页。

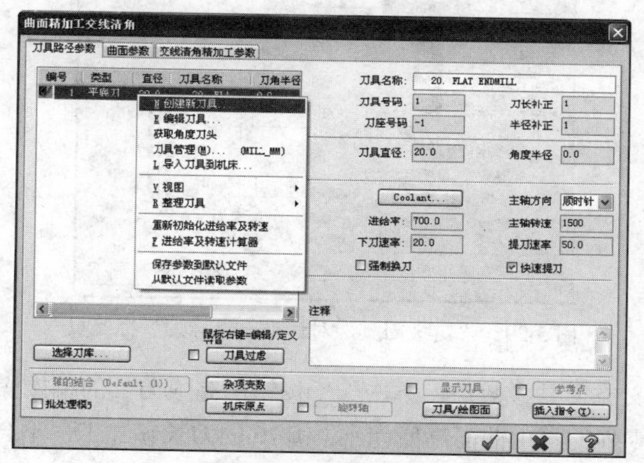

图 5-27 “曲面精加工交线清角”对话框

STEP 02 在该对话框的长方形的空白处，单击鼠标右键，在弹出的快捷菜单中单击“创建新刀具”命令，弹出如图 5-28 所示的“定义刀具”对话框，此时可以任意选择一种类型的刀具，并定义其刀具大小。

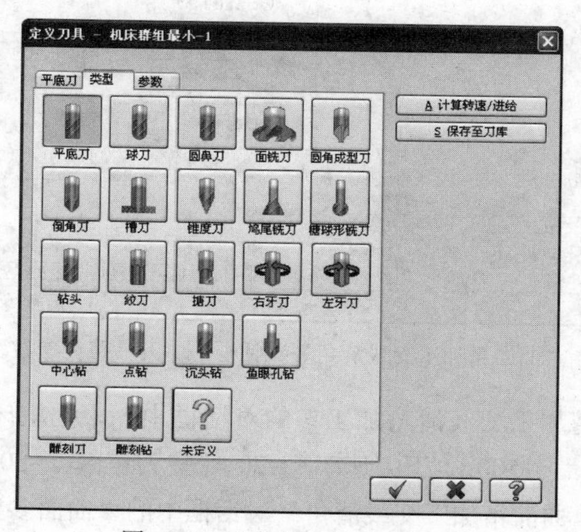

图 5-28 “定义刀具”对话框

STEP 03 单击第 2 种刀具类型，弹出如图 5-29 所示的“定义刀具”对话框的“球刀”标签页，设定“直径”=10、“刀刃”=25、“肩部”=30、“刀长”=50、“夹头”=25，并在“轮廓的显示”选项组中选中“自动”单选钮，在“适用于”选项组中选中“两者”单选钮。

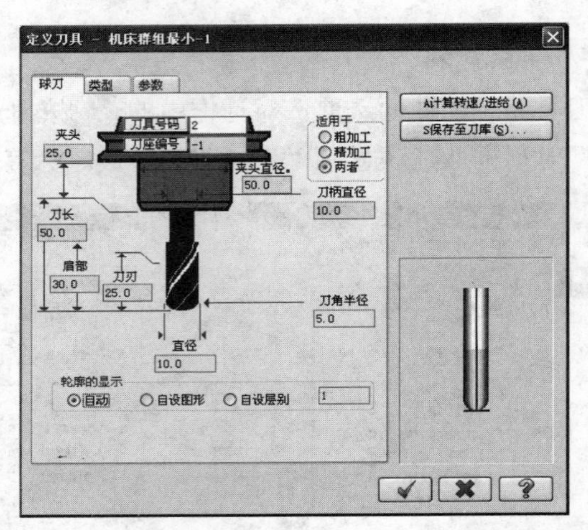

图 5-29 “定义刀具”对话框—“球刀”标签页

STEP 04 定义完刀具参数后，单击 按钮，完成刀具的编辑操作，此时新的刀具球刀 $\phi10$（由于此零件的自由曲面高低差小，$\phi10$ 的刀长够加工，不会产生干涉现象，因此选用 $\phi10$ 刀具做清角加工）出现在如图 5-30 所示的“曲面精加工交线清角”对话框中。

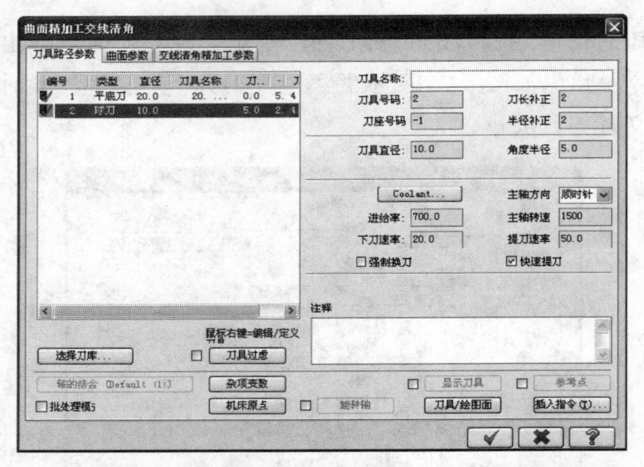

图 5-30 “曲面精加工交线清角”对话框—“刀具路径参数”标签页

STEP 05 在“精加工交线清角加工”的对话框中，根据机床的性能，设定“进给率”=700、“主轴转速”=1500、“下刀速率”=20、“提刀速率”=50，如图 5-30 所示。

STEP 06 单击“曲面精加工交线清角”对话框中的“曲面参数”标签，设定“加工面预留量”=0.03、“参考高度”=25、“进给下刀位置”=5，并在“刀具位置”选项组中选中“中心”单选钮，如图 5-31 所示。

STEP 07 单击“曲面精加工交线清角”对话框中的“交线清角精加工参数”标签，设定“整体误差”=0.025，并对“间隙设置”及“高级设置”的参数进行修整，如图 5-32 所示。

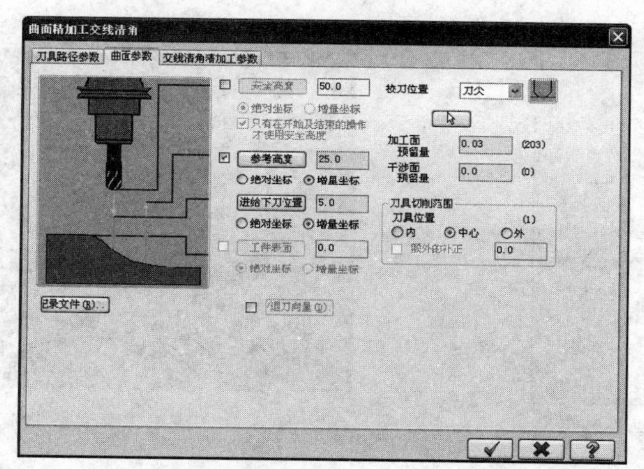

图 5-31　“曲面精加工交线清角”对话框—“曲面参数”标签页

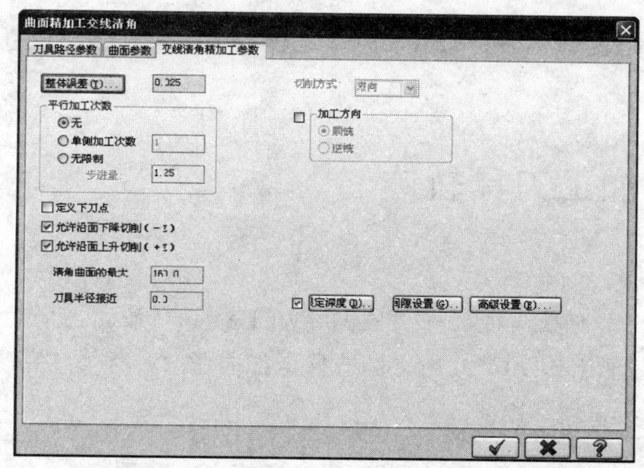

图 5-32　“曲面精加工交线清角”对话框—“交线清角精加工参数”标签页

STEP 08　单击[✓]按钮，系统开始计算清角加工的刀具轨迹。等待数分钟后，即可生成如图 5-33 所示的清角加工刀具轨迹。

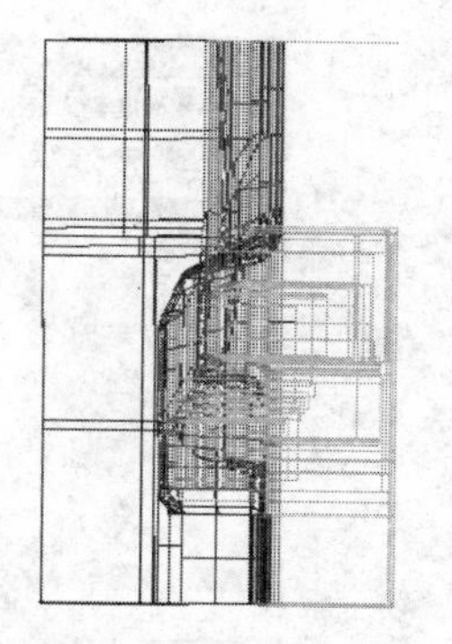

图 5-33　粗加工及清角加工的刀具轨迹

3．模拟仿真清角加工刀具轨迹

STEP 01　在如图 5-34 所示的操作管理器中，选择所创建的清角加工操作。

STEP 02　单击[验证图标]（验证）按钮，弹出“验证”对话框。

STEP 03　单击[▶]（开始）按钮，即可开始加工仿真，如图 5-35 所示。经过加工仿真后，若无干涉和过切等现象，则清角加工的刀具轨迹创建成功。

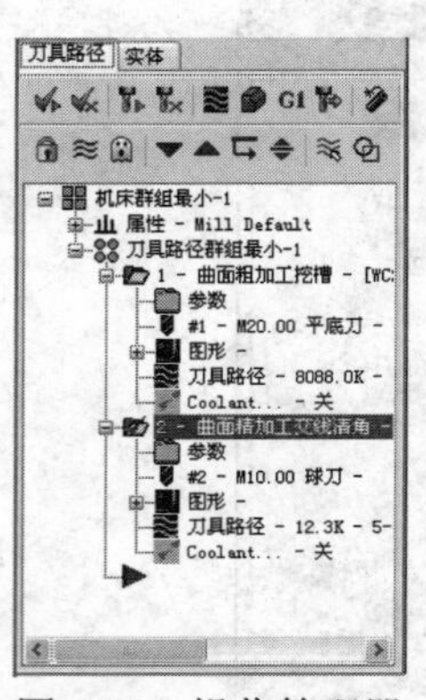

图 5-34　操作管理器

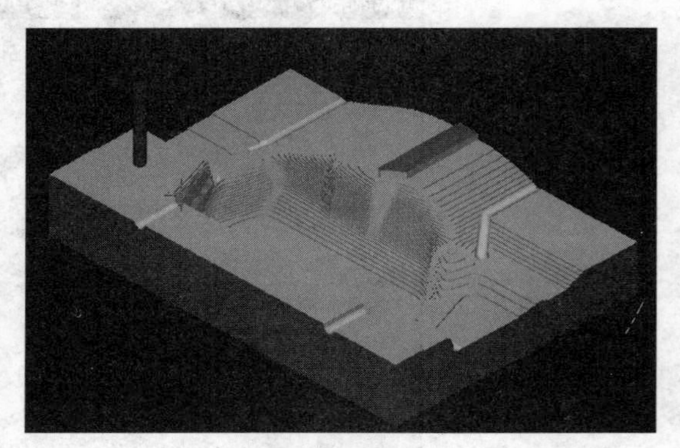

图 5-35　模拟仿真清角加工的刀具轨迹

4．保存文件

单击菜单栏中的“文件”→“保存”命令，保存生成刀具轨迹后的文件。

5.5 创建精加工刀具轨迹

1．选择自由曲面

单击菜单栏中的“刀具路径”→“曲面精加工”→“精加工平行铣削”命令，按住<Alt>+<→>键，将图形旋转 90°，用鼠标选择全部曲面。具体方法可参照 5.3 节。

2．选择刀具及修改加工的参数

STEP 01　单击“刀具路径的曲面选取”对话框中的 ✓ 按钮，弹出如图 5-36 所示的“曲面精加工平行铣削”对话框，默认显示“刀具路径参数”标签页。

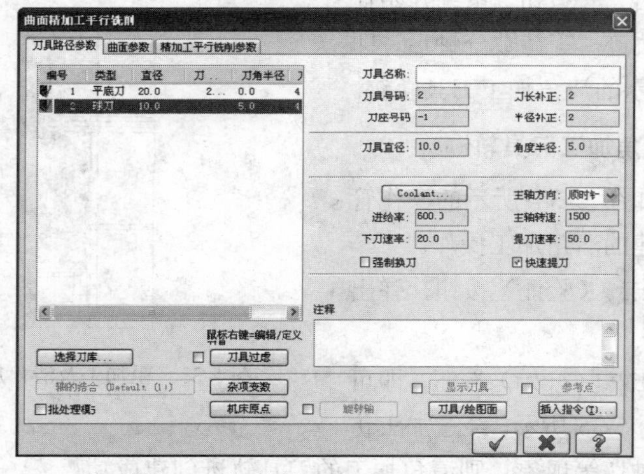

图 5-36　“曲面精加工平行铣削”对话框—“刀具路径参数”标签页

STEP 02　单击清角加工用的刀具球头刀 ϕ10，设定“进给率”=600、“主轴转速”=1500、“下刀速率”=20、“提刀速率”=50，如图 5-36 所示。

STEP 03　单击“曲面精加工平行铣削”对话框中的“曲面加工参数”标签，设定“加工面预留量”=0.03（“预留量”是给钳工留的型腔修光余量）、“参考高度”=25、“进给下刀位置”=5，并在“刀具位置”选项组中选中“中心”单选钮，如图 5-37 所示。

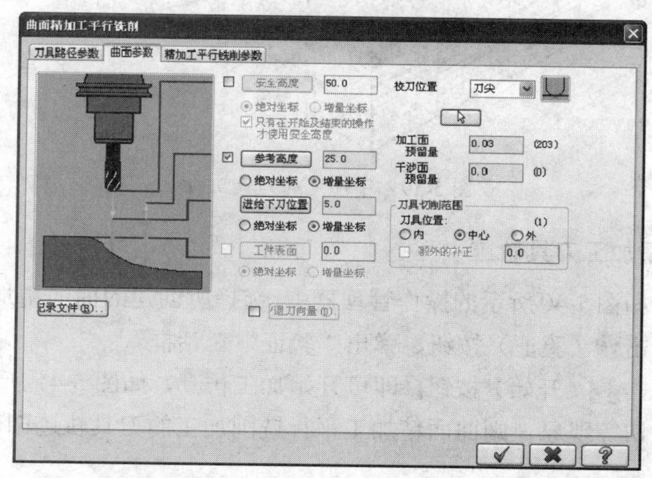

图 5-37　“曲面精加工平行铣削”对话框—“曲面参数”标签页

STEP 04　单击“曲面精加工平行铣削”对话框中的“精加工平行铣削参数”标签，设定“整体误差”=0.025、“最大切削间距”=0.6、“加工角度”=90，如图 5-38 所示。

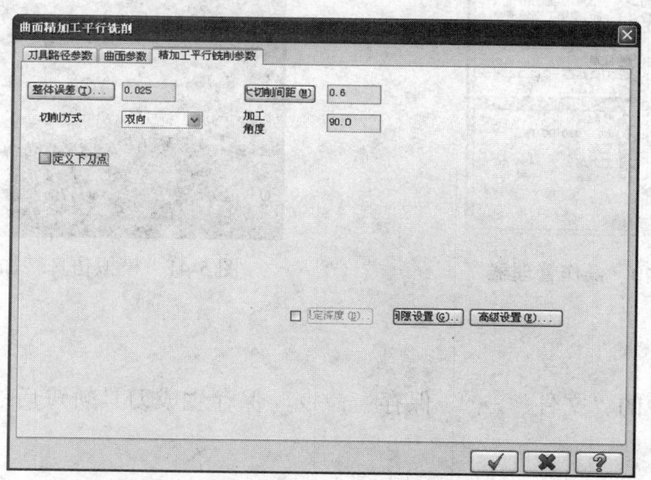

图 5-38　“曲面精加工平行铣削”对话框—“精加工平行铣削参数”标签页

STEP 05　单击✓按钮，系统开始计算精加工的刀具轨迹。等待数分钟后，即可生成如图 5-39 所示的精加工刀具轨迹。

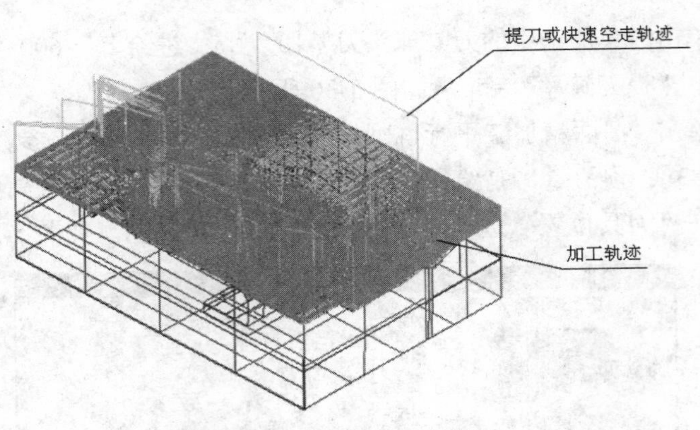

图 5-39　精加工的刀具轨迹

3．模拟仿真精加工刀具轨迹

STEP 01　在如图 5-40 所示的操作管理器中，选择所创建的曲面精加工平行铣削操作。

STEP 02　单击（验证）按钮，弹出“验证”对话框。

STEP 03　单击（开始）按钮，即可开始加工仿真，如图 5-41 所示。经过加工仿真后，若无干涉和过切等现象，则曲面精加工平行铣削加工的刀具轨迹创建成功。

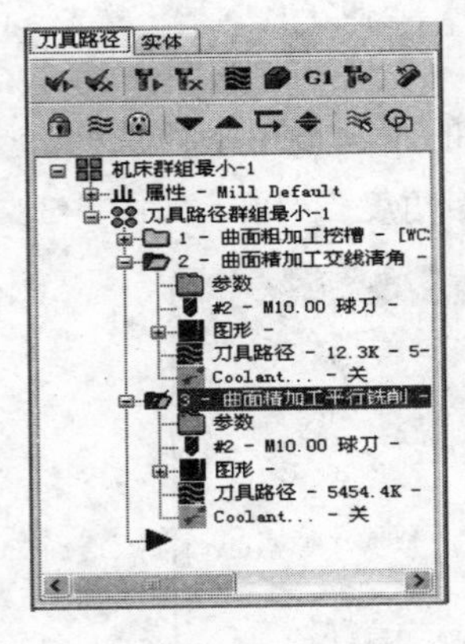

图 5-40　操作管理器

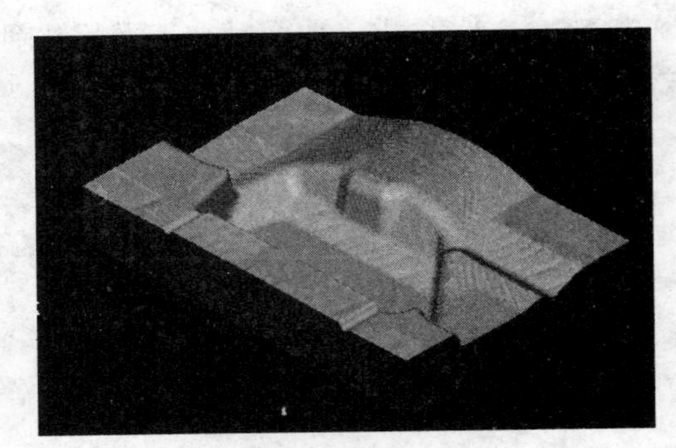

图 5-41　模拟仿真精加工的刀具轨迹

4．保存文件

单击菜单栏中的“文件”→“ 保存”命令，保存生成刀具轨迹后的文件。

5.6　对所有加工刀具轨迹进行仿真

STEP 01　在如图 5-42 所示的操作管理器中，单击（选择所有操作）按钮，即可选择全部的加工操作。

STEP 02　单击（验证）按钮，弹出“验证”对话框。此时单击（开始）按钮，即可对所有的加工操作进行模拟显示。

STEP 03　如果加工轨迹不满意，还可以对刀具及加工参数进行修整。单击操作管理器“3-曲面精加工平行铣削”项下的“参数”，系统即可弹出如图 5-43 所示的“曲面精加工平行铣削”对话框。

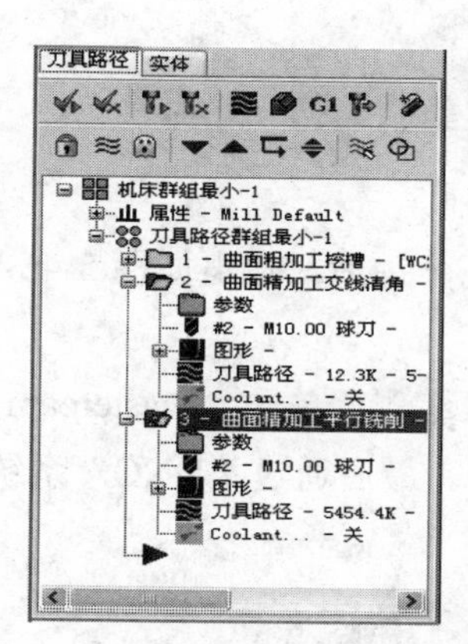

图 5-42　操作管理器

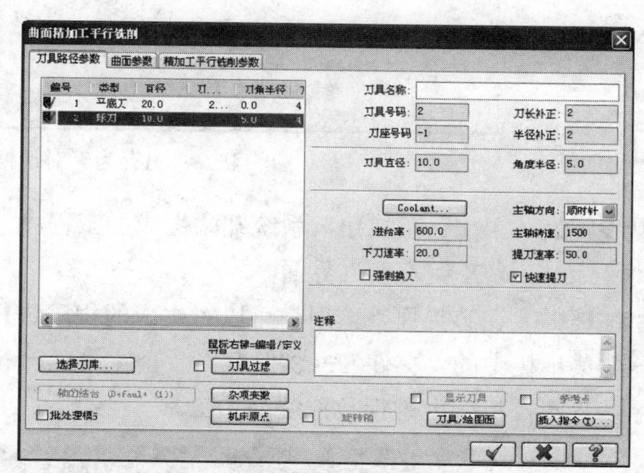

图 5-43　“曲面精加工平行铣削”对话框—“刀具路径参数”标签页

STEP 04　在其中可以修改任何参数，直至满意。单击按钮，返回操作管理器。此时，修改过的加工轨迹就打上了红色的叉。

STEP 05　必须单击操作管理器中的（重新计算）按钮，重新计算加工轨迹。

STEP 06　单击菜单栏中的“文件”→“保存”命令，保存生成刀具轨迹后的文件。

5.7　生成 NC 程序

STEP 01　在操作管理器中，选择所要进行后置处理的操作，单击 G1（后处理）按钮，弹出如图 5-44 所示的“后处理程序”对话框。

STEP 02　勾选“编辑”复选框，以便对产生的加工程序自动进行存盘和编辑，单击按钮，系统弹出如图 5-45 所示的“另存为”对话框，用户可以在该对话框中输入需要保存的 NC 文件的名称。

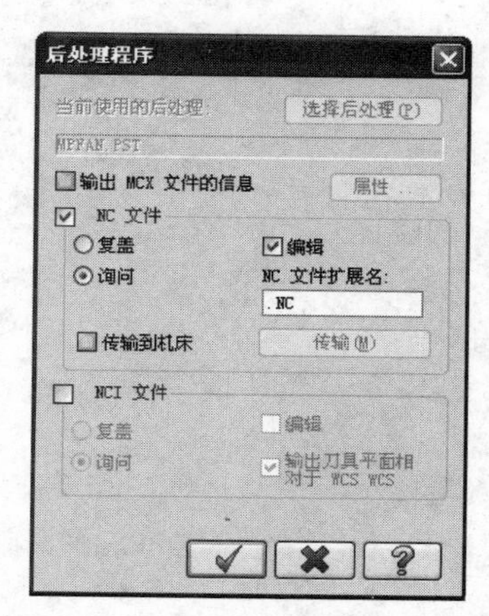

图 5-44　“后处理程序”对话框

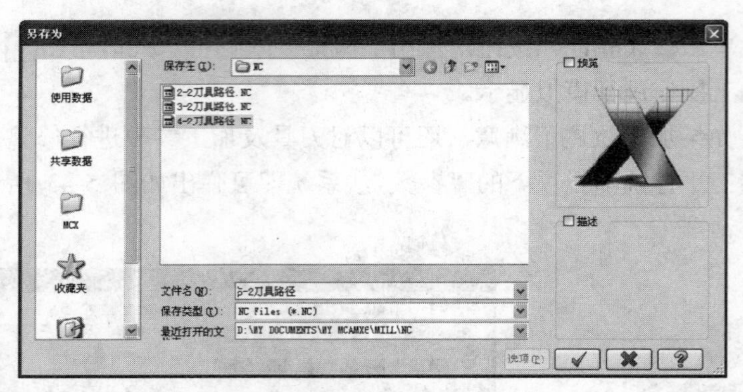

图 5-45 “另存为”对话框

STEP 03 单击[✓]按钮，系统开始生成加工程序。等待几分钟后，弹出如图 5-46 所示的“Mastercam X 编辑器”界面。

STEP 04 在该界面下，用户可以对生成的程序进行修改、编辑。单击“Mastercam X 编辑器”菜单栏中的“文件”→“保存”命令，保存该 NC 程序。最后通过“DNC”系统，把程序传入数控机床，进行数控铣削加工。

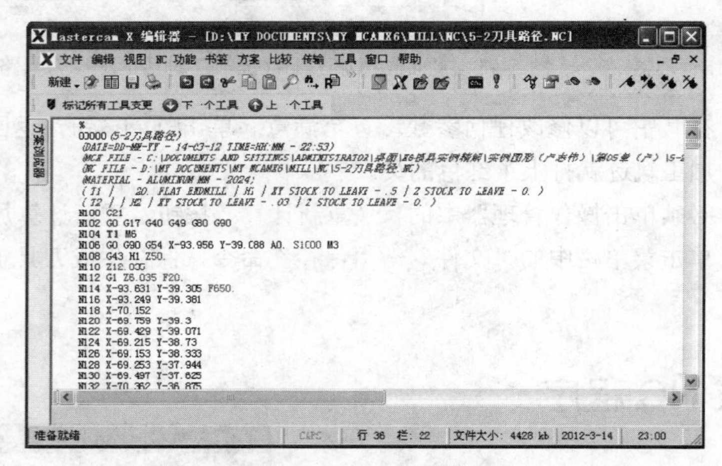

图 5-46 “Mastercam X 编辑器”界面

第6章

汽车左右悬置安装板本体模具加工与编程

内容

本章介绍在Mastercam X6软件中对汽车左右悬置安装板本体模具进行数控加工的常用加工工艺及加工方法，详细阐述了汽车左右悬置安装板本体模具数控铣削加工的编程过程及技巧。

目的

通过实例讲解，使读者熟悉和掌握用Mastercam X6软件创建汽车左右悬置安装板本体模具数控铣削加工刀具路径的方法，了解相关的数控加工工艺知识。

6.1 加工任务概述

汽车左右悬置安装板本体如图6-1所示，其凹模如图6-2所示。下面将详细讲解汽车左右悬置安装板本体凹模的加工编程过程。

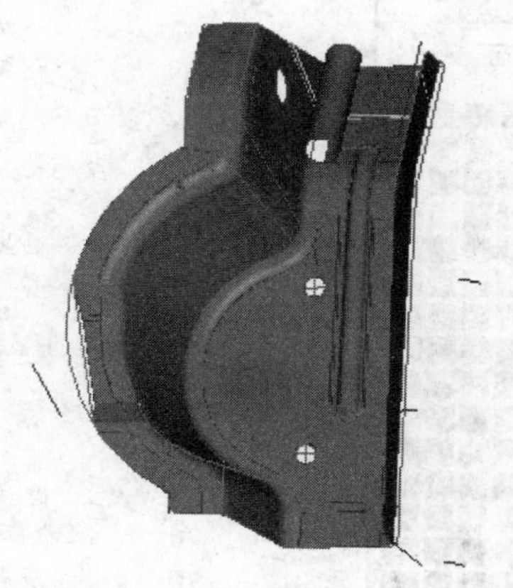

图6-1　汽车左右悬置安装板本体

图6-2　汽车左右悬置安装板本体凹模

6.2 加工模型的准备

1. 选取零件的加工模型文件

进入 Mastercam X6 系统，单击菜单栏中的“文件”→“打开文件”命令，系统弹出如图 6-3 所示的“打开”对话框，将“文件类型”设置为“IGES 文件”类型，选择零件的加工模型文件“6-1 图形.igs”，单击✔按钮。

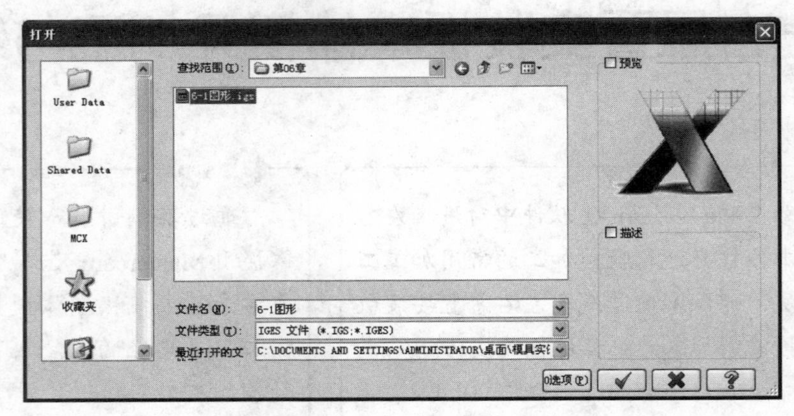

图 6-3 “打开”对话框

2. 移动加工坐标点

STEP 01 显示坐标点。单击状态栏中的 10 ▼（设置）区域，弹出如图 6-4 所示的“颜色”对话框。选择红色，单击✔按钮。再单击菜单栏中的“绘图”→“绘点”→“绘点”命令，在如图 6-5 所示的位置单击，即可创建一个红色的坐标点“+”。

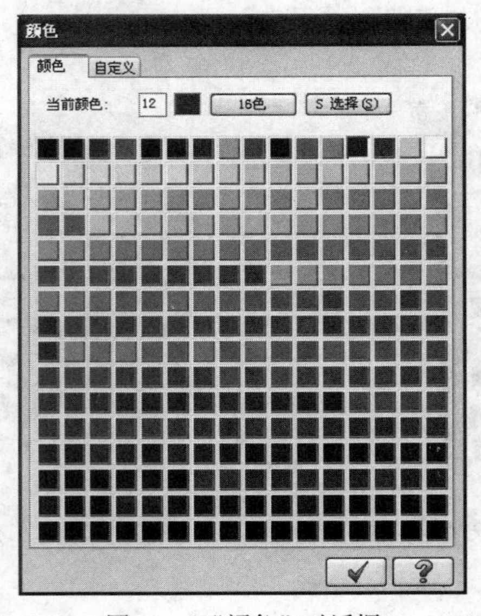

图 6-4 “颜色”对话框

STEP 02　测量坐标点的值。单击鼠标右键，系统在绘图区弹出常用工具快捷菜单，单击“顶视图”命令；或者在工具栏中单击（顶视图）按钮，将图形切换到顶视图。再单击菜单栏中的“分析”→“点位分析”命令，选择如图6-5所示的被测量点，系统即可弹出如图6-6所示的“点分析”对话框，显示坐标点数值。

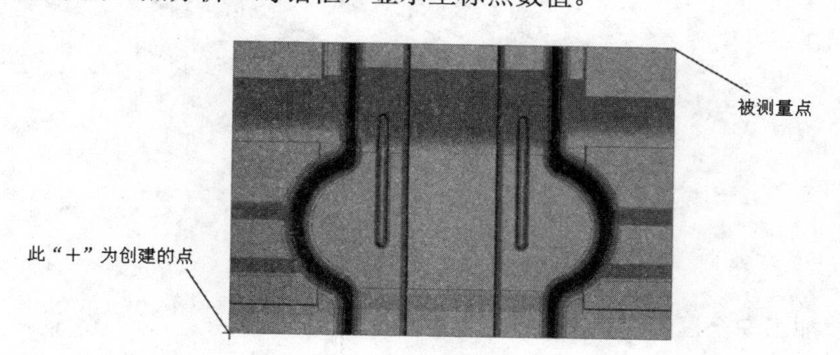

图6-5　创建坐标点

STEP 03　移动坐标点到数模中心。单击菜单栏中的“转换”→“平移”命令，系统弹出如图6-7所示的“平移选项”对话框。单击（选择图素）按钮，系统提示用户在绘图区选择整个数模，直到图形颜色发生变化，按“Enter”键即可返回如图6-7所示的对话框。在该对话框中的“直角坐标”选项组中的“ΔX”、“ΔY”文本框中输入要移动的X、Y、Z（X=−425.960/2，Y=−292.410/2，Z值默认为0）的值，如图6-7所示，选中“移动”单选钮，单击按钮，关闭此对话框，此时坐标点就移到了如图6-8所示的顶视图的中心。用同样的方法把Z坐标移到数模的最高点。移动坐标点的目的是为了方便操作工对刀和复查程序。

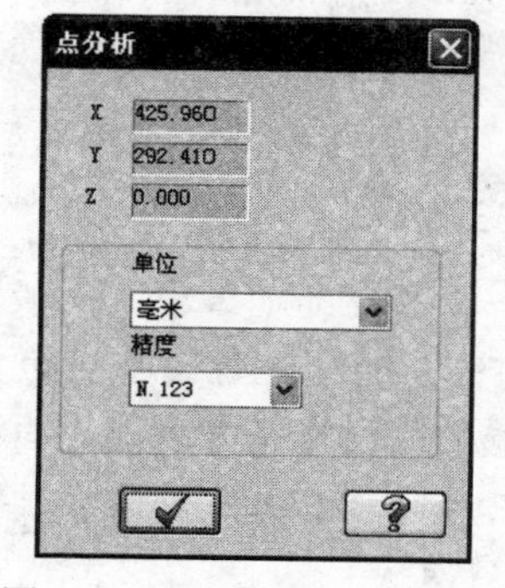

图6-6　“点分析”对话框1

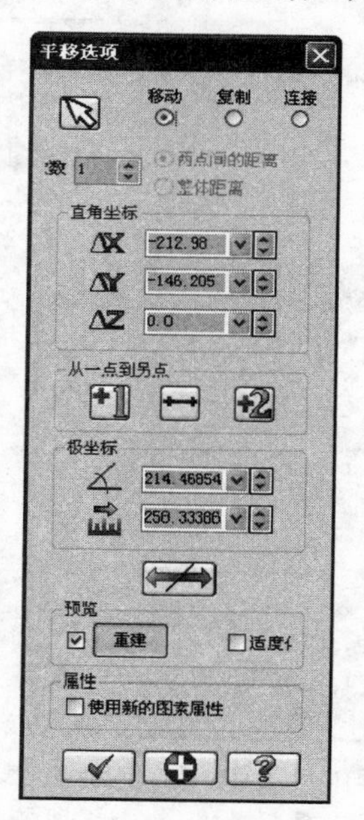

图6-7　“平移选项”对话框

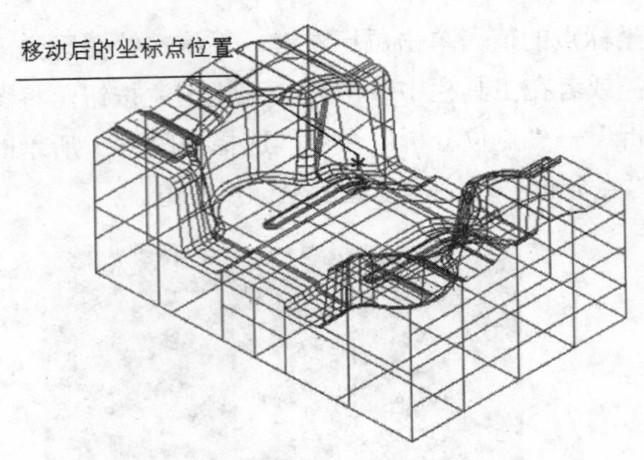

图 6-8　移动后的坐标点

3. 创建加工安全框

STEP 01　测量自由曲面最低点的坐标值。单击鼠标右键，在弹出的常用工具快捷菜单中单击“前视图”命令；或者在工具栏中单击（前视图）按钮，将图形切换到前视图。再单击菜单栏中的“分析”→“点位分析”命令，选择如图 6-9 所示的自由曲面的最低点。

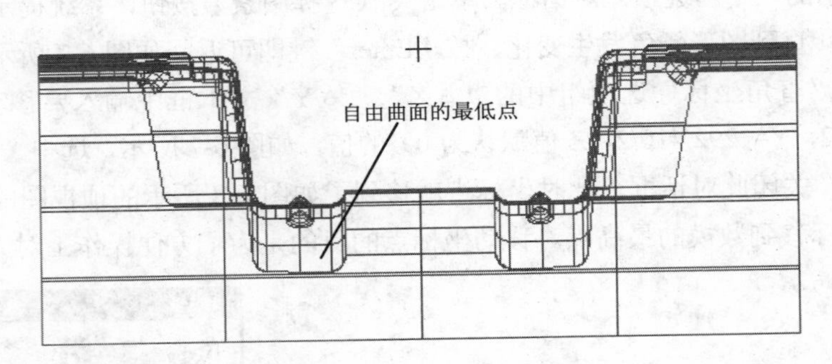

图 6-9　选择自由曲面的最低点

此时，系统弹出如图 6-10 所示的“点分析”对话框，显示自由曲面最低点的测量数据，其中测出的 Y 值（40.386）就是所要测量的 Z 值，对于初学者来说，容易搞混。

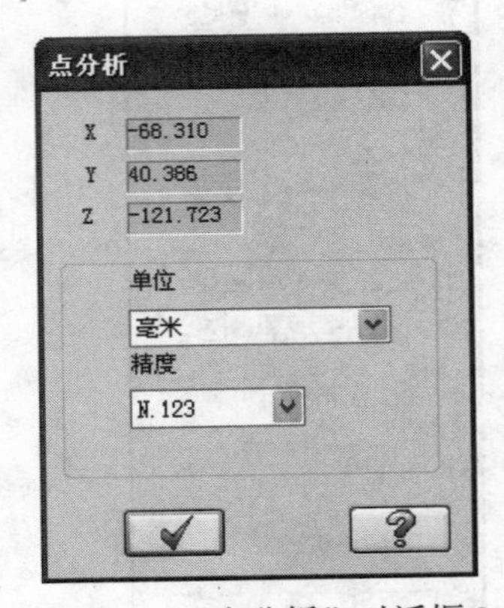

图 6-10　“点分析”对话框 2

STEP 02　在状态栏中的 Z 33.0 文本框中输入“33”。

在实际加工中，一般取测量点下-10 的值进行圆整后为 Z 的坐标值。这样便于选取整个自由曲面，而且对于加工也非常重要。

STEP 03　创建加工安全框。单击鼠标右键，系统在绘图区弹出常用工具快捷菜单，单击“顶视图”命令；或者在工具栏中单击（顶视图）按钮，将图形切换到顶视图。再单击菜单栏中的“绘图”→“矩形”命令，然后在绘图区捕捉如图6-11所示的点1，拖动鼠标直到捕捉到点2，单击鼠标即可创建矩形安全框，结果如图6-12所示。

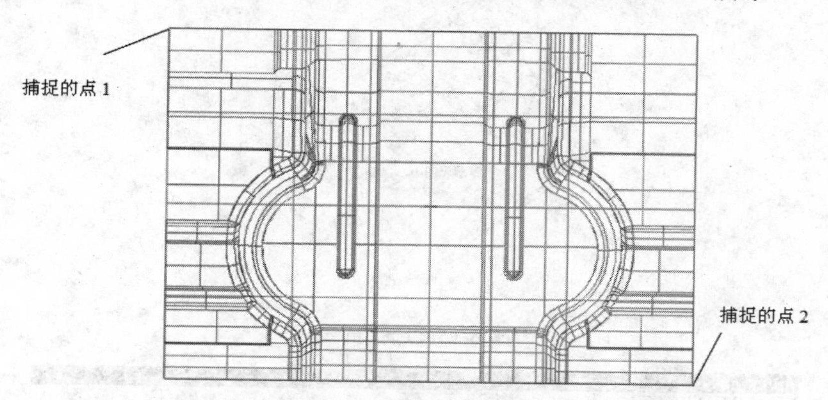

图6-11　在顶视图下通过捕捉点来创建矩形安全框

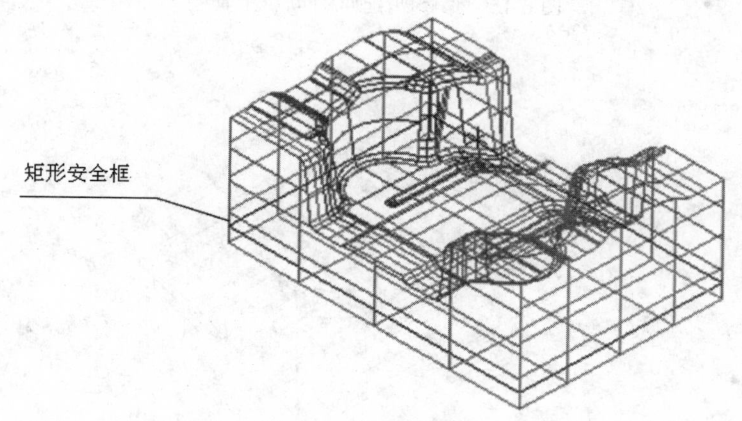

图6-12　矩形安全框

STEP 04　单击菜单栏的“转换”→“单体补正”命令，弹出如图6-13所示的“补正选项”对话框。在（偏置距离）右侧的文本框中输入偏置距离，此值必须大于粗加工刀具的半径。单击按钮，在绘图区出现提示信息“选取线、圆弧、曲线或曲面线去补正”。按照如图6-14所示选择两条直线，给出其要偏置的方向，就生成两条新的直线。

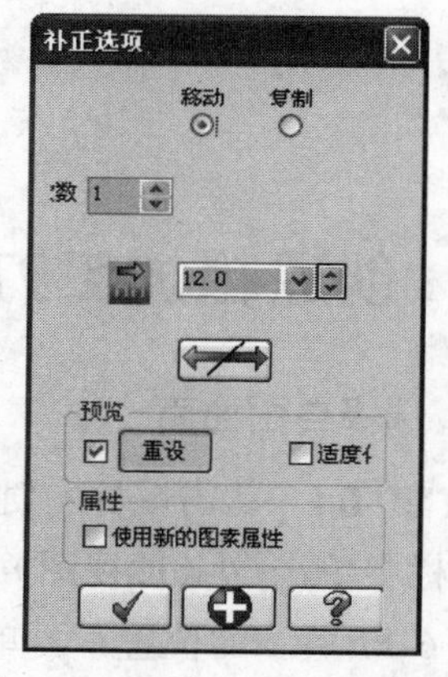

图6-13　“补正选项”对话框

STEP 05　单击菜单栏中的“编辑”→“修剪/打断”→“修剪/打断/延伸”命令，显示如图6-15所示的“修剪/延伸/打断”工具栏，单击（两物修剪）按钮，按照系统提示“选取需要修剪或延伸的图素”选取需要修剪的两条直线，即可生成适合此凹模加工的加工安全框，如图 6-16 所示。

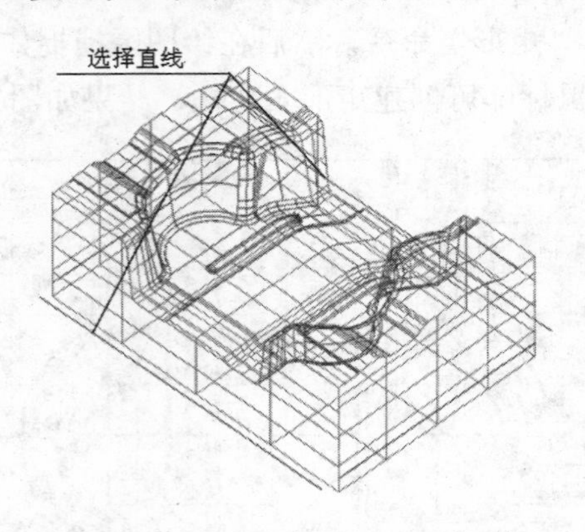

图 6-14　选择直线

图 6-15　“修剪/延伸/打断”工具栏

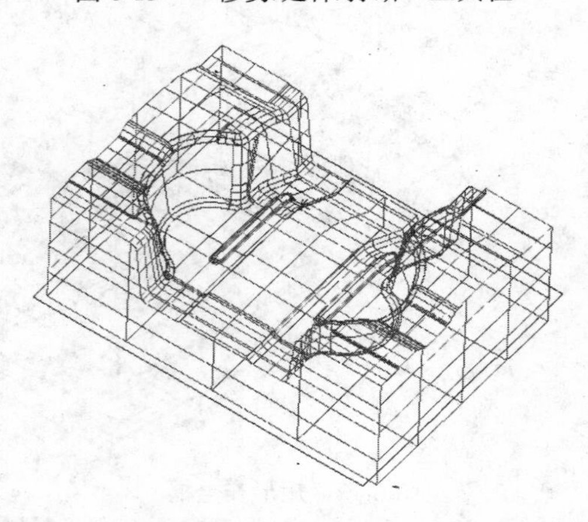

图 6-16　生产新的加工安全框

6.3　创建粗加工刀具轨迹

1．选择自由曲面

STEP 01　单击鼠标右键，在弹出的常用工具快捷菜单中单击“顶视图”命令；或者在工具栏中单击（顶视图）按钮，将图形切换到顶视图。按住<Alt>+<→>键，旋转图形至如图 6-17 所示的位置，再单击菜单栏中的“刀具路径”→“曲面粗加工”→“粗加工挖槽加工”命令。

STEP 02　在弹出的如图 6-18 所示的“刀具路径的曲面选取”对话框中单击“加工曲面”选项组中的 [↖] （选取）按钮，在绘图区用鼠标按图示选择全部曲面。在选择自由曲面捕捉第二个点时，应尽量超出曲面的最外边，这样就不会遗漏任何一个曲面。选择完成后，整个自由曲面变成了白色。

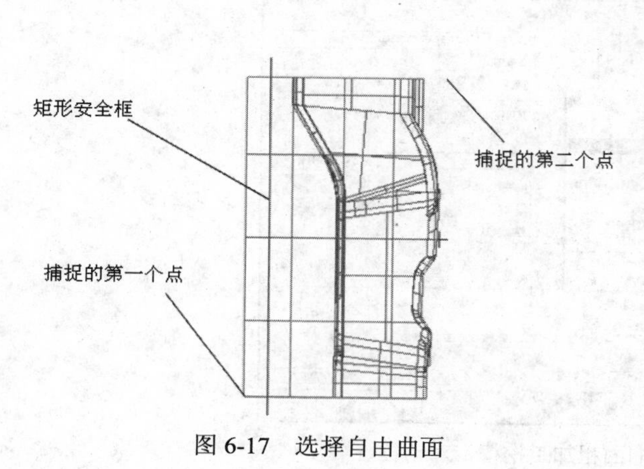

图 6-17　选择自由曲面

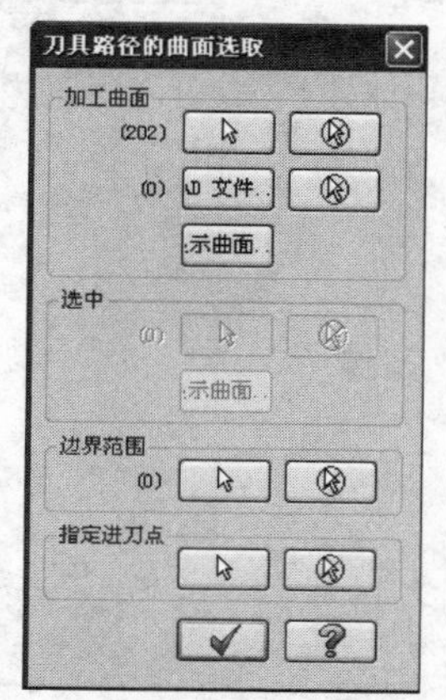

图 6-18　“刀具路径的曲面选取”对话框 1

2. 设置加工链方向

STEP 01　单击如图 6-18 所示的“刀具路径的曲面选取”对话框中的“边界范围”选项组中的 [↖] （选取）按钮，系统弹出“串连选项”对话框，同时在绘图区出现提示信息“串连 2D 刀具切削范围”，选择如图 6-19 所示的数模上的加工安全框，在加工安全框上出现了箭头，这表示铣削加工的方向，如图 6-19 所示。

STEP 02　按“Enter”键，系统返回如图 6-20 所示的“刀具路径的曲面选取”对话框，可以看出该对话框中“边界范围”选项组中的 [↖] （选取）按钮前已经显示出加工链的数目（1）。

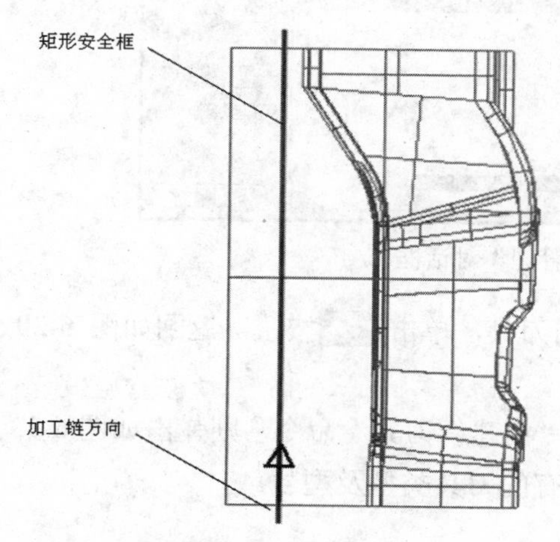

图 6-19　定义加工链方向

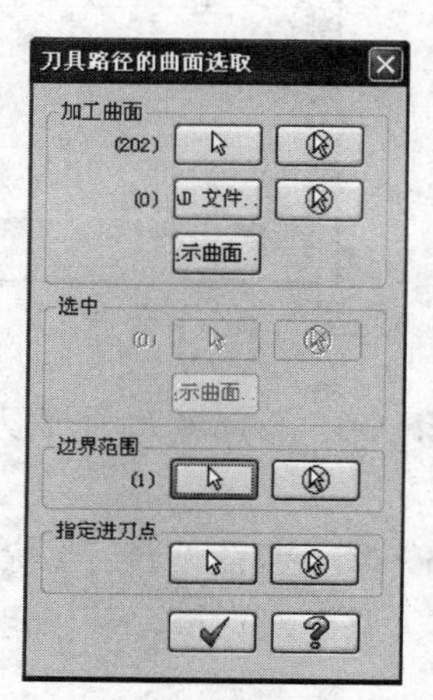

图 6-20　“刀具路径的曲面选取”对话框 2

3. 选择刀具及编辑加工参数

STEP 01 单击[✔]按钮，系统弹出如图 6-21 所示的“曲面粗加工挖槽”对话框，默认显示“刀具路径参数”标签页。

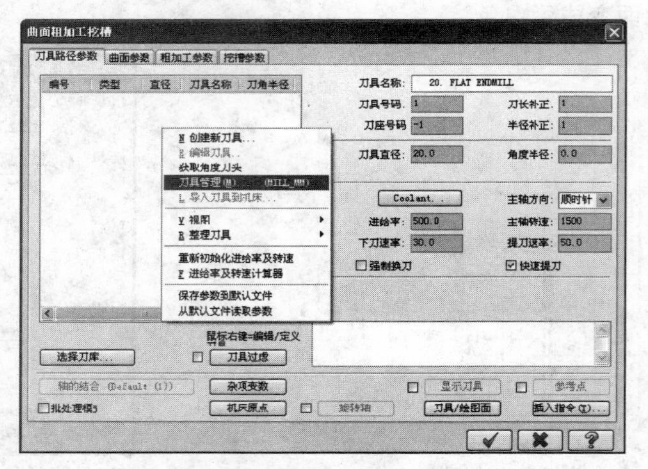

图 6-21 “曲面粗加工挖槽”对话框

STEP 02 在该对话框的长方形的空白处，单击鼠标右键，弹出“选刀”快捷菜单。

STEP 03 单击“刀具管理”命令，弹出如图 6-22 所示的“刀具管理”对话框。

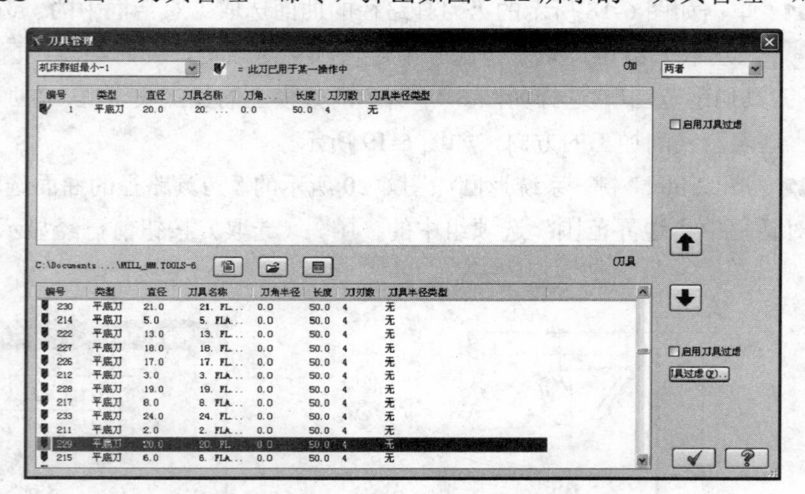

图 6-22 “刀具管理”对话框

STEP 04 选择 $\phi 20$ 平底刀作为粗加工的刀具，单击[✔]按钮，返回如图 6-20 所示的对话框。

STEP 05 若在“选刀”快捷菜单中单击“创建新刀具”命令，则弹出如图 6-23 所示的“定义刀具”对话框，可以定义刀具库中没有的刀具类型及型号。

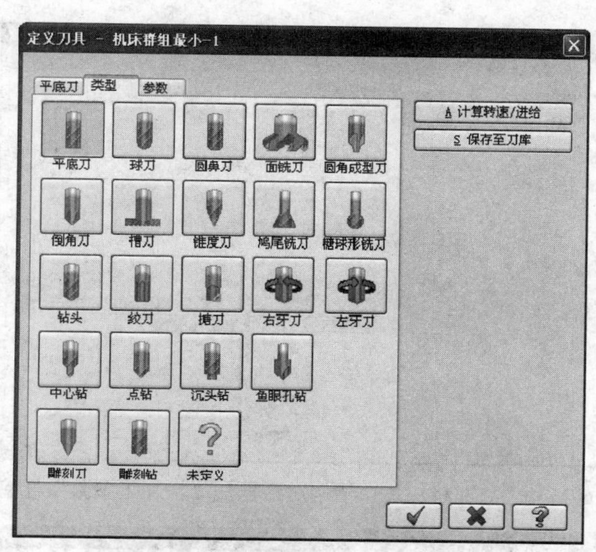

图 6-23　“定义刀具”对话框

STEP 06　根据机床的性能，设定“进给率”=500、“主轴转速”=1500、“下刀速率”=30、“提刀速率”=50，如图 6-20 所示。

STEP 07　单击“曲面粗加工挖槽”对话框中的“曲面参数”标签，设定“加工面预留量”=0.5，并在“刀具位置”选项组中选中“中心”单选钮，如图 6-24 所示。

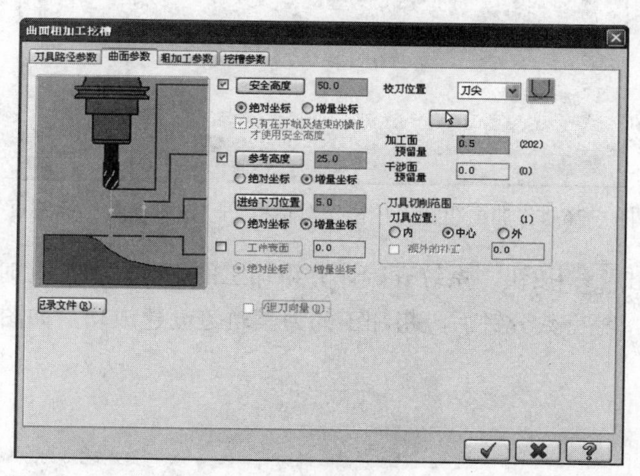

图 6-24　“曲面粗加工挖槽”对话框—“曲面参数”标签页

STEP 08　单击“曲面粗加工挖槽”对话框中的“粗加工参数”标签，设定“整体误差”=0.025、“Z 轴最大进给量”=1，如图 6-25 所示。

STEP 09　单击“曲面粗加工挖槽”对话框中的“挖槽参数”标签，设定“切削间距（直径%）”=50、“切削间距（距离）”=10、“粗切角度”=0，如图 6-26 所示。

STEP 10　如图 6-26 所示，加工的方式共有 8 种，选择第一种加工方式，单击✔按钮。

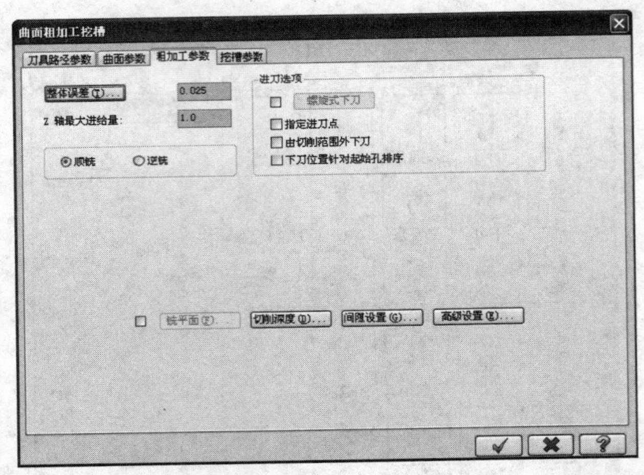

图 6-25 “曲面粗加工挖槽”对话框—“粗加工参数”标签页

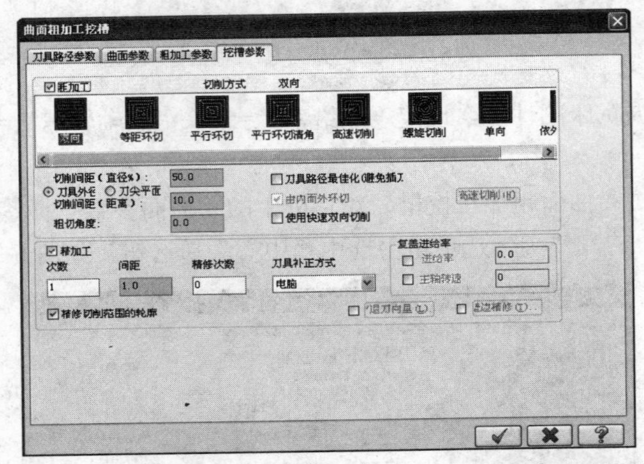

图 6-26 “曲面粗加工挖槽”对话框—“挖槽参数”标签页

STEP 11 单击 ✔ 按钮，系统开始计算粗加工的刀具轨迹，此时系统提示区出现图形处理的信息提示。等待数分钟后，粗加工的刀具轨迹创建成功，如图 6-27 所示。

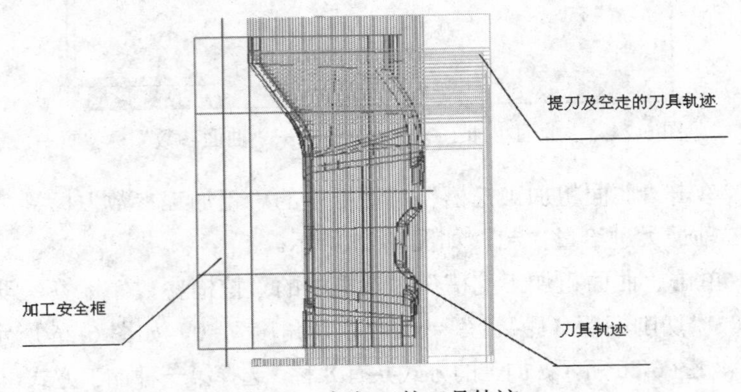

图 6-27 粗加工的刀具轨迹

4．模拟仿真粗加工刀具轨迹

STEP 01 单击如图 6-28 所示的操作管理器中的（验证）按钮，弹出如图 6-29 所示的“验证”对话框。

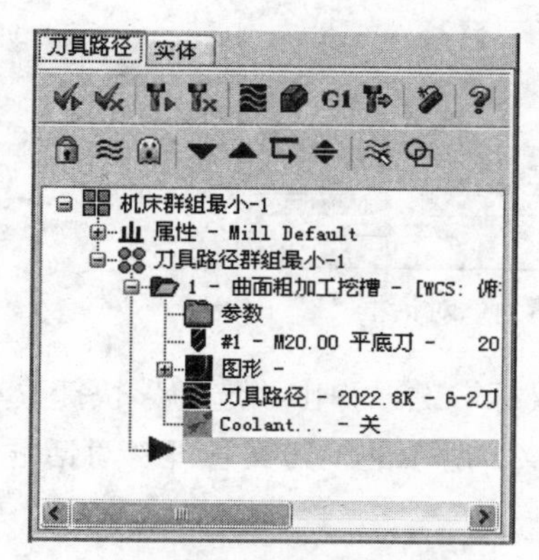

图 6-28 操作管理器

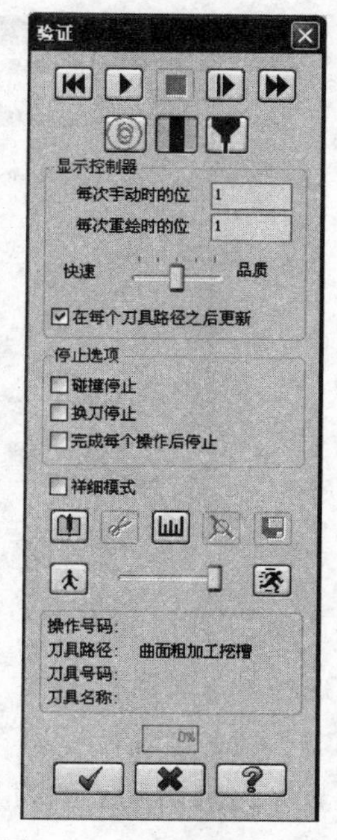

图 6-29 “验证”对话框

STEP 02 单击（开始）按钮，即可开始加工仿真，如图 6-30 所示。经过加工仿真后，若无干涉和过切等现象，则表示粗加工的刀具轨迹创建成功。

图 6-30 模拟仿真粗加工的刀具轨迹

5．保存文件

单击菜单栏中的“文件”→“保存”命令，保存生成刀具轨迹后的文件。

6.4 创建清角加工刀具轨迹

1．选择自由曲面

单击菜单栏中的“刀具路径”→“曲面精加工”→“精加工交线清角加工”命令，按住<Alt>+<→>键，将图形旋转 90°，用鼠标选择全部曲面。具体方法可参照 6.3 节。

2. 选择刀具及编辑加工的参数

STEP 01 单击“刀具路径的曲面选取”对话框中的✓按钮，弹出如图 6-31 所示的“曲面精加工交线清角”对话框，默认显示“刀具路径参数”标签页。

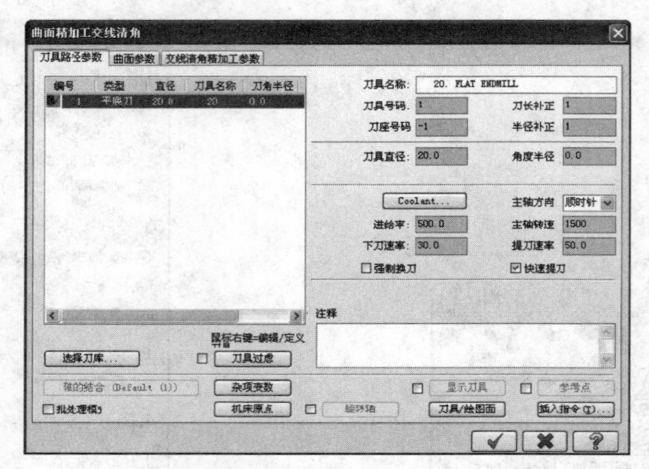

图 6-31 “曲面精加工交线清角”对话框

STEP 02 在该对话框的长方形空白处，单击鼠标右键，弹出“选刀”快捷菜单。

STEP 03 单击“刀具管理”命令，弹出如图 6-32 所示的“刀具管理”对话框。选择 ϕ16 球头刀具作为清角加工的刀具。

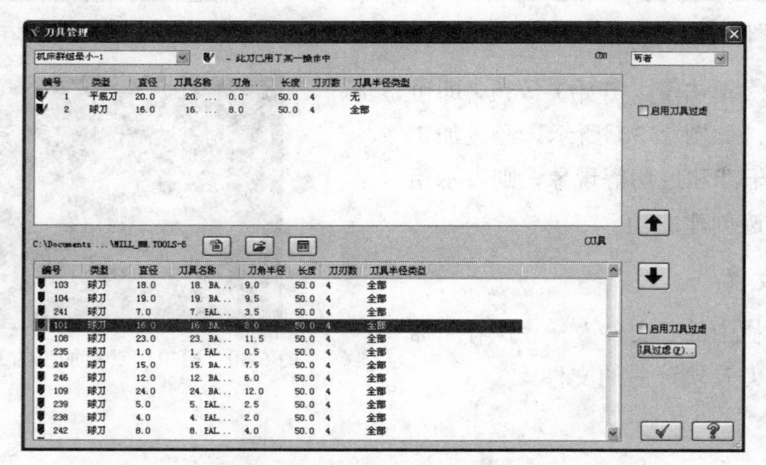

图 6-32 “刀具管理”对话框

STEP 04 根据机床的性能，设定“进给率”=500、“主轴转速”=1500、“下刀速率”=30、“提刀速率”=50，如图 6-33 所示。

STEP 05 单击“曲面精加工交线清角”对话框中的“曲面参数”标签，设定“加工面预留量”=0.03、“参考高度”=25、“进给下刀位置”=5，并在“刀具位置”选项组中选中“中心”单选钮，如图 6-34 所示。

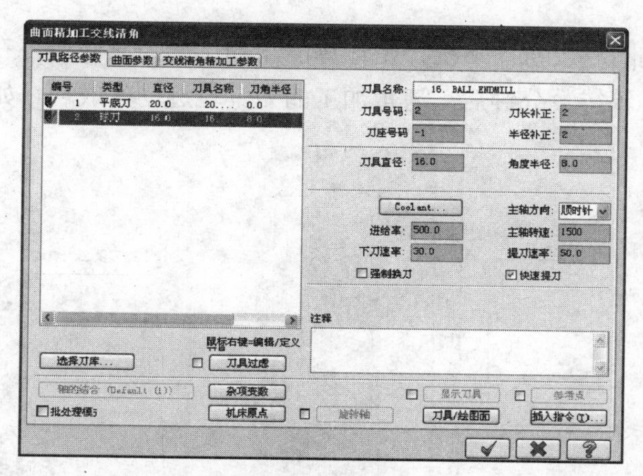

图 6-33　“曲面精加工交线清角”对话框—“刀具路径参数”标签页

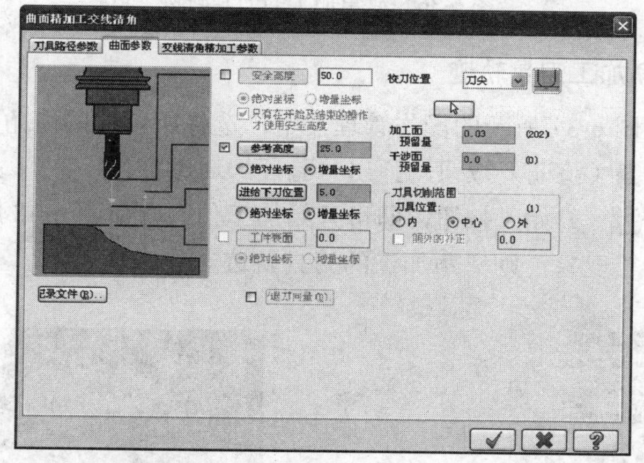

图 6-34　“曲面精加工交线清角”对话框—“曲面参数”标签页

STEP 06 单击“曲面精加工交线清角”对话框中的“交线清角精加工参数”标签，设定“整体误差”=0.025，并对“间隙设置”及“高级设置”的参数进行修整，如图 6-35 所示。

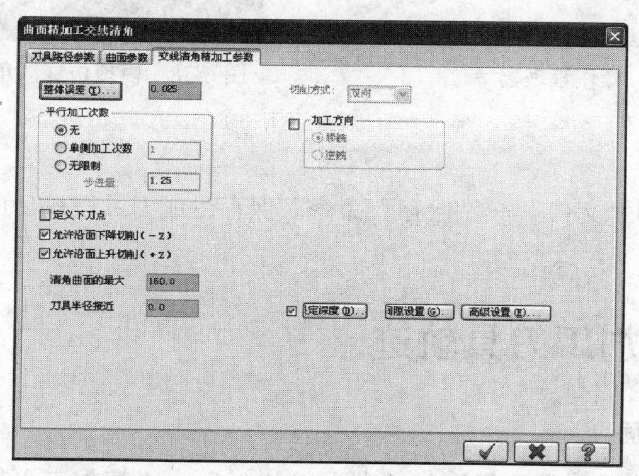

图 6-35　“曲面精加工交线清角”对话框—“交线清角精加工参数”标签页

STEP 07 单击✓按钮，系统开始计算清角加工的刀具轨迹，在系统提示区出现图形处理的信息提示。等待数分钟后，清角加工的刀具轨迹创建成功，如图 6-36 所示。

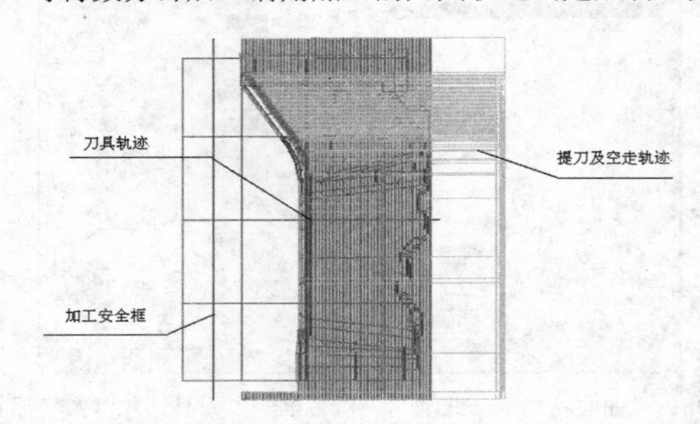

图 6-36 清角加工的刀具轨迹

3. 模拟仿真清角加工刀具轨迹

STEP 01 在如图 6-37 所示的操作管理器中，选择所创建的清角加工操作。

STEP 02 单击（验证）按钮，弹出“验证”对话框。

STEP 03 单击（开始）按钮，即可开始加工仿真，如图 6-38 所示。经过加工仿真后，若无干涉和过切等现象，则清角加工的刀具轨迹创建成功。

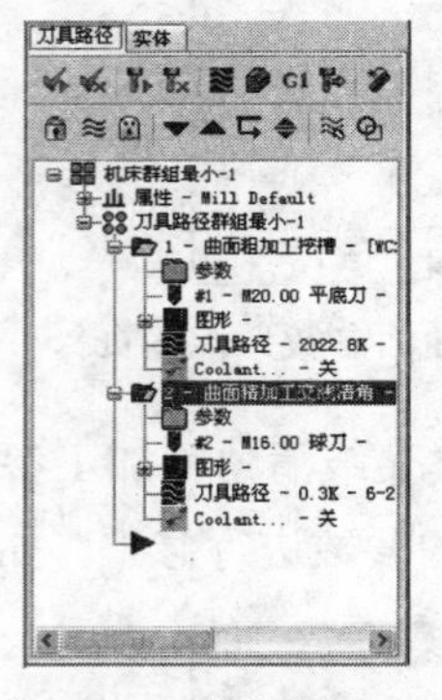

图 6-37 操作管理器

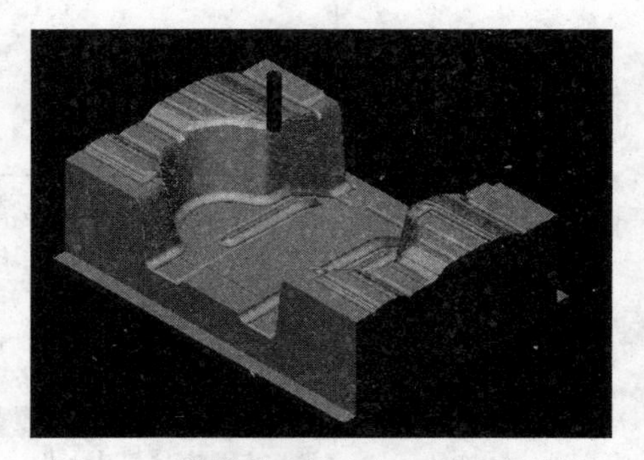

图 6-38 模拟仿真清角加工的刀具轨迹

4. 保存文件

单击菜单栏中的“文件”→“保存”命令，保存生成刀具轨迹后的文件。

6.5 创建精加工刀具轨迹

1. 选择自由曲面

单击菜单栏中的“刀具路径”→“曲面精加工”→“精加工平行铣削”命令，按住

<Alt>+<→>键，将图形旋转 90°，用鼠标选择全部曲面。具体方法可参照 6.3 节。

2．选择刀具及编辑加工的参数

STEP 01 单击“刀具路径的曲面选取”对话框中的按钮，弹出如图 6-39 所示的“曲面精加工平行铣削”对话框，默认显示“刀具路径参数”标签页。

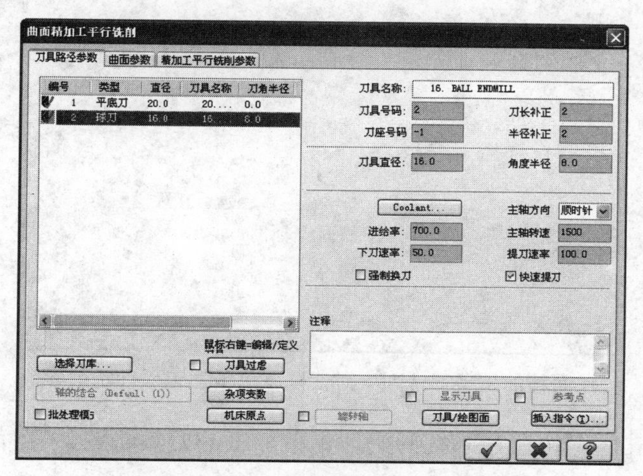

图 6-39 “曲面精加工平行铣削”对话框

STEP 02 单击球头刀 $\phi16$，与交线清角加工的刀具设置方法一样，设定“进给率”=700、“主轴转速”=1500、“下刀速率”=50、“提刀速率”=100，如图 6-39 所示。

STEP 03 单击“曲面精加工平行铣削”对话框中的“曲面参数”标签，设定“加工面预留量”=0.03（“预留量”是给钳工留的型腔修光余量）、“参考高度”=50、“进给下刀位置”=5，并在“刀具位置”选项组中选中“中心”单选钮，如图 6-40 所示。

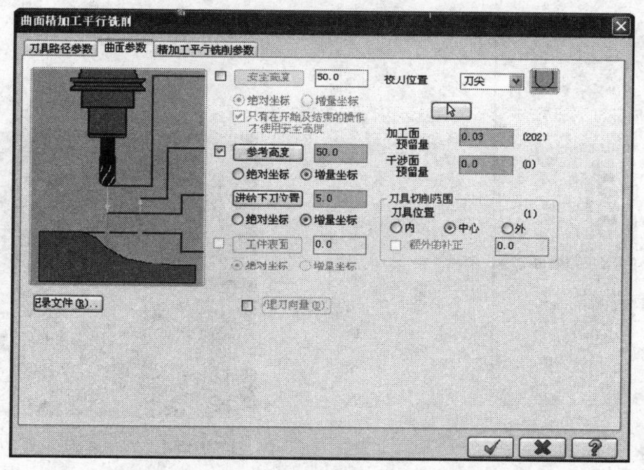

图 6-40 “曲面精加工平行铣削”对话框—“曲面参数”标签页

STEP 04 单击“曲面精加工平行铣削”对话框中的“精加工平行铣削参数”标签，

设定“整体误差”=0.018、“最大切削间距”=1.2，并对“间隙设置”及“高级设置”等的参数进行修整，如图6-41所示。

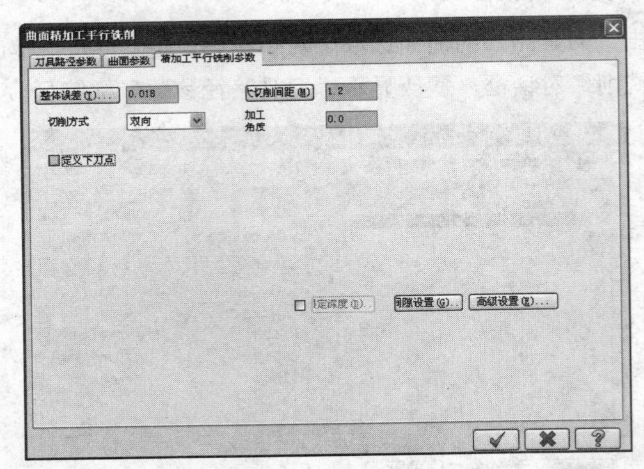

图6-41　“曲面精加工平行铣削”对话框—“精加工平行铣削参数”标签页

STEP 05　单击按钮，系统开始计算精加工的刀具轨迹。等待数分钟后，精加工的刀具轨迹创建成功。

3．模拟仿真精加工刀具轨迹

STEP 01　在如图6-42所示的操作管理器中，选择所创建的曲面精加工平行铣削操作。

STEP 02　单击（验证）按钮，弹出“验证”对话框。

STEP 03　单击（开始）按钮，即可开始加工仿真，如图6-43所示。经过加工仿真后，若无干涉和过切等现象，则曲面精加工平行铣削加工的刀具轨迹创建成功。

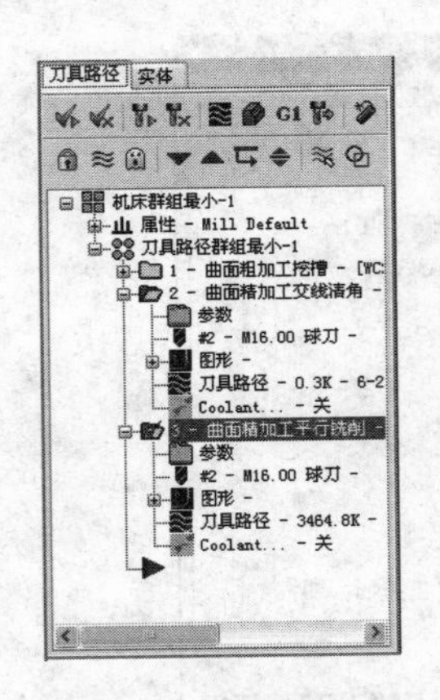

图6-42　操作管理器

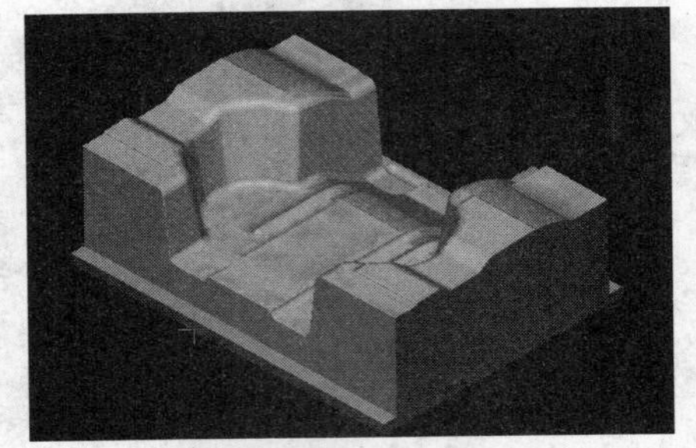

图6-43　模拟仿真精加工的刀具轨迹

4．保存文件

单击菜单栏中的“文件”→“保存”命令，保存生成刀具轨迹后的文件。

6.6 对所有加工刀具轨迹进行仿真

STEP 01 在操作管理器中，单击（选择所有操作）按钮，即可选择全部的加工操作。

STEP 02 单击（验证）按钮，弹出“验证”对话框。此时单击（开始）按钮，即可对所有的加工操作进行模拟显示。

6.7 生成 NC 程序

STEP 01 在操作管理器中，选择所要进行后置处理的操作，单击G1（后处理）按钮，弹出如图 6-44 所示的“后处理程序”对话框。

STEP 02 勾选“编辑”复选框，以便对产生的加工程序自动进行存盘和编辑，单击按钮，系统弹出如图 6-45 所示的“另存为”对话框，用户可以在该对话框中输入需要保存的 NC 文件的名称。

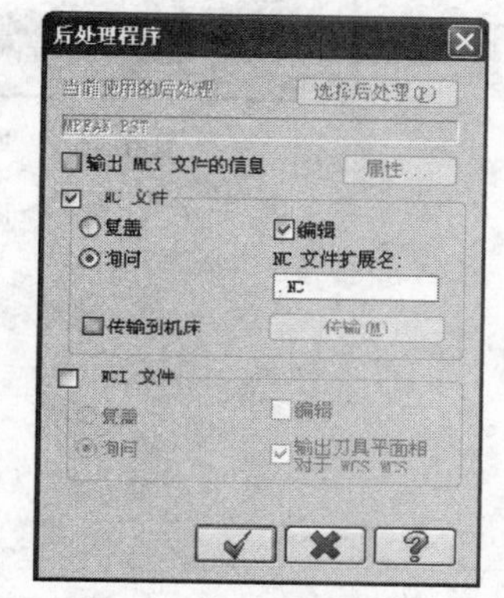

图 6-44　“后处理程序”对话框

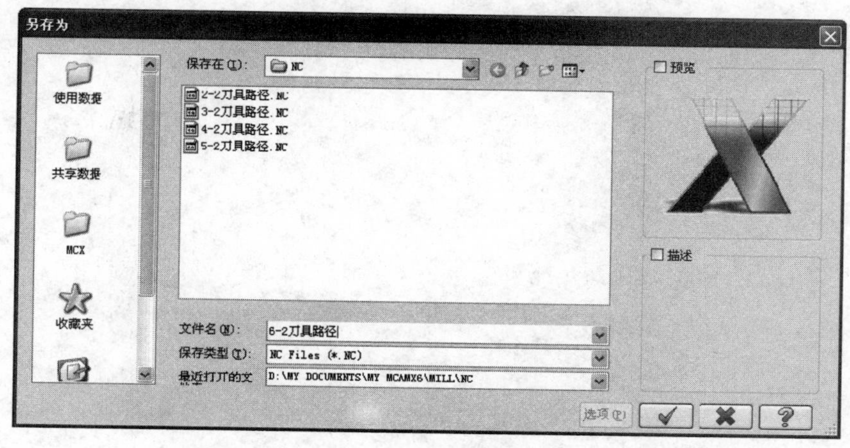

图 6-45　“另存为”对话框

STEP 03 单击按钮，系统开始生成加工程序。等待几分钟后，弹出如图 6-46 所示的“Mastercam X 编辑器”界面。

STEP 04 在该界面下，用户可以对生成的程序进行修改、编辑。单击“Mastercam X 编辑器”菜单栏中的“文件”→“保存”命令，保存该 NC 程序。最后通过“DNC”系统，把程序传入数控机床，进行数控铣削加工。

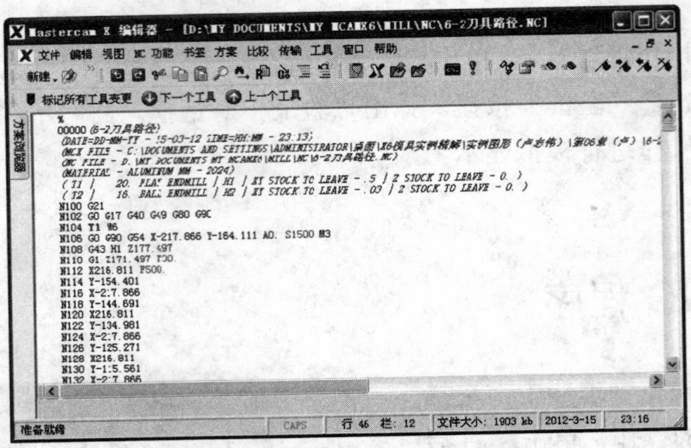

图 6-46 “Mastercam X 编辑器”界面

第7章

汽车发动机后悬置支座外板模具加工与编程

内容

本章介绍在Mastercam X6软件中对汽车发动机后悬置支座外板模具进行数控加工的常用加工工艺及加工方法，详细阐述了汽车发动机后悬置支座外板模具数控铣削加工的编程过程及技巧。

目的

通过实例讲解，使读者熟悉和掌握用 Mastercam X6 软件创建汽车发动机后悬置支座外板模具数控铣削加工刀具路径的方法，了解相关的数控加工工艺知识。

7.1 加工任务概述

汽车发动机后悬置支座外板如图 7-1 所示，其凸模如图 7-2 所示。下面将详细讲解汽车发动机后悬置支座外板凸模的加工编程过程。

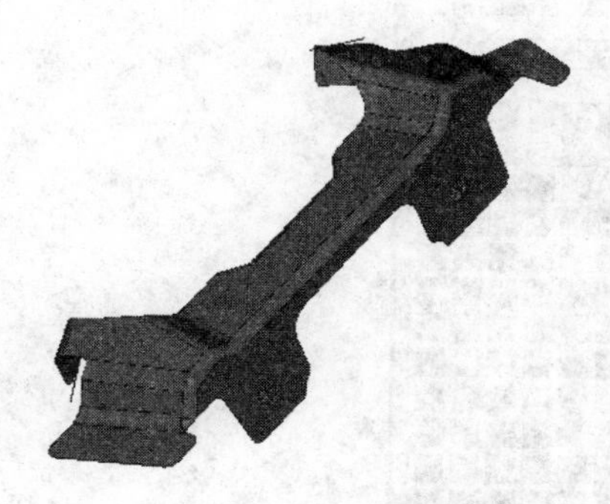

图 7-1　汽车发动机后悬置支座外板

图 7-2　汽车发动机后悬置支座外板凸模

7.2 加工模型的准备

1．选取零件的加工模型文件

进入 Mastercam X6 系统，单击菜单栏中的“文件”→“打开文件”命令，系统弹出如图 7-3 所示的“打开”对话框，将“文件类型”设置为“IGES 文件”类型，选择零件的加工模型文件“7-1 图形.igs”，单击✔按钮。

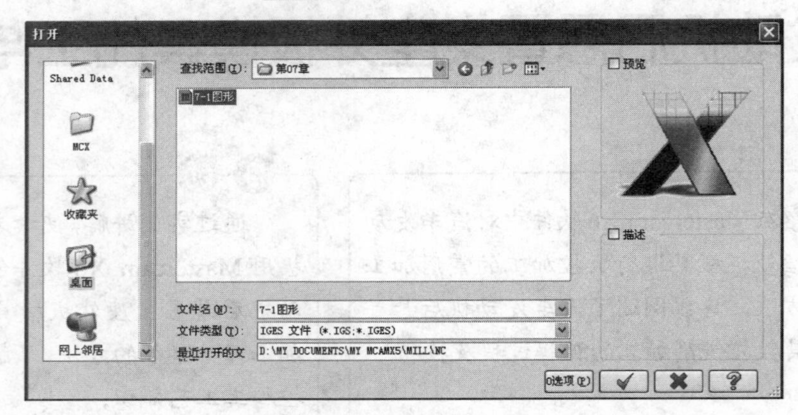

图 7-3 “打开”对话框

2．移动加工坐标点

STEP 01 显示坐标点。单击状态栏中的 10 (颜色设置）区域，弹出如图 7-4 所示的“颜色”对话框。选择红色，单击✔按钮。再单击菜单栏中的“绘图”→“绘点”→“绘点”命令，在如图 7-5 所示的位置单击，即可创建一个红色的坐标点“+”。

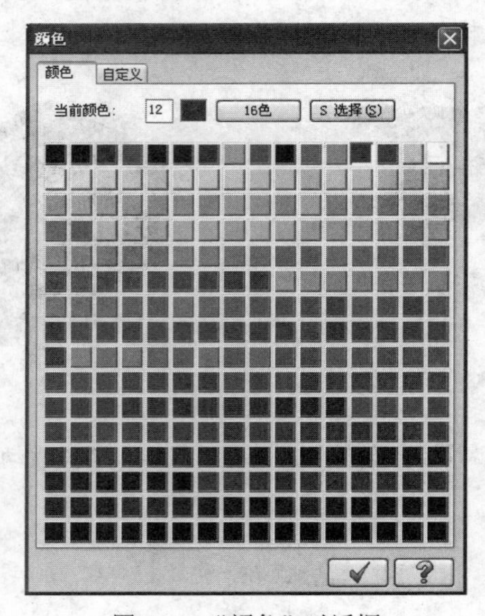

图 7-4 “颜色”对话框

STEP 02 测量坐标点的值。单击鼠标右键，系统在绘图区弹出常用工具快捷菜单，单击“顶视图”命令；或者在工具栏中单击（顶视图）按钮，将图形切换到顶视图。再单击菜单栏中的“分析”→“点位分析”命令，选择如图 7-5 所示的被测量点，系统即可弹出如图 7-6 所示的“点分析”对话框，显示坐标点数值。

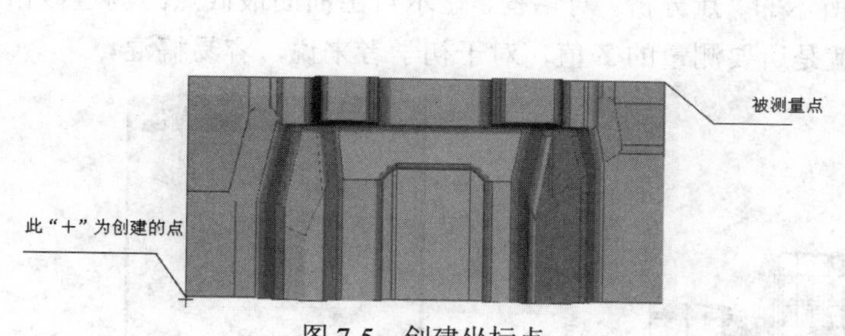

图 7-5 创建坐标点

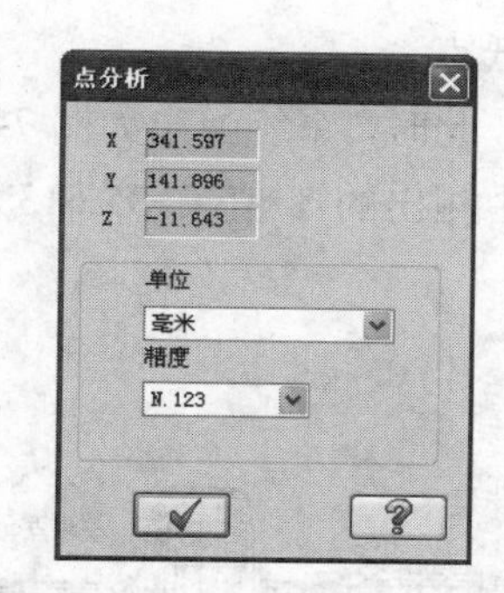

图 7-6 “点分析”对话框 1

STEP 03 移动坐标点到数模中心。单击菜单栏中的“转换”→“平移”命令，系统弹出如图 7-7 所示的“平移选项”对话框，单击（选择图素）按钮，系统提示用户在绘图区选择整个数模，直到图形颜色发生变化，按“Enter”键即可返回如图 7-7 所示的对话框。在该对话框中的“直角坐标”选项组中的“ΔX”、“ΔY”文本框中输入要移动的 X、Y、Z（X=−341.597/2，Y=−141.896/2，Z 值默认为 0）的值，如图 7-7 所示，选中“移动”单选钮，单击按钮，关闭此对话框，此时坐标点就移到了如图 7-8 所示的顶视图的中心。用同样的方法把 Z 坐标移到数模的最高点。移动坐标点的目的是为了方便操作工对刀和复查程序。

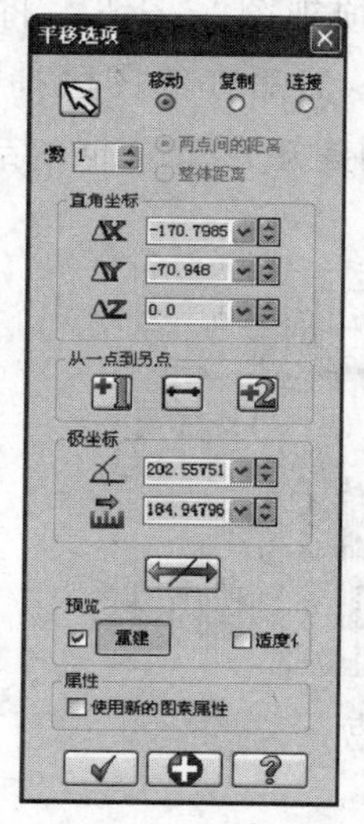

图 7-7 “平移选项”对话框

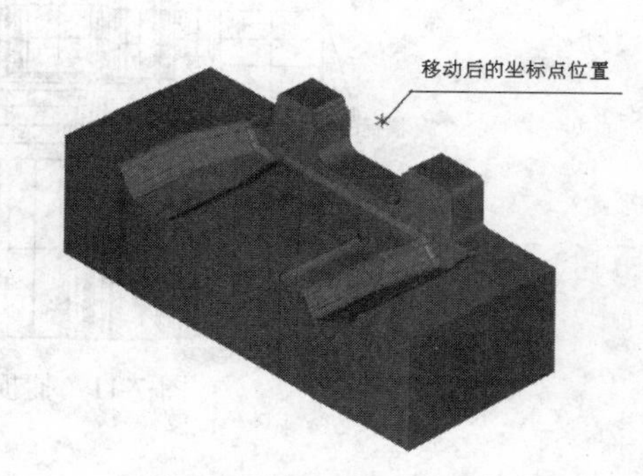

图 7-8 移动后的坐标点

3. 创建加工安全框

STEP 01 测量自由曲面最低点的坐标值。单击鼠标右键，在弹出的常用工具快捷菜单中单击“前视图”命令；或者在工具栏中单击（前视图）按钮，将图形切换到前视图。再单击菜单栏中的“分析”→“点分析”命令，选择如图 7-9 所示的自由曲面的最低点。

此时，系统弹出如图 7-10 所示的“点分析”对话框，显示自由曲面最低点的测量数据，其中测出的 Y 值（−35.613），就是所要测量的 Z 值，对于初学者来说，容易搞混。

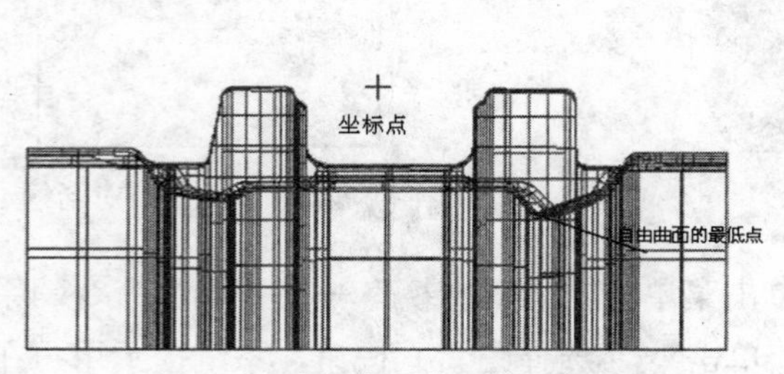

图 7-9 选择自由曲面的最低点

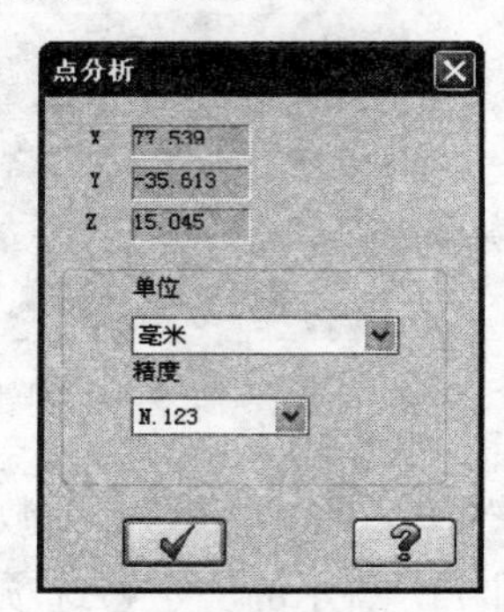

图 7-10 “点分析”对话框 2

STEP 02 在状态栏中的 Z -45.0 文本框中输入“−45”。

注意	在实际加工中，一般取测量点下-10 的值进行圆整后为 Z 的坐标值。这样便于选取整个自由曲面，而且对于加工也非常重要。

STEP 03 创建加工安全框。单击鼠标右键，系统在绘图区弹出常用工具快捷菜单，单击“顶视图”命令；或者在工具栏中单击（顶视图）按钮，将图形切换到顶视图。再单击菜单栏中的“绘图”→“矩形”命令，然后在绘图区捕捉如图 7-11 所示的点 1，拖动鼠标直到捕捉到点 2，单击鼠标即可创建矩形安全框，结果如图 7-12 所示。

图 7-11 捕捉第一个和第二个点

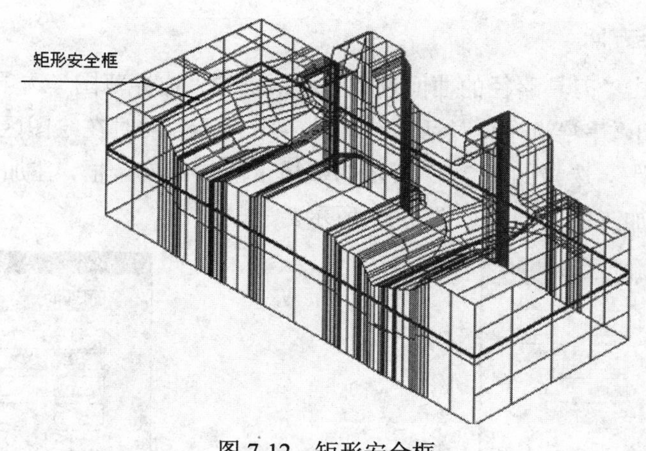

图 7-12 矩形安全框

7.3 创建粗加工刀具轨迹

1. 选择自由曲面

STEP 01 单击鼠标右键，在弹出的常用工具快捷菜单中单击“顶视图”命令；或者在工具栏中单击（顶视图）按钮，将图形切换到顶视图。按住<Alt>+<→>键，旋转图形至如图 7-13 所示的位置。

STEP 02 单击菜单栏中的“机床类型”→“铣削”→“默认”命令，如图 7-14 所示。

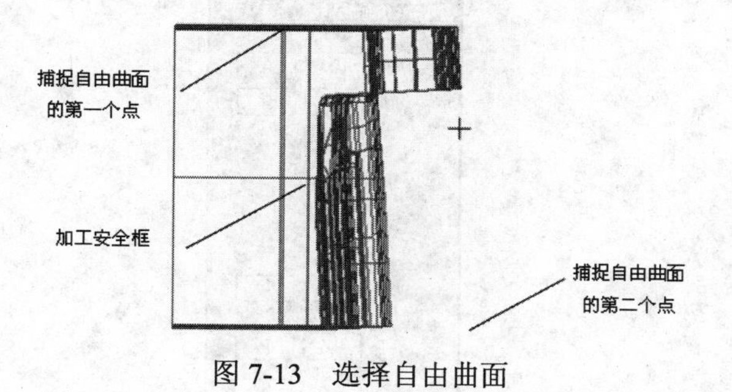

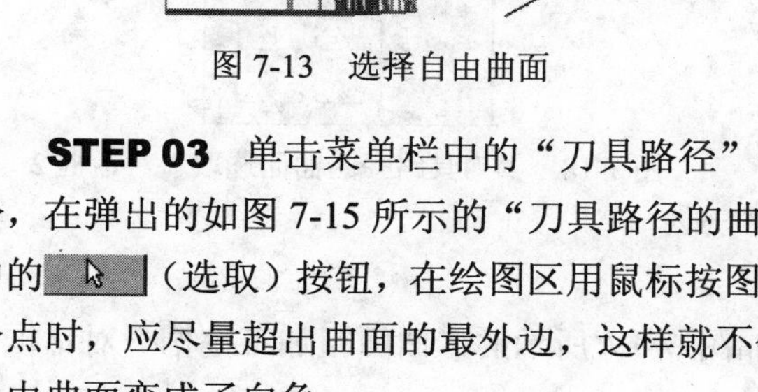

图 7-13 选择自由曲面

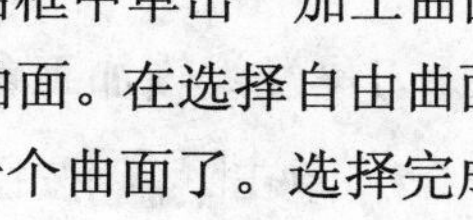

M 机床类型　T 刀具路径　R 屏幕　I
M 铣削　D 默认
L 车削　M 机床列表管理
W 线切割
R 雕刻
D 设计

图 7-14 选择加工机床类型

STEP 03 单击菜单栏中的“刀具路径”→“曲面粗加工”→“粗加工挖槽加工”命令，在弹出的如图 7-15 所示的“刀具路径的曲面选取”对话框中单击“加工曲面”选项组中的（选取）按钮，在绘图区用鼠标按图示选择全部曲面。在选择自由曲面捕捉第二个点时，应尽量超出曲面的最外边，这样就不会遗漏任何一个曲面了。选择完成后，整个自由曲面变成了白色。

2．设置加工链方向

STEP 01 单击“刀具路径的曲面选取”对话框中“边界范围”选项组中的（选择）按钮，系统弹出“串连选项”对话框，如图 7-16 所示，同时在绘图区出现提示信息“串连 2D 刀具切削范围”，选择如图 7-13 所示的数模上的加工安全框，在加工安全框上出现了箭头，这表示铣削加工的方向，如图 7-17 所示。

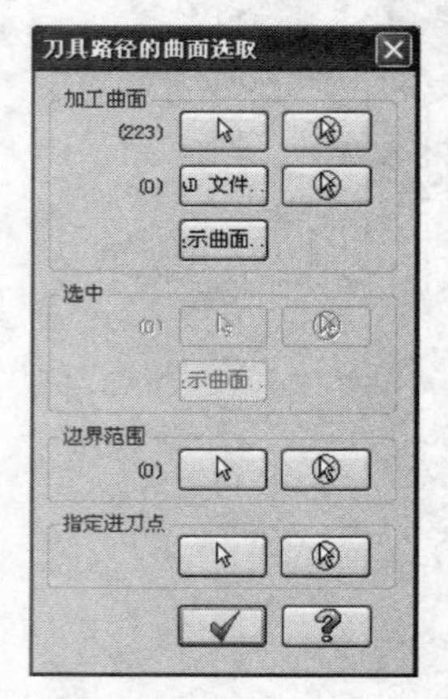

图 7-15 “刀具路径的曲面选取”对话框 1

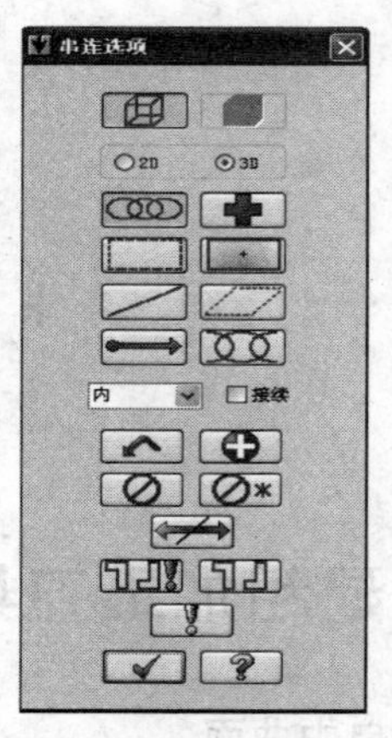

图 7-16 “串连选项”对话框

STEP 02 按“Enter”键，系统返回如图 7-18 所示的“刀具路径的曲面选取”对话框，可以看出该对话框中“边界范围”选项组中的（选择）按钮前已经显示出加工链的数目（1）。

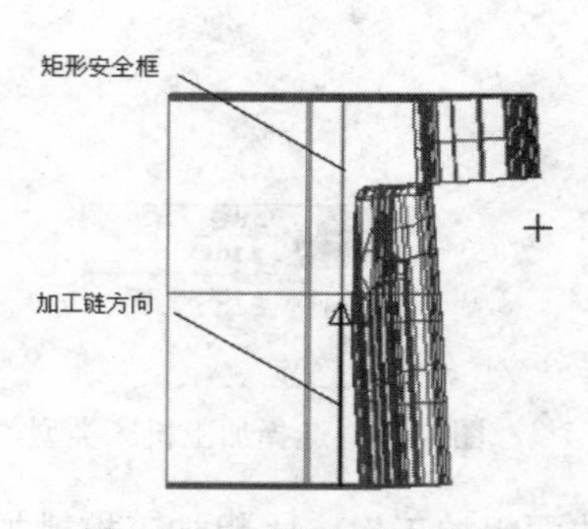

图 7-17 定义加工链方向

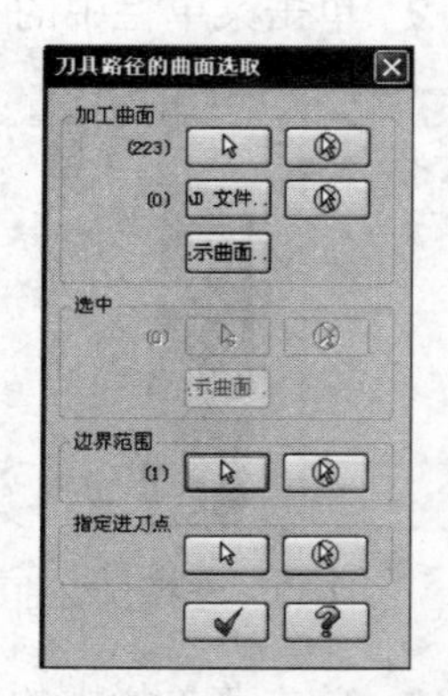

图 7-18 “刀具路径的曲面选取”对话框 2

3．选择刀具及编辑加工参数

STEP 01 单击按钮，系统弹出如图 7-19 所示的“曲面粗加工挖槽”对话框，默认显示“刀具路径参数”标签页。

STEP 02 在该对话框的长方形空白处，单击鼠标右键，弹出“选刀”快捷菜单。单击“刀具管理”命令，弹出如图 7-20 所示的“刀具管理”对话框。

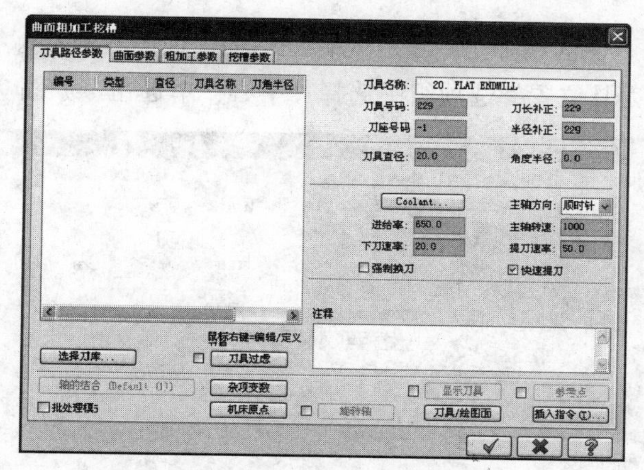

图 7-19　“曲面粗加工挖槽”对话框

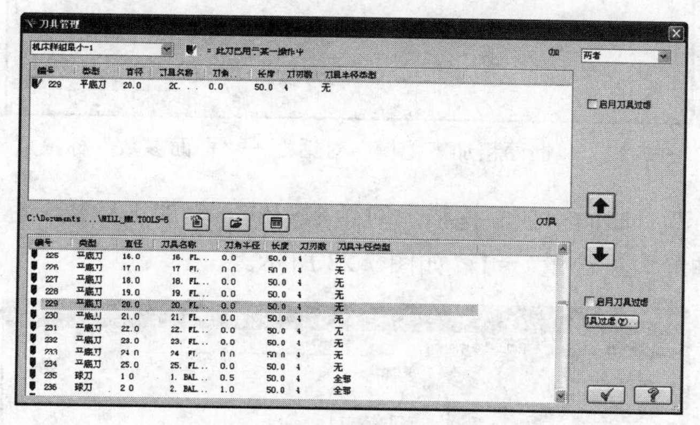

图 7-20　“刀具管理”对话框

STEP 03　选择 $\phi 20$ 的平底刀，单击 按钮，返回“曲面粗加工挖槽”对话框。

STEP 04　根据机床的性能，设定“进给率”=650、“主轴转速”=1000、“下刀速率”=20、“提刀速率”=50，如图 7-21 所示。

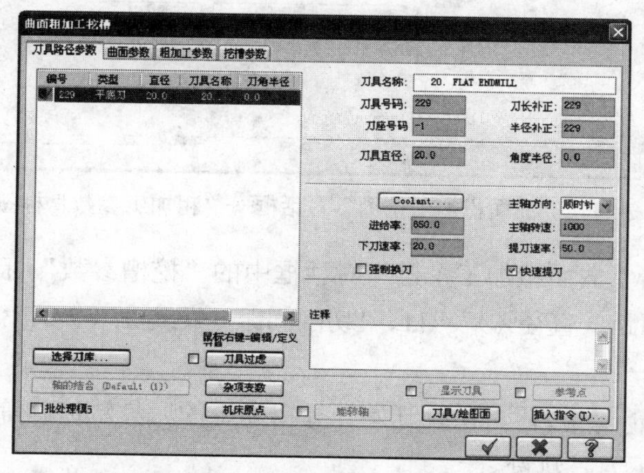

图 7-21　“曲面粗加工挖槽”对话框—“刀具路径参数”标签页

STEP 05 单击“曲面粗加工挖槽”对话框中的“曲面参数”标签，设定“加工面预留量”=0.5，并在“刀具位置”选项组中选择“中心”单选钮，如图 7-22 所示。

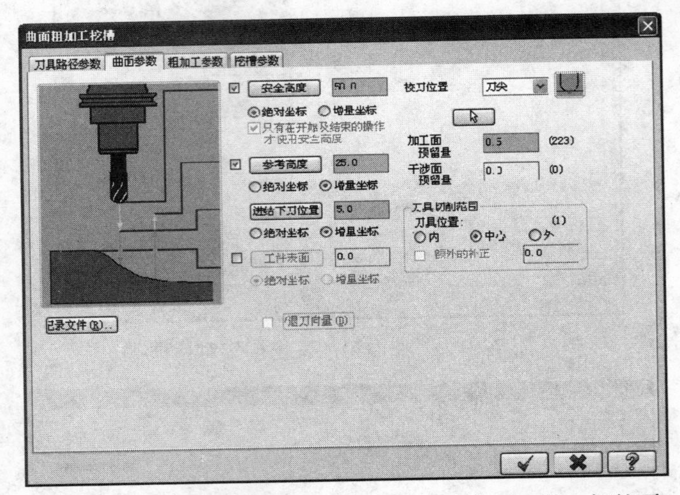

图 7-22 “曲面粗加工挖槽”对话框—“曲面参数”标签页

STEP 06 单击“曲面粗加工挖槽”对话框中的“粗加工参数”标签，设定“整体误差”=0.016、“Z 轴最大进给量”=1，如图 7-23 所示。

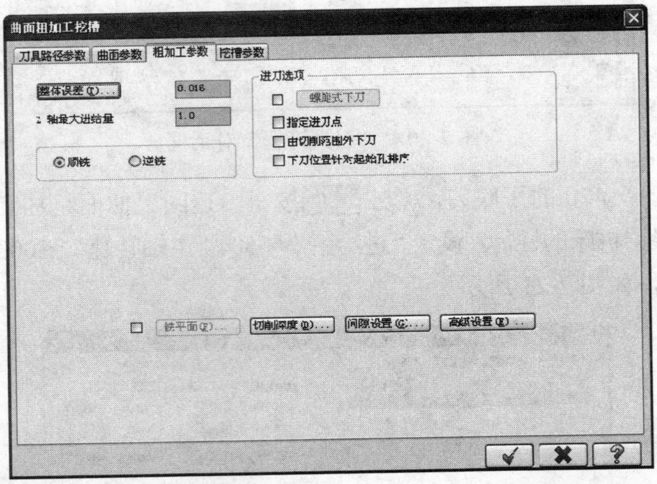

图 7-23 “曲面粗加工挖槽”对话框—“粗加工参数”标签页

STEP 07 单击“曲面粗加工挖槽”对话框中的“挖槽参数”标签，选择第一种加工方式，设定“切削间距（直径%）”=11、“切削间距（距离）”=2.2、“粗切角度”=0，如图 7-24 所示。

STEP 08 单击 ✔ 按钮，系统开始计算粗加工的刀具轨迹。等待数分钟后，生成如图 7-25 所示的粗加工刀具轨迹。

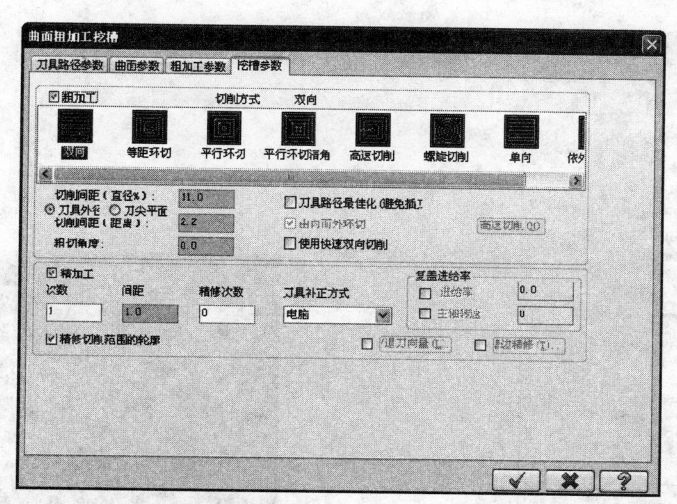

图 7-24 “曲面粗加工挖槽”对话框—“挖槽参数”标签页

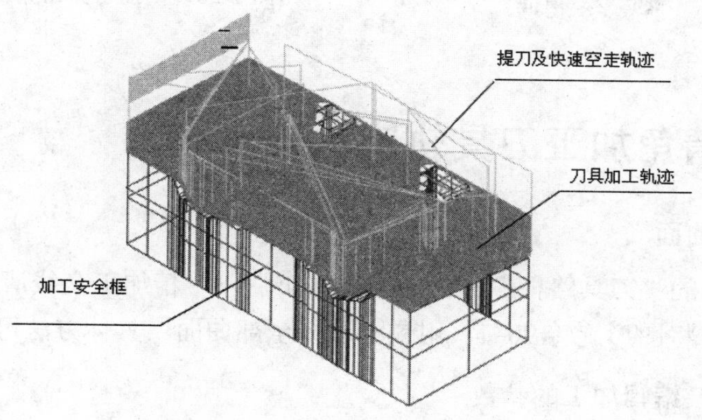

图 7-25 粗加工的刀具轨迹

4．模拟仿真粗加工刀具轨迹

STEP 01 单击如图 7-26 所示的操作管理器中的（验证）按钮，弹出如图 7-27 所示的“验证”对话框。

STEP 02 单击（开始）按钮，即可开始加工仿真，如图 7-28 所示。经过加工仿真后，若无干涉和过切等现象，则表示粗加工的刀具轨迹创建成功。

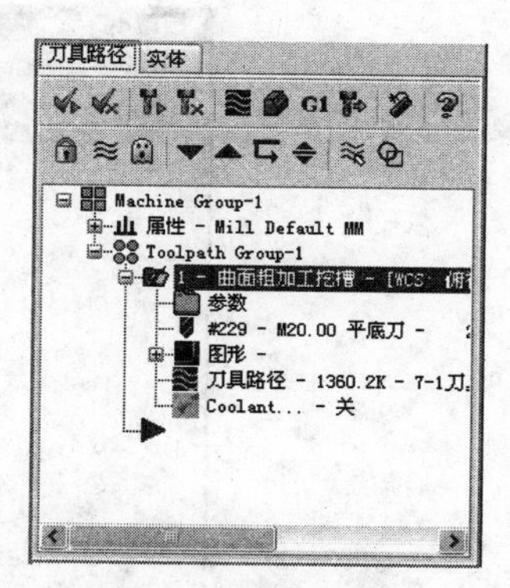

图 7-26 操作管理器

5．保存文件

单击菜单栏中的“文件”→“保存”命令，保存生成刀具轨迹后的文件。

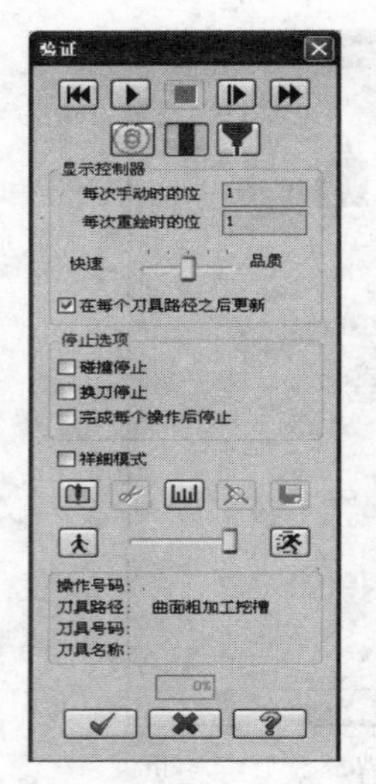

图 7-27　“验证”对话框

图 7-28　模拟仿真粗加工的刀具轨迹

7.4 创建清角加工刀具轨迹

1．选择自由曲面

单击菜单栏中的“刀具路径”→“曲面精加工”→“精加工交线清角加工”命令，按住<Alt>+<→>键，将图形旋转 90°，用鼠标选择全部曲面。具体方法可参照 7.3 节。

2．选择刀具及编辑加工的参数

STEP 01　单击“刀具路径的曲面选取”对话框中的按钮，弹出如图 7-29 所示的“曲面精加工交线清角”对话框，默认显示“刀具路径参数”标签页。

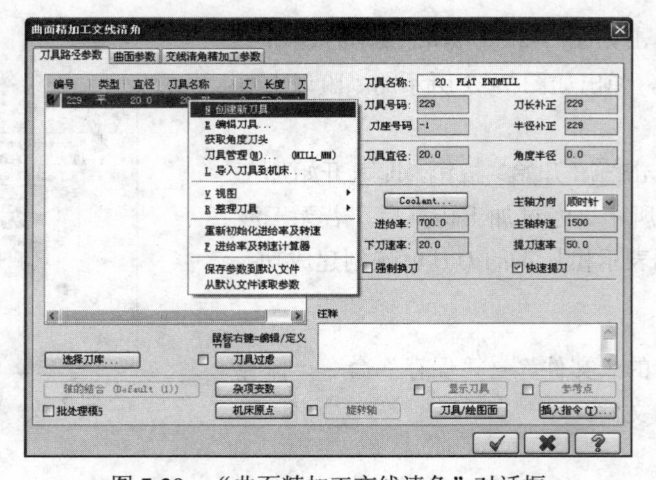

图 7-29　“曲面精加工交线清角”对话框

STEP 02　在该对话框的长方形空白处，单击鼠标右键，在弹出的快捷菜单中单击“创建新刀具”命令，弹出如图 7-30 所示的“定义刀具”对话框，此时可以任意选择一种类型的刀具，并定义其刀具大小。

STEP 03　单击第二种刀具类型，弹出如图 7-31 所示的“定义刀具”对话框，设定“直径”=16、“刀刃”=25、“肩部”=30、“刀长”=50、“夹头”=25，并在“轮廓的显示”选项组中选中“自动”单选钮，在“适用于”选项组中选中“两者”单选钮。

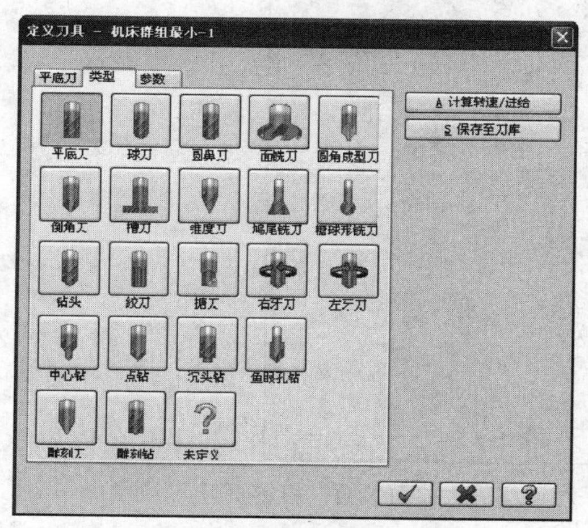

图 7-30　“定义刀具”对话框

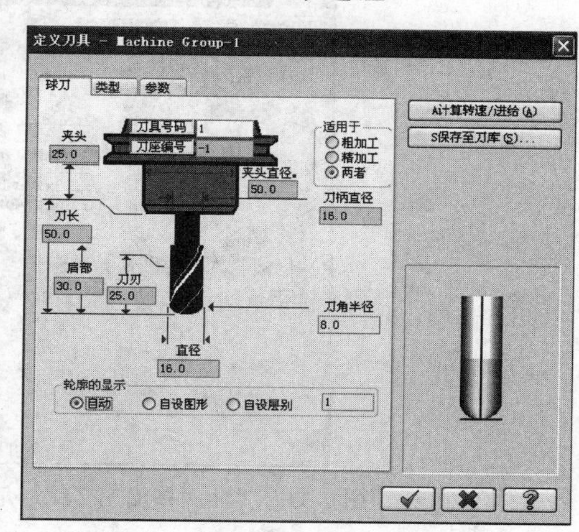

图 7-31　“定义刀具”对话框

STEP 04　定义完刀具参数后，单击 ✔ 按钮，完成刀具的编辑操作，此时新的刀具球刀 $\phi16$（由于此零件的自由曲面高低差大，$\phi16$ 的刀长才够加工，不会产生刀具和工件干涉以及刀具短而加工不到低处的曲面现象，因此选用 $\phi16$ 刀具做清角加工）出现在如图 7-32 所示的“曲面精加工交线清角”对话框中。

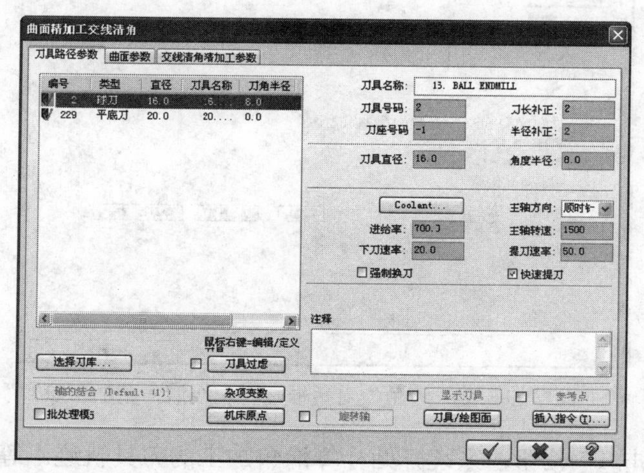

图 7-32　“曲面精加工交线清角”对话框—“刀具路径参数”标签页

STEP 05 在该对话框中，根据机床的性能，设定“进给率”=700、“主轴转速”=1500、“下刀速率”=20、“提刀速率”=50。

STEP 06 单击“曲面精加工交线清角”对话框中的“曲面参数”标签，设定“加工面预留量”=0.03、“参考高度”=50、“进给下刀位置”=5，并在“刀具位置”选项组中选中“中心”单选钮，如图 7-33 所示。

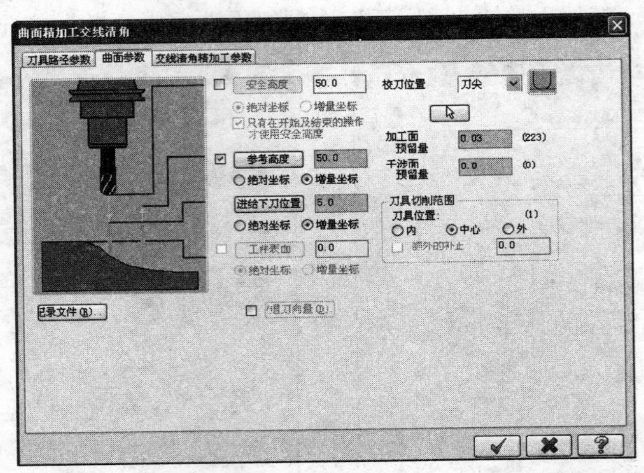

图 7-33 “曲面精加工交线清角”对话框—“曲面参数”标签页

STEP 07 单击“曲面精加工交线清角”对话框中的“交线清角精加工参数”标签，设定“整体误差”=0.025，并对“间隙设置”及“高级设置”的参数进行修整，如图 7-34 所示。

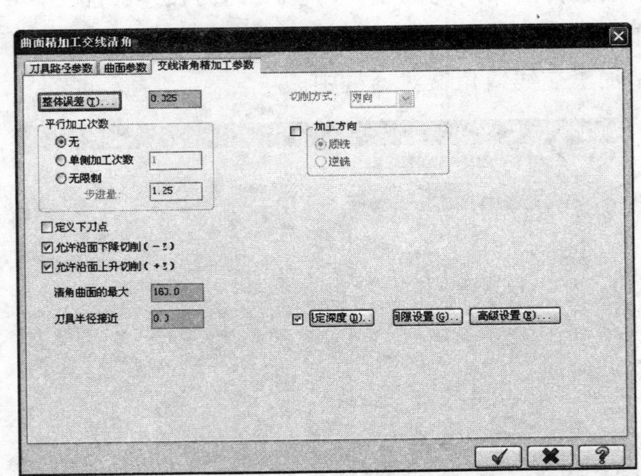

图 7-34 “曲面精加工交线清角”对话框—“交线清角精加工参数”标签页

STEP 08 单击 ✔ 按钮，系统开始计算清角加工的刀具轨迹。等待数分钟后，生成如图 7-35 所示的清角加工刀具轨迹。

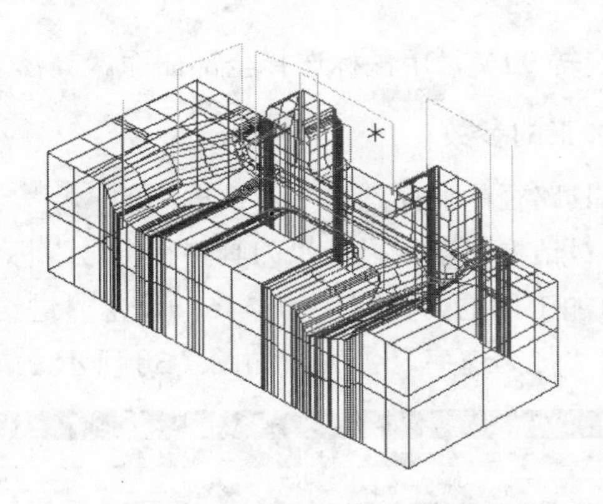

图 7-35　清角加工的刀具轨迹

3．模拟仿真清角加工刀具轨迹

（1）在如图 7-36 所示的操作管理器中，选择所创建的清角加工操作。

（2）单击（验证）按钮，弹出“验证”对话框。

（3）单击（开始）按钮，即可开始加工仿真，如图 7-37 所示。经过加工仿真后，若无干涉和过切等现象，则清角加工的刀具轨迹创建成功。

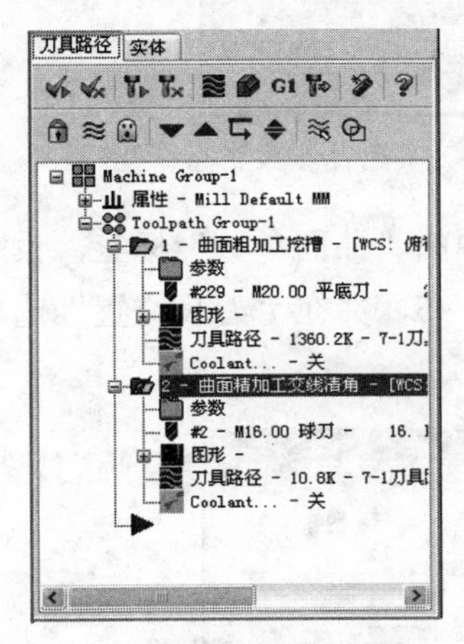

图 7-36　操作管理器

图 7-37　模拟仿真清角加工的刀具轨迹

4．保存文件

单击菜单栏中的“文件”→“保存”命令，保存生成刀具轨迹后的文件。

7.5　创建精加工刀具轨迹

1．选择自由曲面

单击菜单栏的“刀具路径”→“曲面精加工”→“精加工平行铣削”命令，按住

<Alt>+<→>键，将图形旋转 90°，用鼠标选择全部曲面。具体方法可参照 7.3 节。

2．选择刀具及修改加工的参数

STEP 01 单击“刀具路径的曲面选取”对话框中的 ✓ 按钮，弹出如图 7-38 所示的“曲面精加工平行铣削”对话框，默认显示“刀具路径参数”标签页。

STEP 02 单击清角加工用的刀具球头刀 $\phi16$，设定“进给率”=600、“主轴转速”=1500、“下刀速率”=30、“提刀速率”=100，如图 7-38 所示。

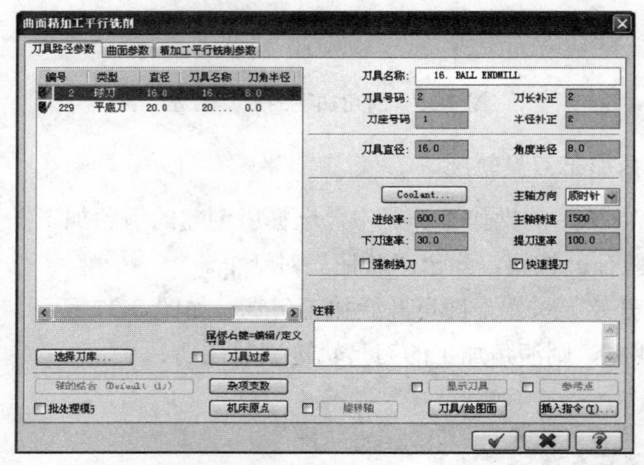

图 7-38 “曲面精加工平行铣削”对话框—“刀具路径参数”标签页

STEP 03 单击“曲面精加工平行铣削”对话框中的“曲面参数”标签，设定“加工面预留量”=0.03、“参考高度”=50、“进给下刀位置”=5，并在“刀具位置”选项组中选中“中心”单选钮，如图 7-39 所示。

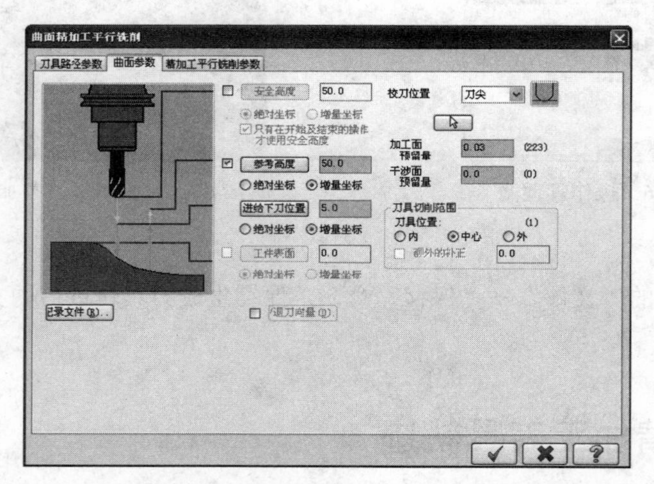

图 7-39 “曲面精加工平行铣削”对话框—“曲面参数”标签页

STEP 04 单击“曲面精加工平行铣削”对话框中的“精加工平行铣削参数”标签，

设定“整体误差”=0.025、“最大切削间距”=0.3、“加工角度”=90，如图 7-40 所示。

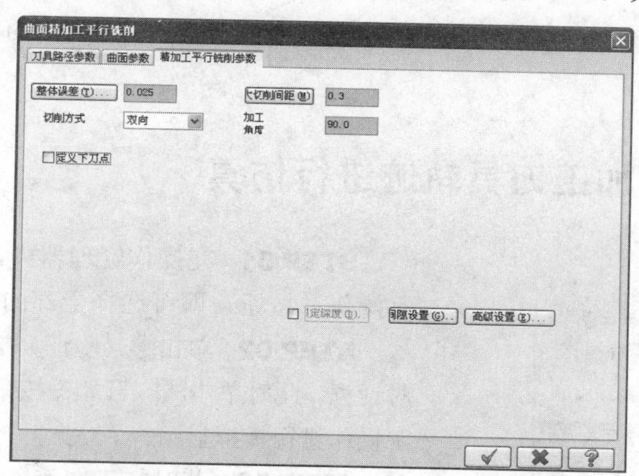

图 7-40　“曲面精加工平行铣削”对话框—“精加工平行铣削参数”标签页

STEP 05　单击 按钮，系统开始计算精加工的刀具轨迹。等待数分钟后，生成如图 7-41 所示的精加工刀具轨迹。

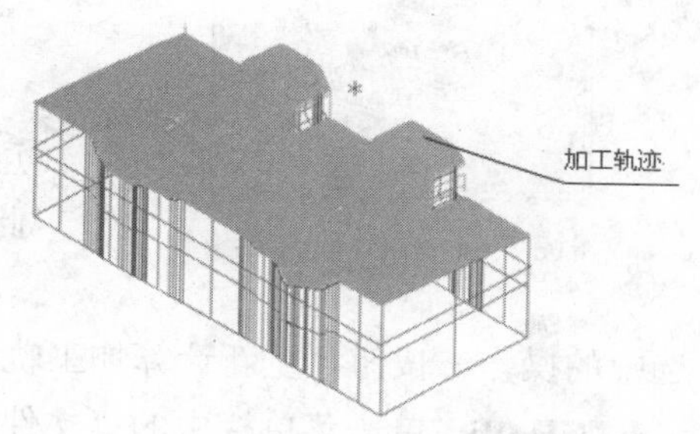

图 7-41　精加工的刀具轨迹

3．模拟仿真清角加工刀具轨迹

STEP 01　在如图 7-42 所示的操作管理器中，选择所创建的曲面精加工平行铣削操作。

STEP 02　单击（验证）按钮，弹出“验证”对话框。

STEP 03　单击（开始）按钮，即可开始加工仿真，如图 7-43 所示。经过加工仿真后，若无干涉和过切等现象，则曲面精加工平行铣削加工的刀具轨迹创建成功。

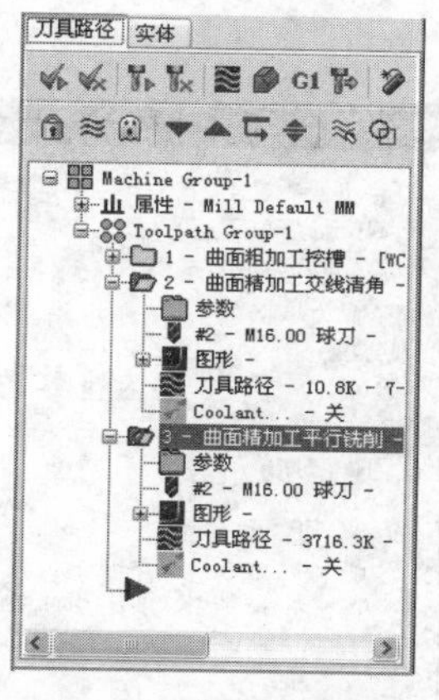

图 7-42　操作管理器

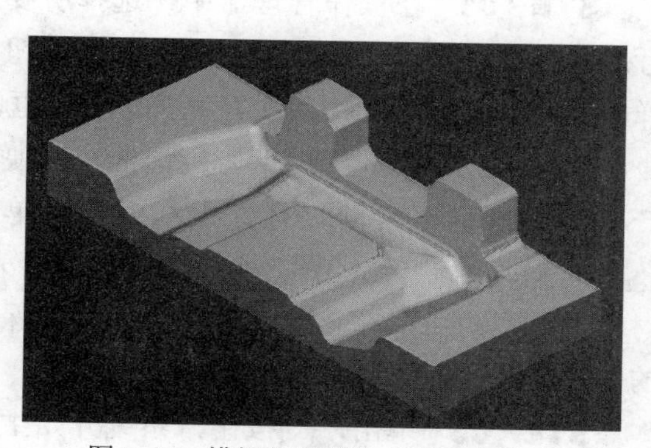

图 7-43　模拟仿真精加工的刀具轨迹

4. 保存文件

单击菜单栏中的“文件”→“保存”命令，保存生成刀具轨迹后的文件。

7.6 对所有加工刀具轨迹进行仿真

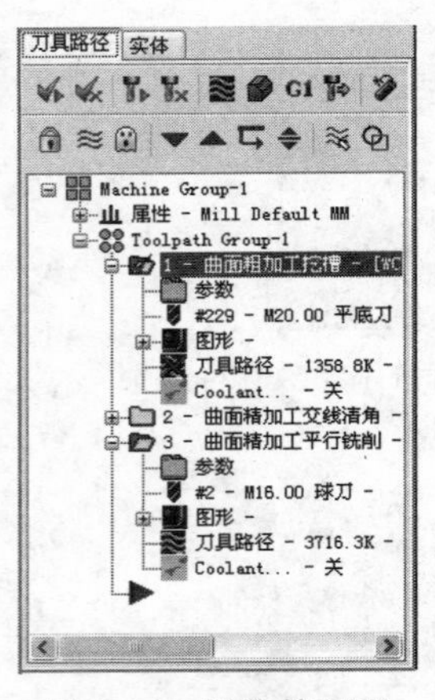

图 7-44 操作管理器

STEP 01 在操作管理器中，单击（选择所有操作）按钮，即可选择全部的加工操作。

STEP 02 单击（验证）按钮，弹出“验证”对话框。此时单击（开始）按钮，即可对所有的加工操作进行模拟显示。

STEP 03 若对加工轨迹不满意，可以进行修整。单击操作管理器中“1-曲面粗加工挖槽”项下的“参数”，弹出“曲面粗加工挖槽”对话框。

STEP 04 在其中可以修改任何参数，直至满意。单击按钮，返回如图 7-44 所示的操作管理器。此时，修改过的加工轨迹就打上了红色的叉。

STEP 05 必须单击操作管理器中的（重新计算选中的操作）按钮，重新计算加工轨迹。

STEP 06 单击菜单栏中的“文件”→“保存”命令，保存生成刀具轨迹后的文件。

7.7 生成 NC 程序

STEP 01 在操作管理器中，选择所要进行后置处理的操作，单击（后处理）按钮，弹出如图 7-45 所示的“后处理程序”对话框。

STEP 02 勾选“编辑”复选框，以便对产生的加工程序自动进行存盘和编辑，单击按钮，系统弹出如图 7-46 所示的“另存为”对话框，用户可以在该对话框中输入需要保存的 NC 文件的名称。

STEP 03 单击按钮，系统开始生成加工程序。等待几分钟后，弹出如图 7-47 所示

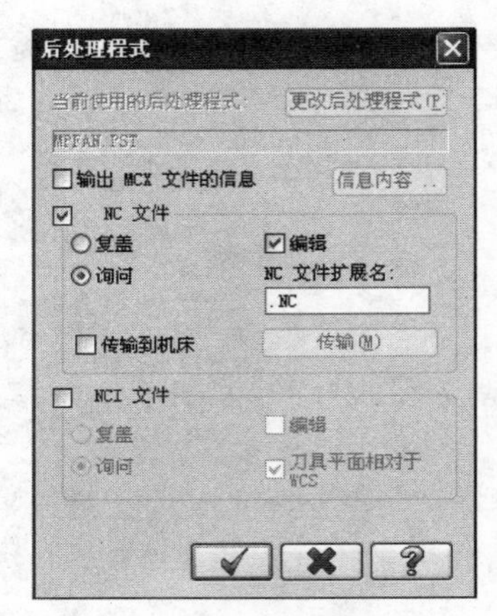

图 7-45 “后处理程序”对话框

的“Mastercam X 编辑器”界面。

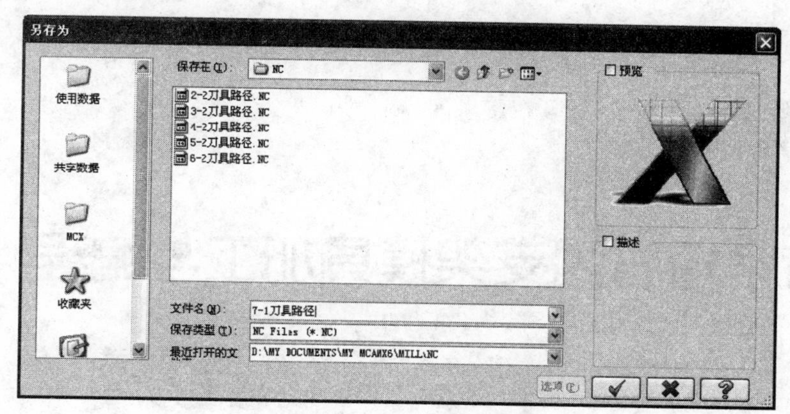

图 7-46　“另存为”对话框

STEP 04　在该界面下，用户可以对生成的程序进行修改、编辑。单击“Mastercam X 编辑器”菜单栏中的“文件”→“保存”命令，保存该 NC 程序。最后通过“DNC”系统，把程序传入数控机床，进行数控铣削加工。

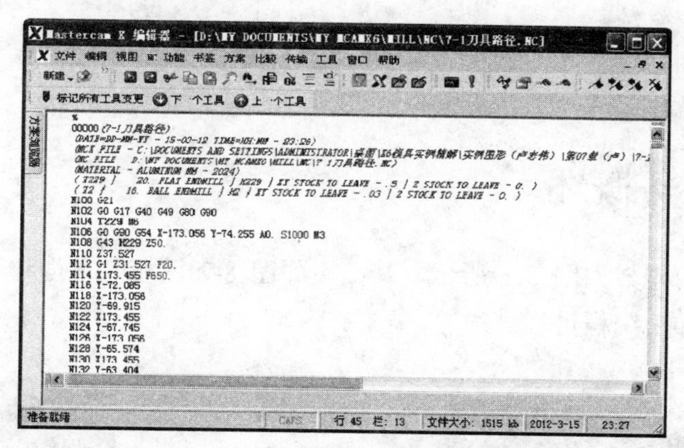

图 7-47　“Mastercam X 编辑器”界面

汽车前座椅后内支架模具加工与编程

内容

本章介绍在Mastercam X6软件中对汽车前座椅后内支架模具进行数控加工的常用加工工艺及加工方法，详细阐述了汽车前座椅后内支架模具数控铣削加工的编程过程及技巧。

目的

通过实例讲解，使读者熟悉和掌握用 Mastercam X6 软件创建汽车前座椅后内支架模具数控铣削加工刀具路径的方法，了解相关的数控加工工艺知识。

8.1 加工任务概述

汽车前座椅后内支架如图 8-1 所示，其凸模如图 8-2 所示。下面将详细讲解汽车前座椅后内支架凸模的加工编程过程。

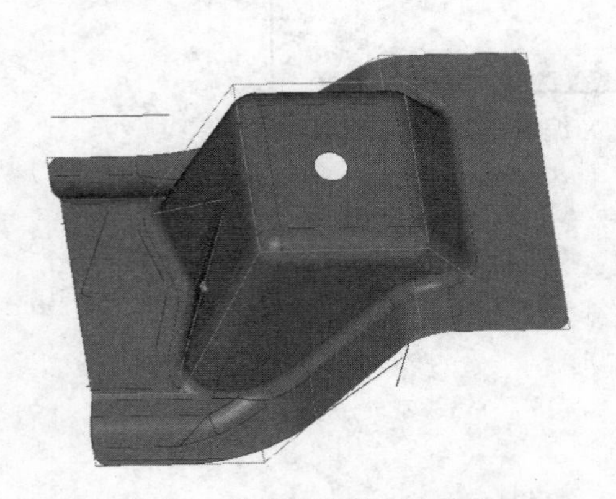

图 8-1 汽车前座椅后内支架

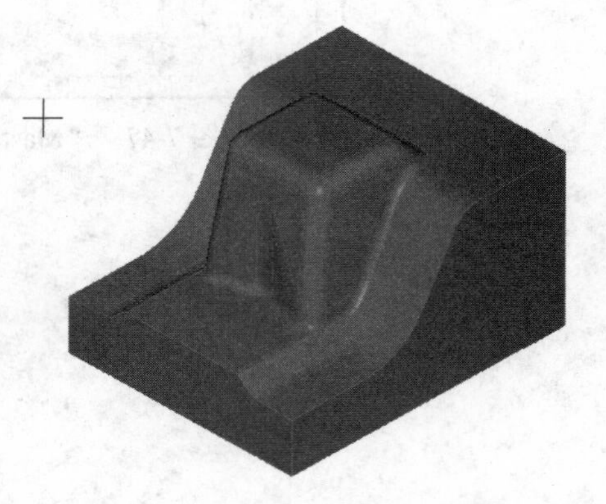

图 8-2 汽车前座椅后内支架凸模

8.2 加工模型的准备

1．选取零件的加工模型文件

进入 Mastercam X6 系统，单击菜单栏中的“文件”→“打开文件”命令，系统弹出如图 8-3 所示的“打开”对话框，将“文件类型”设置为“IGES 文件”类型，选择零件的加工模型文件“8-1 图形.igs”，单击 ✓ 按钮。

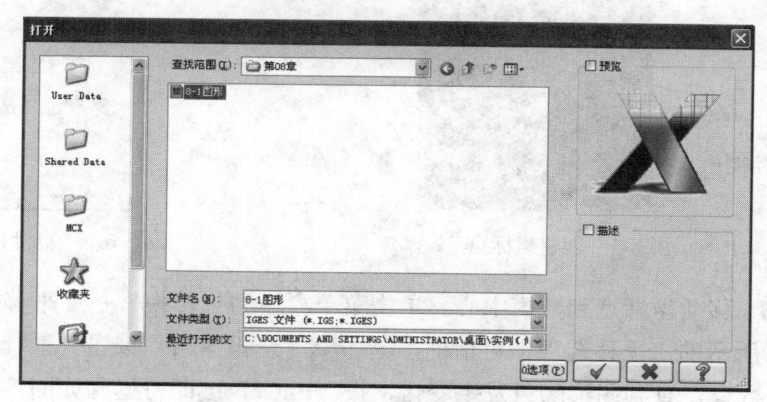

图 8-3　“打开”对话框

2．移动加工坐标点

STEP 01　显示坐标点。单击状态栏中的 10 ▾（颜色设置）区域，弹出如图 8-4 所示的“颜色”对话框。选择红色，单击 ✓ 按钮。再单击菜单栏中的“绘图”→“绘点”→“绘点”命令，在如图 8-5 所示的位置单击，即可创建一个红色的坐标点“+”。

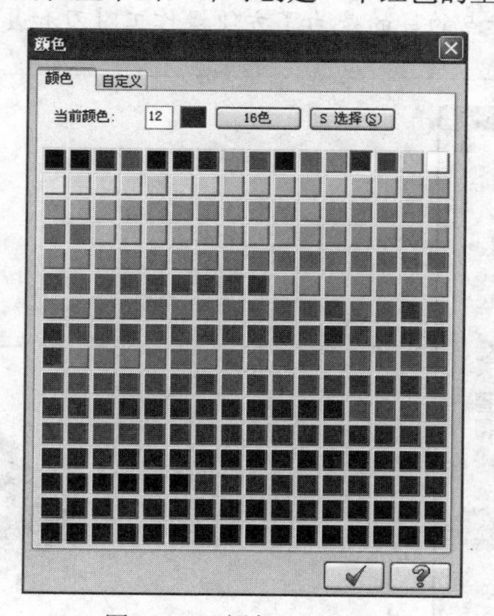

图 8-4　“颜色”对话框

STEP 02 测量坐标点的值。单击鼠标右键，系统在绘图区弹出常用工具快捷菜单，单击“顶视图”命令；或者在工具栏中单击（顶视图）按钮，将图形切换到顶视图。再单击菜单栏中的“分析”→“点位分析”命令，选择如图 8-5 所示的被测量点，系统即可弹出如图 8-6 所示的“点分析”对话框，显示坐标点数值。

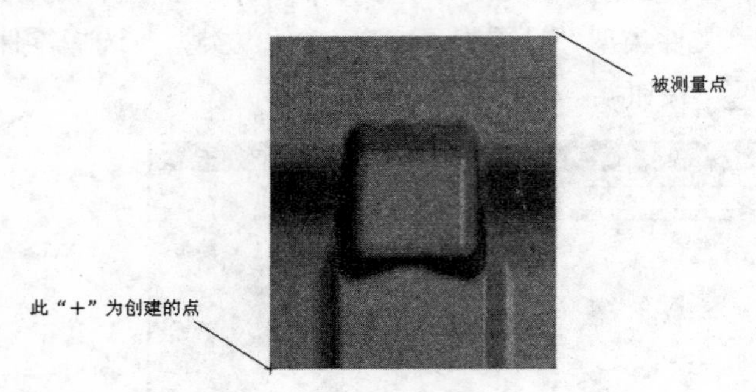

图 8-5　创建坐标点

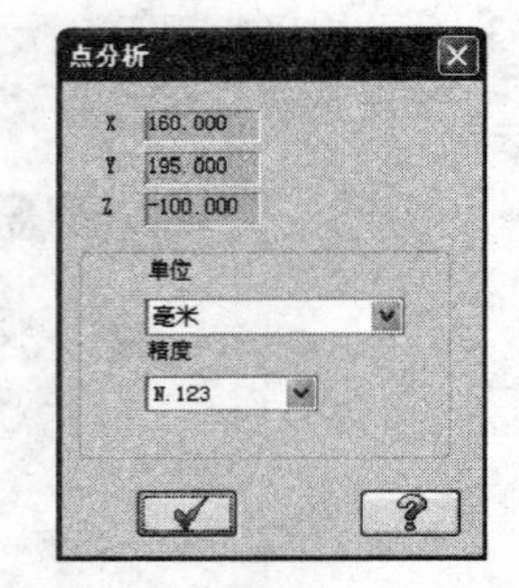

图 8-6　“点分析”对话框 1

STEP 03 移动坐标点到数模中心。单击菜单栏中的“转换”→“平移”命令，系统弹出如图 8-7 所示的“平移选项”对话框，单击（选择图素）按钮，系统提示用户在绘图区选择整个数模，直到图形颜色发生变化，按“Enter”键即可返回如图 8-7 所示的对话框。在该对话框中的“直角坐标”选项组中的“ΔX”、“ΔY”文本框中输入要移动的 X、Y、Z（X=−160/2，Y=−195/2，Z 值默认为 0）的值，如图 8-7 所示。选中“移动”单选钮，单击按钮，关闭此对话框，此时坐标点就移到了如图 8-8 所示的顶视图的中心。用同样的方法把 Z 坐标移到数模的最高点。

提示　移动坐标点的目的是为了方便操作工对刀和复查程序。

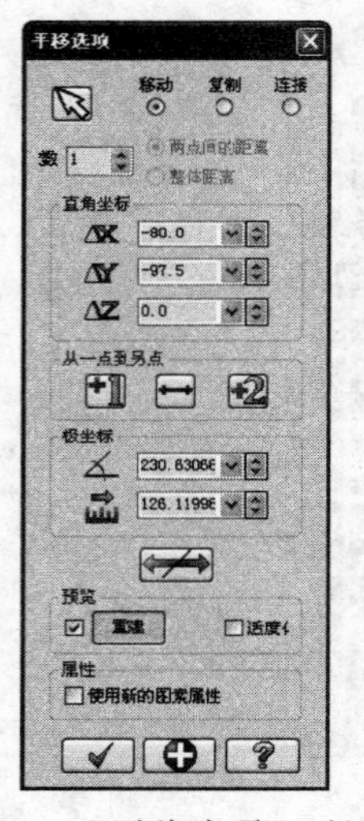

图 8-7　“平移选项”对话框

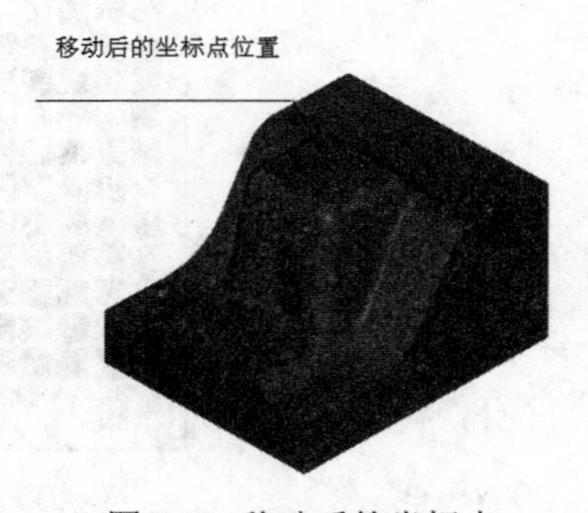

图 8-8　移动后的坐标点

3．创建加工安全框

STEP 01　测量自由曲面最低点的坐标值（为创建加工安全框提供 Z 方向的最大值）。单击鼠标右键，在弹出的常用工具快捷菜单中单击“前视图”命令；或者在工具栏中单击（前视图）按钮，将图形切换到前视图。再单击菜单栏中的“分析”→“点位分析”命令，选择如图 8-9 所示的自由曲面的最低点。

此时，系统弹出如图 8-10 所示的“点分析”对话框，显示自由曲面最低点的测量数据，其中测出的 Y 值（-93.796）就是所要测量的 Z 值。

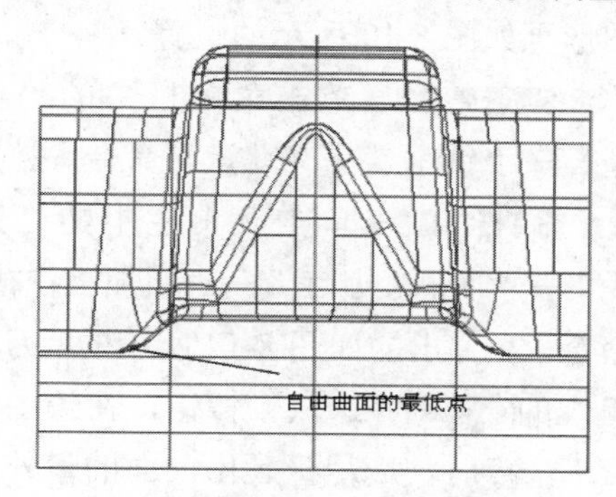

图 8-9　选择自由曲面的最低点

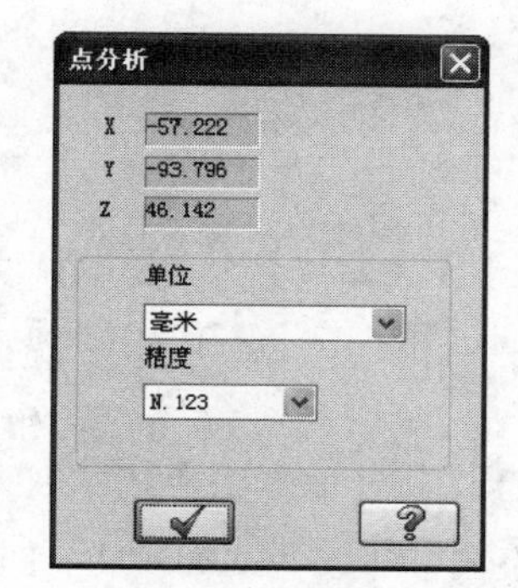

图 8-10　“点分析”对话框 2

STEP 02　在状态栏中的 Z -104.0 文本框中输入“-104”。

注意：在实际加工中，一般取测量点下-10 的值进行圆整后为 Z 的坐标值。这样便于选取整个自由曲面，而且对于加工也非常重要。

STEP 03　创建加工安全框。单击鼠标右键，系统在绘图区弹出常用工具快捷菜单，单击“顶视图”命令；或者在工具栏中单击（顶视图）按钮，将图形切换到顶视图。再单击菜单栏中的“绘图”→“矩形”命令，然后在绘图区捕捉如图 8-11 所示的点 1，拖动鼠标直到捕捉到点 2，单击鼠标即可创建矩形安全框，结果如图 8-12 所示。

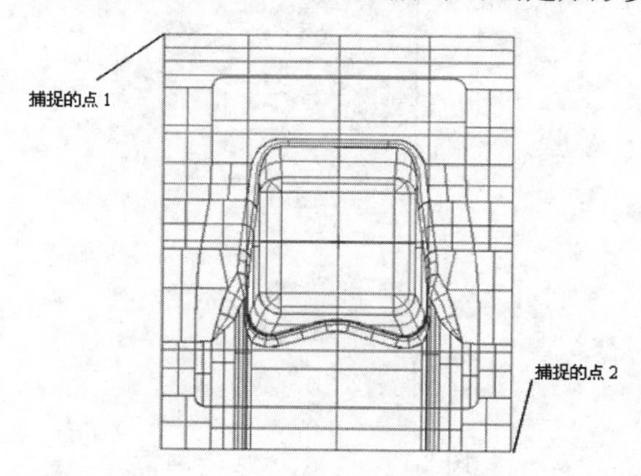

图 8-11　在顶视图下通过捕捉点来创建矩形安全框

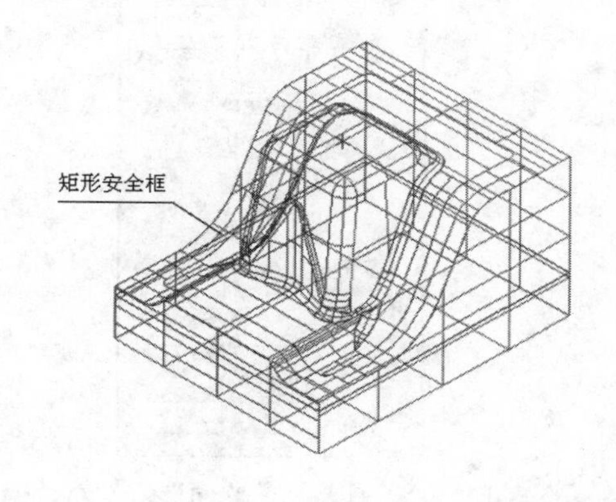

图 8-12　矩形安全框

8.3 创建粗加工刀具轨迹

1．选择自由曲面

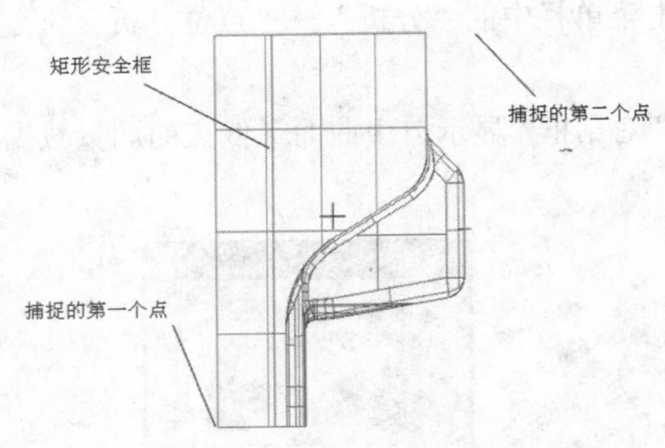

图 8-13　选择自由曲面

STEP 01　单击鼠标右键，在弹出的常用工具快捷菜单中单击“顶视图”命令；或者在工具栏中单击（顶视图）按钮，将图形切换到顶视图。按住<Alt>+<→>键，旋转图形至如图 8-13 所示的位置。

STEP 02　单击菜单栏中的“机床类型”→“铣削”→“默认”命令。

STEP 03　单击菜单栏中的“刀具路径”→“曲面粗加工”→“粗加工挖槽加工”命令，在弹出的如图 8-14 所示的“刀具路径的曲面选取”对话框中单击“加工曲面”选项组中的（选取）按钮，在绘图区用鼠标按图示选择全部曲面。在选择自由曲面捕捉第二个点时，应尽量超出曲面的最外边，这样就不会遗漏任何一个曲面。选择完成后，整个自由曲面变成了白色。

2．设置加工链方向

STEP 01　单击如图 8-14 所示的“刀具路径的曲面选取”对话框中的“边界范围”选项组中的（选择）按钮，系统弹出“串连选项”对话框，同时在绘图区出现提示信息“串连 2D 刀具切削范围”。选择如图 8-15 所示的数模上的加工安全框，在加工安全框上出现了箭头，这表示铣削加工的方向，如图 8-16 所示。

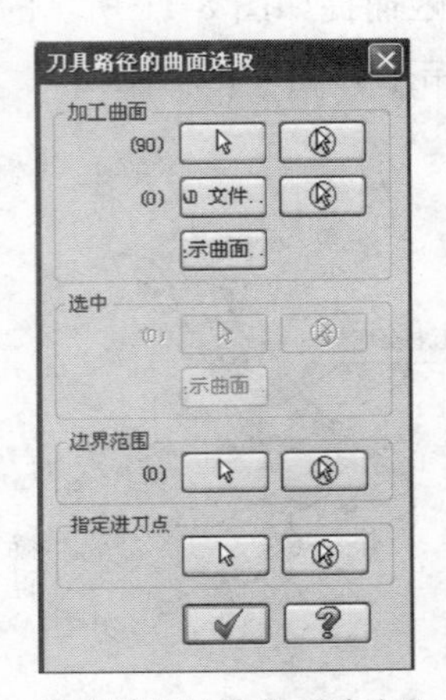

图 8-14　“刀具路径的曲面选取”对话框 1

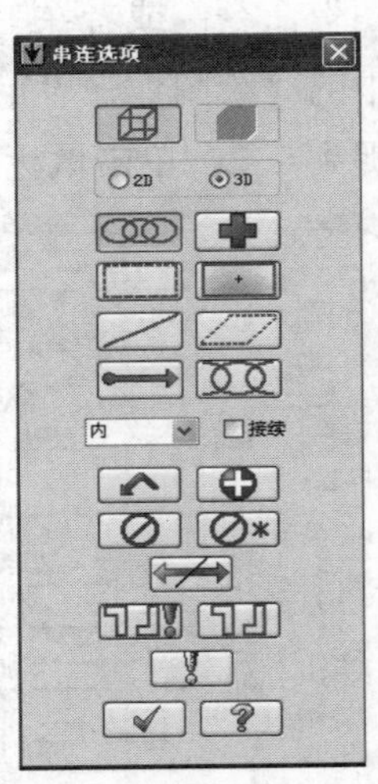

图 8-15　“串连选项”对话框

STEP 02　按“Enter”键，系统返回如图 8-17 所示的“刀具路径的曲面选取”对话框，可以看出该对话框中的“边界范围”选项组中的（选择）按钮前已经显示出加工链的数目（1）。

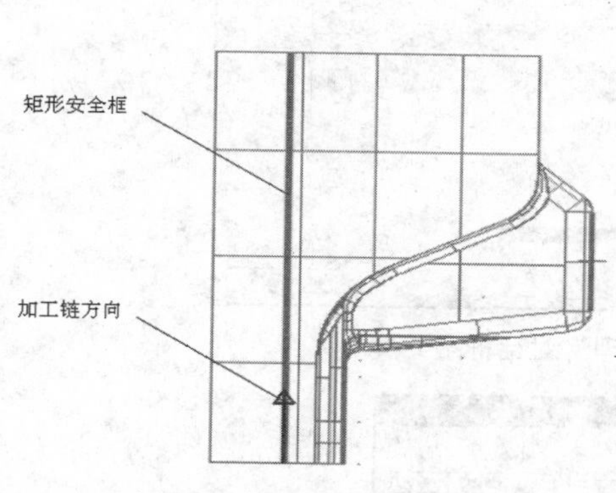

图 8-16　定义加工链方向

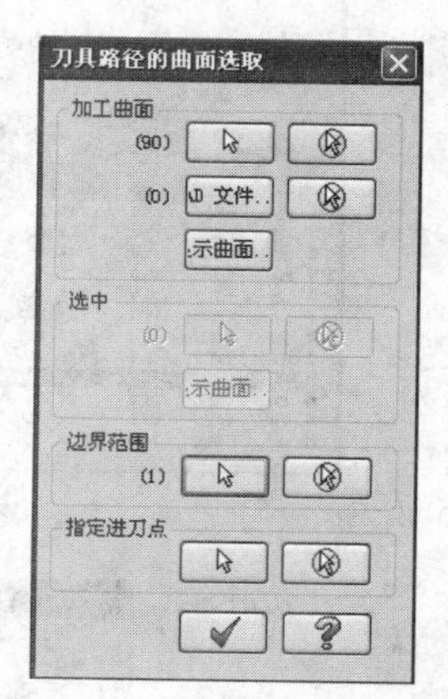

图 8-17　“刀具路径的曲面选取”对话框 2

3．选择刀具及编辑加工参数

STEP 01　单击按钮，弹出如图 8-18 所示的“曲面粗加工挖槽”对话框，默认显示“刀具路径参数”标签页。

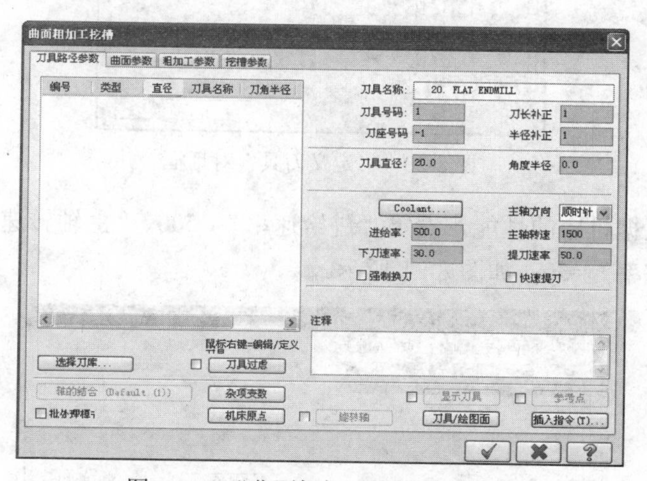

图 8-18　“曲面粗加工挖槽”对话框

STEP 02　在该对话框的长方形空白处，单击鼠标右键，弹出“选刀”快捷菜单。

STEP 03　单击“刀具管理”命令，弹出如图 8-19 所示的“刀具管理”对话框。

STEP 04　选择 $\phi 20$ 平底刀作为粗加工的刀具。

STEP 05　若单击“创建新刀具”命令，则弹出如图 8-20 所示的“定义刀具”对话框，可以定义刀具库中没有的刀具类型及型号。

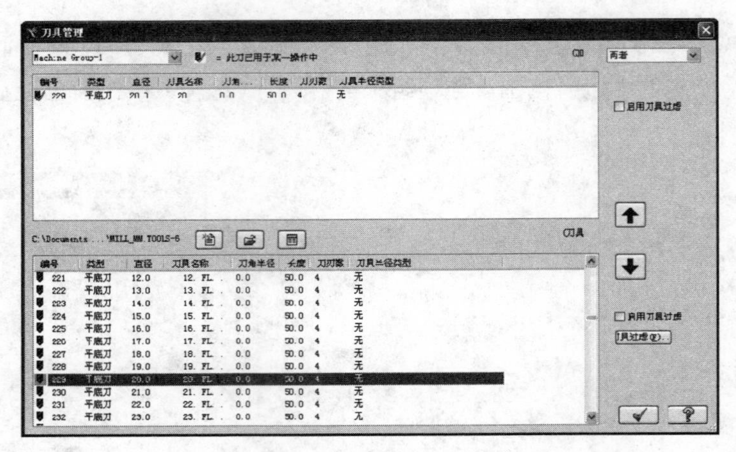

图 8-19　“刀具管理”对话框

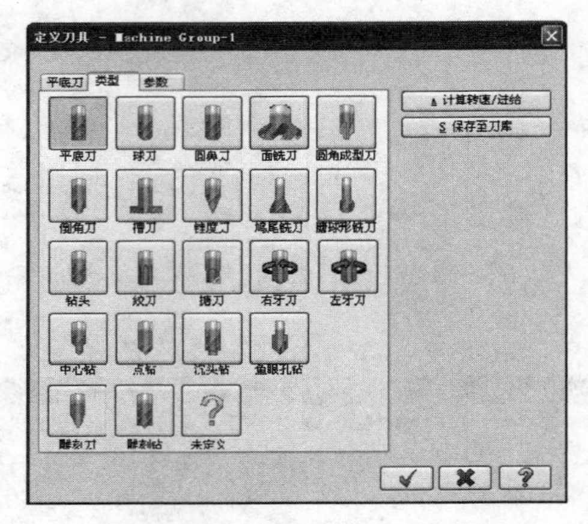

图 8-20　“定义刀具”对话框

STEP 06　根据机床的性能，设定“进给速率”=500、“主轴转速”=1500、“下刀速率”=30、“提刀速率”=50，如图 8-21 所示。

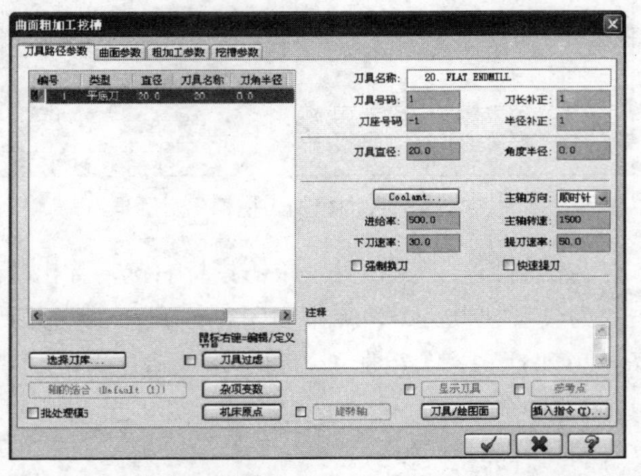

图 8-21　“曲面粗加工挖槽”对话框—“刀具路径参数”标签页

STEP 07　单击“曲面粗加工挖槽”对话框中的“曲面参数”标签，设定“加工面预留量”=0.5，并在“刀具位置”选项组中选中“中心”单选钮，如图 8-22 所示。

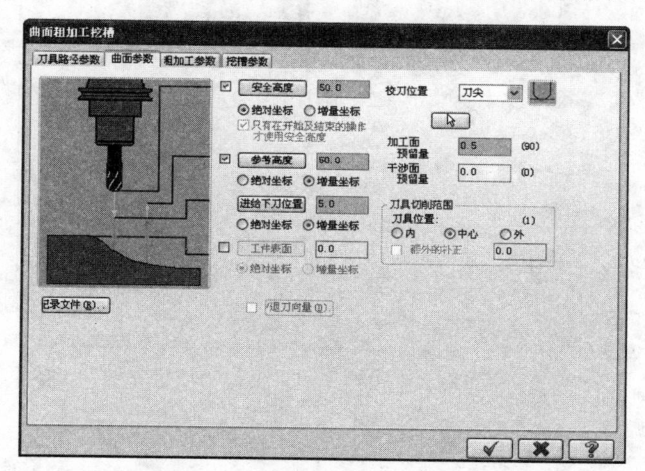

图 8-22　“曲面粗加工挖槽”对话框—“曲面参数”标签页

STEP 08　单击“曲面粗加工挖槽”对话框中的“粗加工参数”标签，设定“整体误差”=0.016、“Z 轴最大进给量”=1，如图 8-23 所示。

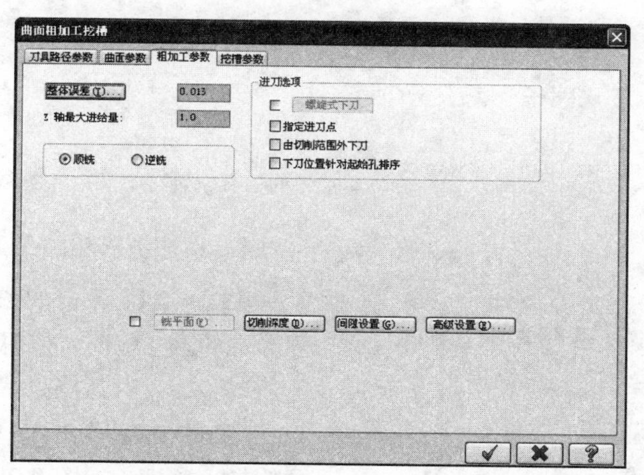

图 8-23　“曲面粗加工挖槽”对话框—“粗加工参数”标签页

STEP 09　单击“曲面粗加工挖槽”对话框中的“挖槽参数”标签，设定“切削间距（直径%）”=50、“切削间距（距离）”=10、“粗切角度”=0，如图 8-24 所示。

STEP 10　如图 8-24 所示，加工的方式共有 8 种，选择第一种加工方式。

STEP 11　单击 ✔ 按钮，系统开始计算粗加工的刀具轨迹，此时在系统提示区显示曲面加工处理的信息提示。等待数分钟后，粗加工的刀具轨迹创建成功，如图 8-25 所示。

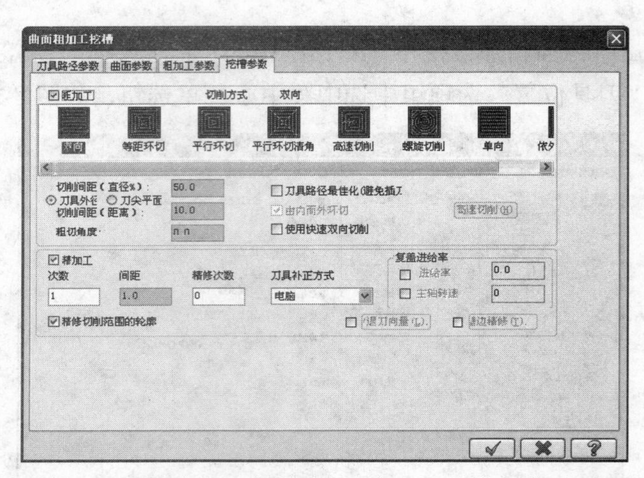

图 8-24　“曲面粗加工挖槽”对话框—“挖槽参数”标签页

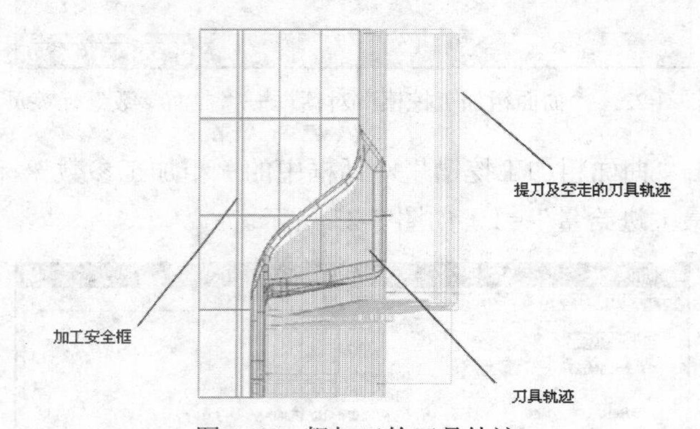

图 8-25　粗加工的刀具轨迹

图 8-26　操作管理器

4．模拟仿真粗加工刀具轨迹

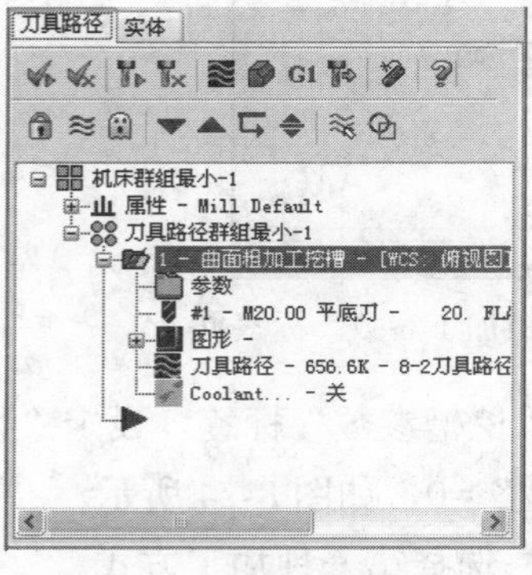

STEP 01　单击如图 8-26 所示的操作管理器中的（验证）按钮，弹出如图 8-27 所示的“验证”对话框。

STEP 02　单击（开始）按钮，即可开始加工仿真，如图 8-28 所示。经过加工仿真后，若无干涉和过切等现象，则表示粗加工的刀具轨迹创建成功。

5．保存文件

单击菜单栏中的“文件”→“保存”命令，保存生成刀具轨迹后的文件。

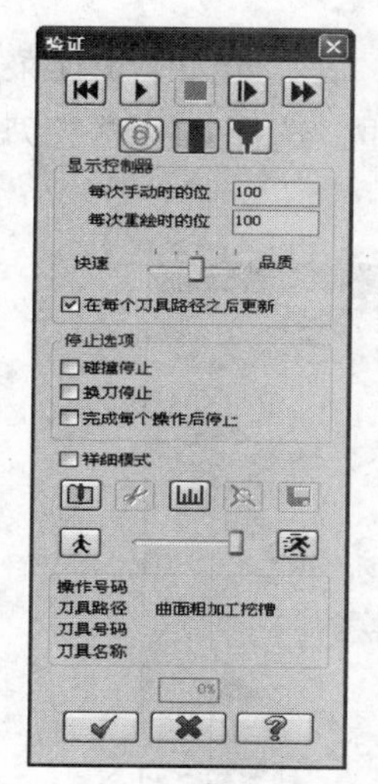

图 8-27　“验证”对话框

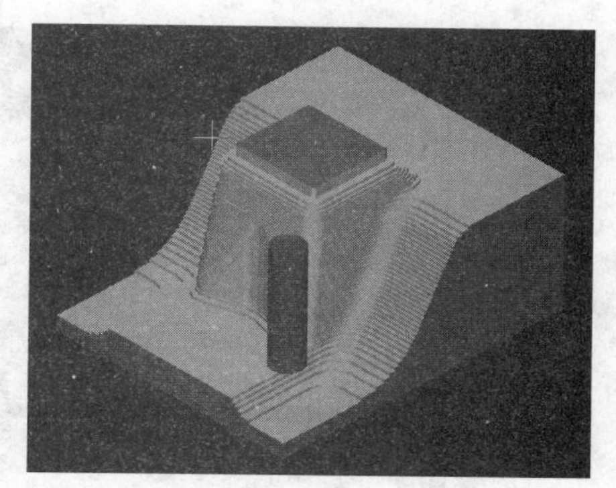

图 8-28　模拟仿真粗加工的刀具轨迹

8.4 创建清角加工刀具轨迹

1. 选择自由曲面

单击菜单栏中的“刀具路径”→“曲面精加工”→“精加工交线清角加工”命令，按住<Alt>+<→>键，将图形旋转 90°，用鼠标选择全部曲面。具体方法可参照 8.3 节。

2. 选择刀具及编辑加工的参数

STEP 01 单击“刀具路径的曲面选取”对话框中的按钮，弹出如图 8-29 所示的“曲面精加工交线清角”对话框，默认显示“刀具路径参数”标签页。

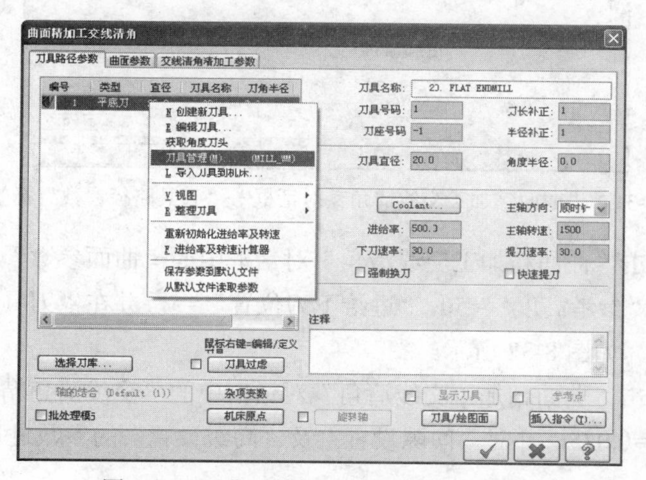

图 8-29　“曲面精加工交线清角”对话框

STEP 02 在该对话框的长方形空白处，单击鼠标右键，在“选刀”快捷菜单中单击“刀具管理”命令，弹出如图 8-30 所示的“刀具管理”对话框。选择 ϕ14 球头刀具作为清角加工的刀具。

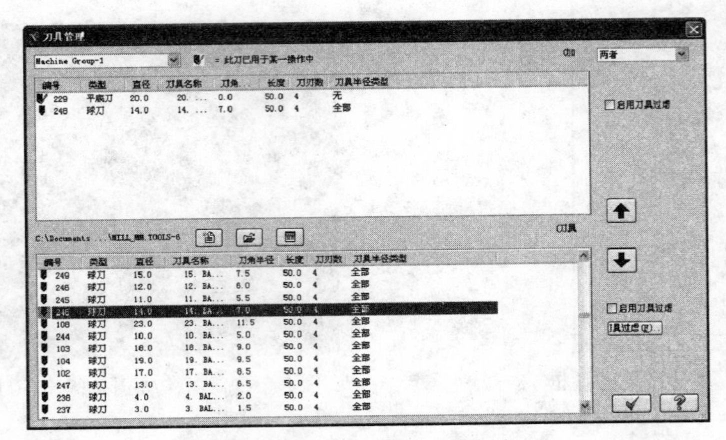

图 8-30 “刀具管理”对话框

STEP 03 根据机床的性能，设定“进给速率”=500、“主轴转速”=1500、“下刀速率”=30、“提刀速率”=30，如图 8-31 所示。

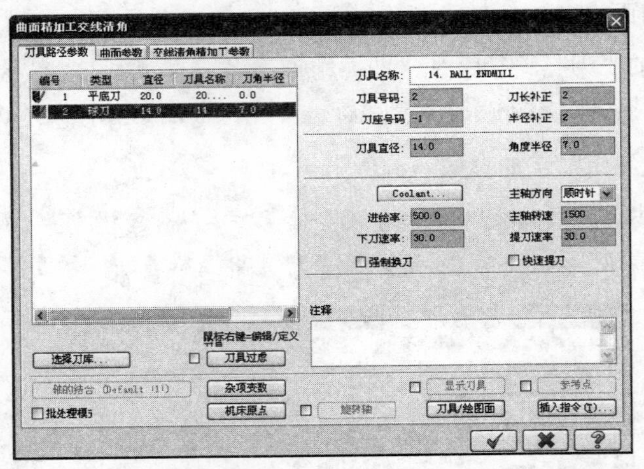

图 8-31 “曲面精加工交线清角”对话框—“刀具路径参数”标签页

STEP 04 单击“曲面精加工交线清角”对话框中的“曲面参数”标签，设定“加工面预留量”=0.03、“参考高度”=50、“进给下刀位置”=5，并在“刀具位置”选项组中选中“中心”单选钮，如图 8-32 所示。

STEP 05 单击“曲面精加工交线清角”对话框中的“交线清角精加工参数”标签，设定“整体误差”=0.025，并对“间隙设置”及“高级设置”的参数进行修整，如图 8-33 所示。

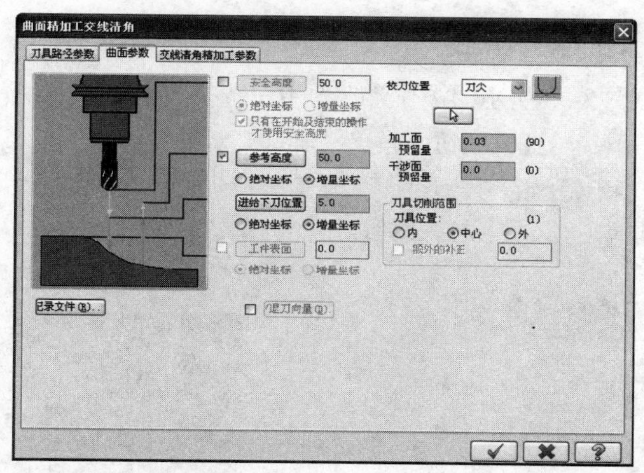

图 8-32 “曲面精加工交线清角”对话框—“曲面参数”标签页

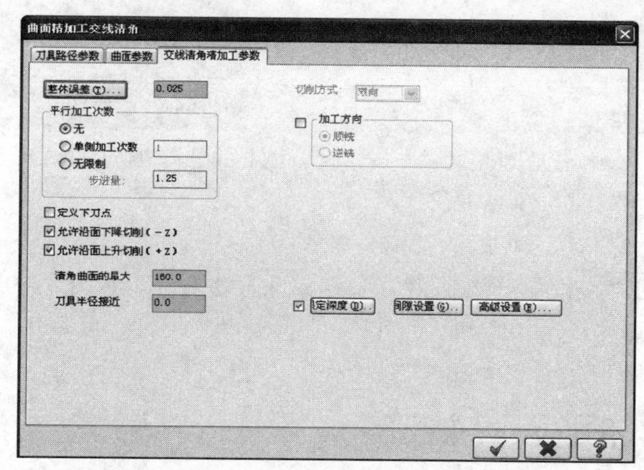

图 8-33 “曲面精加工交线清角”对话框—“交线清角精加工参数”标签页

STEP 06 单击✓按钮，系统开始计算交线清角加工的刀具轨迹，此时在系统提示区显示图形处理的信息提示。等待数分钟后，交线清角加工的刀具轨迹创建成功，如图 8-34 所示。

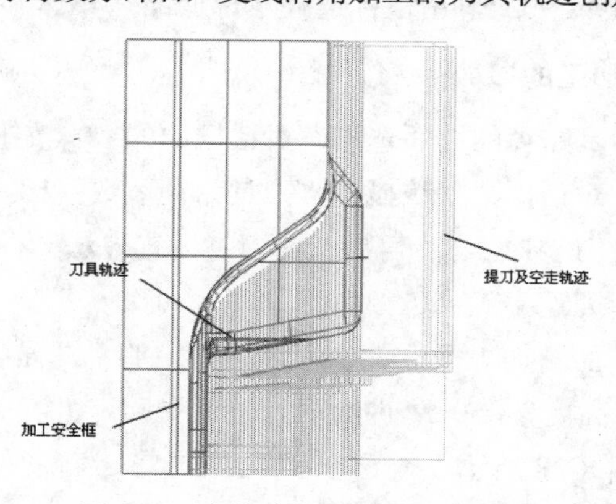

图 8-34 交线清角加工的刀具轨迹

3．模拟仿真清角加工刀具轨迹

STEP 01 在如图 8-35 所示的操作管理器中，选择所创建的交线清角加工操作。

STEP 02 单击（验证）按钮，弹出“验证”对话框。

STEP 03 单击（开始）按钮，即可开始加工仿真，如图 8-36 所示。经过加工仿真后，若无干涉和过切等现象，则交线清角加工的刀具轨迹创建成功。

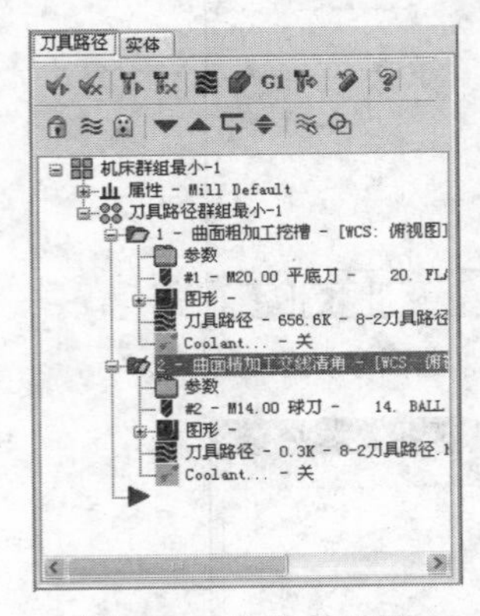

图 8-35 操作管理器

图 8-36 模拟仿真交线清角加工的刀具轨迹

4．保存文件

单击菜单栏中的“文件”→“保存”命令，保存生成刀具轨迹后的文件。

8.5 创建精加工刀具轨迹

1．选择自由曲面

单击菜单栏中的“刀具路径”→“曲面精加工”→“精加工平行铣削”命令，按住<Alt>+<→>键，将图形旋转 90°，用鼠标选择全部曲面。具体方法可参照 8.3 节。

2．选择刀具及编辑加工的参数

STEP 01 单击“刀具路径的曲面选取”对话框中的按钮，弹出如图 8-37 所示的“曲面精加工平行铣削”对话框，默认显示“刀具路径参数”标签页。

STEP 02 单击球头刀 ϕ14，与清角加工的刀具设置方法一样，设定“进给速率”=700、“主轴转速”=1500、“下刀速率”=50、“提刀速率”=100。

STEP 03 单击“曲面精加工平行铣削”对话框中的“曲面参数”标签，设定“加工面预留量”=0.03、“参考高度”=50、“进给下刀位置”=5，并在“刀具位置”选项组中选中“中心”单选钮，如图 8-38 所示。

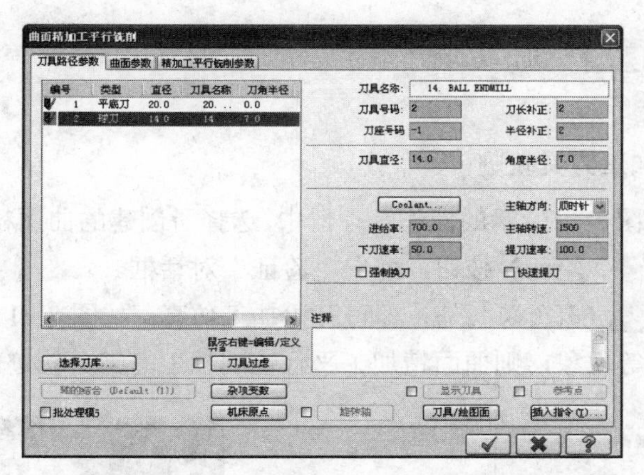

图 8-37　“曲面精加工平行铣削”对话框

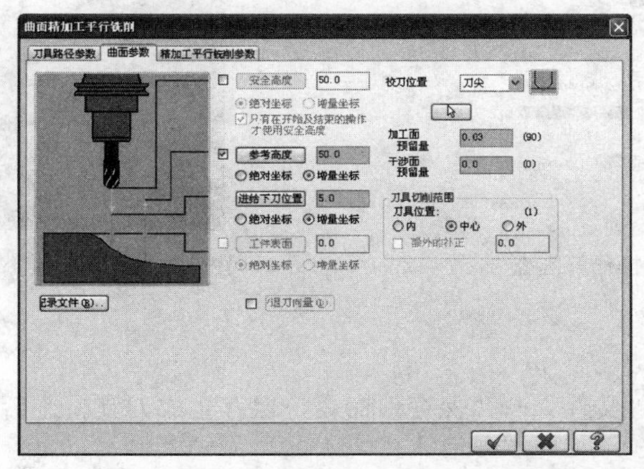

图 8-38　“曲面精加工平行铣削”对话框—“曲面参数”标签页

STEP 04　单击“曲面精加工平行铣削”对话框中的“精加工平行铣削参数”标签，设定“整体误差”=0.016、“最大切削间距”=1.2，并对“间隙设置”及“高级设置”等的参数进行修整，如图 8-39 所示。

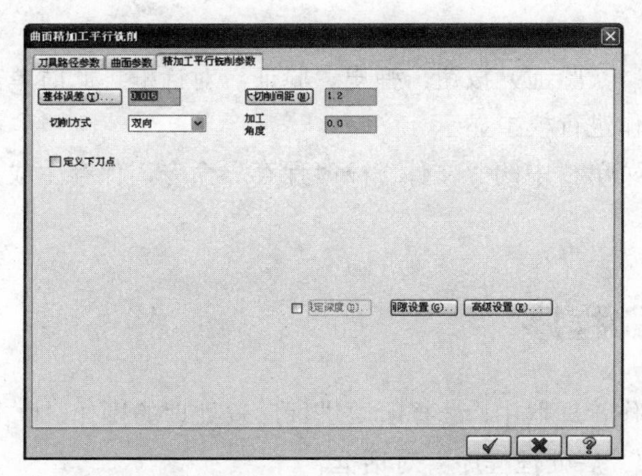

图 8-39　“曲面精加工平行铣削”对话框—“精加工平行铣削参数”标签页

STEP 05 单击✓按钮，系统开始计算精加工的刀具轨迹。等待数分钟后，刀具轨迹创建成功。

3. 模拟仿真精加工刀具轨迹

STEP 01 在如图8-40所示的操作管理器中，选择所创建的曲面精加工平行铣削操作。

STEP 02 单击（验证）按钮，弹出“验证”对话框。

STEP 03 单击（开始）按钮，即可开始加工仿真，如图 8-41 所示。经过加工仿真后，若无干涉和过切等现象，则曲面精加工平行铣削加工的刀具轨迹创建成功。

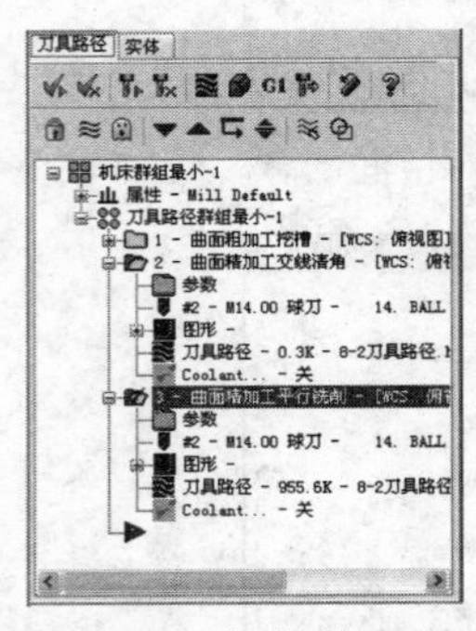

图 8-40 操作管理器

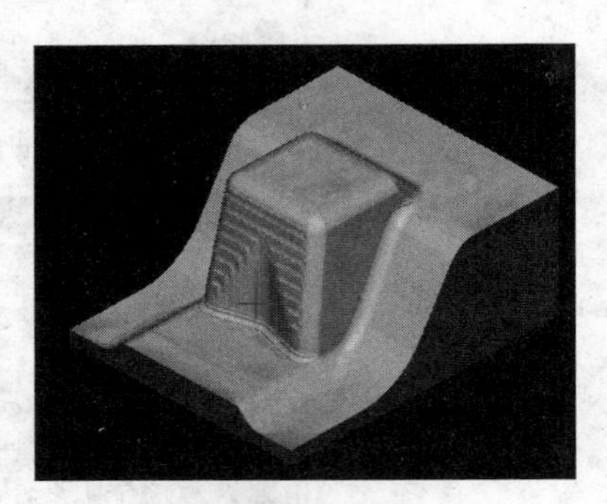
图 8-41 模拟仿真精加工的刀具轨迹

4. 保存文件

单击菜单栏中的“文件”→“保存”命令，保存生成刀具轨迹后的文件。

8.6 对所有加工刀具轨迹进行仿真

STEP 01 在操作管理器中，单击（选择所有操作）按钮，即可选择全部的加工操作。

STEP 02 单击（验证）按钮，弹出“验证”对话框。此时单击（开始）按钮，即可对所有的加工操作进行模拟显示。

STEP 03 单击菜单栏中的“文件”→“保存”命令，保存生成刀具轨迹后的文件。

8.7 生成 NC 程序

STEP 01 在操作管理器中，选择所要进行后置处理的操作，单击G1（后处理）按钮，弹出如图 8-42 所示的“后处理程序”对话框。

STEP 02 勾选“编辑”复选框，以便对产生的加工程序自动进行存盘和编辑。单击 ✔ 按钮，系统弹出如图 8-43 所示的“另存为”对话框，用户可以在该对话框中输入需要保存的 NC 文件的名称。

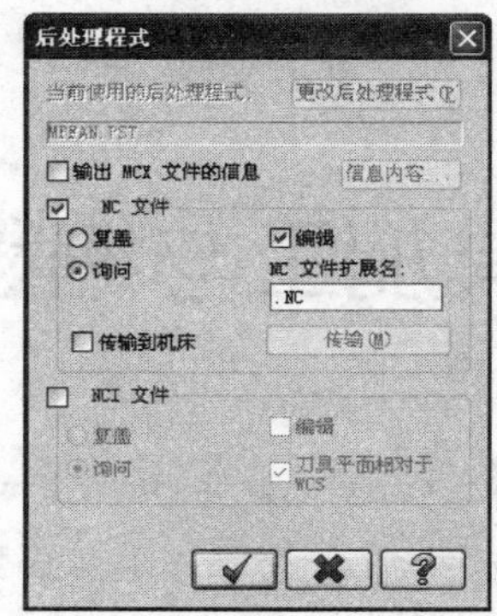

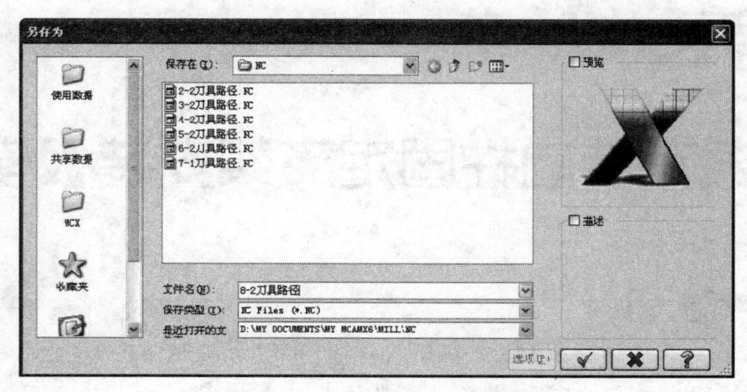

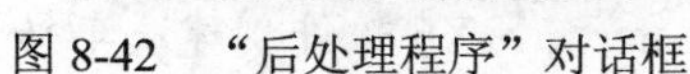
图 8-42 “后处理程序”对话框　　　　图 8-43 “另存为”对话框

STEP 03 单击 ✔ 按钮，系统开始生成加工程序。等待几分钟后，弹出如图 8-44 所示的“Mastercam X 编辑器”界面。

STEP 04 在该界面下，用户可以对生成的程序进行修改、编辑。单击“Mastercam X 编辑器”菜单栏中的“文件”→“保存”命令，保存该 NC 程序。最后通过“DNC”系统，把程序传入数控机床，进行数控铣削加工。

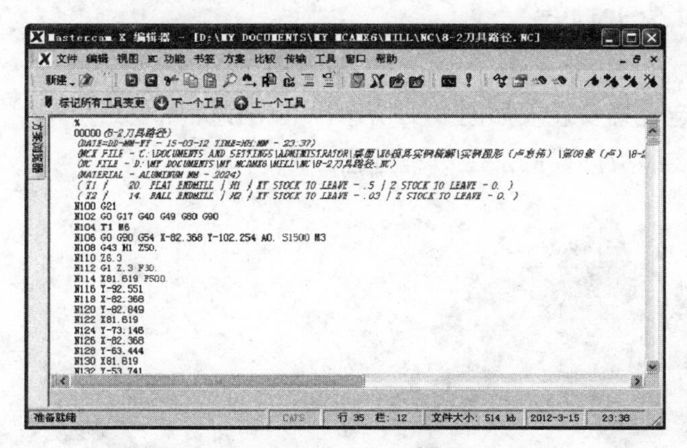

图 8-44 “Mastercam X 编辑器”界面

第9章 汽车转向柱固定支架安装板模具加工与编程

内容

本章介绍在Mastercam X6软件中对汽车转向柱固定支架安装板模具进行数控加工的常用加工工艺及加工方法，详细阐述了汽车转向柱固定支架安装板模具数控铣削加工的编程过程及技巧。

目的

通过实例讲解，使读者熟悉和掌握用Mastercam X6软件创建汽车转向柱固定支架安装板模具数控铣削加工刀具路径的方法，了解相关的数控加工工艺知识。

9.1 加工任务概述

汽车转向柱固定支架安装板如图9-1所示，其凸模如图9-2所示。下面将详细讲解汽车转向柱固定支架安装板凸模的加工编程过程。

图9-1　汽车转向柱固定支架安装板

图9-2　汽车转向柱固定支架安装板凸模

9.2 加工模型的准备

1．选取零件的加工模型文件

进入 Mastercam X6 系统，单击菜单栏中的“文件”→“打开文件”命令，系统弹出如图 9-3 所示的“打开”对话框，将“文件类型”设置为“IGES 文件”类型，选择零件的加工模型文件“9-1 图形.igs”，单击✔按钮。

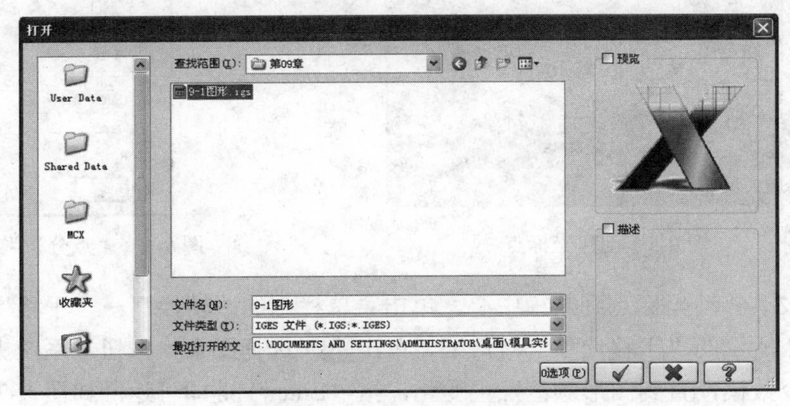

图 9-3　“打开”对话框

2．移动加工坐标点

STEP 01　显示坐标点。单击状态栏中的 10（设置）区域，弹出如图 9-4 所示的“颜色”对话框。选择红色，单击✔按钮。再单击菜单栏中的“绘图”→“绘点”→“绘点”命令，在如图 9-5 所示的位置单击，即可创建一个红色的坐标点“+”。

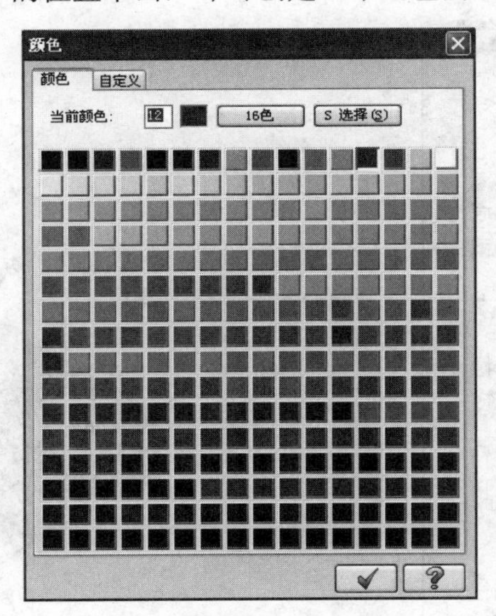

图 9-4　“颜色”对话框

STEP 02 测量坐标点的值。单击鼠标右键，系统在绘图区弹出常用工具快捷菜单，单击“顶视图”命令；或者在工具栏中单击（顶视图）按钮，将图形切换到顶视图。再单击菜单栏中的“分析”→“点位分析”命令，选择如图 9-5 所示的被测量点，系统即可弹出如图 9-6 所示的“点分析”对话框，显示坐标点数值。

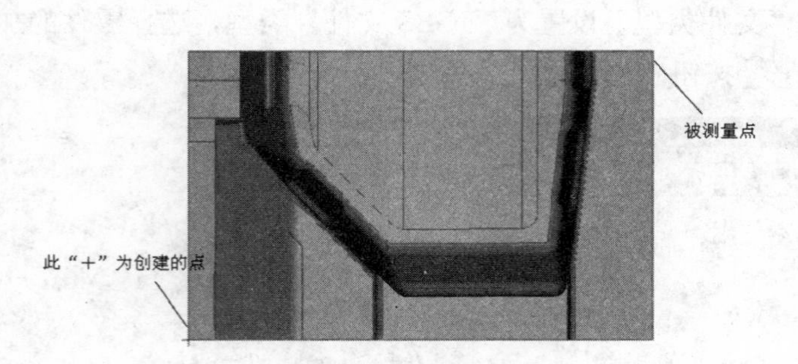

图 9-5 创建坐标点

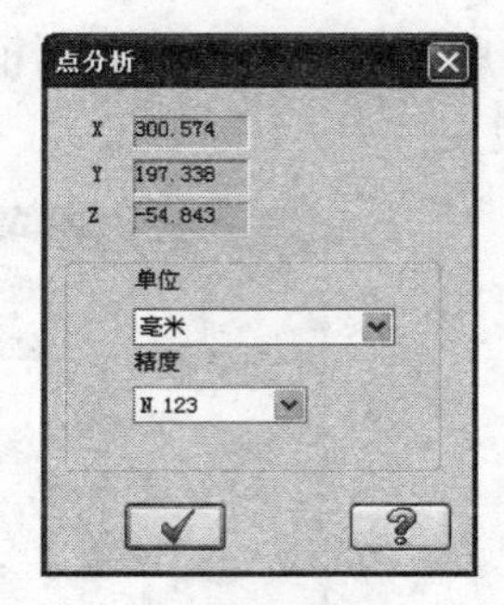

图 9-6 “点分析”对话框 1

STEP 03 移动坐标点到数模中心。单击菜单栏中的“转换”→“平移”命令，系统弹出如图 9-7 所示的“平移选项”对话框，单击（选择图素）按钮，系统提示用户在绘图区选择整个数模，直到图形颜色发生变化，按“Enter”键即可返回如图 9-7 所示的对话框。在该对话框中的“直角坐标”选项组中的“ΔX”、“ΔY”文本框中输入要移动的 X、Y、Z（X=−300.574/2，Y=−197.338/2，Z 值默认为 0）的值，如图 9-7 所示，选中“移动”单选钮，单击按钮，关闭此对话框，此时坐标点就移到了如图 9-8 所示的顶视图的中心。用同样的方法把 Z 坐标移到数模的最高点。移动坐标点的目的是为了方便操作工对刀和复查程序。

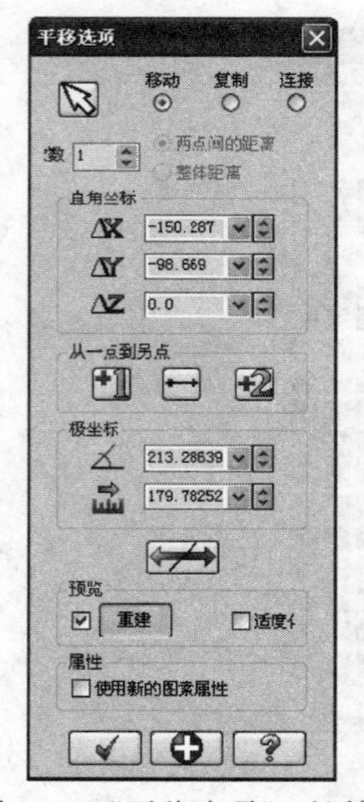

图 9-7 “平移选项”对话框

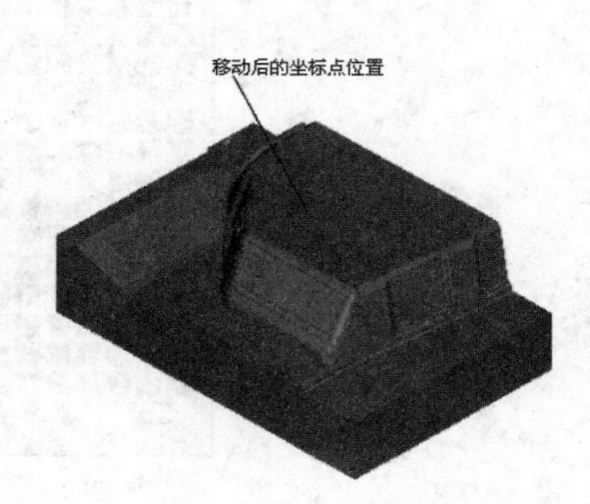

图 9-8 移动后的坐标点

3．创建加工安全框

STEP 01　测量自由曲面最低点的坐标值（为创建加工安全框提供 Z 方向的最大值）。单击鼠标右键，在弹出的常用工具快捷菜单中单击“前视图”命令；或者在工具栏中单击（前视图）按钮，将图形切换到前视图。再单击菜单栏中的“分析”→“点位分析”命令，选择如图 9-9 所示的自由曲面的最低点。

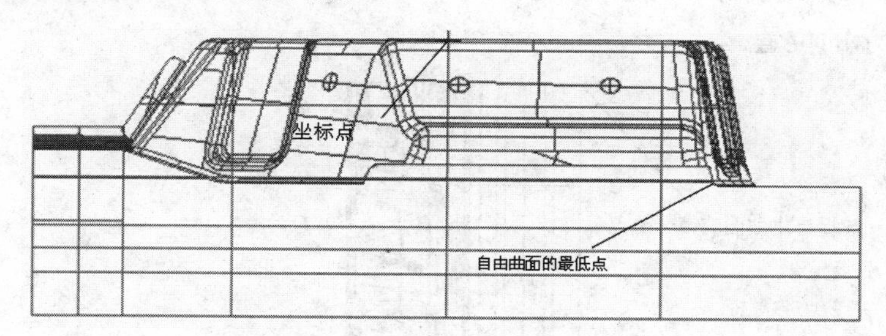

图 9-9　选择自由曲面的最低点

此时，系统弹出如图 9-10 所示的“点分析”对话框，显示自由曲面最低点的测量数据，其中测出的 Y 值（−54.843）就是所要测量的 Z 值。

STEP 02　在状态栏中的文本框中输入“−65”。

在实际加工中，一般取测量点下-10 的值进行圆整后为 Z 的坐标值。这样便于选取整个自由曲面，而且对于加工也非常重要。

STEP 03　创建加工安全框。单击鼠标右键，系统在绘图区弹出常用工具快捷菜单，单击“顶视图”命令；或者在工具栏中单击（顶视图）按钮，将图形切换到顶视图。再单击菜单栏中的“绘图”→“矩形”命令，然后在绘图区捕捉如图 9-11 所示的点 1，拖动鼠标直到捕捉到点 2，单击鼠标即可创建矩形安全框。

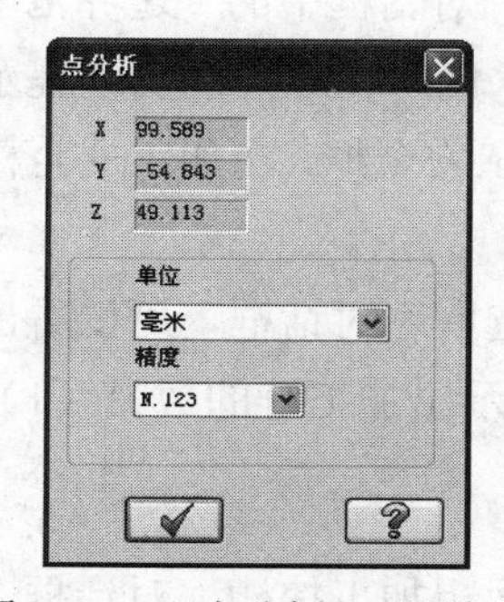

图 9-10　“点分析”对话框 2

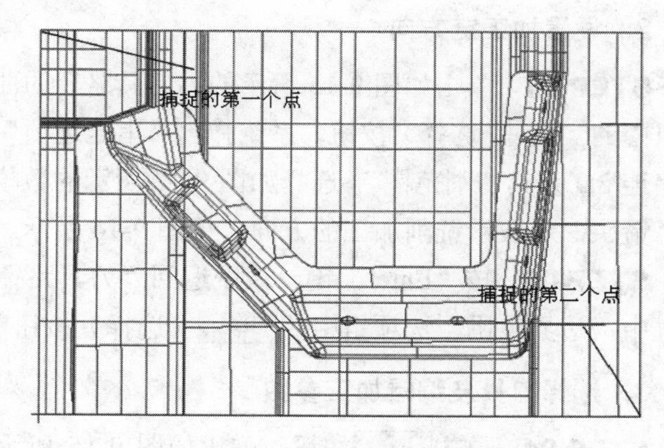

图 9-11　创建加工安全框

9.3 创建粗加工刀具轨迹

1．选择自由曲面

STEP 01 单击鼠标右键，在弹出的常用工具快捷菜单中单击“顶视图”命令；或者在工具栏中单击（顶视图）按钮，将图形切换到顶视图。按住<Alt>+<→>键，旋转图形至如图 9-12 所示的位置。

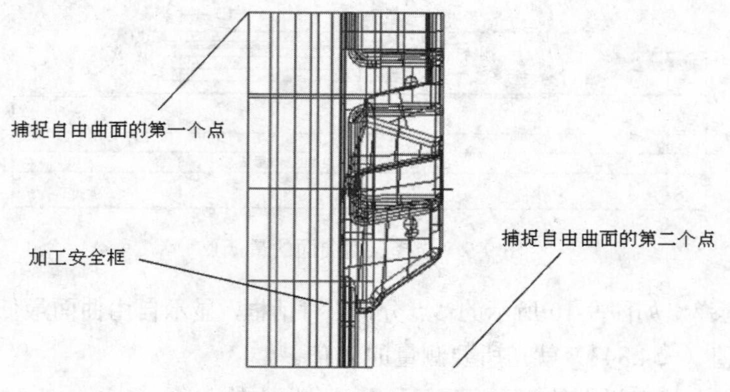

图 9-12 选择自由曲面

STEP 02 单击菜单栏中的“机床类型”→“铣削”→“默认”命令。

STEP 03 单击菜单栏中的“刀具路径”→“曲面粗加工”→“粗加工挖槽加工”命令，在弹出的如图 9-13 所示的“刀具路径的曲面选取”对话框中单击“加工曲面”选项组中的（选取）按钮，在绘图区用鼠标按图示选择全部曲面。在选择自由曲面捕捉第二个点时，应尽量超出曲面的最外边，这样就不会遗漏任何一个曲面。选择完成后，整个自由曲面变成了白色。

2．设置加工链方向

STEP 01 单击如图 9-13 所示的“刀具路径的曲面选取”对话框中的“边界范围”选项组中的（选择）按钮，系统弹出“串连选项”对话框，同时在绘图区出现提示信息“串连 2D 刀具切削范围”，选择如图 9-12 所示的数模上的加工安全框，在加工安全框上出现了箭头，这表示铣削加工的方向，如图 9-14 所示。

STEP 02 按“Enter”键，系统返回“刀具路径的曲面选取”对话框，可以看出该对话框中“边界范围”选项组中的（选择）按钮前已经显示出加工链的数目（1）。

3．选择刀具及编辑加工参数

STEP 01 单击按钮，弹出如图 9-15 所示的“曲面粗加工挖槽”对话框，默认显示“刀具路径参数”标签页。

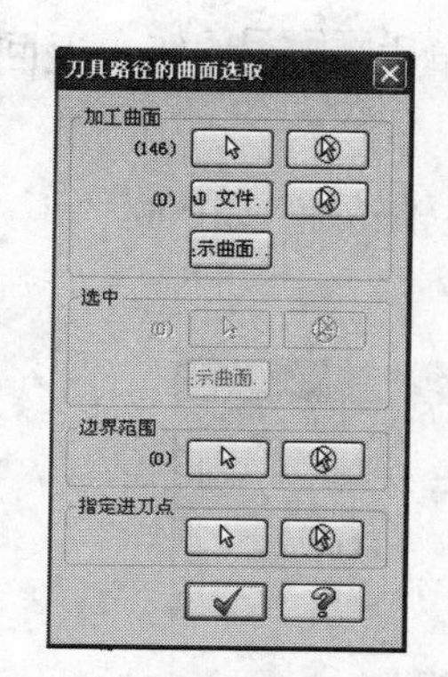

图 9-13 “刀具路径的曲面选取”对话框 1

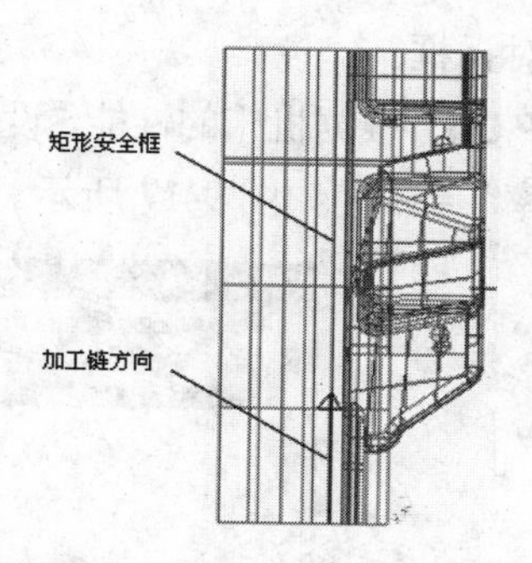

图 9-14 定义加工链方向

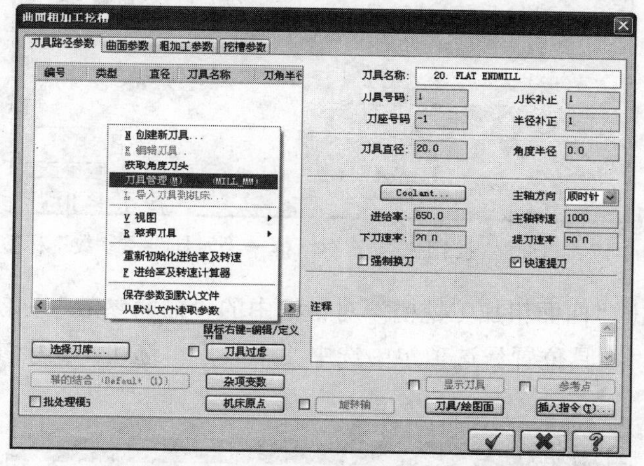

图 9-15 “曲面粗加工挖槽”对话框

STEP 02 在该对话框的长方形空白处，单击鼠标右键，弹出“选刀”快捷菜单，单击“刀具管理”命令，弹出如图 9-16 所示的“刀具管理”对话框。

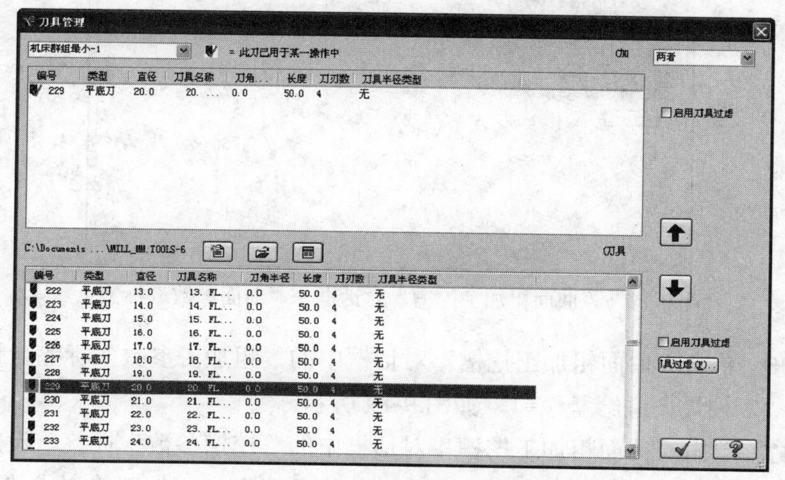

图 9-16 “刀具管理”对话框

STEP 03 选择 ϕ20 的平底刀作为粗加工的刀具，单击按钮，返回“曲面粗加工挖槽”对话框。

STEP 04 根据机床的性能，设定“进给率”=650、“主轴转速”=1000、“下刀速率”=20、“提刀速率”=50，如图 9-17 所示。

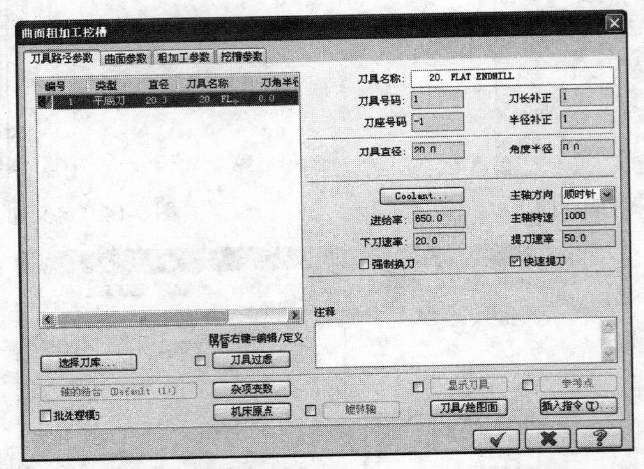

图 9-17 “曲面粗加工挖槽”对话框—“刀具路径参数”标签页

STEP 05 单击“曲面粗加工挖槽”对话框中的“曲面参数”标签，设定“加工面预留量”=0.5，并在“刀具位置”选项组中选中“中心”单选钮，其余参数按默认设置，如图 9-18 所示。

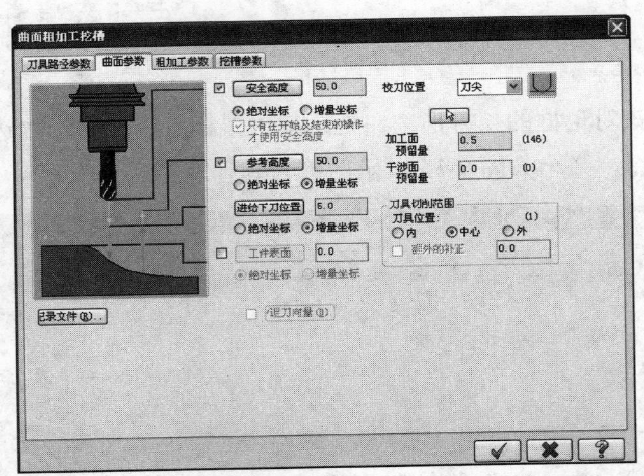

图 9-18 “曲面粗加工挖槽”对话框—“曲面参数”标签页

STEP 06 单击“曲面粗加工挖槽”对话框中的“粗加工参数”标签，设定“整体误差”=0.016、“Z 轴最大进给量”=1，如图 9-19 所示。

STEP 07 单击“曲面粗加工挖槽”对话框中的“挖槽参数”标签，设定“切削间距（直径%）”=12、“切削间距（距离）”=2.4、“粗切角度”=0，加工的方式共有 8 种，选择第一种加工方式，如图 9-20 所示。

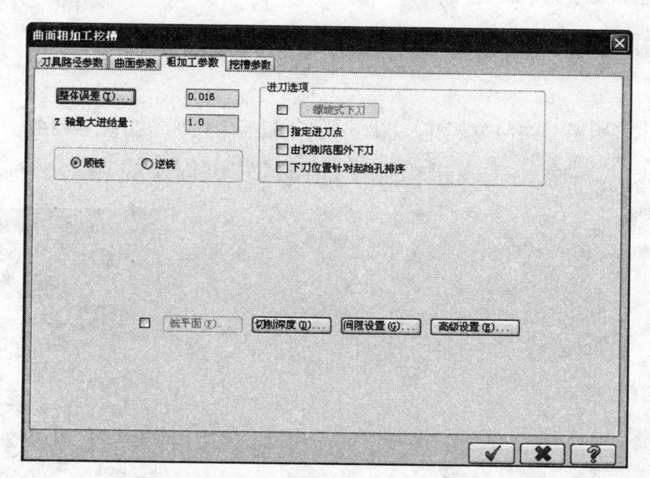

图 9-19 “曲面粗加工挖槽”对话框—“粗加工参数”标签页

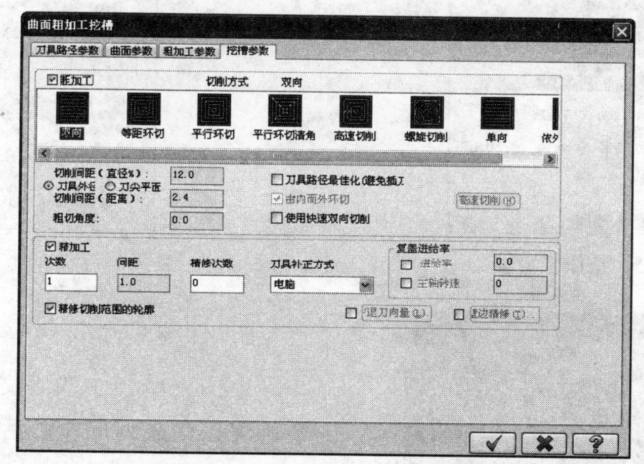

图 9-20 “曲面粗加工挖槽”对话框—“挖槽参数”标签页

STEP 08 单击[✓]按钮，系统开始计算粗加工的刀具轨迹。等待数分钟后，粗加工的刀具轨迹创建成功，如图 9-21 所示。

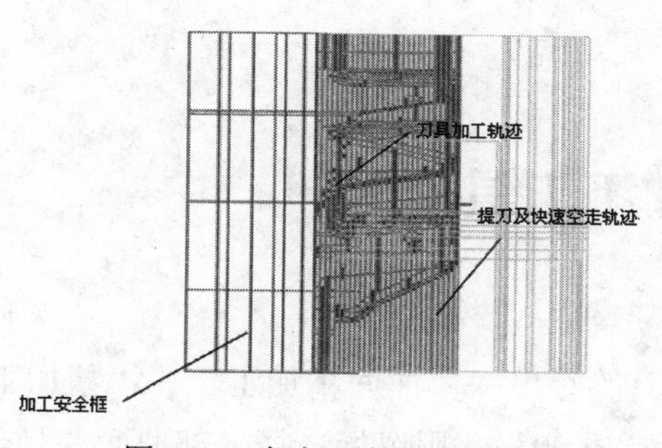

图 9-21 粗加工的刀具轨迹

4．模拟仿真粗加工刀具轨迹

STEP 01 单击如图 9-22 所示的操作管理器中的（验证）按钮，弹出如图 9-23 所示的“验证”对话框。

STEP 02 单击（开始）按钮，即可开始加工仿真，如图 9-24 所示。经过加工仿真后，若无干涉和过切等现象，则表示粗加工的刀具轨迹创建成功。

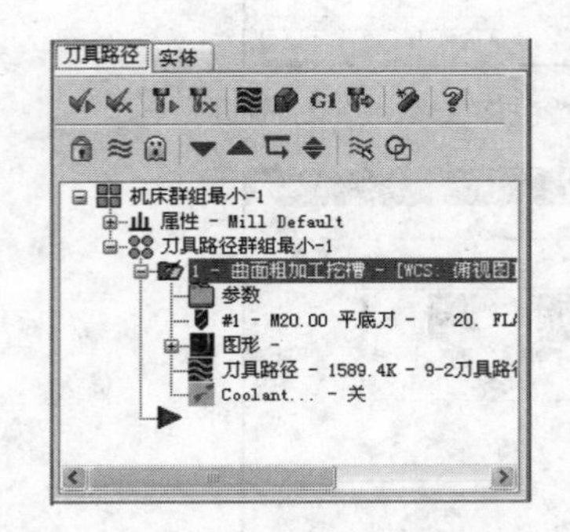

图 9-22　操作管理器

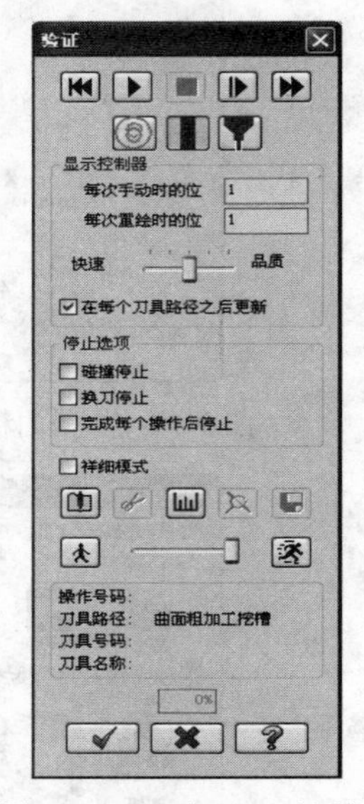

图 9-23　“验证”对话框

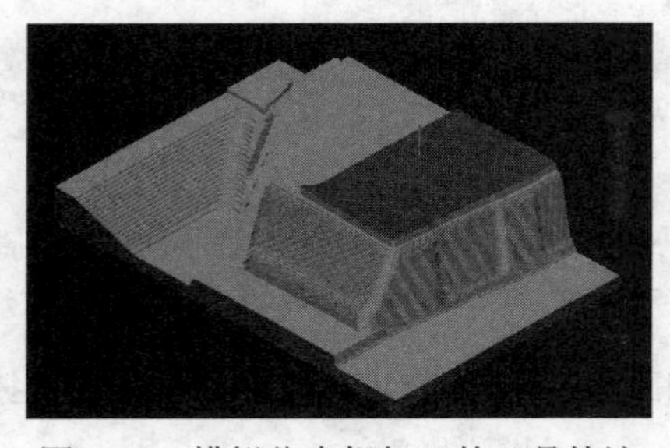

图 9-24　模拟仿真粗加工的刀具轨迹

5．保存文件

单击菜单栏中的“文件”→“保存”命令，保存生成刀具轨迹后的文件。

9.4　创建清角加工刀具轨迹

1．选择自由曲面

单击菜单栏中的“刀具路径”→“曲面精加工”→“精加工交线清角加工”命令，按住<Alt>+<→>键，将图形旋转 90°，用鼠标选择全部曲面。具体方法可参照 9.3 节。

2．选择刀具及编辑加工的参数

STEP 01　单击“刀具路径的曲面选取”对话框中的 ✔ 按钮，弹出如图 9-25 所示的“曲面精加工交线清角”对话框，默认显示“刀具路径参数”标签页。

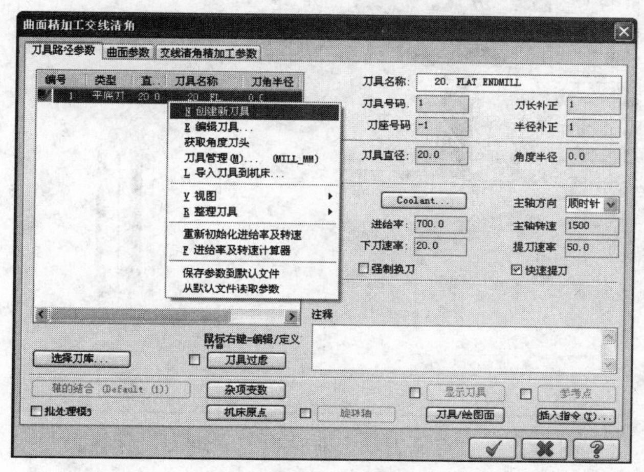

图 9-25　“曲面精加工交线清角”对话框

STEP 02　在该对话框的长方形空白处，单击鼠标右键，在弹出的快捷菜单中单击“创建新刀具”命令，弹出如图 9-26 所示的“定义刀具”对话框，此时可以任意选择一种类型的刀具，并定义其刀具大小。

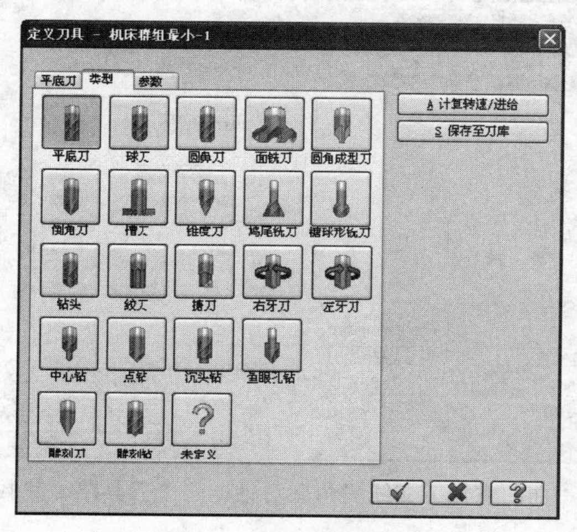

图 9-26　“定义刀具”对话框

STEP 03　单击第二种刀具类型，弹出如图 9-27 所示的“定义刀具”对话框。

STEP 04　设定“直径”=16、“刀刃”=25、“肩部”=30、“刀长”=50、“夹头”=25，并在“轮廓的显示”选项组中选中“自动”单选钮，在“适用于”选项组中选中“两者”单选钮。

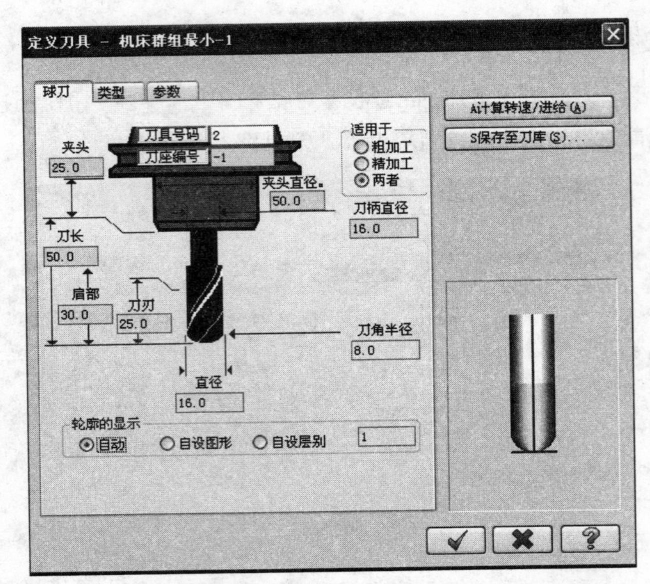

图 9-27　“定义刀具”对话框—“球刀”标签页

STEP 05 定义完刀具参数后，单击按钮，完成刀具的编辑操作，此时新的刀具球刀 $\phi16$（由于此零件自由曲面高低差大，在选刀时一定要考虑刀具的长度问题，一般选用一把刀加工，也可选用不同的刀具加工）出现在如图 9-28 所示的对话框中。

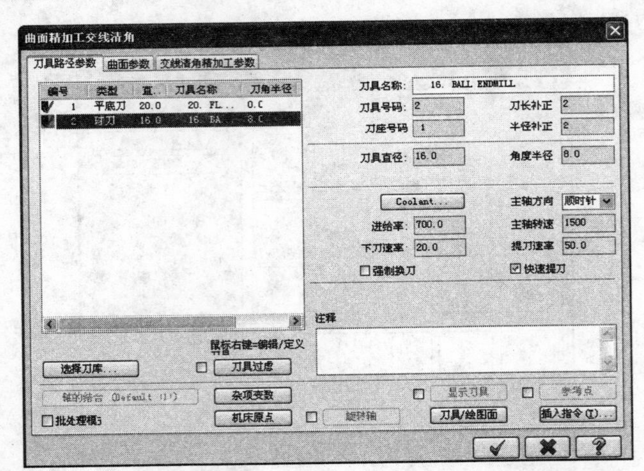

图 9-28　“曲面精加工交线清角”对话框—“刀具路径参数”标签页

STEP 06 根据机床的性能，设定“进给率”=700、“主轴转速”=1500、“下刀速率”=20、“提刀速率”=50。

STEP 07 单击“曲面精加工交线清角”对话框中的“曲面参数”标签，设定“加工面预留量”=0.03、“参考高度”=50、“进给下刀位置”=5，并在“刀具位置”选项组中选中“中心”单选钮，如图 9-29 所示。

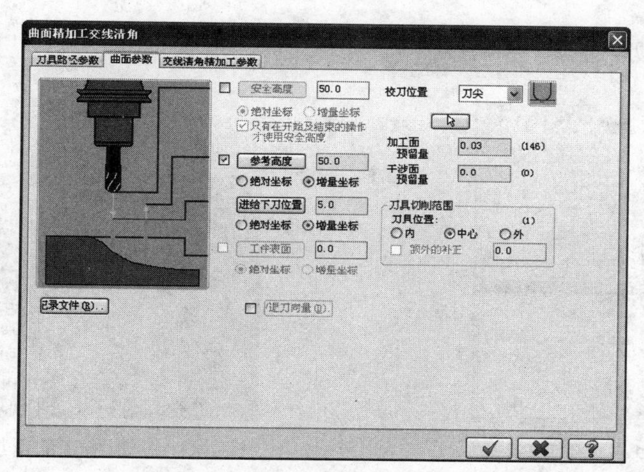

图 9-29　“曲面精加工交线清角”对话框—“曲面参数”标签页

STEP 08　单击“曲面精加工交线清角”对话框中的“交线清角精加工参数”标签，设定“整体误差”=0.025，并对“间隙设置”及“高级设置”的参数进行修整，如图 9-30 所示。

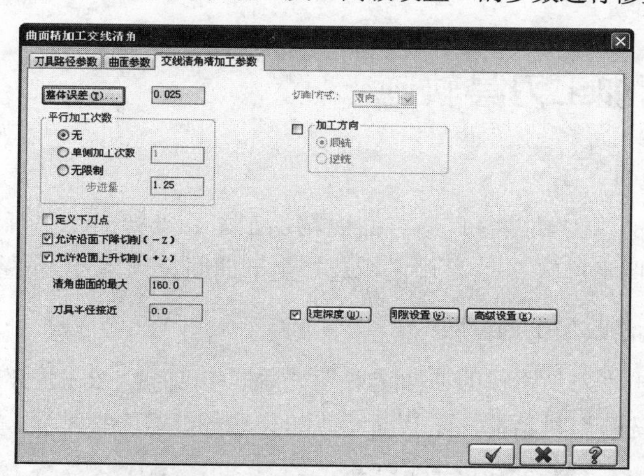

图 9-30　“曲面精加工交线清角”对话框—“交线清角精加工参数”标签页

STEP 09　单击按钮，系统开始计算交线清角加工轨迹。等待数分钟后，交线清角加工的刀具轨迹创建成功，如图 9-31 所示。

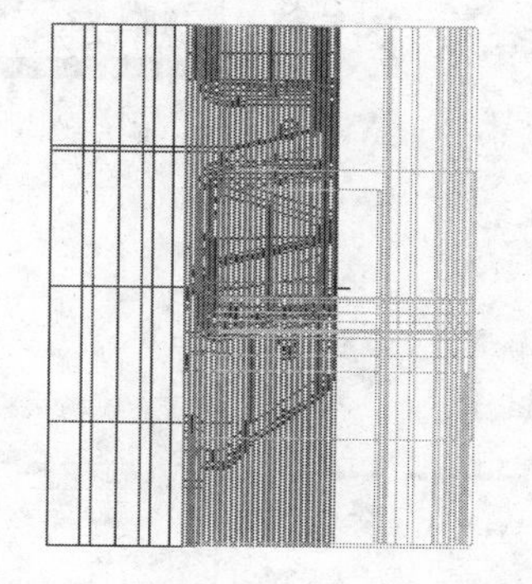

图 9-31　交线清角加工的刀具轨迹

3．模拟仿真清角加工刀具轨迹

STEP 01　在如图 9-32 所示的操作管理器中，选择所创建的交线清角加工操作。

STEP 02　单击（验证）按钮，弹出“验证”对话框。

STEP 03　单击（开始）按钮，即可开始加工仿真，如图 9-33 所示。经过加工仿真

后，若无干涉和过切等现象，则清角加工的刀具轨迹创建成功。

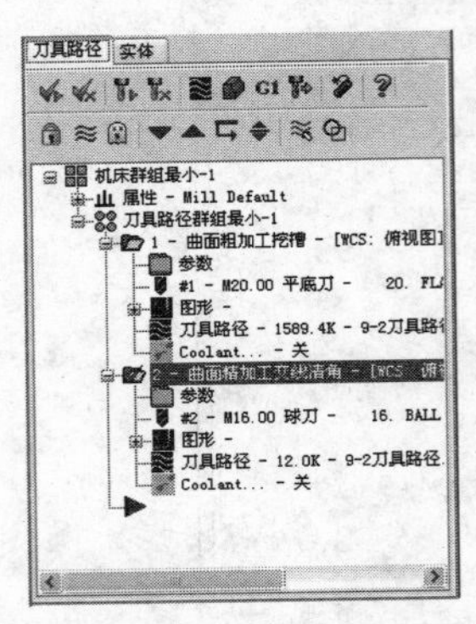

图 9-32　操作管理器

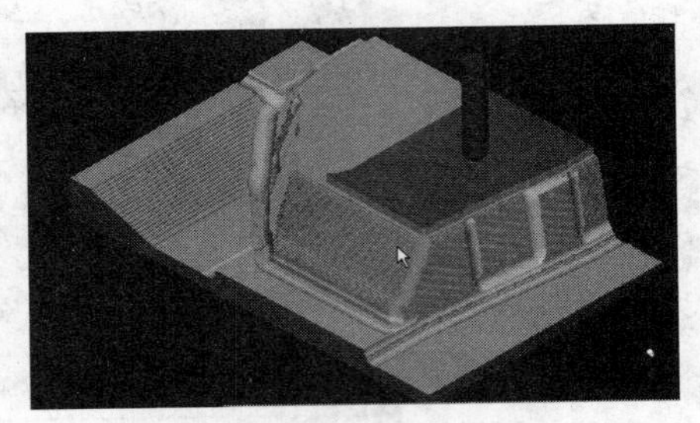

图 9-33　模拟仿真清角加工的刀具轨迹

4．保存文件

单击菜单栏中的“文件”→“保存”命令，保存生成刀具轨迹后的文件。

9.5　创建精加工刀具轨迹

1．选择自由曲面

单击菜单栏中的“刀具路径”→“曲面精加工”→“精加工平行铣削”命令，按住<Alt>+<→>键，将图形旋转 90°，用鼠标选择全部曲面。具体方法可参照 9.3 节。

2．选择刀具及修改加工的参数

STEP 01　单击“刀具路径的曲面选取”对话框中的 按钮，弹出如图 9-34 所示的“曲面精加工平行铣削”对话框，默认显示“刀具路径参数”标签页。

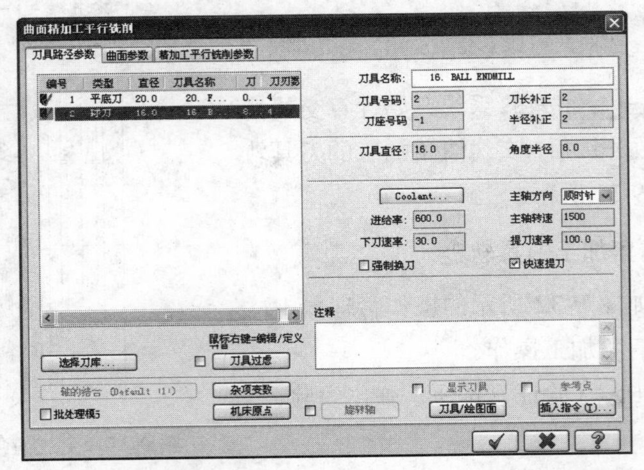

图 9-34　“曲面精加工平行铣削”对话框—“刀具路径参数”标签页

STEP 02　单击清角加工用的刀具 $\phi16$ 球头刀，设定“进给率”=600、“主轴转速”=1500、“下刀速率”=30、“提刀速率”=100。

STEP 03　单击“曲面精加工平行铣削”对话框中的“曲面参数”标签，设定“加工面预留量”=0.03、“参考高度”=50、“进给下刀位置”=5，并在“刀具位置”选项组中选中“中心”单选钮，如图 9-35 所示。

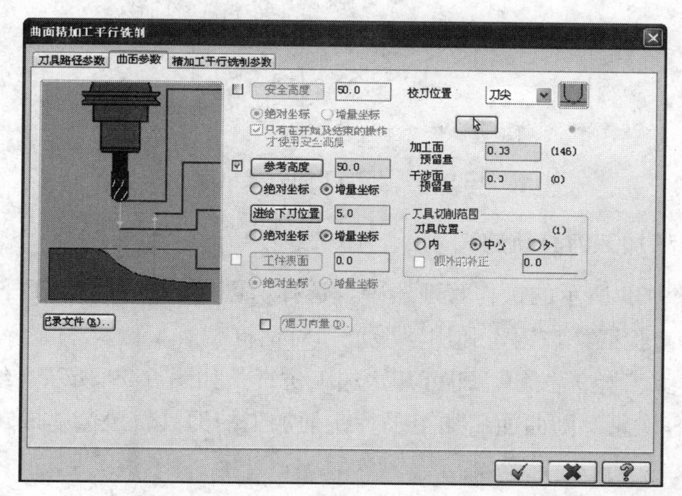

图 9-35　“曲面精加工平行铣削”对话框—“曲面参数”标签页

STEP 04　单击“曲面精加工平行铣削”对话框中的“精加工平行铣削参数”标签，设定“整体误差”=0.025、“最大切削间距”=0.3、“加工角度”=90，如图 9-36 所示。

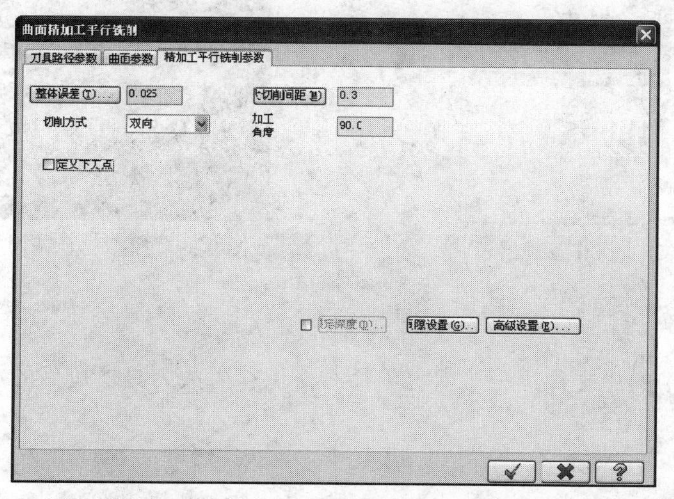

图 9-36　“曲面精加工平行铣削”对话框—“精加工平行铣削参数”标签页

STEP 05　单击 ✔ 按钮，系统开始计算精加工的刀具轨迹。等待数分钟后，精加工的刀具轨迹创建成功，如图 9-37 所示。

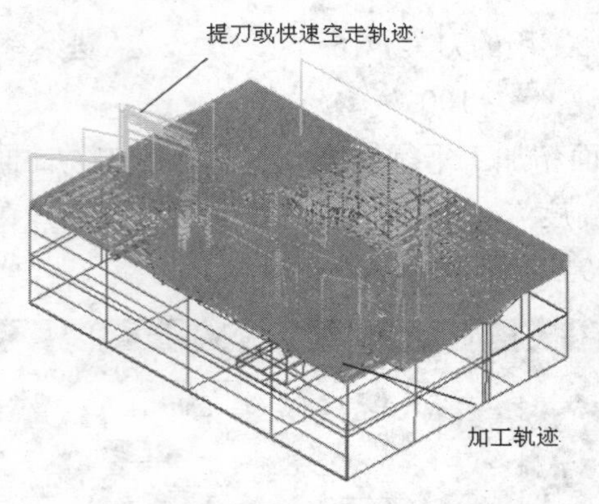

图 9-37　精加工的刀具轨迹

3．模拟仿真精加工刀具轨迹

（1）在如图 9-38 所示的操作管理器中，选择所创建的曲面精加工平行铣削操作。

（2）单击（验证）按钮，弹出“验证”对话框。

（3）单击（开始）按钮，即可开始加工仿真，如图 9-39 所示。经过加工仿真后，若无干涉和过切等现象，则曲面精加工平行铣削加工的刀具轨迹创建成功。

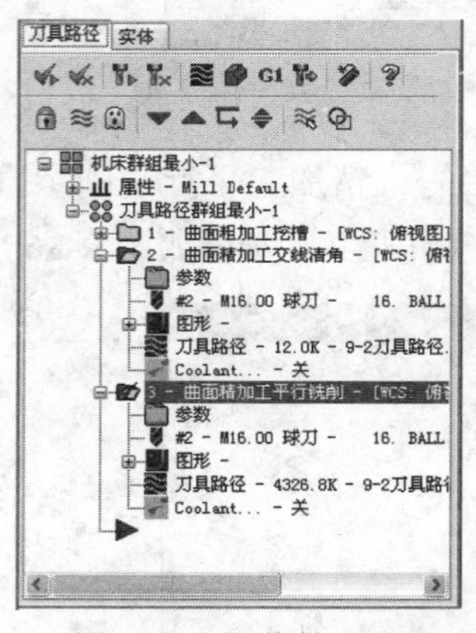

图 9-38　操作管理器

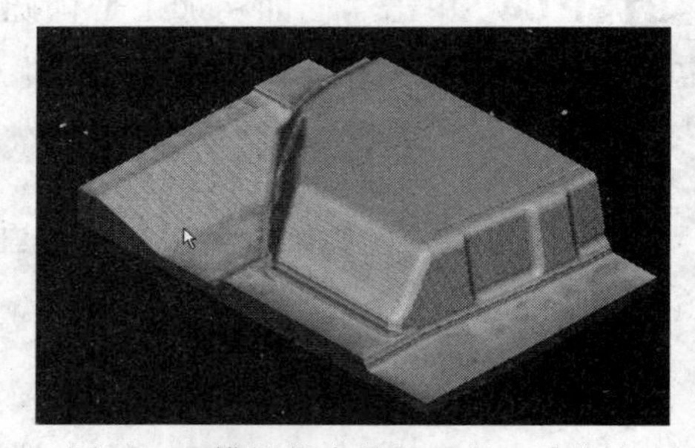

图 9-39　模拟仿真精加工的刀具轨迹

4．保存文件

单击菜单栏中的“文件”→“保存”命令，保存生成刀具轨迹后的文件。

9.6　对所有加工刀具轨迹进行仿真

STEP 01　在操作管理器中，单击（选择所有操作）按钮，即可选择全部的加工操作。

STEP 02 单击（验证）按钮，弹出“验证”对话框。此时单击（开始）按钮，即可对所有的加工操作进行模拟显示。

STEP 03 若对加工轨迹不满意，可以进行修整。单击操作管理器中的第 1 个“参数”，弹出“曲面粗加工挖槽”对话框。

STEP 04 在其中可以修改任何参数，直至满意。单击按钮，返回操作管理器。此时，修改过的加工轨迹就打上了红色的叉。

STEP 05 必须单击操作管理器中的（重新计算选中的操作）按钮，重新计算刀具加工轨迹。

STEP 06 单击菜单栏中的“文件”→“保存”命令，保存生成刀具轨迹后的文件。

9.7 生成 NC 程序

STEP 01 在操作管理器中，选择所要进行后置处理的操作，单击G1（后处理）按钮，弹出如图 9-40 所示的“后处理程序”对话框。

STEP 02 勾选“编辑”复选框，以便对产生的加工程序自动进行存盘和编辑，单击按钮，系统弹出如图 9-41 所示的“另存为”对话框，用户可以在该对话框中输入需要保存的 NC 文件的名称。

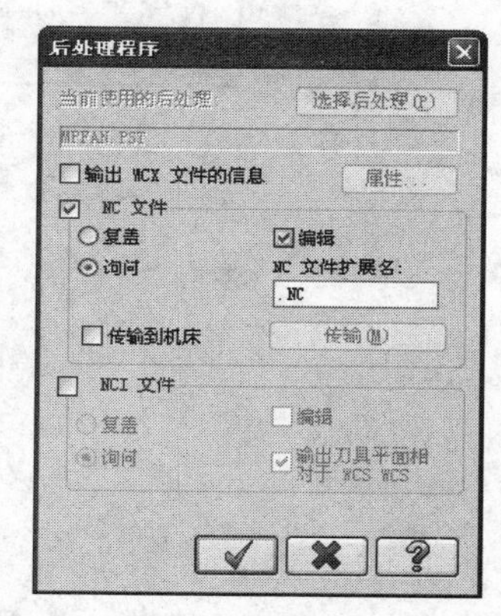

图 9-40 “后处理程序”对话框

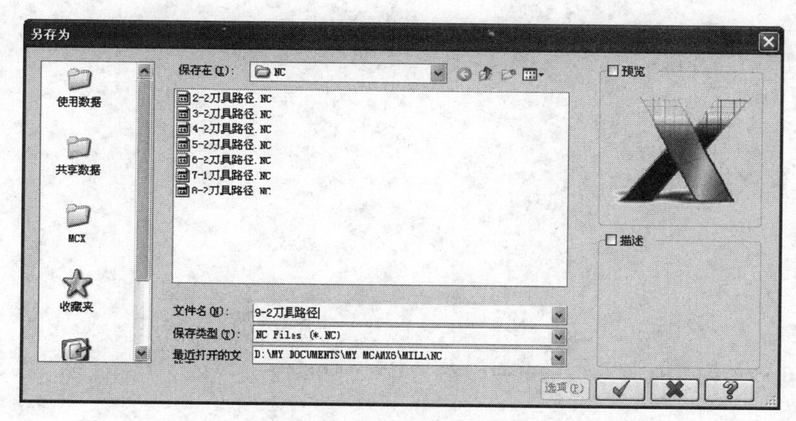

图 9-41 “另存为”对话框

STEP 03 单击[✓]按钮，系统开始生成加工程序。等待几分钟后，弹出如图 9-42 所示的“Mastercam X 编辑器”界面。

STEP 04 在该界面下，用户可以对生成的程序进行修改、编辑。单击“Mastercam X 编辑器”菜单栏中的“文件”→“保存”命令，保存该 NC 程序。最后通过“DNC”系统，把程序传入数控机床，进行数控铣削加工。

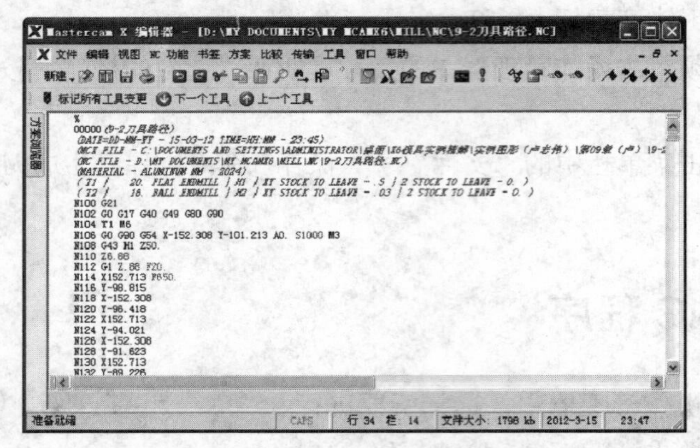

图 9-42 “Mastercam X 编辑器”界面

第10章

汽车水箱上横梁右下支架模具加工与编程

内容

本章介绍在Mastercam X6软件中对汽车水箱上横梁右下支架模具进行数控加工的常用加工工艺及加工方法，详细阐述了汽车水箱上横梁右下支架模具数控铣削加工的编程过程及技巧。

目的

通过实例讲解，使读者熟悉和掌握用Mastercam X6软件创建汽车水箱上横梁右下支架模具数控铣削加工刀具路径的方法，了解相关的数控加工工艺知识。

10.1 加工任务概述

汽车水箱上横梁右下支架如图10-1所示，其凸模如图10-2所示。下面将详细讲解汽车水箱上横梁右下支架凸模的加工编程过程。

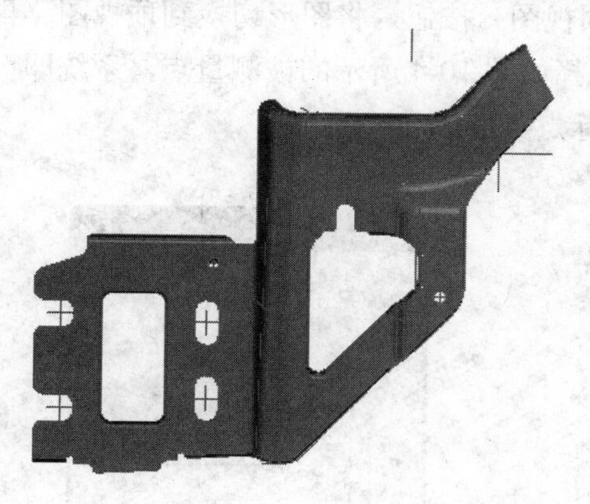

图10-1　汽车水箱上横梁右下支架

图10-2　汽车水箱上横梁右下支架凸模

10.2 加工模型的准备

1. 选取零件的加工模型文件

进入 Mastercam X6 系统，单击菜单栏中的“文件”→“打开文件”命令，系统弹出如图 10-3 所示的“打开”对话框，将“文件类型”设置为“IGES 文件”类型，选择零件的加工模型文件“10-1 图形.igs”，单击✓按钮。

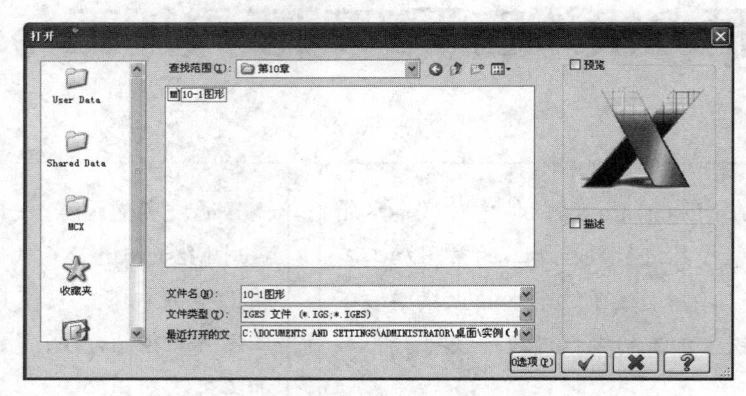

图 10-3 “打开”对话框

2. 移动加工坐标点

STEP 01 显示坐标点。单击状态栏中的 10 ▾（颜色设置）区域，弹出“颜色”对话框。选择红色，单击✓按钮。再单击菜单栏中的“绘图”→“绘点”→ “绘点”命令，在如图 10-4 所示的位置单击，即可创建一个红色的坐标点“+”。

STEP 02 测量坐标点的值。单击鼠标右键，系统在绘图区弹出常用工具快捷菜单，单击“顶视图”命令；或者在工具栏中单击（顶视图）按钮，将图形切换到顶视图。再单击菜单栏中的“分析”→“点位分析”命令，选择如图 10-4 所示的被测量点，系统即可弹出如图 10-5 所示的“点分析”对话框，显示坐标点数值。

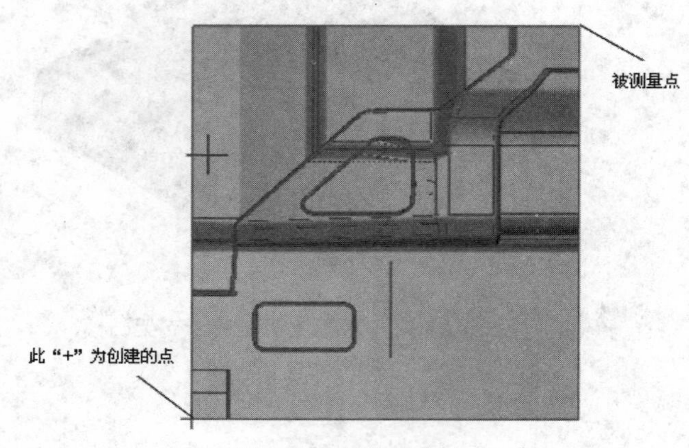

图 10-4 创建坐标点

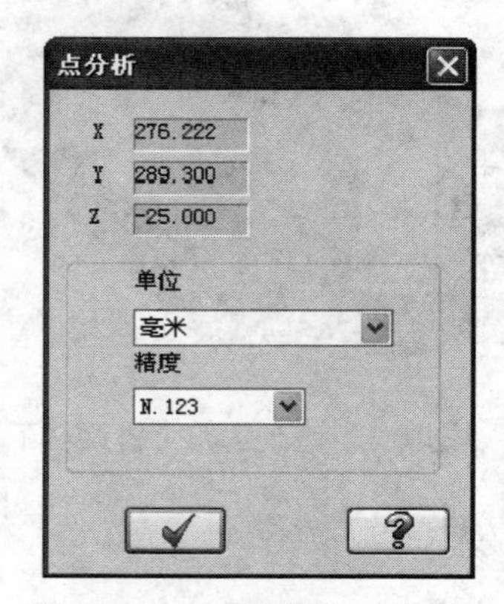

图 10-5 “点分析”对话框 1

STEP 03 移动坐标点到数模中心。单击菜单栏中的“转换”→“平移”命令，系统弹出如图 10-6 所示的“平移选项”对话框，单击（选择图素）按钮，系统提示用户在绘图区选择整个数模，直到图形颜色发生变化，按“Enter”键即可返回如图 10-6 所示的对话框。在该对话框中的“直角坐标”选项组中的“ΔX”、“ΔY”文本框中输入要移动的 X、Y、Z（X=−276.222/2，Y=−289.3/2，Z 值默认为 0）的值，如图 10-6 所示，选中“移动”单选钮，单击按钮，关闭此对话框，此时坐标点就移到了如图 10-7 所示的顶视图的中心。用同样的方法把 Z 坐标移到数模的最高点。移动坐标点的目的是为了方便操作工对刀和复查程序。

图 10-6 “平移选项”对话框

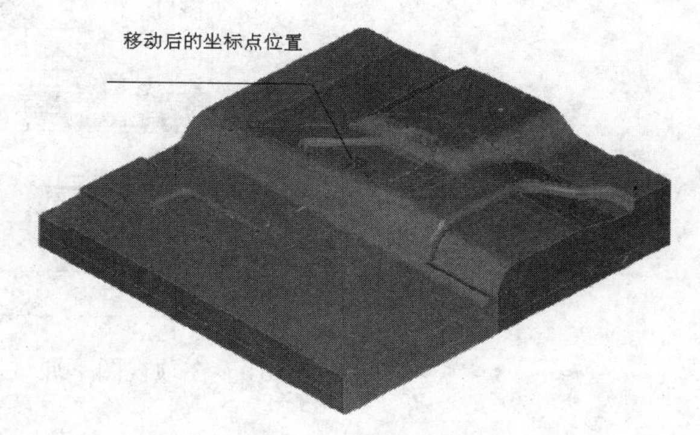

图 10-7 移动后的坐标点

3. 创建加工安全框

STEP 01 测量自由曲面最低点的坐标值。单击鼠标右键，在弹出的常用工具快捷菜单中单击“前视图”命令；或者在工具栏中单击（前视图）按钮，将图形切换到前视图。再单击菜单栏中的“分析”→“点分析”命令，选择如图 10-8 所示的自由曲面的最低点。

此时，系统弹出如图 10-9 所示的“点分析”对话框，显示自由曲面最低点的测量数据，其中测出的 Y 值（1.000）就是所要测量的 Z 值。

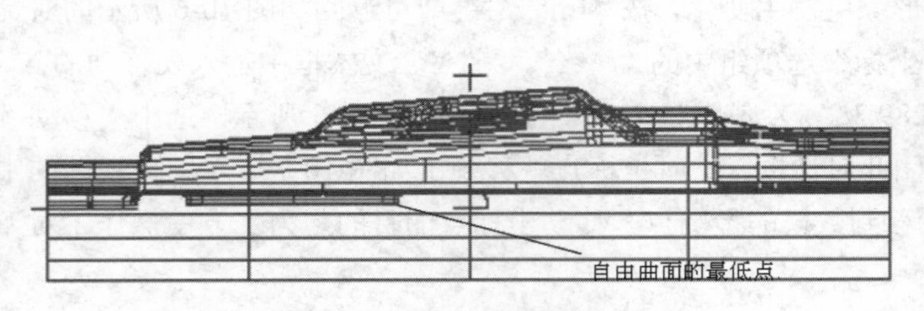

图 10-8　选择自由曲面的最低点

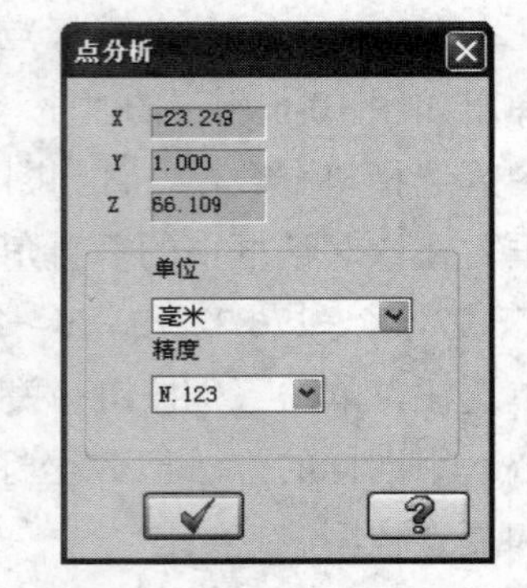

图 10-9　“点分析”对话框 2

STEP 02　在状态栏中的 Z -9.0 文本框中输入“-9”。

STEP 03　创建加工安全框。单击鼠标右键，系统在绘图区弹出常用工具快捷菜单，单击“顶视图”命令；或者在工具栏中单击（顶视图）按钮，将图形切换到顶视图。再单击菜单栏中的“绘图”→“矩形”命令，然后在绘图区捕捉如图 10-10 所示的点 1，拖动鼠标直到捕捉到点 2，单击鼠标即可创建矩形安全框，结果如图 10-11 所示。

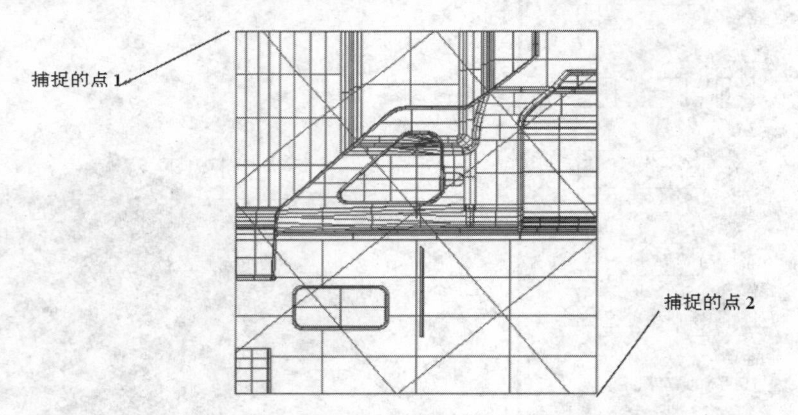

图 10-10　在顶视图下通过捕捉点来创建矩形安全框

图 10-11　矩形安全框

10.3 创建粗加工刀具轨迹

1．选择自由曲面

STEP 01　单击鼠标右键，在弹出的常用工具快捷菜单中单击“顶视图”命令；或者在工具栏中单击（顶视图）按钮，将图形切换到顶视图。按住<Alt>+<→>键，旋转图形至如图 10-12 所示的位置。

STEP 02　单击菜单栏中的“机床类型”→“铣削”→“默认”命令。

STEP 03　单击菜单栏中的“刀具路径”→“曲面粗加工”→“粗加工挖槽加工”命令，在弹出的如图 10-13 所示的“刀具路径的曲面选取”对话框中单击“加工曲面”选项组中的（选取）按钮，在绘图区用鼠标按图示选择全部曲面。在选择自由曲面捕捉第二个点时，应尽量超出曲面的最外边，这样就不会遗漏任何一个曲面。选择完成后，整个自由曲面变成了白色。

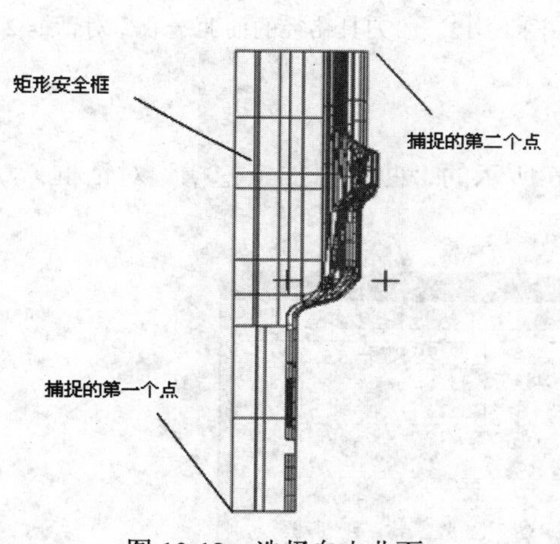

图 10-12　选择自由曲面

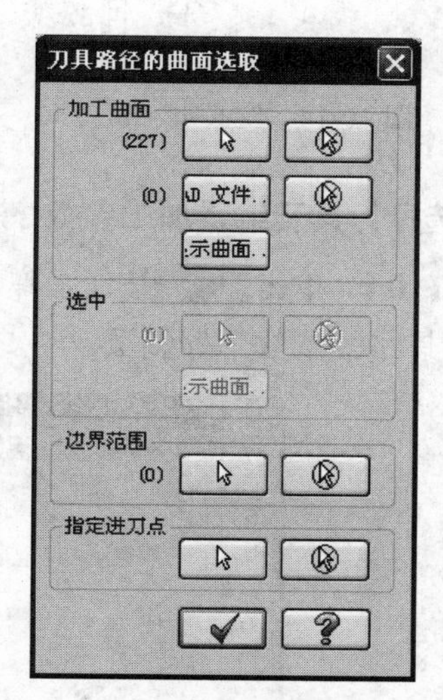

图 10-13　“刀具路径的曲面选取”对话框 1

2．设置加工链方向

STEP 01　单击如图 10-13 所示的“刀具路径的曲面选取”对话框中“边界范围”选项组中的（选择）按钮，系统弹出“串连选项”对话框，同时在绘图区出现提示信息“串连 2D 刀具切削范围”，选择如图 10-12 所示的数模上的加工安全框，在加工安全框上出现了箭头，这表示铣削加工的方向，如图 10-14 所示。

STEP 02　按“Enter”键，系统返回到如图 10-15 所示的“刀具路径的曲面选取”对话框，可以看出该对话框中“边界范围”选项组中的（选择）按钮前已经显示出加工链的数目（1）。

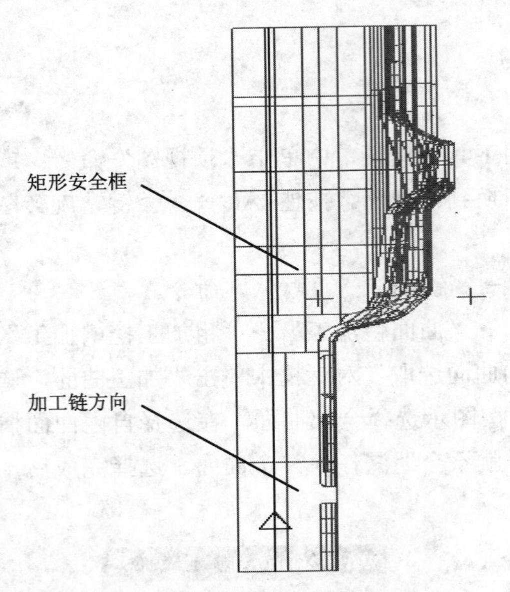

图 10-14　定义加工链方向

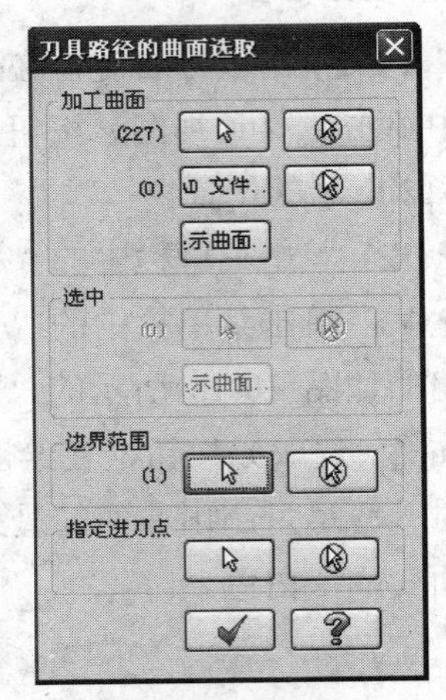

图 10-15　“刀具路径的曲面选取”对话框 2

3. 选择刀具及编辑加工参数

STEP 01　单击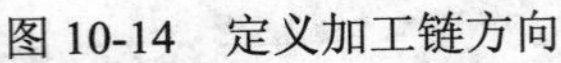按钮，弹出如图 10-16 所示的“曲面粗加工挖槽”对话框，默认显示“刀具路径参数”标签页。

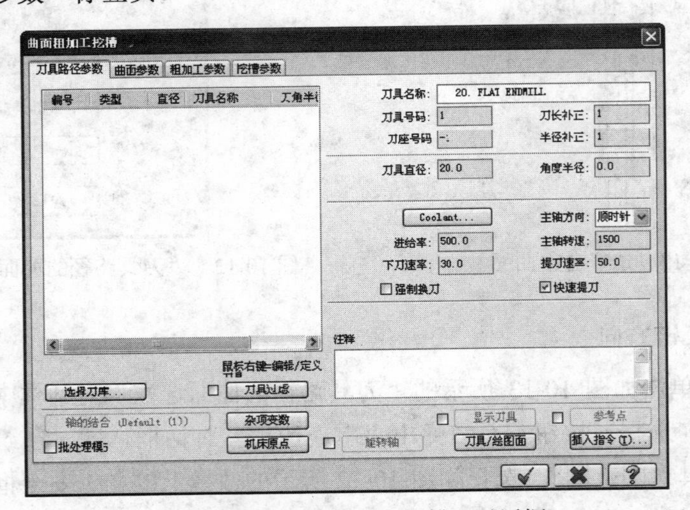

图 10-16　“曲面粗加工挖槽”对话框

STEP 02　在该对话框的长方形空白处，单击鼠标右键，弹出“选刀”快捷菜单。

STEP 03　单击“刀具管理”命令，弹出如图 10-17 所示的“刀具管理”对话框。

STEP 04　选择 ϕ20 平底刀作为粗加工的刀具。

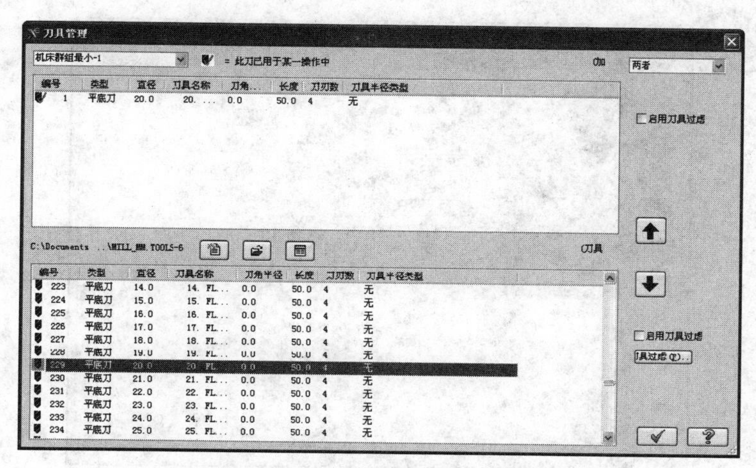

图 10-17　“刀具管理”对话框

STEP 05　若单击“创建新刀具”命令，则弹出如图 10-18 所示的“定义刀具”对话框，可以定义刀具库中没有的刀具类型及型号。

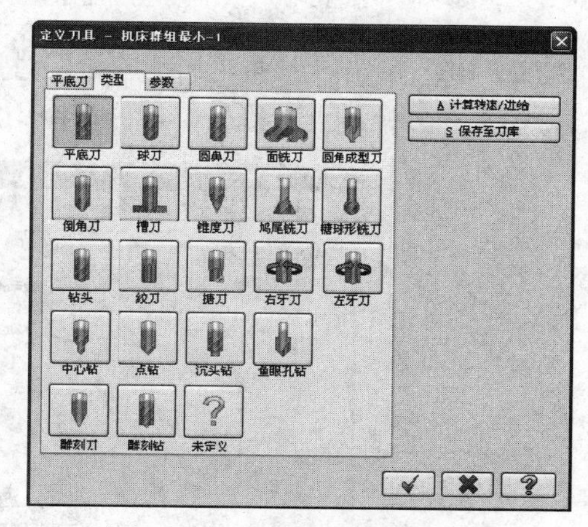

图 10-18　“定义刀具”对话框

STEP 06　根据机床的性能，设定“进给率”=500、“主轴转速”=1500、“下刀速率”=30、“提刀速率”=50，如图 10-19 所示。

STEP 07　单击“曲面粗加工挖槽”对话框中的“曲面参数”标签，设定“加工面预留量”=0.5，并在“刀具位置”选项组中选中“中心”单选钮，如图 10-20 所示。

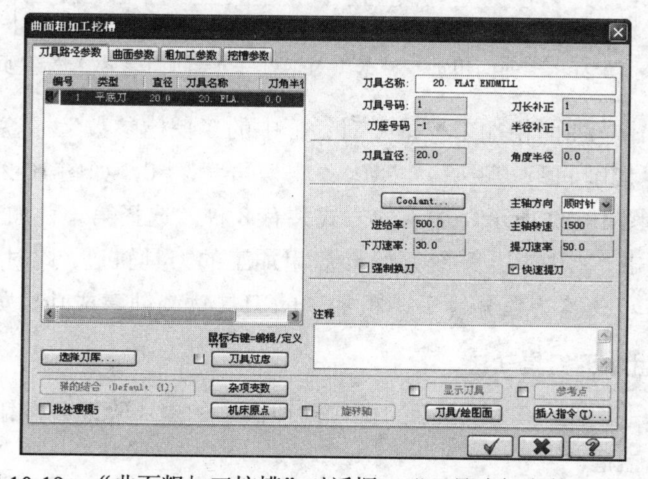

图 10-19　“曲面粗加工挖槽”对话框—“刀具路径参数”标签页

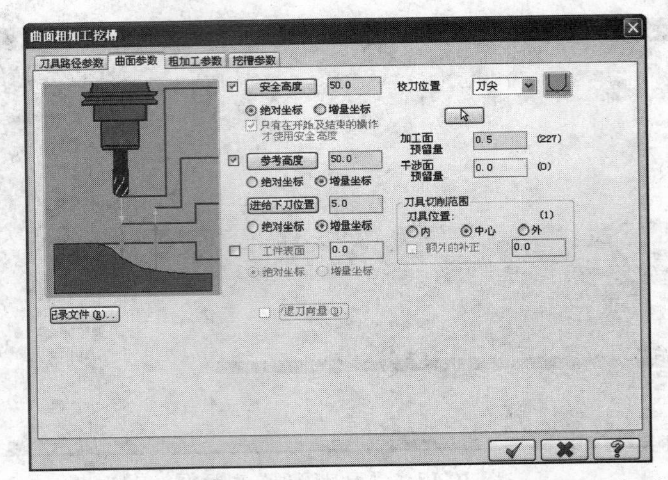

图 10-20 “曲面粗加工挖槽”对话框—“曲面参数”标签页

STEP 08 单击“曲面粗加工挖槽”对话框中的“粗加工参数”标签，设定“整体误差”=0.025、“Z 轴最大进给量”=1，如图 10-21 所示。

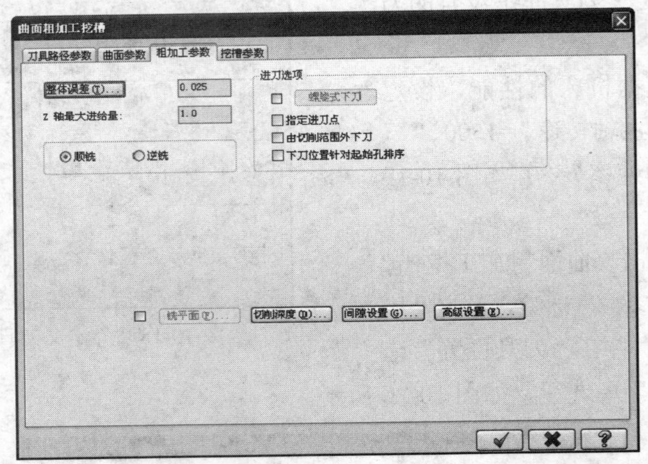

图 10-21 “曲面粗加工挖槽”对话框—“粗加工参数”标签页

STEP 09 单击“曲面粗加工挖槽”对话框中的“挖槽参数”标签，设定“切削间距（直径%）”=50、“切削间距（距离）”=10、“粗切角度”=0，如图 10-22 所示。

STEP 10 如图 10-22 所示，加工的方式共有 8 种，选择第一种加工方式。

STEP 11 单击✔按钮，系统开始计算粗加工的刀具轨迹，此时在系统提示区显示图形处理的信息提示。等待数分钟后，粗加工的刀具轨迹创建成功，如图 10-23 所示。

4．模拟仿真粗加工刀具轨迹

STEP 01 单击如图 10-24 所示的操作管理器中的（验证）按钮，弹出如图 10-25 所示的“验证”对话框。

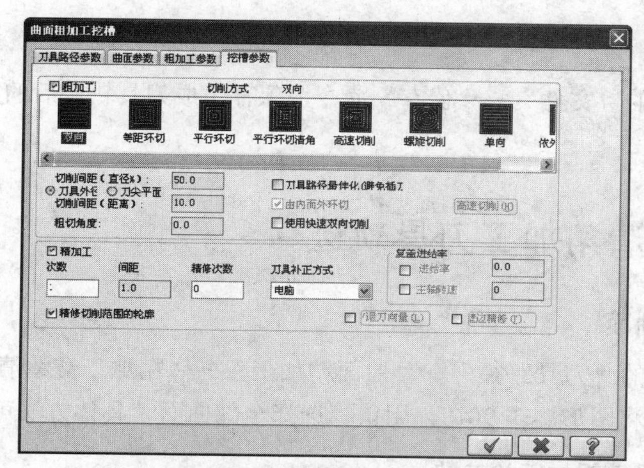

图 10-22 “曲面粗加工挖槽”对话框—“挖槽参数”标签页

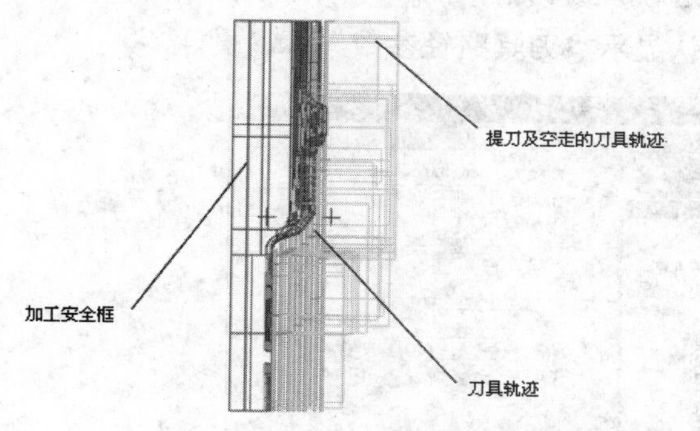

图 10-23 粗加工的刀具轨迹

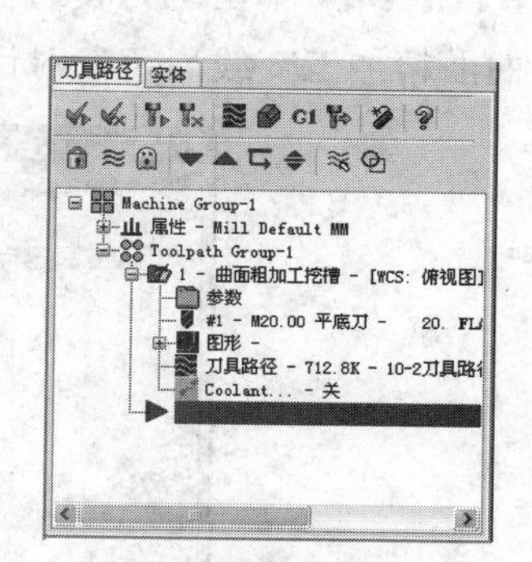

图 10-24 操作管理器

STEP 02 单击▶（开始）按钮，即可开始加工仿真，如图 10-26 所示。经过加工仿真后，若无干涉和过切等现象，则表示粗加工的刀具轨迹创建成功

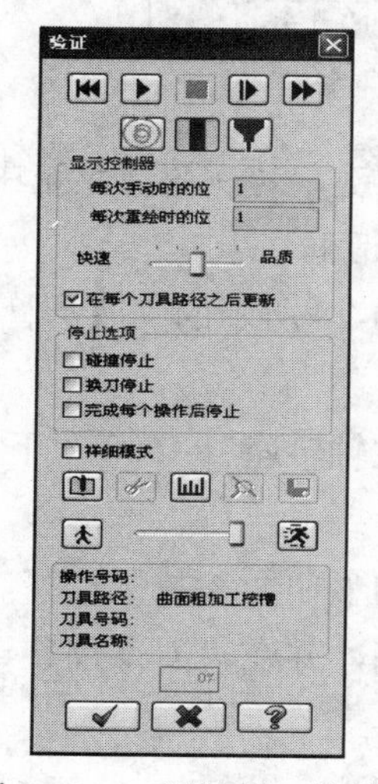

图 10-25 “验证”对话框

图 10-26 模拟仿真粗加工的刀具轨迹

5．保存文件

单击菜单栏中的“文件”→“保存”命令，保存生成刀具轨迹后的文件。

10.4 创建清角加工刀具轨迹

1．选择自由曲面

单击菜单栏中的“刀具路径”→“曲面精加工”→“精加工交线清角加工”命令，按住<Alt>+<→>键，将图形旋转 90°，用鼠标选择全部曲面。具体方法可参照 10.3 节。

2．选择刀具及编辑加工的参数

STEP 01 单击“刀具路径的曲面选取”对话框中的 ✓ 按钮，弹出如图 10-27 所示的“曲面精加工交线清角”对话框，默认显示“刀具路径参数”标签页。

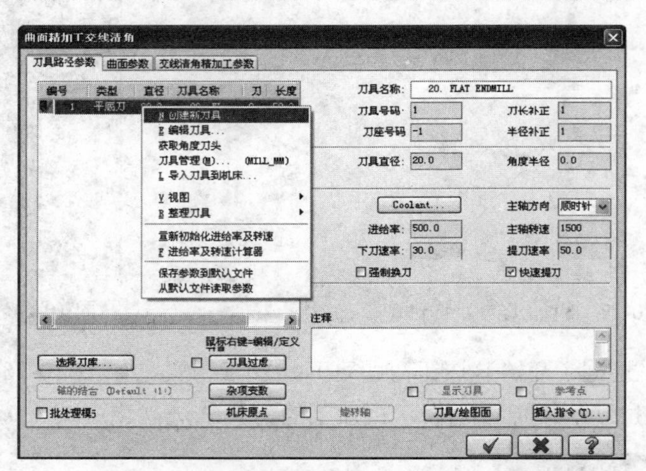

图 10-27 “曲面精加工交线清角”对话框

STEP 02 在该对话框的长方形空白处，单击鼠标右键，若在快捷菜单中单击“创建新刀具”命令，则弹出如图 10-18 所示的“定义刀具”对话框。

STEP 03 若单击“刀具管理”命令，则弹出如图 10-28 所示的“刀具管理”对话框。选择 ϕ16 球头刀具作为交线清角加工的刀具。

STEP 04 根据机床的性能，设定“进给率”=500、“主轴转速”=1500、“下刀速率”=30、“提刀速率”=50，如图 10-29 所示。

STEP 05 单击“曲面精加工交线清角”对话框中的“曲面参数”标签，设定“加工面预留量”=0.03、“参考高度”=50、“进给下刀位置”=5，并在“刀具位置”选项组中选择“中心”单选钮，如图 10-30 所示。

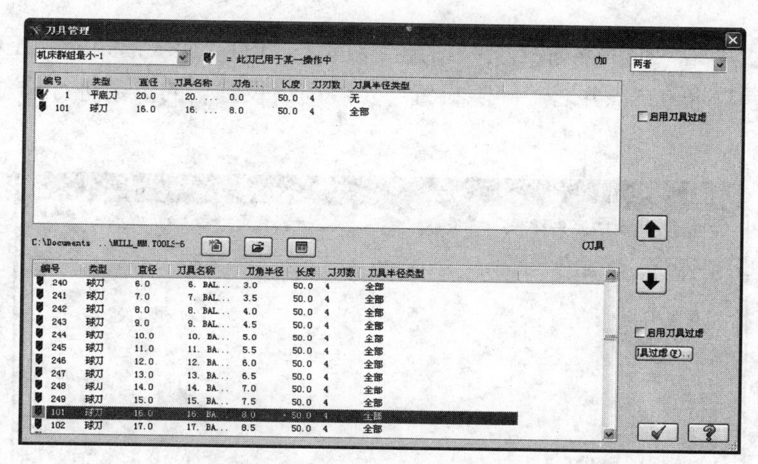

图 10-28　“刀具管理”对话框

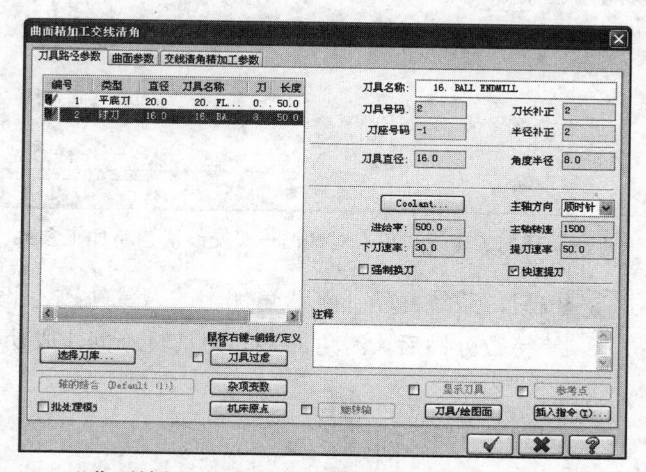

图 10-29　“曲面精加工交线清角”对话框—“刀具路径参数”标签页

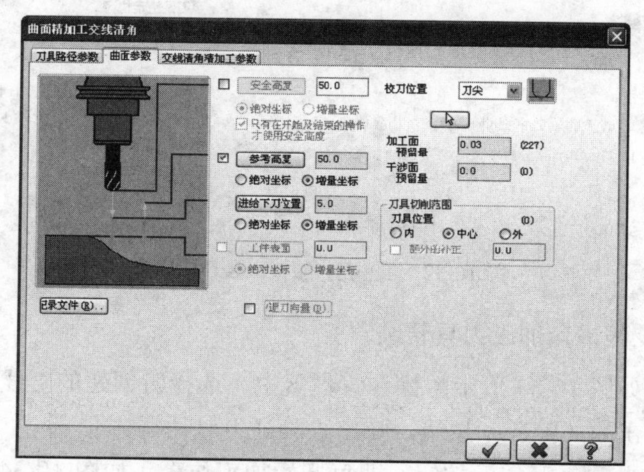

图 10-30　“曲面精加工交线清角”对话框—“曲面参数”标签页

STEP 06 单击“曲面精加工交线清角”对话框中的“交线清角精加工参数”标签，设定“整体误差”=0.025，并对“间隙设置”及“高级设置”的参数进行修整，如图 10-31 所示。

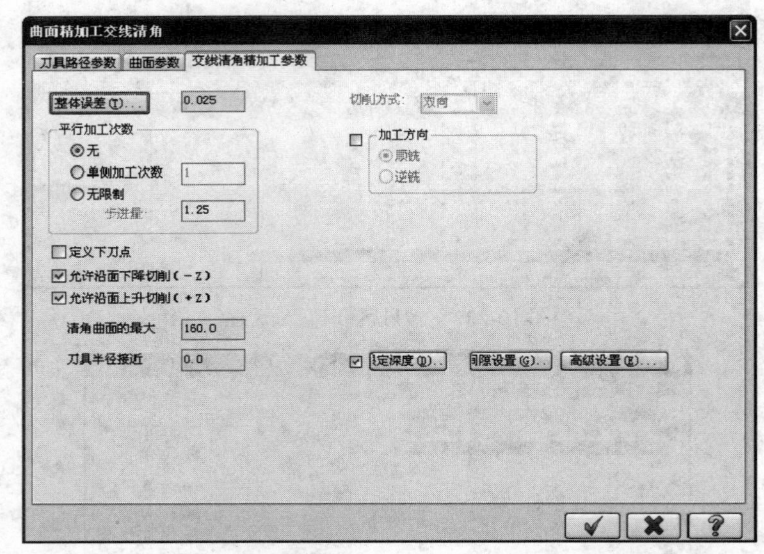

图 10-31 “曲面精加工交线清角”对话框—“交线清角精加工参数”标签页

STEP 07 单击 按钮，系统开始计算清角加工的刀具轨迹，此时在系统提示区显示图形处理的信息提示。等待数分钟后，清角加工的刀具轨迹创建成功，如图 10-32 所示。

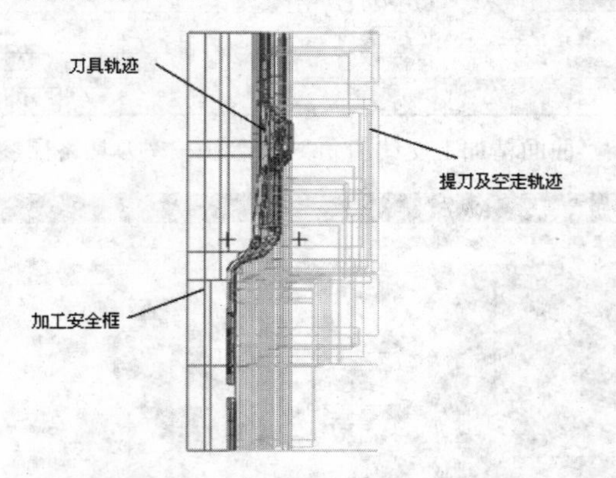

图 10-32 交线清角加工的刀具轨迹

3. 模拟仿真交线清角加工刀具轨迹

STEP 01 在如图 10-33 所示的操作管理器中，选择所创建的交线清角加工操作。

STEP 02 单击 （验证）按钮，弹出“验证”对话框。

STEP 03 单击 （开始）按钮，即可开始加工仿真，如图 10-34 所示。经过加工仿真后，若无干涉和过切等现象，则交线清角加工的刀具轨迹创建成功。

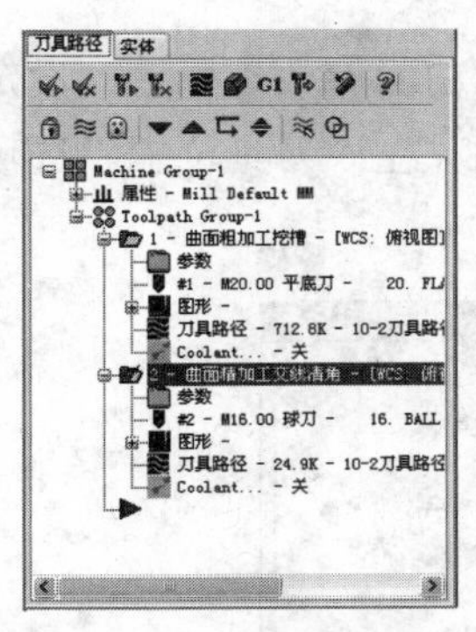

图 10-33　操作管理器

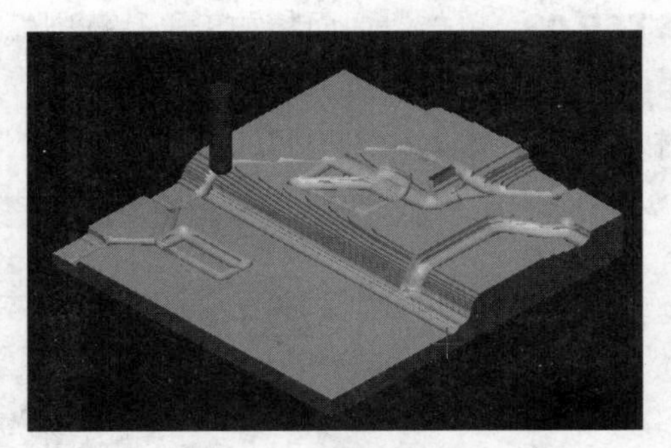

图 10-34　模拟仿真交线清角加工的刀具轨迹

4．保存文件

单击菜单栏的“文件”→“保存”命令，保存生成刀具轨迹后的文件。

10.5 创建精加工刀具轨迹

1．选择自由曲面

单击菜单栏中的“刀具路径”→“曲面精加工”→“精加工平行铣削”命令，按住<Alt>+<→>键，将图形旋转 90°，用鼠标选择全部曲面。具体方法可参照 10.3 节。

2．选择刀具及编辑加工的参数

STEP 01　单击“刀具路径的曲面选取”对话框中的 ✓ 按钮，弹出如图 10-35 所示的“曲面精加工平行铣削”对话框，默认显示“刀具路径参数”标签页。

STEP 02　单击 ϕ16 球头刀，与交线清角加工的刀具一样，设定“进给率”=700、“主轴转速”=1500、“下刀速率”=50、“提刀速率”=100。

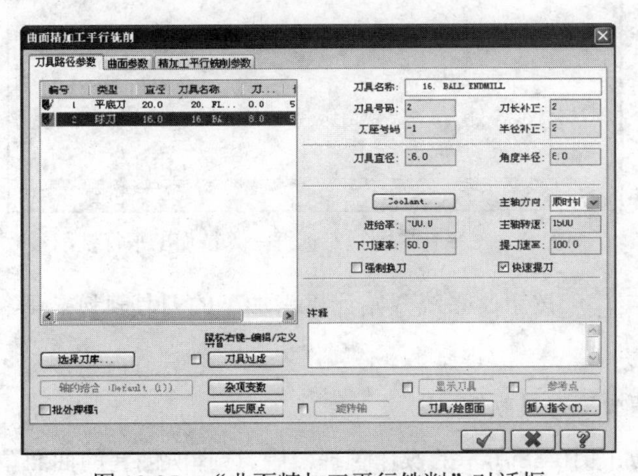

图 10-35　“曲面精加工平行铣削”对话框

STEP 03 单击“曲面精加工平行铣削”对话框中的“曲面参数”标签，设定“加工面预留量”=0.03、“参考高度”=50、“进给下刀位置”=5，并在“刀具位置”选项组中选中“中心”单选钮，如图 10-36 所示。

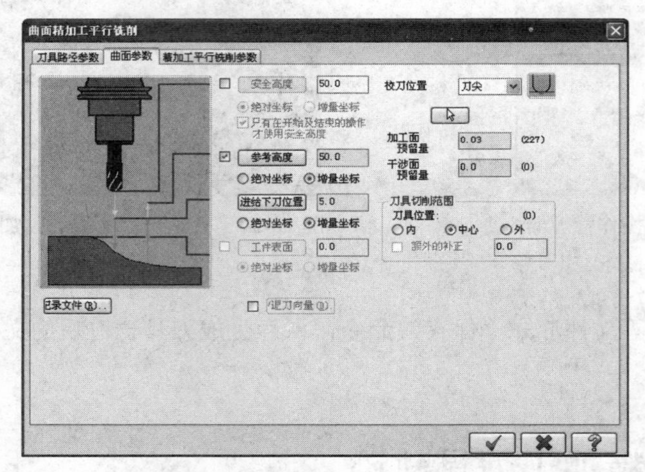

图 10-36 “曲面精加工平行铣削”对话框—“曲面参数”标签页

STEP 04 单击“曲面精加工平行铣削”对话框中的“精加工平行铣削参数”标签，设定“整体误差”=0.018、“最大切削间距”=1.2、“加工角度”=45（此角度可以根据数模的形状灵活定义），并对“间隙设置”及“高级设置”等的参数进行修整，如图 10-37 所示。

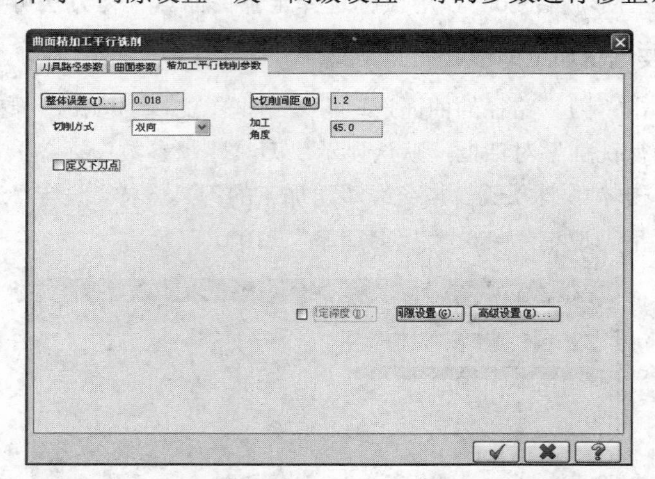

图 10-37 “曲面精加工平行铣削”对话框—“精加工平行铣削参数”标签页

STEP 05 单击 ✔ 按钮，系统开始计算精加工的刀具轨迹。等待数分钟后，精加工的刀具轨迹创建成功。

3．模拟仿真精加工刀具轨迹

STEP 01 在如图 10-38 所示的操作管理器中，选择所创建的曲面精加工平行铣削操作。

STEP 02　单击（验证）按钮，弹出“验证”对话框。

STEP 03　单击（开始）按钮，即可开始加工仿真，如图 10-39 所示。经过加工仿真后，若无干涉和过切等现象，则曲面精加工平行铣削加工的刀具轨迹创建成功。

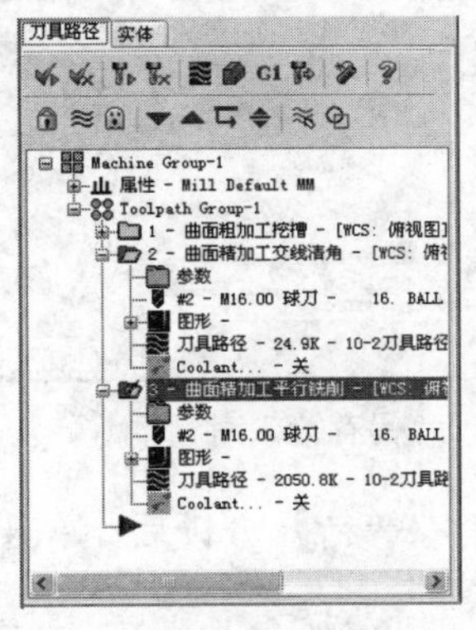

图 10-38　操作管理器

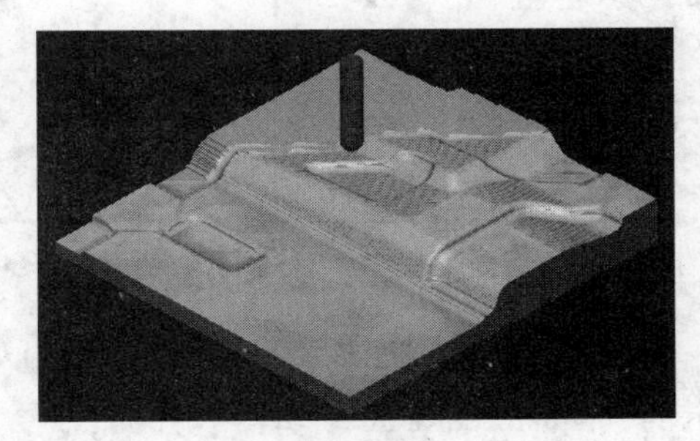

图 10-39　模拟仿真精加工的刀具轨迹

4．保存文件

单击菜单栏中的“文件”→“保存”命令，保存生成刀具轨迹后的文件。

10.6　对所有加工刀具轨迹进行仿真

STEP 01　在操作管理器中，单击（选择所有操作）按钮，即可选择全部的加工操作。

STEP 02　单击（验证）按钮，弹出“验证”对话框。此时单击（开始）按钮，即可对所有的加工操作进行模拟显示。

STEP 03　单击菜单栏中的“文件”→“保存”命令，保存生成刀具轨迹后的文件。

10.7　生成 NC 程序

STEP 01　在操作管理器中，选择所要进行后置处理的操作，单击 G1（后处理）按钮，弹出如图 10-40 所示的“后处理程序”对话框。

STEP 02　勾选“编辑”复选框，以便对产生的加工程序自动进行存盘和编辑，单击按钮，系统弹出如图 10-41 所示的“另存为”对话框，用户可以在该对话框中输入需要保存的 NC 文件的名称。

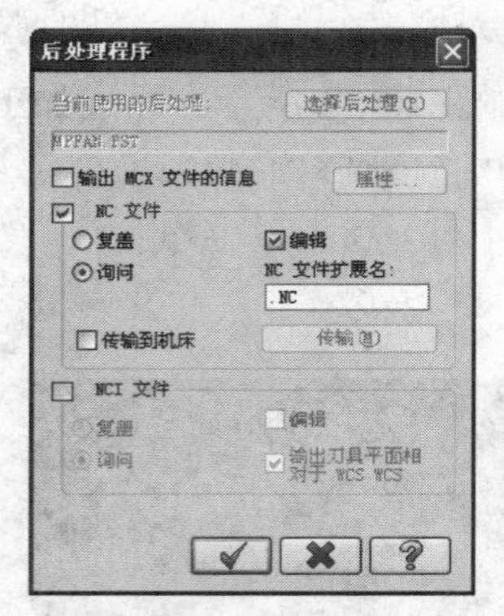

图 10-40 “后处理程序”对话框

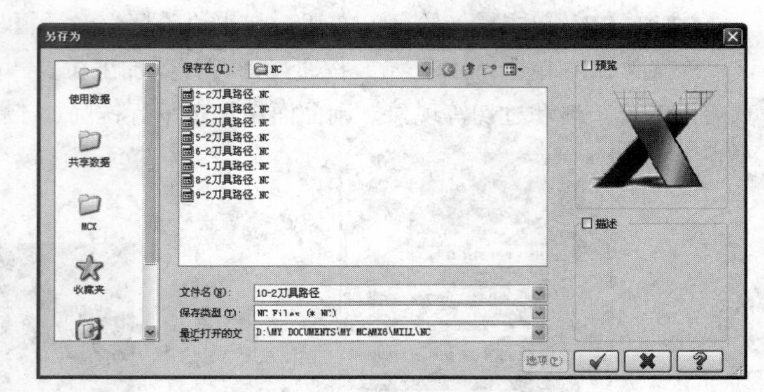

图 10-41 “另存为”对话框

STEP 03 单击“保存”按钮，系统开始生成加工程序。等待几分钟后，弹出如图 10-42 所示的“Mastercam X 编辑器”界面。

STEP 04 在该界面下，用户可以对生成的程序进行修改、编辑。单击“Mastercam X 编辑器”菜单栏中的“文件”→“保存”命令，保存该 NC 程序。最后通过“DNC”系统，把程序传入数控机床，进行数控铣削加工。

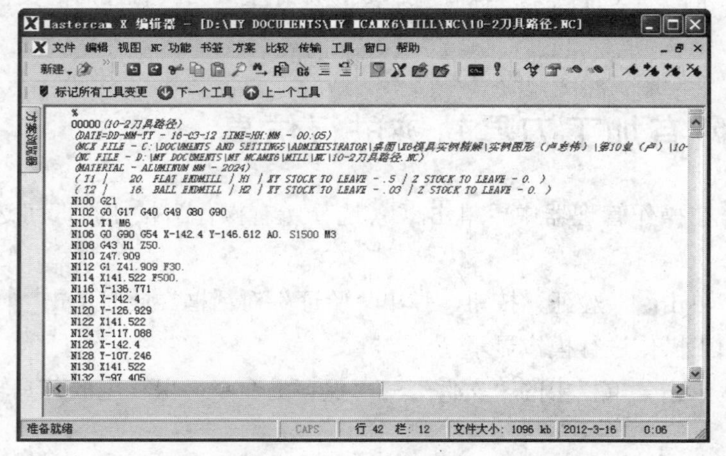

图 10-42 “Mastercam X 编辑器”界面

第 11 章

汽车发动机内横梁左右安装支架模具加工与编程

内容

本章介绍在 Mastercam X6 软件中对汽车发动机内横梁左右安装支架模具进行数控加工的常用加工工艺及加工方法，详细阐述了汽车发动机内横梁左右安装支架模具数控铣削加工的编程过程及技巧。

目的

通过实例讲解，使读者熟悉和掌握用 Mastercam X6 软件创建汽车发动机内横梁左右安装支架模具数控铣削加工刀具路径的方法，了解相关的数控加工工艺知识。

11.1 加工任务概述

汽车发动机内横梁左右安装支架如图 11-1 所示，其凸模如图 11-2 所示。下面将详细讲解汽车发动机内横梁左右安装支架凸模的加工编程过程。

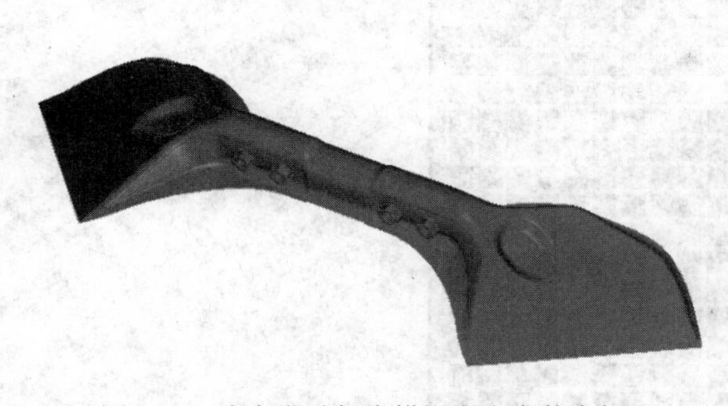

图 11-1　汽车发动机内横梁左右安装支架

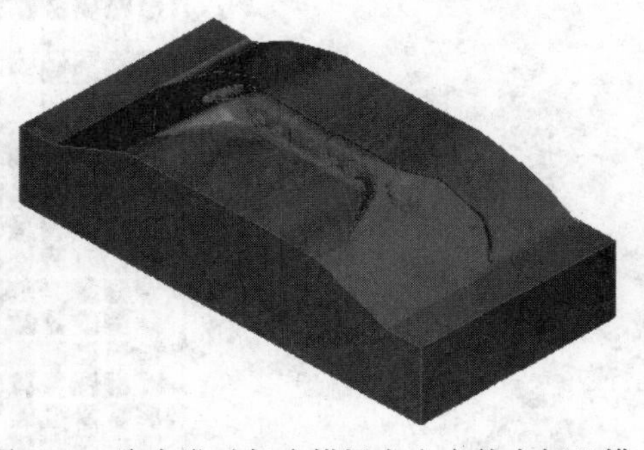

图 11-2　汽车发动机内横梁左右安装支架凸模

11.2 加工模型的准备

1．选取零件的加工模型文件

进入 Mastercam X6 系统，单击菜单栏中的“文件”→“打开文件”命令，系统弹出如图 11-3 所示的“打开”对话框，将“文件类型”设置为“IGES 文件”类型，选择零件的加工模型文件“11-1 图形.igs”，单击按钮。

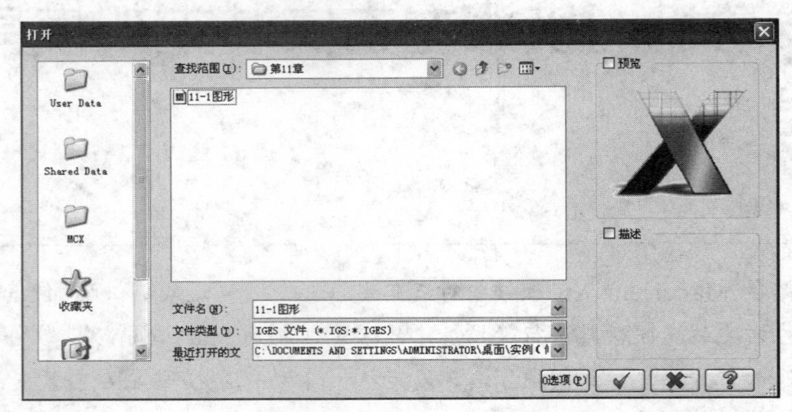

图 11-3 “打开”对话框

2．移动加工坐标点

STEP 01 显示坐标点。单击状态栏中的 10（颜色设置）区域，弹出如图 11-4 所示的“颜色”对话框。选择红色，单击按钮。再单击菜单栏中的“绘图”→“绘点”→“绘点”命令，在如图 11-5 所示的位置单击，即可创建一个红色的坐标点“+”。

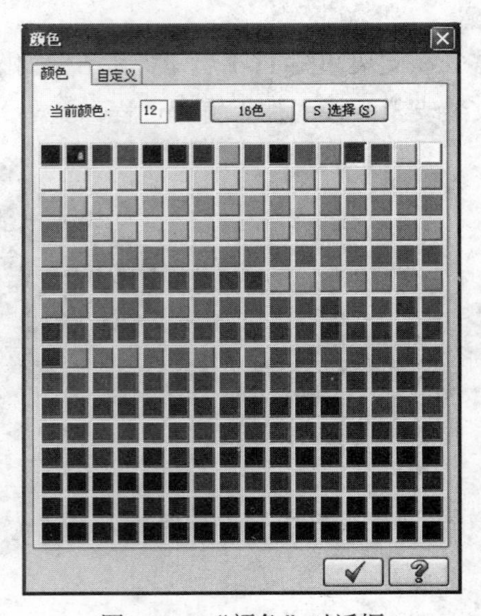

图 11-4 “颜色”对话框

STEP 02 测量坐标点的值。单击鼠标右键，系统在绘图区弹出常用工具快捷菜单，单击“顶视图”命令；或者在工具栏中单击（顶视图）按钮，将图形切换到顶视图。再单击菜单栏中的“分析”→“点位分析”命令，选择如图 11-5 所示的被测量点，系统即可弹出如图 11-6 所示的“点分析”对话框，显示坐标点数值。

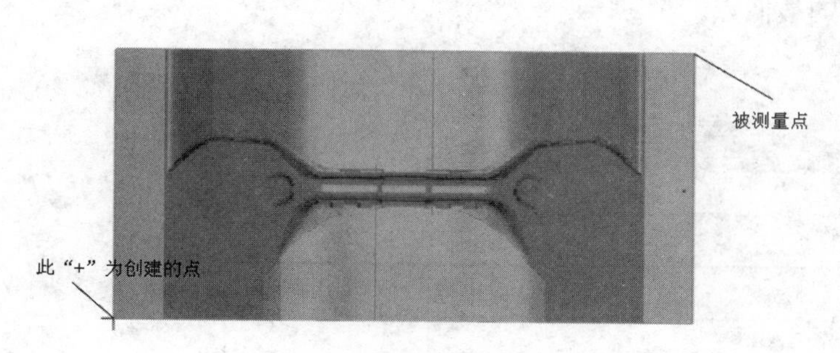

图 11-5 创建坐标点

图 11-6 “点分析”对话框 1

STEP 03 移动坐标点到数模中心。单击菜单栏中的“转换”→“平移”命令，系统弹出如图 11-7 所示的“平移选项”对话框，单击（选择图素）按钮，系统提示用户在绘图区选择整个数模，直到图形颜色发生变化，按“Enter”键即可返回如图 11-7 所示的对话框。在该对话框中的“直角坐标”选项组中的“ΔX”、“ΔY”文本框中输入要移动的 X、Y、Z（X=−580/2，Y=−280/2，Z 值默认为 0）的值，如图 11-7 所示，选中“移动”单选钮，单击按钮，关闭此对话框，此时坐标点就移到了如图 11-8 所示的顶视图的中心。用同样的方法把 Z 坐标移到数模的最高点。移动坐标点的目的是为了方便操作工对刀和复查程序。

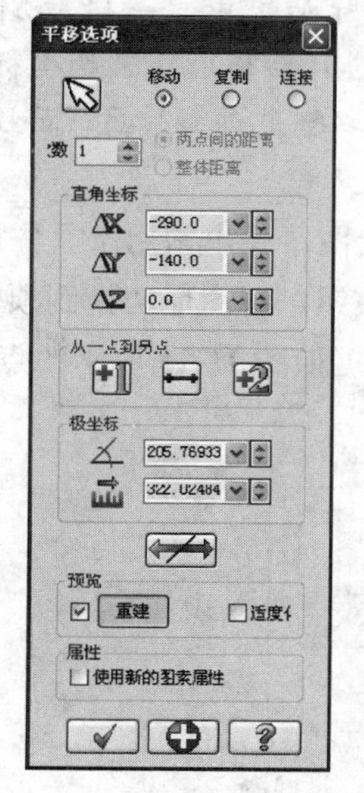

图 11-7 “平移选项”对话框

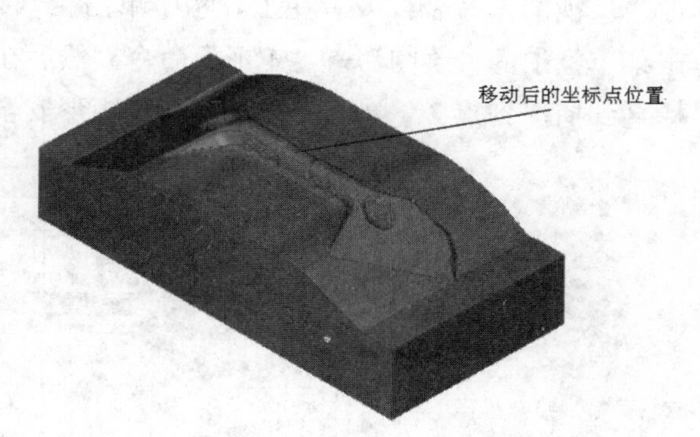

图 11-8 移动后的坐标点

3. 创建加工安全框

STEP 01 测量自由曲面最低点的坐标值（为创建加工安全框提供Z方向的最大值）。单击鼠标右键，在弹出的常用工具快捷菜单中单击“前视图”命令；或者在工具栏中单击（前视图）按钮，将图形切换到前视图。再单击菜单栏中的“分析”→“点位分析”命令，选择如图11-9所示的自由曲面的最低点。

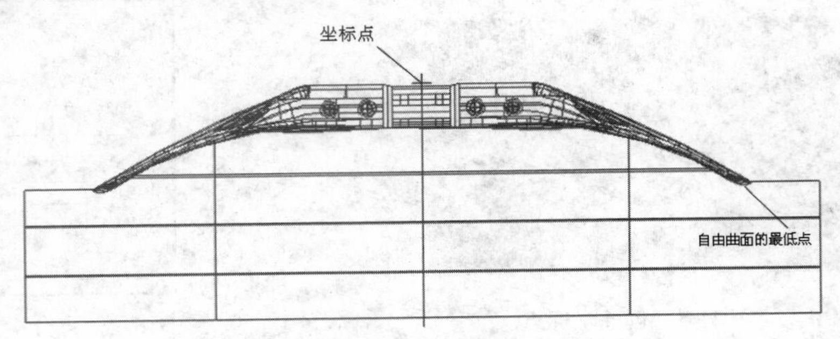

图11-9 选择自由曲面的最低点

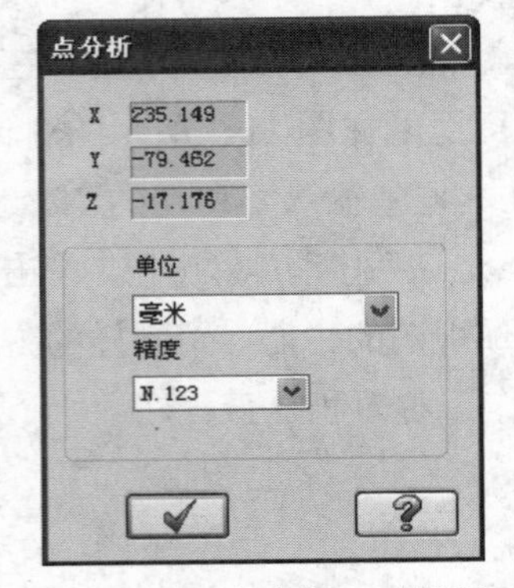

图11-10 “点分析”对话框2

此时，系统弹出如图11-10所示的“点分析”对话框，显示自由曲面最低点的测量数据，其中测出的Y值（-79.462）就是所要测量的Z值，对于初学者来说，容易搞混。

STEP 02 在状态栏中的 Z -90.0 文本框中输入“-90”。

在实际加工中，一般取测量点下-10的值进行圆整后为Z的坐标值。这样便于选取整个自由曲面，而且对于加工也非常重要。

STEP 03 创建加工安全框。单击鼠标右键，系统在绘图区弹出常用工具快捷菜单，单击“顶视图”命令；或者在工具栏中单击（顶视图）按钮，将图形切换到顶视图。再单击菜单栏中的“绘图”→“矩形”命令，然后在绘图区捕捉如图11-11所示的点1，拖动鼠标直到捕捉到点2，单击鼠标即可创建矩形安全框。

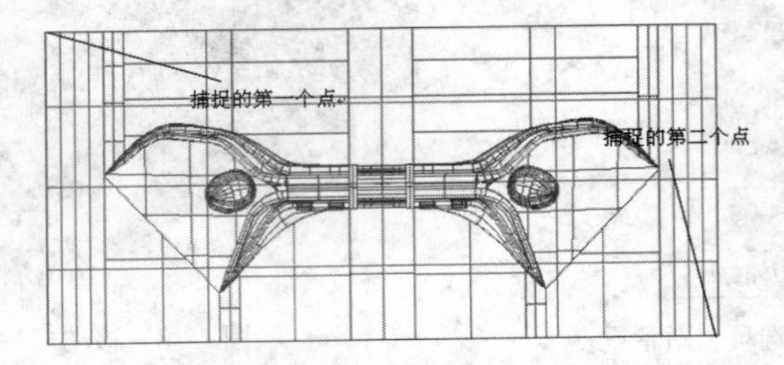

图11-11 在顶视图下通过捕捉点来创建矩形安全框

11.3 创建粗加工刀具轨迹

1. 选择自由曲面

STEP 01 单击鼠标右键，系统在绘图区弹出常用工具快捷菜单，单击“顶视图”命令；或者在工具栏中单击（顶视图）按钮，将图形切换到顶视图。按住<Alt>+<→>键，旋转图形至如图 11-12 所示的位置，再单击菜单栏中的“刀具路径”→“曲面粗加工”→“粗加工平行铣削加工”命令。

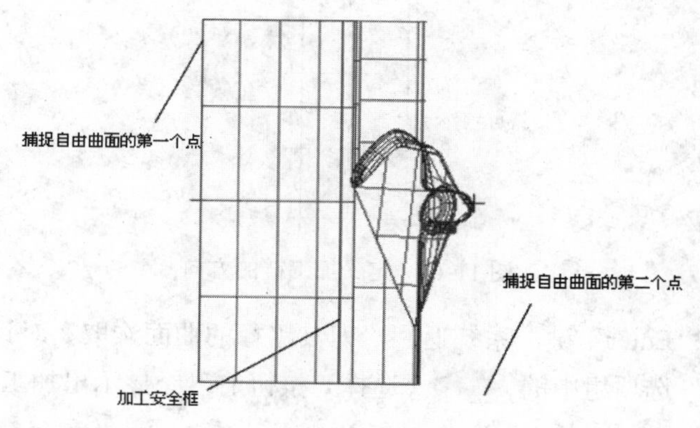

图 11-12 选择自由曲面

STEP 02 在弹出的如图 11-13 所示的“选择工件形状”对话框中，选中“凸”单选钮，单击按钮。

STEP 03 系统返回绘图区，按照系统提示“选择加工曲面”选择全部曲面。在选择自由曲面捕捉第二个点时，应尽量超出曲面的最外边，这样就不会遗漏任何一个曲面。选择完成后，整个自由曲面变成了白色，按“Enter”键。

STEP 04 系统弹出如图 11-14 所示的“刀具路径的曲面选取”对话框，可以看出在该对话框中“加工曲面”选项组中的（选取）按钮前已经显示出选中曲面的数目(256)。也可以单击“加工曲面”选项组中的（选取）按钮，重新选择需要加工的自由曲面。

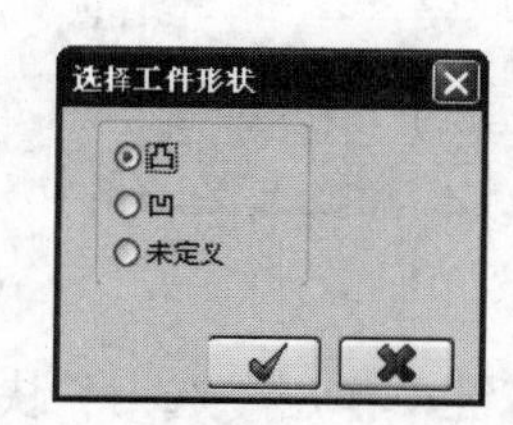

图 11-13 “选择工件形状”对话框

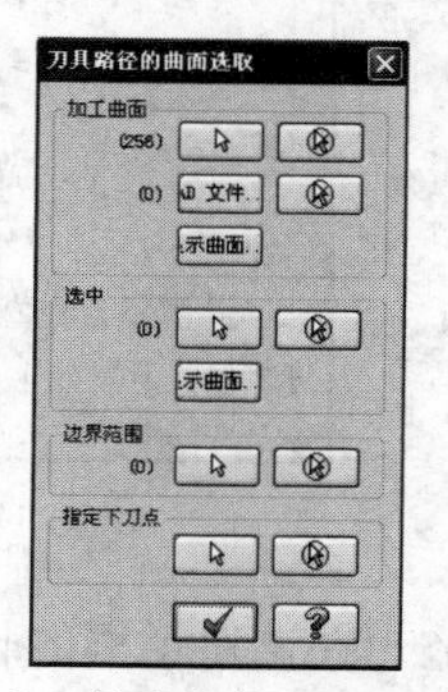

图 11-14 “刀具路径的曲面选取”对话框

2．设置加工链方向

STEP 01 单击如图 11-14 所示的“刀具路径的曲面选取”对话框中的“边界范围”选项组中的（选择）按钮，系统弹出“串连选项”对话框，同时在绘图区出现提示“串连 2D 刀具切削范围”，选择如图 11-12 所示的数模上的加工安全框，在加工安全框上出现了箭头，这表示铣削加工的方向，如图 11-15 所示。

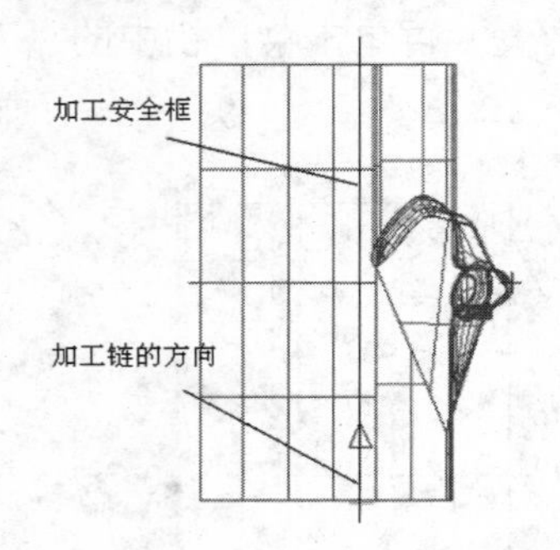

图 11-15 定义加工链的方向

STEP 02 按“Enter”键，系统返回“刀具路径的曲面选取”对话框，可以看出该对话框中“边界范围”选项组中的（选择）按钮前已经显示出加工链的数目（1）。

3．选择刀具及编辑加工参数

STEP 01 单击按钮，弹出如图 11-16 所示的“曲面粗加工平行铣削”对话框，默认显示“刀具路径参数”标签页。

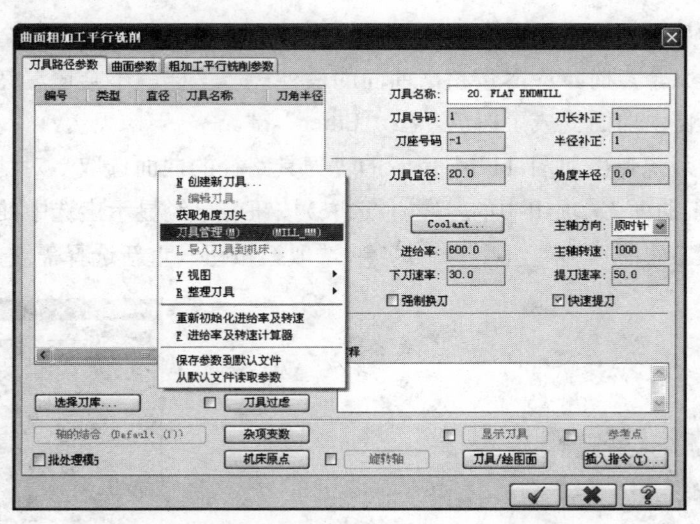

图 11-16 “曲面粗加工平行铣削”对话框

STEP 02 在该对话框的长方形空白处，单击鼠标右键，弹出“选刀”快捷菜单，单击“刀具管理”命令，弹出如图 11-17 所示的“刀具管理”对话框。

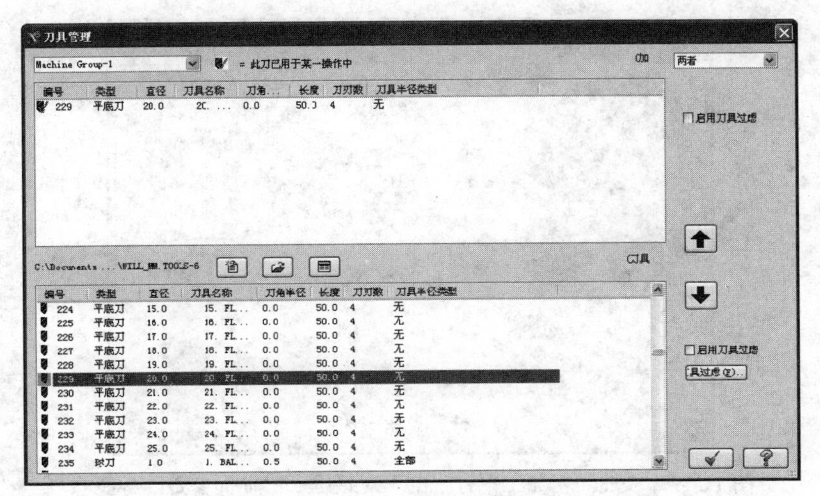

图 11-17　“刀具管理”对话框

STEP 03　选择 $\phi 20$ 的平底刀作为粗加工的刀具。单击按钮，返回“曲面粗加工平行铣削”对话框。

STEP 04　根据机床的性能，设定“进给率”=600、“主轴转速”=1000、“下刀速率”=30、“提刀速率”=50，如图 11-18 所示。

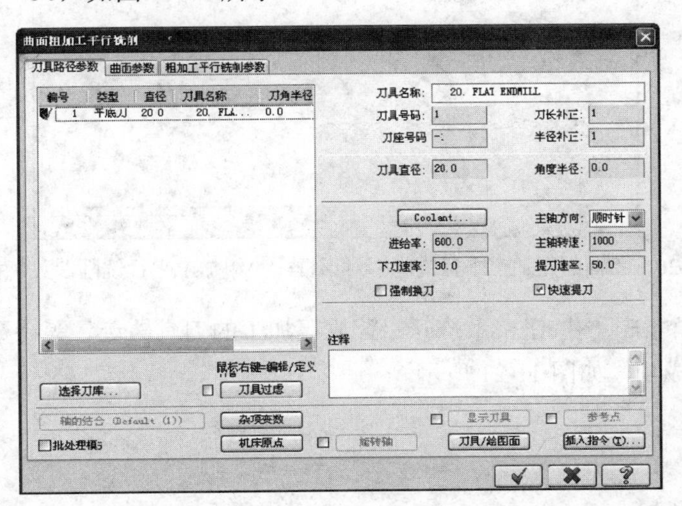

图 11-18　“曲面粗加工平行铣削”对话框—“刀具路径参数”标签页

STEP 05　单击“曲面粗加工平行铣削”对话框中的“曲面参数”标签，设定“加工面预留量”=0.5，并在“刀具位置”选项组中选中“中心”单选钮，其余参数按默认设置，如图 11-19 所示。

STEP 06　单击“曲面粗加工平行铣削”对话框中的“粗加工平行铣削参数”标签，设定“整体误差”=0.025、“最大切削间距”=12、“加工角度”=0、“Z 轴最大进给量”=1，并在“切削方式”下拉列表中选择“单向”，如图 11-20 所示。

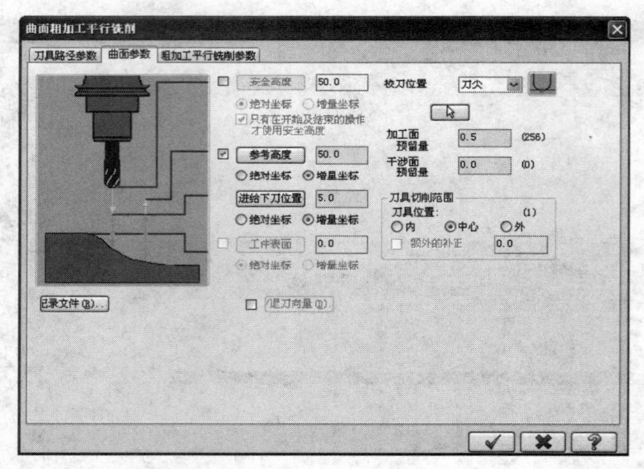

图 11-19　“曲面粗加工平行铣削”对话框—“曲面参数”标签页

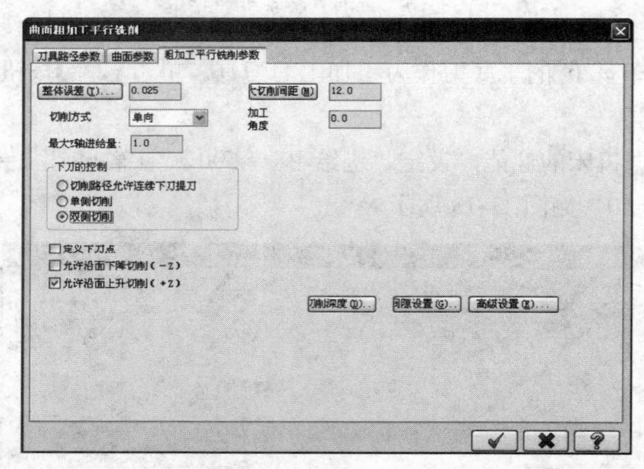

图 11-20　“曲面粗加工平行铣削”对话框—“粗加工平行铣削参数”标签页

STEP 07　单击按钮，系统开始计算粗加工的刀具轨迹。等待数分钟后，粗加工的刀具轨迹创建成功，如图 11-21 所示。

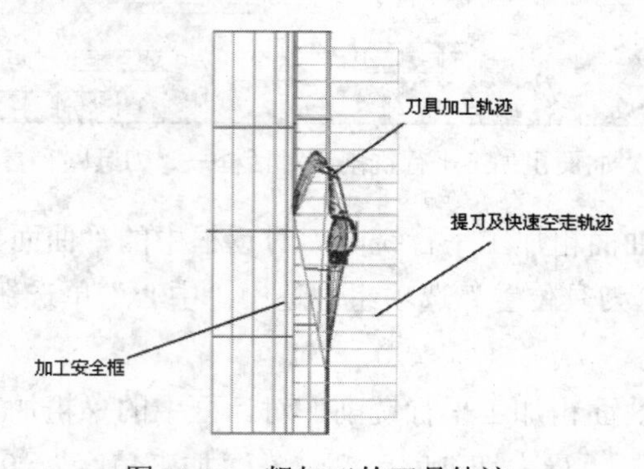

图 11-21　粗加工的刀具轨迹

4. 模拟仿真粗加工刀具轨迹

STEP 01 单击如图 11-22 所示的操作管理器中的（验证）按钮，弹出如图 11-23 所示的“验证”对话框。

STEP 02 单击（开始）按钮，即可开始加工仿真，如图 11-24 所示。经过加工仿真后，若无干涉和过切等现象，则表示粗加工的刀具轨迹创建成功。

图 11-22 操作管理器

5. 保存文件

单击菜单栏中的“文件”→“保存”命令，保存生成刀具轨迹后的文件。

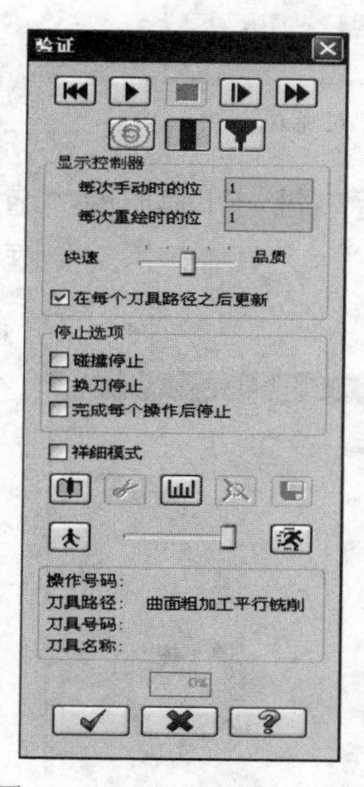

图 11-23 “验证”对话框

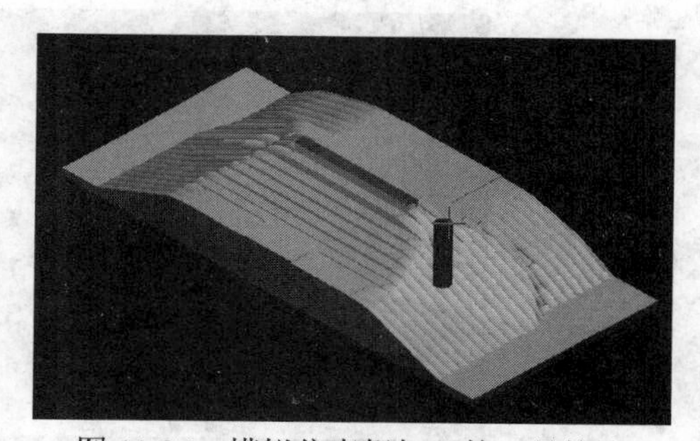
图 11-24 模拟仿真粗加工的刀具轨迹

11.4 创建精加工刀具轨迹

1. 选择自由曲面

单击菜单栏中的“刀具路径”→“曲面精加工”→“精加工平行铣削”命令，按住<Alt>+<→>键，将图形旋转 90°，用鼠标选择全部曲面。具体方法可参照 11.3 节。

2．选择刀具及修改加工的参数

STEP 01 单击“刀具路径的曲面选取”对话框中的 按钮，弹出如图 11-25 所示的“曲面精加工平行铣削”对话框，默认显示“刀具路径参数”标签页。

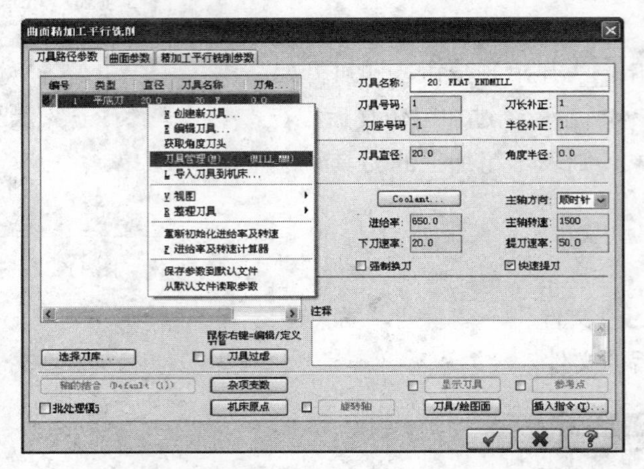

图 11-25 “曲面精加工平行铣削”对话框

STEP 02 在该对话框的长方形的空白处，单击鼠标右键，在弹出的“选刀”快捷菜单中单击“刀具管理”命令，在弹出的如图 11-26 所示的“刀具管理”对话框中单击 $\phi12$ 球头刀，再单击 按钮，系统返回“曲面精加工平行铣削”对话框。

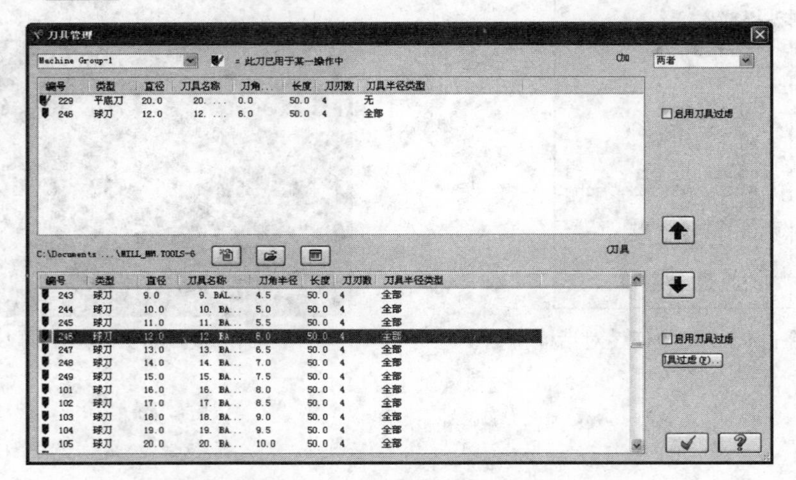

图 11-26 “刀具管理”对话框

STEP 03 在该对话框中设定“进给率”=650、“主轴转速”=1500、“下刀速率”=20、“提刀速率”=50，如图 11-27 所示。

STEP 04 单击“曲面精加工平行铣削”对话框中的“曲面参数”标签，分别设定“加工面预留量”=0.03、“参考高度”=50、“进给下刀位置”=5，并在“刀具位置”选项组中选中“中心”单选钮，如图 11-28 所示。

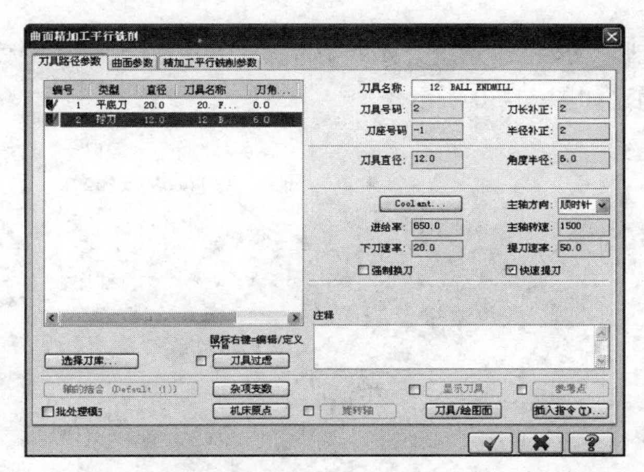

图 11-27　“曲面精加工平行铣削”对话框—“刀具路径参数”标签页

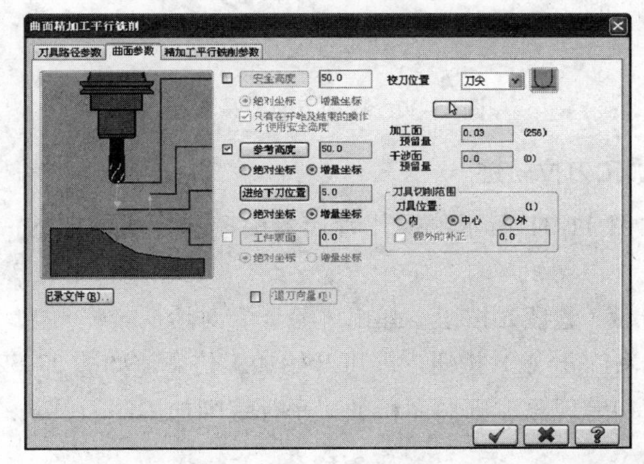

图 11-28　“曲面精加工平行铣削”对话框—“曲面参数”标签页

STEP 05　单击“曲面精加工平行铣削”对话框中的“精加工平行铣削参数”标签，设定“整体误差”=0.025、“最大切削间距”=1.2、“加工角度”=0，如图 11-29 所示。

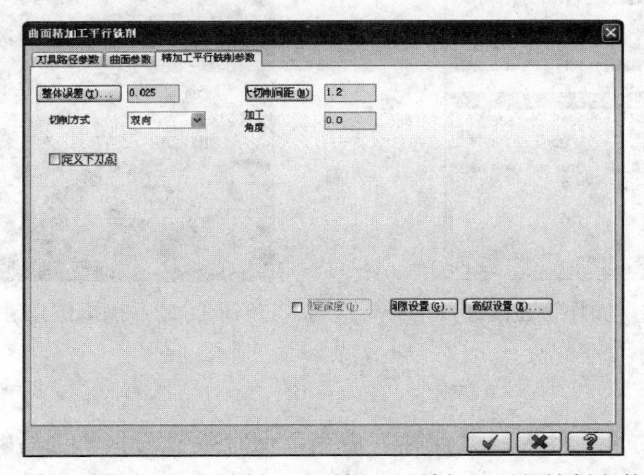

图 11-29　“曲面精加工平行铣削”对话框—“精加工平行铣削参数”标签页

STEP 06 单击[✓]按钮，系统开始计算精加工的刀具轨迹。等待数分钟后，精加工的刀具轨迹创建成功，如图 11-30 所示。

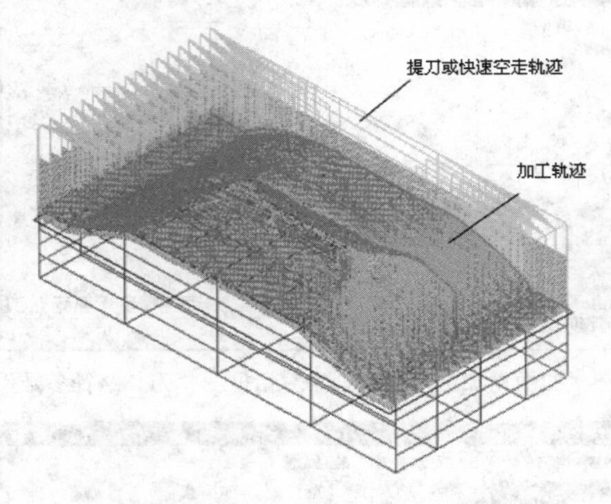

图 11-30 精加工的刀具轨迹

3．模拟仿真精加工刀位轨迹

STEP 01 在如图 11-31 所示的操作管理器中，选择所创建的曲面精加工平行铣削操作。

STEP 02 单击（验证）按钮，弹出“验证”对话框。

STEP 03 单击（开始）按钮，即可开始加工仿真，如图 11-32 所示。经过加工仿真后，若无干涉和过切等现象，则曲面精加工平行铣削加工的刀具轨迹创建成功。

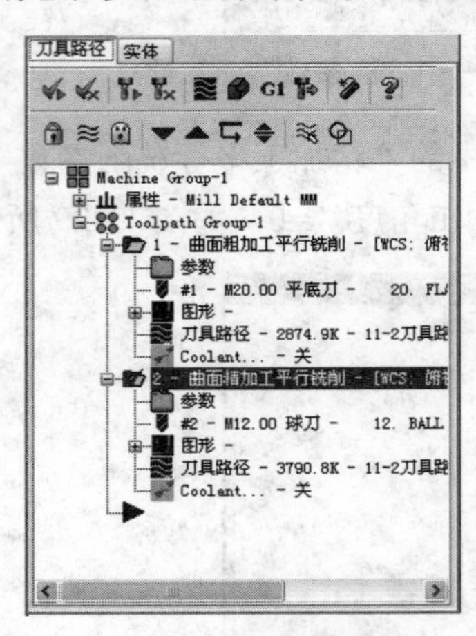

图 11-31 操作管理器

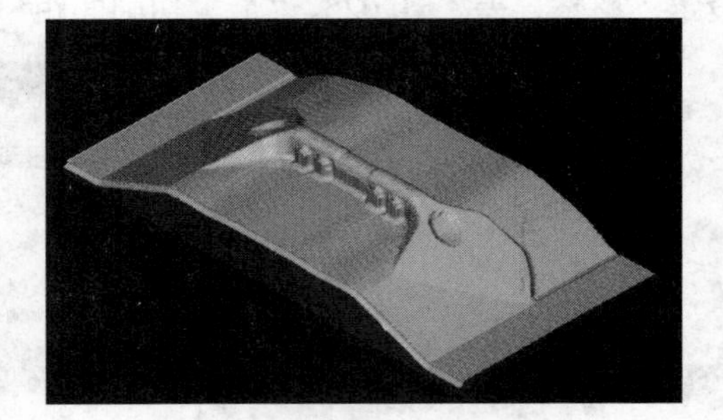

图 11-32 模拟仿真精加工的刀具轨迹

4．保存文件

单击菜单栏中的“文件”→“保存”命令，保存生成刀具轨迹后的文件。

11.5 生成 NC 程序

STEP 01 在操作管理器中，选择所要进行后置处理的操作，单击G1（后处理）按钮，弹出如图 11-33 所示的“后处理程序”对话框。

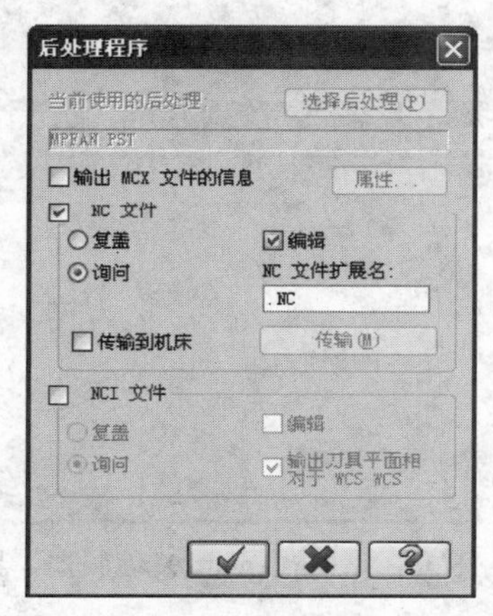

图 11-33　“后处理程序”对话框

STEP 02 勾选“编辑”复选框，以便对产生的加工程序自动进行存盘和编辑，单击✓按钮，系统弹出如图 11-34 所示的“另存为”对话框，用户可以在该对话框中输入需要保存的 NC 文件的名称。

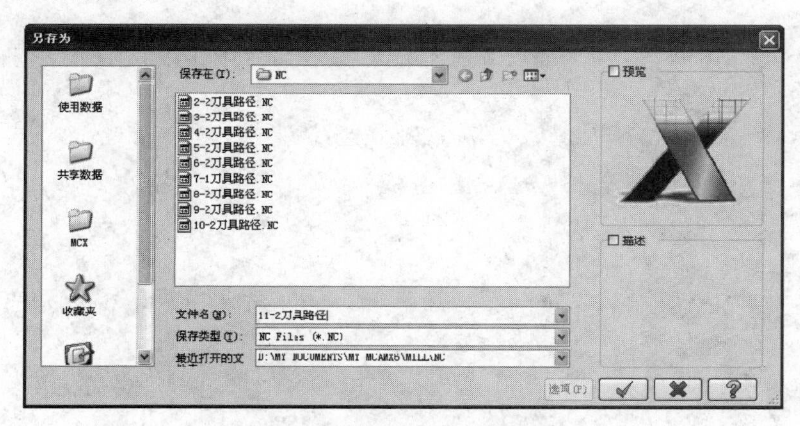

图 11-34　“另存为”对话框

STEP 03 单击“保存”按钮，系统开始生成加工程序。等待几分钟后，弹出如图 11-35 所示的“Mastercam X 编辑器”界面。

STEP 04 在该界面下，用户可以对生成的程序进行修改、编辑。单击“Mastercam X 编辑器”菜单栏中的“文件”→“保存”命令，保存该 NC 程序。

针对汽车覆盖零件模具的数控加工，Mastercam X6 提供了丰富的加工功能，但采用不同的加工工艺及不同的加工工艺参数，会产生完全不同的加工效果。通过以上 10 个零件成型模的应用和实践，不难发现，只有根据具体加工对象的特点，对加工工序进行适当的调整，并设置恰当的参数，才能使加工即高效又能保证加工质量。

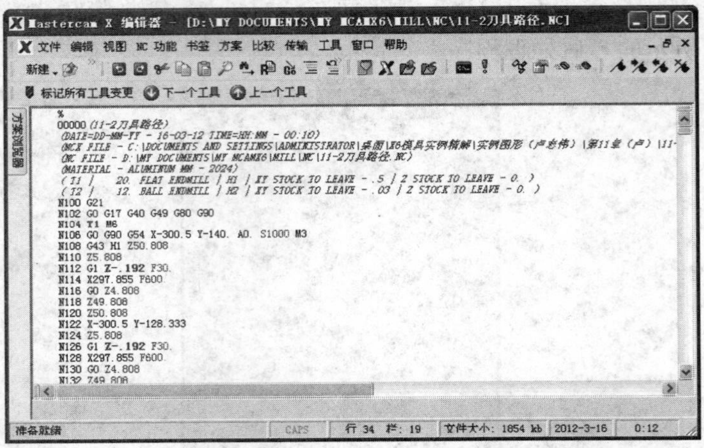

图 11-35　“Mastercam X 编辑器”界面

第12章

连杆锻模下模加工与编程

内容

本章介绍在 Mastercam X6 软件中对锻造类模具进行数控加工的相关工艺知识，详细阐述锻模数控铣加工的过程，以及数控程序编制方法的详细步骤。本章采用 Mastercam X6 软件基于实体造型的刀具路径设计技术，这一技术可以高效、快速地编制这一类模具的加工程序，相对于线框架构的刀具路径设计技术，具有更加方便、灵活、易学的特点。

目的

通过典型连杆锻模下模的加工实例，详细讲解锻造类模具加工的工艺知识、刀具路径的设计方法，使读者能够熟悉、掌握用 Mastercam X6 软件编制锻造类模具数控加工程序的基本方法。

12.1 加工任务概述

12.1.1 锻造类模具概述

锤上模锻是锻造生产中最基本的锻造方法，由于其具有通用性强、生产效率高等优点，适合大批量生产，因此它是锻造生产中应用最广泛的锻造方法之一。在实际生产中，锤上模锻加工所用的锻模有很大的需求量。传统的加工方法采用仿形铣加工锻模，这种加工方法使用专用靠模在仿形铣上将毛坯加工成与靠模形状相同的型腔型面。这种方法加工的锻模表面粗糙度大、加工精度低、技术准备和生产周期很长，是一种较为落后的加工方法。

随着近 10 年来的技术进步，我国的企业已经开始大量装备数控加工设备，其中很多企业已经采用数控加工设备结合先进的 CAD/CAM 技术来加工锻模。这种加工方法具有加工精度高、加工周期短、生产成本低的特点。同时由于提高了锻模的加工精度，使加工出来的锻件的精度质量也得到了相应的提高。因此这种加工方法是一种先进的、高效率的加工手段。这种加工方法的核心技术是应用先进的 CAD/CAM 技术通过产品实体造型技术、模具设计 CAD 技术及数控加工编程技术来实现的。

12.1.2 连杆锻模加工概述

在锻造类模具中，连杆类锻模是最常见的一类，连杆热锻件形状如图 12-1 所示。根据热锻件图，采用 CAD 技术设计锻模如图 12-2 所示。这套连杆锻模由上模和下模组成，主要由拔长模膛、滚压模膛、预锻模膛、终锻模膛、飞边槽、仓部、桥部、钳口、钳口颈等部分组成。锻模设计过程涉及模具设计的专业知识，如需要了解请参考锻模设计的相关资料。本章采用已设计完成的模具实体进行数控加工编程讲解。

图 12-1　连杆热锻件图

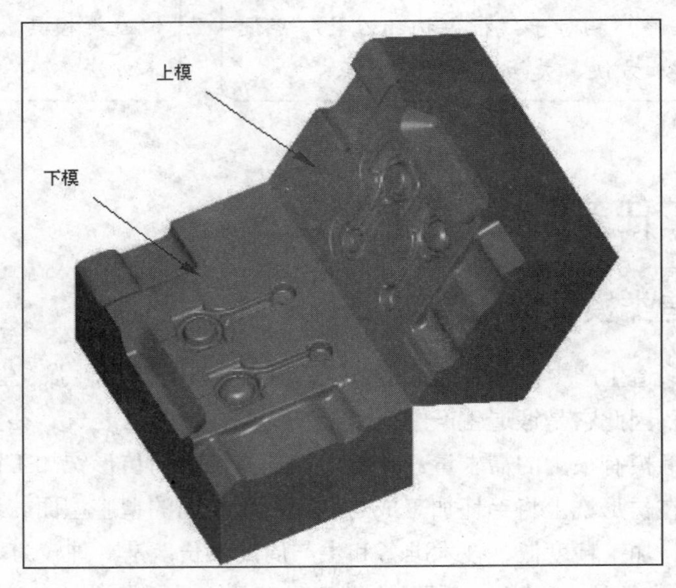

图 12-2　连杆锻模

12.2 下模的加工工艺方案

下模各加工部位如图 12-3 所示，主要由拔长模膛、滚压模膛、预锻模膛、终锻模膛、飞边槽、钳口、钳口颈等部位，加工机床选用数控龙门加工中心。

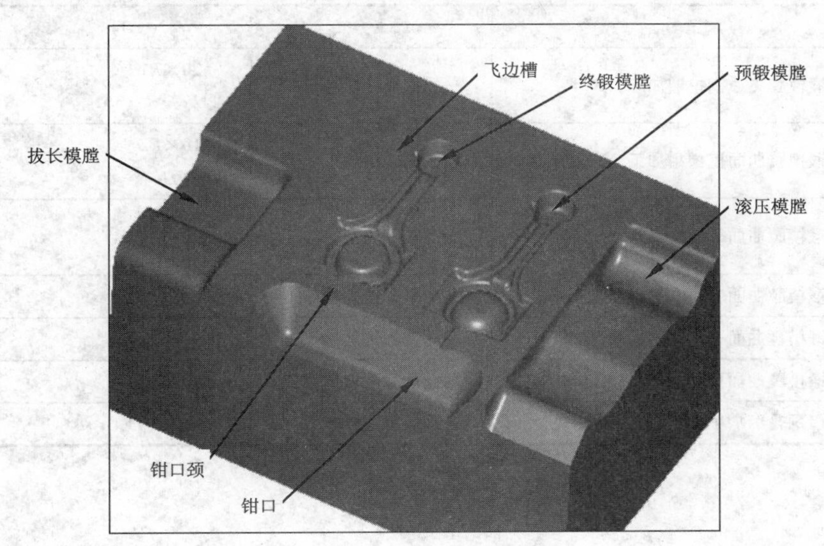

图 12-3　下模各加工部位

下模的加工工艺方案如表 12-1 所示（在表中只列出与数控加工有关的内容，省略了普通机械加工的内容）。

表 12-1　下模加工工艺方案　　单位：mm

工步	加工内容	加工方式	刀具	余量
1	模具上平面的加工	面铣削	ϕ120 面铣刀	0
2	滚压模膛的加工	轮廓加工（2D）	ϕ25×R8 圆鼻刀	0
3	拔长模膛的加工	轮廓加工（2D）	ϕ25×R8 圆鼻刀	0
4	钳口粗加工	轮廓加工（2D）	ϕ25×R3 圆鼻刀	1
5	钳口精加工	轮廓加工（2D）	ϕ12×R3 圆鼻刀	0
6	滚压模膛和拔长模膛的倒圆角加工	曲面平行铣削精加工	ϕ6 球铣刀	0
7	预锻模膛曲面挖槽粗加工	曲面挖槽粗加工	ϕ10×R2 圆鼻刀	0.5
8	预锻模膛曲面等高轮廓粗加工	曲面等高轮廓粗加工	ϕ6×R2 圆鼻刀	0.3
9	预锻模膛曲面平行铣削半精加工	曲面平行铣削精加工	ϕ6 球铣刀	0.1
10	预锻模膛曲面平行铣削精加工	曲面平行铣削精加工	ϕ4 球铣刀	0
11	预锻模膛曲面平行陡坡精加工	曲面平行陡坡精加工	ϕ4 球铣刀	0

续表

工步	加工内容	加工方式	刀具	余量
12	终锻模膛飞边槽挖槽加工	平面挖槽（标准）	$\phi 20\times R1$ 圆鼻刀	0
13	终锻模膛曲面挖槽粗加工	曲面挖槽粗加工	$\phi 10\times R2$ 圆鼻刀	0.5
14	终锻模膛曲面等高轮廓粗加工	曲面等高轮廓粗加工	$\phi 6\times R2$ 圆鼻刀	0.3
15	终锻模膛曲面平行铣削半精加工	曲面平行铣削精加工	$\phi 6$ 球铣刀	0.1
16	终锻模膛曲面平行铣削精加工	曲面平行铣削精加工	$\phi 4$ 球铣刀	0
17	终锻模膛曲面平行陡坡精加工	曲面平行陡坡精加工	$\phi 4$ 球铣刀	0
18	钳口颈轮廓加工	轮廓加工（2D）	$\phi 6$ 立铣刀	0

12.3 加工模型的准备

STEP 01 进入 Mastercam X6 系统，单击菜单栏中的“文件”→“打开文件”命令，系统弹出如图 12-4 所示的“打开”对话框，找到并选择“12-1 图形.x_t”文件，单击✓按钮，在绘图区即可显示如图 12-3 所示下模的实体模型。

STEP 02 单击状态栏中的层别 1（层别）区域，在弹出的如图 12-5 所示的“层别管理”对话框中设置各项参数。单击✓按钮，设置第二层为工作层。

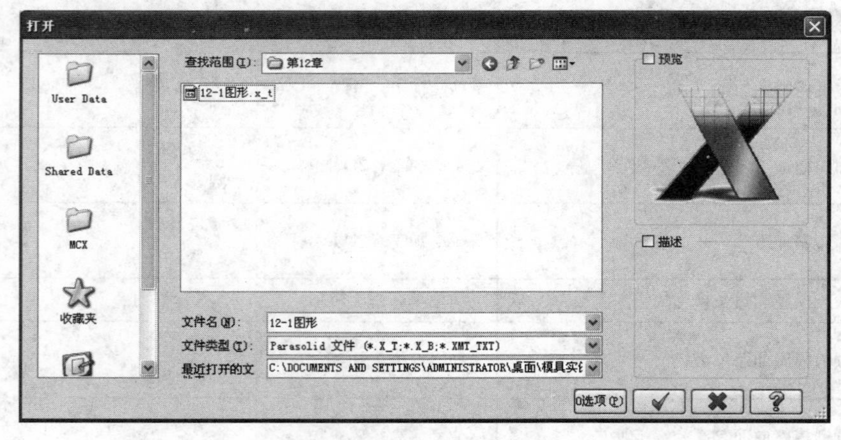

图 12-4 “打开”对话框

STEP 03 单击状态栏中的 10 （颜色设置）区域，在弹出的如图 12-6 所示的“颜色”对话框中选择 2 号绿色。单击✓按钮，设定将提取图素的颜色。

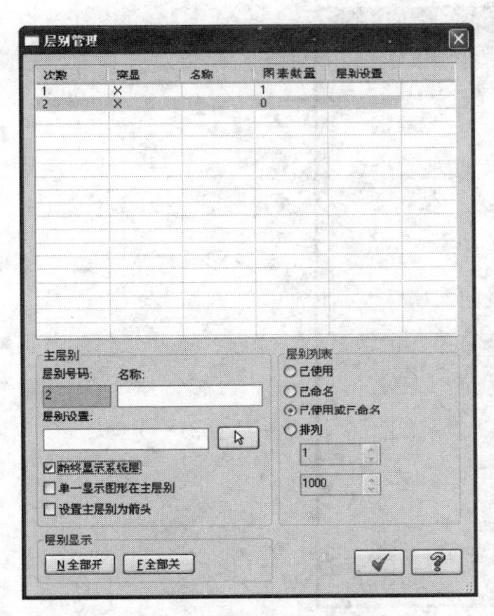

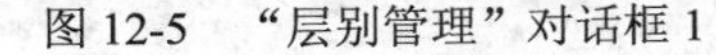
图 12-5　“层别管理”对话框 1

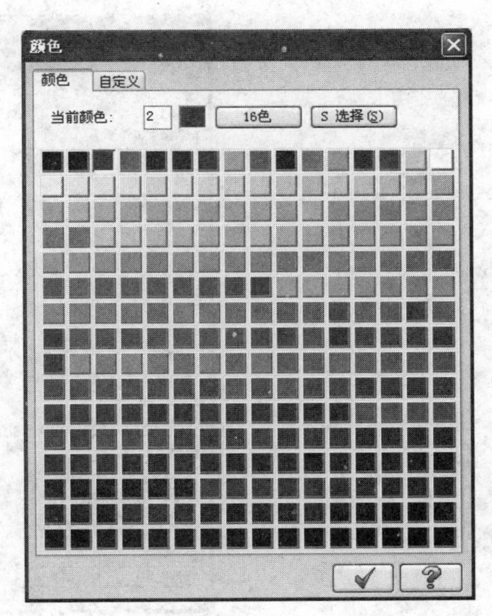

图 12-6　“颜色”对话框

STEP 04　单击菜单栏中的“绘图”→“曲面”→“由实体生成曲面”命令，或者单击工具栏中的田（由实体生成曲面）按钮，准备选择生成曲面的实体。

STEP 05　此时系统提示“请选择要产生曲面的主体或面”信息，选择实体，如图 12-7（a）所示，然后按“Enter”键，即可提取实体的所有表面，如图 12-7（b）所示。

（a）选择实体

（b）生成实体曲面

图 12-7　提取全部实体曲面

STEP 06　单击状态栏中的层别 2（层别）区域，在弹出的如图 12-8 所示的“层别管理”对话框中设置各项参数。单击✓按钮，关闭第一层，设置第三层为工作层。

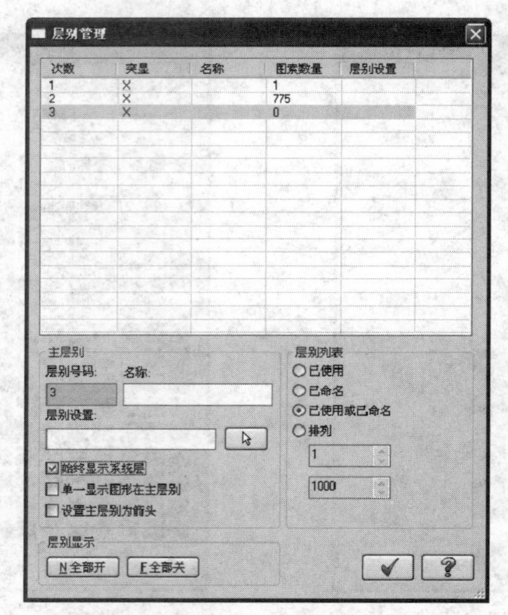

图 12-8　“层别管理”对话框 2

STEP 07　单击菜单栏中的“绘图”→“曲面曲线”→“创建所有边界曲线”命令，或者单击工具栏中的（创建所有边界曲线）按钮，准备选择生成第一部分曲线的实体面。

STEP 08　系统提示“选择曲面，实体或实体面”信息，显示如图 12-9 所示的“创建所有边界线”工具栏，此时选择如图 12-10（a）所示实体面上的 A 面，单击鼠标左键即可产生实体面上 A 表面的边缘曲线，如图 12-10（b）所示。

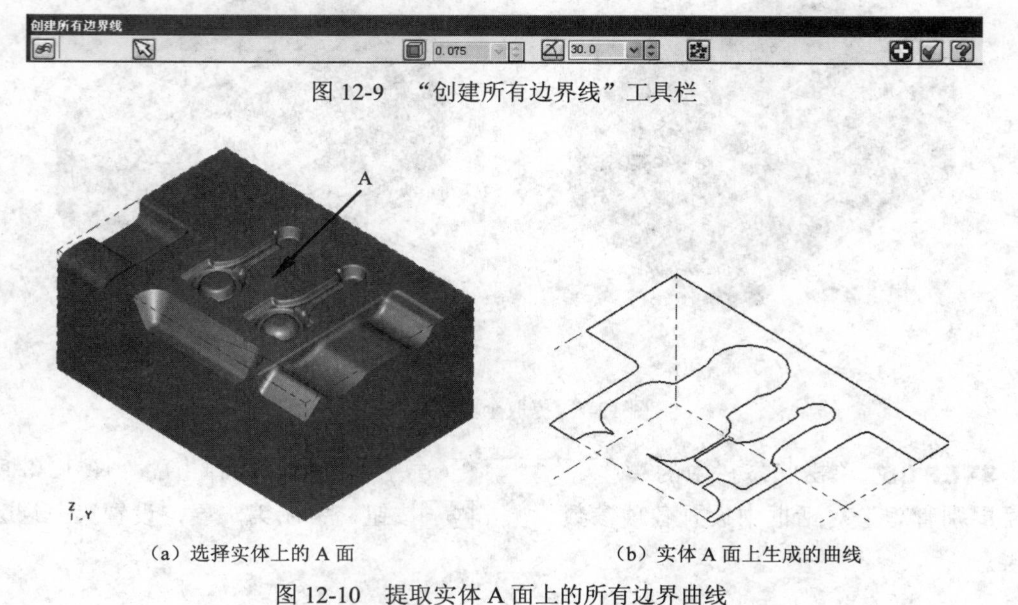

图 12-9　“创建所有边界线”工具栏

（a）选择实体上的 A 面　　（b）实体 A 面上生成的曲线

图 12-10　提取实体 A 面上的所有边界曲线

STEP 09　单击状态栏中的 层别 3 （层别）图标，在弹出的“层别管理”对话框中设置各项参数。关闭第一、第三层，打开第二层，设置第四层为工作层，准备从实体表面模型上提取第二部分曲线，单击 ✔ 按钮返回绘图区。

STEP 10　单击菜单栏中的“绘图”→“曲面曲线”→“创建所有边界曲线”命令，或者单击工具栏中的（创建所有边界曲线）按钮，准备选择生成第二部分曲线的实体面。

STEP 11　单击如图 12-11（a）所示的实体面上的 B、C、D 面，产生实体面上 B、C、D 面的边缘曲线，如图 12-11（b）所示。

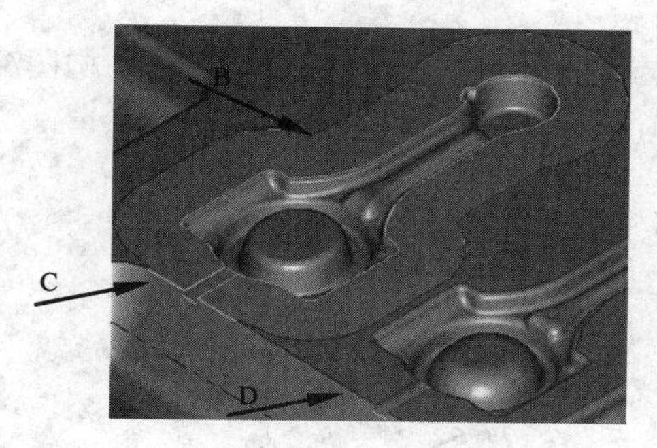

（a）选择实体上的 B、C、D 面

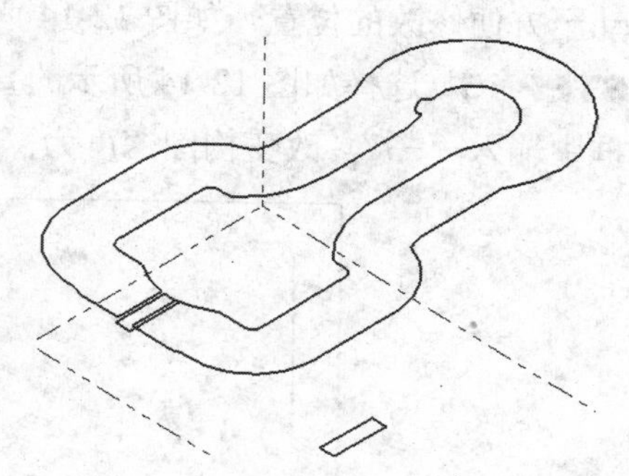
（b）实体 B、C、D 面上生成的曲线

图 12-11　提取实体 B、C、D 面上的所有边界曲线

STEP 12　单击状态栏中的 层别 2 （层别）图标，在弹出的“层别管理”对话框中设置各项参数。关闭第一、第二层、第三层，打开第四层，以方便进行曲线编辑，单击 ✔ 按钮返回绘图区。

STEP 13　单击工具栏中的（删除）按钮，逐一删除如图 12-12 所示的 6 处曲线。单击如图 12-13 所示的“标准选择”工具栏中的“串连”命令，选择 A 处，删除串连曲线。

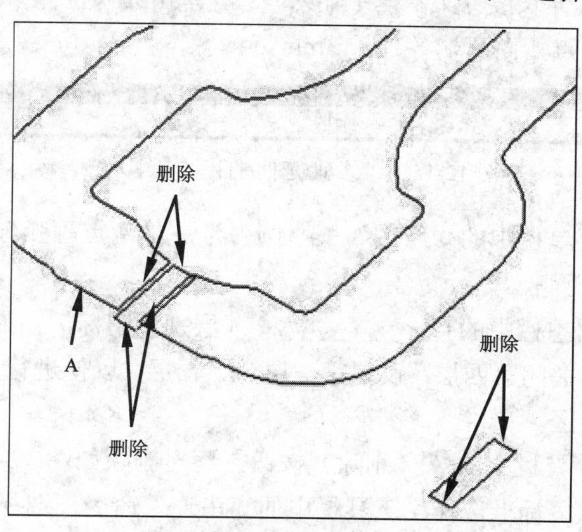

图 12-12　删除多余曲线与串连曲线

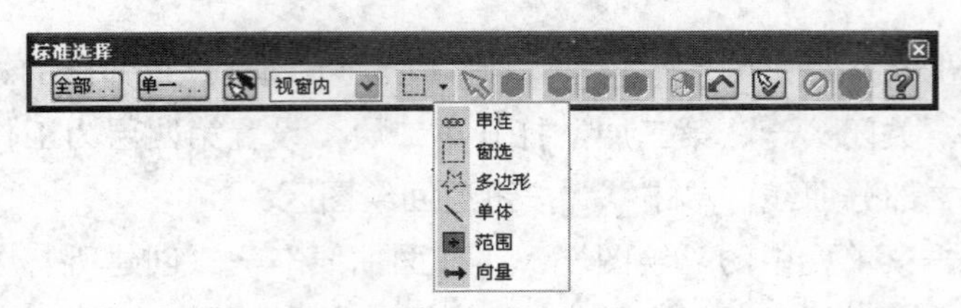

图 12-13 “标准选择”工具栏

STEP 14 单击工具栏中的（顶视图）按钮，使用<↑>、<↓>、<←>、<→>键将图形移动至方便修改的位置，如图 12-14 所示。

STEP 15 选择如图 12-14 所示的直线端点，并在状态栏中的（构图深度）文本框中输入“-3”，改变构图深度为“Z：-3.0”。

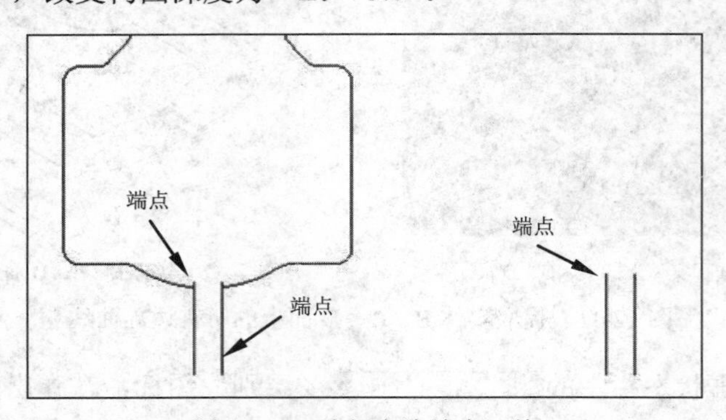

图 12-14 选择直线端点延伸

STEP 16 单击菜单栏中的“编辑”→“修剪/延伸”→“修剪/打断/延伸”命令，显示如图 12-15 所示的“修剪/延伸/打断”工具栏，同时出现“选择用于修剪/延伸的图素”提示。在（拉伸长度）文本框中输入“3”，单击（拉伸）按钮，选择如图 12-14 所示 4 条直线的 8 个端点，向两端各延长 3mm。

图 12-15 “修剪/延伸/打断”工具栏

STEP 17 单击菜单栏中的“绘图”→“圆弧”→“两点画弧”命令，进行图形的修改和编辑，如图 12-16 所示。

STEP 18 单击状态栏中的（层别）图标，在弹出的“层别管理”对话框中设置各项参数，关闭第四层，设置第三层为工作层，以便进行第一部分曲线的编辑，单击按钮返回绘图区。

STEP 19 单击工具栏中的（删除）按钮，逐一删除如图 12-17 所示的 5 处曲线。单击如图 12-13 所示的“标准选择”工具栏中的“串连”命令，选择 A 处单击鼠标左键，删除串连曲线。

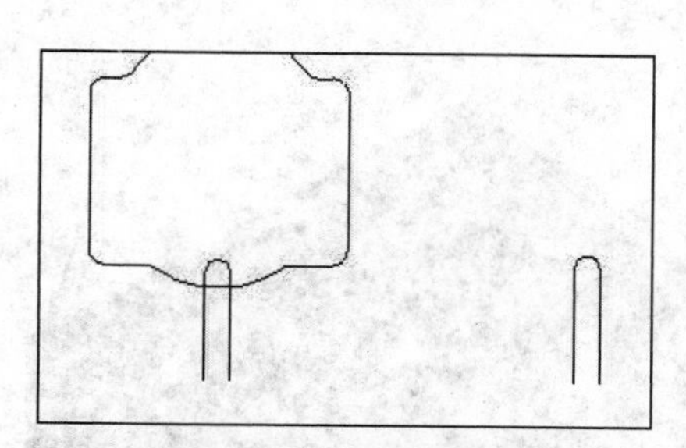

图 12-16　修改图形的结果

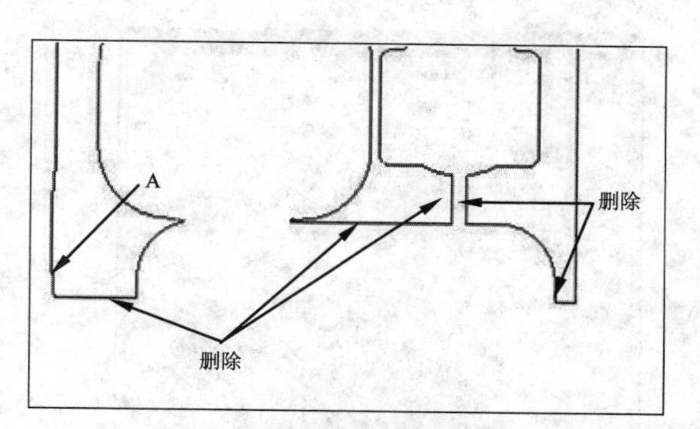

图 12-17　删除多余的曲线

STEP 20　利用绘图工具，按照图 12-18 所示完成剩余曲线的绘制。

STEP 21　单击状态栏中的 层别 3 （层别）图标，在弹出的“层别管理”对话框中设置各项参数，打开所有层，显示所有层的实体与曲线，单击 按钮返回绘图区。

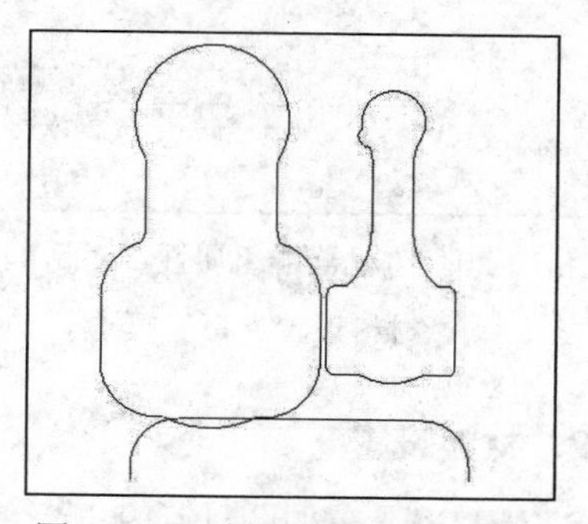

图 12-18　编辑修改图形的结果

12.4　工件、材料、刀具等的设定

1．工件的设定

STEP 01　单击菜单栏中的“机床类型”→“铣削”→“默认”命令，选择加工机床类型。

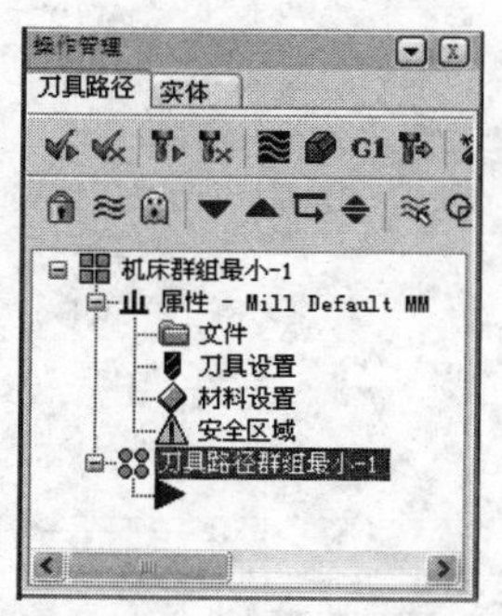

图 12-19　操作管理器

STEP 02　在如图 12-19 所示的操作管理器中，选择“机器群组属性”选项下的“材料设置”，弹出如图 12-20 所示的“机器群组属性”对话框的“材料设置”标签页。单击“选取对角”按钮，系统返回绘图区，在实体模型上选择如图 12-21 所示的两对角点。在“素材原点”选项组中的“Z”文本框输入“1”，并勾选“显示”复选框，如图 12-22 所示。

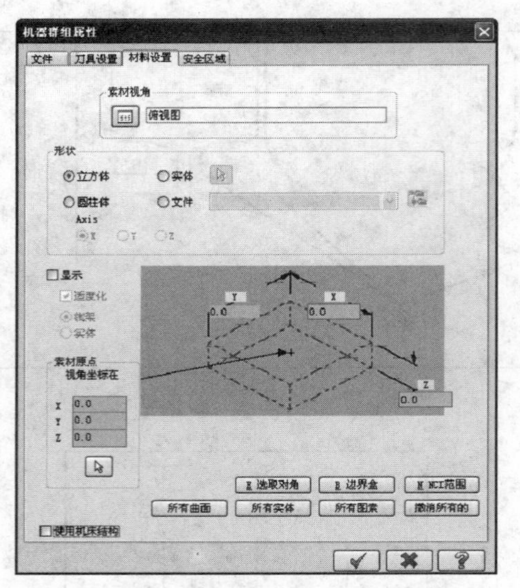

图 12-20 “机器群组属性”对话框—“材料设置”标签页 1

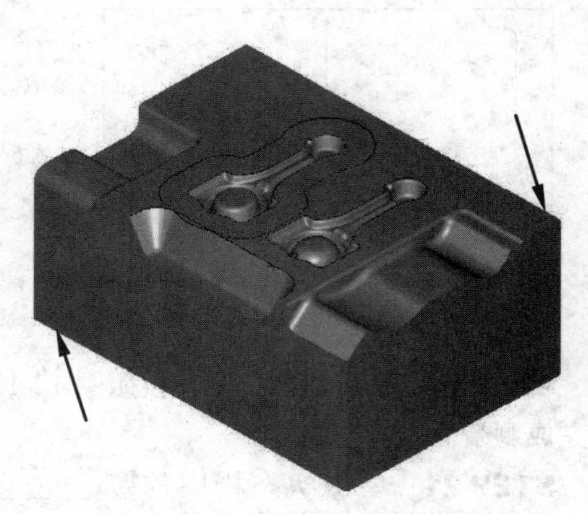

图 12-21 在实体模型上选择两对角点

2. 材料设置

STEP 01 在如图 12-19 所示的操作管理器中，选择“机器群组属性”选项下的“刀具设置”，弹出如图 12-23 所示的“机器群组属性”对话框的“刀具设置”标签页。在“材质”选项组中单击“选择”按钮。

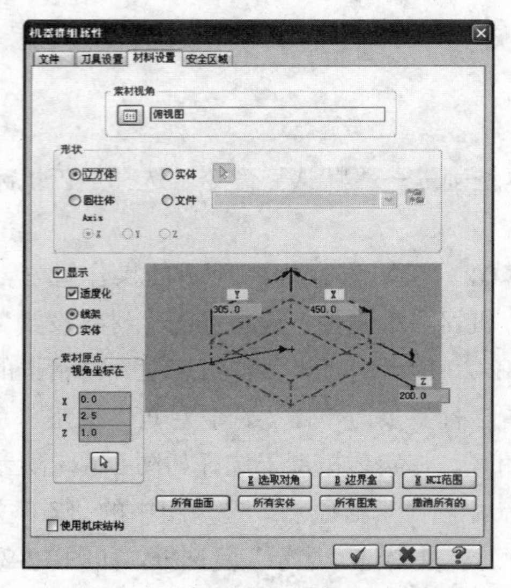

图 12-22 “机器群组属性”对话框—“材料设置”标签页 2

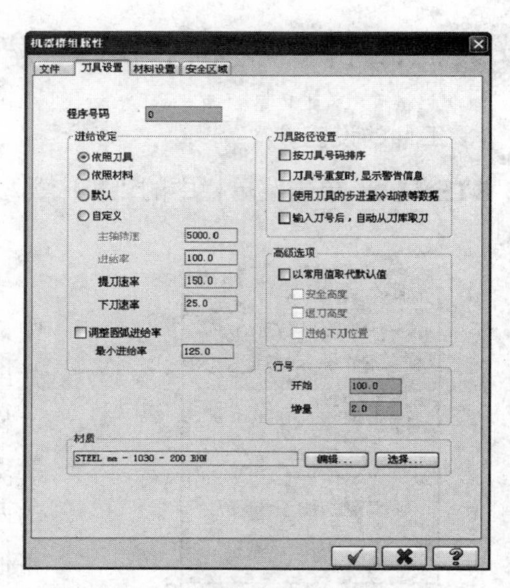

图 12-23 “机器群组属性”对话框—“刀具设置”标签页

STEP 02 系统弹出如图 12-24 所示的“材料列表”对话框，在该对话框的空白处单击鼠标右键，弹出“材料设置”快捷菜单，单击“从刀库中获取”命令，系统弹出如图 12-25 所示的“默认材料”对话框。

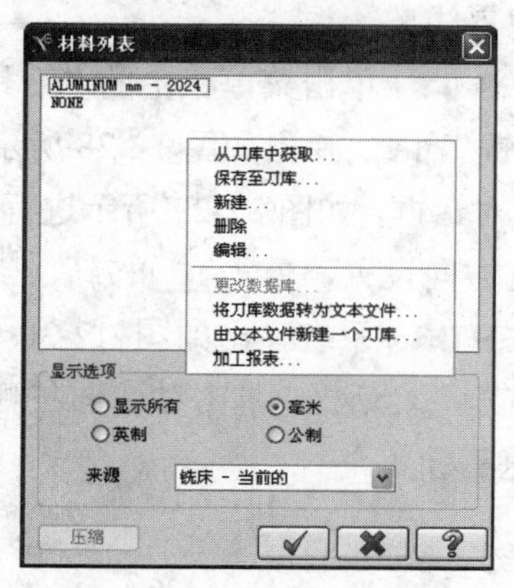

图 12-24　“材料列表”对话框

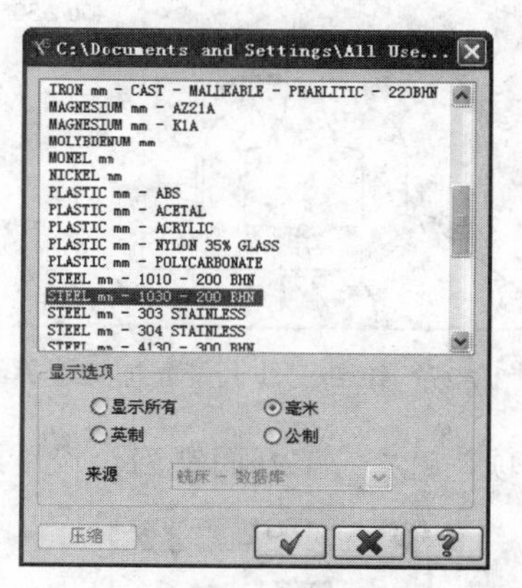

图 12-25　“默认材料”对话框

STEP 03　选择工件材料“STEEL mm-1030-200 BHN”，单击 ✓ 按钮，返回“材料列表”对话框。单击 ✓ 按钮，完成工件材料的设定。

3. 刀具设置

单击菜单栏中的“刀具路径”→“刀具管理”命令，弹出如图 12-26 所示的“刀具管理”对话框，按工艺方案设置刀具，单击 ✓ 按钮，关闭该对话框。

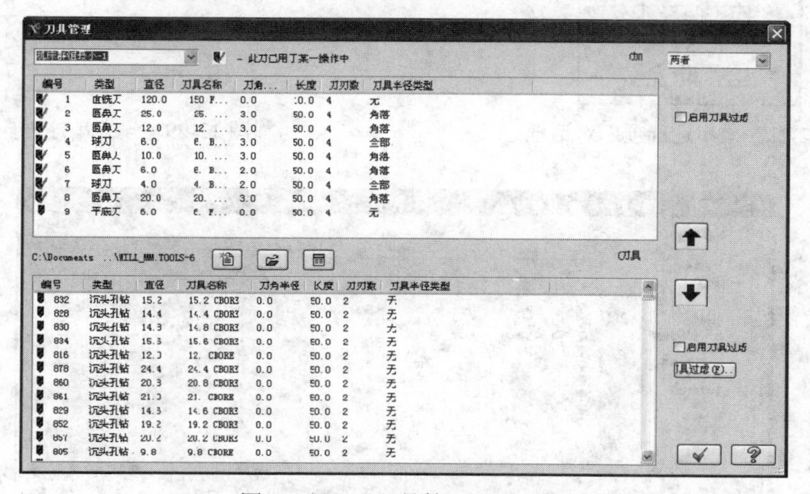

图 12-26　“刀具管理”对话框

12.5 模具上平面的加工

STEP 01　单击工具栏中的（顶视图）按钮，将绘图平面及视图平面都设置为顶视

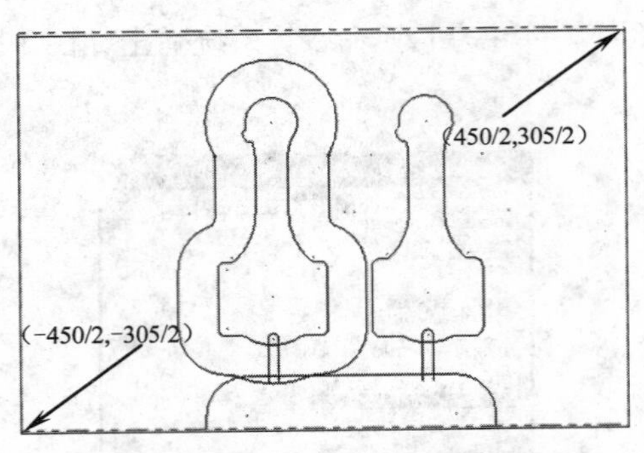

图 12-27　绘制工件上平面加工边界线

图状态。单击菜单栏中的“绘图”→“矩形”命令，按照图 12-27 所示的尺寸绘制工件上平面加工边界线。

STEP 02　单击菜单栏中的“刀具路径”→“平面铣”命令，弹出如图 12-28 所示的“串连选项”对话框，如图 12-29 所示进行工件上表面串连方向设置，单击 ✔ 按钮。

STEP 03　系统弹出如图 12-30 所示的“平面铣削”对话框，单击对话框左侧的“刀具”选项，选择 ϕ120 面铣刀，设置进给率、主轴转速等参数。

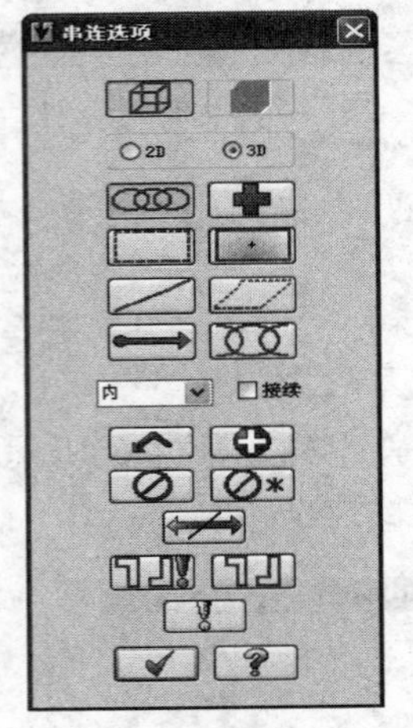

图 12-28　“串连选项”对话框

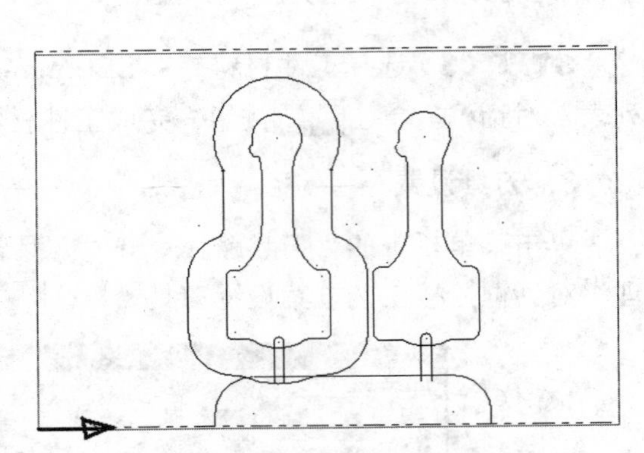

图 12-29　设置串连方向

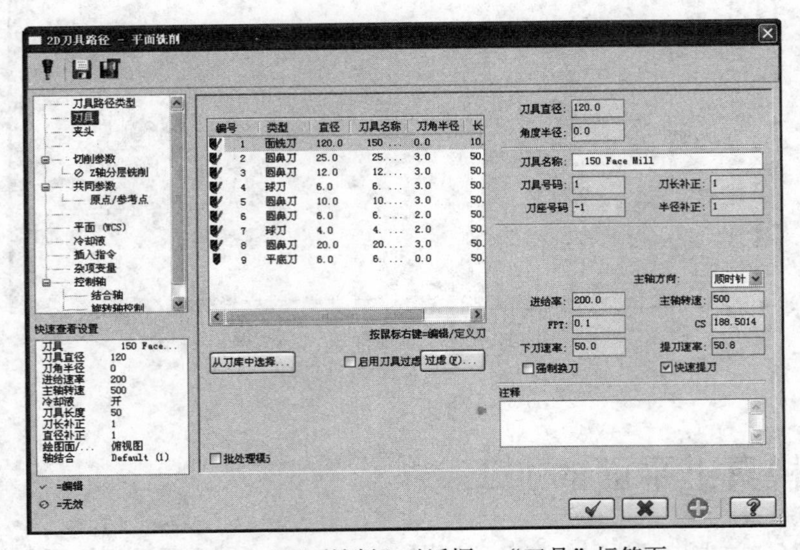

图 12-30　“平面铣削”对话框—“刀具”标签页

STEP 04　单击“平面铣削”对话框左侧的“共同参数”选项，如图 12-31 所示设置各项参数。单击 ✓ 按钮，产生如图 12-32 所示的模具上平面的面铣削加工刀具轨迹。

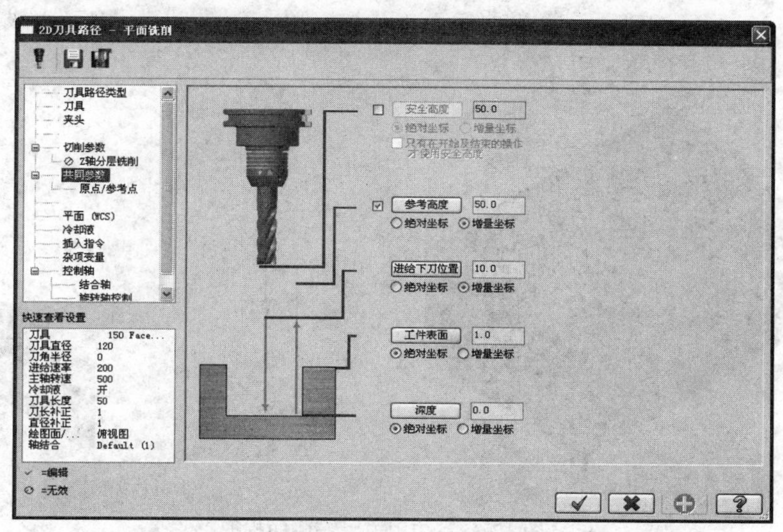

图 12-31　“平面铣削”对话框—“共同参数”标签页

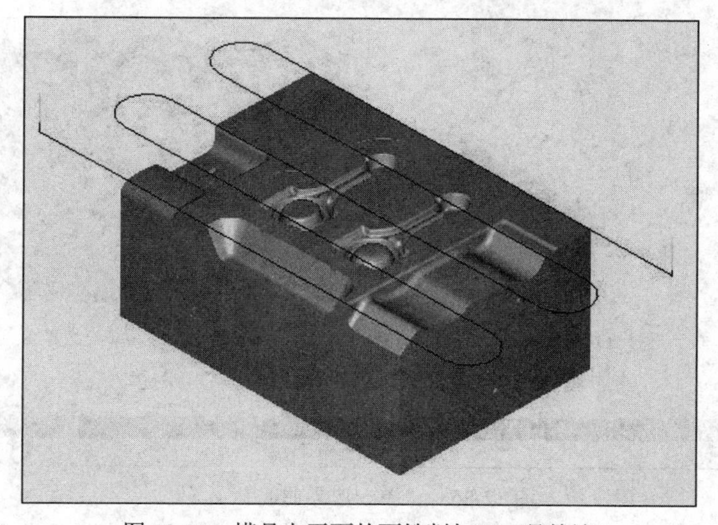

图 12-32　模具上平面的面铣削加工刀具轨迹

12.6　滚压模膛的加工

STEP 01　单击菜单栏中的“绘图”→“曲面”→“由实体生成曲面”命令，按照系统提示信息“请选择要产生曲面的主体或面”选择曲面，如图 12-33（a）所示，按“Enter”键即可提取实体的右侧面来生成曲面，如图 12-33（b）所示。

STEP 02 单击菜单栏中的“绘图”→“曲面曲线”→“单一边界”命令，按照系统提示信息“选择曲面”选取曲面，如图 12-34（a）所示，按“Enter”键完成曲面的选取，显示如图 12-35 所示的“单一边界曲线”工具栏，单击 ✔ 按钮，即可生成工件右侧面轮廓边界线，如图 12-34（b）所示。

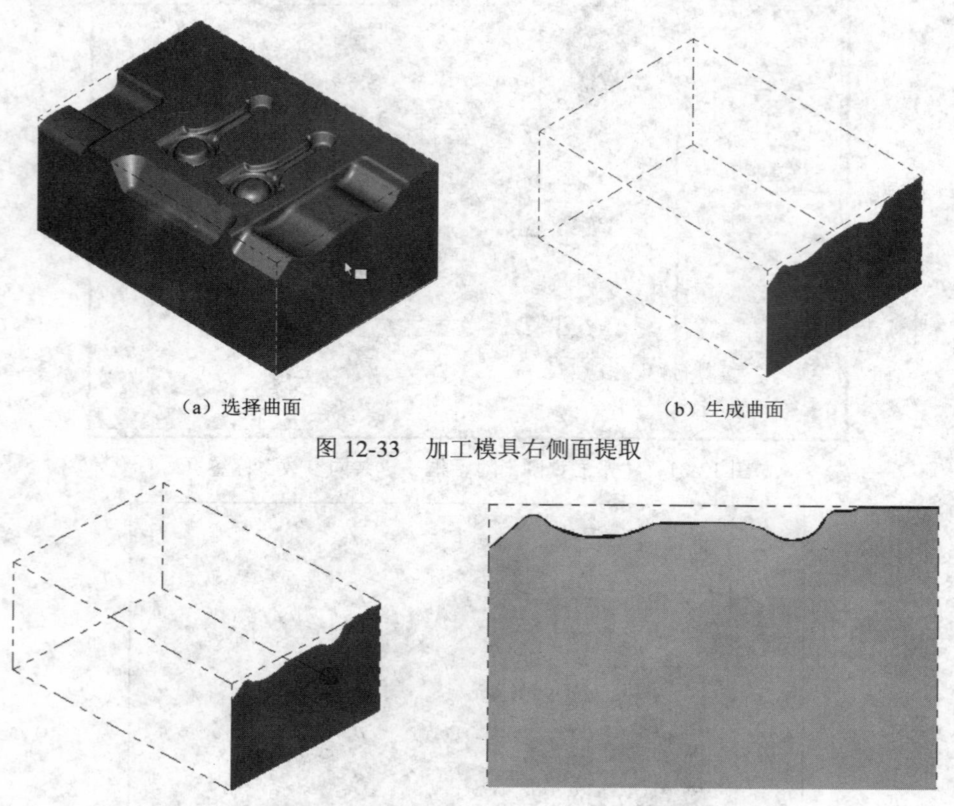

（a）选择曲面　　（b）生成曲面

图 12-33　加工模具右侧面提取

（a）选择边界　　（b）生成单一边界线

图 12-34　加工模具右侧面轮廓铣削刀路提取

图 12-35　“单一边界曲线”工具栏

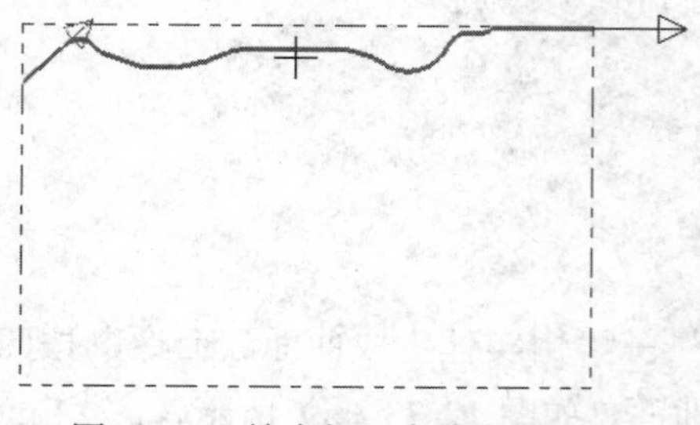

图 12-36　轮廓加工串连方向设置

STEP 03 单击工具栏中的（右视图）按钮，将绘图平面及视图平面都设置为右视图状态。单击菜单栏中的“刀具路径”→“外形铣削”命令，弹出“串连选项”对话框，单击如图 12-34（b）所示的轮廓线，如图 12-36 所示设置串连方向，单击 ✔ 按钮。

STEP 04 系统弹出如图 12-37 所示的“外形铣削”对话框，单击对话框左侧的“刀具”选项，选择 ϕ25 圆鼻刀，设置进给率、主轴转速等参数。

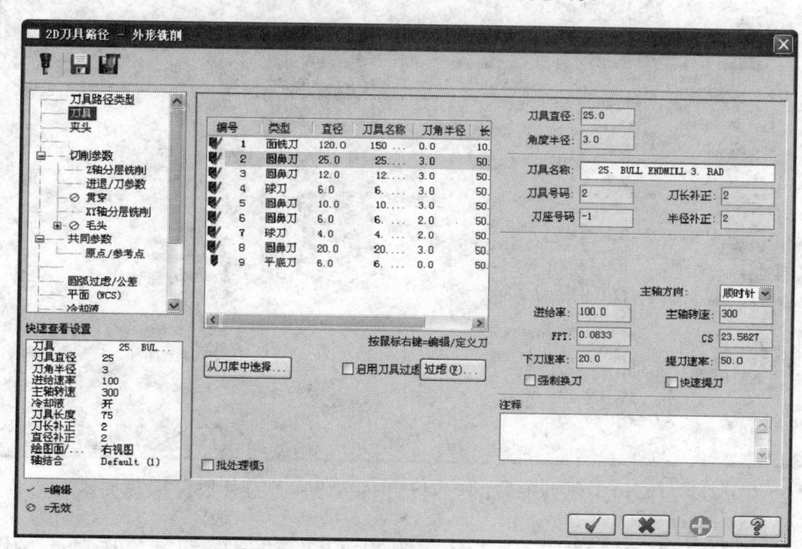

图 12-37 “外形铣削”对话框—“刀具”标签页

STEP 05 单击“外形铣削”对话框左侧的“共同参数”选项，如图 12-38 所示设置各项参数。

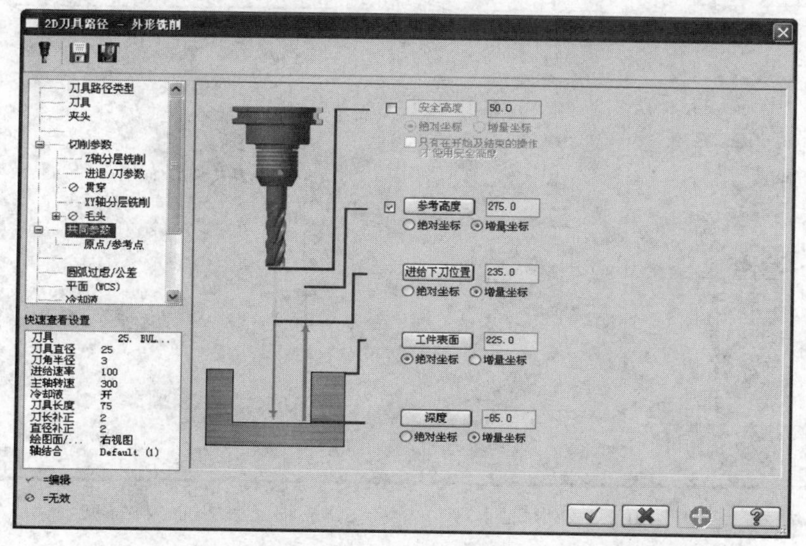

图 12-38 “外形铣削”对话框—“共同参数”标签页

STEP 06 单击“外形铣削”对话框左侧的“进/退刀参数”选项，如图 12-39 所示设置各项参数。

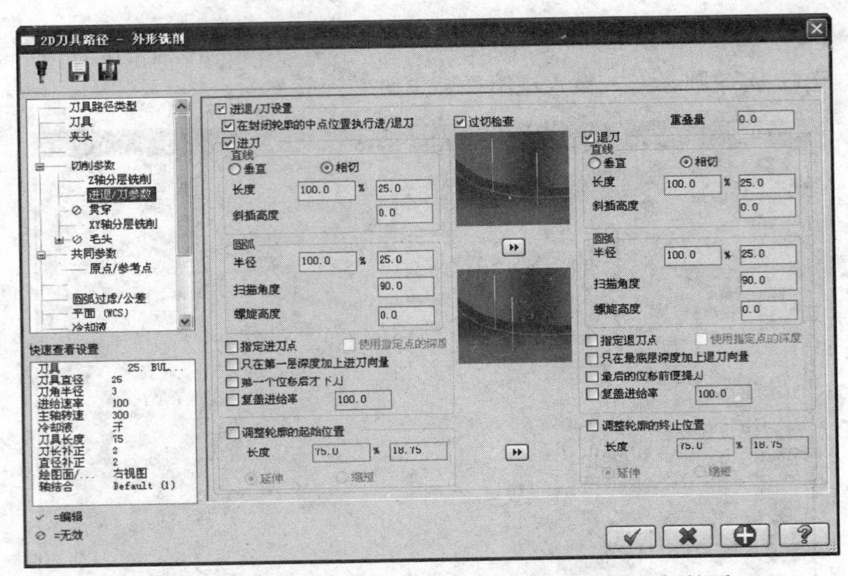

图 12-39 “外形铣削”对话框—“进/退刀参数”标签页

STEP 07 单击“外形铣削”对话框左侧的“XY 轴分层切削”选项，如图 12-40 所示设置各项参数。

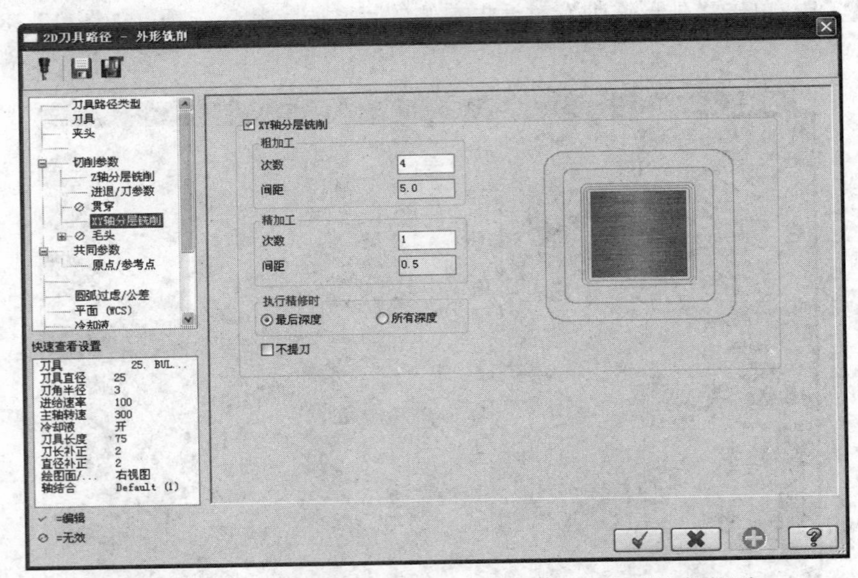

图 12-40 “外形铣削”对话框—“XY 轴分层切削”标签页

STEP 08 单击“外形铣削”对话框左侧的“Z 轴分层切削”选项，如图 12-41 所示设置各项参数。

STEP 09 单击“外形铣削”对话框中的 ✔ 按钮，生成如图 12-42 所示的滚压模膛轮廓铣加工刀具轨迹。

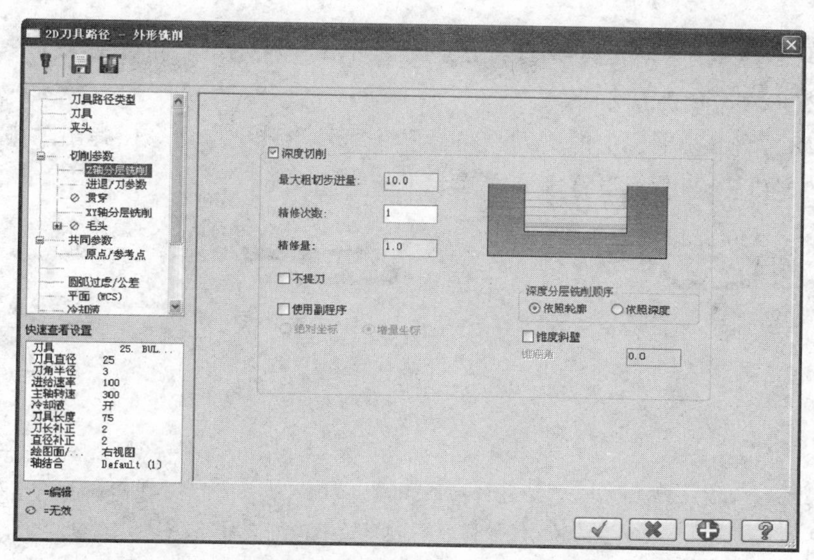

图 12-41 “外形铣削”对话框—“Z 轴分层切削”标签页

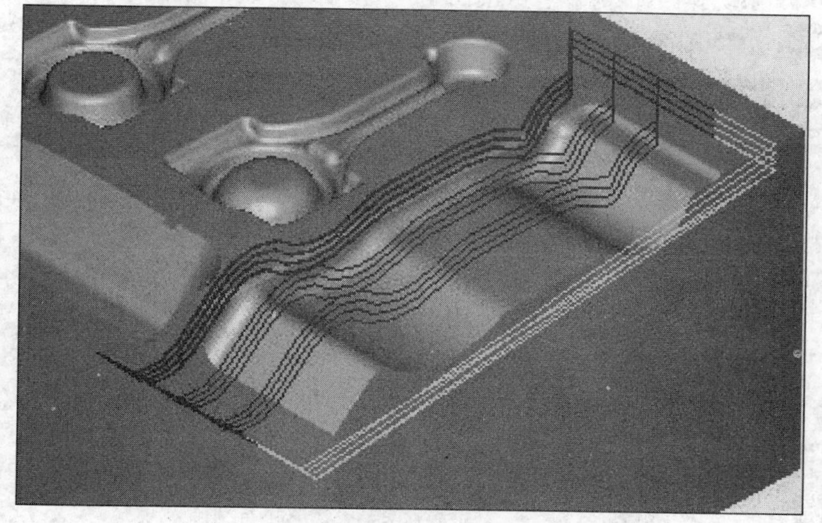

图 12-42 滚压模膛轮廓铣加工刀具轨迹

12.7 拔长模膛的加工

STEP 01 单击状态栏中的中“屏幕视角”区域，在弹出的图形视角设置快捷菜单中单击“左视图”命令，将绘图平面及视图平面都设置为左视图状态。

STEP 02 单击菜单栏中的“绘图”→“曲面曲线”→“单一边界”命令，系统提示“选择曲面，实体或实体表面”信息，如图 12-43（a）所示选择边界线，按“Enter”键完成曲面的选取，显示“单一边界曲线”工具栏，单击 ✓ 按钮，即可生成工件左侧面轮廓边界线，如图 12-43（b）所示。

STEP 03 单击菜单栏中的“刀具路径”→“外形铣削”命令，弹出“串连选项”对话框，如图 12-43（c）所示设置串连方向，单击 ✓ 按钮。

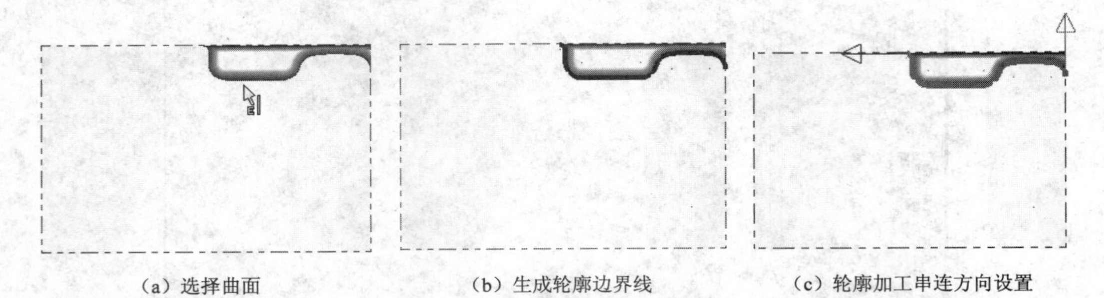

（a）选择曲面　（b）生成轮廓边界线　（c）轮廓加工串连方向设置

图 12-43　加工模具右侧面轮廓铣削刀具路径

STEP 04 系统弹出如图 12-44 所示的“外形铣削”对话框，单击对话框左侧的“刀具”选项，选择 $\phi25$ 圆鼻刀，设置进给率、主轴转速等参数。

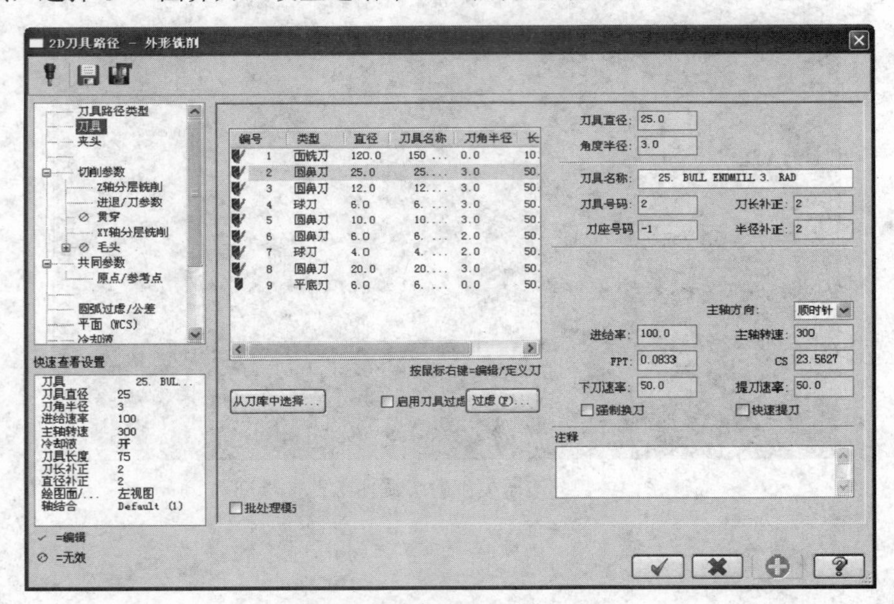

图 12-44　“外形铣削”对话框

STEP 05 单击“外形铣削”对话框左侧的“共同参数”选项，如图 12-45 所示设置各项参数。

STEP 06 单击“外形铣削”对话框左侧的“进/退刀参数”选项，如图 12-46 所示设置各项参数。

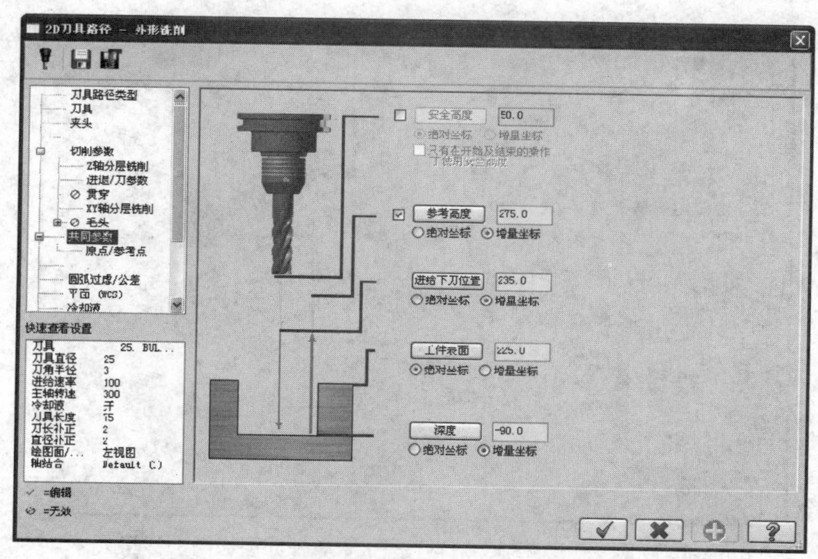

图 12-45　“外形铣削”对话框—“共同参数”标签页

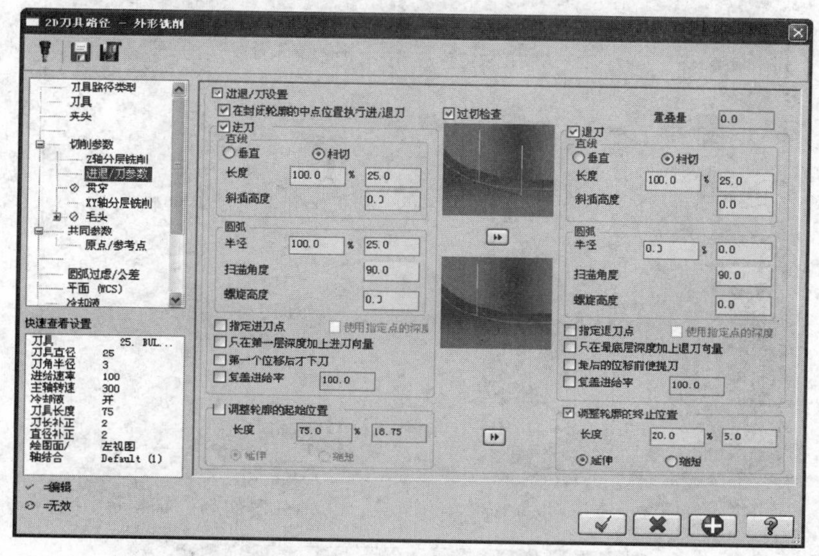

图 12-46　“外形铣削”对话框—“进/退刀参数”标签页

STEP 07 单击“外形铣削”对话框左侧的“XY 轴分层切削”选项，如图 12-47 所示设置各项参数。

STEP 08 单击“外形铣削”对话框左侧的“Z 轴分层切削”选项，如图 12-48 所示设置各项参数。

STEP 09 单击“外形铣削”对话框中的 ✔ 按钮，生成如图 12-49 所示的拔长模膛轮廓铣加工刀具轨迹。

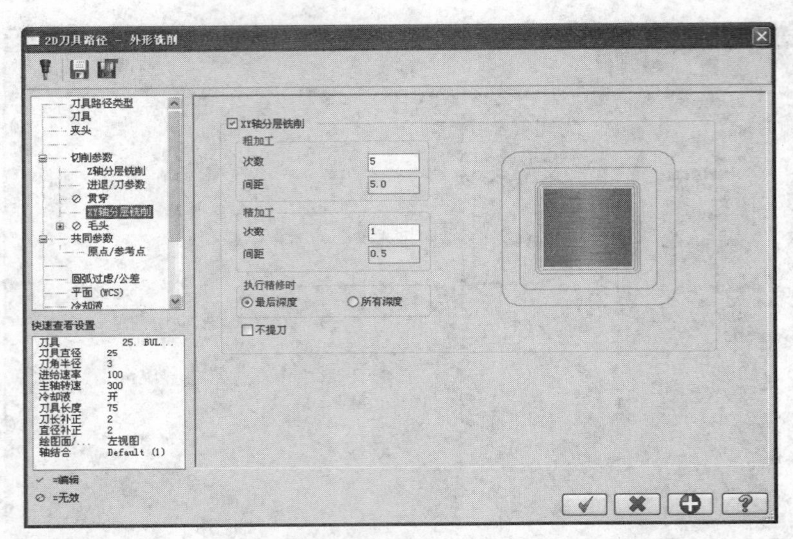

图 12-47 “外形铣削”对话框—“XY 轴分层切削”标签页

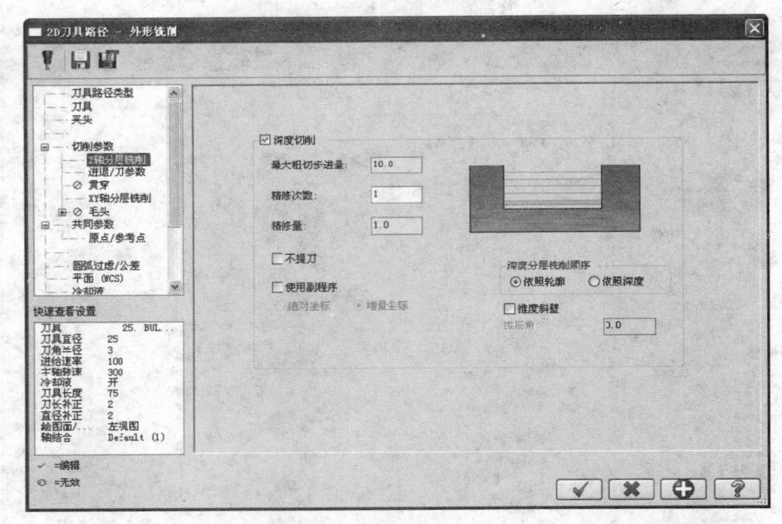

图 12-48 “外形铣削”对话框—“Z 轴分层切削”标签页

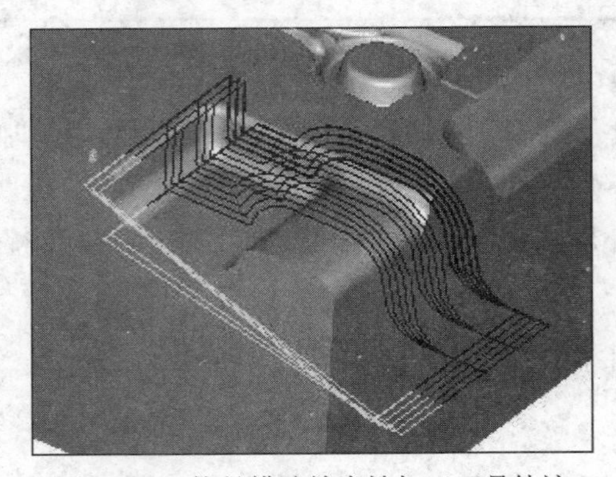

图 12-49 拔长模膛轮廓铣加工刀具轨迹

12.8 钳口粗加工

STEP 01 单击工具栏中的 (顶视图)按钮，将绘图平面及视图平面都设置为顶视图状态。单击菜单栏中的“刀具路径”→“外形铣削”命令，弹出“串连选项”对话框，如图 12-50 所示设置串连方向，单击 按钮。

STEP 02 系统弹出如图 12-51 所示的“外形铣削”对话框，单击左侧的“刀具”选项，选择 ϕ25 圆鼻刀，设置进给率、主轴转速等参数。

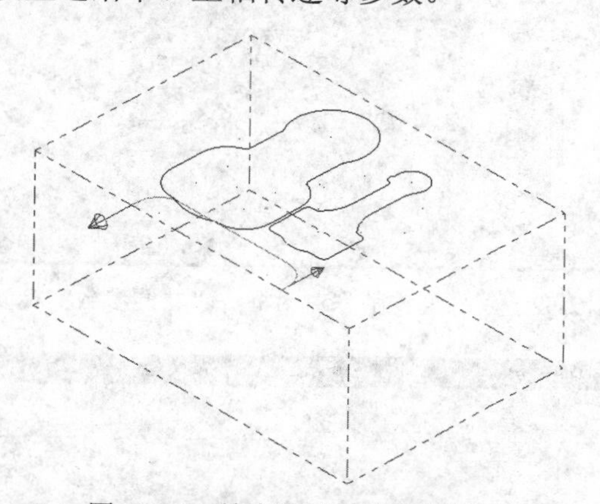

图 12-50 轮廓加工串连方向设置

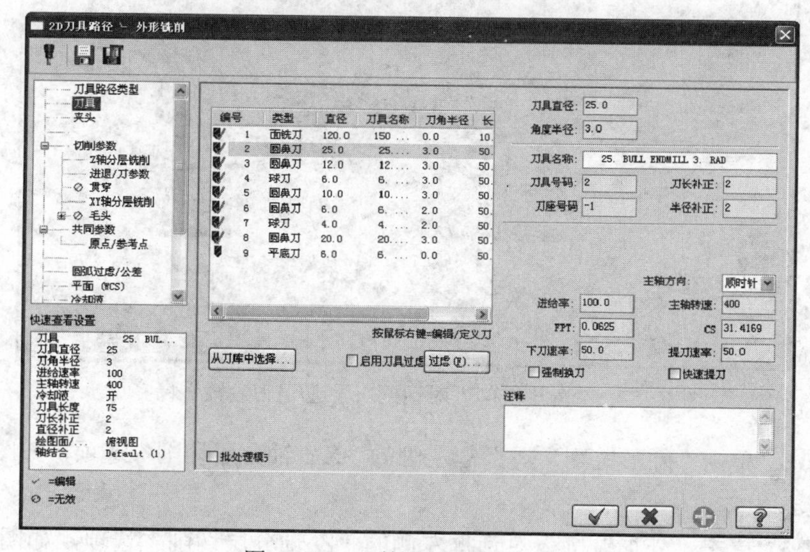

图 12-51 “外形铣削”对话框

STEP 03 单击“外形铣削”对话框左侧的“共同参数”选项，如图 12-52 所示设置各项参数。

STEP 04 单击“外形铣削”对话框左侧的“进/退刀参数”选项，如图 12-53 所示设置各项参数。

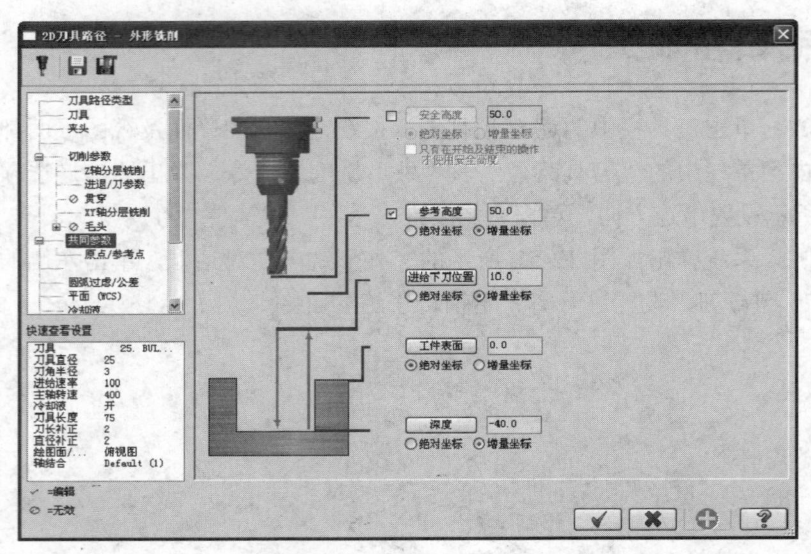

图 12-52 “外形铣削”对话框—“共同参数”标签页

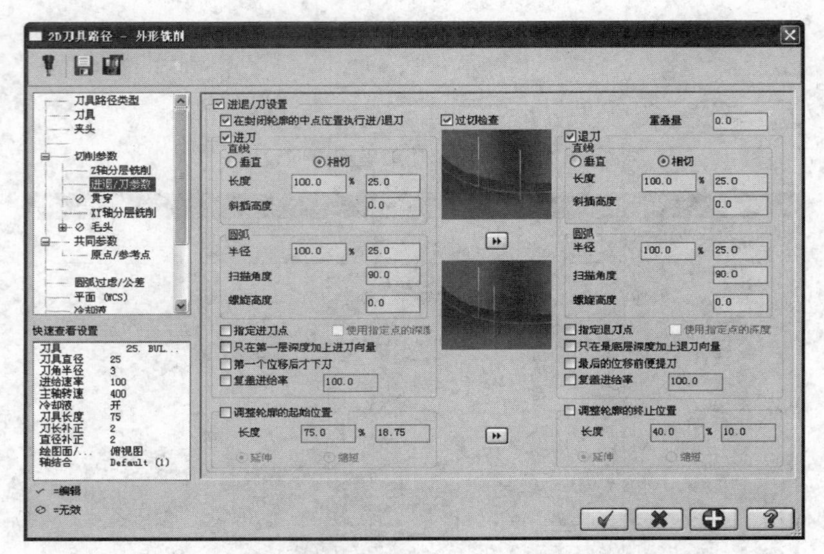

图 12-53 “外形铣削”对话框—“进/退刀参数”标签页

STEP 05 单击“外形铣削”对话框左侧的“XY 轴分层切削”选项，如图 12-54 所示设置各项参数。

STEP 06 单击“外形铣削”对话框左侧的“Z 轴分层切削”选项，如图 12-55 所示设置各项参数。

STEP 07 单击“外形铣削”对话框中的 ✔ 按钮，生成如图 12-56 所示的钳口轮廓铣粗加工刀具轨迹。

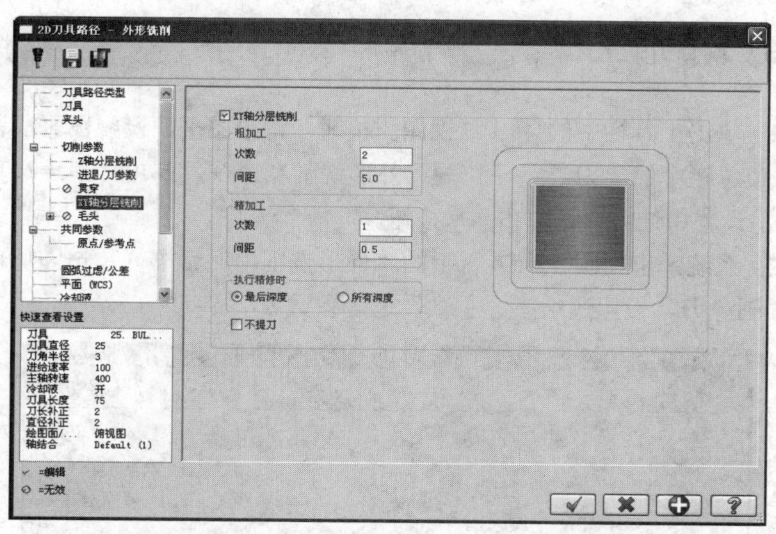

图 12-54 “外形铣削”对话框—“XY 轴分层切削”标签页

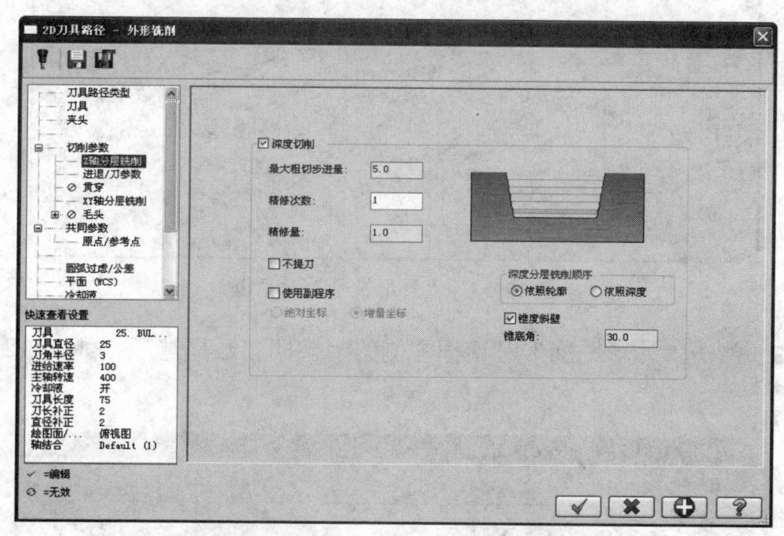

图 12-55 “外形铣削”对话框—“Z 轴分层切削”标签页

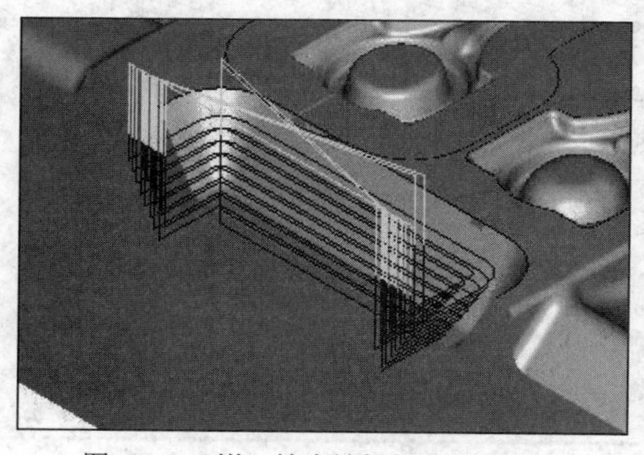
图 12-56 钳口轮廓铣粗加工刀具轨迹

12.9 钳口精加工

STEP 01 单击工具栏中的（顶视图）按钮，将绘图平面及视图平面都设置为顶视图状态。单击菜单栏中的“刀具路径”→“外形铣削”命令，弹出“串连选项”对话框，如图12-50所示设置串连方向，单击按钮。

STEP 02 系统弹出如图12-57所示的“外形铣削”对话框，单击左侧的“刀具”选项，选择 $\phi12$ 圆鼻刀，设置进给率、主轴转速等参数。

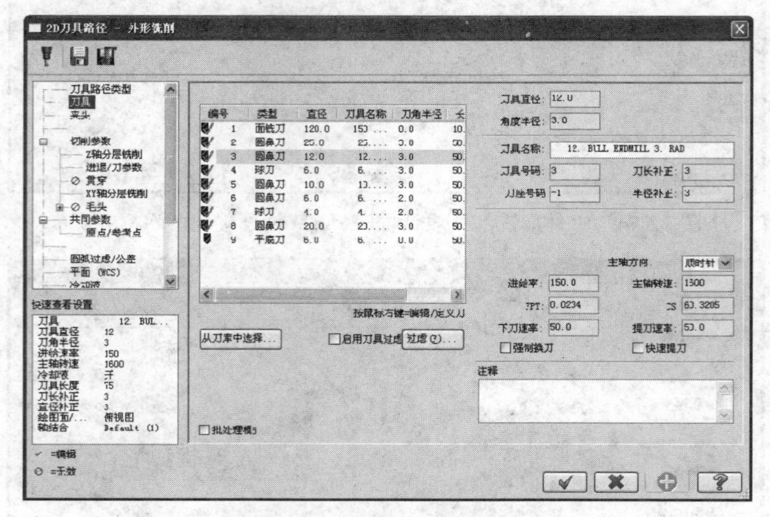

图 12-57 “外形铣削”对话框

STEP 03 单击“外形铣削”对话框左侧的“共同参数”选项，如图12-58所示设置各项参数。

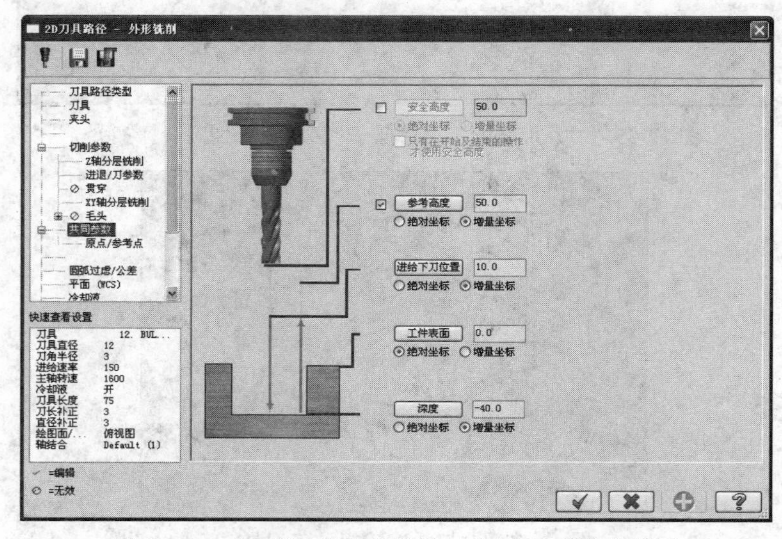

图 12-58 “外形铣削”对话框—“共同参数”标签页

STEP 04　单击“外形铣削”对话框左侧的“进/退刀参数”选项，如图 12-59 所示设置各项参数。

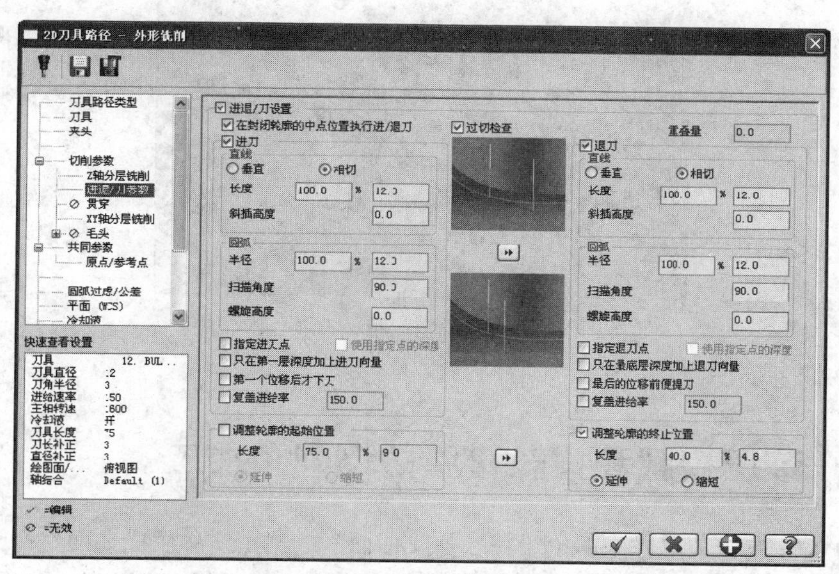

图 12-59　“外形铣削”对话框—“进/退刀参数”标签页

STEP 05　单击“外形铣削”对话框左侧的“Z 轴分层铣削”选项，如图 12-60 所示设置各项参数。

STEP 06　单击“外形铣削”对话框中的 ✓ 按钮，生成如图 12-61 所示的钳口轮廓铣精加工刀具轨迹。

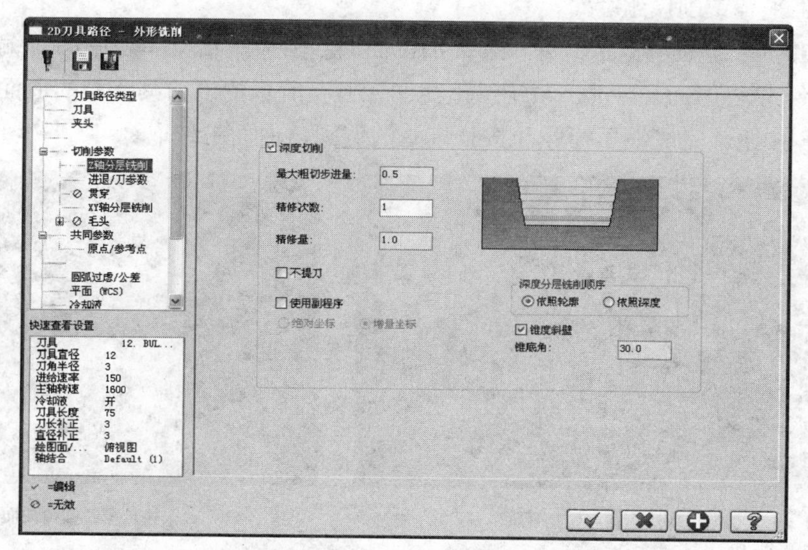

图 12-60　“外形铣削”对话框—“Z 轴分层铣削”标签页

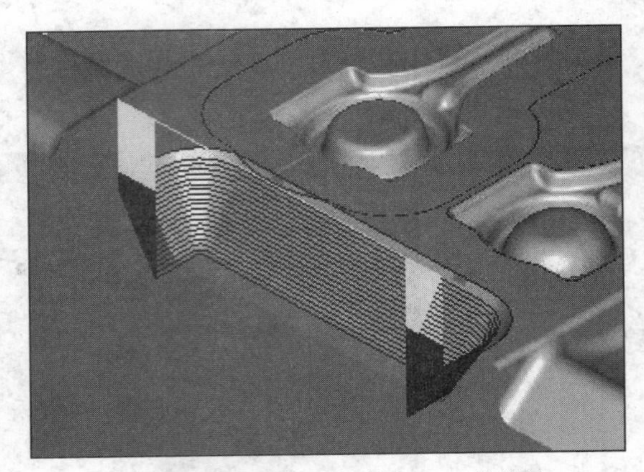

图 12-61 钳口轮廓铣精加工刀具轨迹

12.10 滚压模膛和拔长模膛的倒圆角加工

STEP 01 单击菜单栏中的“绘图”→“曲面”→“由实体生成曲面”命令，系统提示“请选择要产生曲面的主体或面”信息，依次选择滚压模膛圆角处实体，如图 12-62（a）所示，选择拔长模膛圆角处实体，如图 12-62（b）所示，按“Enter”键完成实体的选取，即可生成滚压模膛和拔长模膛的倒圆角曲面，如图 12-63 所示。

STEP 02 单击工具栏中的（顶视图）按钮，将绘图平面及视图平面都设置为顶视图状态。单击菜单栏中的“刀具路径”→“曲面精加工”→“精加工平行铣削”命令，进入曲面精加工平行铣削模组。

STEP 03 系统显示提示信息“选择加工曲面”后，单击菜单栏中的“编辑”→“选取全部”命令。按“Enter”键，系统弹出如图 12-64 所示的“刀具路径的曲面选取”对话框，单击按钮，完成滚压模膛和拔长模膛的倒圆角曲面的选取。

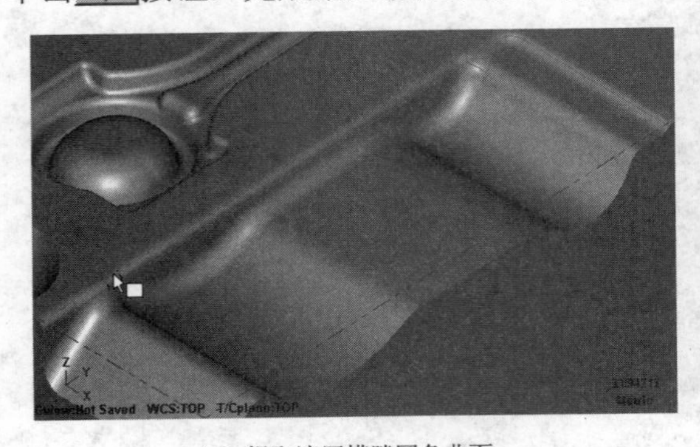

（a）提取滚压模膛圆角曲面

（b）提取拔长模膛圆角曲面

图 12-62 圆角曲面的提取

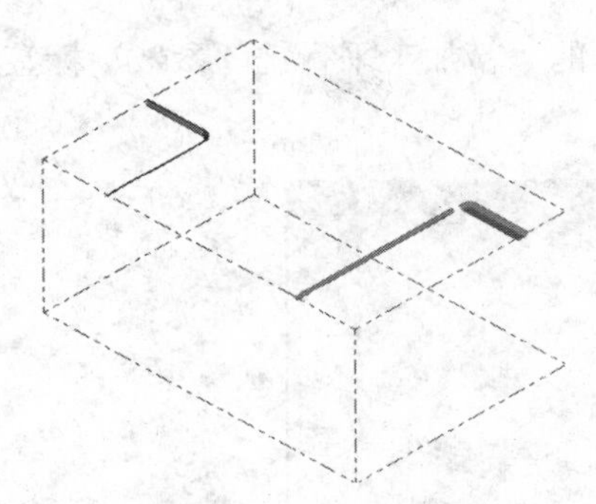

图 12-63 生成倒圆角曲面

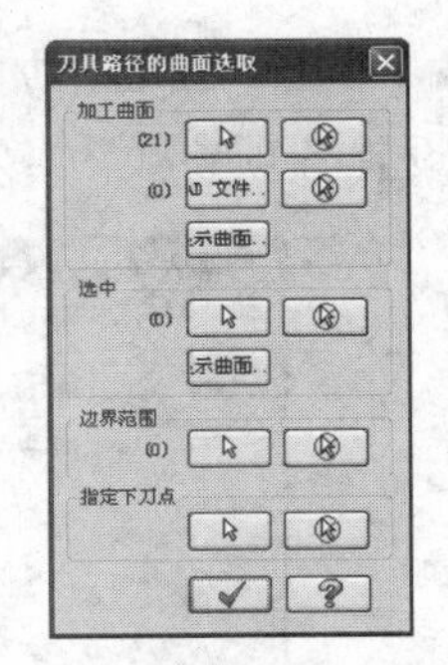

图 12-64 “刀具路径的曲面选取”对话框

STEP 04 系统弹出如图 12-65 所示的“曲面精加工平行铣削”对话框，默认显示“刀具路径参数”标签页。选择 $\phi 6$ 球铣刀，设置进给率、主轴转速等参数。

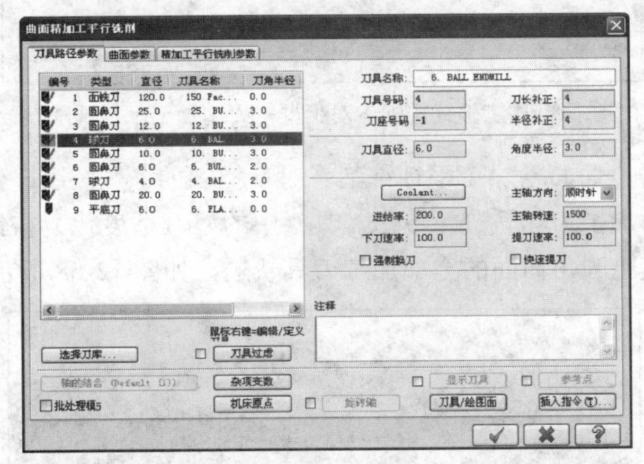

图 12-65 “曲面精加工平行铣削”对话框—“刀具路径参数”标签页

STEP 05 单击“曲面精加工平行铣削”对话框中的“曲面参数”标签，如图 12-66 所示设置各项参数。

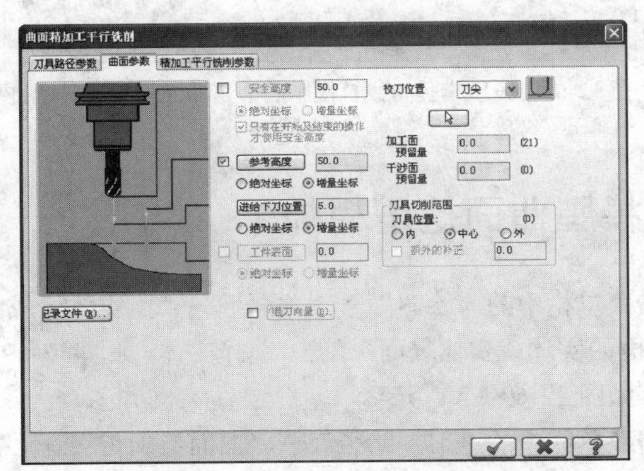

图 12-66 “曲面精加工平行铣削”对话框—“曲面参数”标签页

STEP 06 单击“曲面精加工平行铣削”对话框的“精加工平行铣削参数”标签，如图 12-67 所示设置各项参数。

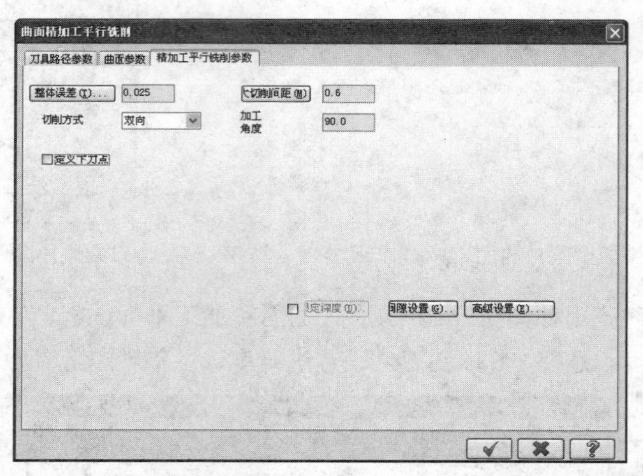

图 12-67 “曲面精加工平行铣削”对话框—“精加工平行铣削参数”标签页

STEP 07 单击“曲面精加工平行铣削”对话框中的✓按钮，生成加工拔长模膛与滚压模膛的圆角曲面加工刀具轨迹。单击工具栏中的 (适度化）按钮，即可看到滚压模膛圆角曲面和拔长模膛圆角曲面的全部加工刀具轨迹，如图 12-68 所示。

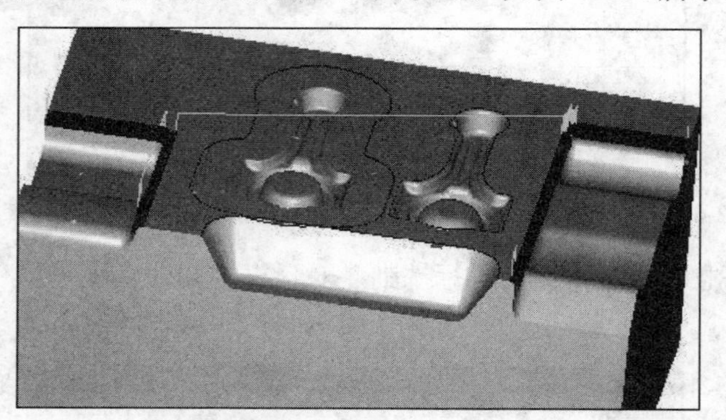

图 12-68 滚压模膛和拔长模膛的圆角曲面加工刀具轨迹

12.11 预锻模膛曲面挖槽粗加工

STEP 01 单击菜单栏中的“绘图”→“曲面”→“由实体生成曲面”命令，系统提示“选择用于生成曲面的实体或实体表面”信息，选择实体，如图 12-69（a）所示，按“Enter”键，生成实体曲面，如图 12-69（b）所示。

STEP 02 单击菜单栏中的“刀具路径”→“曲面粗加工”→“粗加工挖槽加工”命令，进入曲面粗加工挖槽铣削模组。

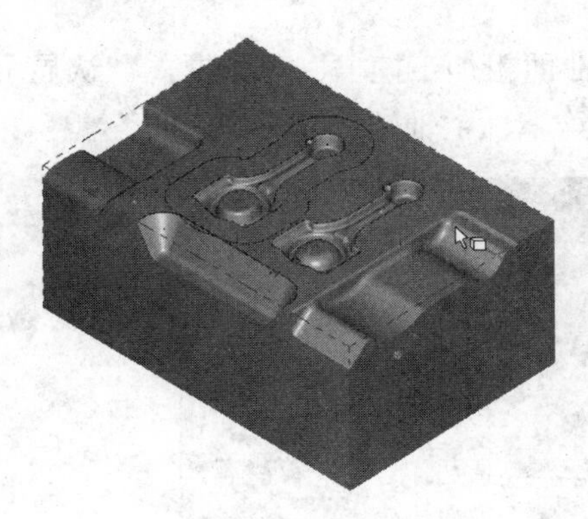

（a）选择实体　　（b）生成实体曲面

图 12-69　实体曲面的生成

STEP 03　系统显示提示信息“选择加工曲面”，如图 12-70（a）所示进行窗选，按“Enter”键，如图 12-70（b）所示，完成预锻模膛所有曲面的选取。

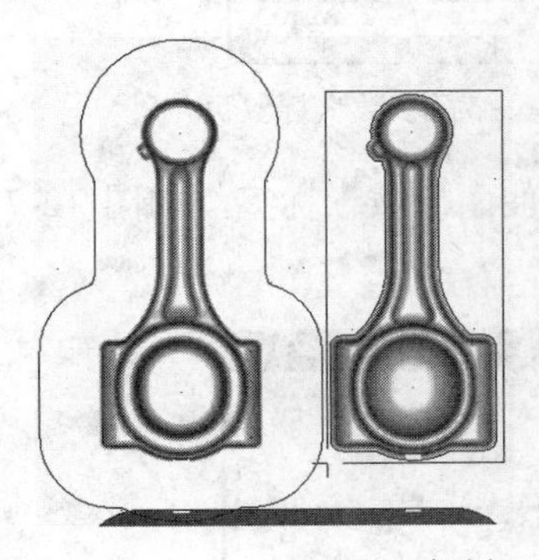

（a）窗选加工曲面　　（b）加工曲面的选定

图 12-70　选择加工曲面

STEP 04　系统弹出如图 12-71 所示的“刀具路径的曲面选取”对话框，在“边界范围”选项组中单击 （选取）按钮，如图 12-72 所示定义加工链方向，单击 按钮。

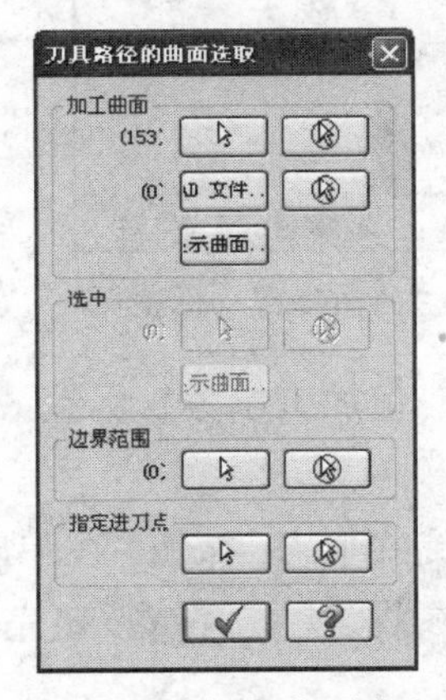

图 12-71　“刀具路径的曲面选取”对话框

图 12-72　定义曲面加工链方向

STEP 05 系统弹出如图 12-73 所示的“曲面粗加工挖槽”对话框，默认显示“刀具路径参数”标签页，选择 ϕ10 圆鼻刀，设置进给率、主轴转速等参数。

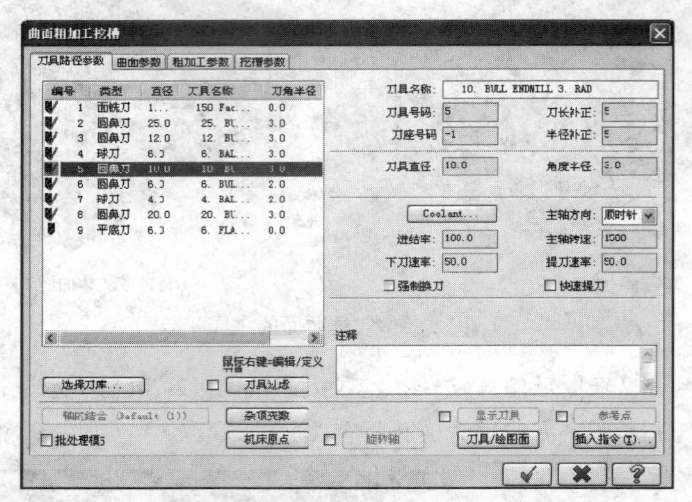

图 12-73 “曲面粗加工挖槽”对话框—“刀具路径参数”标签页

STEP 06 单击“曲面粗加工挖槽”对话框中的“曲面参数”标签，如图 12-74 所示设置各项参数。

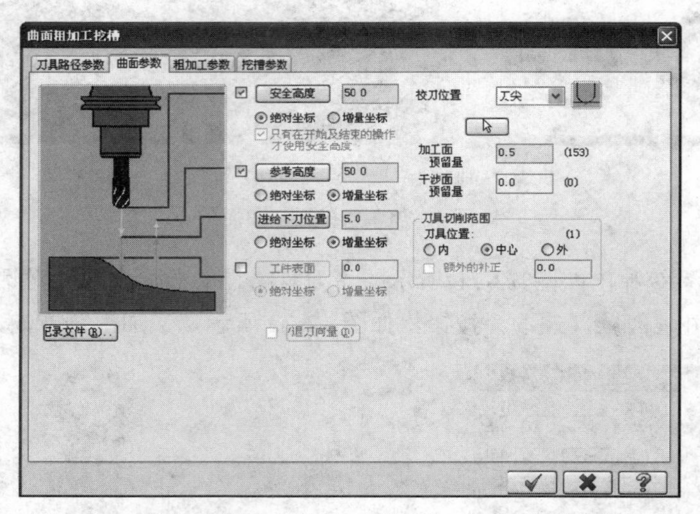

图 12-74 “曲面粗加工挖槽”对话框—“曲面参数”标签页

STEP 07 单击“曲面粗加工挖槽”对话框中的“粗加工参数”标签，如图 12-75 所示设置各项参数。

STEP 08 勾选“螺旋式下刀”复选框，单击“螺旋式下刀”按钮，在弹出的如图 12-76 所示的“螺旋 / 斜插式下刀参数”对话框中设置各项参数，单击 ✔ 按钮完成设置。

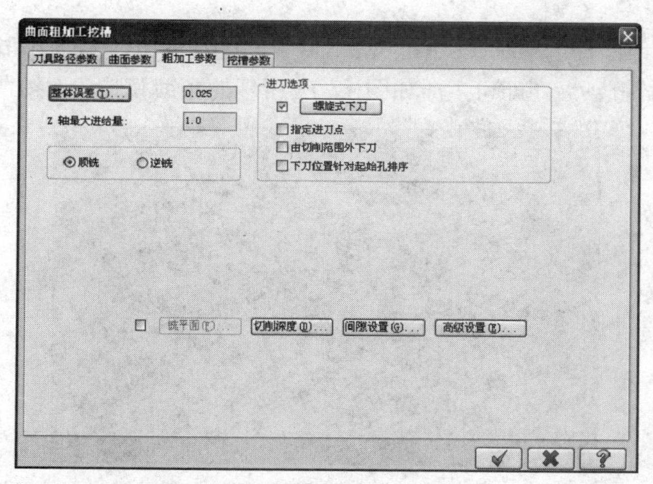

图 12-75 “曲面粗加工挖槽”对话框—“粗加工参数”标签页

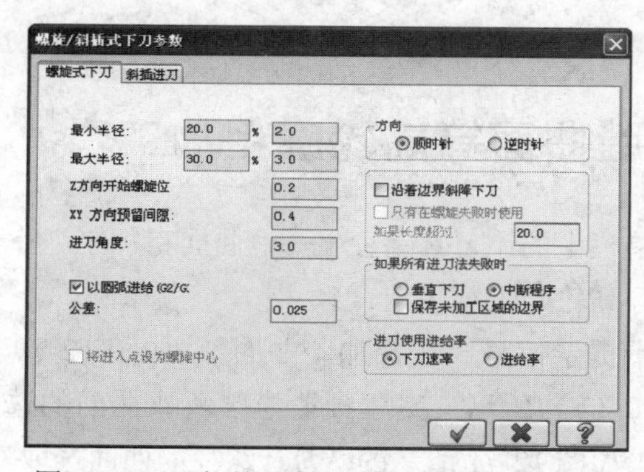

图 12-76 “螺旋 / 斜插式下刀参数”对话框

STEP 09 单击“曲面粗加工挖槽”对话框中的“挖槽参数”标签，如图 12-77 所示设置各项参数。

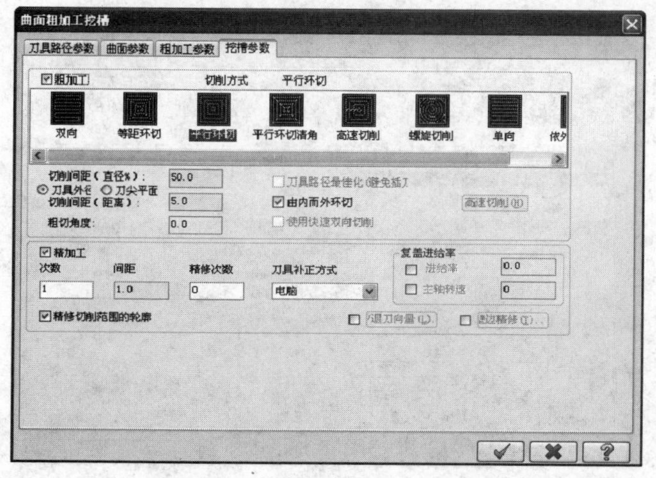

图 12-77 “曲面粗加工挖槽”对话框—“挖槽参数”标签页

STEP 10 单击“曲面粗加工挖槽”对话框中的按钮，系统开始计算曲面挖槽粗加工刀具轨迹。等待数分钟后，即可生成如图 12-78 所示的预锻模膛曲面挖槽粗加工刀具轨迹。

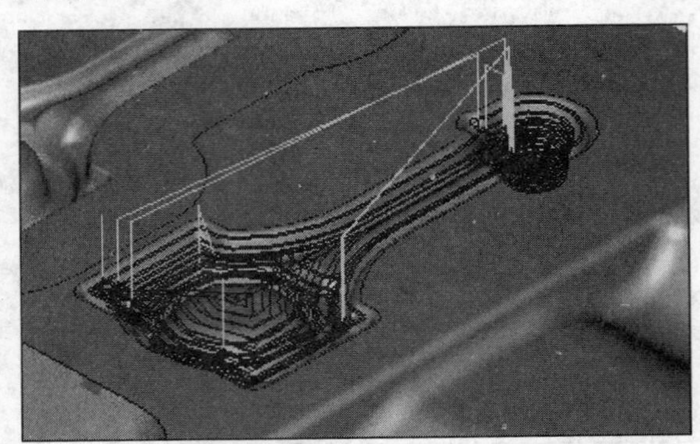

图 12-78 预锻模膛曲面挖槽粗加工刀具轨迹

12.12 预锻模膛曲面等高轮廓粗加工

STEP 01 单击菜单栏中的“刀具路径”→“曲面粗加工”→“粗加工等高外形加工”命令，进入曲面粗加工等高轮廓铣削模组。

STEP 02 系统显示提示信息“选择加工曲面”，如图 12-70（a）所示进行窗选，按“Enter”键，如图 12-70（b）所示，完成预锻模膛所有曲面的选取。

STEP 03 系统弹出如图 12-71 所示的“刀具路径的曲面选取”对话框，在“边界范围”选项组中单击（选取）按钮，如图 12-72 所示进行定义加工链方向，单击按钮。

STEP 04 弹出如图 12-79 所示的“曲面粗加工等高外形”对话框，默认显示“刀具路径参数”标签页，选择 $\phi6$ 圆鼻刀，设置进给率、主轴转速等参数。

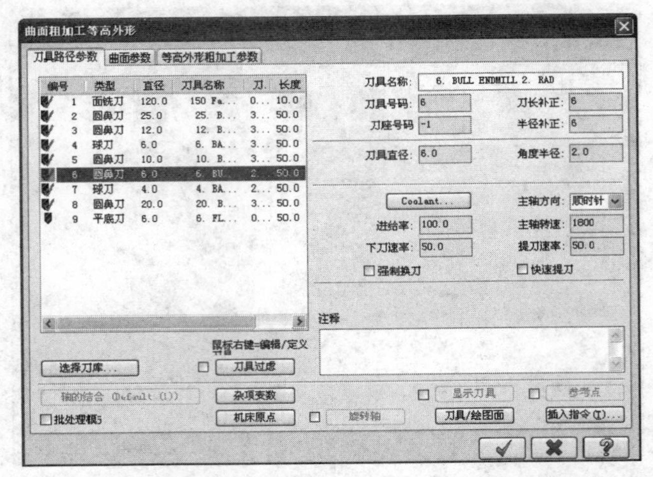

图 12-79 “曲面粗加工等高外形”对话框—“刀具路径参数”标签页

STEP 05 单击“曲面粗加工等高外形”对话框中的“曲面参数”标签，如图 12-80 所示设置各项参数。

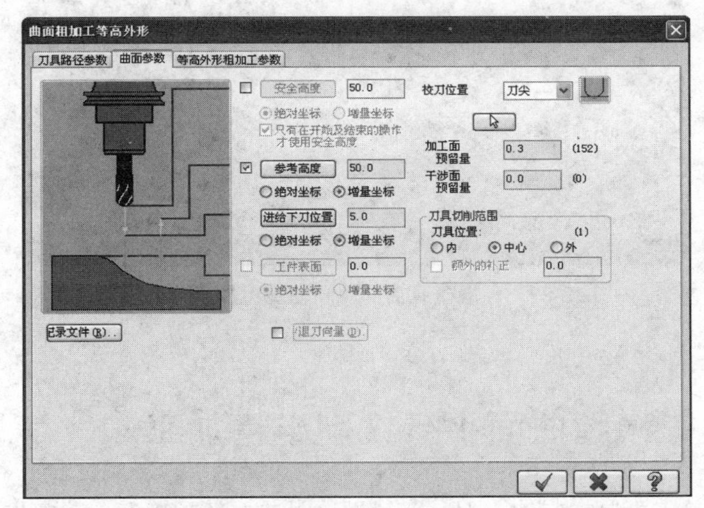

图 12-80 “曲面粗加工等高外形”对话框—“曲面参数”标签页

STEP 06 单击“曲面粗加工等高外形”对话框中的“等高外形粗加工参数”标签，如图 12-81 所示设置各项参数。

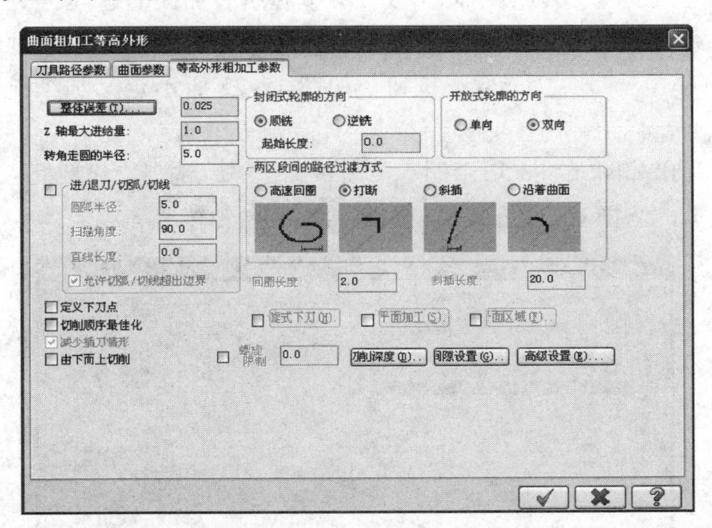

图 12-81 “曲面粗加工等高外形”对话框—“等高外形粗加工参数”标签页

STEP 07 单击“曲面粗加工等高外形”对话框中的 ✓ 按钮，系统开始计算曲面等高轮廓粗加工刀具轨迹。等待数分钟后，即可生成如图 12-82 所示的预锻模膛曲面等高轮廓粗加工刀具轨迹。

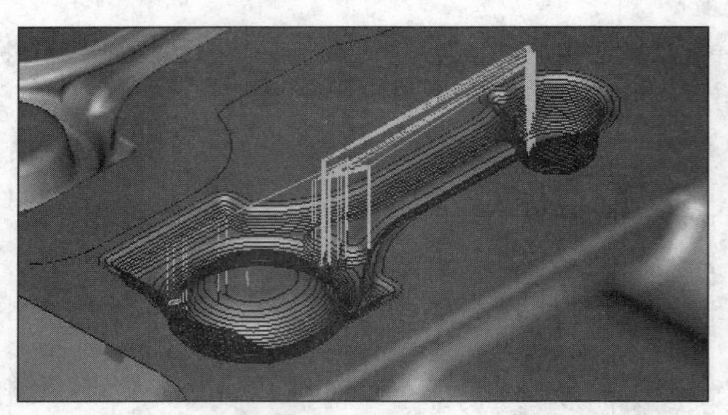

图 12-82　预锻模膛曲面等高轮廓粗加工刀具轨迹

12.13 预锻模膛曲面平行铣削半精加工

STEP 01 单击菜单栏中的“刀具路径”→“曲面精加工”→“精加工平行铣削”命令，进入曲面半精加工平行铣削模组。

STEP 02 系统显示提示信息“选择加工曲面”，如图 12-70（a）所示进行窗选，按“Enter”键，如图 12-70（b）所示，完成预锻模膛所有曲面的选取。

STEP 03 系统弹出如图 12-71 所示的“刀具路径的曲面选取”对话框，在“边界范围”选项组中单击 （选取）按钮，如图 12-72 所示定义加工链方向，单击 按钮。

STEP 04 弹出如图 12-83 所示的“曲面精加工平行铣削”对话框，默认显示“刀具路径参数”标签页，选择 $\phi 6$ 球铣刀，设置进给率、主轴转速等参数。

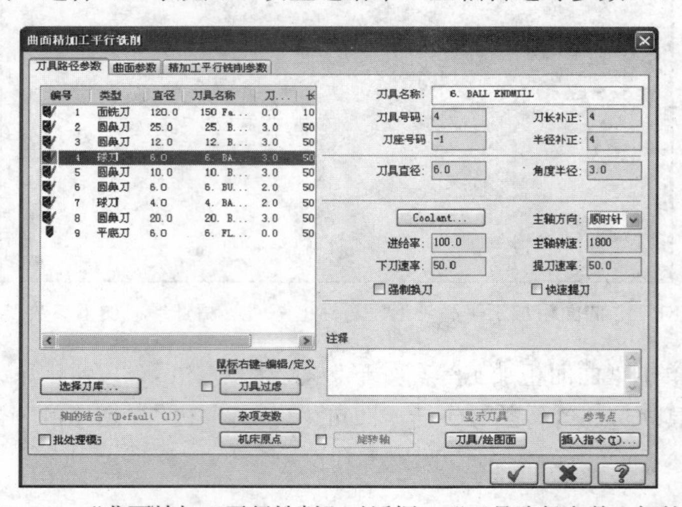

图 12-83　“曲面精加工平行铣削”对话框—“刀具路径参数”标签页

STEP 05　单击“曲面精加工平行铣削”对话框中的“曲面参数”标签，如图 12-84 所示设置各项参数。

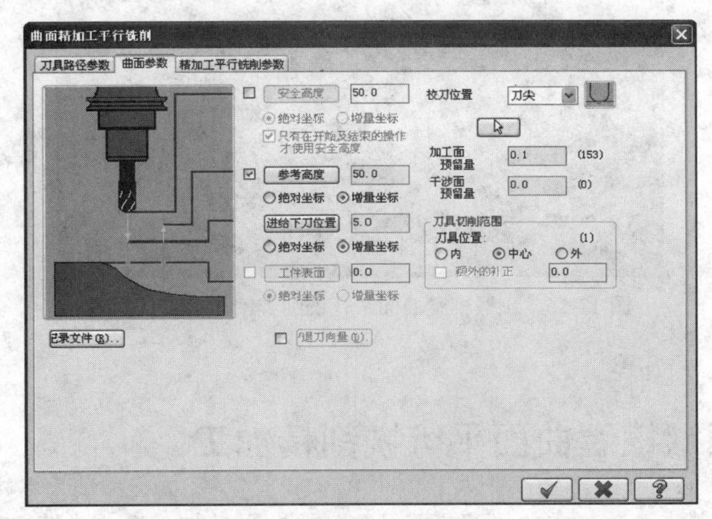

图 12-84　“曲面精加工平行铣削”对话框—“曲面参数”标签页

STEP 06　单击“曲面精加工平行铣削”对话框中的“精加工平行铣削参数”标签，如图 12-85 所示设置各项参数。

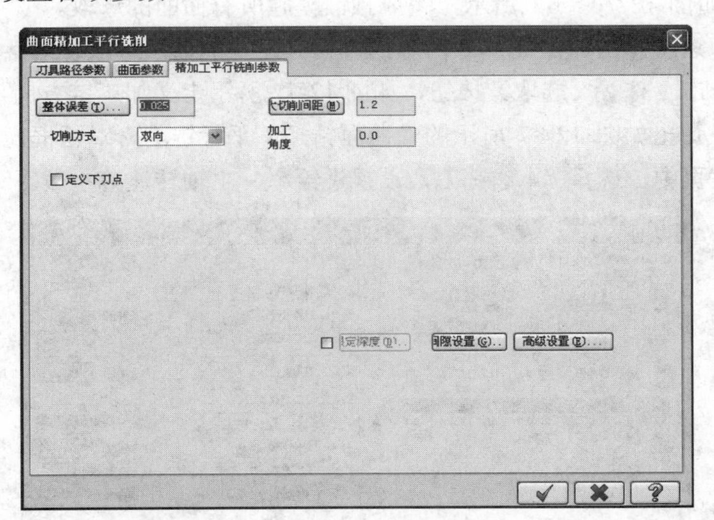

图 12-85　“曲面精加工平行铣削”对话框—“精加工平行铣削参数”标签页

STEP 07　单击“曲面精加工平行铣削”对话框中的 ✔ 按钮，系统开始计算曲面平行铣削半精加工刀具轨迹。等待数分钟后，即可生成如图 12-86 所示的预锻模膛曲面平行铣削半精加工刀具轨迹。

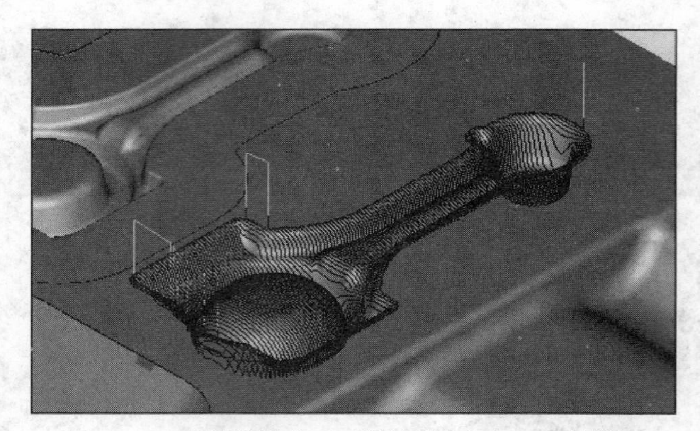

图 12-86　预锻模膛曲面平行铣削半精加工刀具轨迹

12.14　预锻模膛曲面平行铣削精加工

STEP 01　单击菜单栏中的“刀具路径”→“曲面精加工”→“精加工平行铣削”命令，进入曲面精加工平行铣削模组。

STEP 02　系统显示提示信息“选择加工曲面”，如图 12-70（a）所示进行窗选，按“Enter”键，如图 12-70（b）所示，完成预锻模膛所有曲面的选取。

STEP 03　系统弹出如图 12-71 所示的“刀具路径的曲面选取”对话框，在“边界范围”选项组中单击［选取图标］（选取）按钮，如图 12-72 所示定义加工链方向，单击［确定图标］按钮。

STEP 04　弹出如图 12-87 所示的“曲面精加工平行铣削”对话框，默认显示“刀具路径参数”标签页中，选择 ϕ4 球铣刀，设置进给率、主轴转速等参数。

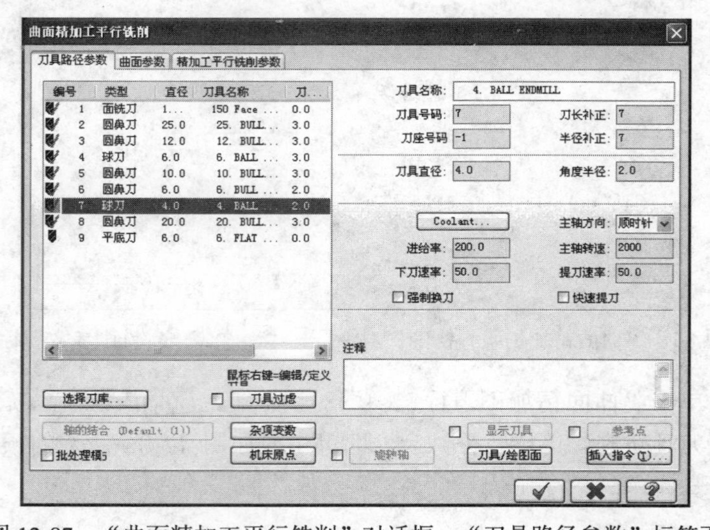

图 12-87　“曲面精加工平行铣削”对话框—“刀具路径参数”标签页

STEP 05 单击“曲面精加工平行铣削”对话框中的“曲面参数”标签，如图 12-88 所示设置各项参数。

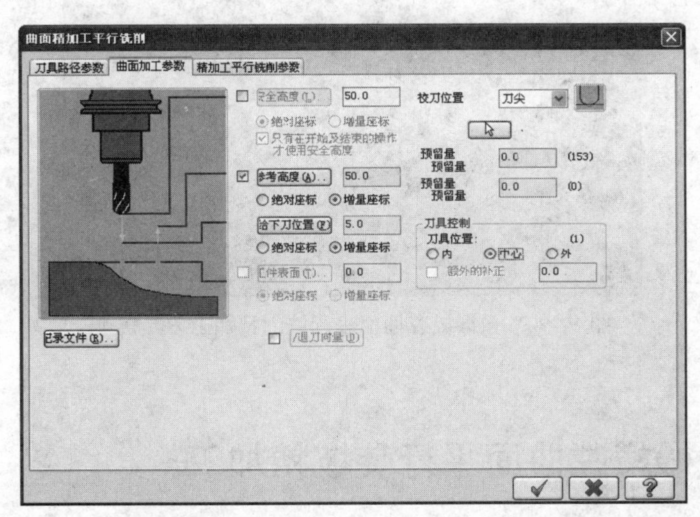

图 12-88 “曲面精加工平行铣削”对话框—“曲面参数”标签页

STEP 06 单击“曲面精加工平行铣削”对话框中的“精加工平行铣削参数”标签，如图 12-89 所示设置各项参数。

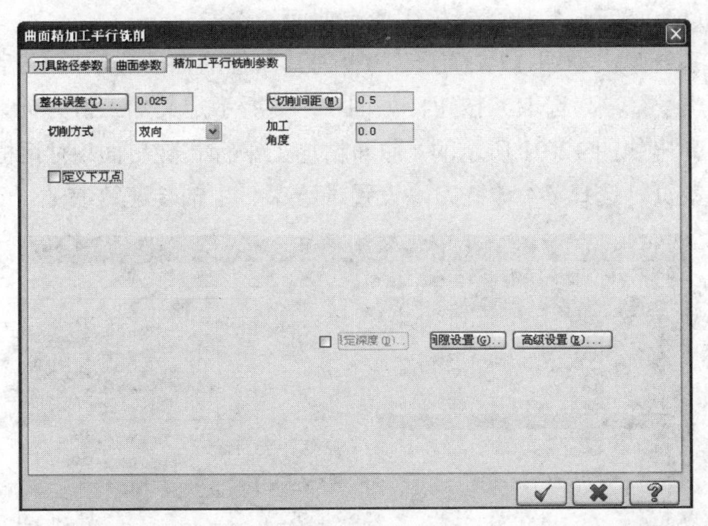

图 12-89 “曲面精加工平行铣削”对话框—“精加工平行铣削参数”标签页

STEP 07 单击“曲面精加工平行铣削”对话框中的✔按钮，系统开始计算曲面平行铣削精加工刀具轨迹。等待数分钟后，即可生成如图 12-90 所示的预锻模膛曲面平行铣削精加工刀具轨迹。

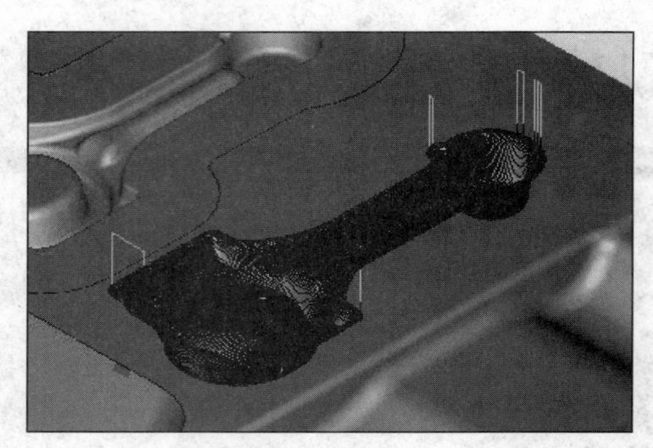

图 12-90 预锻模膛曲面平行铣削精加工刀具轨迹

12.15 预锻模膛曲面平行陡坡精加工

STEP 01 单击菜单栏中的“刀具路径”→“曲面精加工”→“精加工平行陡坡铣削”命令，进入曲面精加工平行陡坡铣削模组。

STEP 02 系统显示提示信息“选择加工曲面”，如图 12-70（a）所示进行窗选，按“Enter”键，如图 12-70（b）所示，完成预锻模膛所有曲面的选取。

STEP 03 系统弹出如图 12-71 所示的“刀具路径的曲面选取”对话框，在“边界范围”选项组中单击 （选取）按钮，如图 12-72 所示定义加工链方向，单击 按钮。

STEP 04 弹出如图 12-91 所示的“曲面精加工平行式陡斜面”对话框，默认显示“刀具路径参数”标签页，选择 ϕ4 球铣刀，设置进给率、主轴转速等参数。

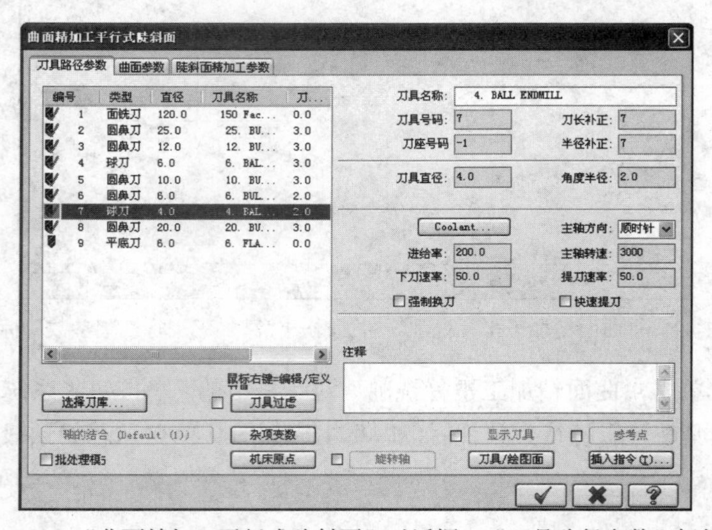

图 12-91 “曲面精加工平行式陡斜面”对话框—“刀具路径参数”标签页

STEP 05 单击“曲面精加工平行式陡斜面”对话框中的“曲面参数”标签，如图 12-92 所示设置各项参数。

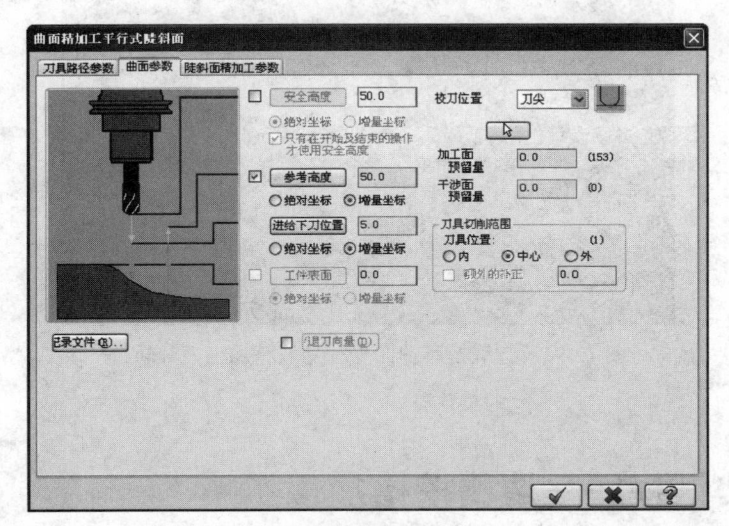

图 12-92 “曲面精加工平行式陡斜面”对话框—“曲面参数”标签页

STEP 06 单击“曲面精加工平行式陡斜面”对话框中的“陡斜面精加工参数”标签，如图 12-93 所示设置各项参数。

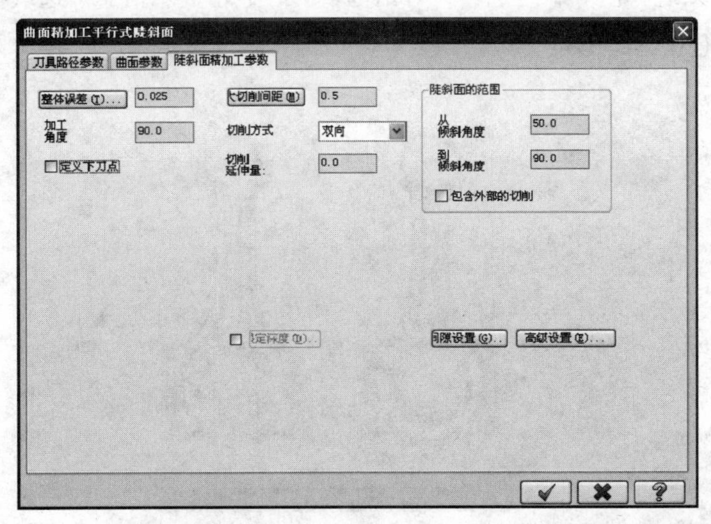

图 12-93 “曲面精加工平行式陡斜面”对话框—“陡斜面精加工参数”标签页

STEP 07 单击“曲面精加工平行式陡斜面”对话框中的 ✔ 按钮，系统开始计算曲面平行陡坡精加工刀具轨迹。等待数分钟后，即可生成如图 12-94 所示的预锻模膛曲面平行陡坡精加工刀具轨迹。

图 12-94　预锻模膛曲面平行陡坡精加工刀具轨迹

12.16　终锻模膛飞边槽挖槽加工

STEP 01　单击菜单栏中的“刀具路径”→“标准挖槽”命令，进入平面挖槽铣削模组。

STEP 02　系统弹出“串连选项”对话框，同时显示提示信息“选取挖槽串连 1”，如图 12-95 所示进行串连选取，单击 按钮，完成终锻模膛飞边槽曲线的选取。

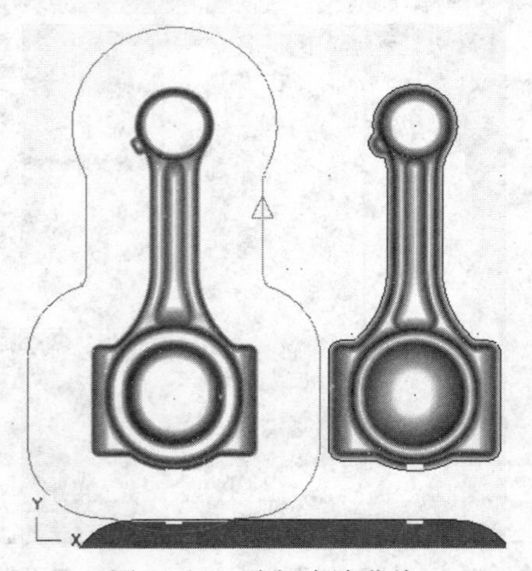

图 12-95　选择串连曲线

STEP 03　系统弹出如图 12-96 所示的“2D 挖槽”对话框，单击对话框左侧的“刀具”选项，选择 ϕ20 圆鼻刀，设置进给率、主轴转速等参数。

STEP 04　单击“2D 挖槽”对话框左侧的“共同参数”选项，如图 12-97 所示设置各项参数。

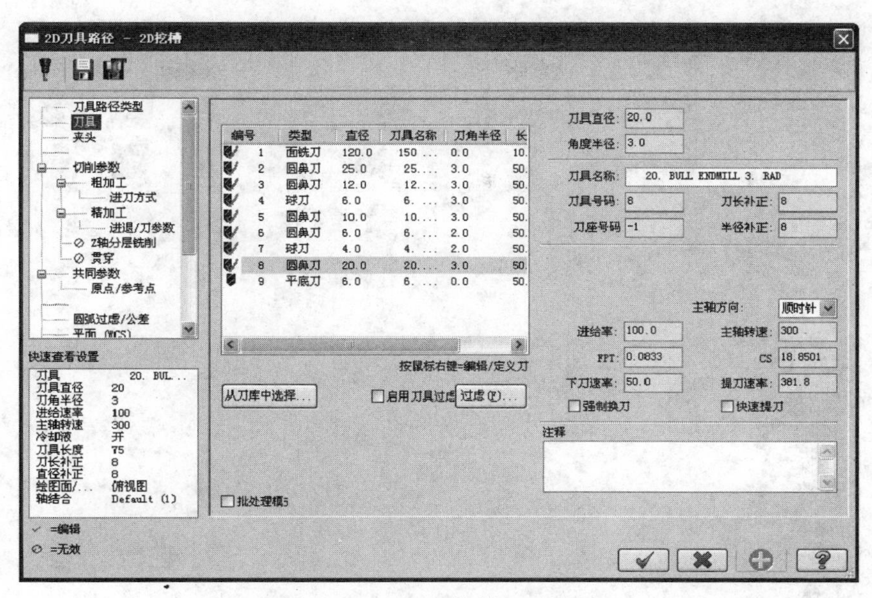

图 12-96 “2D 挖槽” 对话框

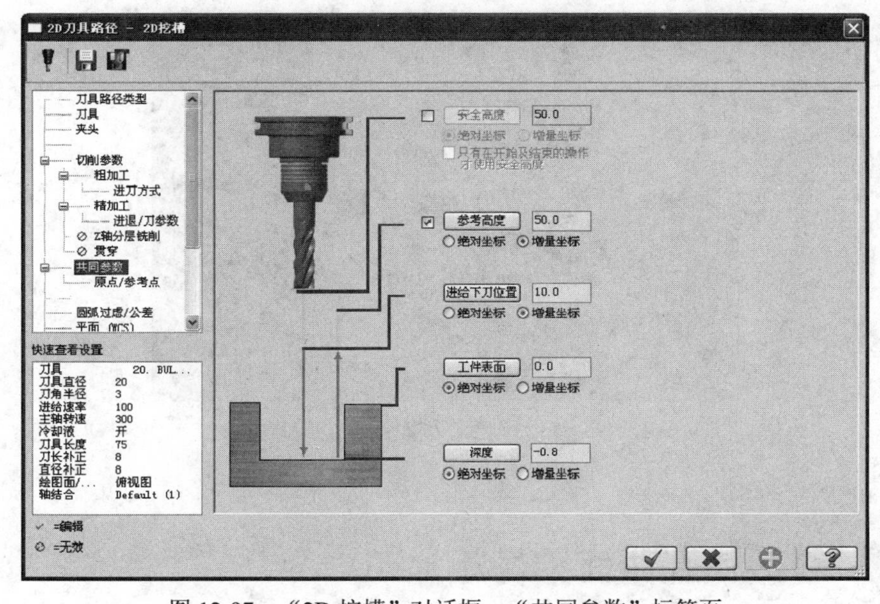

图 12-97 “2D 挖槽” 对话框—“共同参数” 标签页

STEP 05 单击“2D 挖槽”对话框左侧的“粗加工”选项，如图 12-98 所示设置各项参数。

STEP 06 单击“2D 挖槽”对话框中的 ✔ 按钮，生成如图 12-99 所示的终锻模膛飞边槽挖槽加工刀具轨迹。

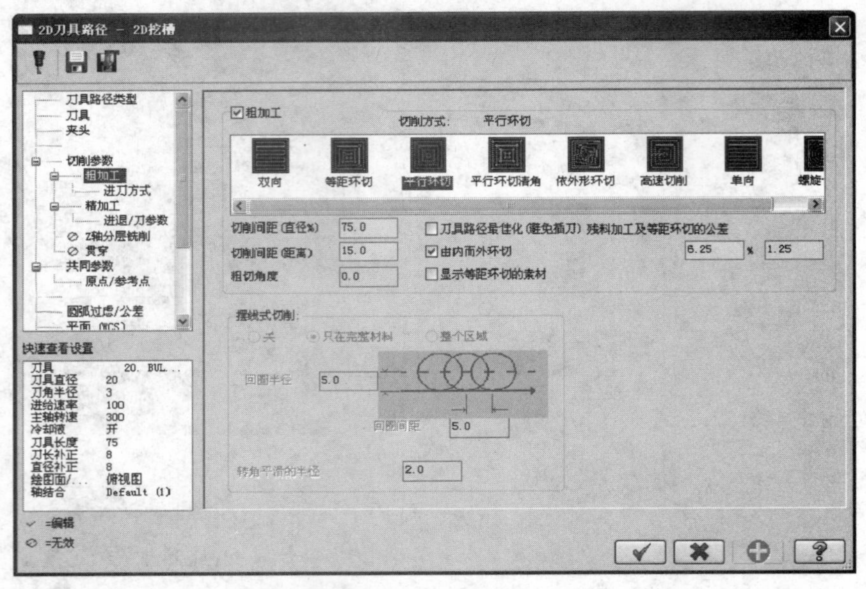

图 12-98 “2D 挖槽”对话框—“粗加工”标签页

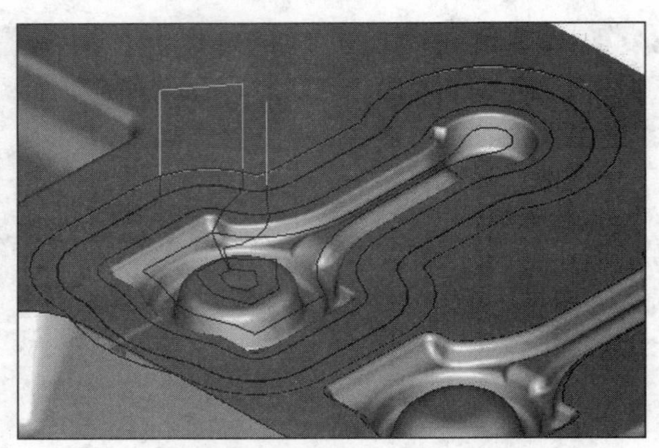

图 12-99 终锻模膛飞边槽挖槽加工刀具轨迹

12.17 终锻模膛曲面挖槽粗加工

STEP 01 单击菜单栏中的“刀具路径”→“曲面粗加工”→“粗加工挖槽加工”命令，进入曲面粗加工挖槽铣削模组。

STEP 02 系统显示提示信息“选择加工曲面”，如图 12-100（a）所示进行窗选，按“Enter”键，如图 12-100（b）所示，完成终锻模膛所有曲面的选取。

STEP 03 系统弹出如图 12-101 所示的“刀具路径的曲面选取”对话框，在“边界范围”选项组中单击 （选取）按钮，如图 12-102 所示定义加工链方向，单击 按钮。

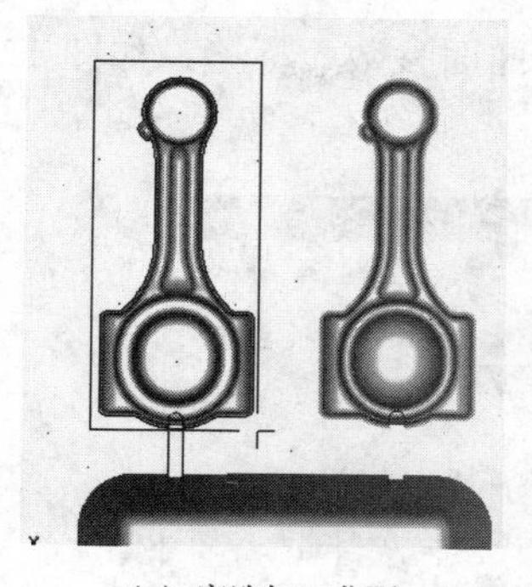

（a）窗选加工曲面

（b）加工曲面的选定

图 12-100　终锻模膛所有曲面的选取

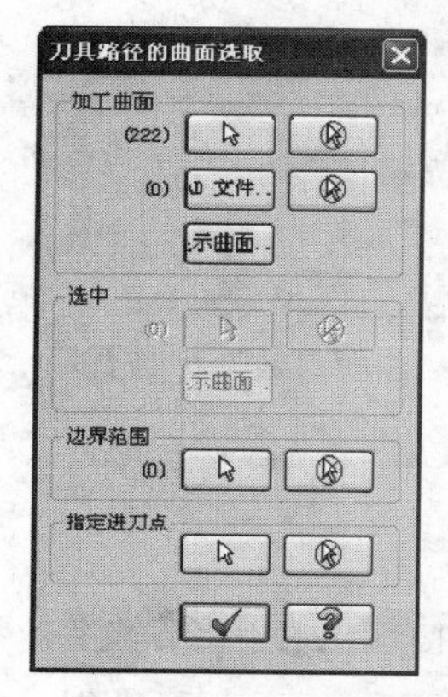

图 12-101　“刀具路径的曲面选取”对话框

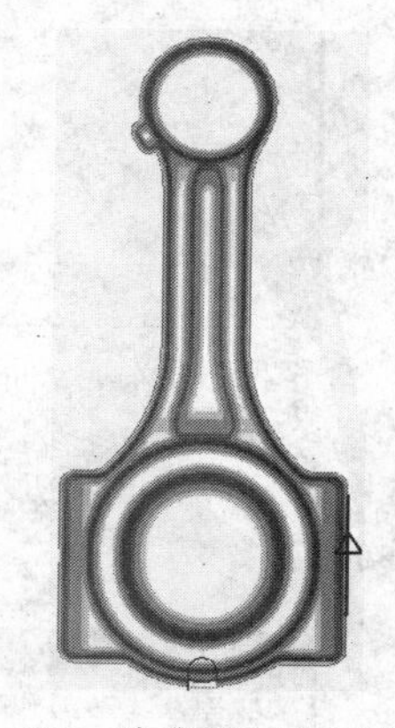

图 12-102　定义曲面加工链方向

STEP 04　系统弹出如图 12-103 所示的“曲面粗加工挖槽”对话框，默认显示“刀具路径参数”标签页，选择 $\phi 10$ 圆鼻刀，设置进给率、主轴转速等参数。

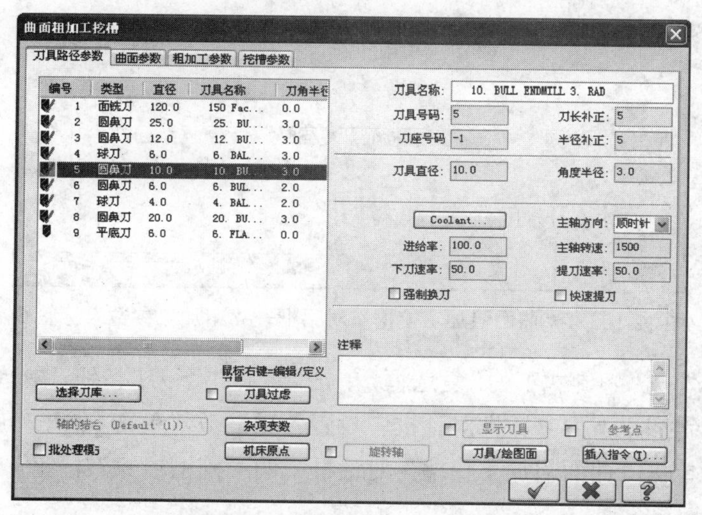

图 12-103　“曲面粗加工挖槽”对话框—“刀具路径参数”标签页

STEP 05 单击“曲面粗加工挖槽”对话框中的“曲面参数”标签，如图 12-104 所示设置各项参数。

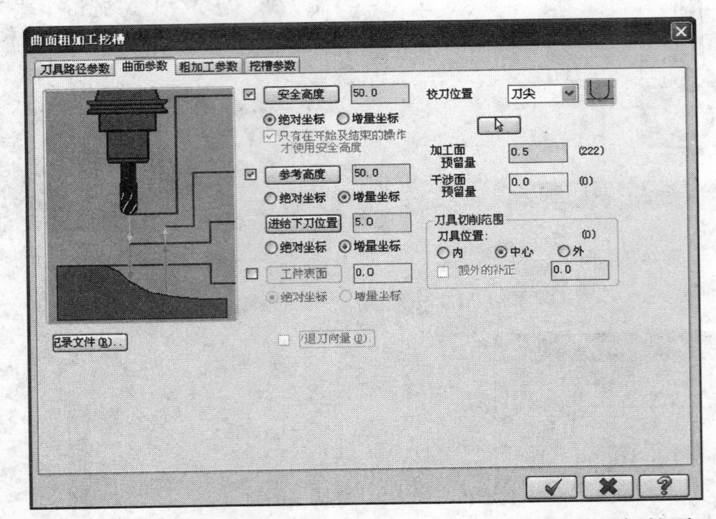

图 12-104 “曲面粗加工挖槽”对话框—“曲面参数”标签页

STEP 06 单击“曲面粗加工挖槽”对话框中的“粗加工参数”标签，如图 12-105 所示设置各项参数。

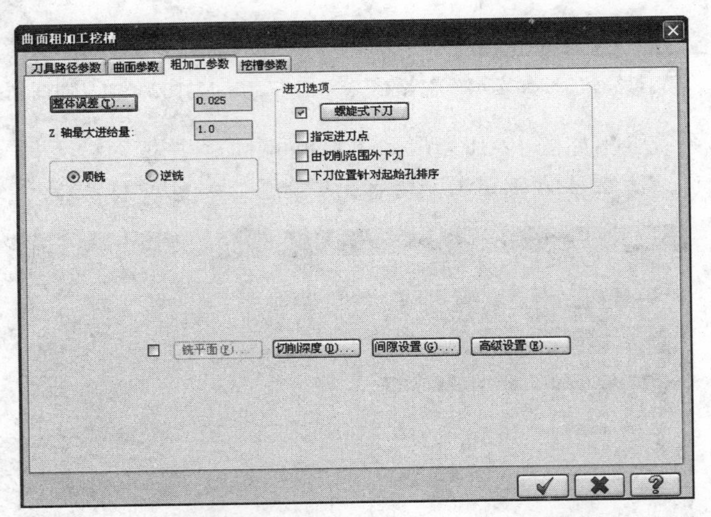

图 12-105 “曲面粗加工挖槽”对话框—“粗加工参数”标签页

STEP 07 勾选“螺旋式下刀”复选框，单击“螺旋式下刀”按钮，在弹出的如图 12-106 所示的“螺旋 / 斜插式下刀参数”对话框中设置各项参数，单击 ✔ 按钮完成设置。

STEP 08 单击“曲面粗加工挖槽”对话框中的“挖槽参数”标签，如图 12-107 所示设置各项参数。

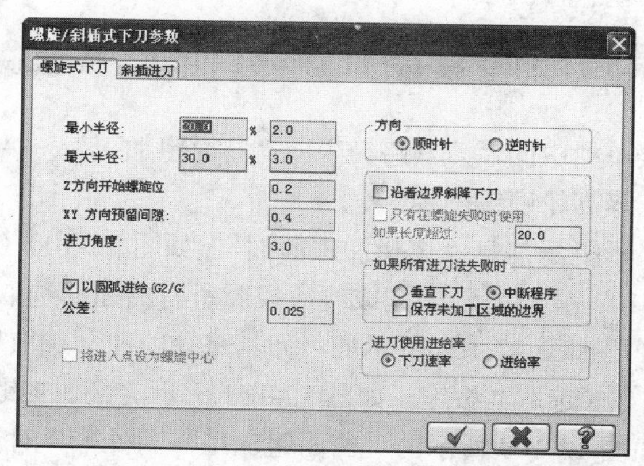

图 12-106　“螺旋 / 斜插式下刀参数”对话框

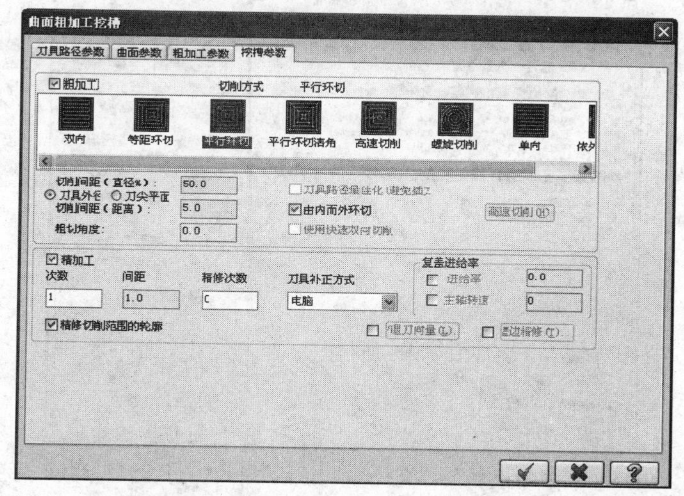

图 12-107　“曲面粗加工挖槽”对话框—“挖槽参数”标签页

STEP 09　单击“曲面粗加工挖槽”对话框中的 ✓ 按钮，系统开始计算曲面挖槽粗加工刀具轨迹。等待数分钟后，即可生成如图 12-108 所示的终锻模膛曲面挖槽粗加工刀具轨迹。

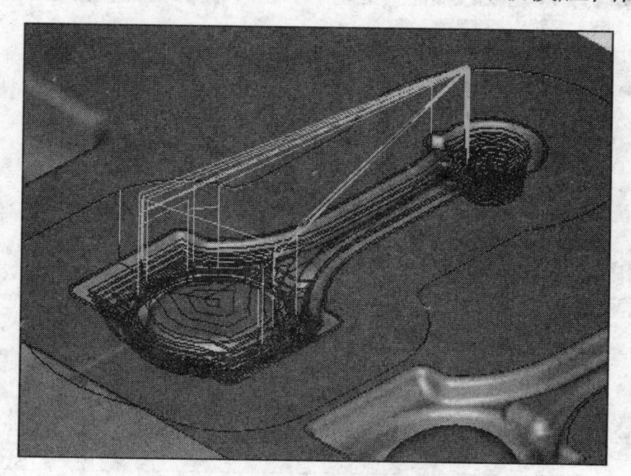

图 12-108　终锻模膛曲面挖槽粗加工刀具轨迹

12.18 终锻模膛曲面等高轮廓粗加工

STEP 01 单击菜单栏中的“刀具路径”→“曲面粗加工”→“粗加工等高外形加工”命令，进入曲面粗加工等高轮廓铣削模组。

STEP 02 系统显示提示信息“选择加工曲面”，如图 12-100（a）所示进行窗选，按“Enter”键，如图 12-100（b）所示，完成终锻模膛所有曲面的选取。

STEP 03 系统弹出如图 12-101 所示的“刀具路径的曲面选取”对话框，在“边界范围”选项组中单击 ↖ （选取）按钮，如图 12-102 所示定义加工链方向，单击 ✓ 按钮。

STEP 04 弹出如图 12-109 所示的“曲面粗加工等高外形”对话框，默认显示“刀具路径参数”标签页，选择 $\phi 6$ 圆鼻刀，设置进给率、主轴转速等参数。

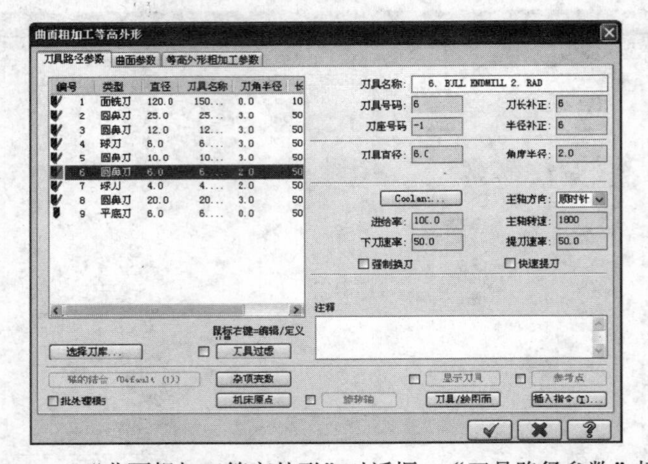

图 12-109 “曲面粗加工等高外形”对话框—“刀具路径参数”标签页

STEP 05 单击“曲面粗加工等高外形”对话框中的“曲面参数”标签，如图 12-110 所示设置各项参数。

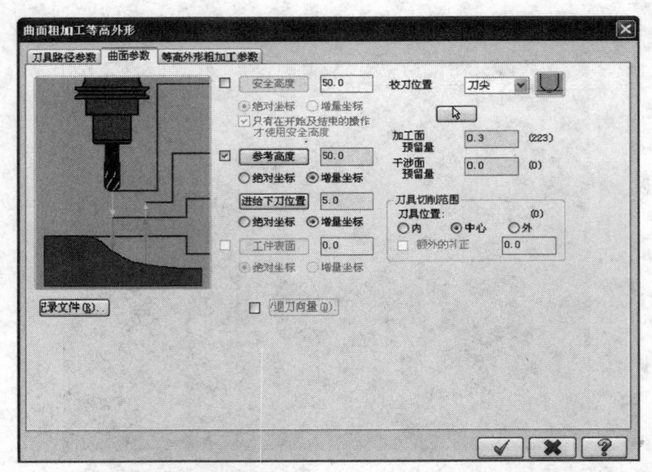

图 12-110 “曲面粗加工等高外形”对话框—“曲面参数”标签页

STEP 06 单击“曲面粗加工等高外形”对话框中的“等高外形粗加工参数”标签，如图 12-111 所示设置各项参数。

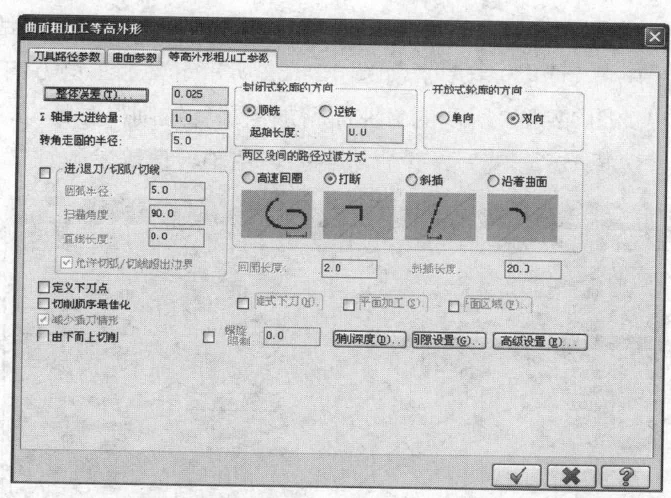

图 12-111 “曲面粗加工等高外形”对话框—“等高外形粗加工参数”标签页

STEP 07 单击“曲面粗加工等高外形”对话框中的 ✓ 按钮，系统开始计算曲面等高轮廓粗加工刀具轨迹。等待数分钟后，即可生成如图 12-112 所示的终锻模膛曲面等高轮廓粗加工刀具轨迹。

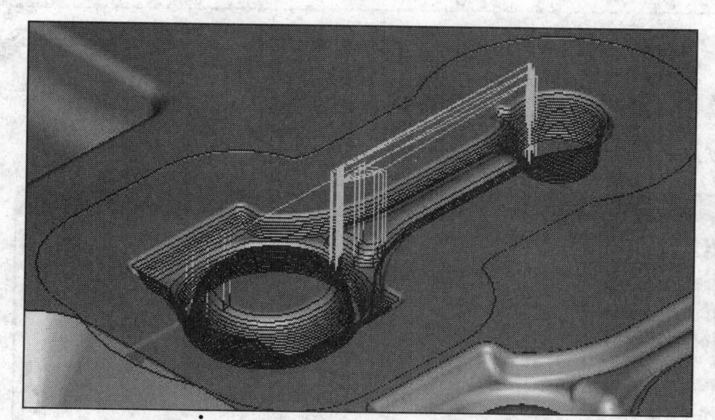

图 12-112 终锻模膛曲面等高轮廓粗加工刀具轨迹

12.19 终锻模膛曲面平行铣削半精加工

STEP 01 单击菜单栏中的“刀具路径”→“曲面精加工”→“精加工平行铣削”命令，进入曲面半精加工平行铣削模组。

STEP 02 系统显示提示信息“选择加工曲面”，如图 12-100（a）所示进行窗选，按“Enter”键，如图 12-100（b）所示，完成终锻模膛所有曲面的选取。

STEP 03 系统弹出如图 12-101 所示的“刀具路径的曲面选取”对话框，在“边界范围”选项组中单击（选取）按钮，如图 12-102 所示定义加工链方向，单击按钮。

STEP 04 弹出如图 12-113 所示的“曲面精加工平行铣削”对话框，默认显示“刀具路径参数”标签页，选择 $\phi6$ 球铣刀，设置进给率、主轴转速等参数。

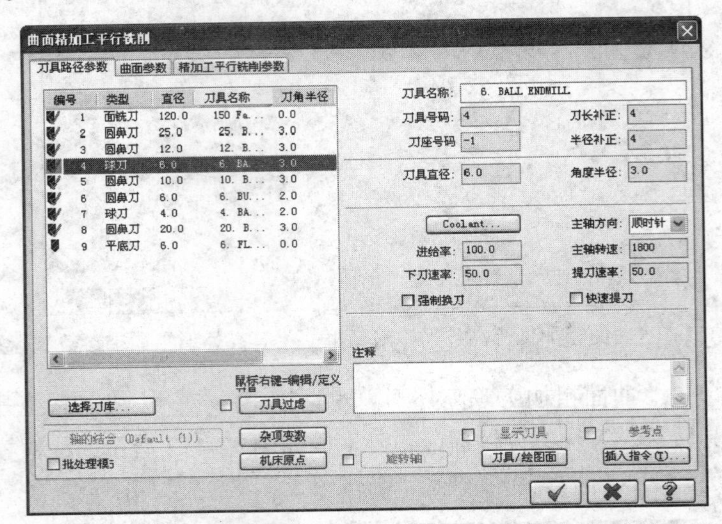

图 12-113 “曲面精加工平行铣削”对话框—“刀具路径参数”标签页

STEP 05 单击“曲面精加工平行铣削”对话框中的“曲面参数”标签，如图 12-114 所示设置各项参数。

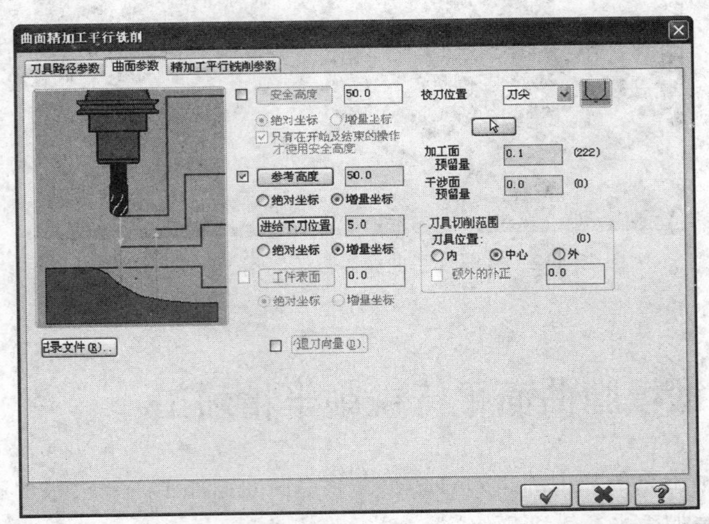

图 12-114 “曲面精加工平行铣削”对话框—“曲面参数”标签页

STEP 06 单击“曲面精加工平行铣削”对话框中的“精加工平行铣削参数”标签，如图 12-115 所示设置各项参数。

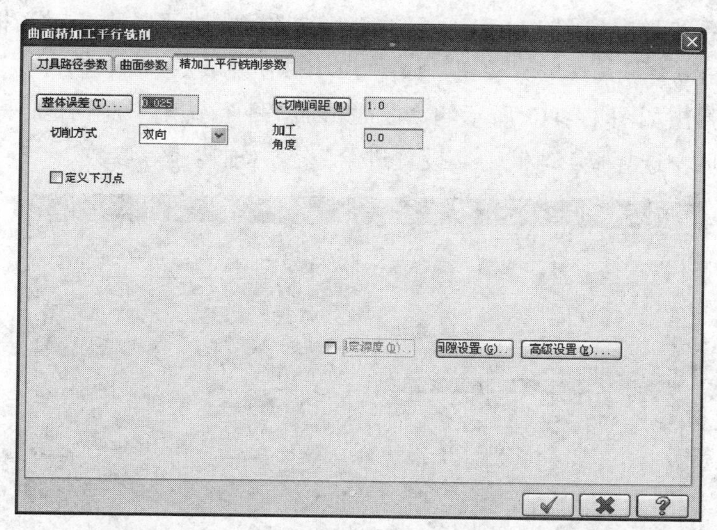

图 12-115　“曲面精加工平行铣削”对话框—“精加工平行铣削参数”标签页

STEP 07 单击“曲面精加工平行铣削”对话框中的 ✔ 按钮，系统开始计算曲面平行铣削半精加工刀具轨迹。等待数分钟后，即可生成如图 12-116 所示的终锻模膛曲面平行铣削半精加工刀具轨迹。

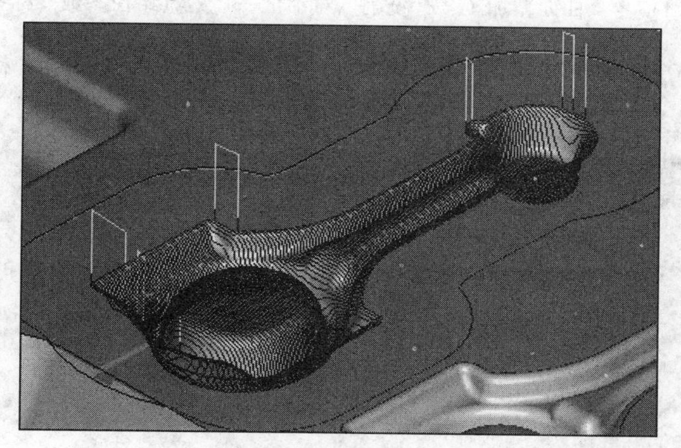

图 12-116　终锻模膛曲面平行铣削半精加工刀具轨迹

12.20 终锻模膛曲面平行铣削精加工

STEP 01 单击菜单栏中的“刀具路径”→“曲面精加工”→“精加工平行铣削”命令，进入曲面精加工平行铣削模组。

STEP 02 系统显示提示信息“选择加工曲面”，如图 12-100（a）所示进行窗选，按“Enter”键，如图 12-100（b）所示，完成终锻模膛所有曲面的选取。

STEP 03 系统弹出如图 12-101 所示的“刀具路径的曲面选取”对话框，在“边界范围”选项组中单击（选取）按钮，如图 12-102 所示定义加工链方向，单击按钮。

STEP 04 弹出如图 12-117 所示的“曲面精加工平行铣削”对话框，默认显示“刀具路径参数”标签页，选择 ϕ4 球铣刀，设置进给率、主轴转速等参数。

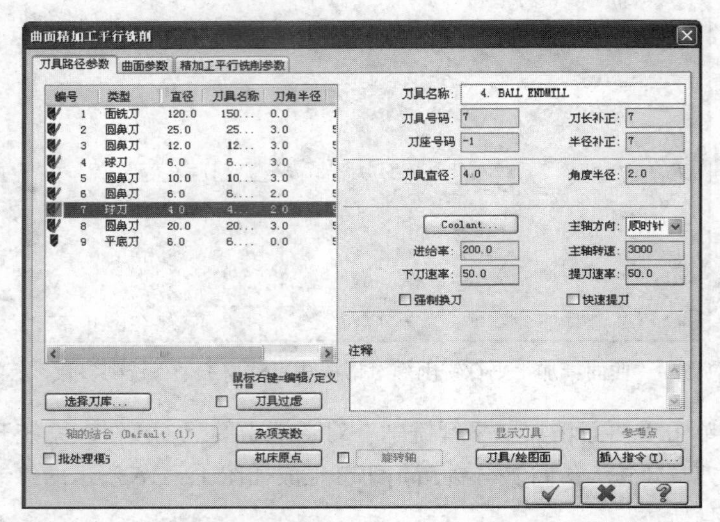

图 12-117 “曲面精加工平行铣削”对话框—“刀具路径参数”标签页

STEP 05 单击“曲面精加工平行铣削”对话框中的“曲面参数”标签，如图 12-118 所示设置各项参数。

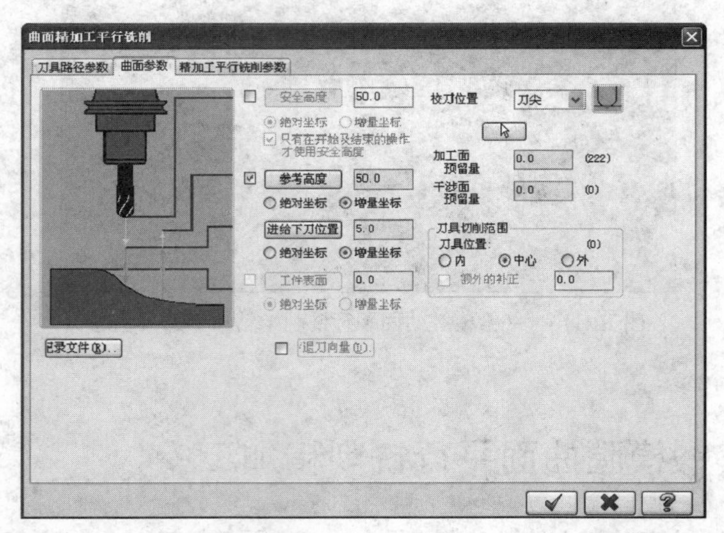

图 12-118 “曲面精加工平行铣削”对话框—“曲面参数”标签页

STEP 06 单击“曲面精加工平行铣削”对话框中的“精加工平行铣削参数”标签，如图 12-119 所示设置各项参数。

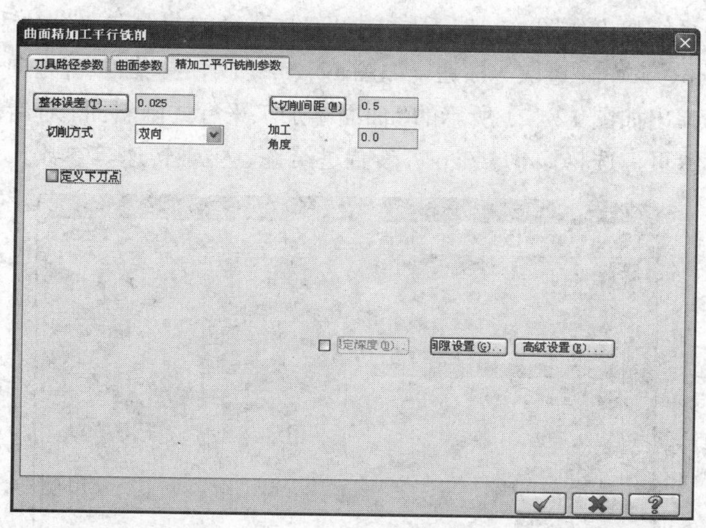

图 12-119 “曲面精加工平行铣削”对话框—“精加工平行铣削参数”标签页

STEP 07 单击“曲面精加工平行铣削”对话框中的✔按钮，系统开始计算曲面平行铣削精加工刀具轨迹。等待数分钟后，即可生成如图 12-120 所示的终锻模膛曲面平行铣削精加工刀具轨迹。

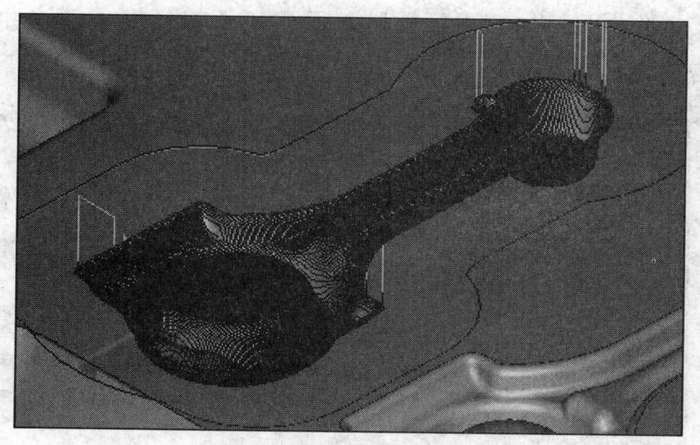

图 12-120 终锻模膛曲面平行铣削精加工刀具轨迹

12.21 终锻模膛曲面平行陡坡精加工

STEP 01 单击菜单栏中的“刀具路径”→“曲面精加工”→“精加工平行陡坡加工”命令，进入曲面平行陡坡精加工模组。

STEP 02 系统显示提示信息“选择加工曲面”，如图 12-100（a）所示进行窗选，按“Enter”键，如图 12-100（b）所示，完成终锻模膛所有曲面的选取。

STEP 03 系统弹出如图 12-101 所示的“刀具路径的曲面选取”对话框，在“边界范围”选项组中单击 （选取）按钮，如图 12-102 所示定义加工链方向，单击 按钮。

STEP 04 弹出如图 12-121 所示的“曲面精加工平行式陡斜面”对话框，默认显示“刀具路径参数”标签页，选择 $\phi 4$ 球铣刀，设置进给率、主轴转速等参数。

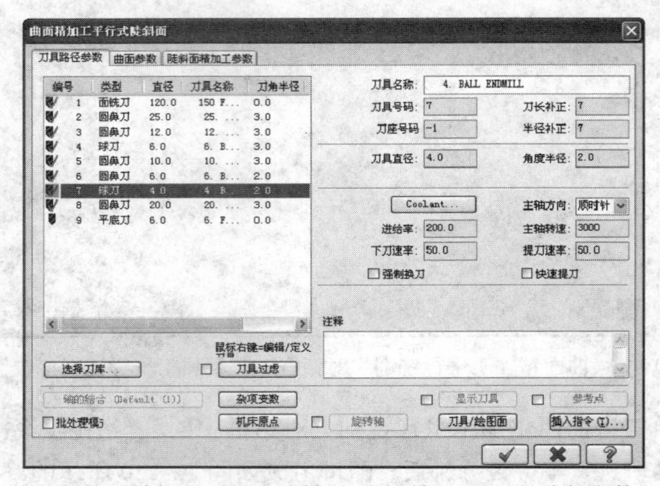

图 12-121 “曲面精加工平行式陡斜面”对话框—“刀具路径参数”标签页

STEP 05 单击“曲面精加工平行式陡斜面”所示对话框中的“曲面参数”标签，如图 12-122 所示设置各项参数。

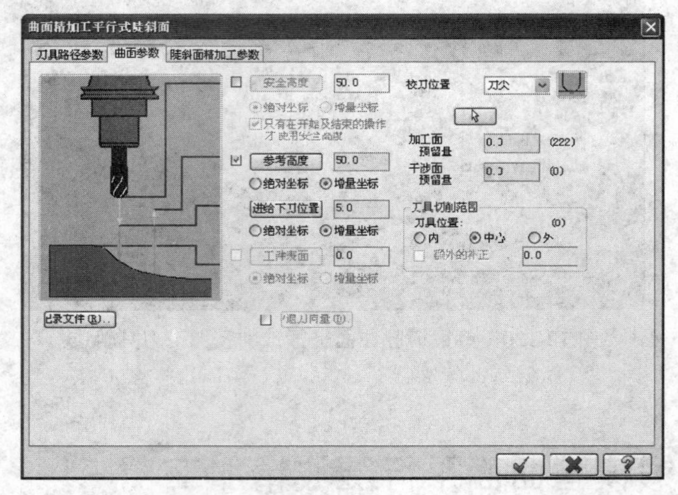

图 12-122 “曲面精加工平行式陡斜面”对话框—“曲面参数”标签页

STEP 06 单击“曲面精加工平行式陡斜面”对话框中的“陡斜面精加工参数”标签，如图 12-123 所示设置各项参数。

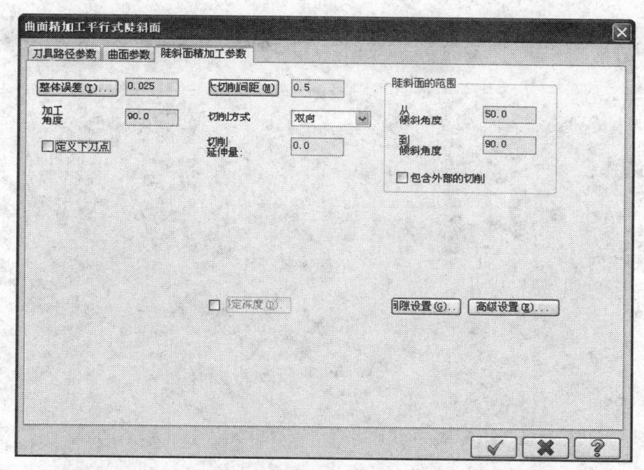

图 12-123　“曲面精加工平行式陡斜面”对话框—“陡斜面精加工参数”标签页

STEP 07　单击“曲面精加工平行式陡斜面”对话框中的 ✔ 按钮，系统开始计算曲面平行陡坡精加工刀具轨迹。等待数分钟后，即可生成如图 12-124 所示的终锻模膛曲面平行陡坡精加工刀具轨迹。

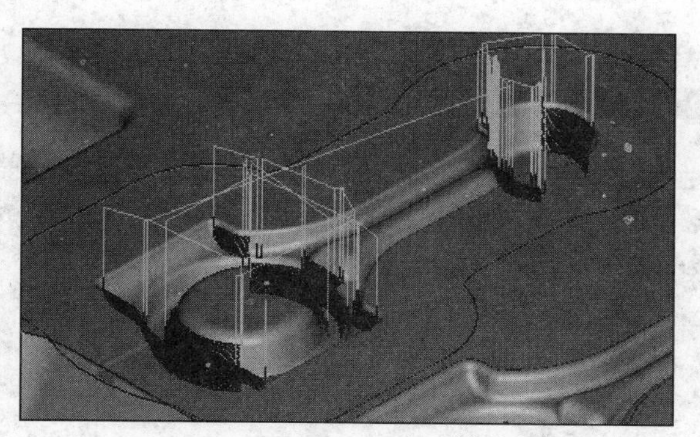

图 12-124　终锻模膛曲面平行陡坡精加工刀具轨迹

12.22 钳口颈轮廓加工

STEP 01　单击工具栏中的（顶视图）按钮，将绘图平面及视图平面都设置为顶视图状态。单击菜单栏中的“刀具路径”→“外形铣削”命令，弹出“串连选项”对话框，如图 12-125 设置串连曲线 A、B，单击 ✔ 按钮。

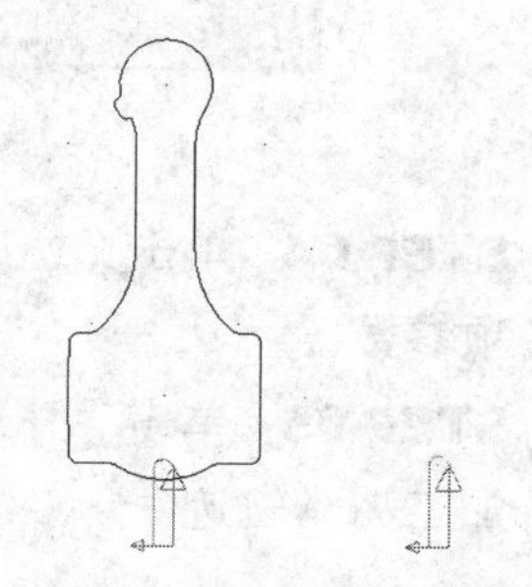

图 12-125　选择串连曲线

STEP 02　系统弹出如图 12-126 所示的“外形铣削”对话框，单击左侧的“刀具”选项，设置进给率、主轴转速等参数。

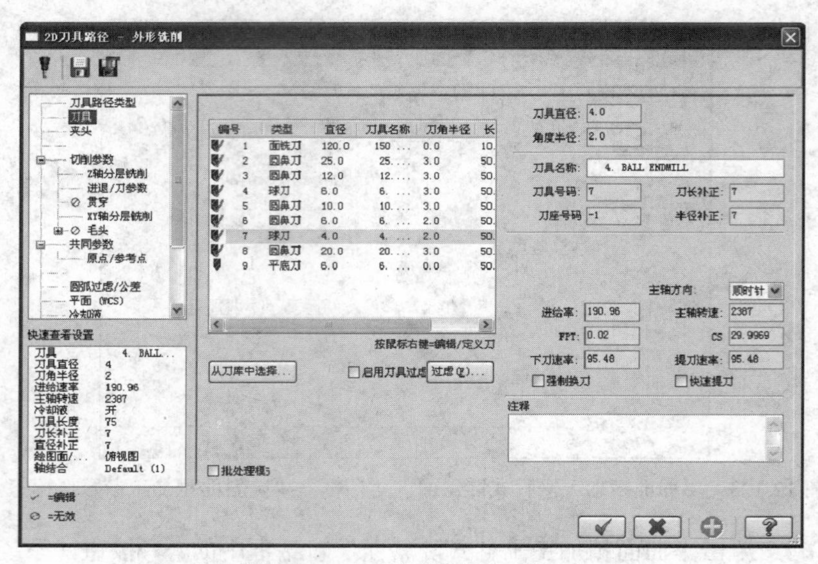

图 12-126　“外形铣削”对话框

STEP 03　单击“外形铣削”对话框左侧的“共同参数”选项，如图 12-127 所示设置各项参数。

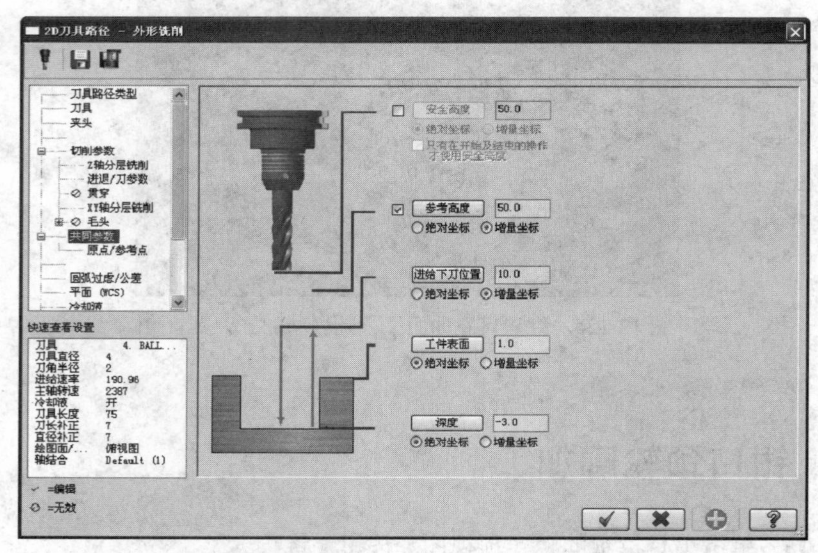

图 12-127　“外形铣削”对话框—“共同参数”标签页

STEP 04　单击“外形铣削”对话框左侧的“进/退刀参数”选项，如图 12-128 所示设置各项参数。

STEP 05　单击“外形铣削”对话框中的 ✔ 按钮，生成如图 12-129 所示的钳口颈轮廓铣加工刀具轨迹。

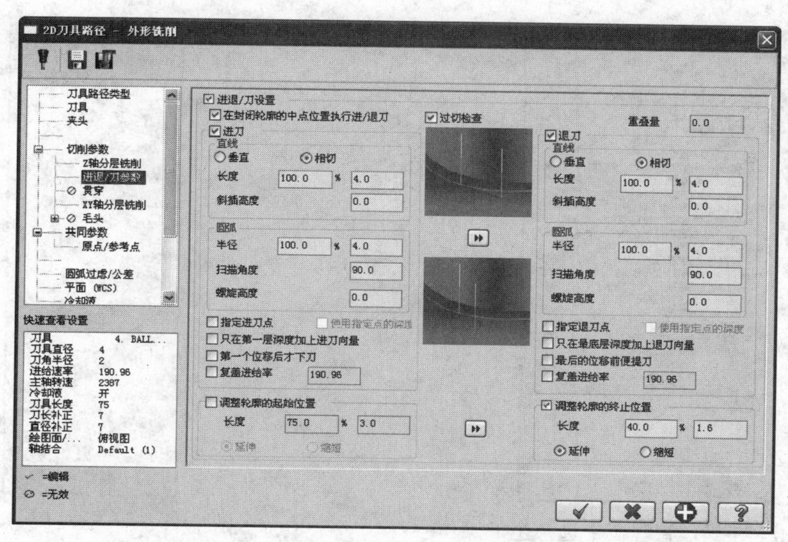

图 12-128　“外形铣削”对话框—“进/退刀参数”标签页

图 12-129　钳口颈轮廓铣加工刀具轨迹

12.23 加工过程仿真

STEP 01　在操作管理器中单击 （选择全部操作）按钮，即可选择全部操作，如图 12-130 所示。

STEP 02　单击 （验证）按钮，弹出如图 12-131 所示的“验证”对话框。单击 （设置）按钮，弹出如图 12-132 所示的“验证选项”对话框，设置各项参数。单击 按钮，退出“验证选项”对话框。

STEP 03　单击 （开始）按钮，显示全部加工仿真，如图 12-133 所示。单击 （退出）按钮，退出“验证”对话框，返回操作管理器。

图 12-130　在操作管理器中选择全部操作

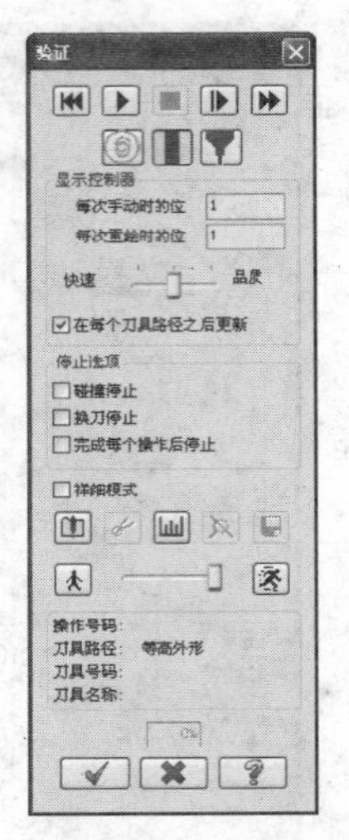

图 12-131　“验证”对话框

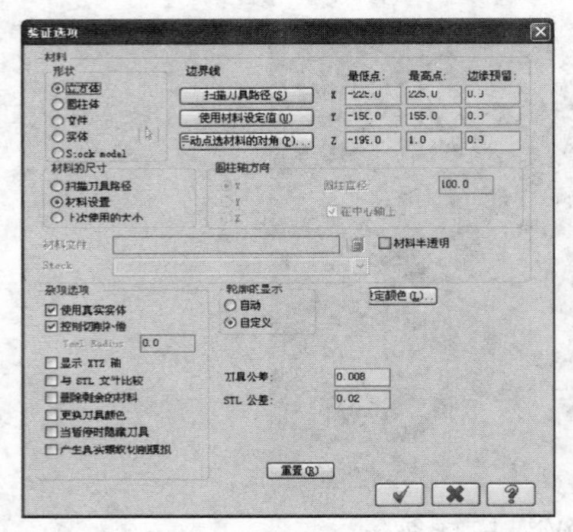

图 12-132　“验证选项”对话框

图 12-133　下模全部加工仿真

12.24　后置处理生成 NC 程序

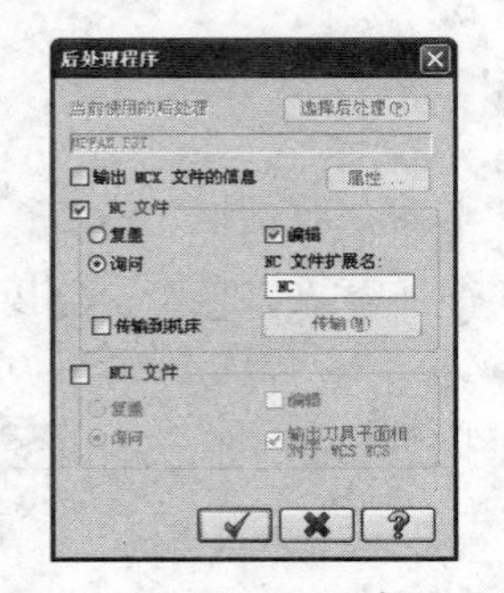

图 12-134　“后处理程序”对话框

STEP 01　在操作管理器中，单击（选择所有操作）按钮，选择全部操作。

STEP 02　单击G1（后处理）按钮，弹出如图 12-134 所示的“后处理程序”对话框，设置各项参数。

STEP 03　单击按钮，系统弹出如图 12-135 所示的“另存为”对话框，在“文件名”文本框中输入生成的 NC 代码的文件名，单击按钮。

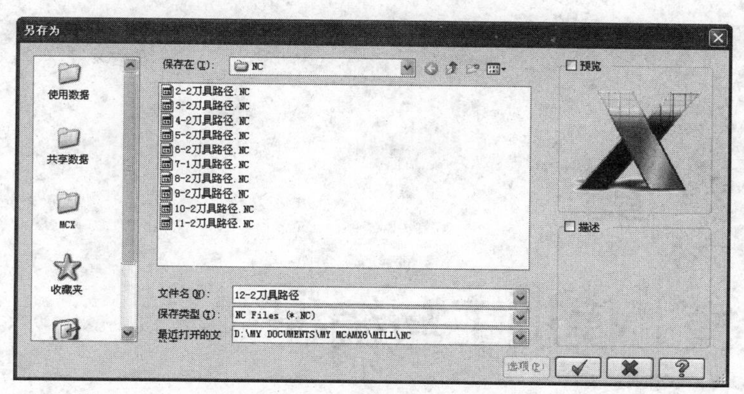

图 12-135　“另存为”对话框

STEP 04　系统开始生成加工程序，显示如图 12-136 所示的后置处理信息。等待几分钟后，弹出如图 12-137 所示的“Mastercam X 编辑器”界面，显示全部加工程序。单击 按钮，退出编辑器。

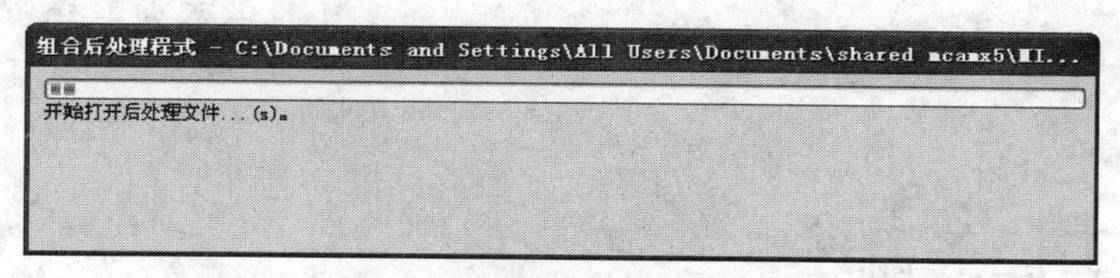

图 12-136　后置处理信息提示

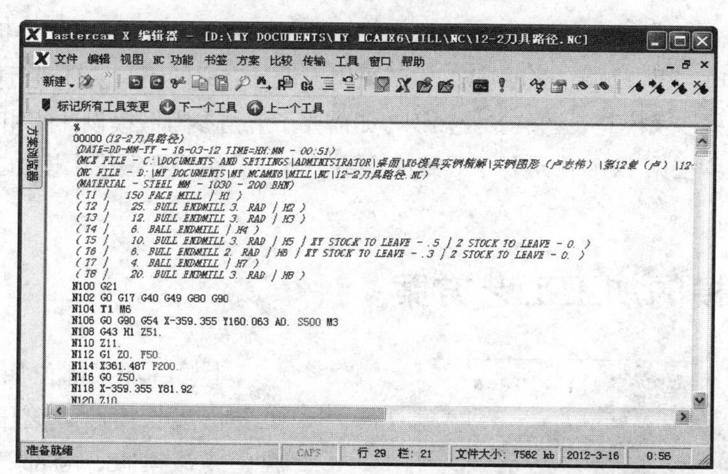

图 12-137　“Mastercam X 编辑器”界面

第13章

连杆锻模上模加工与编程

内容

本章承接第12章的内容，继续介绍连杆锻模上模的加工与编程，其中采用了一些与下模编程方法不同的编程技巧。

目的

通过连杆锻模上模加工实例，使读者能够掌握完整的连杆锻模加工程序设计方法。

13.1 加工任务概述

连杆锻模由上模和下模组成，主要由拔长模膛、滚压模膛、预锻模膛、终锻模膛、飞边槽、仓部、桥部、钳口、钳口颈等部分组成。本章采用已设计完成的模具实体进行数控加工编程讲解。锻模设计过程涉及模具设计的专业知识，如需要了解请参考锻模设计的相关资料。连杆锻模下模加工与编程在第12章中进行了详细的介绍，本章介绍连杆锻模上模加工与编程。

13.2 上模的加工工艺方案

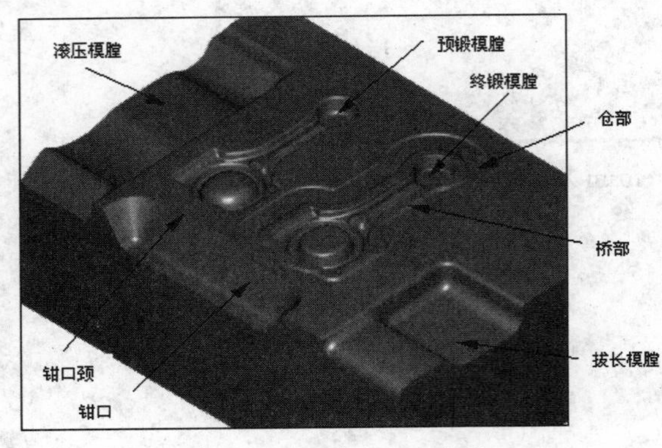

图13-1 上模各加工部位

上模各加工部位如图13-1所示，主要由拔长模膛、滚压模膛、预锻模膛、终锻模膛、仓部、桥部、钳口、钳口颈等部位，加工机床选用数控龙门加工中心。

上模的加工工艺方案如表13-1所示，表中只列出与数控加工有关的内容，省略了普通机械加工的内容。

表 13-1 上模加工工艺方案 单位：mm

工步	加工内容	加工方式	刀具	余量
1	模具上平面的加工	面铣削	ϕ120 面铣刀	0
2	拔长模膛的加工	轮廓加工（2D）	$\phi25\times R8$ 圆鼻刀	0
3	滚压模膛的加工	轮廓加工（2D）	$\phi25\times R8$ 圆鼻刀	0
4	钳口粗加工	轮廓加工（2D）	$\phi25\times R3$ 圆鼻刀	1
5	钳口精加工	轮廓加工（2D）	$\phi12\times R3$ 圆鼻刀	0
6	拔长模膛和滚压模膛的倒圆角加工	曲面平行铣削精加工	ϕ6 球铣刀	0
7	预锻模膛曲面挖槽粗加工	曲面挖槽粗加工	$\phi10\times R2$ 圆鼻刀	0.5
8	预锻模膛曲面等高轮廓粗加工	曲面等高轮廓粗加工	$\phi6\times R2$ 圆鼻刀	0.3
9	预锻模膛曲面平行铣削半精加工	曲面平行铣削精加工	ϕ6 球铣刀	0.1
10	预锻模膛曲面平行铣削精加工	曲面平行铣削精加工	ϕ4 球铣刀	0
11	预锻模膛曲面平行陡坡精加工	曲面平行陡坡精加工	ϕ4 球铣刀	0
12	终锻模膛桥部顶面挖槽加工	平面挖槽（标准）	$\phi20\times R1$ 圆鼻刀	0
13	终锻模膛仓部挖槽加工	平面挖槽（标准）	$\phi16\times R3$ 圆鼻刀	0
14	终锻模膛桥部圆角曲面流线加工	曲面流线精加工	ϕ4 球铣刀	0
15	终锻模膛曲面挖槽粗加工	曲面挖槽粗加工	$\phi10\times R2$ 圆鼻刀	0.5
16	终锻模膛曲面等高轮廓粗加工	曲面等高轮廓粗加工	$\phi6\times R2$ 圆鼻刀	0.3
17	终锻模膛曲面平行铣削半精加工	曲面平行铣削精加工	ϕ6 球铣刀	0.1
18	终锻模膛曲面平行铣削精加工	曲面平行铣削精加工	ϕ4 球铣刀	0
19	终锻模膛曲面平行陡坡精加工	曲面平行陡坡精加工	ϕ4 球铣刀	0
20	钳口颈轮廓加工	轮廓加工（2D）	ϕ6 立铣刀	0

13.3 加工模型的准备

STEP 01 单击菜单栏中的“文件”→“打开文件”命令，系统弹出如图 13-2 所示的“打开”对话框，找到并选择“13-1 图形.x_t”文件，单击 按钮，在绘图区即可显示如图 13-1 所示上模的实体模型。

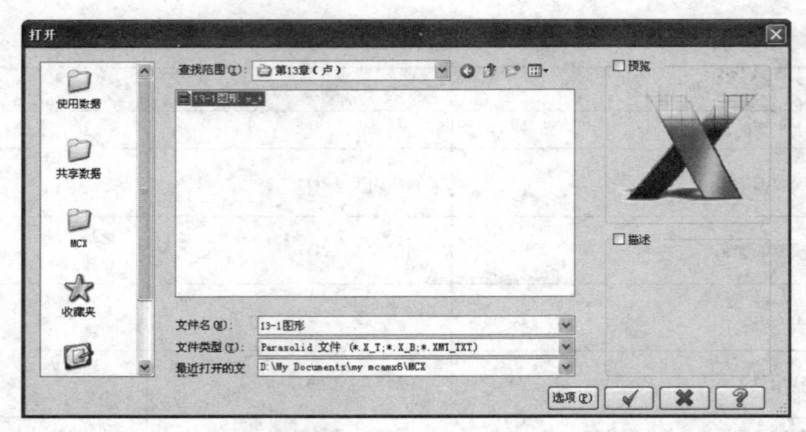

图 13-2 “打开”对话框

STEP 02 单击状态栏中的层别 1（层别）区域，在弹出的如图 13-3 所示的“层别管理”对话框中设置各项参数。单击✔按钮，设置第二层为工作层。

STEP 03 单击状态栏中的 10（颜色）区域，在弹出的如图 13-4 所示的“颜色”对话框中选择 9 号蓝色。单击✔按钮，设定将提取图素的颜色。

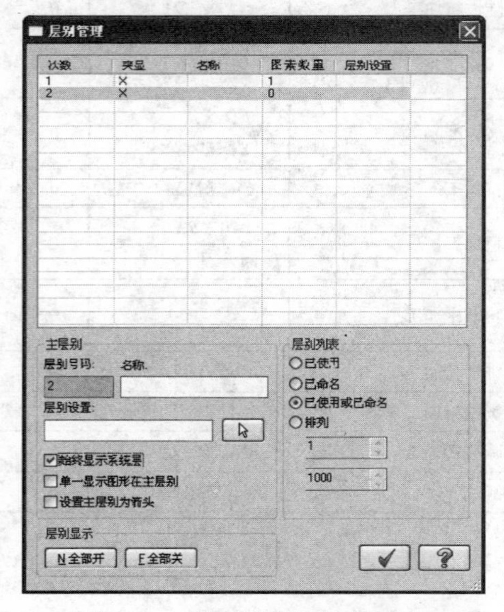

图 13-3 “层别管理”对话框 1

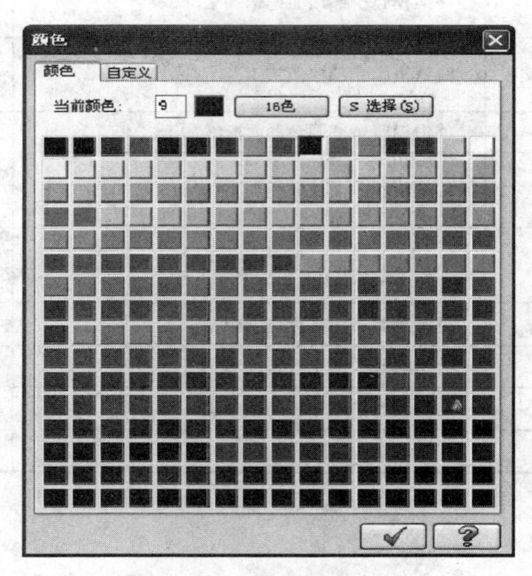

图 13-4 “颜色”对话框

STEP 04 单击菜单栏中的“绘图”→“曲面”→“由实体生成曲面”命令，或者单击工具栏中的（由实体生成曲面）按钮，准备选择生成曲面的实体。

STEP 05 此时系统提示“请选择要产生曲面的主体或面”信息，选择实体，如图 13-5（a）所示，然后按“Enter”键，即可提取实体的所有表面，如图 13-5（b）所示。

STEP 06 单击状态栏中的层别 2（层别）区域，在如图 13-6 所示的“层别管理”对话框中设置各项参数。单击 按钮，关闭第一层，设置第三层为工作层。

（a）选择实体

（b）生成实体曲面

图 13-5　提取全部实体曲面

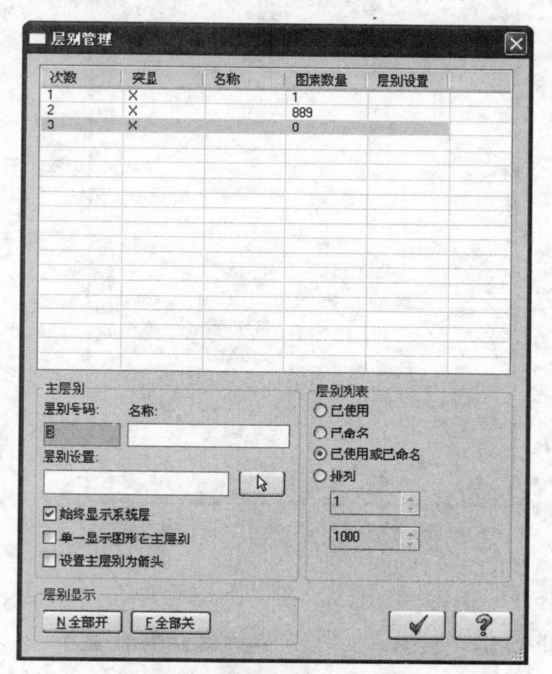

图 13-6　“层别管理”对话框 2

STEP 07　单击菜单栏中的“绘图”→“曲面曲线”→“所有曲线边界”命令，或者单击工具栏中的 （创建所有边界曲线）按钮，准备选择生成第一部分曲线的实体面。

STEP 08　系统提示“选择曲面”信息，显示如图 13-7 所示的“创建所有边界线”工具栏，此时选择如图 13-8（a）所示实体面上的 A 面，单击鼠标左键即可产生实体面上 A 表面的边界曲线，如图 13-8（b）所示。

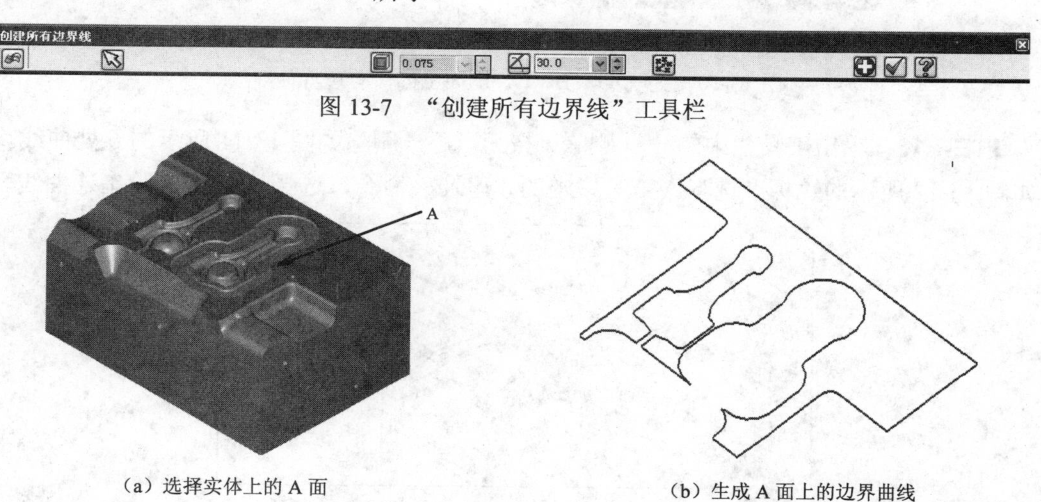

图 13-7　“创建所有边界线”工具栏

（a）选择实体上的 A 面

（b）生成 A 面上的边界曲线

图 13-8　提取实体 A 面上的所有边界曲线

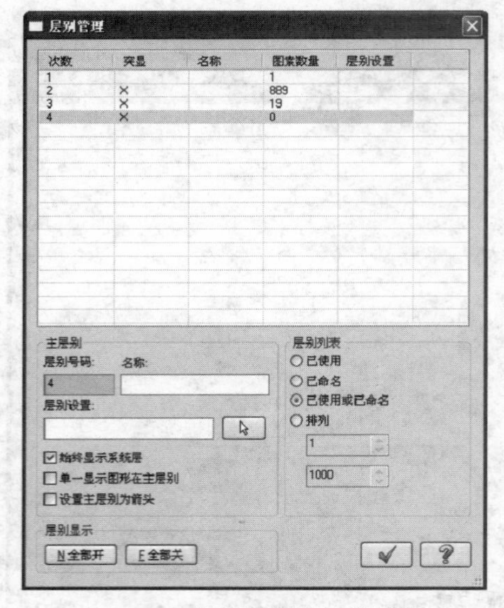

图 13-9 “层别管理”对话框 3

STEP 09 单击状态栏中的（层别）图标，在如图 13-9 所示的“层别管理”对话框中设置各项参数。关闭第一、第三层，打开第二层，设置第四层为工作层，准备从实体表面模型上提取第二部分曲线，单击按钮返回绘图区。

STEP 10 单击菜单栏中的“绘图”→“曲面曲线”→“所有曲线边界”命令，或者单击工具栏中的（创建所有边界曲线）按钮，准备选择生成第二部分曲线的实体面。

STEP 11 单击如图 13-10（a）所示的实体面上的 B、C、D 面，产生实体面上 B、C、D 面边界曲线，如图 13-10（b）所示。

STEP 12 单击状态栏中的中的“图层”图标，在“图层管理”对话框中设置各项参数。关闭第一、第二层、第三层的显示，打开第四层，以方便进行曲线编辑，单击按钮返回绘图区。

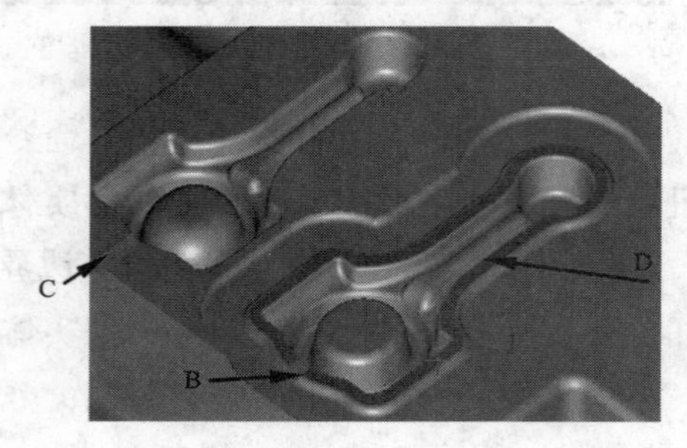

（a）选择实体上的 B、C、D 面

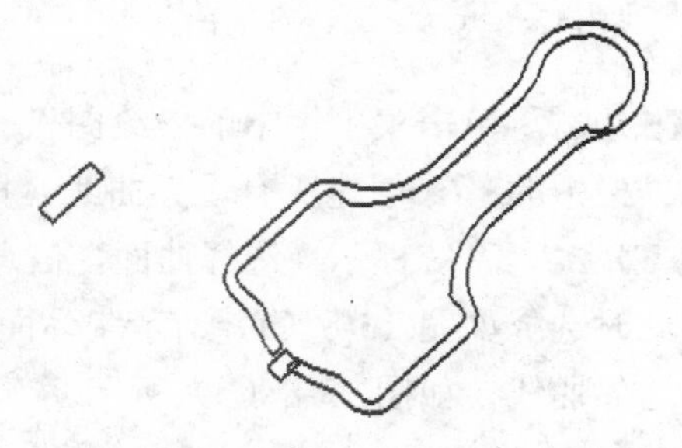

（b）生成实体 B、C、D 面上的边界曲线

图 13-10 提取实体 B、C、D 面上的所有边界曲线

STEP 13 单击工具栏中的（删除）按钮，逐一删除如图 13-11 所示的 6 处曲线。单击如图 13-12 所示的“标准选择”工具栏中的“串连”命令，选择 A 处，删除串连曲线。

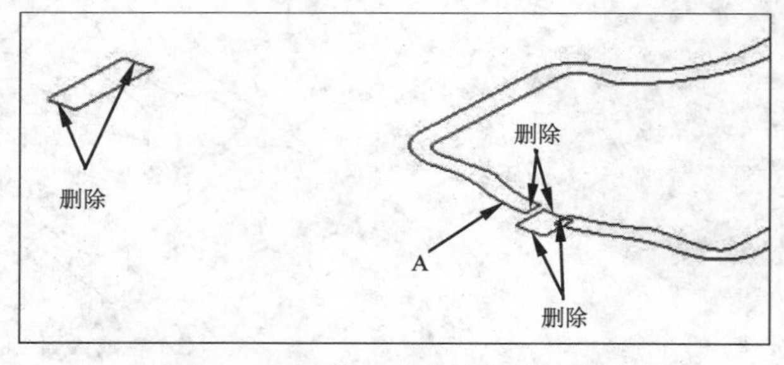

图 13-11 删除 6 处曲线与串连曲线

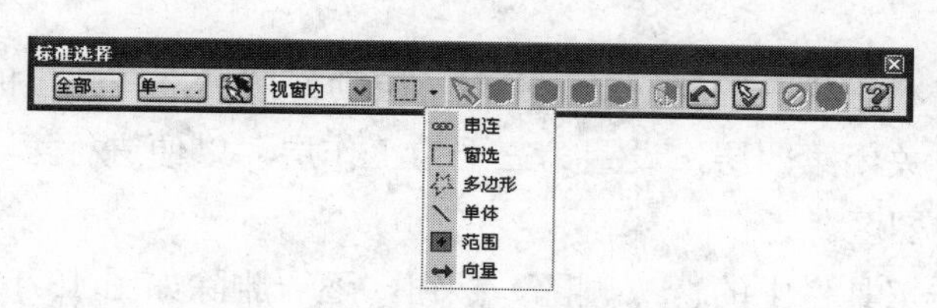

图 13-12　“标准选择”工具栏

STEP 14　单击工具栏中的（顶视图）工具，使用<↑>、<↓>、<←>、<→>键将图形移动至方便修改的位置，如图 13-13 所示。

STEP 15　选择如图 13-13 所示的直线端点，并在状态栏中的 -3.0（构图深度）文本框中输入“-3”，改变构图深度为“Z：-3.0”。

STEP 16　单击菜单栏中的“编辑”→“修剪/延伸”→“修剪/延伸/打断”命令，显示如图 13-14 所示的“修剪/延伸/打断” 工具栏，同时出现“选择用于修剪/延伸的图素”提示。在 3.0（拉伸长度）文本框中输入“3”，单击（拉伸）按钮，选择如图 13-13 所示 4 条直线的 8 个端点，向两端各延长 3mm。

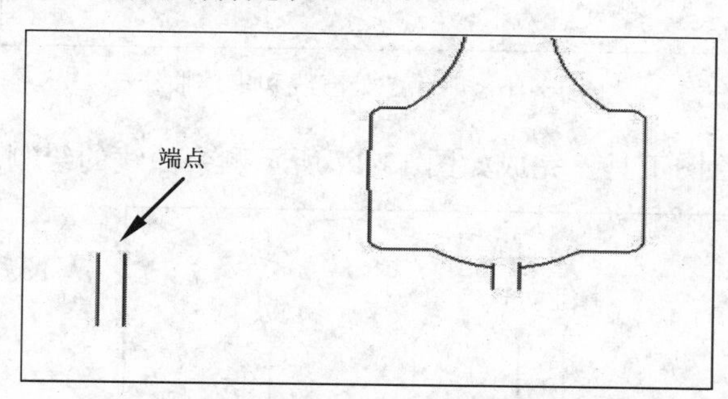

图 13-13　将图形移动至方便修改的位置

图 13-14　“修剪/延伸/打断”工具栏

STEP 17　单击菜单栏中的“绘图”→“圆弧”→“两点画弧”命令，如图 13-15 所示进行图形的修改和编辑。

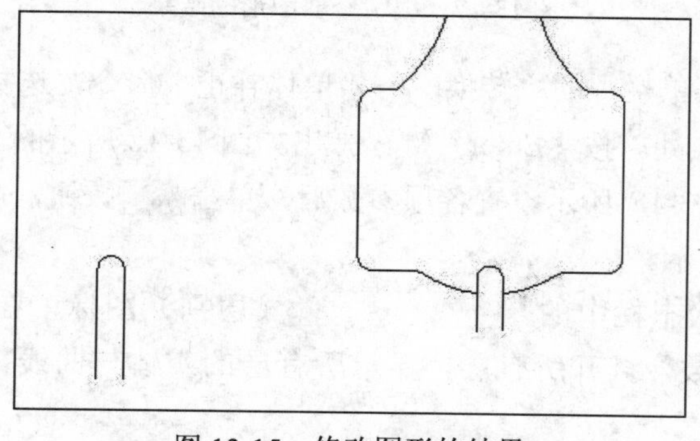

图 13-15　修改图形的结果

STEP 18 单击状态栏中的层别 4 (层别)图标，在弹出的“层别管理”对话框中设置各项参数，关闭第四层，设置第三层为工作层，以便进行第一部分曲线的编辑，单击✔按钮返回绘图区。

STEP 19 单击工具栏中的 (删除)按钮，逐一删除如图 13-16 所示的 5 处曲线。单击“标准选择”工具栏中的“串连”命令，选择 A 处单击，删除串连曲线。

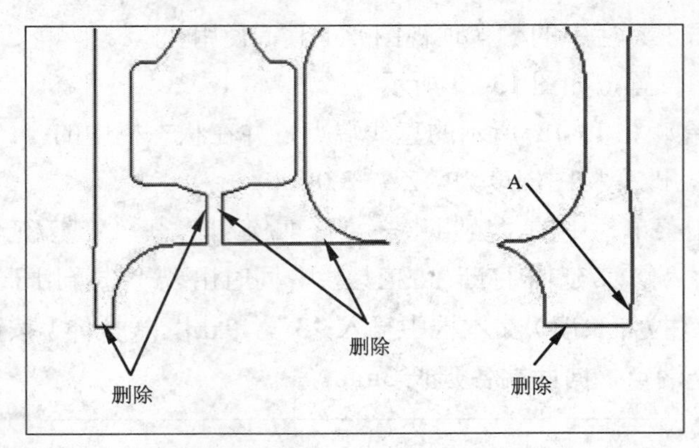

图 13-16 删除 5 处直线和串连曲线

STEP 20 利用绘图工具，完成如图 13-17 所示剩余曲线的绘制。

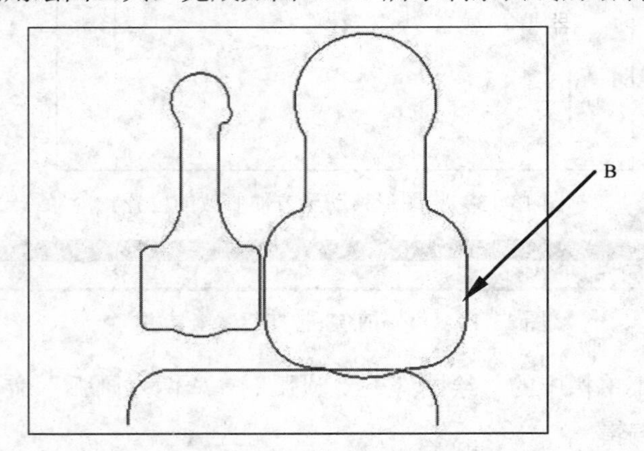

图 13-17 编辑修剪图形的结果

STEP 21 单击菜单栏中的“转换”→“单体补正”命令，选择如图 13-17 所示的终锻模膛仓部外形曲线 B 处。按“Enter”键，弹出如图 13-18 所示的“补正选项”对话框。

STEP 22 如图 13-18 所示设置各项参数后，单击✔按钮，产生偏置轮廓，最后得到的图形如图 13-19 所示。

STEP 23 单击状态栏中的层别 3 (层别)图标，在弹出的“层别管理”对话框中设置各项参数，打开所有层，显示所有层的实体与曲线，单击✔按钮返回绘图区。

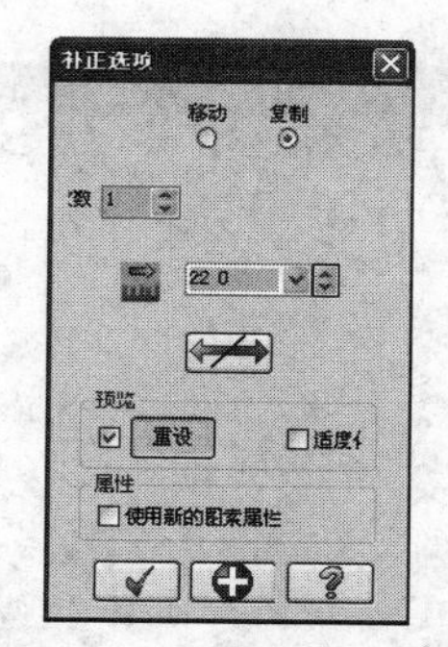

图 13-18　“补正选项”对话框

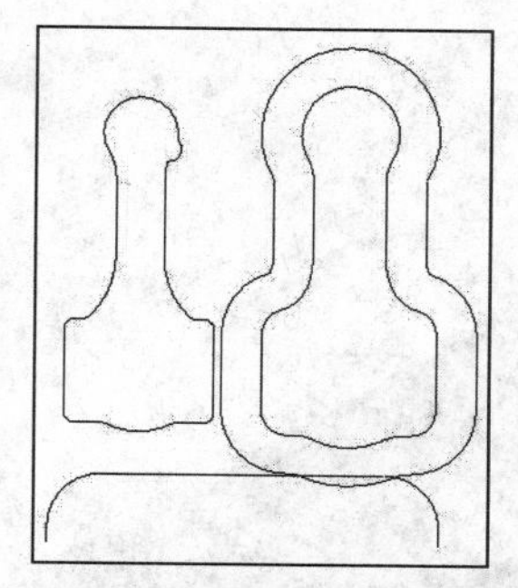

图 13-19　编辑修改最后得到的图形

13.4 毛坯、材料、刀具等的设定

1．工件设定

STEP 01　单击菜单栏中的“机床类型”→“铣削”→“默认”命令，选择加工机床类型。

STEP 02　在如图 13-20 所示的操作管理器中，选择“属性”选项下的“材料设置”，弹出如图 13-21 所示的“机器群组属性”对话框，默认显示“材料设置”标签页。单击“选取对角”按钮，系统返回绘图区，在实体模型上选择如图 13-22 所示的两对角点。在“素材原点”选项组中的“Z”文本框输入“1”，并勾选“显示”复选框，如图 13-23 所示。

图 13-20　操作管理器

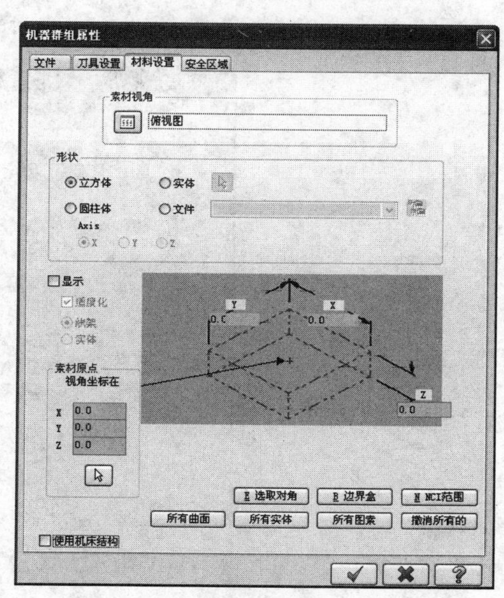

图 13-21　“机器群组属性”对话框—“材料设置”标签页 1

图 13-22　在实体模型上选择两对角点

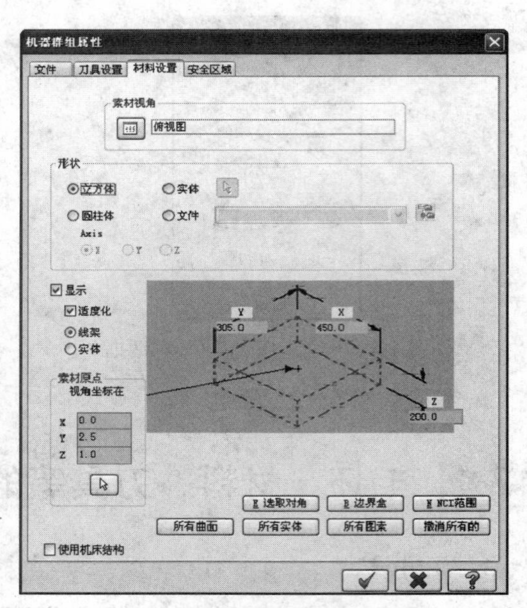

图 13-23　“机器群组属性”对话框—“材料设置”标签页 2

2．材料设置

STEP 01　在如图 13-20 所示的操作管理器中，选择“属性”选项下的“刀具设置”，弹出如图 13-24 所示的“机器群组属性”对话框，默认显示“刀具设置”标签页。在“材质”选项组中单击“选择”按钮。

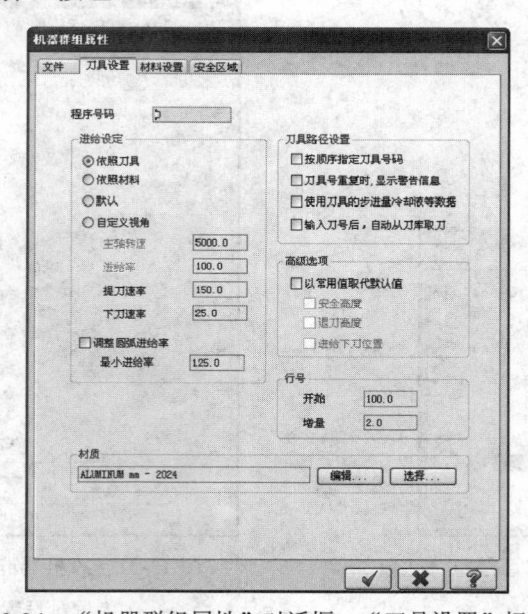

图 13-24　“机器群组属性”对话框—“刀具设置”标签页

STEP 02 系统弹出如图 13-25 所示的“材料列表”对话框，在该对话框的空白处单击鼠标右键，弹出“材料设置”快捷菜单，单击“从刀库中获取”命令，系统弹出如图 13-26 所示的“默认材料”对话框。

STEP 03 选择工件材料“STEEL mm-1030-200 BHN”，单击 按钮，返回“材料列表”对话框。单击 按钮，完成工件材料的设定。

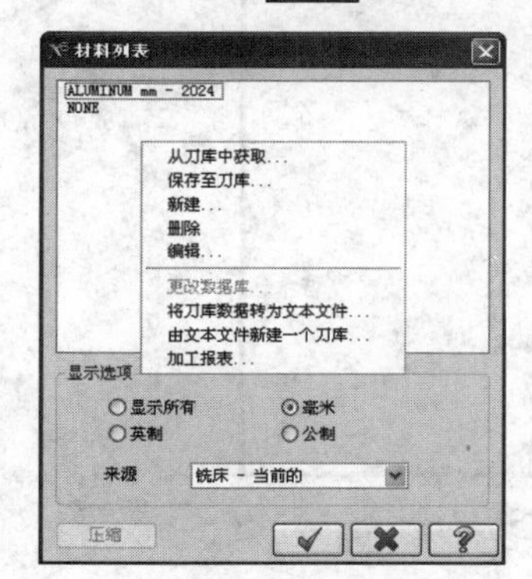

图 13-25　“材料列表”对话框

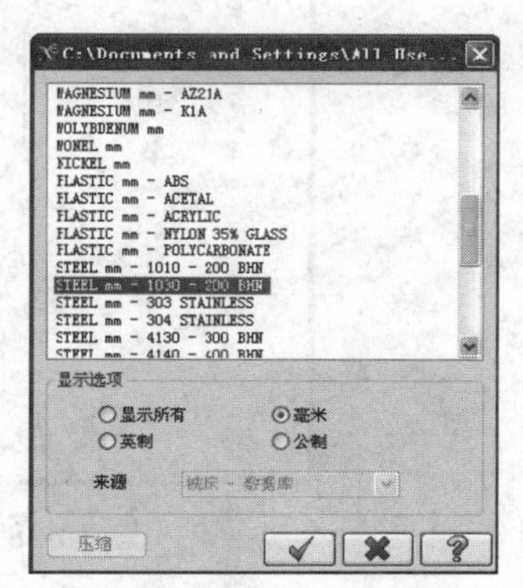

图 13-26　“默认材料”对话框

3．刀具设置

单击菜单栏中的“刀具路径”→“刀具管理”命令，弹出如图 13-27 所示的“刀具管理”对话框，按工艺方案设置刀具，单击 按钮关闭该对话框。

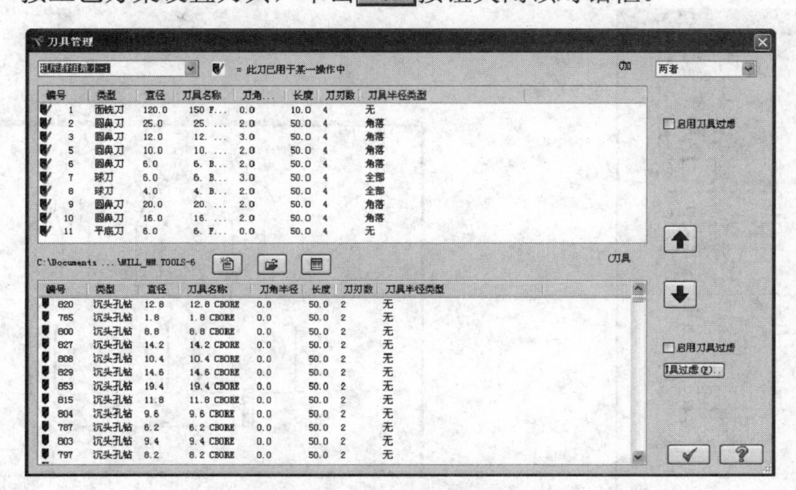

图 13-27　“刀具管理”对话框

13.5 模具上平面的加工

STEP 01 单击工具栏中的 （顶视图）按钮，将绘图平面及视图平面都设置为顶视图状态。单击菜单栏中的“绘图”→“矩形”命令，按照图 13-28 所示的尺寸绘制工件上平面加工边界线。

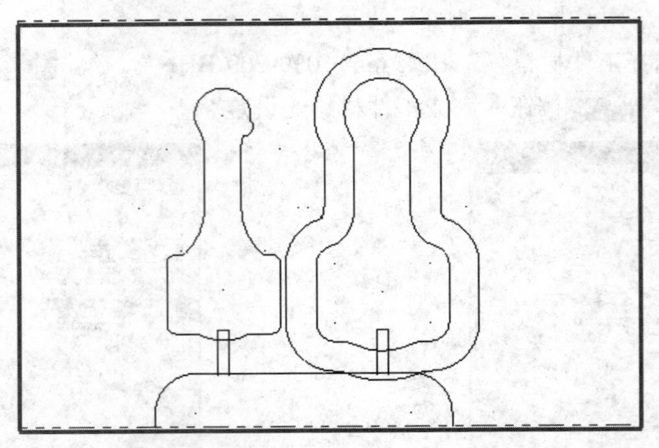

图 13-28　绘制工件上平面加工边界线

STEP 02　单击菜单栏中的“刀具路径”→“平面铣”命令，弹出如图 13-29 所示的“串连选项”对话框，如图 13-30 所示定义工件上表面串连方向，单击 ✔ 按钮。

STEP 03　系统弹出如图 13-31 所示的“平面铣削”对话框，单击对话框左侧的“刀具”选项，选择 ϕ120 面铣刀，设置进给率、主轴转速等参数。

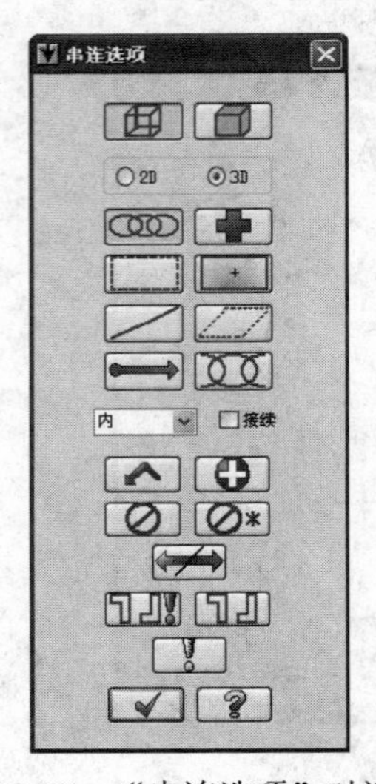

图 13-29　“串连选项”对话框

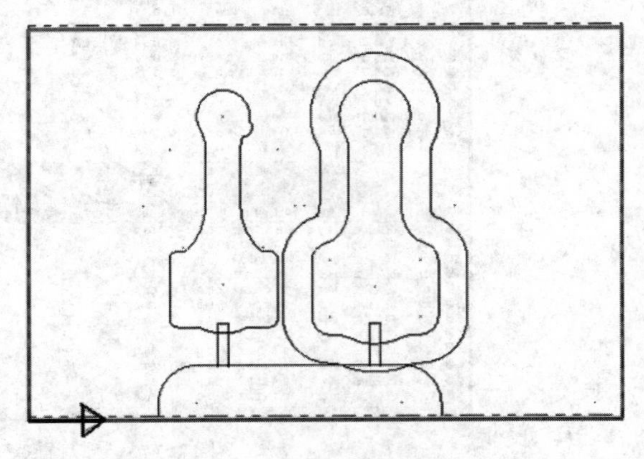

图 13-30　定义串连方向

STEP 04　单击“平面铣削”对话框左侧的“共同参数”选项，如图 13-32 所示设置各项参数。单击 ✔ 按钮，生成如图 13-33 所示的加工模具上平面的面铣削刀具轨迹。

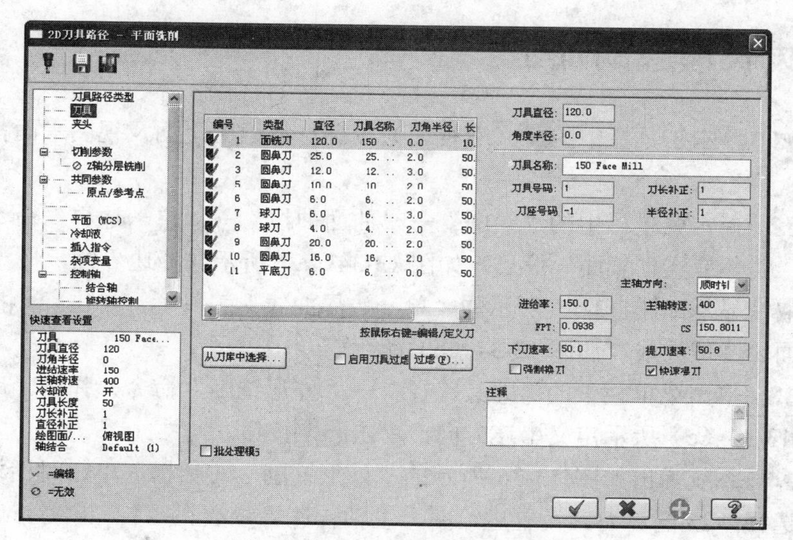

图 13-31　“平面铣削”对话框

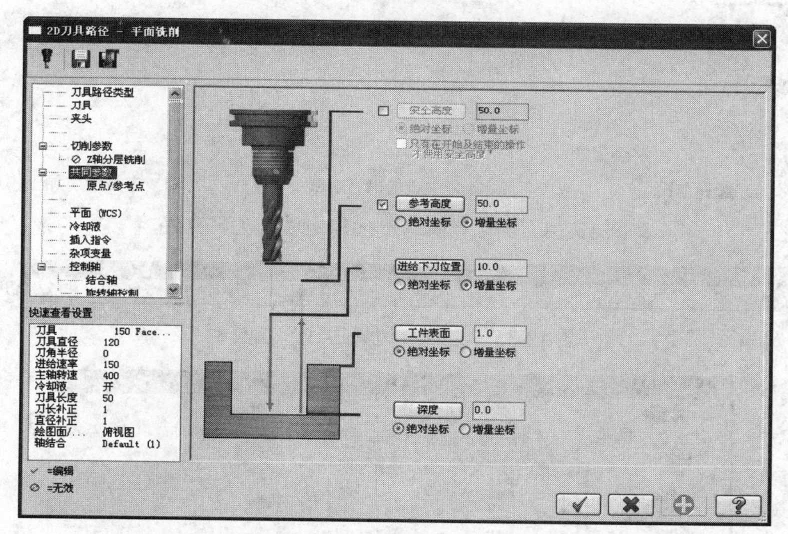

图 13-32　“平面铣削”对话框—“共同参数”标签页

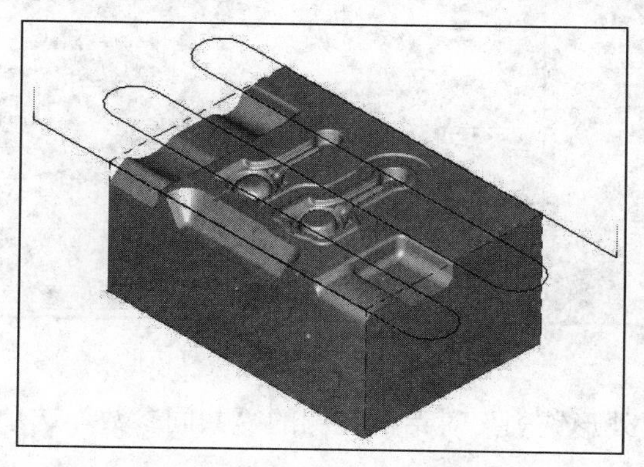

图 13-33　加工模具上平面的面铣削刀具轨迹

13.6 拔长模膛的加工

STEP 01 单击工具栏中的（右视图）图标，将绘图平面及视图平面都设置为右视图状态。

STEP 02 单击菜单栏中的“绘图”→“曲面曲线”→“单一边界”命令，系统提示“选择曲面，实体或实体表面”信息，如图 13-34（a）所示选择边界线，按“Enter”键完成曲面的选取，显示如图 13-35 所示的“单一边界曲线”工具栏，单击按钮，即可生成工件左侧面轮廓边界线，如图 13-34（b）所示。

STEP 03 单击菜单栏中的“刀具路径”→“外形铣削”命令，弹出“串连选项”对话框，如图 13-34（c）所示定义串连方向，单击按钮。

STEP 04 系统弹出如图 13-36 所示的“外形铣削”对话框，单击对话框左侧的“刀具”选项，选择 $\phi25$ 圆鼻刀，设置进给率、主轴转速等参数。

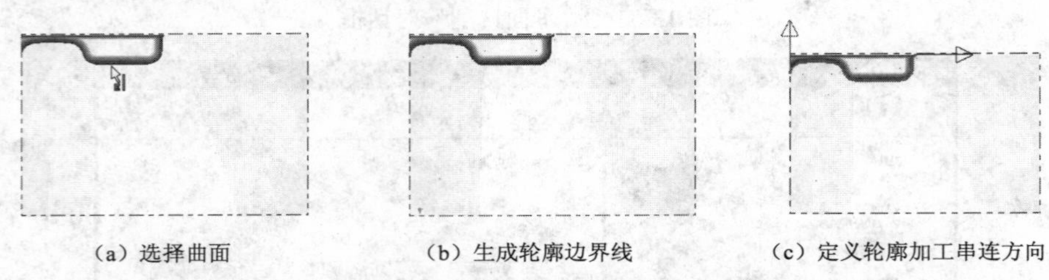

（a）选择曲面　　（b）生成轮廓边界线　　（c）定义轮廓加工串连方向

图 13-34　加工模具右侧面轮廓铣削刀具路径

图 13-35　“单一边界曲线”工具栏

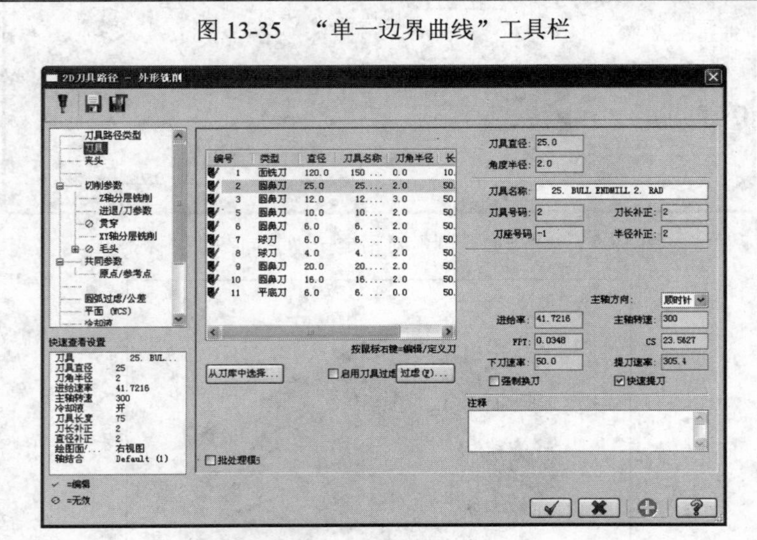

图 13-36　“外形铣削”对话框

STEP 05 单击“外形铣削”对话框左侧的“共同参数”选项，如图 13-37 所示设置各项参数。

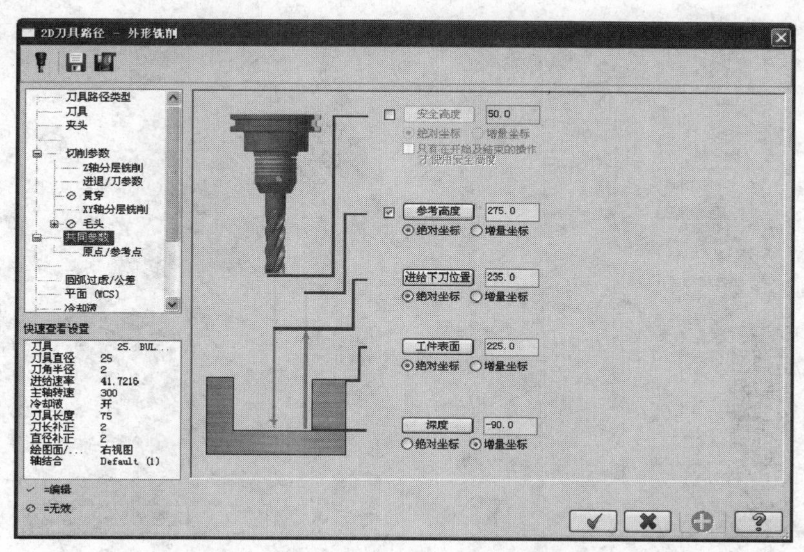

图 13-37 “外形铣削”对话框—“共同参数”标签页

STEP 06 单击“外形铣削”对话框左侧的“进/退刀参数”选项，如图 13-38 所示设置各项参数。

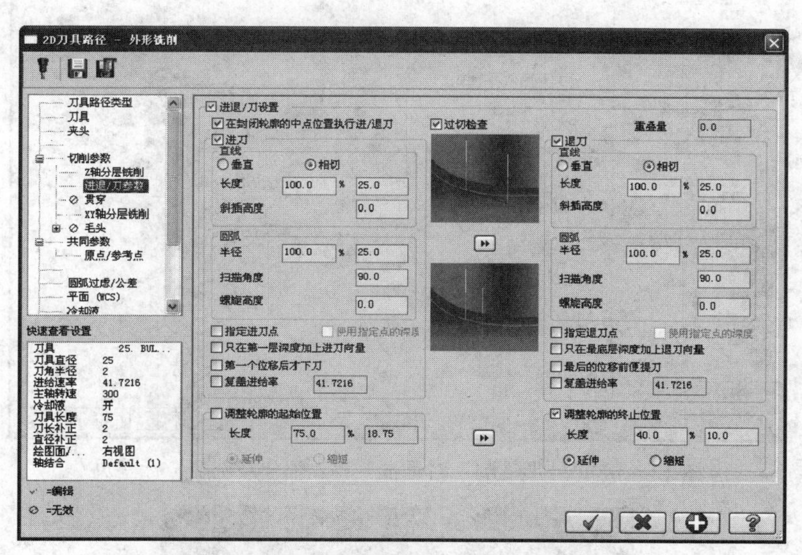

图 13-38 “外形铣削”对话框—“进/退刀参数”标签页

STEP 07 单击“外形铣削”对话框左侧的“XY 轴分层铣削”选项，如图 13-39 所示设置各项参数。

STEP 08 单击“外形铣削”对话框左侧的“Z 轴分层铣削”选项，如图 13-40 所示设置各项参数。

STEP 09 单击“外形铣削”对话框中的 ✔ 按钮，生成如图 13-41 所示的拔长模膛轮廓铣加工刀具轨迹。

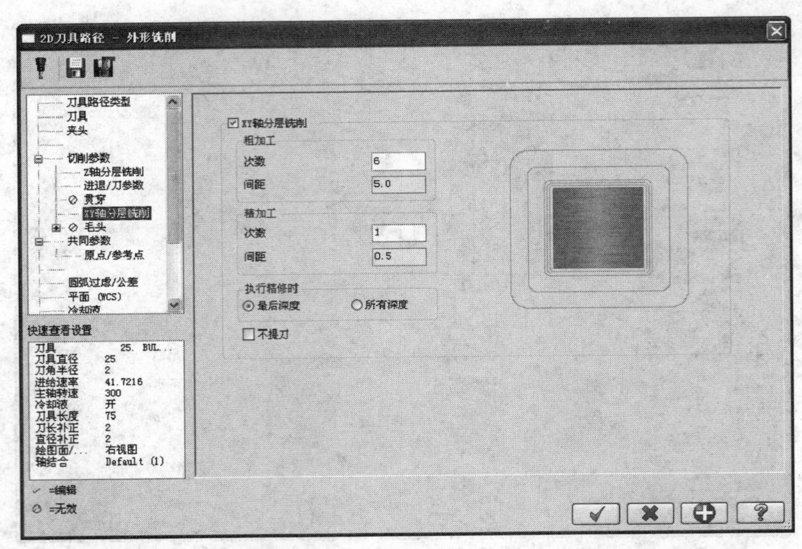

图 13-39 “外形铣削”对话框—“XY 轴分层铣削”标签页

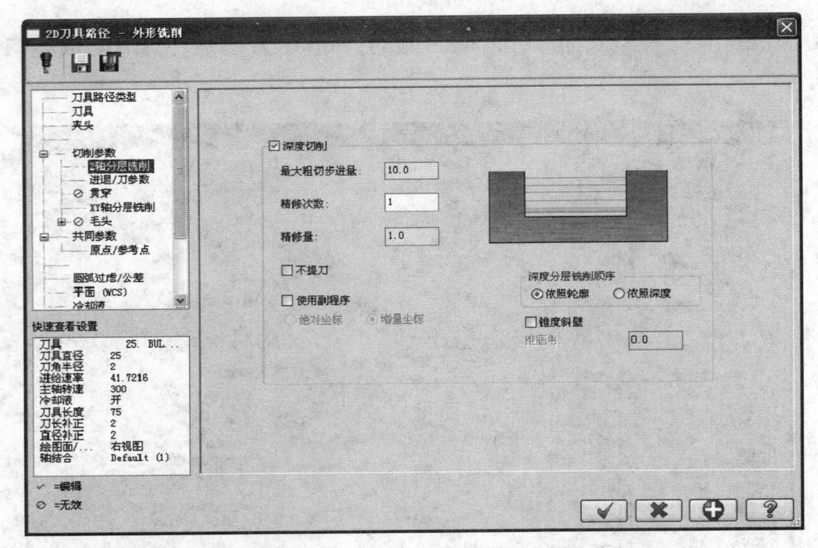

图 13-40 “外形铣削”对话框—“Z 轴分层铣削”标签页

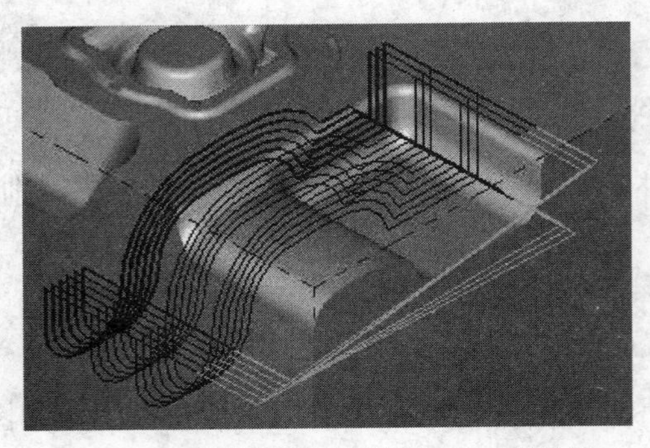

图 13-41 拔长模膛轮廓铣加工刀具轨迹

13.7 滚压模膛的加工

STEP 01　单击工具栏中的（左视图）按钮，将绘图平面及视图平面都设置为左视图状态。单击菜单栏中的“绘图”→“曲面”→“绘制实体曲面”命令，按照系统提示信息“选择用于生成曲面的实体或实体表面”选择曲面，如图 13-42（a）所示，按“Enter”键即可提取实体的左侧面来生成曲面，如图 13-42（b）所示。

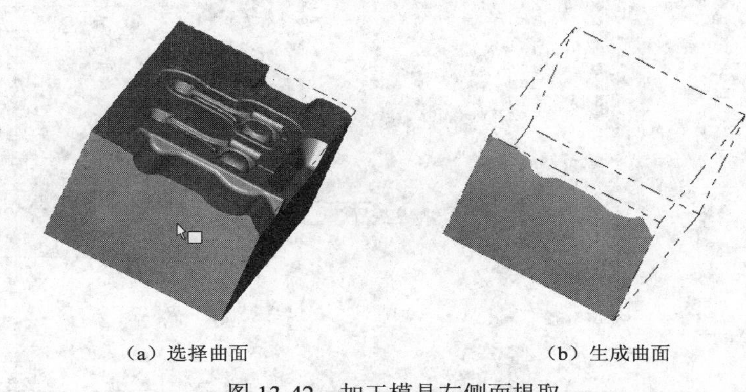

（a）选择曲面　　（b）生成曲面

图 13-42　加工模具左侧面提取

STEP 02　单击菜单栏中的“绘图”→“曲面曲线”→“单一边界”命令，按照系统提示信息“选择曲面”选取曲面，如图 13-43（a）所示，按“Enter”键完成曲面的选取，“工作条”工具栏将显示如图 13-35 所示信息，单击按钮，即可生成工件左侧面轮廓边界线，如图 13-43（b）所示。

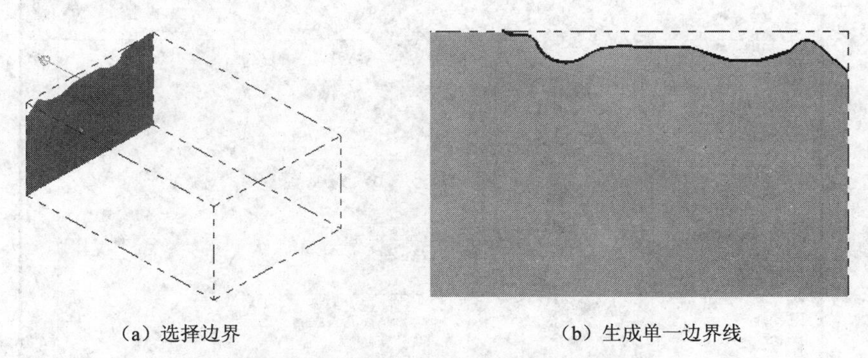

（a）选择边界　　（b）生成单一边界线

图 13-43　加工模具左侧面轮廓边界线提取

STEP 03　单击状态栏中的“屏幕视角”区域，在弹出的图形视角设置快捷菜单中单击“左视图”命令，将绘图平面及视图平面都设置为左视图状态。单击菜单栏中的“刀具路径”→“外形铣削”命令，弹出“串连选项”对话框，单击如图 13-43（b）所示的轮廓线，如图 13-44 所示定义串连方向，单击按钮。

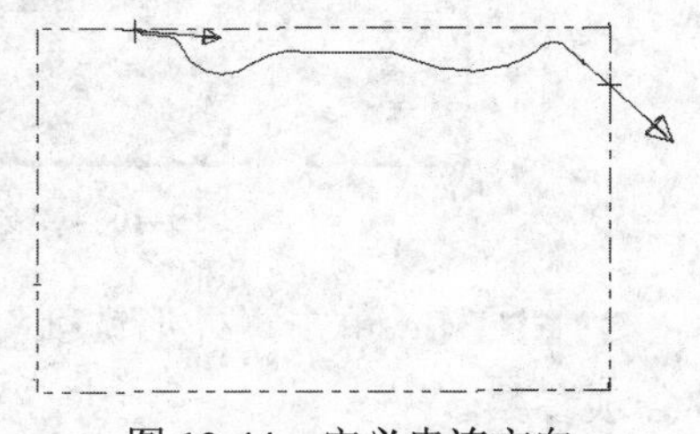

图 13-44　定义串连方向

STEP 04 弹出如图 13-45 所示的“外形铣削”对话框，单击对话框左侧的“刀具”选项，选择 ϕ25 圆鼻刀，设置进给率、主轴转速等参数。

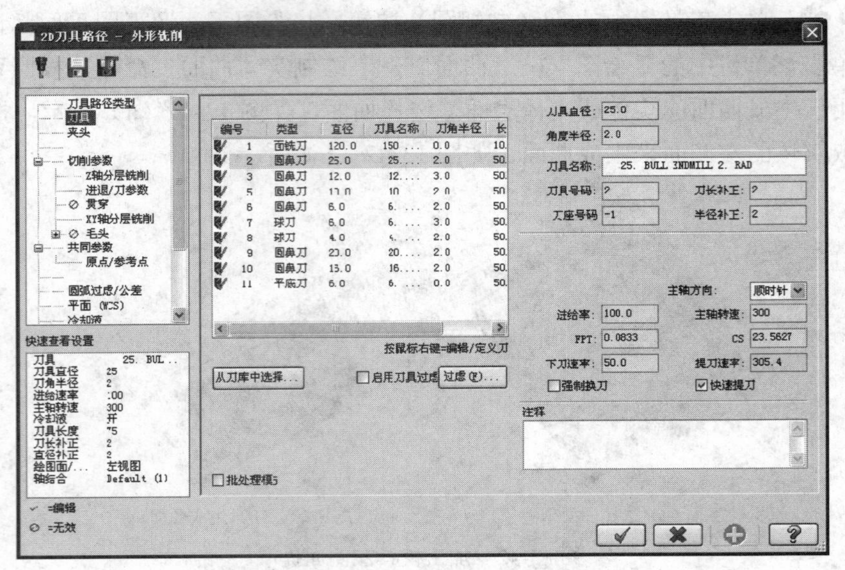

图 13-45 “外形铣削”对话框

STEP 05 单击“外形铣削”对话框左侧的“共同参数”选项，如图 13-46 所示设置各项参数。

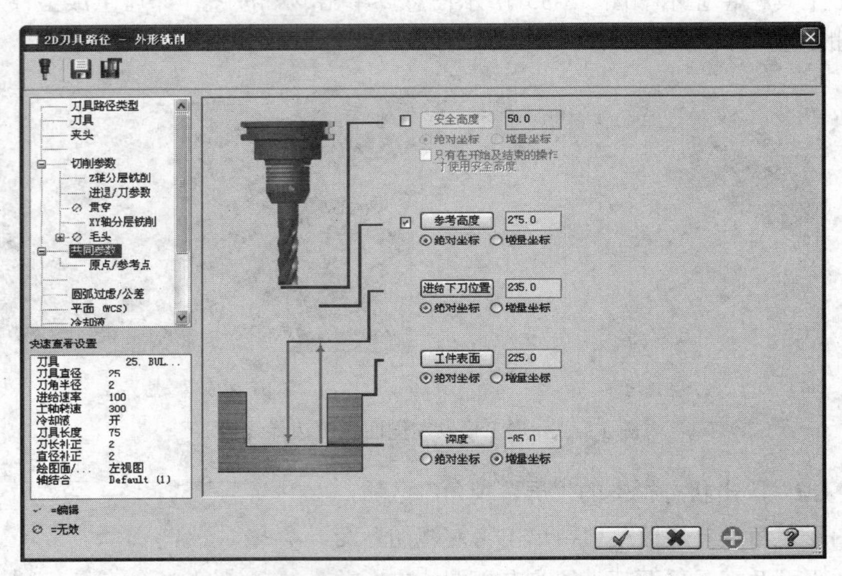

图 13-46 “外形铣削”对话框—“共同参数”标签页

STEP 06 单击“外形铣削”对话框左侧的“进/退刀参数”选项，如图 13-47 所示设置各项参数。

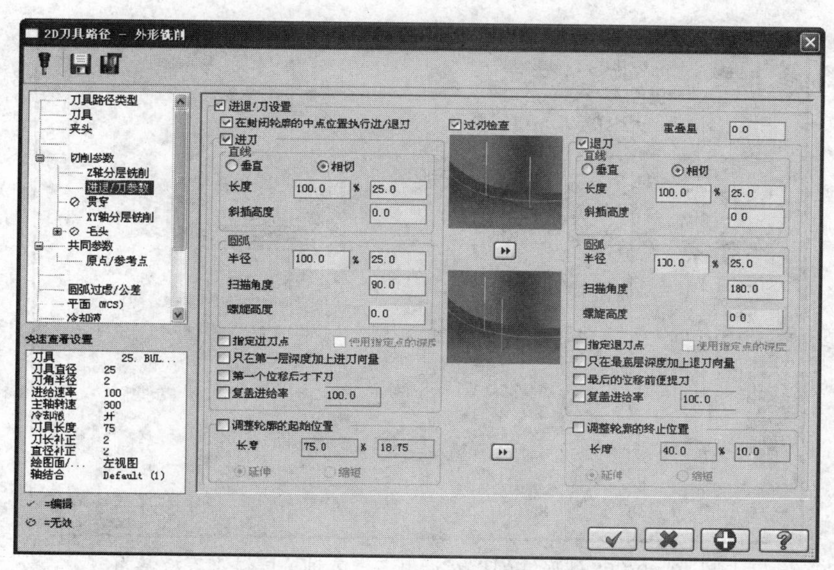

图 13-47　“外形铣削”对话框—“进/退刀参数”标签页

STEP 07　单击“外形铣削”对话框左侧的“XY 轴分层铣削”选项，如图 13-48 所示设置各项参数。

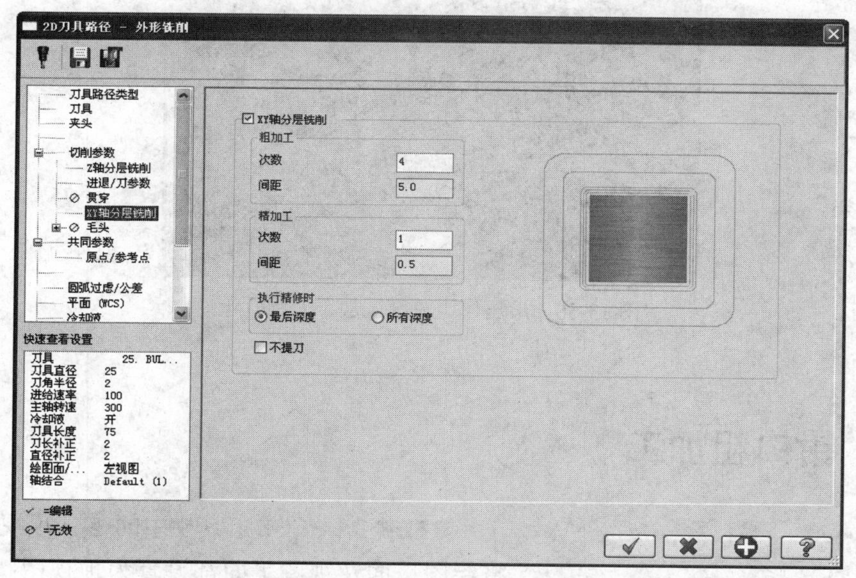

图 13-48　“外形铣削”对话框—“XY 轴分层铣削”标签页

STEP 08　单击“外形铣削”对话框左侧的“Z 轴分层铣削”选项，如图 13-49 所示设置各项参数。

STEP 09　单击“外形铣削”对话框中的 ✔ 按钮，生成如图 13-50 所示的滚压模膛轮廓铣加工刀具轨迹。

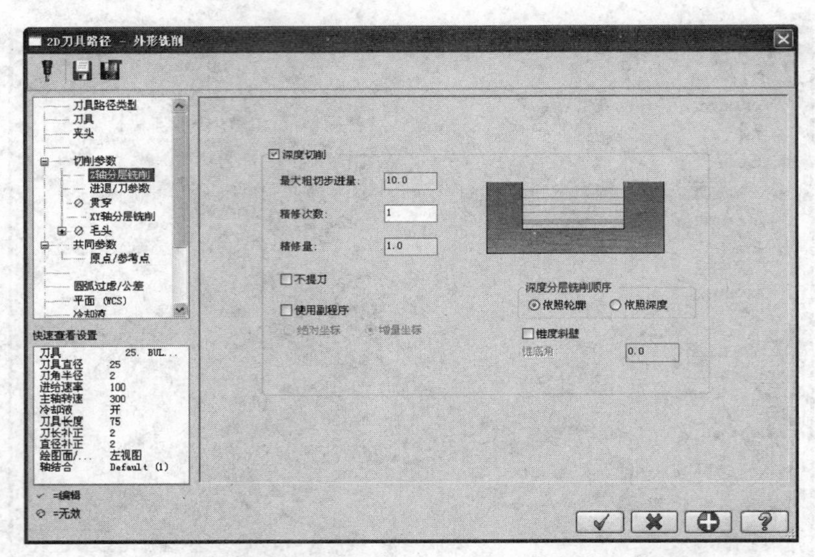

图 13-49 “外形铣削”对话框—“Z 轴分层铣削”标签页

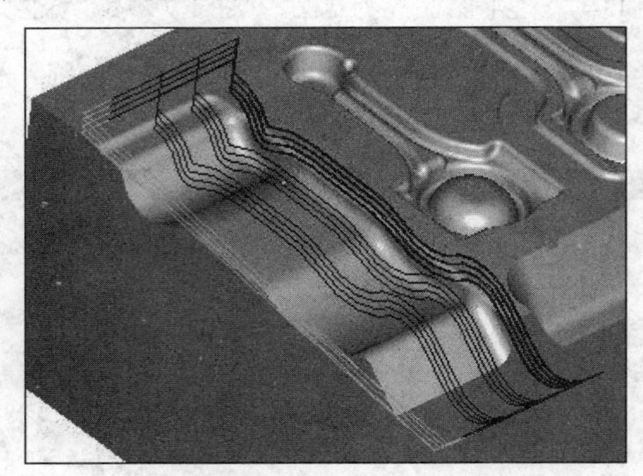

图 13-50 滚压模膛轮廓铣加工刀具轨迹

13.8 钳口粗加工

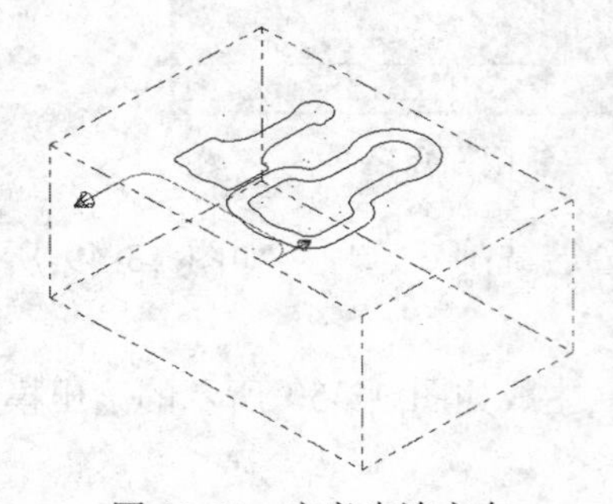

图 13-51 定义串连方向

STEP 01 单击工具栏中的（顶视图）按钮，将绘图平面及视图平面都设置为顶视图状态。单击菜单栏中的“刀具路径”→“外形铣削”命令，弹出“串连选项”对话框，如图 13-51 所示定义串连方向，单击按钮。

STEP 02 系统弹出如图 13-52 所示的“外形铣削”对话框，单击左侧的“刀具”选项，选择 $\phi25$

圆鼻刀，设置进给率、主轴转速等参数。

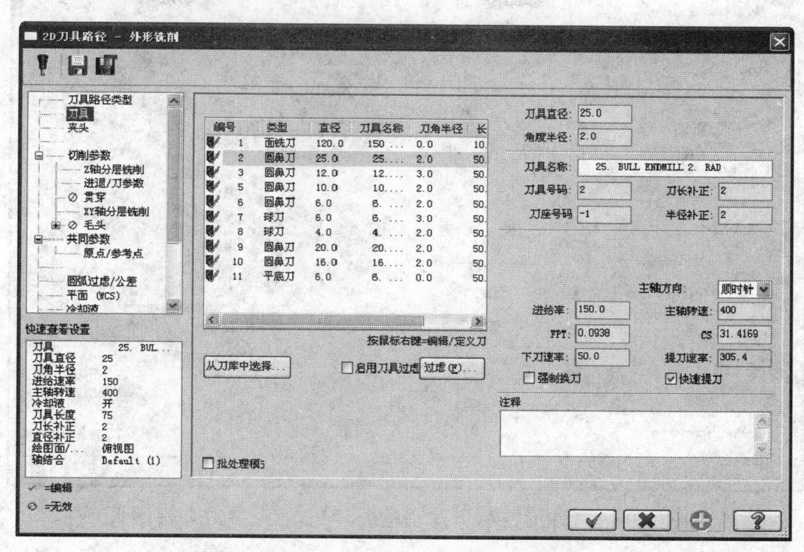

图 13-52　“外形铣削”对话框

STEP 03　单击“外形铣削”对话框左侧的“共同参数”选项，如图 13-53 所示设置各项参数。

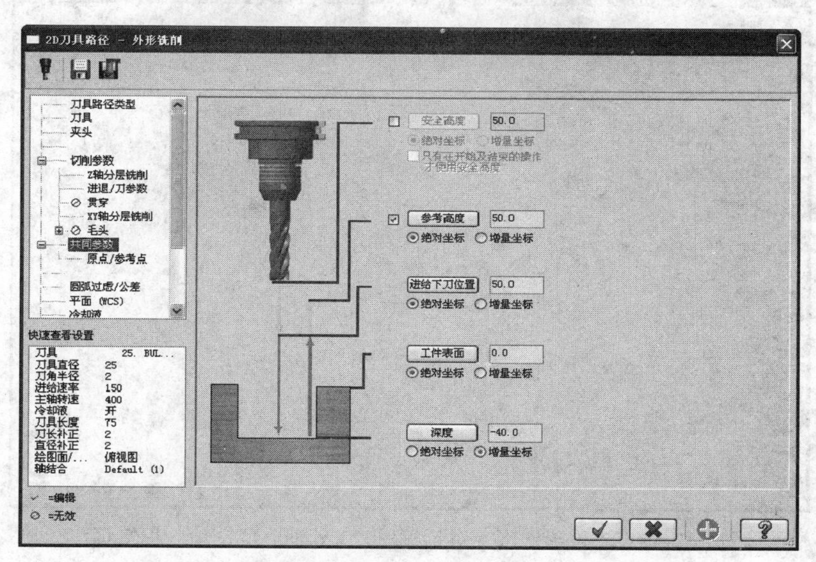

图 13-53　“外形铣削”对话框—“共同参数”标签页

STEP 04　单击“外形铣削”对话框左侧的“进/退刀参数”选项，如图 13-54 所示设置各项参数。

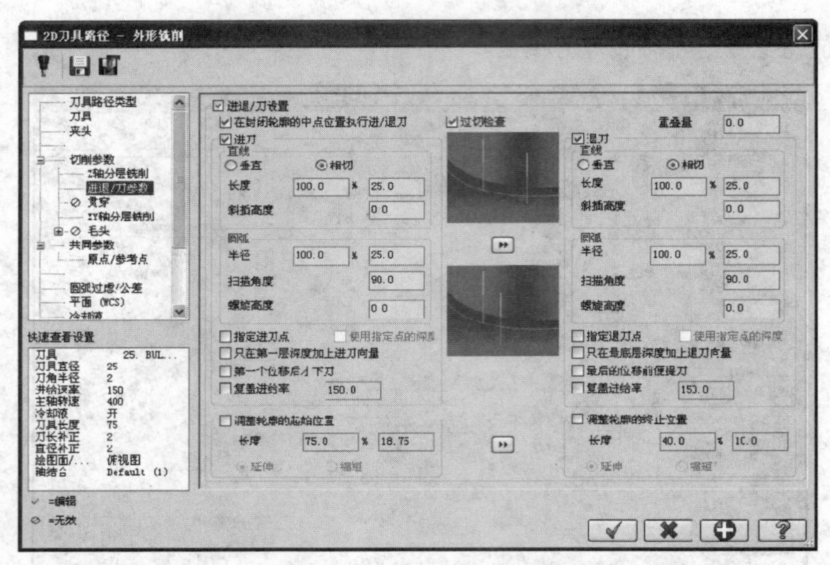

图 13-54　“外形铣削”对话框—“进/退刀参数”标签页

STEP 05　单击“外形铣削”对话框左侧的“XY 轴分层铣削”选项，如图 13-55 所示设置各项参数。

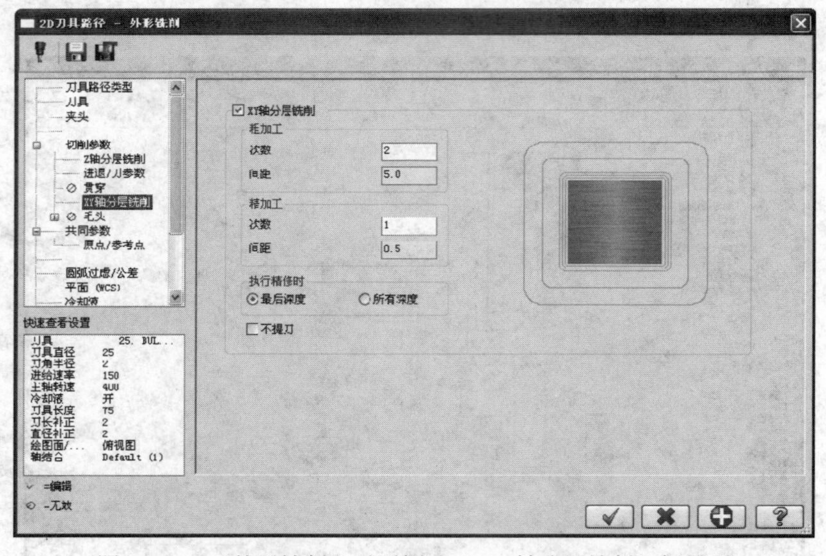

图 13-55　“外形铣削”对话框—“XY 轴分层铣削”标签页

STEP 06　单击“外形铣削”对话框左侧的“Z 轴分层铣削”选项，如图 13-56 所示设置各项参数。

STEP 07　单击“外形铣削”对话框中的 ✔ 按钮，生成如图 13-57 所示的钳口轮廓铣粗加工刀具轨迹。

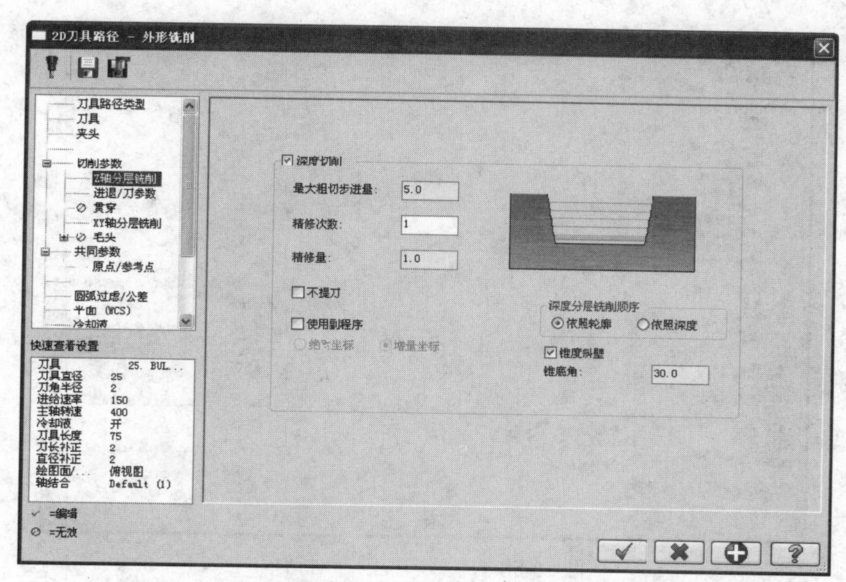

图 13-56　“外形铣削”对话框—“Z 轴分层铣削”标签页

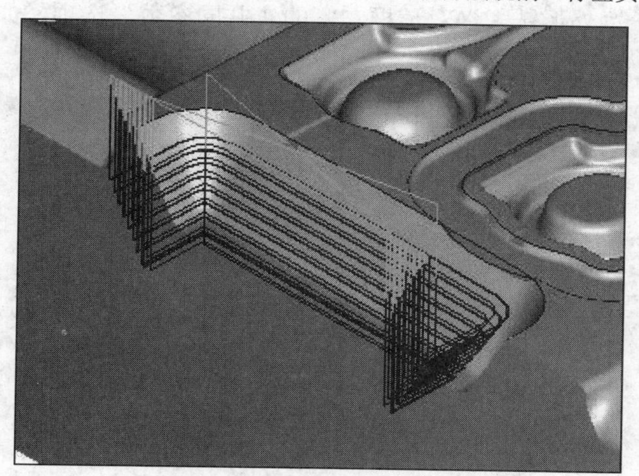

图 13-57　钳口轮廓铣粗加工刀具轨迹

13.9 钳口精加工

STEP 01　单击工具栏中的（顶视图）按钮，将绘图平面及视图平面都设置为顶视图状态。单击菜单栏中的“刀具路径”→“外形铣削”命令，弹出“串连选项”对话框，如图 13-51 所示定义串连方向，单击按钮。

STEP 02　系统弹出如图 13-58 所示的“外形铣削”对话框，单击左侧的“刀具”选项，选择 ϕ12 圆鼻刀，设置进给率、主轴转速等参数。

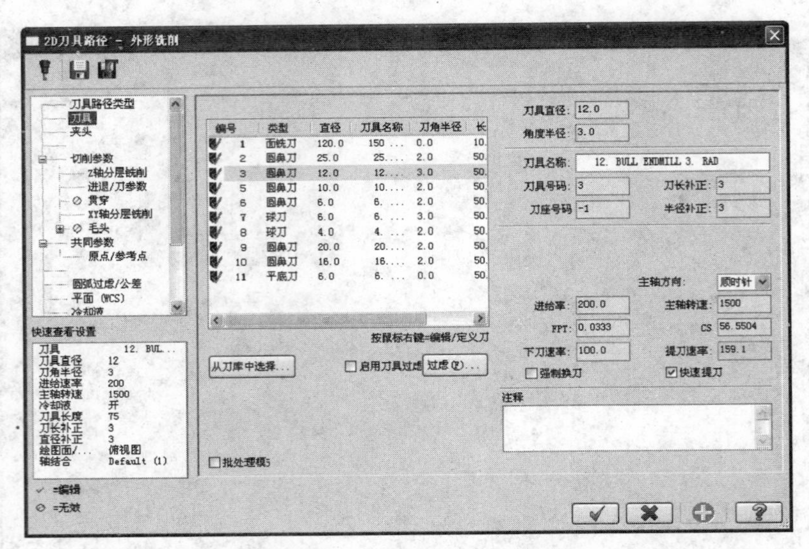

图 13-58　“外形铣削”对话框

STEP 03　单击“外形铣削”对话框左侧的“共同参数”选项，如图 13-59 所示设置各项参数。

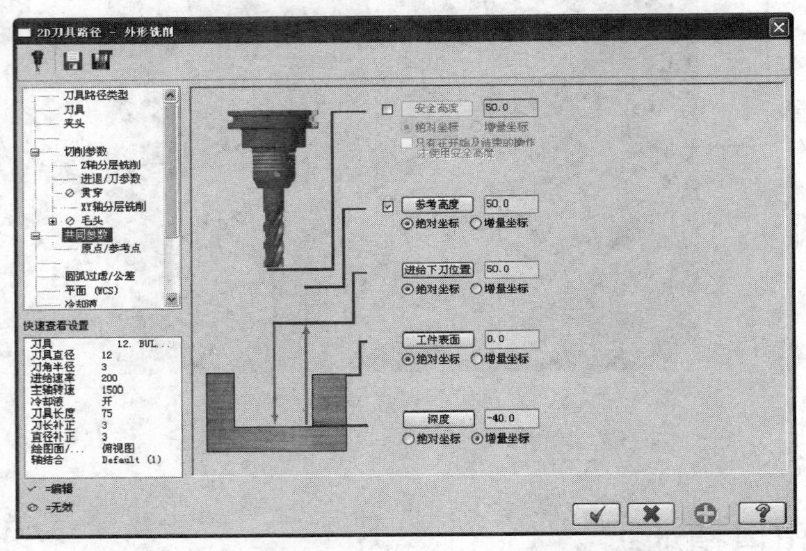

图 13-59　“外形铣削”对话框—“共同参数”标签页

STEP 04　单击“外形铣削”对话框左侧的“进/退刀参数”选项，如图 13-60 所示设置各项参数。

STEP 05　单击“外形铣削”对话框左侧的“Z 轴分层铣削”选项，如图 13-61 所示设置各项参数。

STEP 06　单击“外形铣削”对话框中的 ✔ 按钮，生成如图 13-62 所示的钳口轮廓铣精加工刀具轨迹。

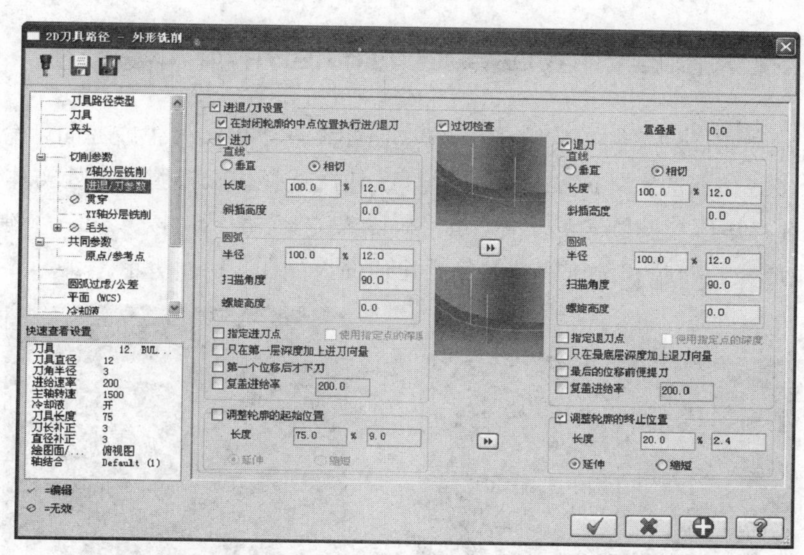

图 13-60 “外形铣削”对话框—“进/退刀参数”标签页

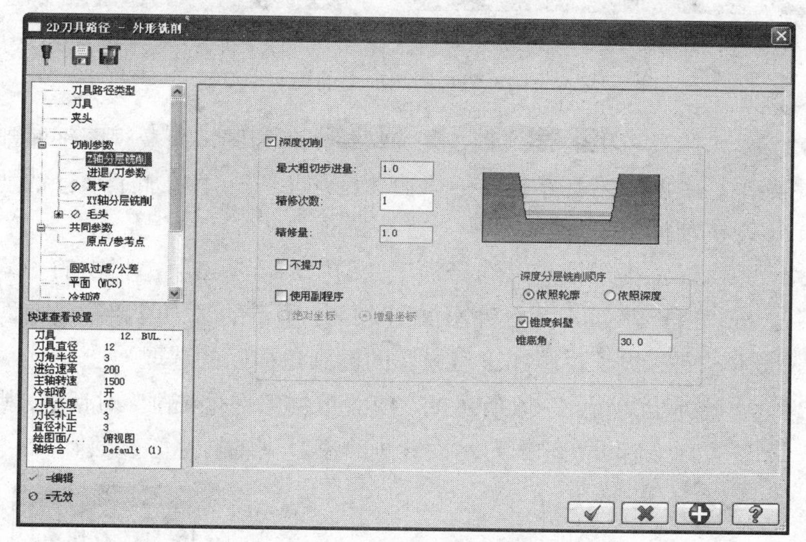

图 13-61 “外形铣削”对话框—“Z 轴分层铣削”标签页

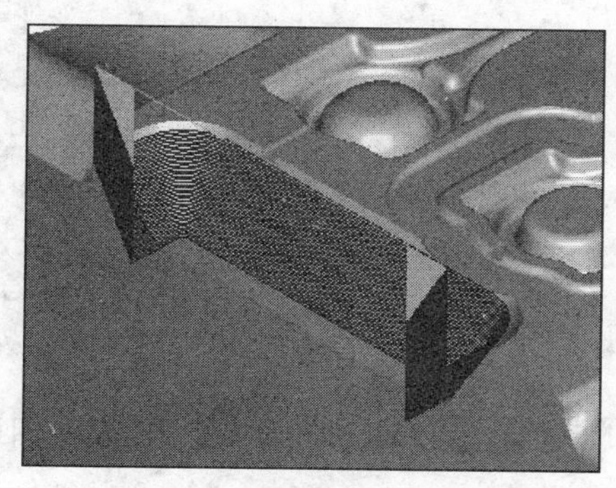

图 13-62 钳口轮廓铣精加工刀具轨迹

13.10 拔长模膛和滚压模膛的倒圆角加工

STEP 01 单击菜单栏中的“绘图”→“曲面”→“由实体生成曲面”命令，系统提示“选择用于生成曲面的实体或实体表面”信息，依次选择拔长模膛圆角处实体，如图 13-63（a）所示；选择滚压模膛圆角处实体，如图 13-63（b）所示；按“Enter”键完成实体的选取，即可生成拔长模膛和滚压模膛的倒圆角曲面，如图 13-64 所示。

（a）提取拔长模膛圆角曲面

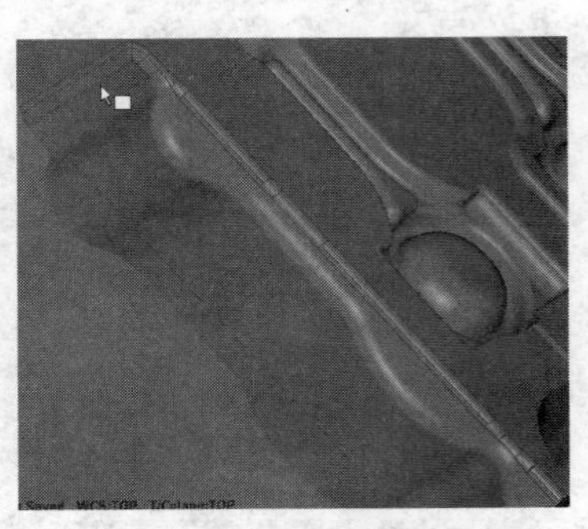

（b）提取滚压模膛圆角曲面

图 13-63　圆角曲面的提取

STEP 02 单击工具栏中的（顶视图）按钮，将绘图平面及视图平面都设置为顶视图状态。单击菜单栏中的“刀具路径”→“曲面精加工”→“精加工平行铣削”命令，进入曲面精加工平行铣削模组。

STEP 03 系统显示提示信息“选择加工曲面”后，单击菜单栏中的“编辑”→“选取全部”命令。按“Enter”键，系统弹出如图 13-65 所示的“刀具路径的曲面选取”对话框，单击 ✓ 按钮，完成拔长模膛和滚压模膛的倒圆角曲面的选取。

STEP 04 系统弹出如图 13-66 所示的“曲面精加工平行铣削”对话框，默认显示“刀具路径参数”标签页，选择 $\phi6$ 球铣刀，设置进给率、主轴转速等参数。

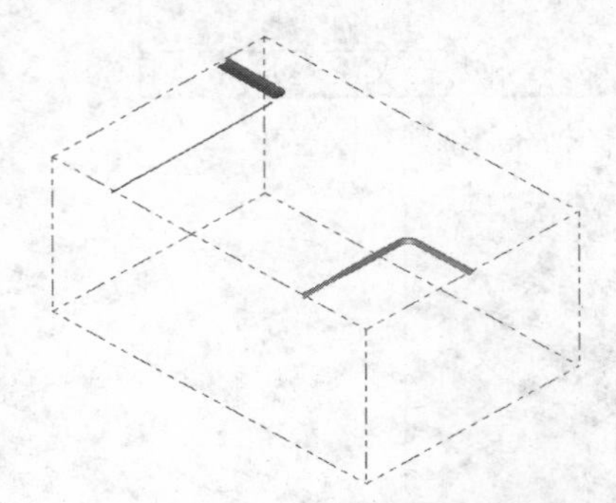

图 13-64　圆角曲面的生成

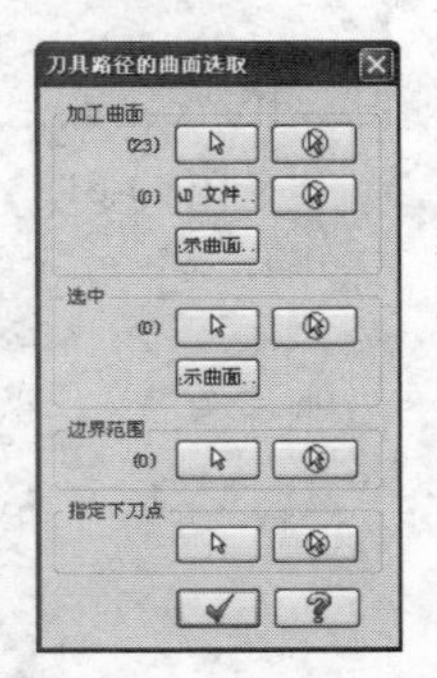

图 13-65　“刀具路径的曲面选取”对话框

STEP 05 单击“曲面精加工平行铣削”对话框中的“曲面参数”标签，如图 13-67 所示设置各项参数。

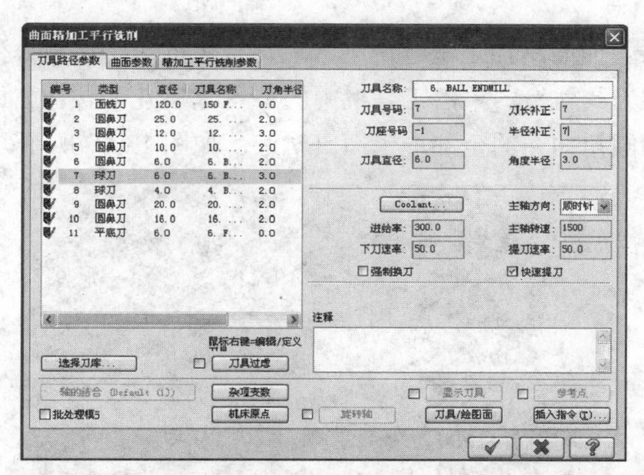

图 13-66 “曲面精加工平行铣削”对话框—“刀具路径参数”标签页

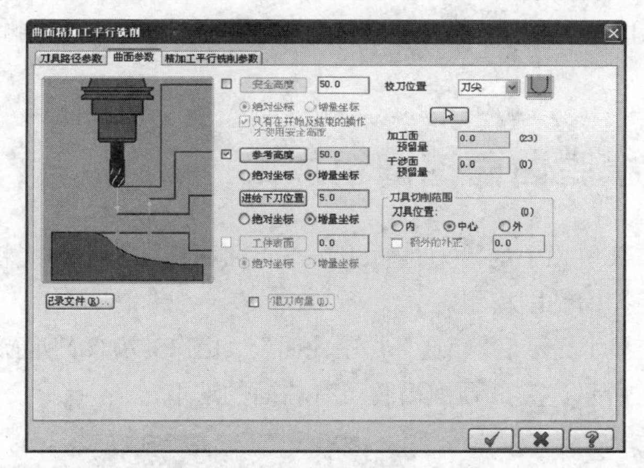

图 13-67 “曲面精加工平行铣削”对话框—“曲面参数”标签页

STEP 06 单击“曲面精加工平行铣削”对话框中的“精加工平行铣削参数”标签，如图 13-68 所示设置各项参数。

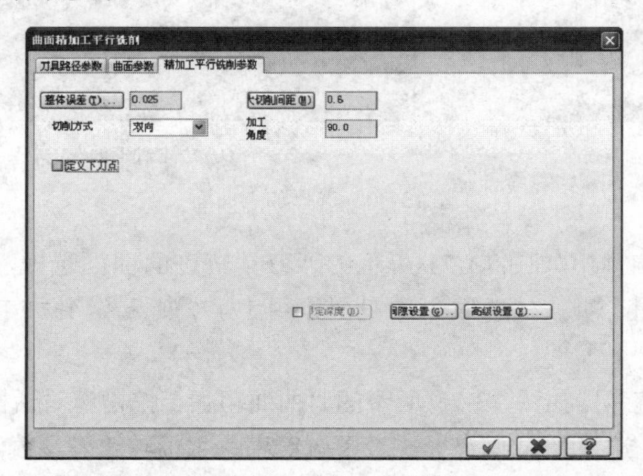

图 13-68 “曲面精加工平行铣削”对话框—“精加工平行铣削参数”标签页

STEP 07 单击“曲面精加工平行铣削”对话框中的 按钮，生成滚压模膛与拔长模膛倒圆角曲面加工刀具轨迹。单击工具栏中的 （适度化）按钮，即可看到拔长模膛圆角曲面和滚压模膛倒圆角曲面的全部加工刀具轨迹，如图 13-69 所示。

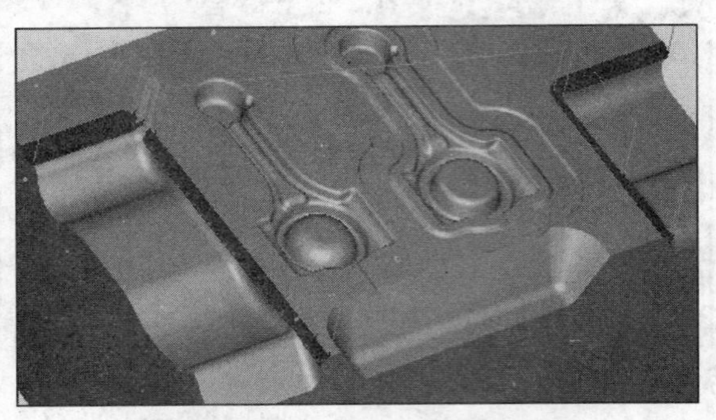

图 13-69 滚压模膛和拔长模膛倒圆角曲面的全部加工刀具轨迹

13.11 预锻模膛曲面挖槽粗加工

STEP 01 单击菜单栏中的“刀具轨迹”→“曲面粗加工”→“粗加工挖槽加工”命令，进入曲面粗加工挖槽铣削模组。

STEP 02 系统显示提示信息“选择加工曲面”，如图 13-70（a）所示进行窗选，按“Enter”键，如图 13-70（b）所示，完成预锻模膛所有曲面的选取。

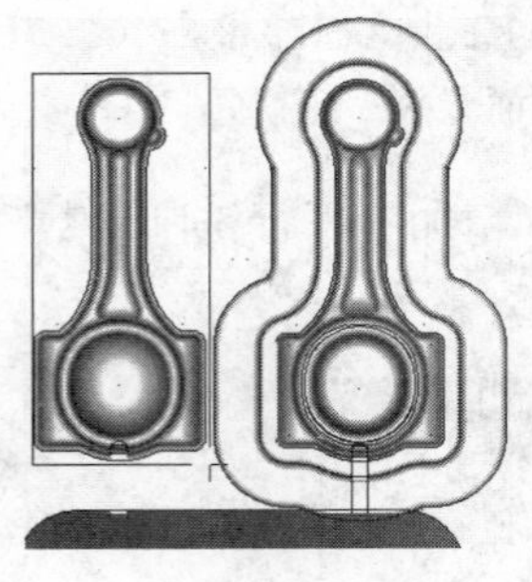

（a）窗选加工曲面

（b）加工曲面的选定

图 13-70 选择加工曲面

STEP 03 系统弹出如图 13-71 所示的“刀具轨迹的曲面选取”对话框，在“边界范围”选项组中单击 （选取）按钮，如图 13-72 所示定义加工链方向，单击 按钮。

STEP 04 系统弹出如图 13-73 所示的“曲面粗加工挖槽”对话框，默认显示“刀具轨迹参数”标签页，选择 ϕ10 圆鼻刀，设置进给率、主轴转速等参数。

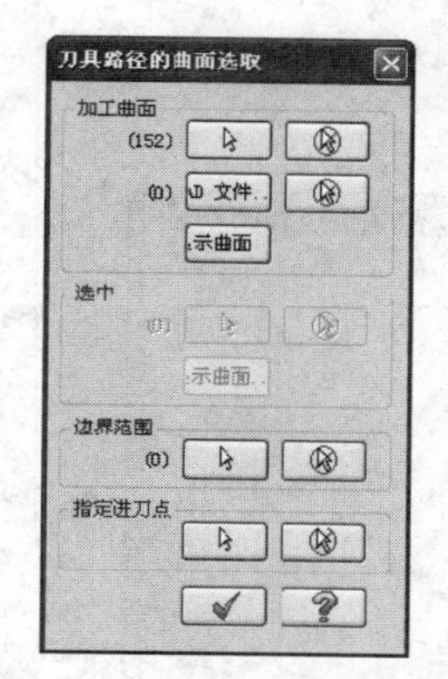

图 13-71　“刀具轨迹的曲面选取”对话框

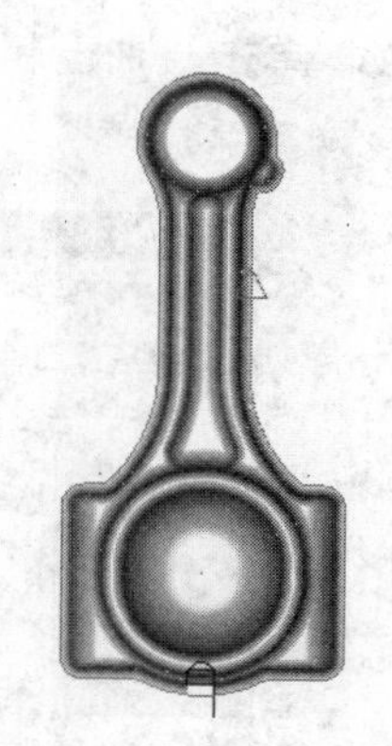

图 13-72　定义加工链方向

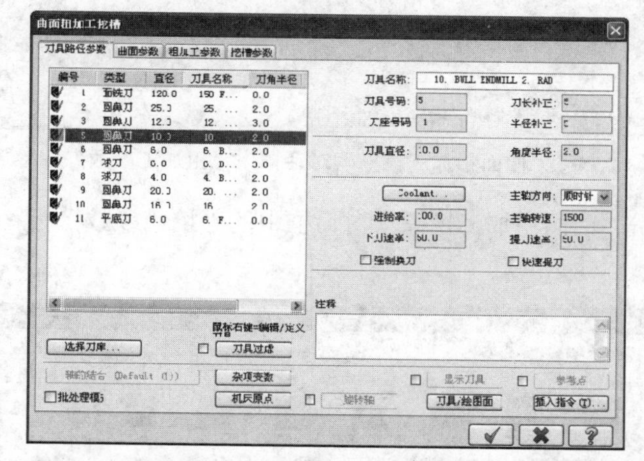

图 13-73　“曲面粗加工挖槽”对话框—“刀具轨迹参数”标签页

STEP 05　单击“曲面粗加工挖槽”对话框中的“曲面参数”标签，如图 13-74 所示设置各项参数。

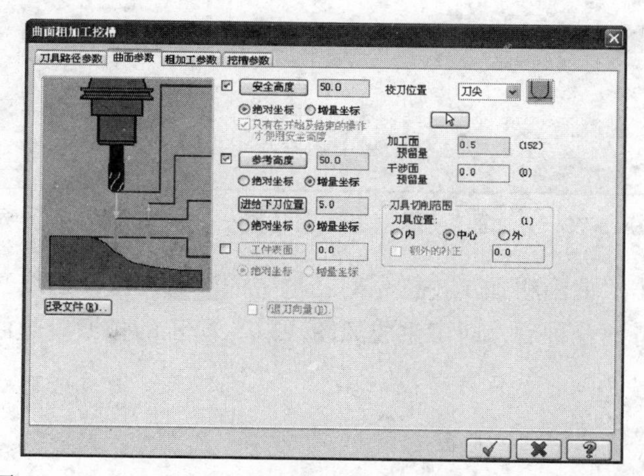

图 13-74　“曲面粗加工挖槽”对话框—“曲面参数”标签页

STEP 06 单击“曲面粗加工挖槽”对话框中的“粗加工参数”标签，如图 13-75 所示设置各项参数。

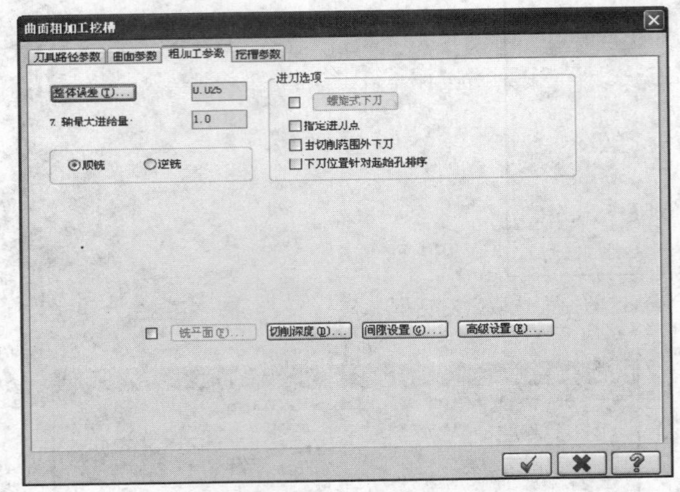

图 13-75 “曲面粗加工挖槽”对话框—“粗加工参数”标签页

STEP 07 单击“曲面粗加工挖槽”对话框中的“挖槽参数”标签，如图 13-76 所示设置各项参数。

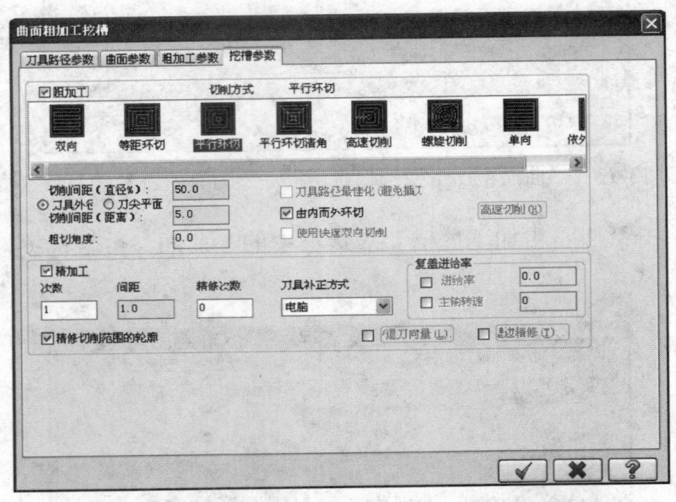

图 13-76 “曲面粗加工挖槽”对话框—“挖槽参数”标签页

STEP 08 单击“曲面粗加工挖槽”对话框中的 ✔ 按钮，系统开始计算曲面挖槽粗加工刀具轨迹。等待数分钟后，即可生成如图 13-77 所示的预锻模膛曲面挖槽粗加工刀具轨迹。

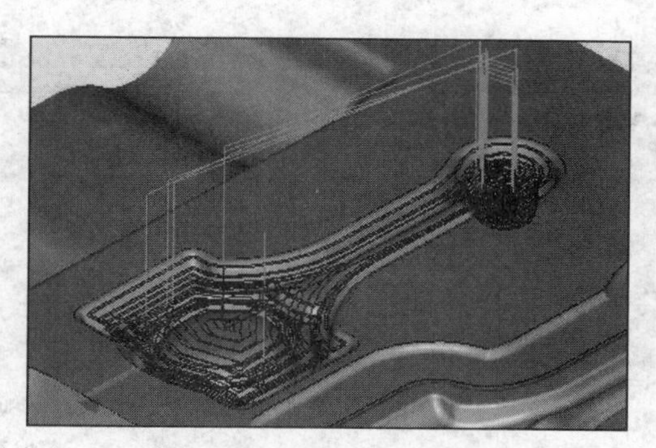

图 13-77 预锻模膛曲面挖槽粗加工刀具轨迹

13.12 预锻模膛曲面等高轮廓粗加工

STEP 01 单击菜单栏中的“刀具轨迹”→“曲面粗加工”→“粗加工等高外形加工”命令，进入曲面粗加工等高轮廓铣削模组。

STEP 02 系统显示提示信息“选择加工曲面”，如图 13-70（a）所示进行窗选，按“Enter”键，如图 13-70（b）所示，完成预锻模膛所有曲面的选取。

STEP 03 系统弹出如图 13-71 所示的“刀具轨迹的曲面选取”对话框，在“边界范围”选项组中单击 （选取）按钮，如图 13-72 所示定义加工链方向，单击 按钮。

STEP 04 系统弹出如图 13-78 所示的“曲面粗加工等高外形”对话框，默认显示“刀具轨迹参数”标签页，选择 $\phi 6$ 圆鼻刀，设置进给率、主轴转速等参数。

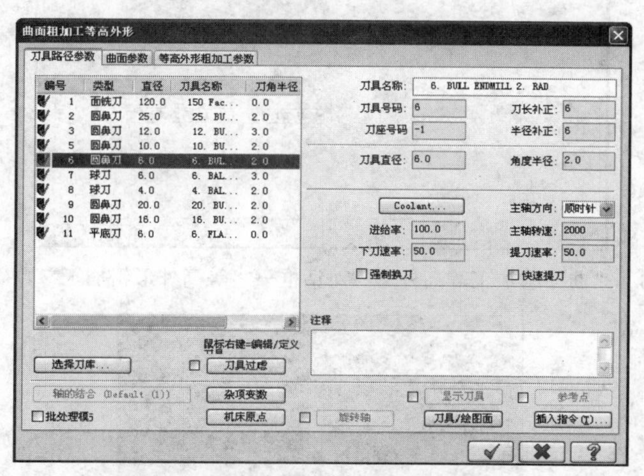

图 13-78 “曲面粗加工等高外形”对话框—“刀具轨迹参数”标签页

STEP 05 单击“曲面粗加工等高外形”对话框中的“曲面参数”标签，如图 13-79 所示设置各项参数。

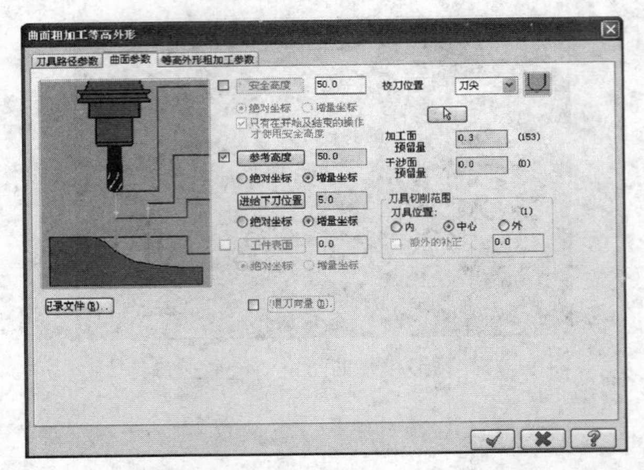

图 13-79　“曲面粗加工等高外形”对话框—“曲面参数”标签页

STEP 06　单击“曲面粗加工等高外形”对话框中的“等高外形粗加工参数”标签，如图 13-80 所示设置各项参数。

STEP 07　单击“曲面粗加工等高外形”对话框中的 ✔ 按钮，系统开始计算曲面等高轮廓粗加工刀具轨迹。等待数分钟后，即可生成如图 13-81 所示的预锻模膛曲面等高轮廓粗加工刀具轨迹。

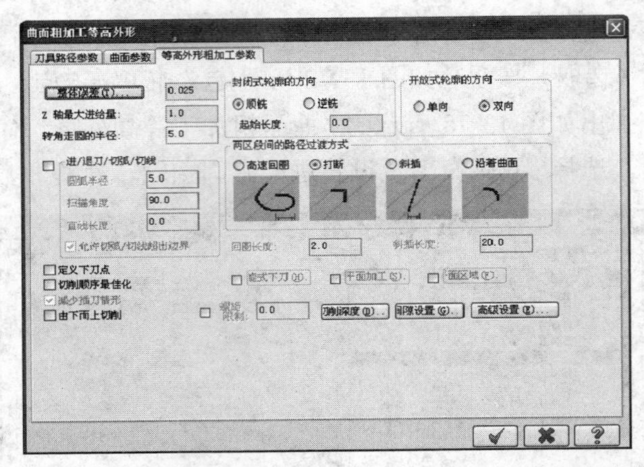

图 13-80　“曲面粗加工等高外形”对话框—“等高外形粗加工参数”标签页

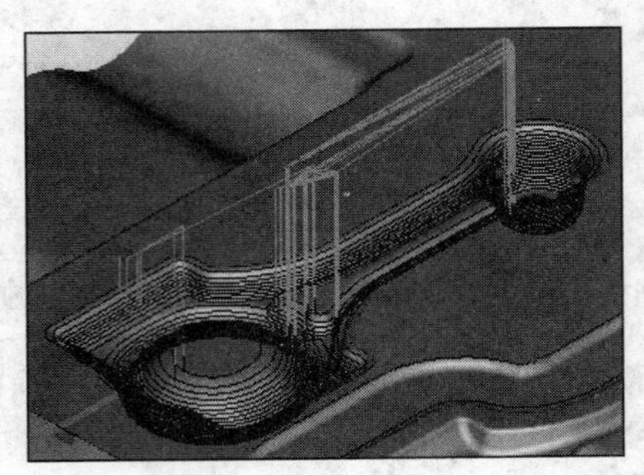

图 13-81　预锻模膛曲面等高轮廓粗加工刀具轨迹

13.13 预锻模膛曲面平行铣削半精加工

STEP 01 单击菜单栏中的“刀具轨迹”→“曲面精加工”→“精加工平行铣削”命令，进入曲面半精加工平行铣削模组。

STEP 02 系统显示提示信息“选择加工曲面”，如图 13-70（a）所示进行窗选，按“Enter”键，如图 13-70（b）所示，完成预锻模膛所有曲面的选取。

STEP 03 系统弹出如图 13-71 所示的“刀具轨迹的曲面选取”对话框，在“边界范围”选项组中单击（选取）按钮，如图 13-72 所示定义加工链方向，单击 ✔ 按钮。

STEP 04 系统弹出如图 13-82 所示的“曲面精加工平行铣削”对话框，默认显示“刀具轨迹参数”标签页，选择 $\phi 6$ 球铣刀，设置进给率、主轴转速等参数。

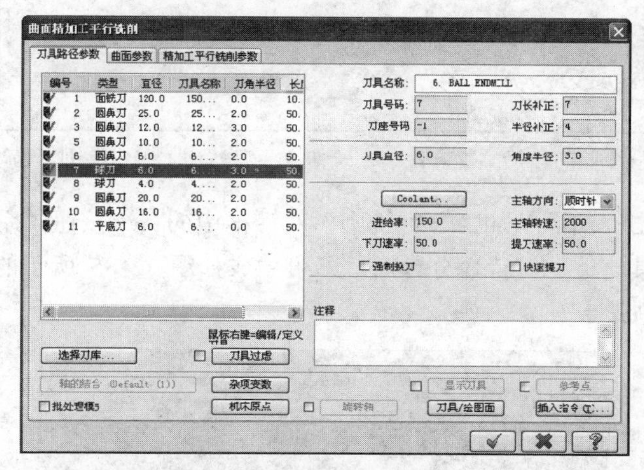

图 13-82 “曲面精加工平行铣削”对话框—“刀具轨迹参数”标签页

STEP 05 单击“曲面精加工平行铣削”对话框中的“曲面参数”标签，如图 13-83 所示设置各项参数。

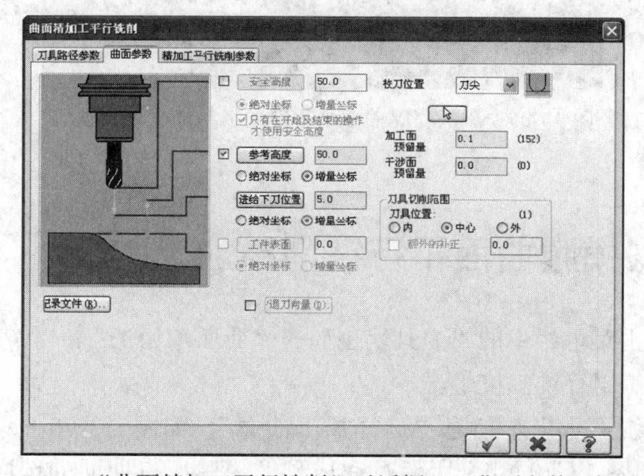

图 13-83 “曲面精加工平行铣削”对话框—“曲面参数”标签页

STEP 06 单击“曲面精加工平行铣削”对话框中的“精加工平行铣削参数”标签，如图 13-84 所示设置各项参数。

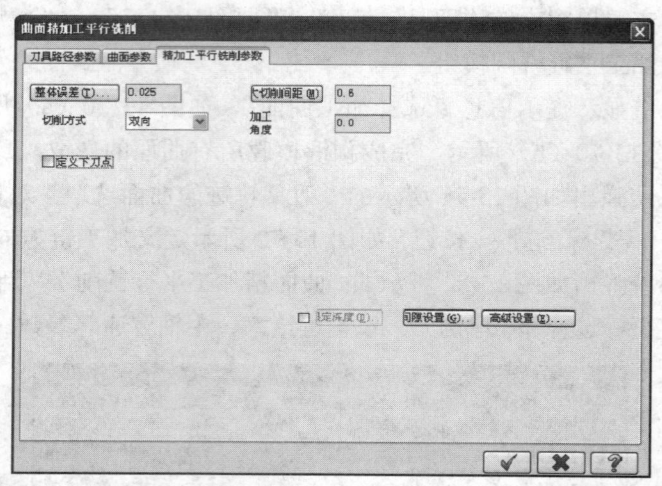

图 13-84 “曲面精加工平行铣削”对话框—“精加工平行铣削参数”标签页

STEP 07 单击“曲面精加工平行铣削”对话框中的 ✔ 按钮，系统开始计算曲面平行铣削半精加工刀具轨迹。等待数分钟后，即可生成如图 13-85 所示的预锻模膛曲面平行铣削半精加工刀具轨迹。

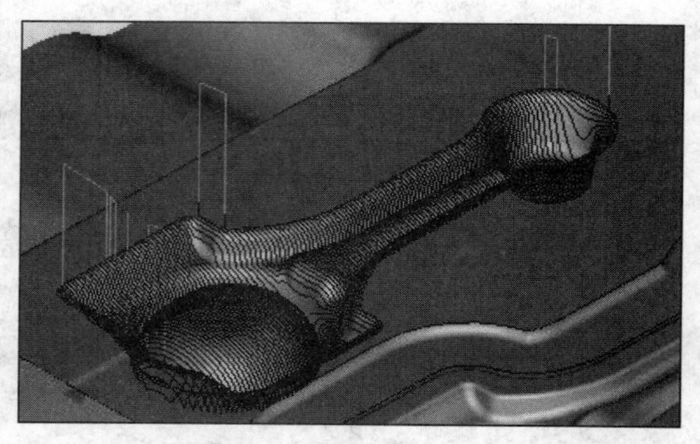

图 13-85 预锻模膛曲面平行铣削半精加工刀具轨迹

13.14 预锻模膛曲面平行铣削精加工

STEP 01 单击菜单栏中的“刀具轨迹”→“曲面精加工”→“精加工平行铣削”命令，进入曲面精加工平行铣削模组。

STEP 02 系统显示提示信息“选择加工曲面”，如图 13-70（a）所示进行窗选，按“Enter”键，如图 13-70（b）所示，完成预锻模膛所有曲面的选取。

STEP 03 系统弹出如图 13-71 所示的“刀具轨迹的曲面选取”对话框，在“边界范围”选项组中单击 （选取）按钮，如图 13-72 所示定义加工链方向，单击 按钮。

STEP 04 系统弹出如图 13-86 所示的“曲面精加工平行铣削”对话框，默认显示“刀具轨迹参数”标签页，选择 $\phi4$ 球铣刀，设置进给率、主轴转速等参数。

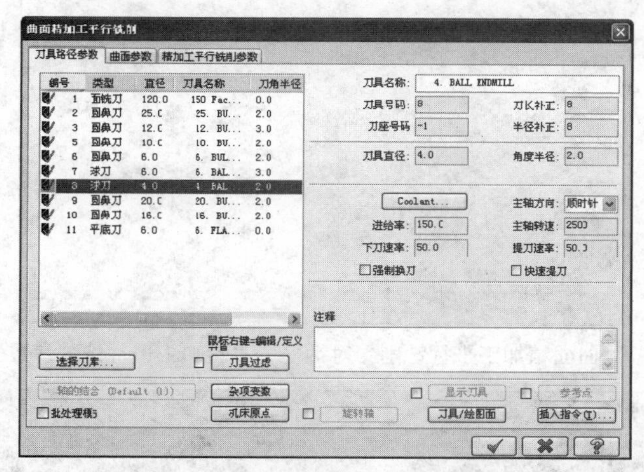

图 13-86 “曲面精加工平行铣削”对话框—“刀具轨迹参数”标签页

STEP 05 单击“曲面精加工平行铣削”对话框中的“曲面参数”标签，如图 13-87 所示设置各项参数。

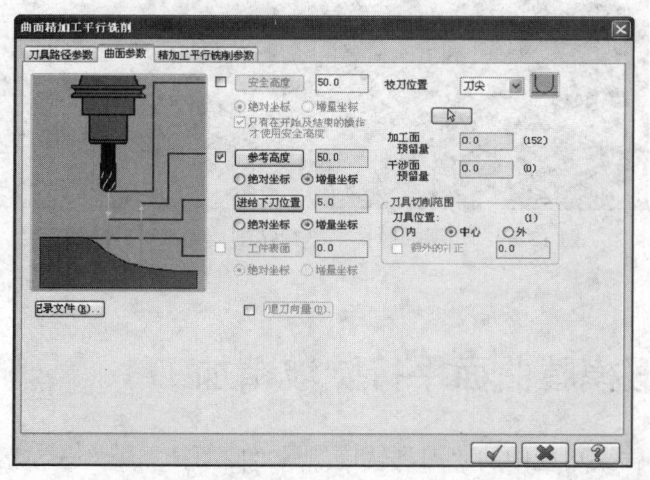

图 13-87 “曲面精加工平行铣削”对话框—“曲面参数”标签页

STEP 06 单击“曲面精加工平行铣削”对话框中的“精加工平行铣削参数”标签，如图 13-88 所示设置各项参数。

STEP 07 单击“曲面精加工平行铣削”对话框中的 按钮，系统开始计算曲面平行铣削精加工刀具轨迹。等待数分钟后，即可生成如图 13-89 所示的预锻模膛曲面平行铣削精加工刀具轨迹。

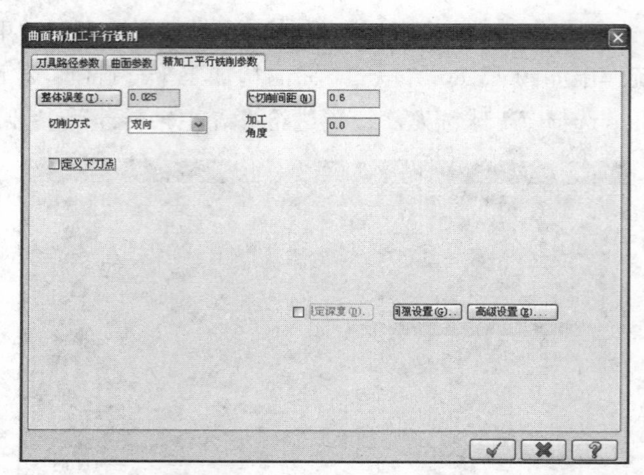

图 13-88 “曲面精加工平行铣削”对话框—“精加工平行铣削参数”标签页

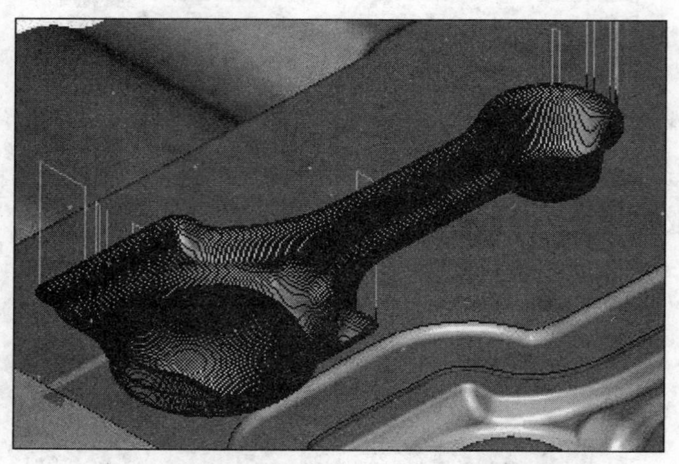

图 13-89 预锻模膛曲面平行铣削精加工刀具轨迹

13.15 预锻模膛曲面平行陡坡精加工

STEP 01 单击菜单栏中的“刀具轨迹”→“曲面精加工”→“精加工平行陡斜面”命令，进入曲面精加工平行陡斜面铣削模组。

STEP 02 系统显示提示信息“选择加工曲面”，如图 13-70（a）所示进行窗选，按“Enter”键，如图 13-70（b）所示，完成预锻模膛所有曲面的选取。

STEP 03 系统弹出如图 13-71 所示的“刀具轨迹的曲面选取”对话框，在“边界范围”选项组中单击（选取）按钮，如图 13-72 所示定义加工链方向，单击按钮。

STEP 04 系统弹出如图 13-90 所示的“曲面精加工平行式陡斜面”对话框，默认显示“刀具轨迹参数”标签页，选择 $\phi4$ 球铣刀，设置进给率、主轴转速等参数。

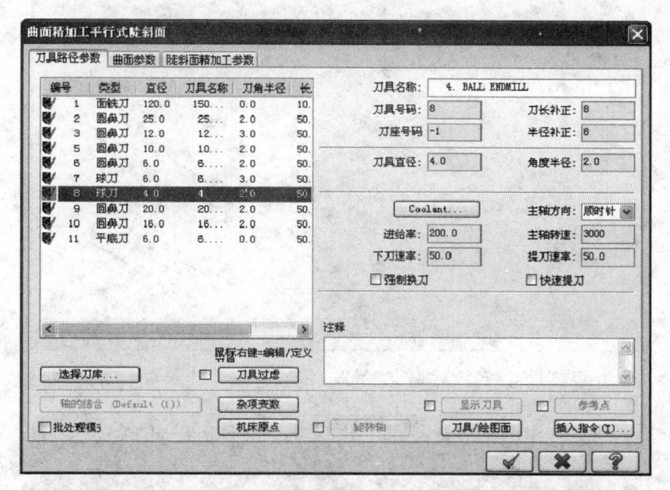

图 13-90　“曲面精加工平行式陡斜面”对话框—“刀具轨迹参数”标签页

STEP 05 单击“曲面精加工平行式陡斜面”对话框中的“曲面参数”标签，如图 13-91 所示设置各项参数。

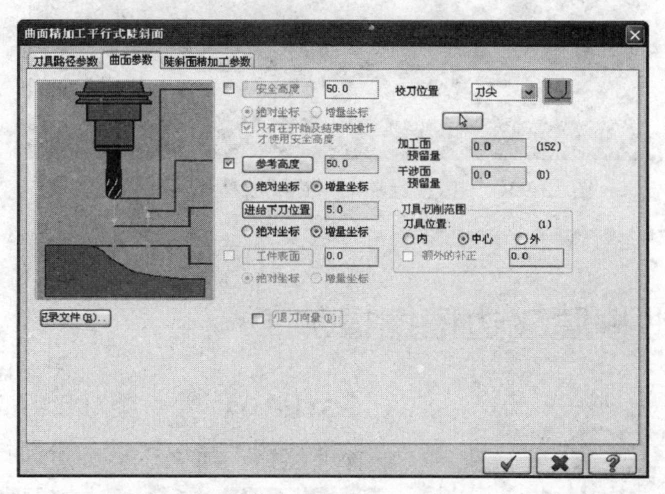

图 13-91　“曲面精加工平行式陡斜面”对话框—“曲面参数”标签页

STEP 06 单击“曲面精加工平行式陡斜面”对话框中的“陡斜面精加工参数”标签，如图 13-92 所示设置各项参数。

STEP 07 单击“曲面精加工平行式陡斜面”对话框中的 ✔ 按钮，系统开始计算曲面平行陡坡精加工刀具轨迹。等待数分钟后，即可生成如图 13-93 所示的预锻模膛曲面平行陡坡精加工刀具轨迹。

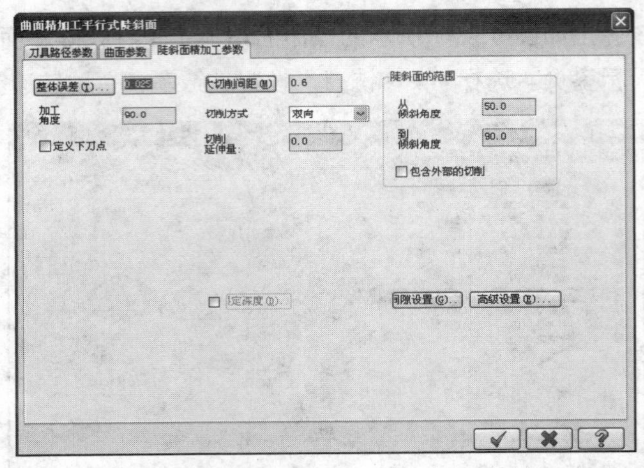

图 13-92　“曲面精加工平行式陡斜面”对话框—“陡斜面精加工参数”标签页

图 13-93　预锻模膛曲面平行陡坡精加工刀具轨迹

13.16 终锻模膛飞边槽挖槽加工

STEP 01 单击菜单栏中的“刀具轨迹”→“标准挖槽”命令，进入平面挖槽铣削模组。

STEP 02 系统弹出“串连选项”对话框，同时显示提示信息“选取挖槽串连 1”，如图 13-94 所示进行串连选取，单击✔按钮，完成终锻模膛飞边槽曲线的选取。

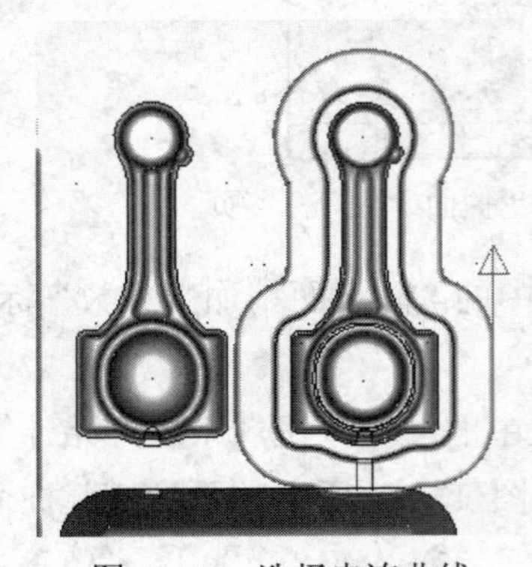

图 13-94　选择串连曲线

STEP 03 系统弹出如图 13-95 所示的“2D 挖槽”对话框，单击对话框左侧的“刀具”选项，选择 ϕ20 圆鼻刀，设置进给率、主轴转速等参数。

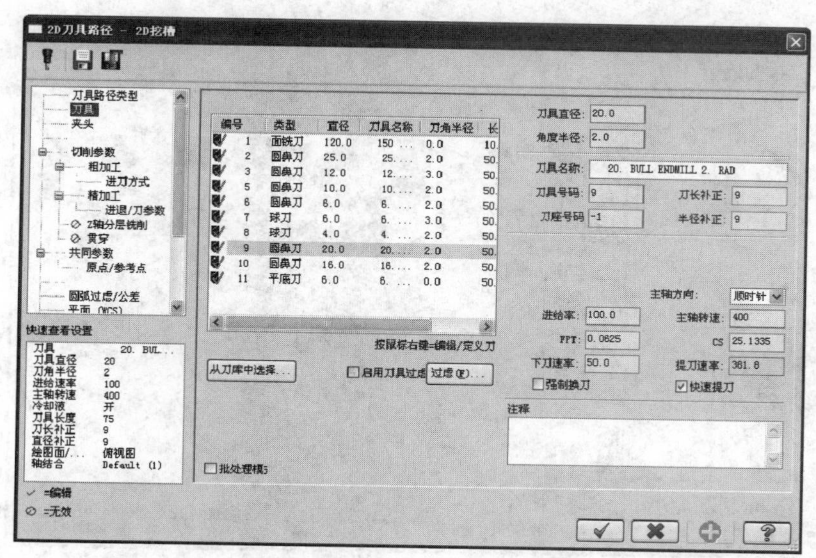

图 13-95　“2D 挖槽”对话框

STEP 04　单击“2D 挖槽”对话框左侧的“共同参数”选项，如图 13-96 所示设置各项参数。

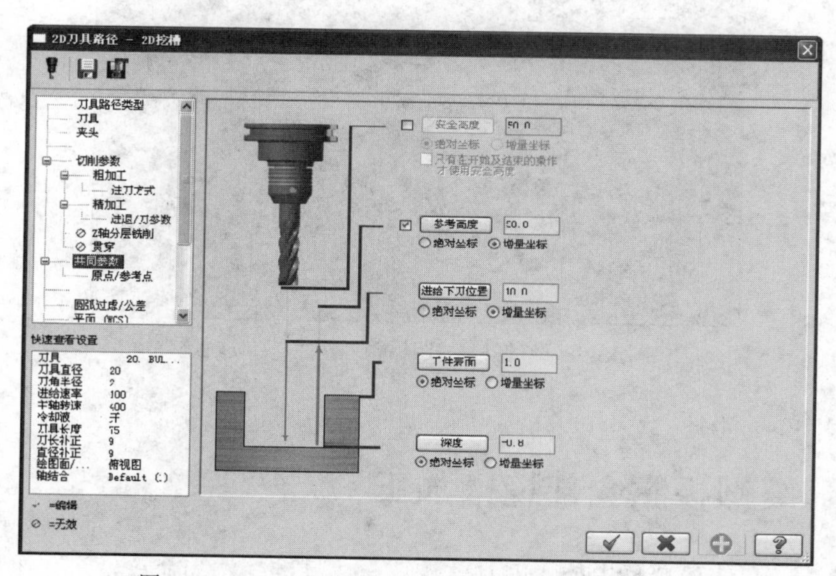

图 13-96　“2D 挖槽”对话框—“共同参数”标签页

STEP 05　单击“2D 挖槽”对话框左侧的“粗加工”选项，如图 13-97 所示设置各项参数。

STEP 06　单击“2D 挖槽”对话框中的 ✔ 按钮，生成如图 13-98 所示的终锻模膛飞边槽挖槽加工刀具轨迹。

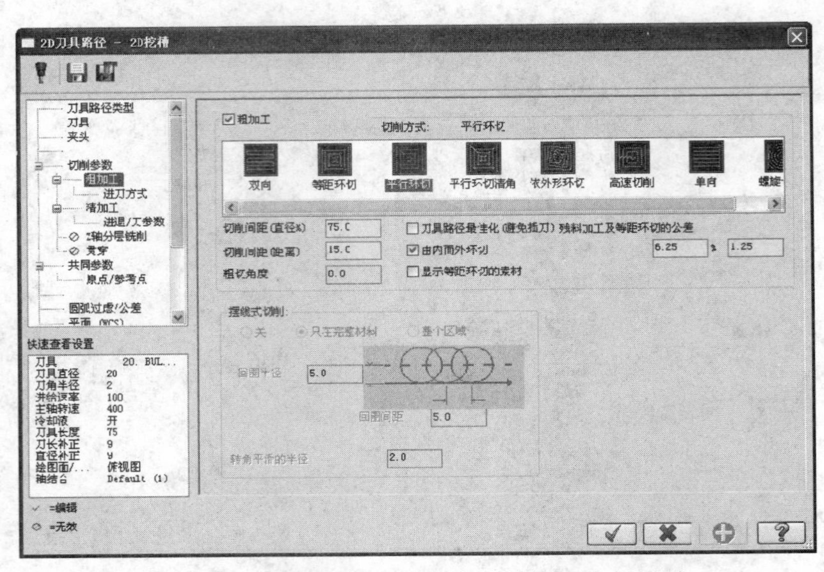

图 13-97 “2D 挖槽”对话框—“粗加工”标签页

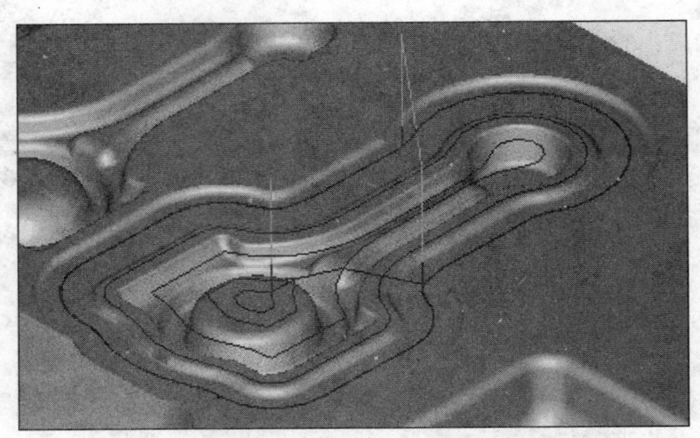

图 13-98 终锻模膛飞边槽挖槽加工刀具轨迹

13.17 终锻模膛仓部挖槽加工

STEP 01 单击菜单栏中的“刀具轨迹”→“标准挖槽”命令，进入平面挖槽铣削模组。

STEP 02 系统弹出“串连选项”对话框，同时显示提示信息“选取挖槽串连 1”，如图 13-99 所示进行串连曲线 A、B 的选取，单击 ✓ 按钮，完成终锻模膛仓部曲线的选取。

图 13-99　选择串连曲线的 A 处、B 处

STEP 03　系统弹出如图 13-100 所示的“2D 挖槽”对话框，单击对话框左侧的“刀具”选项，选择 ϕ16 圆鼻刀，设置进给率、主轴转速等参数。

STEP 04　单击“2D 挖槽”对话框左侧的“共同参数”选项，如图 13-101 所示设置各项参数。

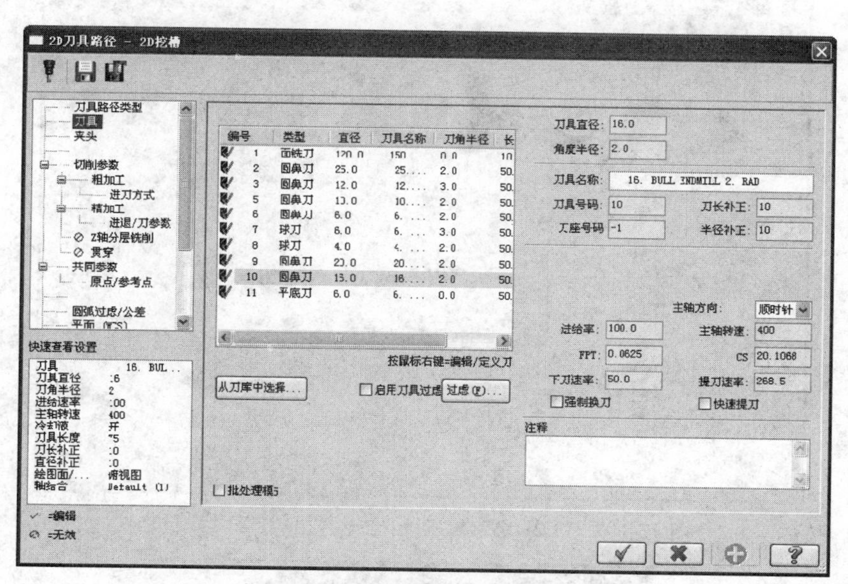

图 13-100　“2D 挖槽”对话框

STEP 05　单击“2D 挖槽”对话框左侧的“粗加工”选项，如图 13-102 所示设置各项参数。

STEP 06　单击“2D 挖槽”对话框中的 ✔ 按钮，生成如图 13-103 所示的终锻模膛仓部挖槽加工刀具轨迹。

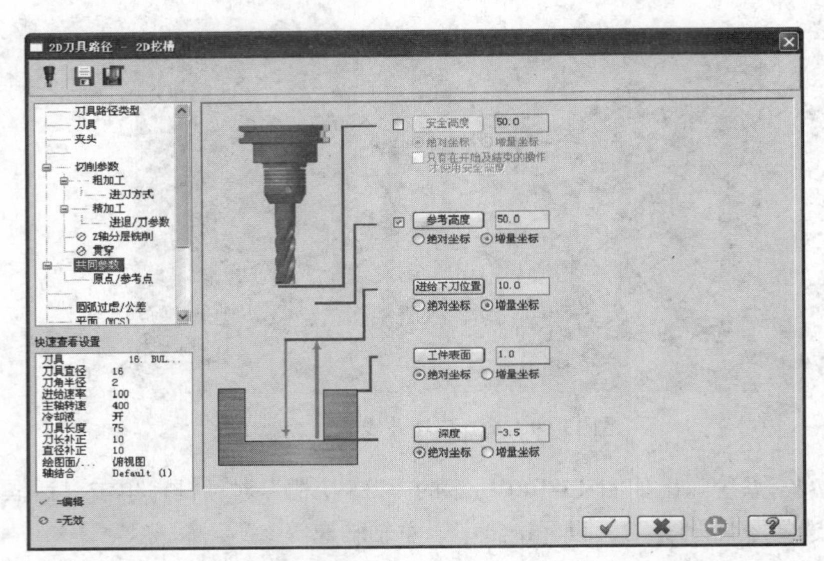

图 13-101 “2D 挖槽”对话框—“共同参数”标签页

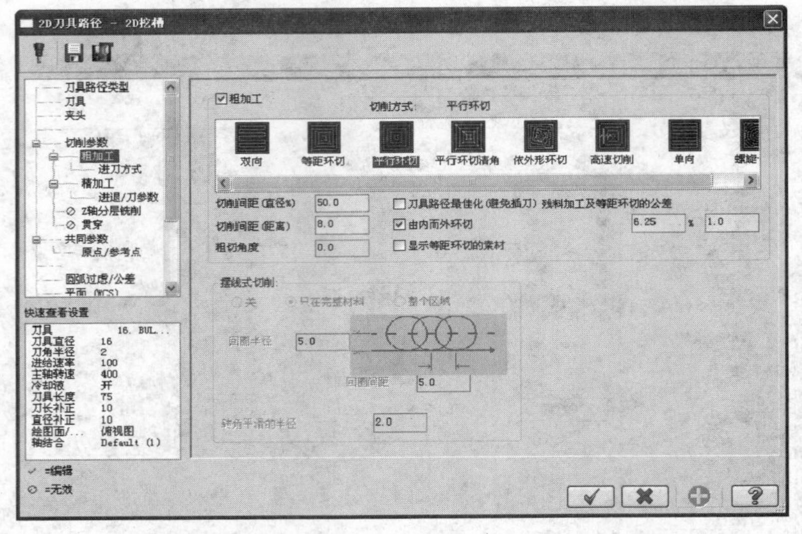

图 13-102 “2D 挖槽”对话框—“粗加工”标签页

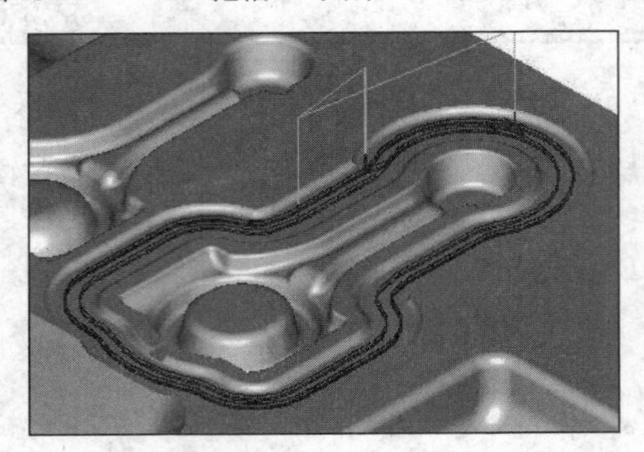

图 13-103 终锻模膛仓部挖槽加工刀具轨迹

13.18 终锻模膛桥部圆角曲面流线加工

STEP 01 单击菜单栏中的“刀具轨迹”→“曲面精加工”→“精加工流线加工”命令，进入曲面流线精加工模组。

STEP 02 旋转移动实体模型到适当的位置，按照系统提示信息“选择加工曲面”依次选择桥部圆角曲面，如图 13-104 所示。按“Enter”键，弹出如图 13-105 的“刀具路径的曲面选取”对话框，单击 ✓ 按钮。

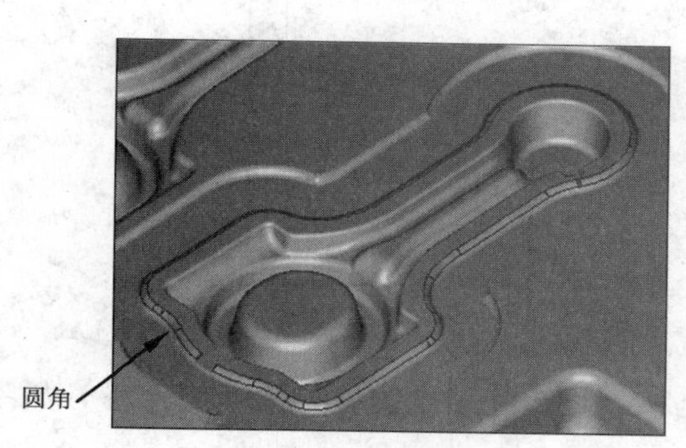

图 13-104 依次选择桥部圆角曲面

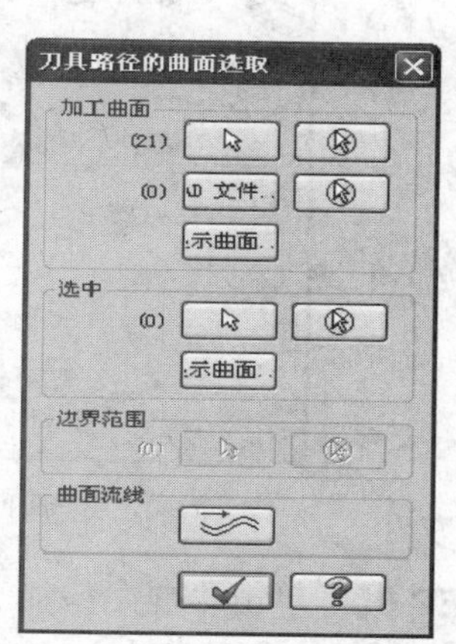

图 13-105 “刀具路径的曲面选取”对话框

STEP 03 系统弹出如图 13-106 所示的“曲面精加工流线”对话框，默认显示“刀具路径参数”标签页中，选择 $\phi4$ 球铣刀，设置进给率、主轴转速等参数。

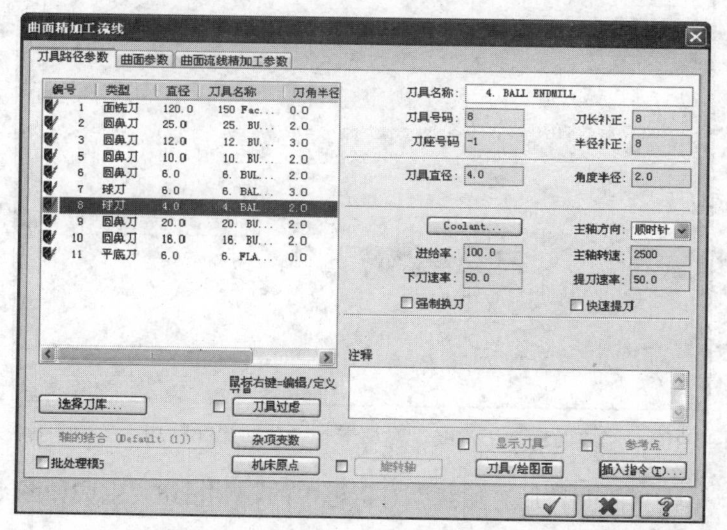

图 13-106 “曲面精加工流线”对话框—“刀具路径参数”标签页

STEP 04 单击“曲面精加工流线”对话框中的“曲面参数”标签，如图 13-107 所示设置各项参数。

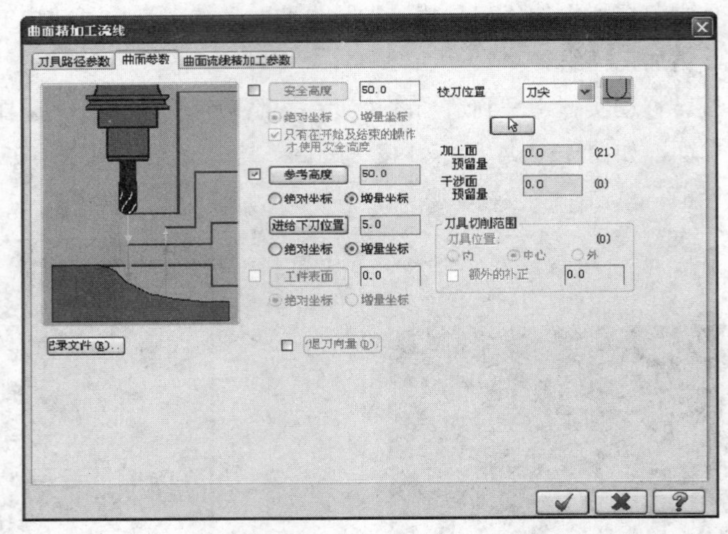

图 13-107 “曲面精加工流线”对话框—“曲面参数”标签页

STEP 05 单击“曲面精加工流线”对话框中的“曲面流线精加工参数”标签，如图 13-108 所示设置各项参数。

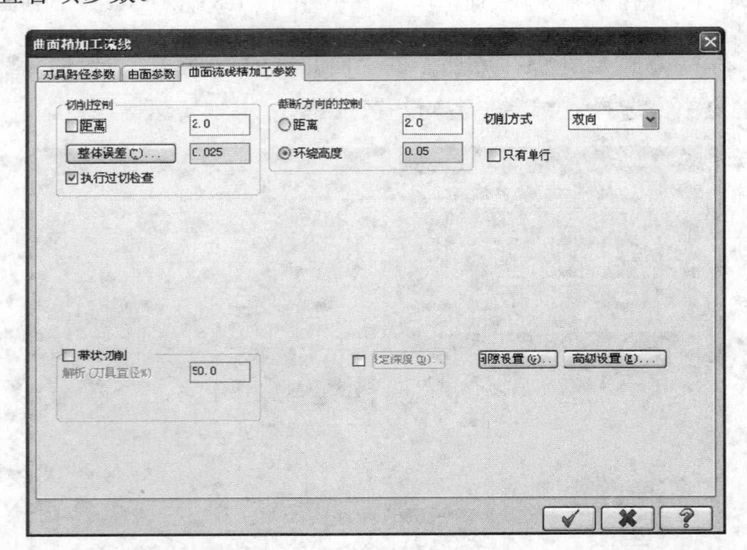

图 13-108 “曲面精加工流线”对话框—“曲面流线精加工参数”标签页

STEP 06 单击“曲面精加工流线”对话框中的 ✔ 按钮，生成如图 13-109 所示的终锻模膛桥部圆角曲面流线加工刀具轨迹。

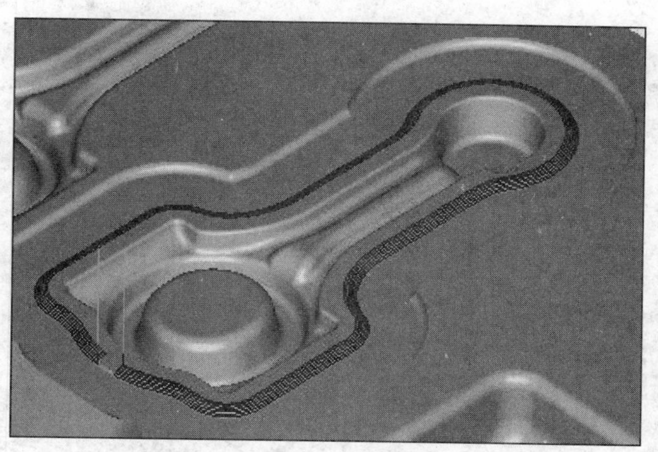

图 13-109　终锻模膛桥部圆角曲面流线加工刀具轨迹

13.19 终锻模膛曲面加工组合复制

STEP 01　在操作管理器中单击 7 号操作，按住<Shift>键，再单击 11 号操作，如图 13-110 所示。

STEP 02　在 11 号操作上单击鼠标右键，在弹出的快捷菜单中单击“复制”命令。在 14 号操作上单击鼠标右键，在弹出的快捷菜单中单击“粘贴”命令，系统将复制 7 号至 11 号操作到操作列表中，如图 13-111 所示。

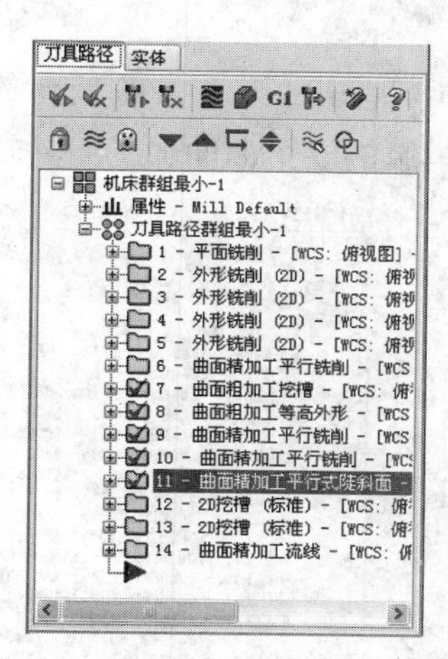

图 13-110　选择 7 号至 11 号操作

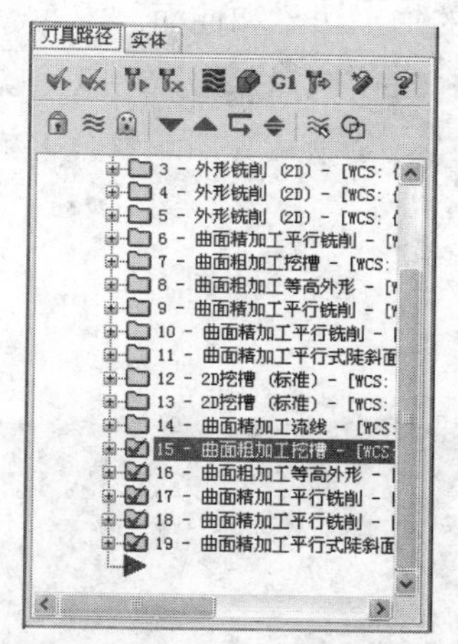

图 13-111　复制 7 号至 11 号操作到操作列表中

STEP 03　单击 15 号操作前的“+”号，如图 13-112 所示；再单击“图形”，弹出如图 13-113 所示的“刀具路径的曲面选取”对话框。

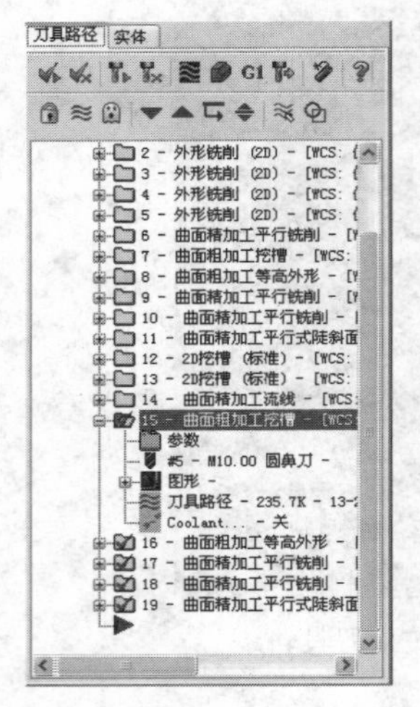

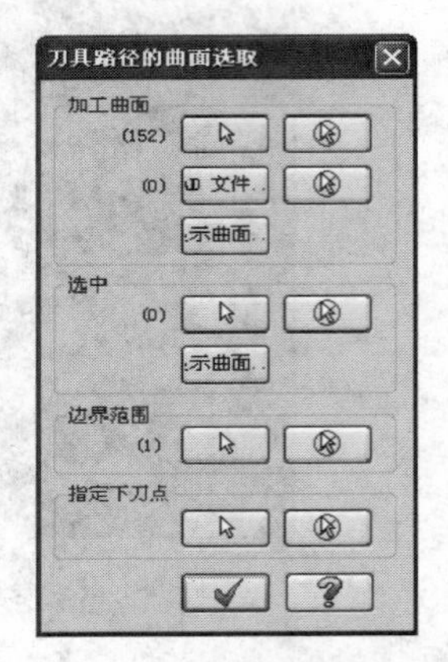

图 13-112　单击“图形”前的“+”号　　　　图 13-113　“刀具路径的曲面选取”对话框

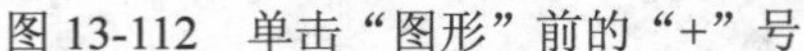

STEP 04　单击“加工曲面”选项组中第一行右面的按钮，前面的(152)会变成(0)；然后单击按钮，在绘图区单击终锻模膛的加工曲面 A，如图 13-114 所示，按“Enter”键，系统将 15 号操作的预锻模膛的加工曲面改变到终锻模膛的加工曲面。单击“边界范围”选项组中的按钮，前面的(1)会变成(0)；然后单击按钮，在绘图区单击终锻模膛的加工边界串连曲线 A，如图 13-114 所示，按“Enter”键，系统将 15 号操作的预锻模膛的加工边界改变到终锻模膛的加工边界，单击按钮。

STEP 05　用同样的方法修改 16 号至 19 号操作，预锻模膛的加工边界和曲面都改成终锻模膛的加工边界和曲面。

STEP 06　选择 15 号至 19 号操作，如图 13-116 所示。单击如图 13-115 所示的操作管理器中的（重新计算所选操作）按钮，系统产生终锻模膛的 5 个曲面加工刀具轨迹。

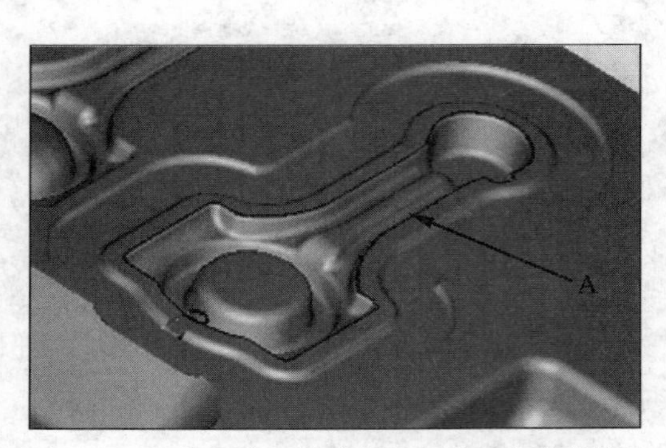

图 13-114　单击终锻模膛的加工边界串连曲线 A

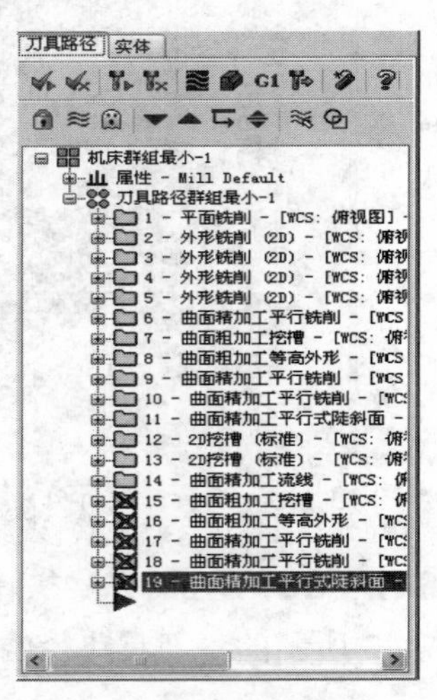

图 13-115　操作管理器

13.20 钳口颈轮廓加工

STEP 01　单击工具栏中的（顶视图）按钮，将绘图平面及视图平面都设置为顶视图状态。单击菜单栏中的“刀具轨迹”→“外形铣削”命令，弹出“串连选项”对话框，如图 13-116 设置串连曲线，单击 按钮。

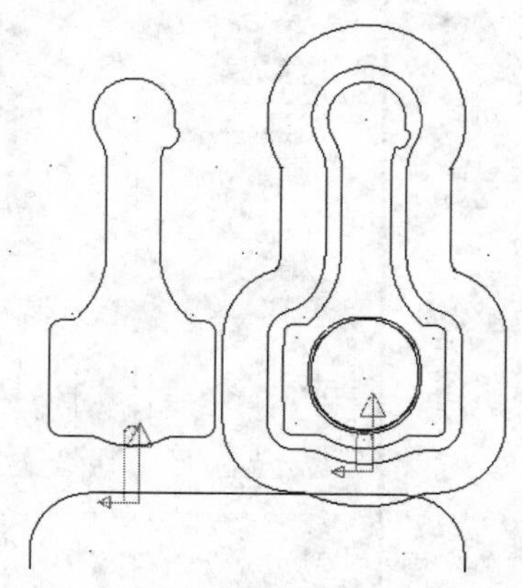

图 13-116　设置串连曲线

STEP 02　系统弹出如图 13-117 所示的“外形铣削”对话框，单击左侧的“刀具”选项，选择 $\phi 6$ 平底刀，设置进给率、主轴转速等参数。

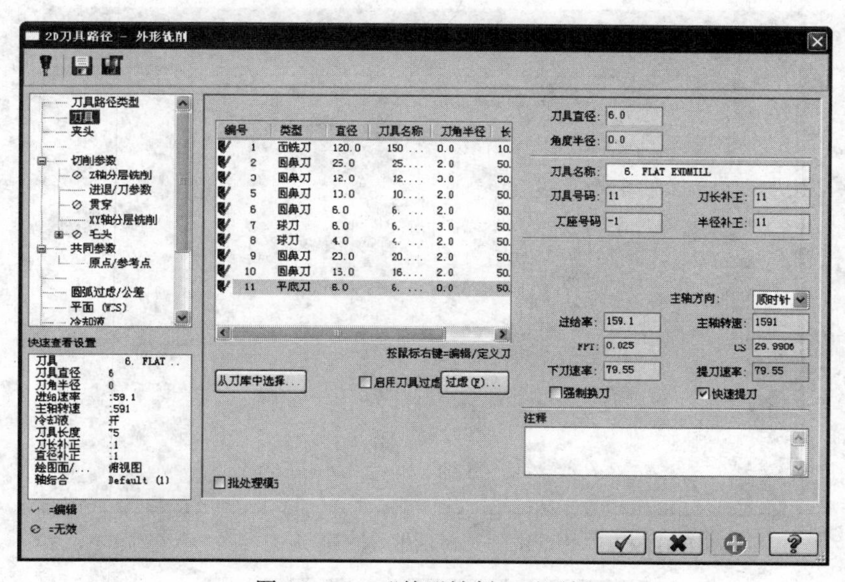

图 13-117　“外形铣削”对话框

STEP 03　单击“外形铣削”对话框左侧的“共同参数”选项，如图 13-118 所示设置各项参数。

STEP 04　单击“外形铣削”对话框左侧的“进/退刀参数”选项，如图 13-119 所示设置各项参数。

STEP 05　单击“外形铣削”对话框中的 按钮，生成如图 13-120 所示的钳口颈轮廓铣加工刀具轨迹。

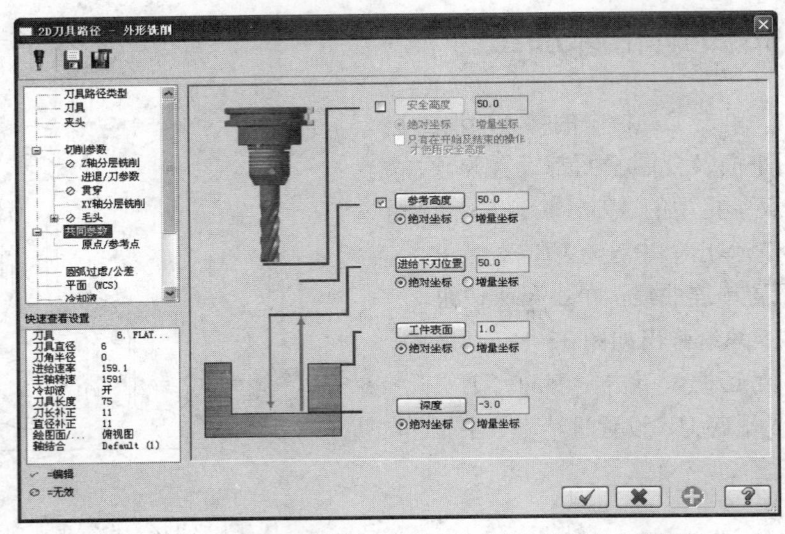

图 13-118 “外形铣削”对话框—“共同参数”标签页

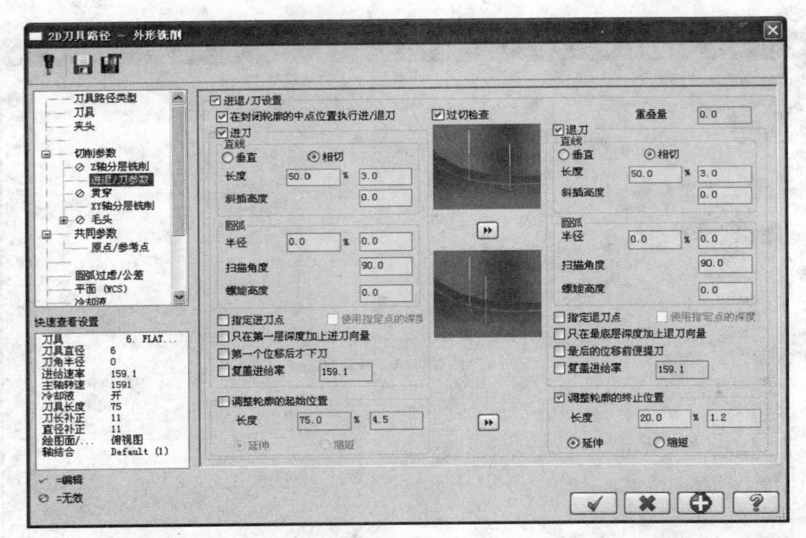

图 13-119 “外形铣削”对话框—“进/退刀参数”标签页

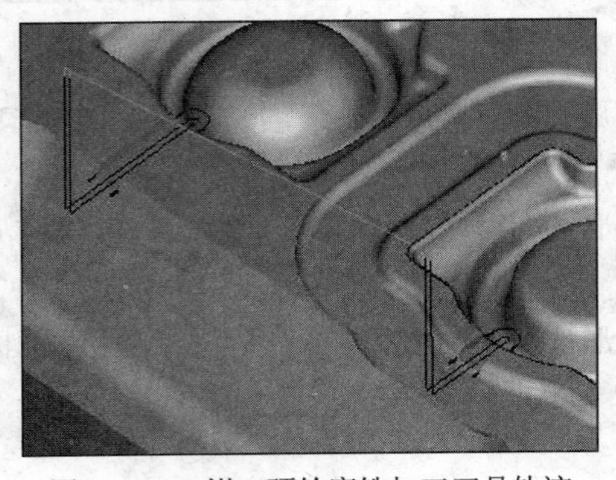

图 13-120 钳口颈轮廓铣加工刀具轨迹

13.21 加工过程仿真

STEP 01　在操作管理器中单击（选择全部操作）按钮，即可选择全部操作，如图 13-121 所示。

STEP 02　单击（验证）按钮，弹出如图 13-122 所示的“验证”对话框。单击（设置）按钮，弹出如图 13-123 所示的“验证选项”对话框，设置各项参数。单击按钮，退出“验证选项”对话框。

STEP 03　单击（开始）按钮，显示全部加工仿真，如图 13-124 所示。单击（退出）按钮，退出“验证”对话框。

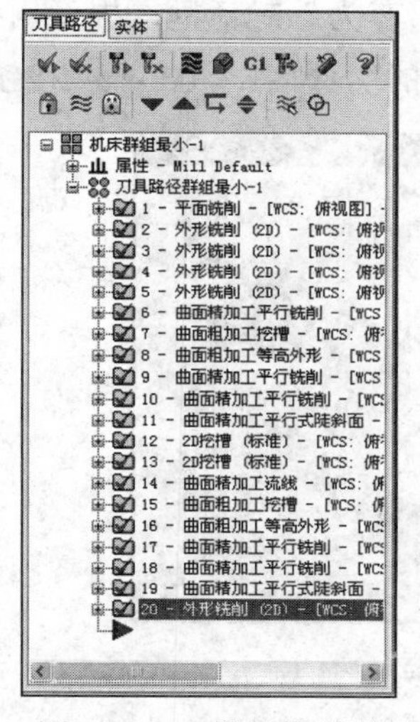

图 13-121　操作管理器

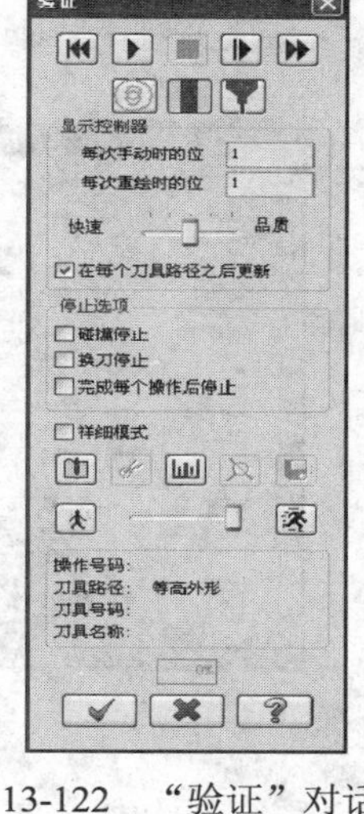

图 13-122　“验证”对话框

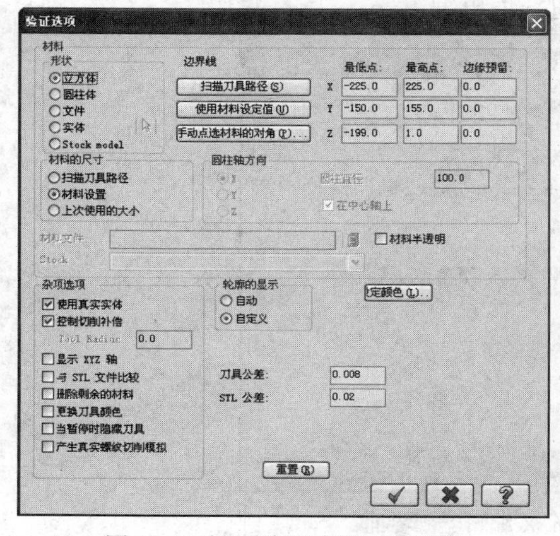

图 13-123　“验证选项”对话框

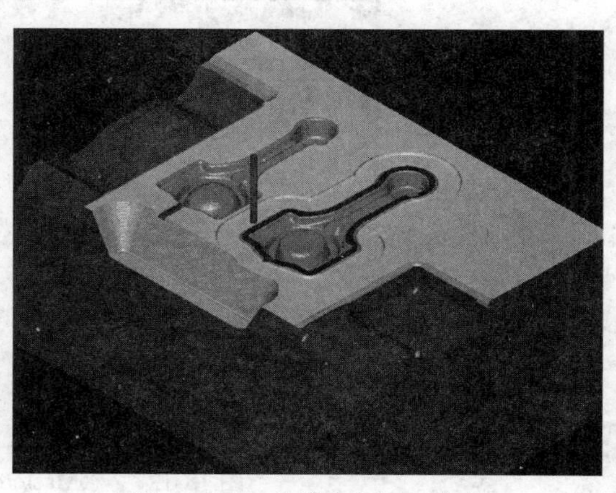

图 13-124　上模全部加工仿真

13.22 后置处理生成 NC 程序

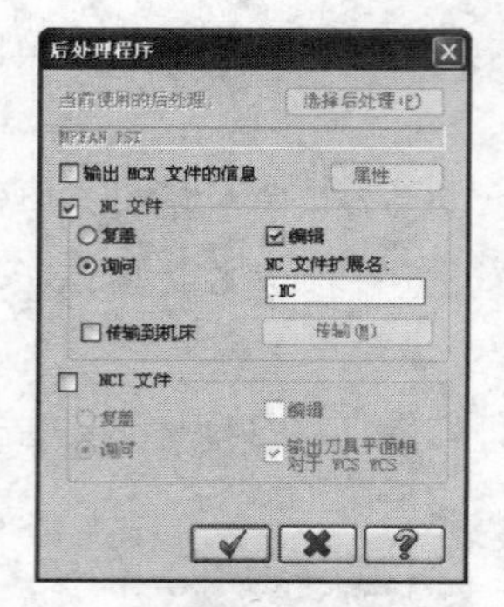

图 13-125 “后处理程序”对话框

STEP 01 在如图 13-121 所示的操作管理器中，单击（选择所有操作）按钮，选择全部操作。

STEP 02 单击（后处理）按钮，弹出如图 13-125 所示的“后处理程序”对话框，设置各项参数。

STEP 03 单击按钮，系统弹出如图 13-126 的“另存为”对话框，提示用户输入生成的 NC 代码的文件名，单击按钮。

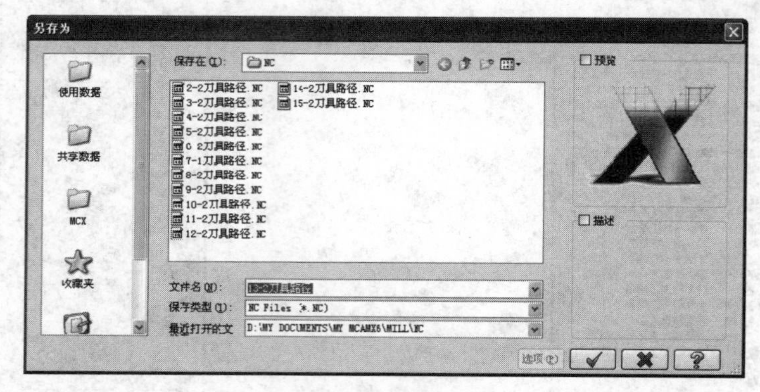

图 13-126 “另存为”对话框

STEP 04 系统开始生成加工程序。等待几分钟后，弹出如图 13-127 所示的“Mastercam X 编辑器”界面，显示全部加工程序。单击按钮，退出编辑器。

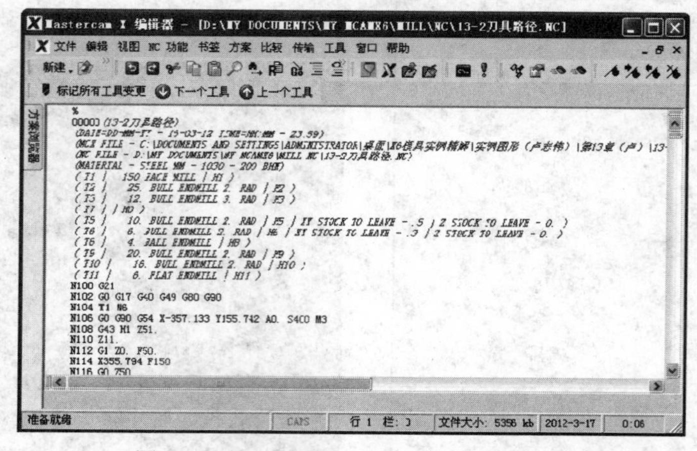

图 13-127 “Mastercam X 编辑器”界面

曲杆泵定子橡胶芯模加工与编程

内容

本章介绍在 Mastercam X6 软件中进行曲杆泵定子橡胶芯模铣加工相关知识，阐述了曲杆泵定子橡胶芯模数控铣削加工的编程原理，说明了在 Mastercam X6 软件中编制曲杆泵定子橡胶芯模的数控加工程序的详细过程。

目的

通过本章的学习，使读者了解在 Mastercam X6 中实现曲杆泵定子橡胶芯模零件的铣加工方法，掌握曲杆泵定子橡胶芯模的粗加工手工编程的方法、半精加工及精加工的 4 轴加工方法，了解 4 轴加工 NC 后置处理方法，同时了解相关的数控工艺知识。

14.1 概述

单螺杆泵是按回转啮合容积式原理工作的新型泵种，主要工作部件是偏心螺杆（转子）和固定的衬套（定子）。由于该部件的特殊几何形状，分别形成单独的密封容腔，介质由轴向均匀推行流动，内部流速低，容积保持不变，压力稳定，因而不会产生涡流和搅动。因螺杆泵定子选用多种弹性材料制成，所以这种泵适用于高黏度流体的输送和含有硬质浮颗粒介质或含有纤维介质的输送，有一般泵种所不能胜任的特性。其转子与定子回转啮合情况及工作原理如图 14-1 所示。

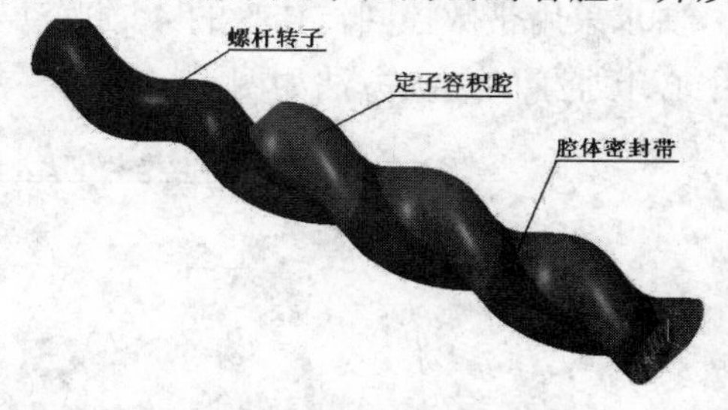

图 14-1 单螺杆泵工作原理图

14.2 加工任务概述

如图 14-2 所示是一个待加工的定子橡胶芯模零件，定子为双头螺杆，其偏心距

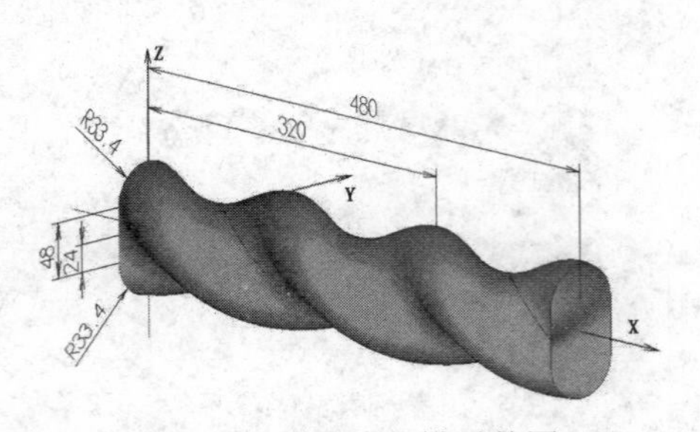

图 14-2　定子橡胶芯模零件图

a=24mm，截面圆弧 R=33.4mm，螺距 P＝320±0.02mm，定子芯模零件长 L=480mm，工作表面的表面粗糙度 R_a 不大于 1.6μm，零件经过调质热处理 HRC30～34。毛坯轴在进行数控铣加工工序之前，外圆直径已粗车成，在轴的两端留有三爪卡盘夹持用工艺加长部分及尾顶尖用中心孔。

14.3　工艺方案

定子橡胶芯模的加工工艺方案如表 14-1 所示。

表 14-1　定子橡胶芯模的加工工艺方案　　单位：mm

工序号	加工内容	加工方式	机床	刀具	夹具
10	下料 ϕ120×600mm				
20	车轴各尺寸，留余量 2mm	车	卧式车床		
30	数控粗铣加工，留余量		立式加工中心	立铣刀 ϕ20	
40	调质 HRC30～34	热处理			
50	精车轴	车	卧式车床		
60	数控半精加工，留余量 0.5mm		立式加工中心	球头立铣刀 ϕ16	
70	数控精加工，留余量 0.02mm		立式加工中心	球头立铣刀 ϕ12	
80	抛光、表面处理				

要求采用带数控回转转盘的 4 轴联动数控立式铣床，实现加工比较方便，其在立式加工中心上加工的装夹方法如图 14-3 所示。

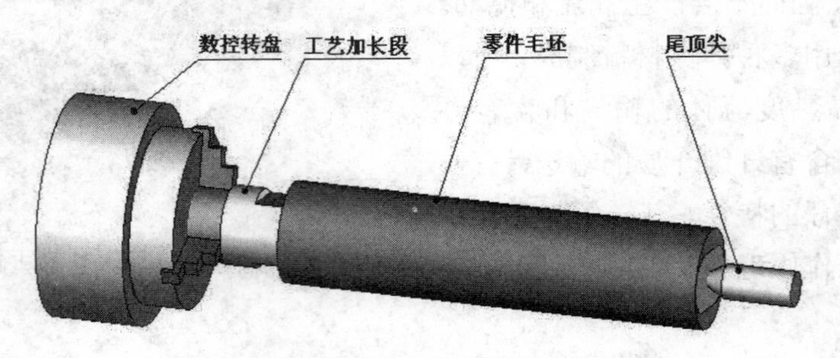

图 14-3　定子橡胶芯模零件装夹示意图

14.4 CAD 造型

在 Mastercam X6 软件中编制加工程序时，首先要进行被加工零件的 CAD 造型。要求建立截面曲线、扫描路径曲线，然后利用 Mastercam X6 软件构造“扫描曲面”功能完成建模。

1．绘制截面曲线

STEP 01　进入 Mastercam X6 系统，在绘图区单击鼠标右键，系统弹出如图 14-4 所示的常用工具快捷菜单，单击“右视图”命令，或者在如图 14-5 所示的“屏幕视角”工具栏中单击（右视图）按钮；再单击状态栏中的“平面”区域，系统即可弹出如图 14-6 所示的“绘图面和刀具面”快捷菜单，单击“右视图”命令，将绘图平面及视图平面都设置为右视图状态。单击菜单栏中的“绘图”→“圆弧”→“圆心+点”命令，分别输入圆半径值“33.4”及圆心坐标（0, 24）、（0, −24），绘制出两个圆，如图 14-7（a）所示。

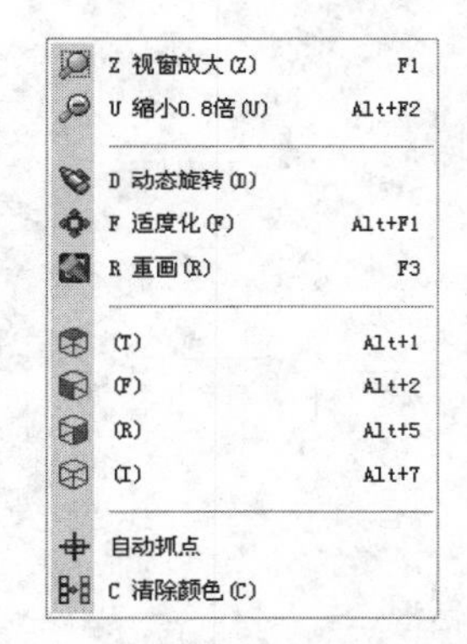

图 14-4　常用工具快捷菜单

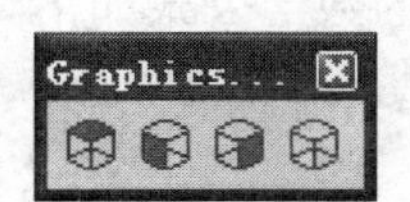

图 14-5　“屏幕视角”工具栏

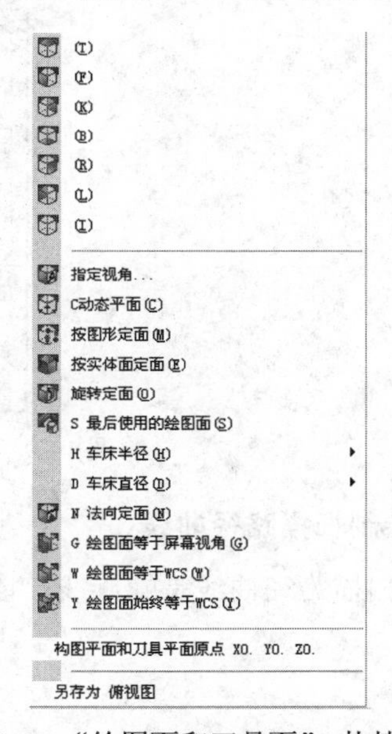

图 14-6　“绘图面和刀具面”快捷菜单

STEP 02　单击菜单栏中的“绘图”→“直线”命令，在如图 14-8 所示的“自动抓点”工具栏中单击（设置自动捕捉功能）按钮，打开如图 14-9 所示的“光标自动抓点设置”对话框，勾选“相切”复选框；分别选择两个圆，以绘制出两个圆的两条垂直切线，如图 14-7（b）所示。

STEP 03　单击菜单栏中的“编辑”→“修剪/打断”→“修剪/打断/延伸”命令，将圆弧多余部分剪去，如图 14-7（c）所示。

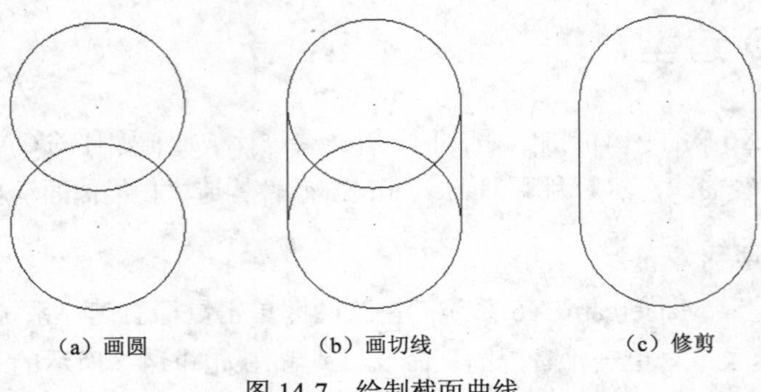

图 14-7　绘制截面曲线

图 14-8　“自动抓点”工具栏

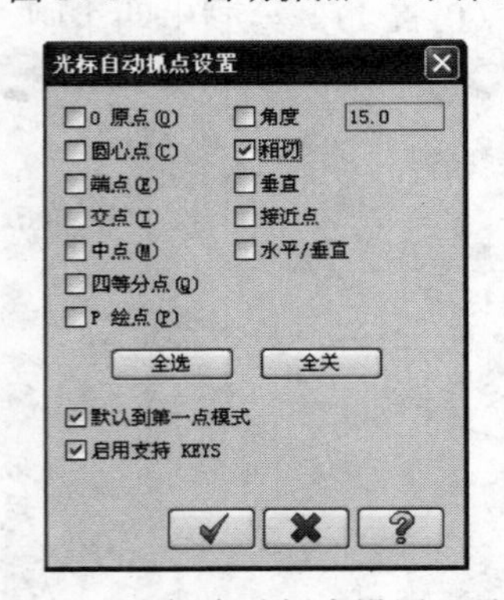

图 14-9　“光标自动抓点设置”对话框

2．绘制扫描路径曲线

由于扫描路径曲线是螺旋线，该螺旋线空间任一点坐标的数学公式如下。

$$x=P\times t/360$$

$$y=R\times \cos(t)$$

$$z=R\times \sin(t)$$

式中　P——螺距，P=320mm；

R——螺旋半径，R=33.4mm；

t——角度变量，在 0～540° 之间变化（因芯模零件长度 480mm，是螺距 320mm 的 1.5 倍，故最大回转角度为 1.5×360° ）。

绘制螺旋线的具体操作步骤如下。

STEP 01　单击菜单栏中的“设置”→“运行应用程序”命令，或者单击工具栏中的（运行应用程序）按钮，系统即可弹出如图 14-10 所示的“打开”对话框，选择“fplot.dll”文件，单击按钮。

图 14-10　“打开”对话框

STEP 02　系统弹出如图 14-11 所示的“打开”对话框，选择“定子芯模.EQN”文件，也可选取任意一个曲线公式文件，将其另存为“定子芯模.EQN”文件以进行编辑。

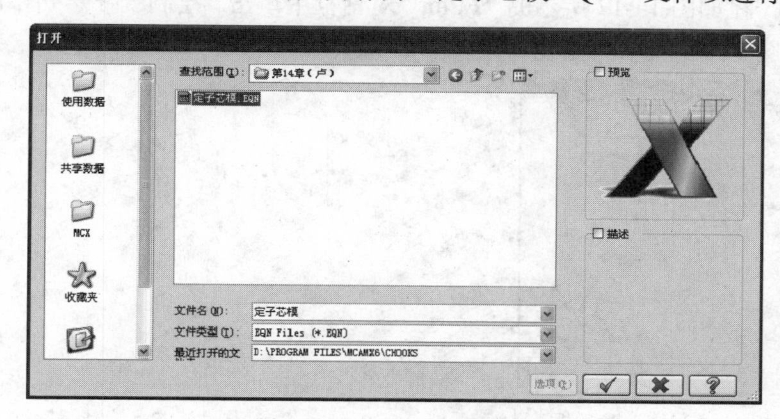

图 14-11　“打开”对话框

STEP 03　系统弹出如图 14-12 所示的“FPlot”对话框，单击“编辑方程”命令，弹出如图 14-13 所示的“Mastercam X 编辑器”界面，分别设定以下与螺旋线相关的参数：

- step_var1=t　　*自变量 t
- step_size1=1　　*自变量 t 的步距
- lower_limit1=0　　*自变量 t 的最小值
- upper_limit1=540　　*自变量 t 的最大值
- geometry=nurbs　　*生成 NURBS 曲线
- angles=degrees　　*自变量 t 的角度单位为度
- origin=0,0,0　　*曲线的起点
- x=320/360*t　　*变量 x 值
- y=33.4*cos(t)　　*变量 y 值
- z=33.4*sin(t)　　*变量 z 值

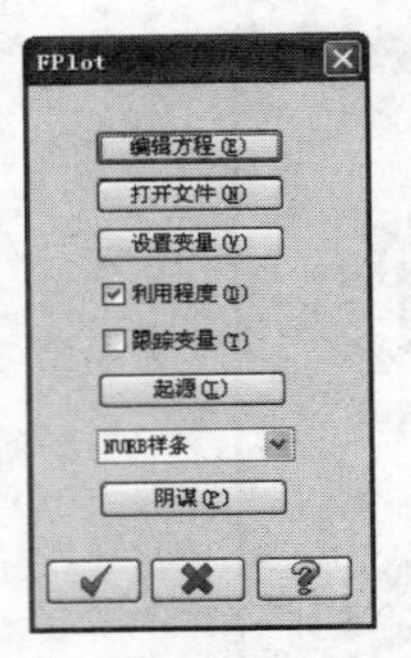

图 14-12 “FPlot”对话框

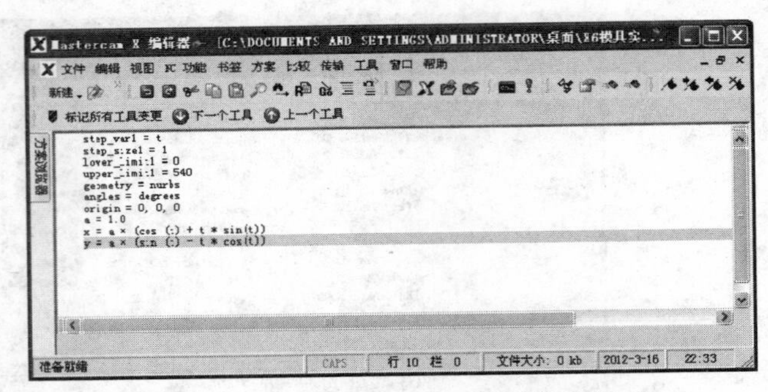

图 14-13 “Mastercam X 编辑器”界面

STEP 04 保存文件，关闭编辑器。

STEP 05 在如图 14-12 所示的“FPlot”对话框中单击“打开文件”按钮后，单击“设置变量”按钮，系统即可弹出如图 14-14 所示的“变数”对话框，显示公式曲线的信息。

STEP 06 在如图 14-12 所示的“FPlot”对话框中单击“绘制”命令（图中错译为“阴谋”），生成如图 14-15 所示的曲线。

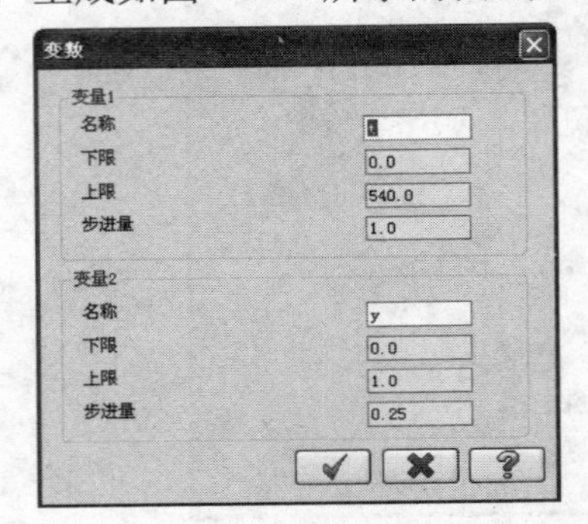

图 14-14 “变数”对话框

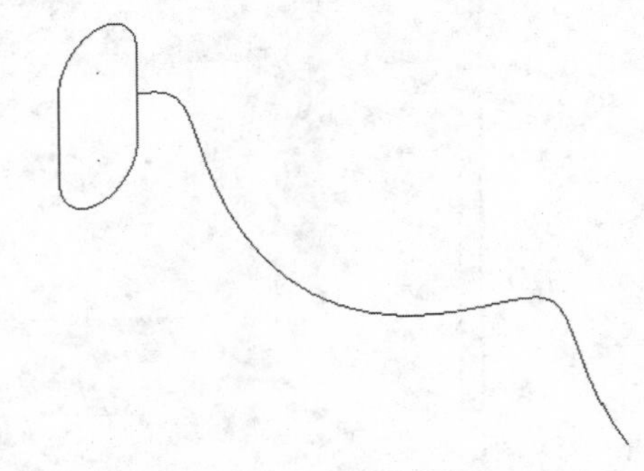

图 14-15 绘制螺旋线

3. 绘制扫描轴控制线

绘制扫描轴控制线的具体操作步骤如下。

STEP 01 在工具栏中单击（前视图）按钮，将绘图平面及视图平面都设置为前视图状态。单击菜单栏中的“绘图”→“任意线”→“绘制任意线”命令，在“自动抓点”工具栏中单击（设置自动捕捉功能）按钮，弹出“光标自动抓点设置”对话框，勾选“水平/竖直”复选框，将直线的一个端点坐标设置为（0，0）。

STEP 02 在系统提示区显示“定义第二个端点”提示信息时，输入直线的第二个端点的 X 坐标为“480”，Y 坐标默认为“0”，按“Enter”键确认。

STEP 03 单击按钮，即可完成扫描轴控制线的绘制，如图 14-16 所示。

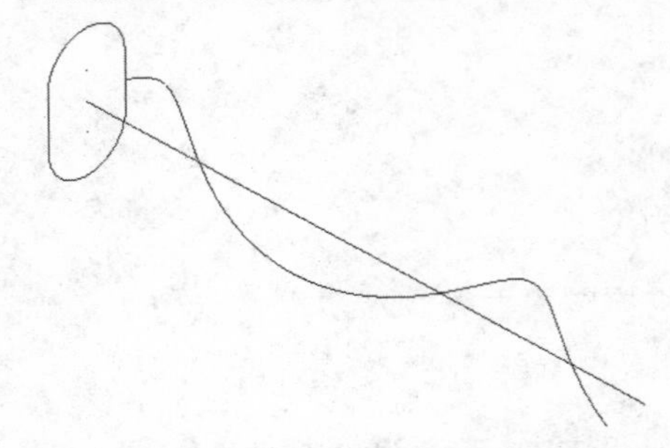

图 14-16 绘制扫描轴控制线

4．绘制扫描曲面

绘制扫描曲面的具体操作步骤如下。

STEP 01　单击菜单栏中的“绘图”→“曲面”→“扫描曲面”命令，系统弹出如图14-17所示的“扫描”提示框，单击（两条路径）按钮，按照系统提示“定义截面方向外形”。选择如图14-18（a）所示的截面曲线，并单击按钮。

STEP 02　在系统提示区显示“定义引导方向外形”提示信息时，再选择如图14-18（b）所示的螺旋线作为扫描路径曲线。

STEP 03　在系统提示区显示“定义引导方向段落2”提示信息时，再选择如图14-18（c）所示的扫描轴控制线，单击按钮执行扫描，生成如图14-19所示的扫描曲面。

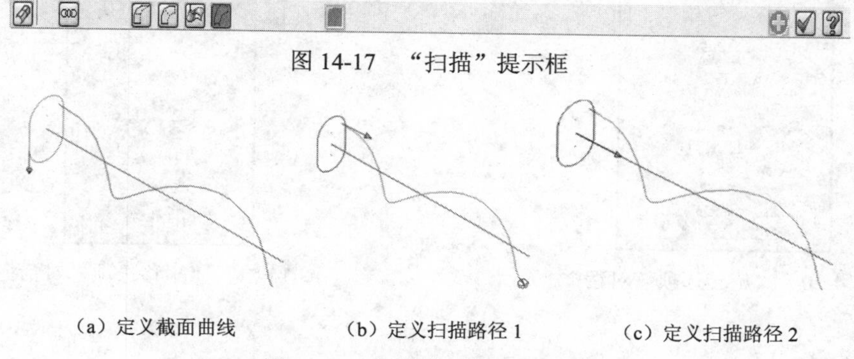

图14-17　“扫描”提示框

（a）定义截面曲线　（b）定义扫描路径1　（c）定义扫描路径2

图14-18　扫描曲面的生成过程

5．变换坐标系

数控转台（第4轴）在立式加工中心工作台上有左置和右置两种方式，本章介绍数控转台左置方式的编程情况。为了与加工习惯相一致，将定子橡胶芯模零件绕X轴旋转90°，再将零件沿X轴平移“-480”，即将坐标原点平移到轴右端面上。具体操作步骤如下。

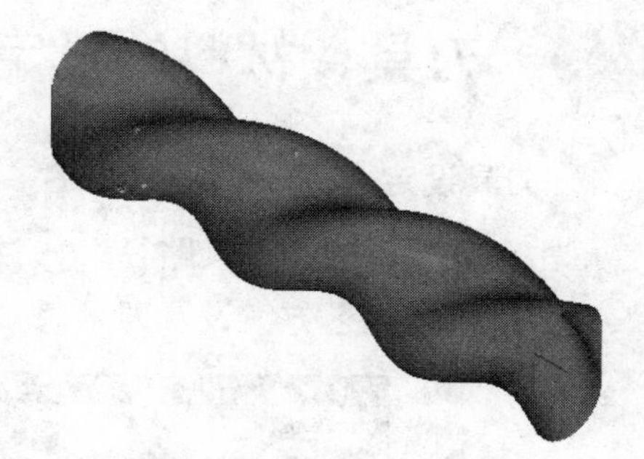

图14-19　生成扫描曲面

STEP 01　在工具栏中单击（右视图）按钮，将构图平面及视图平面都设置为右视图状态。单击菜单栏中的“转换”→“旋转”命令，按照系统提示信息“选取图素去旋转”，选择所有的图素后按“Enter”键，系统弹出如图14-20所示的“旋转选项”对话框，在（角度）右侧的文本框中输入“90”，选中“旋转”单选钮，单击按钮关闭该对话框。

STEP 02　在工具栏中单击（前视图）按钮，将构图平面及视图平面都设置为前视图状态。单击菜单栏中的“转换”→“平移”命令，按照系统提示信息“选取图素去平移”，选择所有的图素后按“Enter”键，系统弹出如图14-21所示的“平移选项”对话框，在

（X 方向移动矢量）右侧的文本框中输入“-480”，选中“移动”单选钮，单击 ✓ 按钮关闭该对话框。

STEP 03 单击菜单栏中的“文件”→“保存”命令，对 CAD 文件进行保存，即完成定子橡胶芯模造型工作。

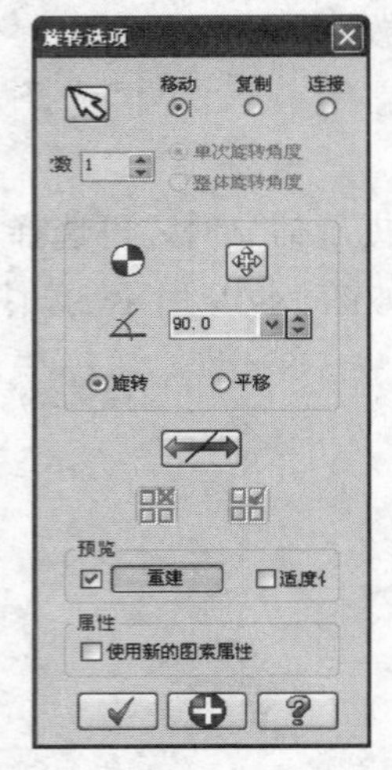

图 14-20 “旋转选项”对话框

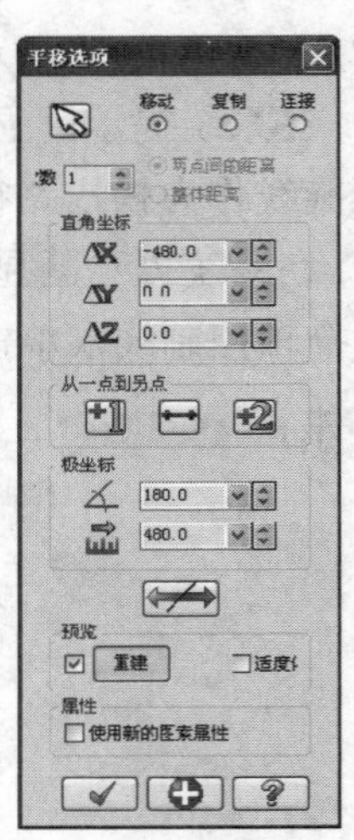

图 14-21 “平移选项”对话框

14.5 刀具、材料的设定

1．刀具设定

单击菜单栏中的“刀具路径”→“刀具管理”命令，弹出如图 14-22 所示的“刀具管理”对话框，按工艺方案设置刀具，单击 ✓ 按钮关闭该对话框。

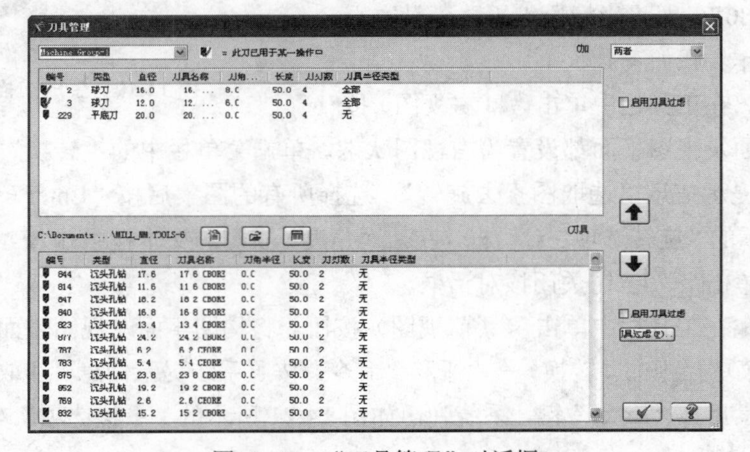

图 14-22 “刀具管理”对话框

2. 材料设定

STEP 01 在如图 14-23 所示的操作管理器中，选择“属性”选项下的“刀具设置”，弹出如图 14-24 所示的“机器群组属性”对话框，默认显示“刀具设置”标签页。在“材质”选项组中单击“选择”按钮。

图 14-23 操作管理器

STEP 02 系统弹出如图 14-25 所示的“材料列表”对话框，在该对话框的空白处单击鼠标右键，弹出“材料设置”快捷菜单，单击“从刀库中获取”命令，系统弹出如图 14-26 所示的“默认材料”对话框。

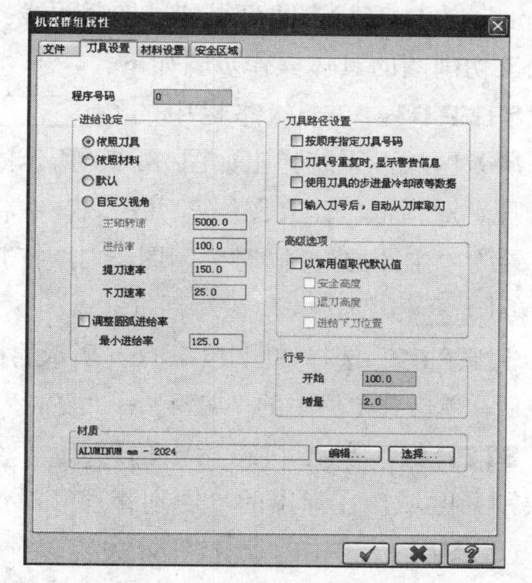

图 14-24 “机器群组属性”对话框，默认显示“刀具设置”标签页

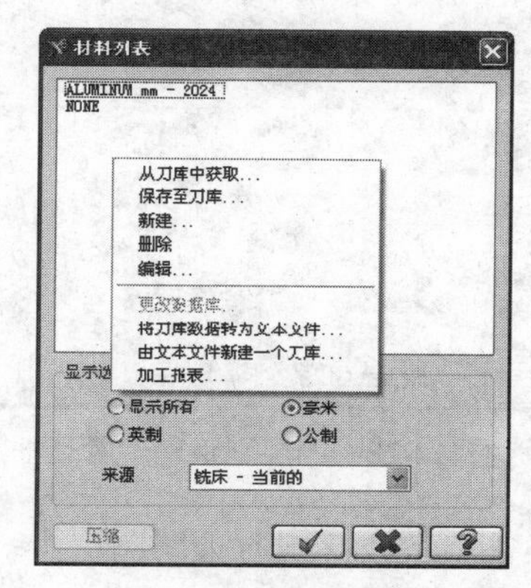

图 14-25 “材料列表”对话框 1

STEP 03 选择工件材料“STEEL mm-4130-300 BHN”，单击 ✔ 按钮，返回“材料列表”对话框。单击 ✔ 按钮，完成工件材料的设定。如图 14-27 所示为选择材料后的“材料列表”对话框。

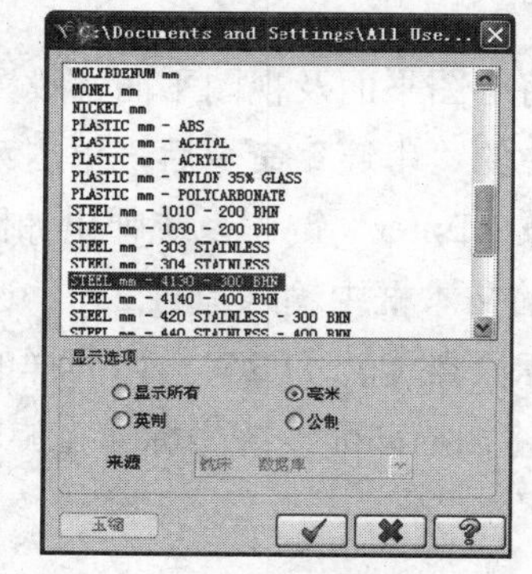

图 14-26 “默认材料”对话框

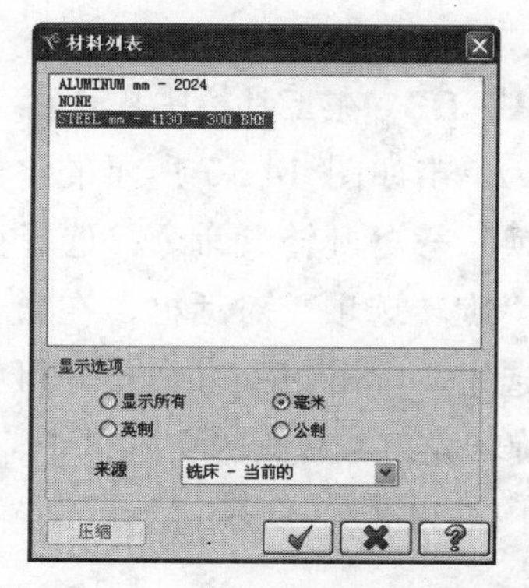

图 14-27 “材料列表”对话框 2

14.6 创建粗加工刀具轨迹

粗加工的主要任务是“多快好省”地切削去除工件上大部分余量。在 Mastercam X6 软件中，该模具零件的粗加工方法有多种，刀具轨迹也比较灵活。为了开阔编程思路，本例专门介绍一种实际加工所采用的手工编程方法。立铣刀加工螺旋曲面必定过切，为了防止过切，一定要绘制出无过切的毛坯余量切削图。ϕ20 立铣刀其过切范围是与该截面在 X 轴方向相距±10mm 之间的曲面部分，将扫描截面线旋转一个角度（该角度为±10mm×360°/320mm=±11.25°），即可得到过切截面线。绘制粗加工切削图的具体操作步骤如下。

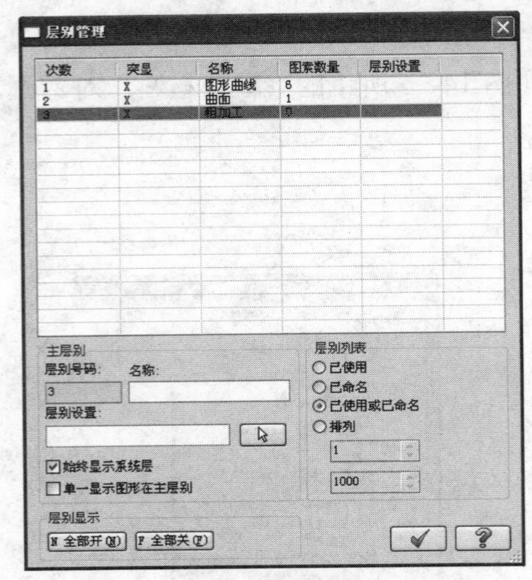

图 14-28 “层别管理”对话框

STEP 01 单击状态栏中的（图层）区域，系统弹出如图 14-28 所示的“层别管理”对话框，建立图层 3 并命名，并将图层 3 设置为“主图层”，同时关闭图层 2，打开图层 1。单击按钮，关闭该对话框。

STEP 02 选择如图 14-7（c）所示的扫描截面线后，单击菜单栏中的“编辑”→“复制”命令。

STEP 03 单击状态栏中的（层别）区域，在弹出的“层别管理”对话框中设置各项参数，同时关闭图层 1、图层 2，只显示图层 3，单击按钮，关闭该对话框。

STEP 04 单击菜单栏中的“编辑”→“粘贴”命令，显示如图 14-29 所示的“Paste（粘贴）”工具栏，按下（复制到当前层）按钮后，再单击按钮，即可将扫描截面线复制到图层 3 上。

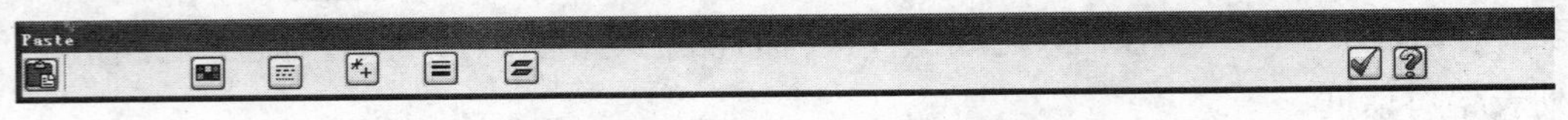

图 14-29 “Paste（粘贴）”工具栏

STEP 05 在工具栏中单击（右视图）按钮，将构图平面及视图平面都设置为右视图状态。单击如图 14-30 所示的“标准选择”工具栏中的“串连”命令后，单击菜单栏中的“转换”→“旋转”命令，选择扫描截面线串连，按“Enter”键，系统弹出如图 14-31 所示的“旋转选项”对话框，在（旋转角度）右侧的文本框中输入“11.25”，选中“旋转”单选钮，单击按钮，即可将扫描截面线绕坐标原点旋转 11.25°，用同样的方法，在（旋转角度）右侧的文本框中输入“-11.25”，即可将扫描截面线绕坐标原点旋转-11.25°，如图 14-32（a）所示。

STEP 06　单击菜单栏中的“绘图”→“圆弧”→“圆心+点”命令，显示如图 14-33 所示的“编辑圆心点”工具栏，同时系统显示“请输入圆心点”提示信息，在如图 14-34 所示的“自动抓点”工具栏中指定圆心坐标为（0，0），在如图 14-33 所示的“编辑圆心点”工具栏的（直径）右侧的文本框中输入“133.6”指定直径，并按“Enter”键，最后单击按钮，即可绘制出毛坯直径 ϕ133.6 的圆，如图 14-32（b）所示。

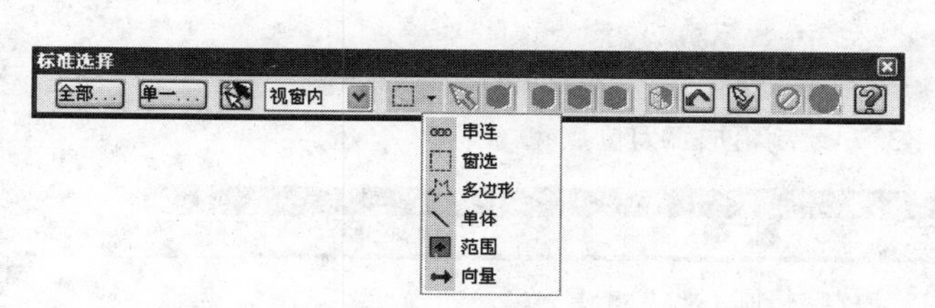

图 14-30　“标准选择”工具栏

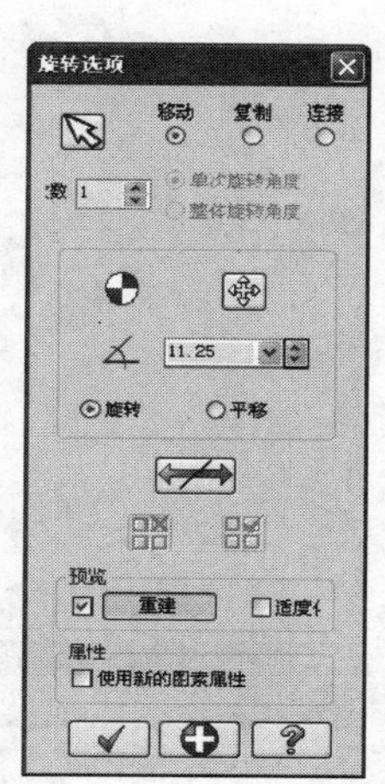

图 14-31　“旋转选项”对话框

STEP 07　单击菜单栏中的“绘图”→“直线”→“绘制任意线”命令，单击“自动抓点”工具栏中的（设置）按钮，在“光标自动抓点设置”对话框中只勾选“切点捕捉”复选框，单击按钮退出后，用鼠标点选两个圆上方的适当位置，即可绘制出两个圆的公切线，如图 14-32（c）所示。

STEP 08　单击菜单栏中的“编辑”→“修剪/打断”→“修剪/延伸/打断”命令，显示如图 14-35 所示的“修剪/延伸/打断”工具栏，同时系统显示“选取图素去修剪或延伸”提示信息，按下（单物修剪）按钮，将上一步骤产生的切线分别从线的两端向圆上修剪，即将切线延伸到 ϕ133.6 圆上，如图 14-32（d）所示。

STEP 09　在“修剪/延伸/打断”工具栏中（延伸长度）按钮右侧的文本框中输入“3”，并按“Enter”键，然后用鼠标分别点选直线的两端，即将直线的两端分别向圆外延伸 3mm，如图 14-32（e）所示。

STEP 10　单击菜单栏中的“绘图”→“绘点”→“绘制等分点”命令，显示如图 14-36 所示的“等分绘点”工具栏，同时系统显示“沿一图素画点：请选择图素”提示信息，在（等分点数）按钮右侧的文本框中输入等分点数“9”，按“Enter”键，然后用鼠标点选上一步的直线，即可在直线上绘制 9 个等分点，结果如图 14-32（f）所示。不计直线两个端点，其余 7 个点位置就是立铣刀刀尖中心点坐标位置。

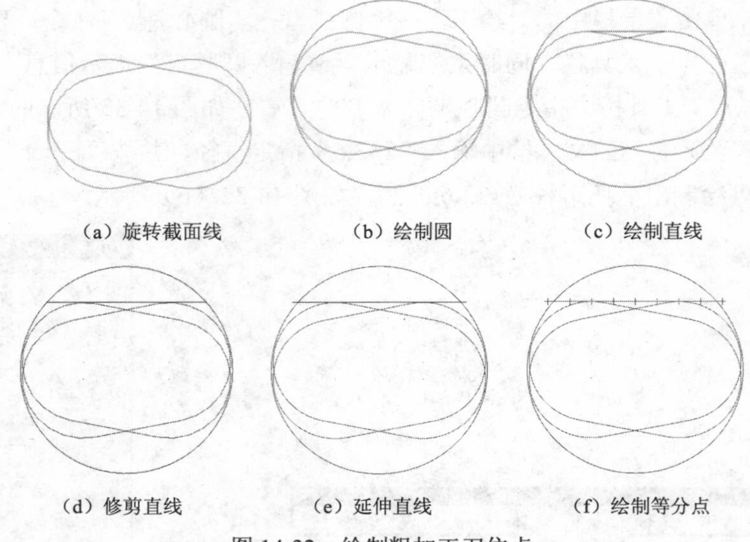

（a）旋转截面线　（b）绘制圆　（c）绘制直线

（d）修剪直线　（e）延伸直线　（f）绘制等分点

图 14-32　绘制粗加工刀位点

图 14-33　“编辑圆心点”工具栏

图 14-34　“自动抓点”工具栏

图 14-35　“修剪/延伸/打断”工具栏

图 14-36　“等分绘点”工具栏

STEP 11　单击菜单栏中的“分析”→“点位分析”命令，分别选择上一步中间的 7 个点，分析查看点坐标，提取该 7 个点的 Z 坐标都是 Z+39.916，Y 坐标分别为 Y±42.422、Y±28.281、Y±14.141、0。

STEP 12　单击菜单栏中的“文件”→“保存”命令，对文件进行保存。

STEP 13　将 Z 坐标增加为 40.916，编制粗加工程序如下。

```
%
O1010
(PROGRAM NAME - 定子芯模粗加工)
(ENDMILL TOOL - 1 D20.)
N10 G00 G17 G40 G54 G90
N12 T01 M06
N14 G00 X0. B0.S650 M03
```

```
N16 G43 H01 Z120.
N18 Y65.
N20 Z40.916M08
N22 G01 Y42.422 F111.
N22 X-480. B540.
N24 Y28.281
N26 X0 B0.
N28 Y14.141
N30 X-480. B540.
N32 Y0
N34 X0 B0.
N36 Y-14.141
N38 X-480. B540.
N40 Y-28.281
N42 X0 B0.
N44 Y-42.422
N46 X-480. B540.
N48 G00 Z120. M09
N50 X0 Y0 B0
N52 M30
%
```

STEP 14　以上程序不变，只需将 B 轴旋转 180°，即可加工另外一面。

14.7 创建半精加工刀具轨迹

STEP 01　单击菜单栏中的“刀具路径”→“多轴加工”命令，系统弹出如图 14-37 所示的“多轴刀具路径—旋转五轴”对话框，单击左侧的“刀具路径类型”选项，选择右侧的第六个对象“旋转五轴”。

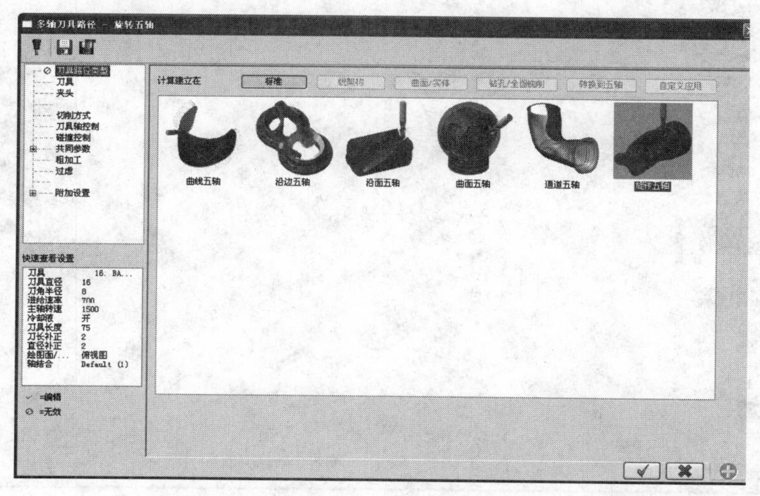

图 14-37　“多轴刀具路径—旋转五轴”对话框

STEP 02 单击“多轴刀具路径—旋转五轴”对话框左侧的“刀具”选项，选择 φ16mm 的球头立铣刀，设置进给率、主轴转速等参数，如图 14-38 所示，单击按钮。

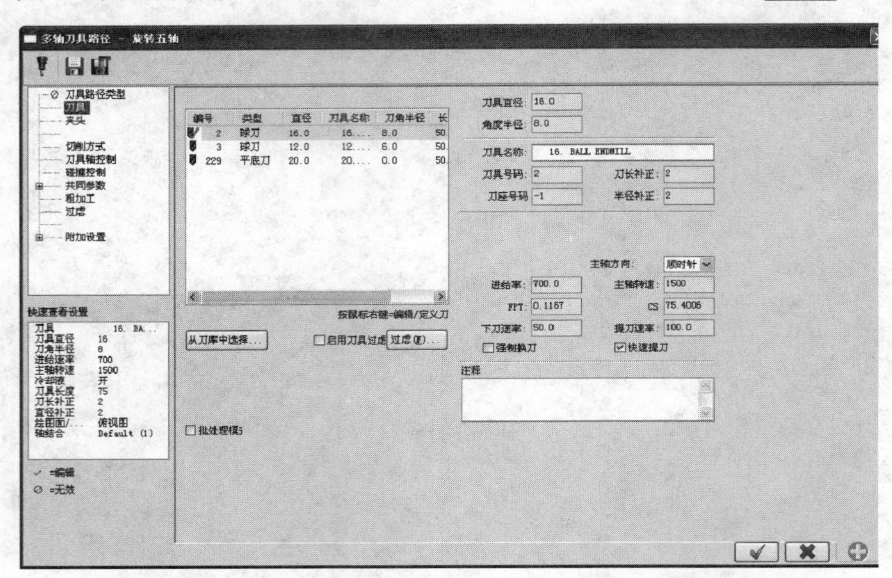

图 14-38 “多轴刀具路径—旋转五轴”对话框，默认显示“刀具”标签页

STEP 03 单击“多轴刀具路径—旋转五轴”对话框左侧的“切削方式”选项，单击右侧的“曲面”后面的（加工曲面）按钮，在系统提示区显示“选取刀具模式曲面（s）”信息提示，选择如图 14-19 所示的工件曲面后，按“Enter”键，可以看出“曲面”后面的的“(0)”变为“**STEP 01**”，这是加工曲面的个数；为后面精加工设置“加工面预留量”为 0.5，其余设置如图 14-39 所示。

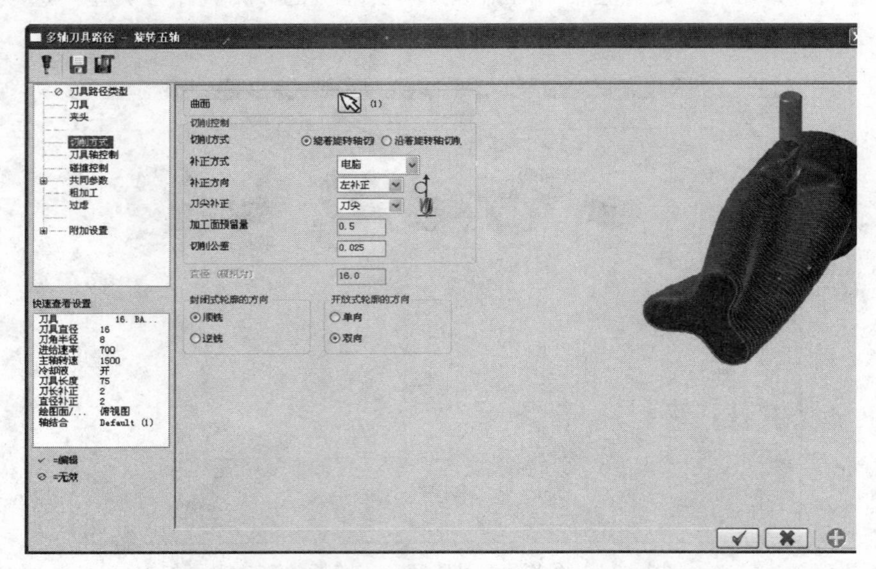

图 14-39 “多轴刀具路径—旋转五轴”对话框，默认显示“切削方式”标签页

STEP 04　单击“多轴刀具路径—旋转五轴”对话框左侧的“刀具轴控制”选项，单击“旋转轴”右边的选项，设定旋转 4 轴为 X 轴，如图 14-40 所示进行参数设置。要注意“最大步进量”参数的设定，本例设定“最大步进量”=4，则数控转台回转的总圈数就是 121 圈（总圈数按 480/4＋1 计算）。

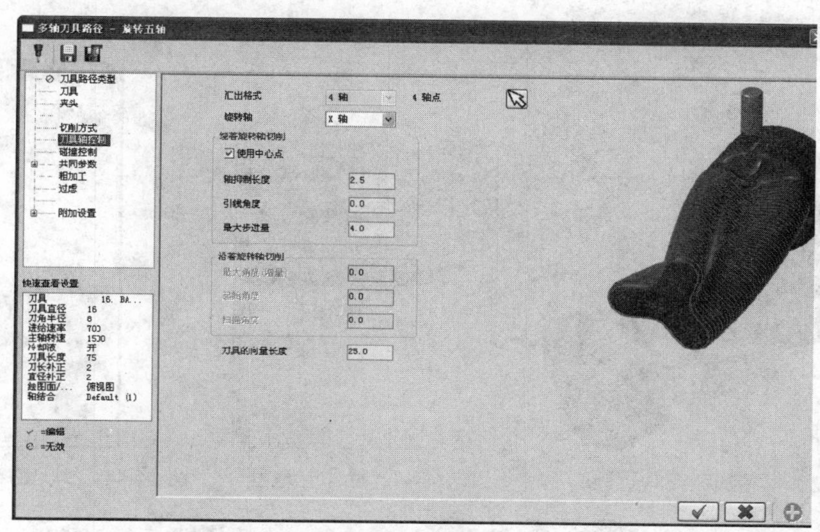

图 14-40　“多轴刀具路径—旋转五轴”对话框，默认显示“刀具轴控制”标签页

STEP 05　单击“多轴刀具路径—旋转五轴”对话框左侧的“共同参数”选项，如图 14-41 所示设置各项参数。

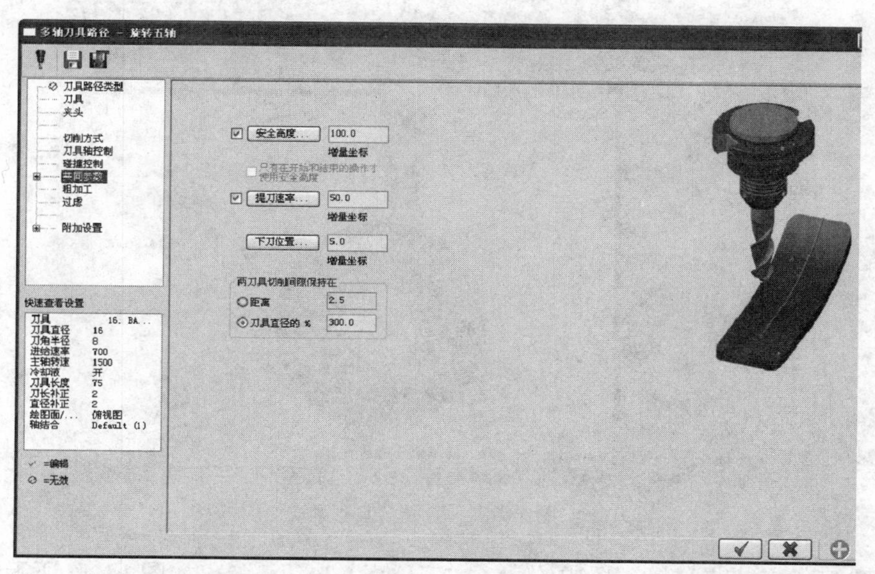

图 14-41　“多轴刀具路径—旋转五轴”对话框，默认显示“共同参数”标签页

STEP 06 单击[✔]按钮，系统开始计算曲面的加工轨迹，生成的刀具轨迹如图 14-42 所示。

STEP 07 在如图 14-43 所示的操作管理器中单击≋（路径仿真）按钮，弹出如图 14-44 所示的“刀路模拟”对话框，在该对话框中可以设定路径仿真显示参数，用来模拟在加工工件时的实际旋转情况。

图 14-42 半精加工刀具轨迹

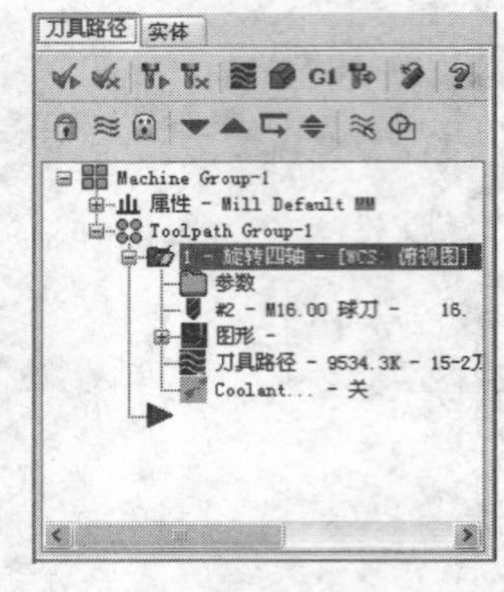

图 14-43 操作管理器

图 14-44 “刀路模拟”对话框

STEP 08 如图 14-45 所示为路径仿真显示窗口，单击▶（运行）按钮，即可执行自动路径仿真。

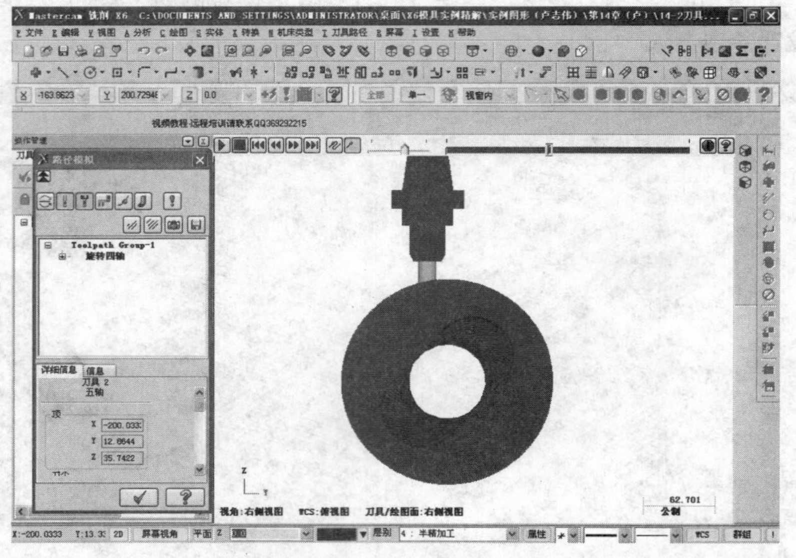

图 14-45 路径仿真过程

STEP 09 单击操作管理器中的（加工仿真）按钮，弹出如图 14-46 所示的“验证”对话框，进入切削校验窗口。

STEP 10　单击（配置）按钮，弹出如图 14-47 所示的“验证选项”对话框，设定加工零件的毛坯参数后，单击按钮。

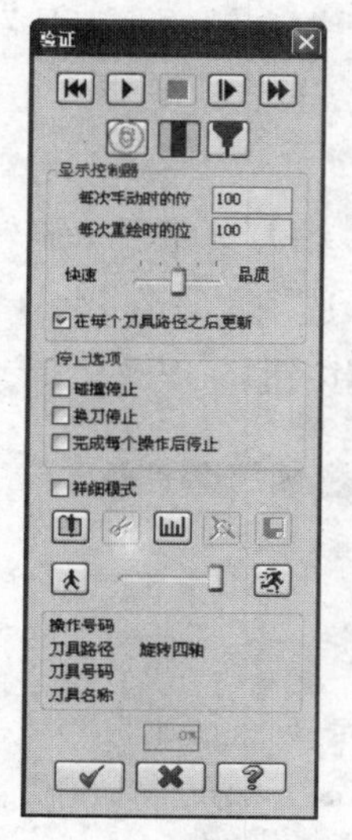

图 14-46　“验证”对话框

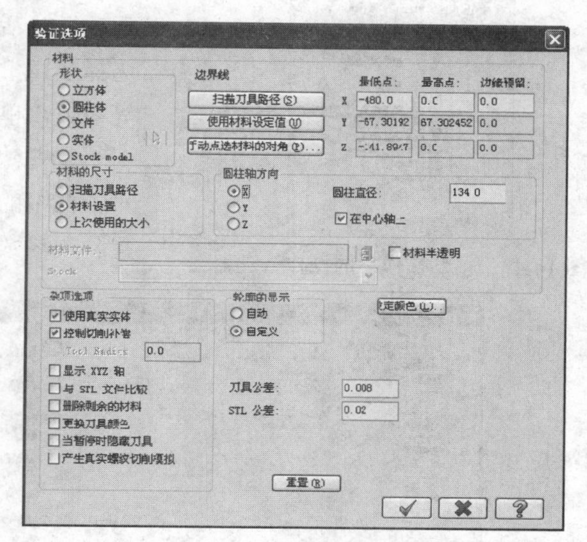

图 14-47　“验证选项”对话框

STEP 11　单击“验证”对话框中的（运行）按钮，刀具加工模拟仿真开始，如图 14-48 所示。

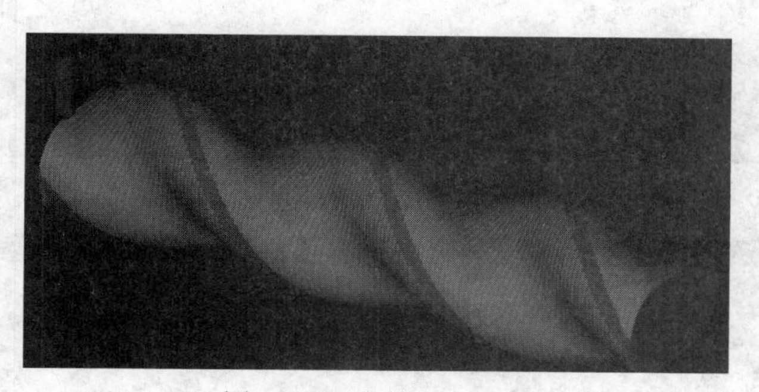

图 14-48　半精加工仿真

STEP 12　半精加工刀具轨迹创建成功后，单击菜单栏中的“文件”→“保存”命令，对文件进行保存。

14.8　创建精加工刀具轨迹

STEP 01　在操作管理器中的“1-旋转四轴”加工操作上单击鼠标右键，在弹出的快捷菜单中单击“复制”命令，再单击“粘贴”命令，将刀具修改为 ϕ12 球头立铣刀，用于精加工，结果如图 14-49 所示。

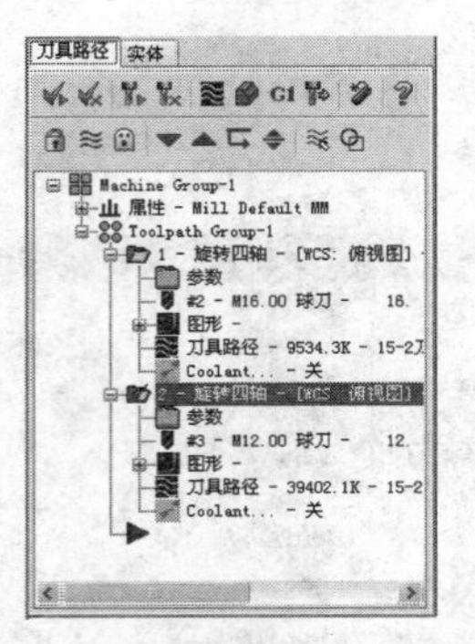

图 14-49 粘贴操作后的操作管理器

STEP 02 单击“2-旋转四轴”下的“参数”，系统弹出如图 14-50 所示的“多轴刀具路径—旋转五轴”对话框，单击对话框左侧的“刀具”选项，选择 ϕ12 的球头立铣刀，设置进给率、主轴转速等参数，单击 ✓ 按钮。

STEP 03 单击“多轴刀具路径—旋转五轴”对话框中的“切削方式”选项，如图 14-51 所示设置各项参数，单击 ✓ 按钮。

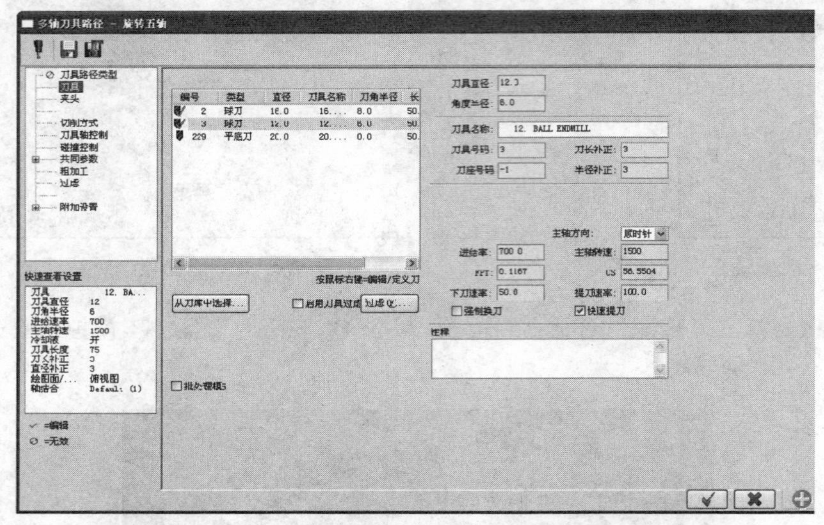

图 14-50 “多轴刀具路径—旋转五轴”对话框，默认显示“刀具”标签页

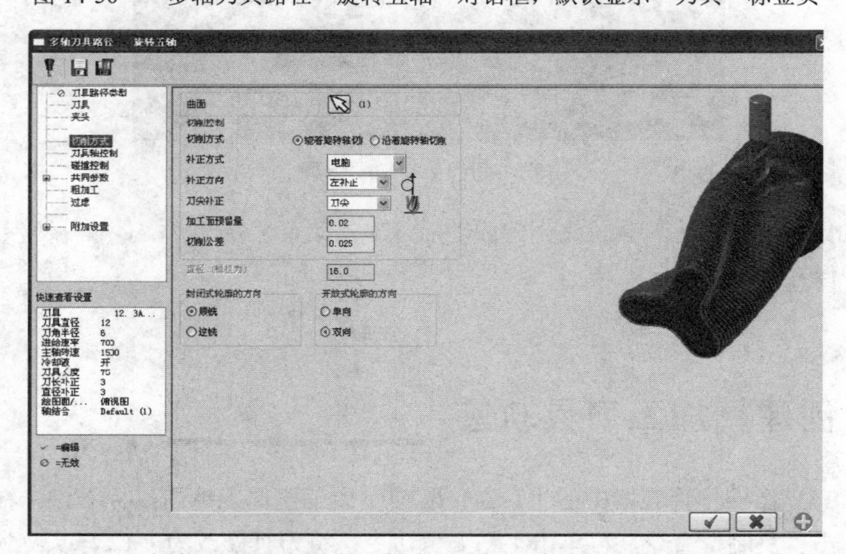

图 14-51 “多轴刀具路径—旋转五轴”对话框，默认显示“切削方式”标签页

STEP 04 单击“多轴刀具路径—旋转五轴”对话框中的“刀具轴控制”选项，如图14-52所示设置各项参数，单击 按钮。

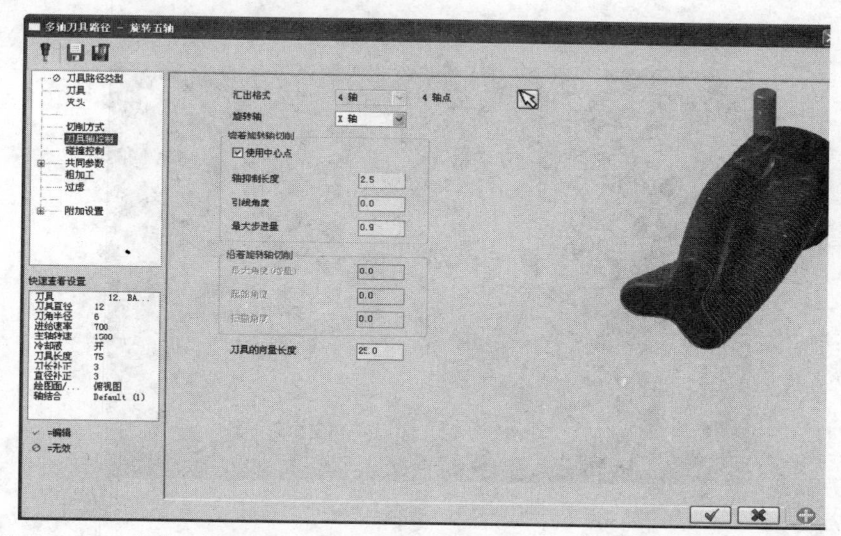

图 14-52 “多轴刀具路径—旋转五轴”对话框，默认显示“刀具轴控制”标签页

注意

在设定“最大步进量”参数时，用球头刀加工曲面，可根据球头立铣刀直径 D 和所希望的残余高度 $\varDelta$，来计算行距 *Step*:

$$Step = 2\times\sqrt{(D-\varDelta)\times\varDelta} = 2\times\sqrt{(12-0.015)\times0.015} \approx 0.85$$

圆整取行距值为 0.9mm，数控转台回转的总圈数就约为 534 圈（总圈数按 480/0.9 + 1 计算）。计算行距 *Step* 还可以采用“球头刀直径的百分比”的经验算法，模具表面精加工时通常取“5% ~ 8%球头刀直径”作为行距 *Step* 值。

STEP 05 在操作管理器中选择精加工操作，单击 （重新计算所选操作）按钮，系统开始重新计算曲面的加工轨迹，结果如图 14-53 所示。

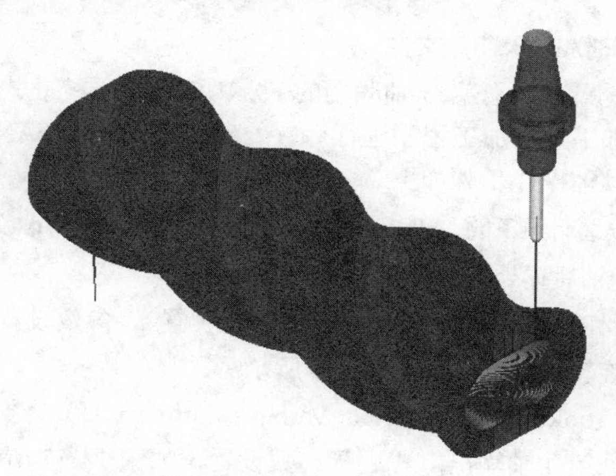

图 14-53 精加工刀具轨迹

STEP 06 在操作管理器中单击（选择所有操作）按钮，选择所有的操作进行切削仿真。单击（加工仿真）按钮，弹出“验证”对话框，单击（运行）按钮进行切削仿真，结果如图 14-54 所示。

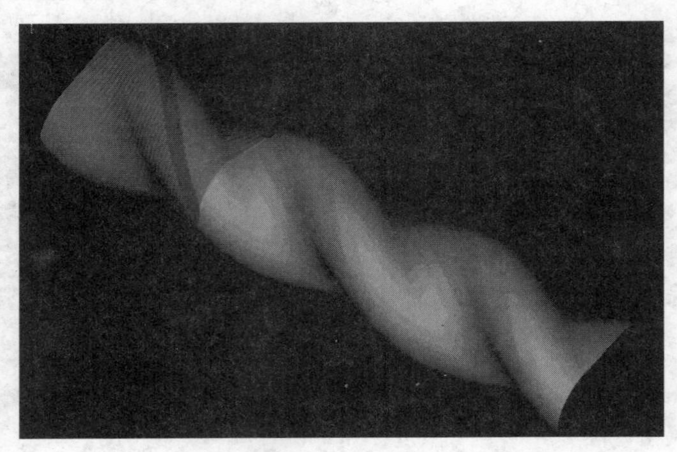

图 14-54　精加工仿真

STEP 07 精加工刀具轨迹创建成功后，单击菜单栏中的“文件”→“保存”命令，对文件进行保存。

14.9 NC 后置处理

Mastercam X6 系统提供了通用的后置处理模块，可针对不同类型的数控系统制定符合系统要求的数控系统特性文件，利用已有的刀位文件（*.NCI）进行后置处理系统转换，生成 NC 程序代码。其中有不少后置处理模块支持 4 轴加工，使 4 轴加工应用变得十分方便。但需要对适当的后置处理模块文件（*.PST 文件）稍加修改才可应用。

1. 编辑修改“MPFAN.PST”文件

在具有 4 轴 4 联动或 4 轴任意 3 轴联动的 FANUC 数控系统立式数控加工中心上，对定子橡胶芯模的半精加工、精加工程序进行后置处理，可将“MPFAN.PST”文件打开，并进行少量编辑修改。具体操作步骤如下。

STEP 01 打开安装目录下的\Mill\Posts\ MPFAN.PST 或其他“*.pst”文件，查看文件表头注释行，看是否支持 4 轴后置处理，如图 14-55 所示。

STEP 02 查找“Rotary Axis Settings（旋转轴设置）”参数设置部分，并根据机床及第 4 轴加工方式设置旋转轴参数，如图 14-56 所示。

STEP 03 查找“Toolchange/NC output Variable Formats（刀具转换/NC 输出变量设置）”参数设置部分，并根据第 4 轴输出方式进行参数设置，如图 14-57 所示。

```
MPFAN - 记事本
文件(F)  编辑(E)  格式(O)  查看(V)  帮助(H)
[POST_VERSION] #DO NOT MOVE OR ALTER THIS LINE# V10.00 E1 P0 T112
# Post Name           : MPFAN
# Product             : MILL
# Machine Name        : GENERIC FANUC
# Control Name        : GENERIC FANUC
# Description         : GENERIC FANUC MILL POST
# 4-axis/Axis subs.   : YES
# 5-axis              : NO
# Subprograms         : YES
# Executable          : MP v10.0
#
# WARNING: THIS POST IS GENERIC AND IS INTENDED FOR MODIFICATION
# THE MACHINE TOOL REQUIREMENTS AND PERSONAL PREFERENCE.
#
# --------------------------------------------------------------------------
# Revision log:
# --------------------------------------------------------------------------
# Programmers Note:
# CNC 07/11/05  -  Initial post update for Mastercam X
#
# --------------------------------------------------------------------------
```

图 14-55　检查有无 4 轴后置处理功能

```
MPFAN - 记事本
文件(F)  编辑(E)  格式(O)  查看(V)  帮助(H)
# --------------------------------------------------------------------------
# Rotary Axis Settings
# --------------------------------------------------------------------------
vmc          : 1      #0 = Horizontal Machine, 1 = Vertical Mill
rot_on_x     : 1      #Default Rotary Axis Orientation, See ques. 1
                      #0 = Off, 1 = About X, 2 = About Y, 3 = About
rot_ccw_pos  : 1      #Axis signed dir, 0 = CW positive, 1 = CCW pos
index        : 0      #Use index positioning, 0 = Full Rotary, 1 =
ctable       : 5      #Degrees for each index step with indexing sp
use_frinv    : 0      #Use Inverse Time Feedrates in 4 Axis, (0 = n
maxfrdeg     : 3000   #Limit for feed in deg/min
maxfrinv     : 999.99#Limit for feed inverse time
frc_cinit    : 1      #Force C axis reset at toolchange
ctol         : 225    #Tolerance in deg. before rev flag changes
ixtol        : 0.01   #Tolerance in deg. for index error
frdegstp     : 50     #Step limit for rotary feed in deg/min
# --------------------------------------------------------------------------
# Enable Canned Drill Cycle Switches
# --------------------------------------------------------------------------
```

图 14-56　“Rotary Axis Settings（旋转轴设置）”参数设置

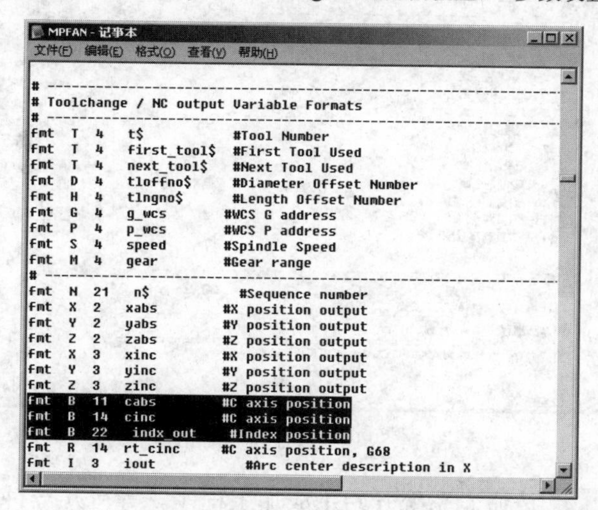

```
MPFAN - 记事本
文件(F)  编辑(E)  格式(O)  查看(V)  帮助(H)
# --------------------------------------------------------------------------
# Toolchange / NC output Variable Formats
# --------------------------------------------------------------------------
fmt  T  4   t$           #Tool Number
fmt  T  4   first_tool$  #First Tool Used
fmt  T  4   next_tool$   #Next Tool Used
fmt  D  4   tloffno$     #Diameter Offset Number
fmt  H  4   tlngno$      #Length Offset Number
fmt  G  4   g_wcs       #WCS G address
fmt  P  4   p_wcs       #WCS P address
fmt  S  4   speed       #Spindle Speed
fmt  M  4   gear        #Gear range
# --------------------------------------------------------------------------
fmt  N  21   n$           #Sequence number
fmt  X  2   xabs        #X position output
fmt  Y  2   yabs        #Y position output
fmt  Z  2   zabs        #Z position output
fmt  X  3   xinc        #X position output
fmt  Y  3   yinc        #Y position output
fmt  Z  3   zinc        #Z position output
fmt  B  11  cabs        #C axis position
fmt  B  14  cinc        #C axis position
fmt  B  22   indx_out    #Index position
fmt  R  14  rt_cinc     #C axis position, G68
fmt  I  3   iout          #Arc center description in X
```

图 14-57　“Toolchange/NC output Variable Formats”参数设置

STEP 04　其他设置参照 3 轴后置处理。

2．NC 后置处理

在 Mastercam X6 软件中进行 NC 后置处理的具体操作步骤如下。

STEP 01 在操作管理器中选择所要进行后置处理的操作，单击 G1（后处理）按钮，弹出如图 14-58 所示的“后处理程序”对话框。

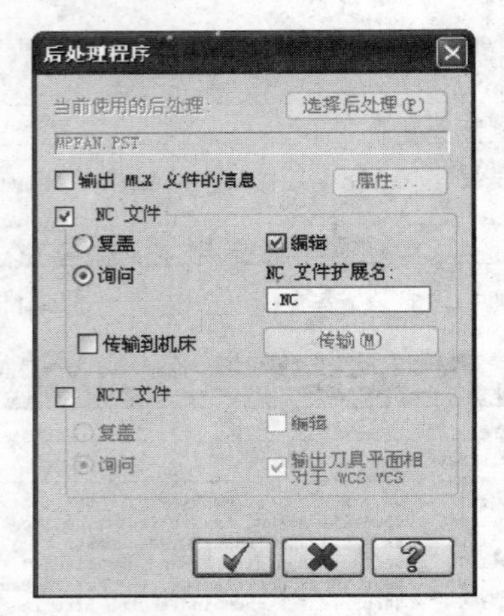

图 14-58 “后处理程序”对话框

STEP 02 勾选“编辑”复选框，以便对产生的加工程序自动进行存盘和编辑，单击 ✔ 按钮，系统弹出如图 14-59 所示的“另存为”对话框，用户可以在该对话框中输入需要保存的 NC 文件的名称。

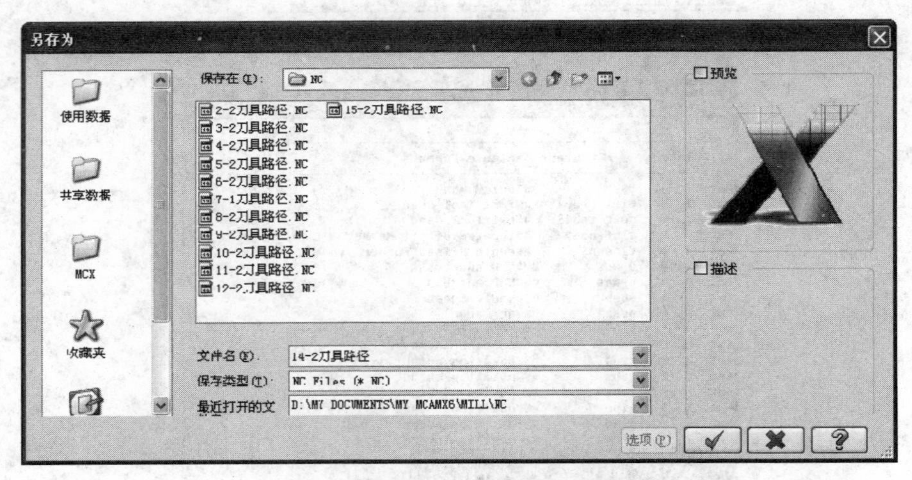

图 14-59 “另存为”对话框

STEP 03 单击 ✔ 按钮，系统开始生成加工程序。等待几分钟后，弹出如图 14-60 所示的“Mastercam X 编辑器”界面。

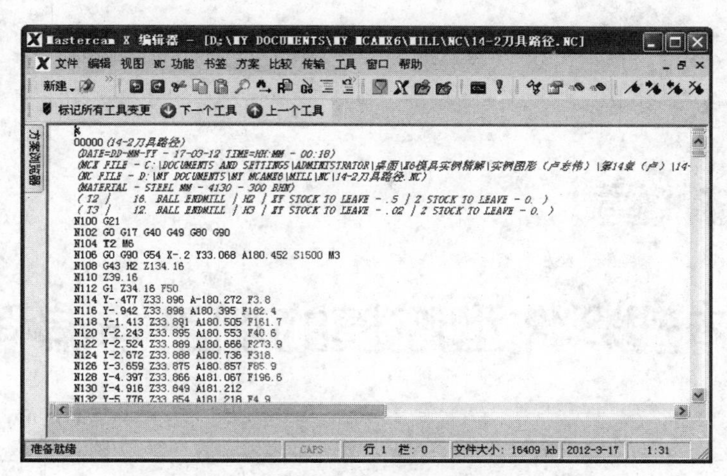

图 14-60 “Mastercam X 编辑器”界面

STEP 04 在该界面下，用户可以对生成的 NC 程序进行修改、编辑。单击“Mastercam X 编辑器”菜单栏中的“文件”→“保存”命令，保存该 NC 程序。

第15章

玻璃门体塑料件型腔模的加工与编程

内容

本章介绍在 Mastercam X6 中进行玻璃门体塑料件型腔模加工的相关知识，阐述了玻璃门体塑料件型腔模数控加工的编程原理，说明了在 Mastercam X6 中编制玻璃门体塑料件型腔模的数控加工程序的详细过程。

目的

通过本章的学习，使读者了解 Mastercam X6 在复杂的塑料件方面的应用和加工方法。针对玻璃门体塑料件型腔模的数控加工，Mastercam X6 提供了丰富的加工功能，但采用不同的加工工艺及不同的加工工艺参数，会产生完全不同的加工效果。只有根据具体加工对象的特点，对加工工序进行适当的调整，并设置恰当的参数，才能高效、准确地完成加工任务。

15.1 加工任务概述

Mastercam X6 软件在复杂的塑料件的加工方面也起到重要的作用。下面介绍玻璃门体塑料件型腔模加工与编程的方法，零件如图 15-1 所示。

其玻璃门体塑料件型腔模的数模通过 Pro/ENGINER 等软件拔模形成，如图 15-2 所示。

为了保证塑料件在成型的过程中，零件各部分成型均匀，液体在模具内流动畅通，而且拔模角度合适，要求型腔模表面光洁度高，模具开模灵活，零件成型均匀，这就给加工提出了很高的要求。型腔模应用常规的方式加工很困难，运用 Mastercam X6 等软件编制玻璃门体塑料件型腔模的加工程序就显得非常灵活和方便。下面将详细讲解玻璃门体塑料件型腔模的加工和编程过程。

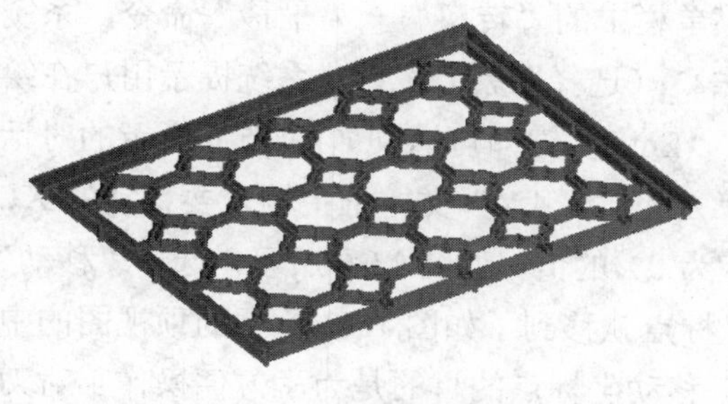

图 15-1　零件模型

图 15-2　玻璃门体塑料件型腔模

15.2 加工模型的准备

1．选择零件的加工模型文件

进入 Mastercam X6 系统，单击菜单栏中的“文件”→“打开文件”命令，系统弹出如图 15-3 所示的“打开”对话框，将“文件类型”设置为“IGES 文件”类型，选择零件的加工模型文件“15-1 图形.IGS”，单击按钮。

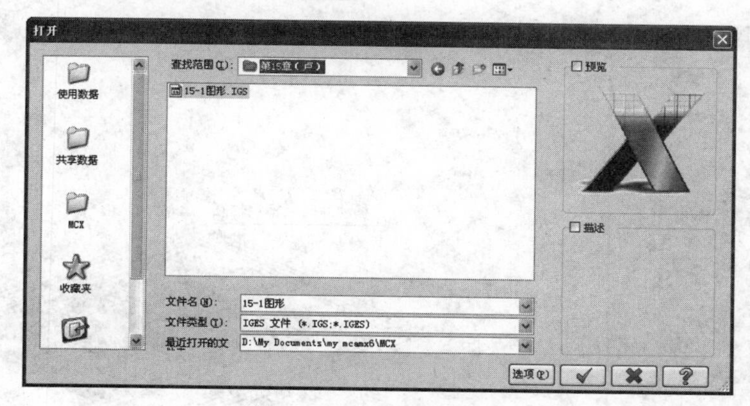

图 15-3　“打开”对话框

2．移动加工坐标点

STEP 01　显示坐标点。单击状态栏中的 10 （颜色设置）区域，弹出“颜色”对话框。选择红色，单击按钮。再单击菜单栏中的“绘图”→“绘点”→“绘点”命令，在如图 15-4 所示的位置单击，即可创建一个红色的坐标点“+”。

STEP 02　测量坐标点的值。单击鼠标右键，系统在绘图区弹出常用工具快捷菜单，单击“顶视图”命令；或者在工具栏中单击（顶视图）按钮，将图形切换到顶视图。再单击菜单栏中的“分析”→“点位分析”命令，选择如图 15-4 所示的被测量点，系统即可弹出如图 15-5 所示的“点分析”对话框，显示坐标点数值。

STEP 03 移动坐标点到数模中心。单击菜单栏中的“转换”→“平移”命令，系统弹出如图 15-6 所示的“平移选项”对话框，单击（选择图素）按钮，系统提示用户在绘图区选择整个数模，直到图形颜色发生变化，按“Enter”键即可返回如图 15-6 所示的对话框。在该对话框中的“直角坐标”选项组中的“ΔX”、“ΔY”文本框中输入要移动的 X、Y、Z（X=−1000.000/2，Y=−800.000/2，Z 值默认为 0）的值，如图 15-6 所示，选中“移动”单选钮，单击按钮，关闭此对话框，此时坐标点就移到了如图 15-7 所示的顶视图的中心。用同样的方法把 Z 坐标移到数模的最高点。移动坐标点的目的是为了方便操作工对刀和复查程序。

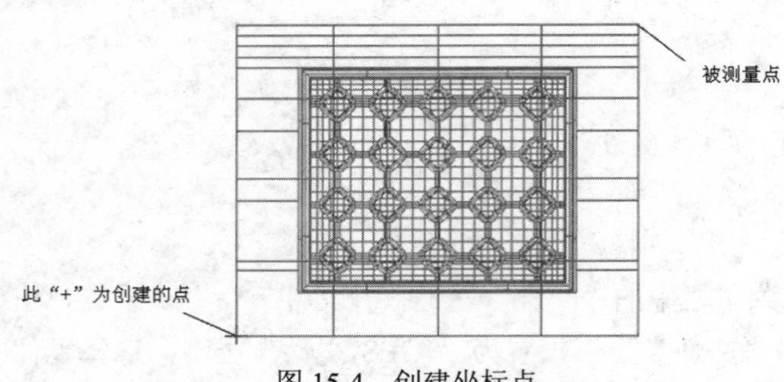

图 15-4　创建坐标点

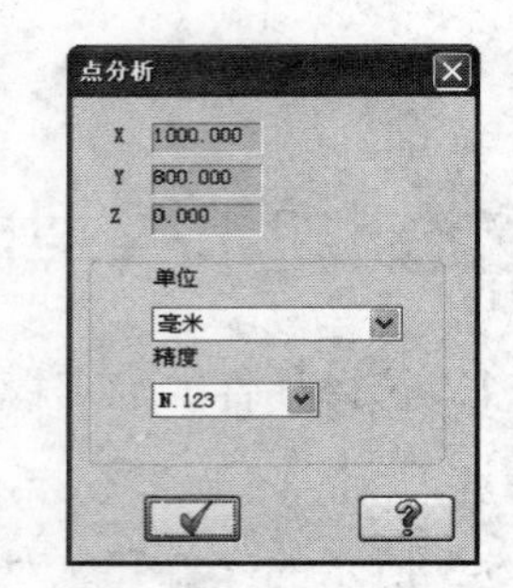

图 15-5　“点分析”对话框 1

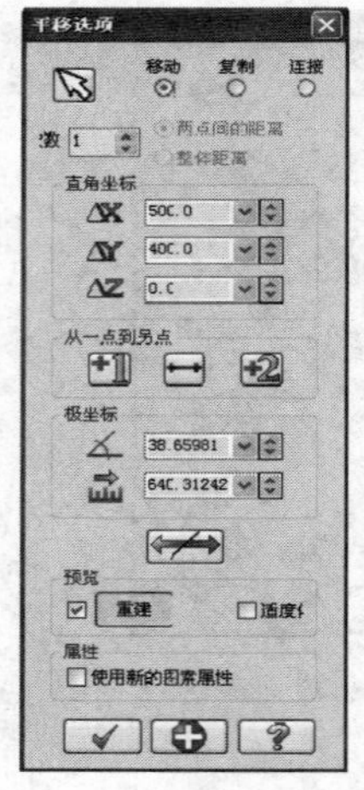

图 15-6　“平移选项”对话框

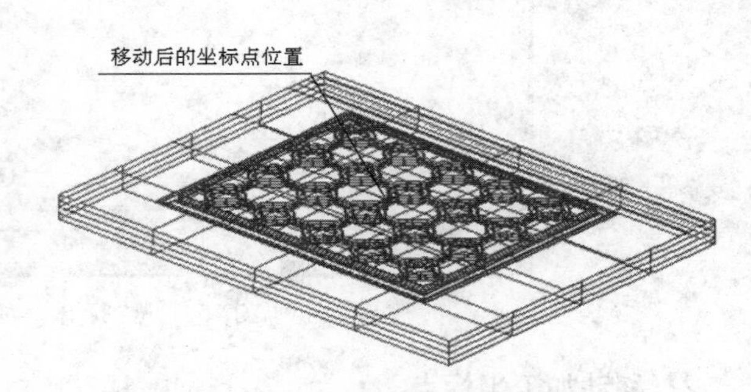

图 15-7　移动后的坐标点

3．创建加工安全框

STEP 01 测量自由曲面最低点的坐标值（为创建加工安全框提供 Z 方向的最大值）。单击鼠标右键，在弹出的常用工具快捷菜单中单击“前视图”命令；或者在工具栏中单击（前视图）按钮，将图形切换到前视图。再单击菜单栏中的“分析”→“点位分析”命令，选择如图 15-8 所示的自由曲面的最低点。

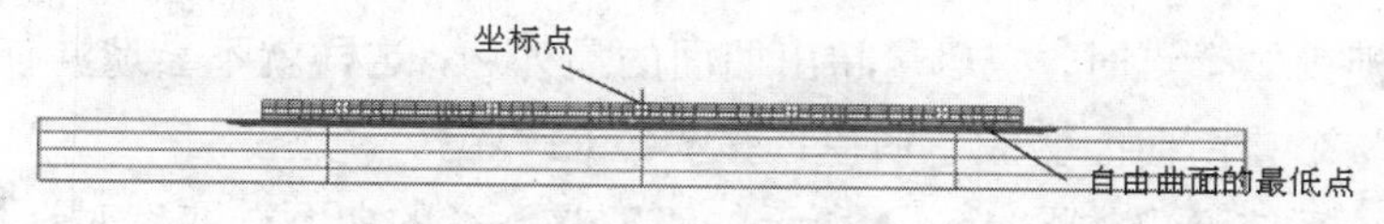

图 15-8 选择自由曲面的最低点

此时，系统弹出如图 15-9 所示的“点分析”对话框，显示自由曲面最低点的测量数据，其中测出的 Y 值（-20.127）就是所要测量的 Z 值。

STEP 02 在状态栏中的 Z -30.0 文本框中输入“-30”。

Z 的取值是很关键的，一般取自由曲面最低点值再增加一些，然后对此值圆整，这样有利于加工面的选择完整，在粗、精加工中都很重要。

STEP 03 创建加工安全框。单击鼠标右键，系统在绘图区弹出常用工具快捷菜单，单击“顶视图”命令；或者在工具栏中单击（顶视图）按钮，将图形切换到顶视图。再单击菜单栏中的“绘图”→“矩形”命令，然后在绘图区捕捉如图 15-10 所示的点 1，拖动鼠标直到捕捉到点 2，单击鼠标即可创建矩形安全框。

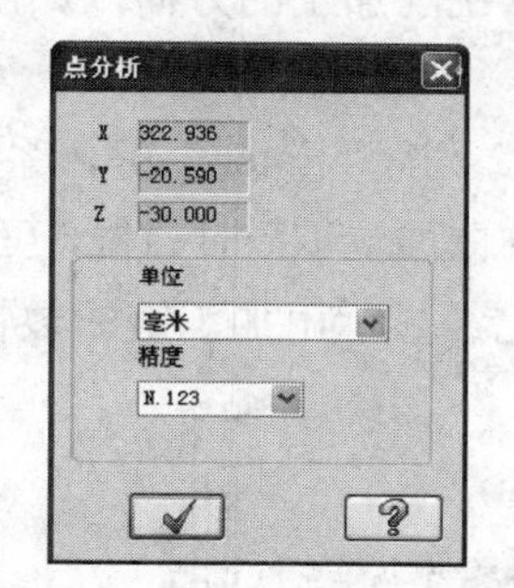

图 15-9 “点分析”对话框 2

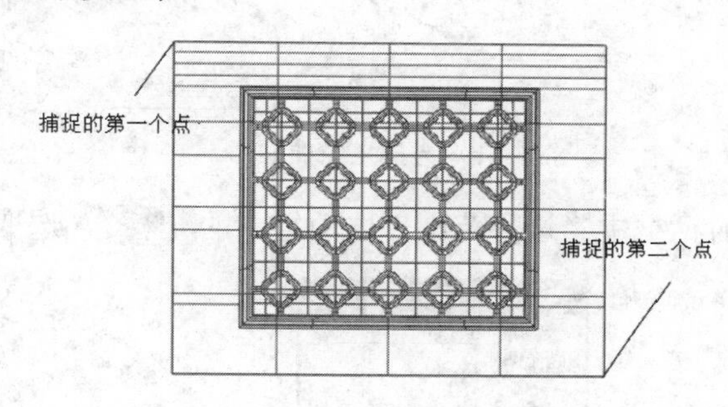

图 15-10 捕捉点来创建矩形安全框

15.3 创建粗加工刀具轨迹

粗加工在加工中是非常重要的。在整个加工中，它的主要作用是铣削去大部分的余量。根据此玻璃门体塑料件型腔模的结构特征，可采用轮廓加工。

1. 选择自由曲面

STEP 01 在绘图区单击鼠标右键，系统弹出常用工具快捷菜单，单击“顶视图”命令；或者在工具栏中单击（顶视图）按钮，将图形切换到顶视图。按住<Alt>+<→>键，旋转图形至如图 15-11 所示的位置，再单击菜单栏中的“刀具路径”→“曲面粗加工”→“粗加工等高外形加工”命令。

STEP 02 系统返回绘图区，按照系统提示“选择图形或实体”选择全部曲面。在选择自由曲面捕捉第二个点时，应尽量超出曲面的最外边，这样就不会遗漏任何一个曲面了。选择完成后，整个自由曲面变成了白色，按“Enter”键。

STEP 03 系统弹出如图 15-12 所示的“刀具路径的曲面选取”对话框，可以看出在该对话框中“加工曲面”选项组中的（选取）按钮前已经显示出选中曲面的数目(459)。也可以单击“加工曲面”选项组中的（选取）按钮，重新选择需要加工的自由曲面。

2．设置加工链方向

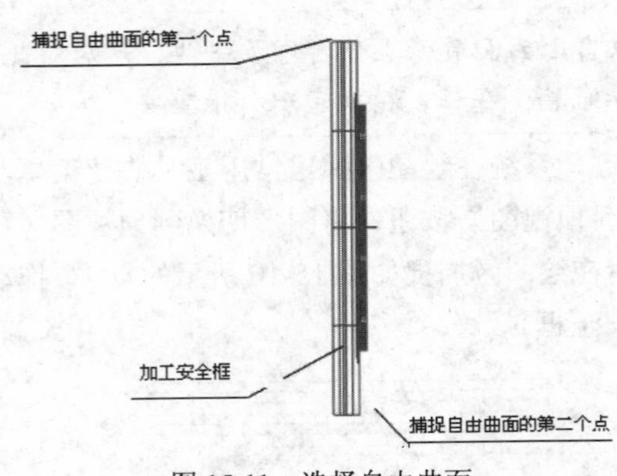

图 15-11　选择自由曲面

STEP 01 单击如图 15-12 所示的“刀具路径的曲面选取”对话框中“边界范围”选项组中的（选取）按钮，系统弹出“串连选项”对话框，同时在绘图区出现提示“选择串连”。选择如图 15-11 所示的数模上的加工安全框，在加工安全框上出现了箭头，这表示铣削加工的方向，如图 15-13 所示。

STEP 02 按“Enter”键，系统返回“刀具路径的曲面选取”对话框，可以看出该对话框中“边界范围”选项组中的（选取）按钮前已经显示出加工链的数目（1）。

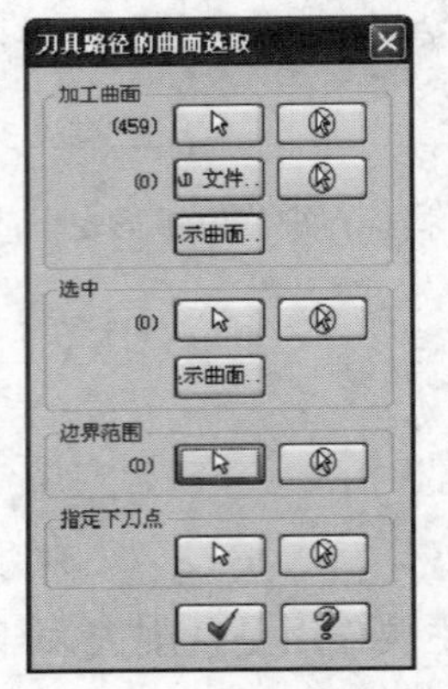

图 15-12　“刀具路径的曲面选取”对话框

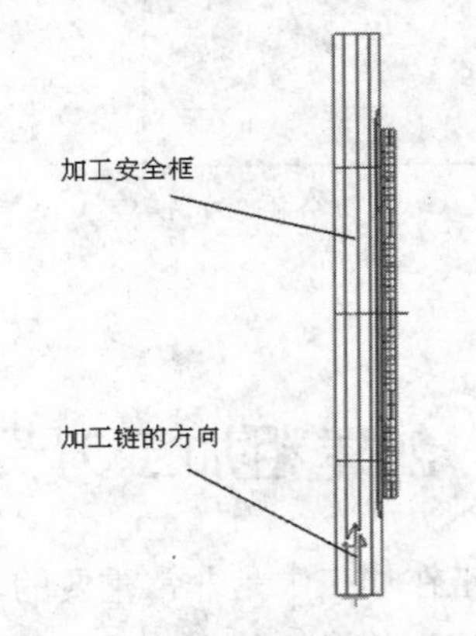

图 15-13　定义加工链的方向

3．选择刀具及编辑加工参数

STEP 01 单击按钮，弹出如图 15-14 所示的“曲面粗加工等高外形”对话框，默认显示“刀具路径参数”标签页。

STEP 02 在该对话框的长方形的空白处，单击鼠标右键，弹出“选刀”快捷菜单，单击“刀具管理”命令，弹出如图 15-15 所示的“刀具管理”对话框。

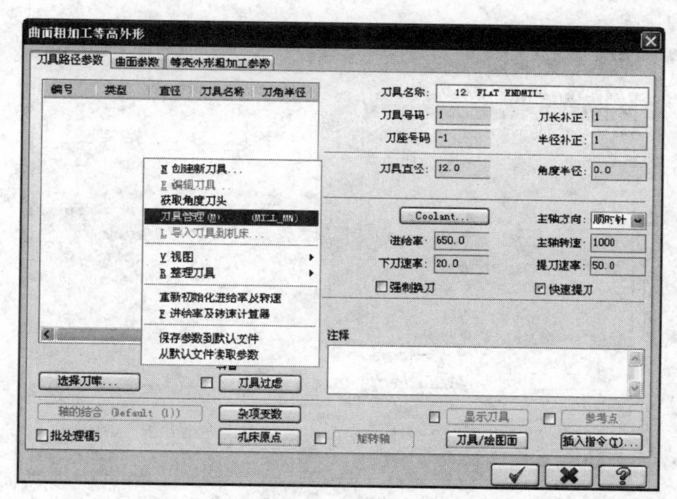

图 15-14　“曲面粗加工等高外形”对话框

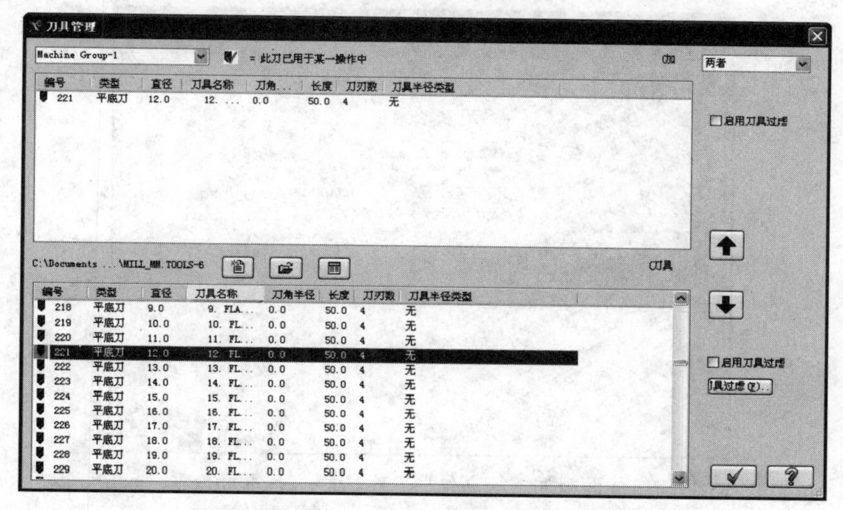

图 15-15　“刀具管理”对话框

STEP 03　移动上下滚动条，选择适合此凸模加工的刀具。此处选中 ϕ12 的平底刀，单击[✔]按钮，返回“曲面粗加工等高外形”对话框。

STEP 04　根据机床的性能，设定“进给率”=650、“主轴转速”=1000、“下刀速率”=20、“提刀速率”=50，如图 15-16 所示。

STEP 05　单击“曲面粗加工等高外形”对话框中的“曲面参数”标签，设定“加工面预留量”=0.5，并在“刀具位置”选项组中选中“中心”单选钮，其余参数按默认设置，如图 15-17 所示。

STEP 06　单击“曲面粗加工等高外形”对话框中的“等高外形粗加工参数”标签，设定“整体误差”=0.025，“Z 轴最大进给率”=1，如图 15-18 所示。

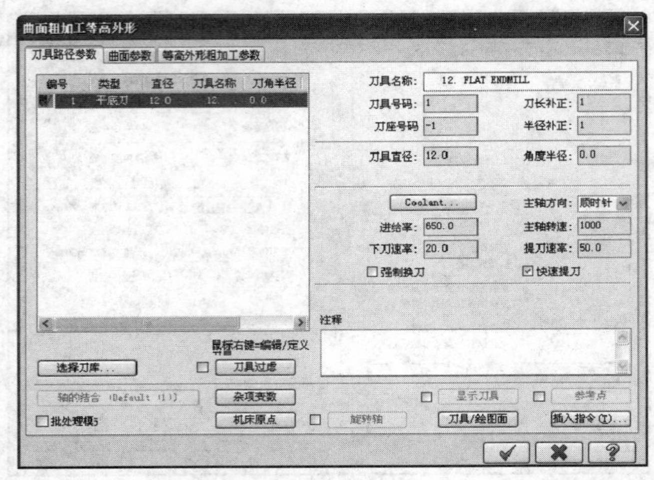

图 15-16 “曲面粗加工等高外形”对话框—“刀具路径参数”标签页

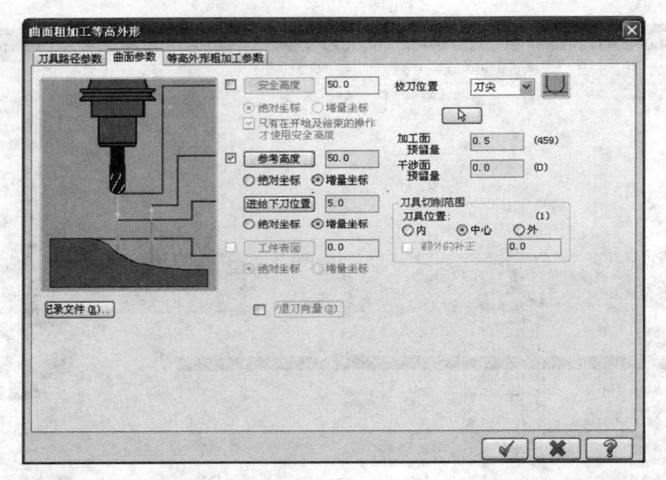

图 15-17 “曲面粗加工等高外形”对话框—“曲面参数”标签页

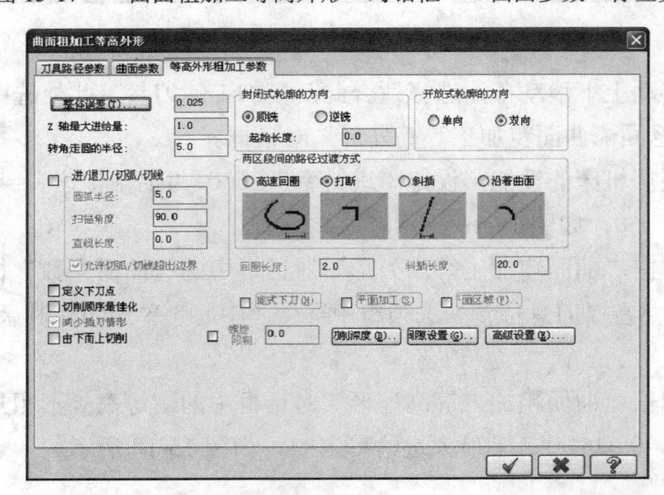

图 15-18 “曲面粗加工等高外形”对话框—“等高外形粗加工参数”标签页

STEP 07 单击 按钮，系统开始计算粗加工的刀具轨迹。等待数分钟后，粗加工的刀具轨迹创建成功，如图 15-19 所示。

4．模拟仿真粗加工刀具轨迹

STEP 01 单击如图 15-20 所示的操作管理器中的 （验证）按钮，弹出如图 15-21 所示的“验证”对话框。

STEP 02 单击 （开始）按钮，即可开始加工仿真，如图 15-22 所示。经过加工仿真后，若无干涉和过切等现象，则表示粗加工的刀具轨迹创建成功。

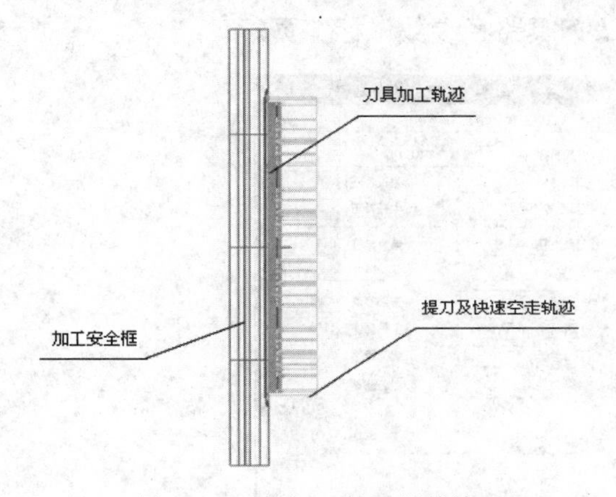

图 15-19 粗加工的刀具轨迹

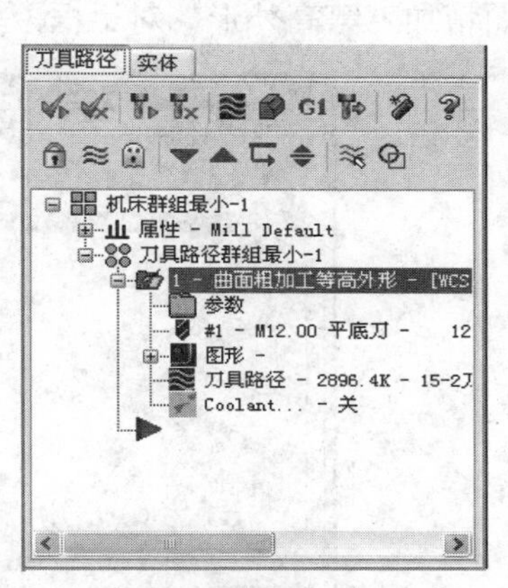

图 15-20 操作管理器

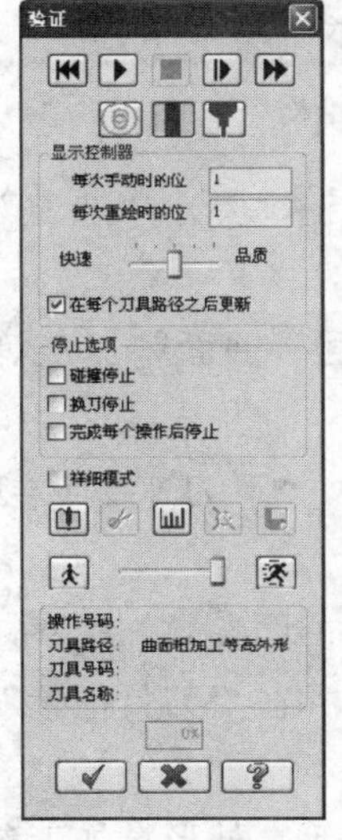

图 15-21 “验证”对话框

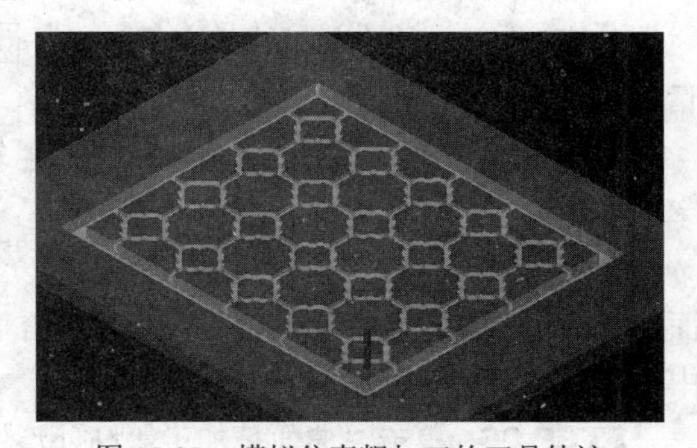

图 15-22 模拟仿真粗加工的刀具轨迹

5．保存文件

单击菜单栏中的“文件”→“保存”命令，保存生成刀具轨迹后的文件。

15.4 创建精加工刀具轨迹

1．选择自由曲面

单击菜单栏中的“刀具路径”→“曲面精加工”→“精加工等高外形”命令，按住<Alt>+<→>键，将图形旋转90°，用鼠标选择全部曲面。具体方法可参照15.3节。

2．选择刀具及修改加工的参数

STEP 01 单击“刀具路径的曲面选取”对话框中的按钮，弹出如图15-23所示的“曲面精加工等高外形”对话框，默认显示“刀具路径参数”标签页。

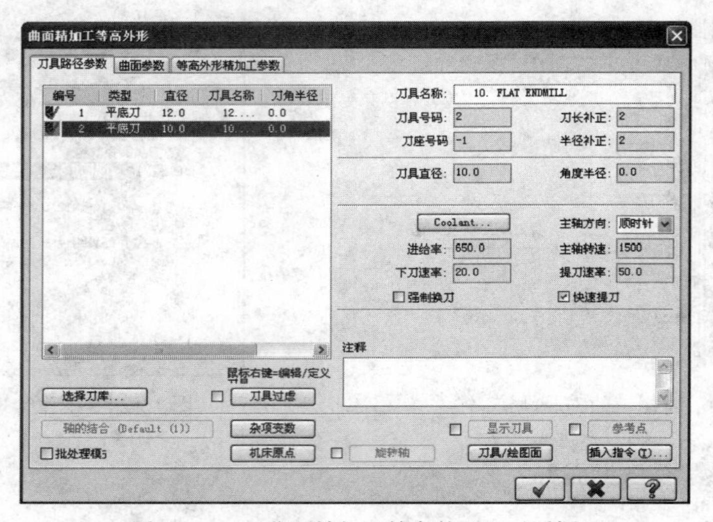

图15-23 “曲面精加工等高外形”对话框

STEP 02 在该对话框的长方形的空白处，单击鼠标右键，弹出“选刀”快捷菜单，单击“刀具管理”命令，弹出“刀具管理”对话框。

STEP 03 选择ϕ10的平底刀，单击按钮，返回“曲面精加工等高外形”对话框。

STEP 04 设定“进给率”=650、“主轴转速”=1500、“下刀速率”=20、“提刀速率”=50。

STEP 05 单击“曲面精加工等高外形”对话框中的“曲面参数”标签，设定“加工面预留量”=0.03、“参考高度”=50、“进给下刀位置”=5，并在“刀具位置”选项组中选中“中心”单选钮，如图15-24所示。

STEP 06 单击“曲面精加工等高外形”对话框中的“等高外形精加工参数”标签，设定“整体误差”=0.025，“Z轴最大进给率”=0.8，如图15-25所示。

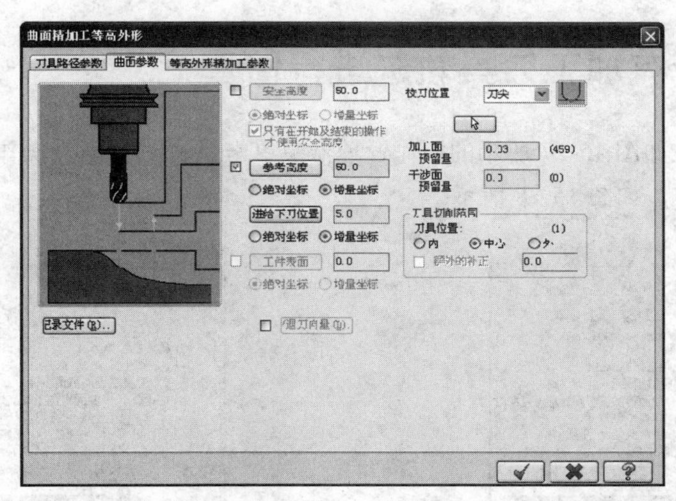

图 15-24 “曲面精加工等高外形”对话框—“曲面参数”标签页

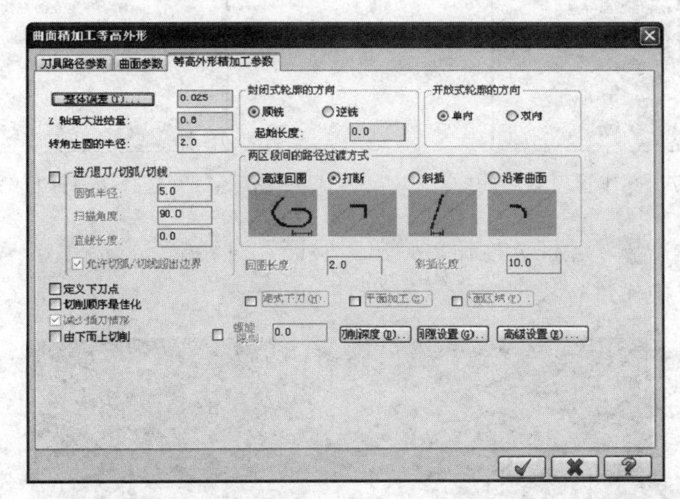

图 15-25 “曲面精加工等高外形”对话框—“等高外形精加工参数”标签页

STEP 07 单击[✓]按钮，系统开始计算精加工的刀具轨迹。等待数分钟后，精加工的刀具轨迹创建成功，如图 15-26 所示。

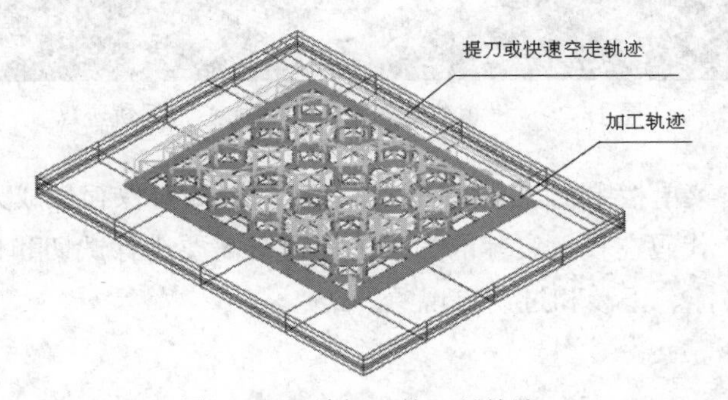

图 15-26 精加工的刀具轨迹

15.5 对所有加工刀具轨迹进行仿真

STEP 01 在如图 15-27 所示的操作管理器中单击（选择所有操作）按钮，即可选择全部的加工操作，如图 15-28 所示。

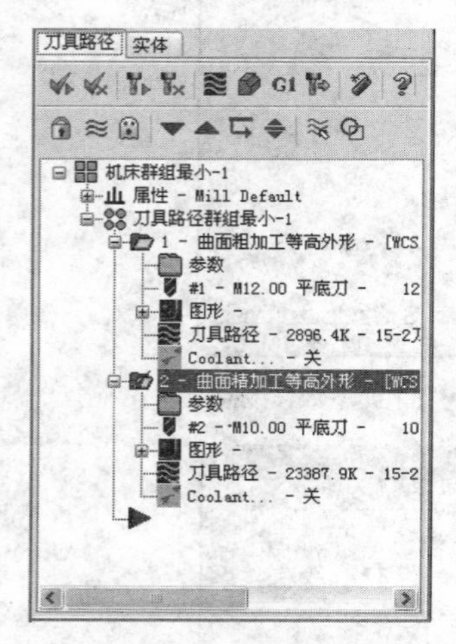

图 15-27 操作管理器

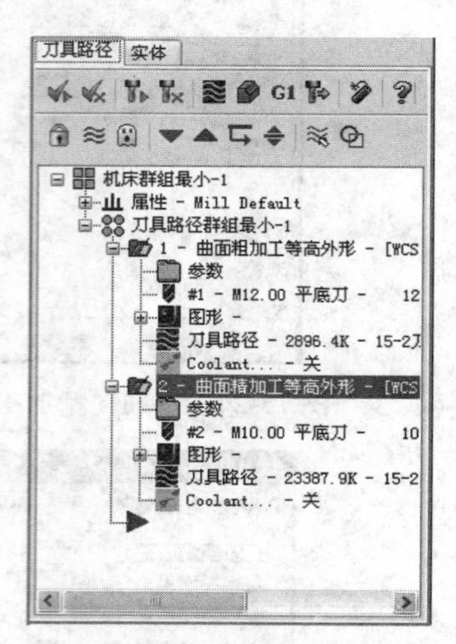

图 15-28 选择所有操作的操作管理器

STEP 02 单击（验证）按钮，弹出“验证”对话框。此时单击（开始）按钮，即可对所有的加工操作进行模拟显示，如图 15-29 所示。

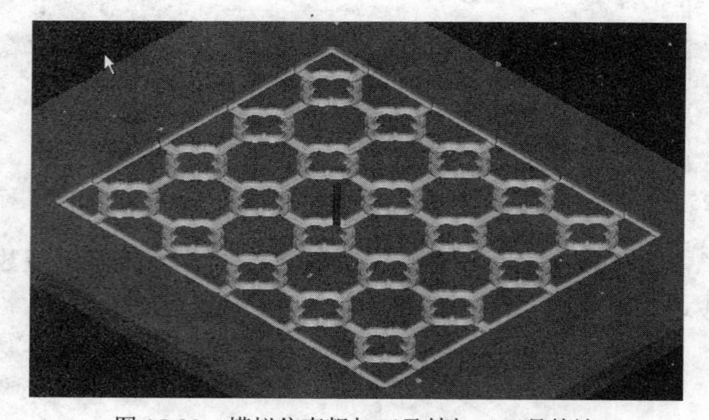

图 15-29 模拟仿真粗加工及精加工刀具轨迹

STEP 03 单击菜单栏中的“文件”→“保存”命令，保存生成刀具轨迹后的文件。

加工零件的 NC 代码在投入实际的加工之前通常需要进行试切和仿真，以检查存在于刀具与工件之间的碰撞、干涉和过切等现象。

15.6 生成 NC 程序

STEP 01 在操作管理器中选择所要进行后置处理的操作，单击G1（后处理）按钮，弹出如图 15-30 所示的“后处理程序”对话框。

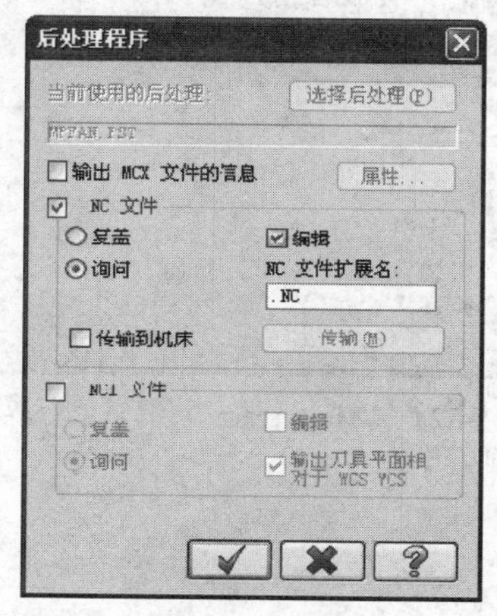

图 15-30 “后处理程序”对话框

STEP 02 勾选“编辑”复选框，以便对产生的加工程序自动进行存盘和编辑。单击✓按钮，系统弹出如图 15-31 所示的“另存为”对话框，用户可以在该对话框中输入需要保存的 NC 文件的名称。

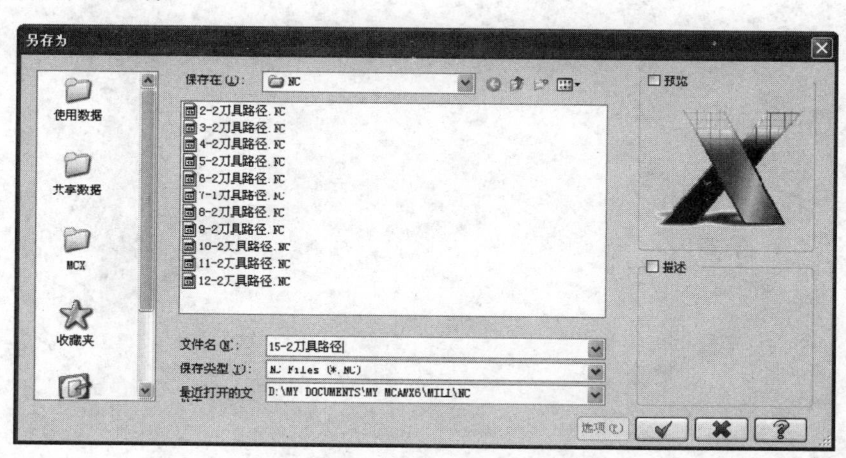

图 15-31 “另存为”对话框

STEP 03 单击✓按钮，系统开始生成加工程序。等待几分钟后，弹出如图 15-32 所示的“Mastercam X 编辑器”界面。

STEP 04 在该界面下，用户可以对生成的程序进行修改、编辑。单击“Mastercam X 编辑器”菜单栏中的“文件”→“保存”命令，保存该 NC 程序。

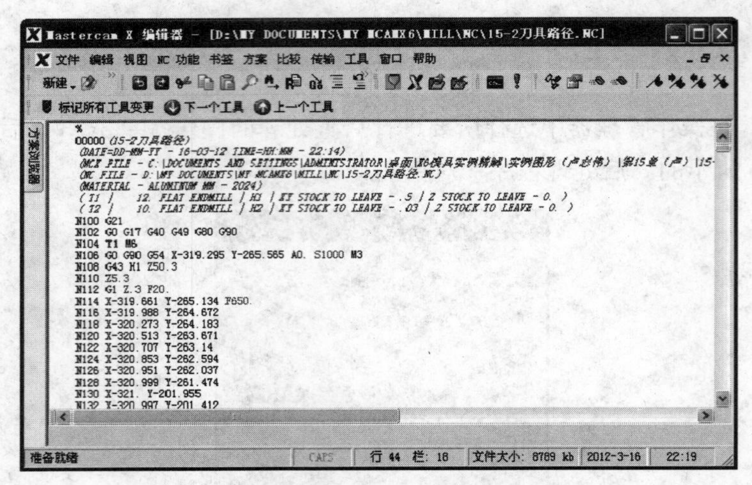

图 15-32 “Mastercam X 编辑器”界面